Theoretische Atomphysik

Harald Friedrich

Theoretische Atomphysik

Zweite Auflage
Mit 82 Abbildungen und 50 Aufgaben

Springer-Verlag
Berlin Heidelberg New York
London Paris Tokyo
Hong Kong Barcelona
Budapest

Professor Dr. Harald Friedrich
Physik-Department
Technische Universität München
D-85747 Garching

ISBN-13:978-3-642-85162-9 e-ISBN-13:978-3-642-85161-2
DOI: 10.1007/978-3-642-85161-2

Die Deutsche Bibliothek - CIP-Einheitsaufnahme
Friedrich, Harald:
Theoretische Atomphysik / Harald Friedrich. – 2. Aufl. – Berlin; Heidelberg; New York; London; Paris; Tokyo; Hong Kong; Barcelona; Budapest: Springer, 1994
Engl. Ausg. u.d.T.: Friedrich, Harald: Theoretical atomic physics
ISBN-13:978-3-642-85162-9

Softcover reprint of the hardcover 2nd edition 1994

SPIN 10475184 56/3140 - 5 4 3 2 1 0 – Gedruckt auf säurefreiem Papier

Vorwort

Die Atomphysik und mit ihr die Quantenmechanik erlebten in der Zeit bis etwa 1930 eine stürmische Entwicklung, von der Enstehung bis zur Reife und einer gewissen Abgeschlossenheit. Seit etwa 1950 bewegte sich der Schwerpunkt der Grundlagenforschung in der Theoretischen Physik zunehmend in Richtung Kernphysik und Hochenergiephysik, wo neue begriffliche Erkenntnisse eher erwartet wurden. Immer größere Bedeutung gewann auch die Theoretische Festkörperphysik, die eine Vielzahl revolutionärer technologischer Entwicklungen begleitet oder ermöglicht hat. Demgegenüber trat die Atomphysik als eigenständige Disziplin der Theoretischen Physik etwas in den Hintergrund. In den letzten zwei Jahrzehnten hat aber auf experimenteller Seite die Entwicklung von Präzisionstechniken wie der hochauflösenden Laserspektroskopie neue und interessante Gebiete der Atomphysik erschlossen. In elektromagnetischen Fallen können Experimente an einzelnen Atomen und Ionen durchgeführt und die Abhängigkeit ihrer Eigenschaften von der Umgebung studiert werden. Effekte und Phänomene, die früher als kleine Störungen oder dem Experiment nicht zugängliche Sonderfälle betrachtet wurden, stehen heute oft im Mittelpunkt des Interesses. Dabei hat sich herausgestellt, daß schon in scheinbar einfachen atomaren Systemen mit wenigen Freiheitsgraden interessante und vielschichtige Effekte auftreten können.

Die erfolgreiche Beschreibung und Interpretation solcher Effekte setzt in der Regel die Lösung einer nicht-trivialen Schrödingergleichung voraus, und störungstheoretische Methoden sind oft nicht ausreichend. Die meisten Vorlesungen und Lehrbücher, die über eine einführende „Quantenmechanik I“ hinausgehen, behandeln auf einem hohen Abstraktionsniveau Vielteilchentheorien und Feldtheorien. Es fehlt aber eine Vertiefung der Quantenmechanik in eine praxisorientierte Richtung, wie sie für die Behandlung vieler Probleme in der modernen Atomphysik erforderlich ist. Aus diesem Grund habe ich seit 1984 mehrmals an der Technischen Universität München und an der Ludwig-Maximilians-Universität eine Vorlesung „Theoretische Atomphysik“ (mit Übungen) gehalten. Das vorliegende Lehrbuch ist aus diesen Vorlesungen hervorgegangen. Es enthält eine Vertiefung der Quantenmechanik, die auf die Erfordernisse der modernen Atomphysik gerichtet ist. Ich habe mich um eine praxisorientierte Darstellung bemüht und das Abstraktionsniveau bewußt niedrig gehalten — fast alle Überlegungen und Herleitungen gehen von der Schrödingergleichung in Ortsdarstellung aus. Das Buch ist für Studenten gedacht, die einen ersten einführenden Kontakt mit der Quantenmechanik erfahren haben, es wurde aber eine in sich geschlossene Darstellung angestrebt, die wenigstens im Prinzip keine Vorkenntnisse voraussetzt.

Das Buch ist in fünf Kapitel gegliedert, von denen die ersten zwei eher herkömmlichen Stoff enthalten, der in vorhandenen Lehrbüchern der Quantenmechanik und der Atomphysik ausführlicher behandelt wird. Das erste Kapitel enthält ein kurzes Repetitorium der Quantenmechanik und das zweite eine bewußt knapp gehaltene Zusammenfassung traditioneller Atomtheorie. Besonderen Wert habe ich durchweg auf die gleichgewichtige Behandlung von gebundenen Zuständen und Kontinuumszuständen gelegt. Unter anderem ermöglicht dies eine vergleichsweise mühelose Einführung der Quantendefekttheorie (Kapitel 3), die in den letzten Jahren zu einem leistungsfähigen und vielfach angewendeten Werkzeug bei der Analyse atomarer Spektren entwickelt wurde, die aber bisher nicht in einem Lehrbuch beschrieben wurde. Der Rahmen für die Reaktionstheorie in Kapitel 4 ist durch die Einschränkung auf „einfache Reaktionen", die vom Stoß eines Elektrons mit einem Atom oder Ion verursacht werden, gegeben. Dies erspart viele Komplikationen, die sonst bei der Definition von Koordinaten, Kanälen und Potentialen auftreten, und wichtige Begriffe wie Wirkungsquerschnitte, Streumatrix, Übergangsoperator, Reaktanzmatrix, Polarisationseffekte, Bornsche Näherung, Aufbruchkanäle, . . . können schon in diesem Rahmen diskutiert werden.

Das letzte Kapitel enhält eine Auswahl spezieller Themen, die in jüngerer Zeit intensiv und teilweise kontrovers diskutiert werden. Das mit der zunehmenden Verfügbarkeit von Hochleistungslasern stark gewachsene Interesse an Multiphoton-Prozessen unterstreicht die Bedeutung von nicht-störungstheoretischen Methoden in der Quantenmechanik. Die Möglichkeit, mit sehr kurzen Laserpulsen räumlich und zeitlich lokalisierte Anregungen an einzelnen Atomen zu untersuchen, bringt die alte Frage nach dem Zusammenhang zwischen klassischer Mechanik und Quantenmechanik immer wieder in den Mittelpunkt des Interesses. Zum Schluß wird „Chaos" besprochen, das zur Zeit in fast allen Gebieten der Physik zu einem außerordentlich schnell wachsenden und populären Teilgebiet geworden ist. Während konkrete Untersuchungen hierzu meistens numerische Experimente an Modellsystemen sind, gibt es gerade in der Atomphysik einige prominente Beispiele für einfache aber physikalisch reale Systeme, die im Labor untersucht werden können und untersucht worden sind, und die alle Eigenschaften haben, die im Zusammenhang mit Chaos als charakteristisch und interessant angesehen werden.

Gerne nütze ich die Gelegenheit, um den zahlreichen Freunden und Kollegen zu danken, die in selbstloser Weise bei der Fertigstellung dieses Buches geholfen haben. Besonders herzlichen Dank verdienen K. Blum, W. Domcke, B.-G. Englert, Ch. Jungen, M. Kleber, A. Weiguny und D. Wintgen, die einzelne Kapitel und/oder Abschnitte durchgelesen und wertvolle Verbesserungsvorschläge gemacht haben. Darüber hinaus haben J.S. Briggs, H. Klar und P. Zoller wichtige Hinweise und Tips gegeben. G. Handke und M. Draeger haben durch gewissenhaftes Nachprüfen von mehr als tausend Formeln Schlimmes verhütet. Die originalen Abbildungen wurden mit kompetenter Hilfe von Frau I. Kuchenbecker und einem von Herrn Draeger für diesen Zweck maßgeschneiderten Plot-Programm erstellt. Einen besonderen Dank verdient auch Herr Dr. H.-U. Daniel vom Springer-Verlag. Seine Erfahrung und Fachkompetenz haben wesentlich zum Gelingen des Projekts beigetragen. Schließlich möchte ich meiner Frau Elfi danken, die nicht nur das ganze Manuskript Wort für Wort durchgelesen, sondern auch über die letzten zwei Jahre hindurch meine Arbeit an dem Projekt mit großer Geduld unterstützt hat.

Garching, August 1990 *Harald Friedrich*

Inhaltsverzeichnis

1. Quantenmechanische Voraussetzungen

Die theoretische Beschreibung atomarer Phänomene beruht in erster Linie auf der nichtrelativistischen Quantenmechanik. Darüber hinausgehend können relativistische Effekte meist mit störungstheoretischen Methoden zufriedenstellend erfaßt werden. Das in jüngster Zeit anwachsende Interesse an der Beschreibung atomarer Erscheinungen im Rahmen der klassischen Mechanik (siehe z. B. Abschn. 5.2) ändert nichts an der Tatsache, daß die Quantenmechanik unangefochten als die maßgebliche Theorie der Atomphysik angesehen wird.

In diesem Kapitel wird eine kurze Zusammenfassung der Quantenmechanik gegeben, wie sie für die Anwendung in den späteren Kapiteln gebraucht wird. Obwohl beim Leser quantenmechanische Vorkenntnisse erwartet werden, wurde eine am Anfang beginnende geschlossene Darstellung angestrebt, die wenigstens im Prinzip ohne weitere Voraussetzungen verständlich ist. Für eine gründlichere Einführung sei auf Lehrbücher der Quantenmechanik verwiesen, z. B. [Bay69, Gas85, Mes76, Sch68, Sch88].

1.1 Wellenfunktionen und Bewegungsgleichungen

1.1.1 Zustände und Wellenfunktionen

Im Rahmen der nichtrelativistischen Quantenmechanik wird der Zustand eines physikalischen Systems zu einem gegebenen Zeitpunkt t durch eine komplexwertige *Wellenfunktion* $\psi(X;t)$ beschrieben. Die Wellenfunktion ψ hängt (außer von dem Parameter t) von einem vollständigen Satz von Variablen ab, die in dem Symbol X zusammengefaßt sind. Als Beispiel denken wir uns ein System aus N Elektronen, welches in der Atomphysik von entscheidender Bedeutung ist. In diesem Fall kann X für die N Ortskoordinaten $\boldsymbol{r}_1, \ldots, \boldsymbol{r}_N$ und die N Spinkoordinaten $m_{s_1}, \ldots, m_{s_N}$ stehen. Die Ortskoordinaten $\boldsymbol{r}_i$ sind gewöhnliche (reelle) Vektoren im dreidimensionalen Raum; die Spinkoordinaten m_{s_i} können jeweils nur zwei Werte annehmen, $m_{s_i} = \pm 1/2$.

Die Menge aller Wellenfunktionen, die ein gegebenes System beschreiben können, ist gegenüber linearer Überlagerung abgeschlossen, d. h. jedes Vielfache und jede Summe von möglichen Wellenfunktionen ist wieder eine mögliche Wellenfunktion. Damit bilden die Wellenfunktionen im mathematischen Sinne einen Vektorraum. Das *Skalarprodukt* von zwei Wellenfunktionen $\psi(X;t)$, $\phi(X;t')$ aus diesem Vektorraum ist definiert als

$$\langle\psi(t)|\phi(t')\rangle = \int \psi^*(X;t)\phi(X;t')\,dX \quad . \tag{1.1}$$

Dabei steht das Integral für die Integration über die kontinuierlichen Variablen und eine Summation über die diskreten Variablen. Im obigen Beispiel des N-Elektronen-Systems ist:

$$\int dX = \int d^3r_1 ... \int d^3r_N \sum_{m_{s_1}=-1/2}^{1/2} ... \sum_{m_{s_N}=-1/2}^{1/2} \quad .$$

Das Skalarprodukt (1.1) ist linear,

$$\langle\psi|\phi_1 + c\phi_2\rangle = \langle\psi|\phi_1\rangle + c\langle\psi|\phi_2\rangle \quad , \tag{1.2}$$

und geht bei Vertauschung der beiden Wellenfunktionen in das komplex-konjugierte über,

$$\langle\phi|\psi\rangle = \langle\psi|\phi\rangle^* \quad . \tag{1.3}$$

Zwei Wellenfunktionen ψ und ϕ sind *orthogonal*, wenn das Skalarprodukt $\langle\psi|\phi\rangle$ verschwindet. Das Skalarprodukt $\langle\psi|\psi\rangle$ ist eine nicht-negative reelle Zahl, und deren Wurzel heißt *Norm* der Wellenfunktion ψ. Quadratintegrable Wellenfunktionen, d. h. diejenigen $\psi(X;t)$ mit der Eigenschaft

$$\langle\psi|\psi\rangle = \int |\psi(X;t)|^2 dX < \infty \tag{1.4}$$

sind *normierbar*, d. h. sie können durch Multiplikation mit einer Zahl zu einer Wellenfunktion mit der Norm 1 gemacht werden:

$$\langle\psi|\psi\rangle = \int |\psi(X;t)|^2 dX = 1 \quad . \tag{1.5}$$

Die nicht-negative Funktion $|\psi(X;t)|^2$ ist eine *Wahrscheinlichkeitsdichte*. Wenn ein physikalischer Zustand (zum Zeitpunkt t) durch die auf 1 normierte Wellenfunktion $\psi(X;t)$ beschrieben wird, $\langle\psi|\psi\rangle = 1$, so ist das Integral

$$\int_{\delta V} |\psi(X;t)|^2 \, dX$$

über einen Teil δV des vollen Wertebereichs der Variablen X die Wahrscheinlichkeit dafür, daß eine Messung der Variablen X (zum Zeitpunkt t) Werte im Bereich δV liefert. Der Begriff der Wahrscheinlichkeitsdichte ist auch für nicht normierbare Wellenfunktionen nützlich, so lange man nur relative Wahrscheinlichkeiten untersucht.

Die quadratintegrablen Wellenfunktionen (1.4) bilden einen Teilraum aller Wellenfunktionen. Dieser Teilraum hat die Eigenschaften eines *Hilbertraumes*. Insbesondere ist er vollständig, d. h. der Grenzwert einer konvergenten Folge von Wellenfunktionen im Hilbertraum ist wieder eine Wellenfunktion im Hilbertraum, und er besitzt eine abzählbare *Basis*, d. h. es gibt eine Folge $\phi_1(X), \phi_2(X), \ldots$, von linear unabhängigen quadratintegrablen Wellenfunktionen, so daß jede quadratintegrable Wellenfunktion $\psi(X)$ sich darstellen läßt als Linearkombination

$$\psi(X) = \sum_{n=1}^{\infty} c_n \phi_n(X) \tag{1.6}$$

mit eindeutig bestimmten Koeffizienten c_n. Eine besondere Rolle spielen *Orthonormalbasen*, für die

$$\langle \phi_i | \phi_j \rangle = \delta_{i,j} \tag{1.7}$$

gilt. In diesem Fall erhält man die c_n in (1.6) durch Bildung des Skalarprodukts mit ϕ_i:

$$c_i = \langle \phi_i | \psi \rangle \quad . \tag{1.8}$$

Eine Vereinfachung der Schreibweise ergibt sich, wenn man die ohnehin oft nicht spezifizierten Variablen X wegläßt und die Wellenfunktionen als abstrakte Zustandsvektoren $|\psi\rangle$ schreibt. Die komplex-konjugierten Wellenfunktionen ϕ^*, die zur Bildung von Skalarprodukten heranmultipliziert werden, schreibt man als $\langle \phi |$. Vom englischen Wort *„bracket"* für „Klammer" stammen die Bezeichnungen *Ket* für die rechten Hälften $|\psi\rangle$ und *Bra* für die linken Hälften $\langle \phi |$. Gleichung (1.6) erhält nun die vereinfachte Form

$$|\psi\rangle = \sum_{n=1}^{\infty} c_n |\phi_n\rangle \quad , \tag{1.9}$$

bzw. mit (1.8)

$$|\psi\rangle = \sum_{n=1}^{\infty} |\phi_n\rangle \langle \phi_n | \psi \rangle \quad . \tag{1.10}$$

Die Bra-Ket-Schreibweise ist nützlich, weil viele Aussagen und Formeln, wie z. B. (1.9), (1.10), unabhängig von der speziellen Wahl der Variablen sind.

1.1.2 Lineare Operatoren und Observable

Ein Operator $\hat{O}$ führt eine mögliche Wellenfunktion $|\psi\rangle$ in eine andere $\hat{O}|\psi\rangle$ über. Ein *linearer Operator* hat die Eigenschaft

$$\hat{O}(|\psi_1\rangle + c|\psi_2\rangle) = \hat{O}|\psi_1\rangle + c\,\hat{O}|\psi_2\rangle \quad . \tag{1.11}$$

Zu jedem linearen Operator $\hat{O}$ gibt es einen *hermitesch konjugierten Operator* $\hat{O}^\dagger$. Er ist dadurch definiert, daß das Skalarprodukt eines Bra $\langle \phi |$ mit dem Ket $\hat{O}^\dagger|\psi\rangle$ das komplex-konjugierte von dem Skalarprodukt des Bra $\langle \psi |$ mit dem Ket $\hat{O}|\phi\rangle$ ergibt:

$$\langle \phi | \hat{O}^\dagger | \psi \rangle = \langle \psi | \hat{O} | \phi \rangle^* \quad . \tag{1.12}$$

Voll ausgeschrieben bedeutet (1.12):

$$\int \phi^*(X)\{\hat{O}^\dagger \psi(X)\} dX = \left(\int \psi^*(X)\{\hat{O}\phi(X)\} dX \right)^* \quad . \tag{1.13}$$

Besondere Bedeutung besitzen in der Quantenmechanik *hermitesche Operatoren*. Das sind lineare Operatoren $\hat{O}$ mit der Eigenschaft

$$\hat{O}^\dagger = \hat{O} \quad . \tag{1.14}$$

Eigenzustände eines linearen Operators $\hat{O}$ sind (nicht verschwindende) Wellenfunktionen $|\psi_\omega\rangle$, für welche die Wirkung des Operators $\hat{O}$ einfach die Multiplikation mit einer Zahl ω bedeutet:

$$\hat{O}|\psi_\omega\rangle = \omega|\psi_\omega\rangle \quad . \tag{1.15}$$

Die Zahl ω heißt *Eigenwert* von $\hat{O}$. Das *Spektrum* des Operators $\hat{O}$ besteht aus allen seinen Eigenwerten. Die Eigenwerte eines hermiteschen Operators sind wegen

$$\langle\psi_\omega|\hat{O}|\psi_\omega\rangle = \langle\psi_\omega|\hat{O}^\dagger|\psi_\omega\rangle^* = \langle\psi_\omega|\hat{O}|\psi_\omega\rangle^* \tag{1.16}$$

und

$$\omega = \frac{\langle\psi_\omega|\hat{O}|\psi_\omega\rangle}{\langle\psi_\omega|\psi_\omega\rangle} \tag{1.17}$$

immer reell. Eigenzustände eines hermiteschen Operators zu verschiedenen Eigenwerten

$$\hat{O}|\psi_1\rangle = \omega_1|\psi_1\rangle \, , \quad \hat{O}|\psi_2\rangle = \omega_2|\psi_2\rangle \tag{1.18}$$

sind immer orthogonal, da wegen

$$\langle\psi_2|\hat{O}|\psi_1\rangle = \omega_1\langle\psi_2|\psi_1\rangle = \omega_2\langle\psi_2|\psi_1\rangle \tag{1.19}$$

die Differenz $(\omega_1 - \omega_2)\langle\psi_2|\psi_1\rangle$ verschwindet. Ist ein Eigenwert ω *entartet*, d. h. gibt es mehr als einen linear unabhängigen Eigenzustand mit diesem Eigenwert, so lassen sich orthogonale Linearkombinationen dieser Eigenzustände bilden, die natürlich Eigenzustände zum Eigenwert ω bleiben.

Ein Beispiel für einen hermiteschen Operator ist der *Projektor* $\hat{P}_\phi$, der aus einem beliebigen Zustand $|\psi\rangle$ den Anteil proportional zu einem gegebenen (auf 1 normierten) Zustand $|\phi\rangle$ herausprojiziert (vgl. (1.6), (1.10)),

$$\hat{P}_\phi|\psi\rangle = \langle\phi|\psi\rangle\,|\phi\rangle = |\phi\rangle\langle\phi|\psi\rangle \quad . \tag{1.20}$$

In kompakter Bra-Ket-Schreibweise ist also

$$\hat{P}_\phi = |\phi\rangle\langle\phi| \quad . \tag{1.21}$$

Der Zustand $|\phi\rangle$ selbst ist Eigenzustand von $\hat{P}_\phi$ zum Eigenwert 1, und alle dazu orthogonalen Zustände sind Eigenzustände zum Eigenwert Null, der somit hochgradig entartet ist. Wenn wir die Projektionen auf alle orthogonalen Komponenten eines Zustands $|\psi\rangle$ addieren, so erhalten wir wieder den Zustand $|\psi\rangle$ zurück – siehe (1.10). Wenn die Zustände $|\phi_n\rangle$ eine (orthonormale) Basis des ganzen Hilbertraumes bilden, dann gilt (1.10) für alle Zustände $|\psi\rangle$, was wir kompakt durch die *Vollständigkeitsrelation* ausdrücken,

$$\sum_n |\phi_n\rangle\langle\phi_n| = \mathbf{1} \quad . \tag{1.22}$$

Dabei ist **1** der *Einheitsoperator*, dessen Anwendung auf eine Wellenfunktion diese nicht ändert.

Die *Observablen* eines physikalischen Systems werden durch hermitesche Operatoren beschrieben. Die (reellen) Eigenwerte sind die möglichen Meßwerte der Observablen. Wenn der Zustand eines Systems ein Eigenzustand eines hermiteschen Operators ist, bedeutet das, daß eine Messung der Observablen mit Sicherheit den zugehörigen Eigenwert liefert.

Jede Wellenfunktion muß sich in Eigenzustände einer gegebenen Observablen zerlegen lassen, d. h. die Eigenzustände einer Observablen bilden ein vollständiges System. Wenn alle Eigenzustände einer Observablen $\hat{O}$ normierbar sind, bilden sie eine Basis des Hilbertraums der normierbaren Wellenfunktionen. Da Eigenzustände zu verschiedenen Eigenwerten orthogonal sind und entartete Eigenzustände orthogonalisiert werden können, kann man dann immer eine Orthonormalbasis von Eigenzuständen finden:

$$\hat{O}|\psi_i\rangle = \omega_i|\psi_i\rangle, \quad \langle\psi_i|\psi_j\rangle = \delta_{i,j} \quad . \tag{1.23}$$

Eine beliebige Wellenfunktion $|\psi\rangle$ im Hilbertraum läßt sich nach Eigenzuständen von $\hat{O}$ entwickeln:

$$|\psi\rangle = \sum_n c_n|\psi_n\rangle \quad . \tag{1.24}$$

Für eine auf 1 normierte Wellenfunktion

$$\langle\psi|\psi\rangle = \sum_n |c_n|^2 = 1 \tag{1.25}$$

bedeuten die Quadrate der Koeffizienten

$$|c_n|^2 = |\langle\psi_n|\psi\rangle|^2 \tag{1.26}$$

die Wahrscheinlichkeit dafür, daß das durch $|\psi\rangle$ beschriebene System sich im Zustand $|\psi_n\rangle$ befindet, und eine Messung der Observablen $\hat{O}$ den Eigenwert ω_n ergeben würde. Als *Erwartungswert* $\langle\hat{O}\rangle$ der Observablen $\hat{O}$ im (auf 1 normierten) Zustand $|\psi\rangle$ bezeichnet man den mit den Wahrscheinlichkeiten (1.26) gewichteten Mittelwert aller möglichen Meßwerte ω_n:

$$\langle\hat{O}\rangle = \sum_n |c_n|^2\omega_n = \langle\psi|\hat{O}|\psi\rangle \quad . \tag{1.27}$$

Die in bezug auf irgendeine Basis $|\psi_i\rangle$ definierten Zahlen $\langle\psi_i|\hat{O}|\psi_j\rangle$ bilden die *Matrix des Operators $\hat{O}$ in der Basis* $\{|\psi_i\rangle\}$. Die Matrix eines hermiteschen Operators ist hermitesch. Die Matrix eines Operators in einer Basis aus seinen Eigenzuständen ist diagonal (vorausgesetzt, daß entartete Eigenzustände untereinander orthogonalisiert sind).

Observable können auch nicht normierbare Eigenzustände haben, deren Eigenwerte im allgemeinen kontinuierlich verteilt sind. In diesem Fall müssen die diskreten

Indizes i, n in den Gleichungen (1.23) – (1.27) durch kontinuierliche Indizes und die Summenzeichen durch Integrale ersetzt bzw. ergänzt werden.

Wenn eine Wellenfunktion $|\psi\rangle$ gleichzeitig Eigenzustand von zwei Observablen $\hat{A}$ und $\hat{B}$ zu den Eigenwerten α bzw. β ist, so gilt offensichtlich

$$\hat{A}\hat{B}|\psi\rangle = \alpha\beta|\psi\rangle = \beta\alpha|\psi\rangle = \hat{B}\hat{A}|\psi\rangle \quad . \tag{1.28}$$

Eine notwendige und hinreichende Bedingung dafür, daß $\hat{A}$ und $\hat{B}$ ein gemeinsames vollständiges System von Eigenzuständen haben, ist, daß $\hat{A}$ und $\hat{B}$ *kommutieren*:

$$\hat{A}\hat{B} = \hat{B}\hat{A} \quad \text{bzw.} \quad [\hat{A},\hat{B}] = 0 \quad . \tag{1.29}$$

$[\hat{A},\hat{B}] = \hat{A}\hat{B} - \hat{B}\hat{A}$ ist der *Kommutator* von $\hat{A}$ und $\hat{B}$. Wenn $\hat{A}$ und $\hat{B}$ nicht kommutieren, so sind sie nicht gleichzeitig meßbar, d. h. es gibt kein vollständiges System von Wellenfunktionen, die man gleichzeitig nach Eigenwerten von $\hat{A}$ und $\hat{B}$ klassifizieren kann.

Um ein gegebenes physikalisches System vollständig zu beschreiben, benötigt man einen *vollständigen Satz von kommutierenden Observablen*. „Vollständiger Satz" heißt in diesem Zusammenhang, daß es keine weitere Observable gibt, die mit allen Observablen des Satzes kommutiert. Die Eigenwerte der Observablen eines vollständigen Satzes bilden einen vollständigen Satz von Variablen, von denen die Wellenfunktionen abhängen. Die Wahl der Observablen und Variablen ist nicht eindeutig; sie definiert die *Darstellung*, in der wir die Entwicklung und die Eigenschaften des Systems studieren.

Für einen spinlosen Massenpunkt im dreidimensionalen Raum bilden die drei Komponenten $\hat{x}$, $\hat{y}$, $\hat{z}$ des Ortsoperators $\hat{\boldsymbol{r}}$ einen vollständigen Satz von Observablen. In der Ortsdarstellung bedeutet die Anwendung der Ortsoperatoren schlicht die Multiplikation mit den jeweiligen Koordinaten, z. B.

$$\hat{y}\,\psi(x,y,z;t) = y\,\psi(x,y,z;t) \quad . \tag{1.30}$$

Die zugehörigen Impulse werden durch den Vektoroperator

$$\hat{\boldsymbol{p}} = \frac{\hbar}{\mathrm{i}}\nabla \tag{1.31}$$

beschrieben, d. h.

$$\hat{p}_x = \frac{\hbar}{\mathrm{i}}\frac{\partial}{\partial x} \;, \quad \text{etc.} \tag{1.32}$$

Orts- und Impulsoperatoren zu derselben Koordinate kommutieren nicht:

$$[\hat{p}_x, \hat{x}] = \frac{\hbar}{\mathrm{i}} \quad , \tag{1.33}$$

so daß Ort und Impuls in derselben Richtung nicht gleichzeitig meßbar sind. Das läßt sich auch quantitativ in der Heisenbergschen *Unschärferelation* ausdrücken:

$$\Delta p_x \Delta x \geq \tfrac{1}{2}\hbar \quad , \tag{1.34}$$

wobei die Unschärfen Δp_x und Δx in einem gegebenen Zustand $|\psi\rangle$ als die Fluktuationen der Observablen um ihren jeweiligen Erwartungswert $\langle\hat{x}\rangle = \langle\psi|\hat{x}|\psi\rangle$, $\langle\hat{p}_x\rangle = \langle\psi|\hat{p}_x|\psi\rangle$ definiert sind:

$$\Delta x = \sqrt{\langle\hat{x}^2\rangle - \langle\hat{x}\rangle^2}\ , \quad \Delta p_x = \sqrt{\langle\hat{p}_x^2\rangle - \langle\hat{p}_x\rangle^2}\ . \tag{1.35}$$

Orts- und Impulsoperatoren zu verschiedenen Koordinaten kommutieren, so daß man (1.33) allgemeiner schreiben kann

$$[\hat{p}_i, \hat{x}_j] = \frac{\hbar}{\mathrm{i}}\,\delta_{i,j}\ . \tag{1.36}$$

Dabei können die Indizes i und j die verschiedenen Koordinaten eines Massenpunkts bezeichnen oder auch verschiedene Massenpunkte in einem Mehrteilchensystem.

In diesem Buch werden Beziehungen und Gleichungen fast ausschließlich in der Ortsdarstellung formuliert. Wegen (1.30) lassen wir dann den Hut ^, mit dem sonst Operatoren gekennzeichnet sind, bei den Ortsvariablen weg. Nur in einigen Fällen, in denen der Operatorcharakter von Ortsvariablen besonders betont werden soll, werden sie mit Hut geschrieben.

1.1.3 Hamiltonoperator und Bewegungsgleichungen

Der hermitesche Operator, der die Energie eines Systems beschreibt, ist der *Hamiltonoperator*. Für ein System aus N (spinlosen) Massenpunkten der Massen m_i besteht er im allgemeinen aus der kinetischen Energie

$$\hat{T} = \sum_{i=1}^{N} \frac{\hat{p}_i^2}{2m_i}$$

und einer von den Ortskoordinaten abhängenden potentiellen Energie $\hat{V} = \hat{V}(\hat{\boldsymbol{r}}_1, \ldots \hat{\boldsymbol{r}}_N)$,

$$\hat{H} = \hat{T} + \hat{V}\ . \tag{1.37}$$

In der Ortsdarstellung ist die potentielle Energie meistens einfach durch eine reelle Funktion $V(\boldsymbol{r}_1, \ldots, \boldsymbol{r}_N)$ der Ortsvariablen gegeben. Die Anwendung des Operators $\hat{V}$ bedeutet dann einfach die Multiplikation der Wellenfunktion mit der Funktion $V(\boldsymbol{r}_1, \ldots, \boldsymbol{r}_N)$.

Der Hamiltonoperator bestimmt die zeitliche Entwicklung eines physikalischen Systems. Im *Schrödinger-Bild* wird die Zeitabhängigkeit des Zustands $|\psi(t)\rangle$ durch die *Schrödingergleichung* beschrieben:

$$\hat{H}|\psi(t)\rangle = \mathrm{i}\hbar\frac{d|\psi\rangle}{dt}\ , \tag{1.38}$$

was z. B. in der Ortsdarstellung einer partiellen Differentialgleichung entspricht:

$$\hat{H}\psi(X;t) = \mathrm{i}\hbar\frac{\partial\psi}{\partial t}\ . \tag{1.39}$$

Die Zeitentwicklung des Zustands $|\psi(t)\rangle$ kann man formal mit Hilfe des *Zeitentwicklungsoperators* $\hat{U}(t,t_0)$ beschreiben:

$$|\psi(t)\rangle = \hat{U}(t,t_0)|\psi(t_0)\rangle \quad . \tag{1.40}$$

Für einen Hamiltonoperator, der nicht explizit von der Zeit abhängt, ist

$$\hat{U}(t,t_0) = \exp\left[-\frac{\mathrm{i}}{\hbar}\hat{H}(t-t_0)\right] \quad . \tag{1.41}$$

Wenn der Hamiltonoperator von der Zeit abhängt, muß das Produkt $\hat{H}(t-t_0)$ im Exponenten in (1.41) durch das Integral $\int_{t_0}^{t}\hat{H}\,dt'$ ersetzt werden. Der Zeitentwicklungsoperator ist *unitär*, d. h.

$$\hat{U}^\dagger\hat{U} = \hat{U}\hat{U}^\dagger = 1 \quad . \tag{1.42}$$

Im *Heisenberg-Bild* betrachtet man den Zustandsvektor

$$|\psi_{\mathrm{H}}\rangle = \hat{U}^\dagger(t,t_0)|\psi(t)\rangle = |\psi(t_0)\rangle \tag{1.43}$$

als zeitlich konstante Größe und erhält aus der Schrödingergleichung (1.38) eine Bewegungsgleichung für die in Heisenberg-Darstellung geschriebenen Observablen,

$$\hat{O}_{\mathrm{H}}(t) = \hat{U}^\dagger(t,t_0)\hat{O}\hat{U}(t,t_0) \quad , \tag{1.44}$$

nämlich:

$$\mathrm{i}\hbar\frac{d\hat{O}_{\mathrm{H}}}{dt} = [\hat{O}_{\mathrm{H}},\hat{H}_{\mathrm{H}}] + \mathrm{i}\hbar\frac{\partial\hat{O}_{\mathrm{H}}}{\partial t} \quad . \tag{1.45}$$

Der Erwartungswert eines Operators $\hat{O}$ ist unabhängig von der Wahl des Bildes:

$$\langle\hat{O}\rangle = \langle\psi(t)|\hat{O}|\psi(t)\rangle = \langle\psi_{\mathrm{H}}|\hat{O}_{\mathrm{H}}(t)|\psi_{\mathrm{H}}\rangle \quad . \tag{1.46}$$

Aus (1.38) bzw. (1.45) folgt für die Zeitentwicklung von $\langle\hat{O}\rangle$:

$$\mathrm{i}\hbar\frac{d\langle\hat{O}\rangle}{dt} = \langle[\hat{O},\hat{H}]\rangle + \mathrm{i}\hbar\left\langle\frac{\partial\hat{O}}{\partial t}\right\rangle \quad . \tag{1.47}$$

Wenn der Hamiltonoperator $\hat{H}$ nicht explizit von der Zeit abhängt, dann ist eine Wellenfunktion

$$|\psi(t)\rangle = \exp\left(-\frac{\mathrm{i}}{\hbar}Et\right)|\psi_E\rangle \tag{1.48}$$

genau dann eine Lösung der Schrödingergleichung (1.38), wenn $|\psi_E\rangle$ ein Eigenzustand von $\hat{H}$ ist

$$\hat{H}|\psi_E\rangle = E|\psi_E\rangle \quad . \tag{1.49}$$

Gleichung (1.49) ist die *zeitunabhängige* oder *stationäre* Schrödingergleichung. Da jede Linearkombination von Lösungen der zeitabhängigen Schrödingergleichung (1.38) wieder eine Lösung ist, können wir mit Hilfe der Eigenzustände $|\psi_{E_n}\rangle$ von $\hat{H}$ eine allgemeine Lösung von (1.38) angeben:

$$|\psi(t)\rangle = \sum_n c_n \exp\left(-\frac{\mathrm{i}}{\hbar}E_n t\right)|\psi_{E_n}\rangle \quad . \tag{1.50}$$

Wenn die potentielle Energie genügend attraktiv ist, so gibt es bei niederen Energien nur diskrete Eigenwerte und normierbare Eigenzustände von $\hat{H}$. Sie beschreiben *gebundene* Zustände des Systems. In diesem Bereich ist die stationäre Schrödingergleichung (1.49) eine Bestimmungsgleichung für die Eigenwerte E_n und die zugehörigen Eigenfunktionen. Wenn die potentielle Energie $V(\boldsymbol{r}_1,\ldots,\boldsymbol{r}_N)$ asymptotisch (d. h. mindestens ein $|\boldsymbol{r}_i| \to \infty$) gegen einen konstanten Wert strebt, so gibt es oberhalb dieses Wertes zu jeder Energie E eine Lösung der stationären Schrödingergleichung, und die zugehörigen Eigenzustände sind im allgemeinen nicht normierbar. Solche *Kontinuumswellenfunktionen* beschreiben ungebundene Zustände des Systems (Streuzustände, Reaktionen), und ihre konkrete Bedeutung hängt von ihren asymptotischen Eigenschaften, d. h. von den Randbedingungen, ab.

1.2 Symmetrien

1.2.1 Konstanten der Bewegung und Symmetrien

Wenn der Hamiltonoperator $\hat{H}$ nicht explizit von der Zeit abhängt, so ist sein Erwartungswert wie der Erwartungswert jeder mit $\hat{H}$ kommutierenden Observablen (die ebenfalls nicht explizit von der Zeit abhängen soll) zeitlich konstant. Dies folgt unmittelbar aus (1.47). Die Energie und die mit $\hat{H}$ kommutierenden Observablen sind *Konstanten der Bewegung*. Man kann die Lösungen der stationären Schrödingergleichung nach der Energie und den Eigenwerten der übrigen Konstanten der Bewegung klassifizieren. Die Eigenwerte der Konstanten der Bewegung nennt man auch *gute* Quantenzahlen.

Ein wichtiges Beispiel ist der Bahndrehimpuls eines Massenpunkts der Masse μ:

$$\hat{\boldsymbol{L}} = \hat{\boldsymbol{r}} \times \hat{\boldsymbol{p}} \quad , \tag{1.51}$$

d. h. $\hat{L}_x = \hat{y}\hat{p}_z - \hat{z}\hat{p}_y$, etc. Wenn die potentielle Energie $V(\boldsymbol{r})$ nur vom Betrag $r = |\boldsymbol{r}|$, nicht aber von der Richtung von $\boldsymbol{r}$ abhängt,

$$\hat{H} = \frac{\hat{\boldsymbol{p}}^2}{2\mu} + V(r) \quad , \tag{1.52}$$

so kommutieren sowohl alle Komponenten von $\hat{\boldsymbol{L}}$ mit $\hat{H}$,

$$[\hat{H},\hat{L}_x] = [\hat{H},\hat{L}_y] = [\hat{H},\hat{L}_z] = 0 \quad , \tag{1.53}$$

als auch das Quadrat $\hat{\boldsymbol{L}}^2 = \hat{L}_x^2 + \hat{L}_y^2 + \hat{L}_z^2$,

$$[\hat{H}, \hat{\boldsymbol{L}}^2] = 0 \quad . \tag{1.54}$$

Die Komponenten von $\hat{\boldsymbol{L}}$ kommutieren allerdings nicht miteinander, vielmehr gilt

$$[\hat{L}_x, \hat{L}_y] = \mathrm{i}\hbar\hat{L}_z \ , \quad [\hat{L}_y, \hat{L}_z] = \mathrm{i}\hbar\hat{L}_x \ , \quad [\hat{L}_z, \hat{L}_x] = \mathrm{i}\hbar\hat{L}_y \quad . \tag{1.55}$$

$\hat{\boldsymbol{L}}^2$ und alle Komponenten von $\hat{\boldsymbol{L}}$ sind Konstanten der Bewegung, aber $\hat{\boldsymbol{L}}^2$ und eine Komponente reichen bereits aus, um ein vollständiges System von Observablen zu bilden und Eigenzustände zu klassifizieren. In *Kugelkoordinaten*,

$$x = r\,\sin\theta\,\cos\phi \ , \quad y = r\,\sin\theta\,\sin\phi \ , \quad z = r\,\cos\theta \quad , \tag{1.56}$$

sind die Eigenzustände der Drehimpulsoperatoren $\hat{\boldsymbol{L}}^2$ und $\hat{L}_z$ die *Kugelflächenfunktionen* $Y_{l,m}(\theta,\phi)$, die durch die *Drehimpulsquantenzahl* l und die *Azimutalquantenzahl* m gekennzeichnet sind:

$$\begin{aligned} \hat{\boldsymbol{L}}^2 Y_{l,m} &= l(l+1)\hbar^2 Y_{l,m} \ , \quad l = 0, 1, 2, \ldots \quad ; \\ \hat{L}_z Y_{l,m} &= m\hbar Y_{l,m} \ , \quad m = -l, -l+1, \ldots, l-1, l \quad . \end{aligned} \tag{1.57}$$

Für eine genaue Definition und wichtige Eigenschaften der $Y_{l,m}(\theta,\phi)$ siehe Anhang A.1. Hier soll nur die Orthonormierung aufgeführt werden:

$$\begin{aligned} \int Y^*_{l,m}(\Omega)\, Y_{l',m'}(\Omega)\, d\Omega &= \int_0^\pi \sin\theta\, d\theta \int_0^{2\pi} d\phi\, Y^*_{l,m}(\theta,\phi) Y_{l',m'}(\theta,\phi) \\ &= \delta_{l,l'}\,\delta_{m,m'} \ . \end{aligned} \tag{1.58}$$

Eine Aufstellung der Kugelflächenfunktionen bis $l = 3$ befindet sich in Tabelle 1.1.

Tabelle 1.1. Kugelflächenfunktionen $Y_{l,m}(\theta,\phi)$ für $l \leq 3$.

l	0	1	1	2
m	0	0	± 1	0
$Y_{l,m}(\theta,\phi)$	$\frac{1}{\sqrt{4\pi}}$	$\sqrt{\frac{3}{4\pi}}\cos\theta$	$\mp\sqrt{\frac{3}{8\pi}}\sin\theta\,\mathrm{e}^{\pm\mathrm{i}\phi}$	$\sqrt{\frac{5}{16\pi}}(3\cos^2\theta - 1)$

l	2	2	3
m	± 1	± 2	0
$Y_{l,m}(\theta,\phi)$	$\mp\sqrt{\frac{15}{8\pi}}\sin\theta\cos\theta\,\mathrm{e}^{\pm\mathrm{i}\phi}$	$\sqrt{\frac{15}{32\pi}}\sin^2\theta\,\mathrm{e}^{\pm 2\mathrm{i}\phi}$	$\sqrt{\frac{7}{16\pi}}(5\cos^3\theta - 3\cos\theta)$
l	3	3	3
m	± 1	± 2	± 3
$Y_{l,m}(\theta,\phi)$	$\mp\sqrt{\frac{21}{64\pi}}\sin\theta(5\cos^2\theta - 1)\,\mathrm{e}^{\pm\mathrm{i}\phi}$	$\sqrt{\frac{105}{32\pi}}\sin^2\theta\cos\theta\,\mathrm{e}^{\pm 2\mathrm{i}\phi}$	$\mp\sqrt{\frac{35}{64\pi}}\sin^3\theta\,\mathrm{e}^{\pm 3\mathrm{i}\phi}$

Ist $\hat{K}$ eine Konstante der Bewegung, so definiert der *von* $\hat{K}$ *erzeugte* unitäre Operator

$$\hat{U}_K(k) = \exp(-\mathrm{i}k\hat{K}) \tag{1.59}$$

eine Transformation der Wellenfunktionen,

$$|\psi_k\rangle = \hat{U}_K(k)|\psi\rangle \quad , \tag{1.60}$$

und der Operatoren,

$$\hat{O}_k = \hat{U}_K(k)\,\hat{O}\,\hat{U}_K^\dagger(k) \quad . \tag{1.61}$$

Diese Transformation erhält Erwartungswerte und Matrixelemente:

$$\langle\psi_k|\hat{O}_k|\phi_k\rangle = \langle\psi|\hat{O}|\phi\rangle \quad . \tag{1.62}$$

Da $\hat{K}$ mit $\hat{H}$ kommutiert und folglich auch jede Funktion von $\hat{K}$ mit $\hat{H}$ kommutiert, gilt:

$$\hat{H}_k = \hat{U}_K(k)\,\hat{H}\,\hat{U}_K^\dagger(k) = \hat{H} \quad , \tag{1.63}$$

d. h. der Hamiltonoperator ist *invariant gegenüber der durch $\hat{U}_K(k)$ definierten Symmetrietransformation.* Fordert man umgekehrt die Invarianz (1.63) für alle Werte des (reellen) Parameters k, so folgt für infinitesimale k:

$$(1 - ik\hat{K} + \cdots)\hat{H}(1 + ik\hat{K} + \cdots) = \hat{H} + ik[\hat{H}, \hat{K}] + O(k^2) = \hat{H} \quad , \tag{1.64}$$

was nur geht, wenn $\hat{K}$ mit $\hat{H}$ kommutiert. Der Hamiltonoperator ist also genau dann invariant gegenüber den Symmetrietransformationen (1.59), wenn er mit dem *Generator* $\hat{K}$ kommutiert.

Als Beispiel mag wieder der Bahndrehimpuls $\hat{\boldsymbol{L}}$ eines Massenpunktes dienen, dessen z-Komponente in Kugelkoordinaten die folgende Form hat:

$$\hat{L}_z = \frac{\hbar}{i}\frac{\partial}{\partial\phi} \quad . \tag{1.65}$$

Die von $\hat{L}_z$ erzeugten Symmetrietransformationen

$$\hat{\mathcal{R}}_z(\alpha) = \exp\left(-\frac{\mathrm{i}}{\hbar}\alpha L_z\right) \tag{1.66}$$

sind Drehungen um die z-Achse um den Winkel α. Die Invarianz des Hamiltonoperators gegenüber Drehungen drückt sich also gerade in dem Kommutieren von $\hat{H}$ mit den Drehimpulskomponenten aus.

Symmetrietransformationen, die von einem oder mehreren Generatoren erzeugt werden, bilden mathematisch eine *Gruppe*; d. h. zwei Symmetrietransformationen, hintereinander ausgeführt, bilden wieder eine Symmetrietransformation derselben Sorte, und zu jeder Symmetrietransformation $\mathcal{R}$ gibt es eine inverse Transformation $\mathcal{R}^{-1}$, die sie wieder rückgängig macht: $\mathcal{R}^{-1}\mathcal{R} = \mathbf{1}$. Die Transformationen einer *Symmetriegruppe* können durch einen (oder mehrere) kontinuierliche(n) Parameter gekennzeichnet sein, wie im Beispiel der Drehungen, oder durch diskrete Parameter, was z. B. für Spiegelungen der Fall ist. Eine wichtige Spiegelung ist die Spiegelung am Ursprung im Ortsraum:

$$\hat{\Pi}\psi(x, y, z) = \psi(-x, -y, -z) \quad . \tag{1.67}$$

Da $\hat{\Pi}^2 = \mathbf{1}$, gibt es nur zwei Eigenwerte von $\hat{\Pi}$: +1 und −1. Die zugehörigen Eigenzustände nennt man entsprechend Zustände *positiver Parität* bzw. Zustände *negativer Parität*. Wenn das Potential $V(x, y, z)$, in dem sich ein Massenpunkt bewegt, nicht von den Vorzeichen der Koordinaten abhängt, dann ist die Parität eine gute Quantenzahl.

Die Identifikation von Konstanten der Bewegung bzw. von guten Quantenzahlen spielt eine wichtige Rolle bei der Lösung der Schrödingergleichung. Ist $\hat{O}$ eine Konstante der Bewegung, so können wir Eigenzustände von $\hat{H}$ jeweils in Unterräumen aus Eigenzuständen von $\hat{O}$ zum festen Eigenwert ω suchen. Das ist meistens eine wesentliche Vereinfachung gegenüber der direkten Lösung der Schrödingergleichung (1.49) im Raum aller möglichen Wellenfunktionen, wie das folgende Beispiel zeigt.

1.2.2 Die radiale Schrödingergleichung

Für einen spinlosen Massenpunkt der Masse μ in einem radialsymmetrischen Potential $V(r)$ lautet die stationäre Schrödingergleichung in Ortsdarstellung:

$$\left(-\frac{\hbar^2}{2\mu}\Delta + V(r)\right)\psi(\boldsymbol{r}) = E\psi(\boldsymbol{r}) \quad . \tag{1.68}$$

Der Laplaceoperator $\Delta = \partial^2/\partial x^2 + \partial^2/\partial y^2 + \partial^2/\partial z^2 = -\hat{\boldsymbol{p}}^2/\hbar^2$ läßt sich in Polarkoordinaten mit Hilfe des Bahndrehimpulsoperators $\hat{\boldsymbol{L}}$ ausdrücken:

$$\Delta = \frac{\partial^2}{\partial r^2} + \frac{2}{r}\frac{\partial}{\partial r} - \frac{\hat{\boldsymbol{L}}^2}{r^2\hbar^2} \quad . \tag{1.69}$$

Da $\hat{\boldsymbol{L}}^2$ und $\hat{L}_z$ Konstanten der Bewegung sind, können wir die Lösungen der Schrödingergleichung (1.68) nach den guten Quantenzahlen l und m klassifizieren:

$$\psi(\boldsymbol{r}) = f_l(r)Y_{l,m}(\theta, \phi) \quad . \tag{1.70}$$

Für die Wellenfunktionen (1.70) ist außerdem die Parität eine gute Quantenzahl, da die Radialkoordinate r bei der Spiegelung $\boldsymbol{r} \to -\boldsymbol{r}$ unverändert bleibt und (vgl. (A.5))

$$\hat{\Pi}\, Y_{l,m}(\theta, \phi) = (-1)^l\, Y_{l,m}(\theta, \phi) \quad . \tag{1.71}$$

Setzt man (1.70) in (1.68) ein, so erhält man eine Gleichung für die *Radialwellenfunktion* $f_l(r)$:

$$\left[-\frac{\hbar^2}{2\mu}\left(\frac{d^2}{dr^2} + \frac{2}{r}\frac{d}{dr}\right) + \frac{l(l+1)\hbar^2}{2\mu r^2} + V(r)\right] f_l(r) = E f_l(r) \quad ; \tag{1.72}$$

sie hängt nicht von der Azimutalquantenzahl m ab.

Die *radiale Schrödingergleichung* (1.72) ist eine gewöhnliche Differentialgleichung zweiter Ordnung für die Radialwellenfunktion f_l und stellt somit eine wesentliche Vereinfachung gegenüber der partiellen Differentialgleichung (1.68) dar. Eine nicht so wesentliche, aber sehr nützliche weitere Vereinfachung erhält man, wenn man die Gleichung nicht für $f_l(r)$ formuliert, sondern für $\phi_l = r f_l$, d.h. für die Radialwellenfunktion $\phi_l(r)$, die durch

$$\psi(\boldsymbol{r}) = \frac{\phi_l(r)}{r} Y_{l,m}(\theta, \phi) \tag{1.73}$$

definiert ist. Dann erhält die radiale Schrödingergleichung die Form

$$\left(-\frac{\hbar^2}{2\mu} \frac{d^2}{dr^2} + \frac{l(l+1)\hbar^2}{2\mu r^2} + V(r) \right) \phi_l(r) = E\phi_l(r) \quad , \tag{1.74}$$

was genauso aussieht wie die Schrödingergleichung für ein eindimensionales Teilchen in einem effektiven Potential, das neben $V(r)$ noch das *Zentrifugalpotential* $l(l+1)\hbar^2/(2\mu r^2)$ enthält:

$$V_{\text{eff}}(r) = V(r) + \frac{l(l+1)\hbar^2}{2\mu r^2} \quad . \tag{1.75}$$

Allerdings ist die radiale Schrödingergleichung (1.74), wie auch (1.72), nur für nichtnegative Werte der Koordinate r definiert. Für die Radialwellenfunktion $\phi_l(r)$ fordern wir folgende Randbedingung bei $r = 0$:

$$\phi_l(0) = 0 \qquad \text{für alle} \quad l \quad , \tag{1.76}$$

weil ein endlicher Wert von $\phi_l(0)$ zu einer unendlichen Wahrscheinlichkeitsdichte $|\psi|^2$ am Ursprung führen würde. In der Nähe des Ursprungs $r = 0$ ist das Verhalten der Radialwellenfunktion über (1.76) hinaus durch die Drehimpulsquantenzahl l bestimmt (solange $V(r)$ weniger singulär als r^{-2} ist):

$$\phi_l(r) \propto r^{l+1} \qquad \text{für } r \to 0 \quad . \tag{1.77}$$

Die radiale Schrödingergleichung (1.74) ist eine eindimensionale Schrödingergleichung für ein Teilchen, das sich für $r \geq 0$ im effektiven Potential (1.75) bewegt und bei $r = 0$ gegen einen unendlich hohen Potentialwall stößt. In einem eindimensionalen symmetrischen Potential $V(|x|)$ erfüllen die ungeraden Lösungen, d. h. die Eigenfunktionen negativer Parität, immer die Bedingung $\phi(0) = 0$. Da das effektive Potential (1.75) für $l = 0$ dieselbe Gestalt hat wie das Potential in der eindimensionalen Schrödingergleichung, entsprechen die Lösungen der radialen Gleichung für $l = 0$ genau den ungeraden Lösungen der eindimensionalen Gleichung mit demselben Potential.

Das Skalarprodukt von zwei Wellenfunktionen $\psi_{l,m}$ und $\psi'_{l',m'}$ der Form (1.73) ist, unter Berücksichtigung der Orthonormalität (1.58) der Kugelflächenfunktionen:

$$\langle \psi_{l,m} | \psi'_{l',m'} \rangle = \int \psi^*_{l,m}(\boldsymbol{r}) \psi'_{l',m'}(\boldsymbol{r}) d^3r = \delta_{l,l'}\, \delta_{m,m'} \int_0^\infty \phi^*_l(r)\, \phi'_l(r)\, dr \; . \tag{1.78}$$

Wenn das Potential $V(r)$ reell ist, kann die Phase der Wellenfunktion (1.73) immer so gewählt werden, daß Φ_ℓ reell ist.

1.2.3 Beispiel: Der radialsymmetrische harmonische Oszillator

In diesem Fall ist das Potential

$$V(r) = \frac{\mu}{2}\omega^2 r^2 \quad . \tag{1.79}$$

Für Bahndrehimpulsquantenzahlen $l > 0$ enthält das effektive Potenial V_{eff} zusätzlich das Zentrifugalpotential. Das Potential geht für $r \to \infty$ gegen ∞. Daher gibt es nur gebundene Lösungen der Schrödingergleichung. Für jeden Wert l der Bahndrehimpulsquantenzahl gibt es eine Folge von Energieeigenwerten,

$$E_{n,l} = \left(2n + l + \frac{3}{2}\right)\hbar\omega \; , \quad n = 0, 1, 2, \ldots \quad , \tag{1.80}$$

und die zugehörigen (auf 1 normierten) Radialwellenfunktionen $\phi_{n,\ell}(r)$ sind

$$\begin{aligned}\phi_{n,l} =& 2(\sqrt{\pi}\beta)^{-\frac{1}{2}} \left[\frac{2^{n+l}\, n!}{(2n+2l+1)!!}\right]^{\frac{1}{2}} \\ &\times \left(\frac{r}{\beta}\right)^{l+1} L_n^{l+\frac{1}{2}}\left(\frac{r^2}{\beta^2}\right) \exp\left(-\frac{r^2}{2\beta^2}\right) \quad .\end{aligned} \tag{1.81}$$

Die Polynome $L_n^\alpha(x)$ sind Polynome vom Grade n in x und heißen *verallgemeinerte Laguerre-Polynome*. (Die gewöhnlichen Laguerre-Polynome erhält man für $\alpha = 0$.) Die Definition und die wichtigsten Eigenschaften der Laguerre-Polynome sind in Anhang A.2 angegeben. Die in (1.81) auftretende Größe β ist die *Oszillatorbreite* definiert durch

$$\beta = \sqrt{\frac{\hbar}{\mu\omega}} \qquad \text{bzw.} \qquad \frac{\hbar^2}{\mu\beta^2} = \hbar\omega \quad . \tag{1.82}$$

Für $l = 0$ erhalten wir aus (1.80) gerade das Spektrum $(2n + 3/2)\hbar\omega$, $n = 0, 1, \ldots,$ der eindimensionalen Oszillatorzustände negativer Parität. Die Radialwellenfunktionen (1.81) sind für die niedrigsten Werte der Quantenzahlen n und l in Tabelle 1.2 angegeben und in Abb. 1.1 dargestellt.

Tabelle 1.2. Radiale Eigenfunktionen (1.81) des harmonischen Oszillators, $(\sqrt{\pi}\,\beta)^{\frac{1}{2}}\,\phi_{n,l}(r)$, $(x = r/\beta)$.

l	$n = 0$	$n = 1$	$n = 2$
0	$2x\,\mathrm{e}^{-x^2/2}$	$\sqrt{\frac{8}{3}}\,x\,(\frac{3}{2} - x^2)\,\mathrm{e}^{-x^2/2}$	$\sqrt{\frac{8}{15}}\,x\,(\frac{15}{4} - 5x^2 + x^4)\,\mathrm{e}^{-x^2/2}$
1	$\sqrt{\frac{8}{3}}\,x^2\mathrm{e}^{-x^2/2}$	$\frac{4}{\sqrt{15}}x^2(\frac{5}{2} - x^2)\,\mathrm{e}^{-x^2/2}$	$\frac{4}{\sqrt{105}}\,x^2(\frac{35}{4} - 7x^2 + x^4)\,\mathrm{e}^{-x^2/2}$
2	$\frac{4}{\sqrt{15}}\,x^3\mathrm{e}^{-x^2/2}$	$\sqrt{\frac{32}{105}}\,x^3(\frac{7}{2} - x^2)\,\mathrm{e}^{-x^2/2}$	$\sqrt{\frac{32}{945}}\,x^3(\frac{63}{4} - 9x^2 + x^4)\,\mathrm{e}^{-x^2/2}$
3	$\sqrt{\frac{32}{105}}\,x^4\mathrm{e}^{-x^2/2}$	$\frac{8}{\sqrt{945}}\,x^4(\frac{9}{2} - x^2)\,\mathrm{e}^{-x^2/2}$	$\frac{8}{\sqrt{10395}}\,x^4(\frac{99}{4} - 11x^2 + x^4)\,\mathrm{e}^{-x^2/2}$

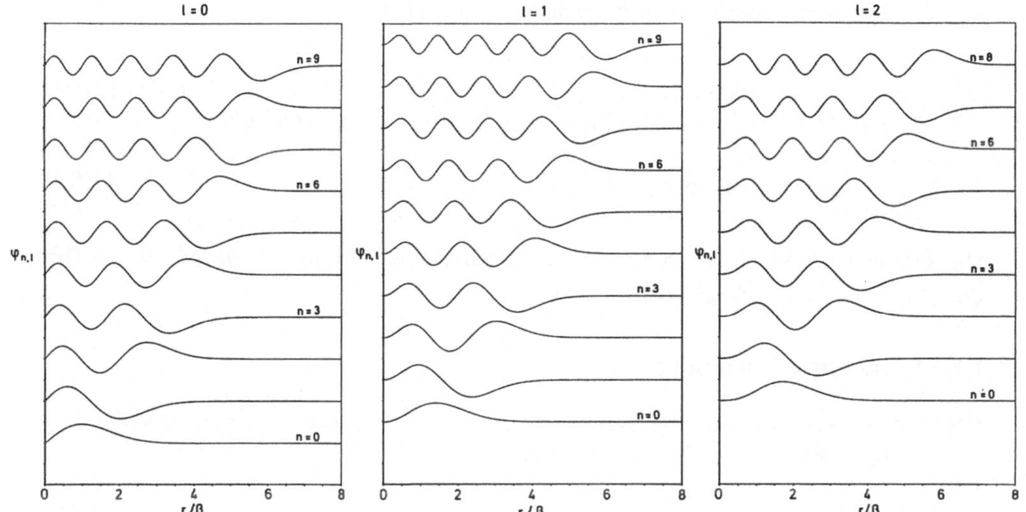

Abb. 1.1. Radiale Eigenfunktionen $\phi_{n,\ell}(r)$ des sphärischen harmonischen Oszillators (1.81) für Drehimpulsquantenzahlen $\ell = 0, 1, 2$ und Hauptquantenzahlen (1.83) bis $N = 19$.

Über (1.73) bilden die Radialwellenfunktionen $\phi_{n,l}$ Eigenfunktionen der dreidimensionalen Schrödingergleichung (1.68) für einen (spinlosen) Massenpunkt im Potential (1.79). Zu jeder Radialquantenzahl n und Drehimpulsquantenzahl l gibt es $2l + 1$ Eigenfunktionen, die zu den verschiedenen Werten der Azimutalquantenzahl $m = -l, -l+1, \ldots, l-1, l$ gehören. Diese Eigenfunktionen haben alle denselben Energieeigenwert $E_{n,l}$, da die radiale Schrödingergleichung nicht von m abhängt. Das ist bei jedem radialsymmetrischen Potential der Fall; eine Besonderheit des harmonischen Oszillators ist die *zusätzliche Entartung*, die darin besteht, daß die Energie nicht von beiden Quantenzahlen n nd l abhängt, sondern nur von der Kombination

$$N = 2n + l \quad , \tag{1.83}$$

die man deshalb Hauptquantenzahl (des sphärischen harmonischen Oszillators) nennt. Die Energieeigenzustände sind also in äquidistanten Oszillatorschalen zu den Energien $E_N = (N + 3/2)\hbar\omega$, $N = 0, 1, 2, \ldots$, gruppiert. Der Entartungsgrad der N-ten Oszillatorschale ergibt sich durch Summation über alle l-Werte, die zu diesem N beitragen können; das sind bei geradem N alle geraden l, die kleiner oder gleich N sind, und bei ungeradem N alle ungeraden l kleiner oder gleich N. Unabhängig davon, ob N gerade oder ungerade ist, ergibt sich

$$\sum_l (2l + 1) = (N + 1)(N + 2)/2 \quad . \tag{1.84}$$

Wegen (1.71) ist jede Oszillatorschale durch eine definierte Parität der Eigenfunktionen, nämlich $(-1)^N$, gekennzeichnet.

1.3 Gebundene und ungebundene Zustände

Betrachten wir die radiale Schrödingergleichung (1.74) für ein Teilchen der Masse μ in einem effektiven Potential $V_{\rm eff}(r)$, das für $r \to \infty$ verschwindet:

$$\left(-\frac{\hbar^2}{2\mu}\frac{d^2}{dr^2} + V_{\rm eff}(r)\right)\phi(r) = E\phi(r) \quad . \tag{1.85}$$

Die Lösungen von (1.85) sind ganz unterschiedlicher Natur, je nachdem, ob die Energie E kleiner oder größer als null ist.

1.3.1 Gebundene Zustände

Nehmen wir zunächst an, daß $V_{\rm eff}$ kurzreichweitig ist, genauer gesagt, daß $V_{\rm eff}$ jenseits einer festen Reichweite r_0 verschwindet:

$$V_{\rm eff}(r) = 0 \qquad \text{für} \quad r \geq r_0 \quad . \tag{1.86}$$

Dies ist natürlich nur für $l = 0$ sinnvoll, da das Zentrifugalpotential für große r wie $1/r^2$ abfällt (vgl. (1.75)).

Für $E < 0$ wird aus (1.85) im Außenbereich einfach

$$\frac{d^2\phi}{dr^2} = \kappa^2\phi \;, \qquad r \geq r_0 \quad , \tag{1.87}$$

wobei κ eine (positive) Konstante ist, die von der Energie $E = -|E|$ abhängt:

$$\kappa = \sqrt{2\mu|E|/\hbar^2} \quad . \tag{1.88}$$

Zwei linear unabhängige Lösungen der gewöhnlichen Differentialgleichung zweiter Ordnung (1.87) sind

$$\phi_+(r) = \mathrm{e}^{+\kappa r} \;, \qquad \phi_-(r) = \mathrm{e}^{-\kappa r} \quad . \tag{1.89}$$

Im Innenbereich $r \leq r_0$ hängt die Lösung von (1.85) von dem Potential $V_{\rm eff}(r)$ ab. Von den zwei Integrationskonstanten, die die allgemeine Lösung enthält, ist eine durch die Randbedingung $\phi(0) = 0$ festgelegt (vgl. (1.76)); die andere ist unbestimmt, weil für eine gegebene Lösung $\phi(r)$ jedes Vielfache von $\phi(r)$ ebenfalls eine Lösung ist. Die Lösung von (1.85) im Innenbereich $r \leq r_0$ ist also durch die Randbedingung (1.76) bis auf eine multiplikative Konstante eindeutig bestimmt.

Um eine Lösung von (1.85) für alle $r \geq 0$ zu bekommen, müssen wir die Lösung $\phi_{r\leq r_0}$ im Innenbereich an der Stelle $r = r_0$ stetig und mit stetiger Ableitung an eine Linearkombination der Lösungen (1.89) im Außenbereich anpassen. Dabei müssen wir aber jeden Beitrag der Lösung $\phi_+(r)$ ausschließen, da sonst die Aufenthaltswahrscheinlichkeit des Teilchens für $r \to \infty$ exponentiell anwachsen würde. Demnach lauten die Anpassungbedingungen bei $r = r_0$:

$$\phi_{r\leq r_0}(r_0) = C\mathrm{e}^{-\kappa r_0} \;, \quad \phi'_{r\leq r_0}(r_0) = -\kappa\, C\mathrm{e}^{-\kappa r_0} \quad . \tag{1.90}$$

Durch Division dieser Gleichungen erhalten wir eine Anpassungsbedingung, die nicht mehr die Proportionalitätskonstante C enthält:

$$\frac{\phi'_{r\lessgtr r_0}(r_0)}{\phi_{r\lessgtr r_0}(r_0)} = -\kappa = -\sqrt{2\mu|E|/\hbar^2} \quad . \tag{1.91}$$

Diese Anpassungsbedingung ist für beliebige Energien $E < 0$ im allgemeinen nicht erfüllt, wie Abb. 1.2 für das Beispiel eines attraktiven Kastenpotentials illustriert. Wenn das Potential V_{eff} genügend attraktiv ist, dann gibt es einen diskreten Satz $E_1, E_2, E_3, \ldots$ von Energien, für die (1.91) erfüllt ist. Die zugehörigen Wellenfunktionen sind quadratintegrabel und sind die gebundenen Zustände im Potential $V_{\text{eff}}(r)$.

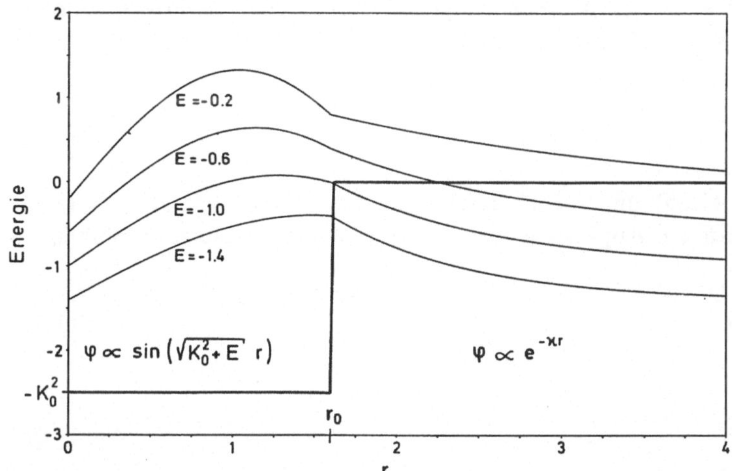

Abb. 1.2. Anpassung von inneren und äußeren Lösungen ϕ für negative Energien $E = -\kappa^2$ in einem attraktiven Kastenpotential ($V(r) = -K_0^2$ für $r < r_0$, $V \equiv 0$ für $r > r_0$, $\hbar^2/(2\mu) = 1$). Bei den gewählten Parametern $K_0^2 = 2.5$, $r_0 = 1.6$ gibt es zwischen $E = -0.6$ und und $E = -1.0$ eine Energie, bei der (1.91) erfüllt ist. (Siehe auch Abschn. 1.3.3.)

Die obige Diskussion bleibt gültig, wenn das effektive Potential $V_{\text{eff}}(r)$ im Außenbereich nicht verschwindet, sondern einem Zentrifugalpotential für $l > 0$ entspricht:

$$V_{\text{eff}}(r) = \frac{l(l+1)\hbar^2}{2\mu r^2} \, , \qquad r \geq r_0 \quad . \tag{1.92}$$

Die Lösungen im Außenbereich sind nun nicht einfach die Exponentialfunktionen (1.89), sondern *modifizierte Besselfunktionen* (siehe Anhang A.3):

$$\phi_+(r) = \sqrt{\kappa r}\, I_{l+\frac{1}{2}}(\kappa r), \qquad \phi_-(r) = \sqrt{\kappa r}\, K_{l+\frac{1}{2}}(\kappa r) \quad . \tag{1.93}$$

Asymptotisch ist $\phi_+(r)$ wieder eine exponentiell anwachsende Lösung,

$$\phi_+(r) \propto \mathrm{e}^{+\kappa r}\left(1 + O\left(\frac{1}{\kappa r}\right)\right) \quad , \tag{1.94}$$

die aus physikalischen Gründen verworfen werden muß, während $\phi_-(r)$ asymptotisch exponentiell abfällt. Ein exakter Ausdruck für $\phi_-(r)$, der nicht nur asymptotisch gilt, ist

$$\phi_-(r) = \sqrt{\frac{\pi}{2}}\, \mathrm{e}^{-\kappa r} \sum_{\lambda=0}^{l} \frac{(l+\lambda)!}{\lambda!(l-\lambda)!}(2\kappa r)^{-\lambda} \quad . \tag{1.95}$$

Die Anpassungsbedingung bei $r = r_0$ lautet nun

$$\frac{\phi'_{r\leq r_0}(r_0)}{\phi_{r\leq r_0}(r_0)} = \frac{\phi'_-(r_0)}{\phi_-(r_0)} = -\frac{l}{r_0} - \kappa\, \frac{K_{l-\frac{1}{2}}(\kappa r_0)}{K_{l+\frac{1}{2}}(\kappa r_0)} \quad , \tag{1.96}$$

wobei die Eigenschaft (A.30) der Funktionen $K_{l\pm\frac{1}{2}}$ ausgenutzt wurde.

Wir können noch einen Schritt weitergehen und zulassen, daß das effektive Potential im Außenbereich einen langreichweitigen Coulomb-artigen Beitrag proportional zu $1/r$ enthält:

$$V_{\mathrm{eff}}(r) = \frac{l(l+1)\hbar^2}{2\mu r^2} - \frac{C}{r}\,, \quad r \geq r_0 \quad . \tag{1.97}$$

Die Lösungen von (1.85) im Außenbereich sind nun *Whittakerfunktionen* (siehe Anhang A.4). Die für die Anpassung bei $r = r_0$ wichtige exponentiell abfallende Funktion ist

$$\phi_-(r) = W_{\gamma,l+\frac{1}{2}}(2\kappa r) \quad , \tag{1.98}$$

wobei der Parameter

$$\gamma = \frac{\mu C}{\hbar^2 \kappa} \tag{1.99}$$

die relative Stärke des $1/r$ Terms im Potential beschreibt. Die Abhängigkeit des Parameters γ von der Energie E bzw. von κ ist durch einen Längenparameter a bestimmt,

$$\gamma = \frac{1}{\kappa a} \quad . \tag{1.100}$$

Die Länge a, welche die räumliche Ausdehnung der gebundenen Zustände in dem Coulomb-artigen Potential bestimmt, heißt *Bohrscher Radius*:

$$a = \frac{\hbar^2}{\mu C} \quad . \tag{1.101}$$

Für große Werte von r ist der führende Term von (1.98)

$$\phi_-(r) = \mathrm{e}^{-\kappa r}(2\kappa r)^{\gamma}\left(1 + O\left(\frac{1}{\kappa r}\right)\right) \quad . \tag{1.102}$$

1.3.2 Ungebundene Zustände

Ganz andere Verhältnisse herrschen bei positiven Energien $E > 0$. Für ein kurzreichweitiges Potential (1.86) lautet die radiale Schrödingergleichung im Außenbereich $r \geq r_0$,

$$\frac{d^2\phi}{dr^2} + k^2\phi = 0 \quad , \tag{1.103}$$

mit der Wellenzahl

$$k = \sqrt{2\mu E/\hbar^2} \quad . \tag{1.104}$$

Zwei linear unabhängige Lösungen von (1.103) sind

$$\phi_s(r) = \sin kr \ , \qquad \phi_c(r) = \cos kr \quad . \tag{1.105}$$

In Abwesenheit des kurzreichweitigen Potentials ist ϕ_s die Lösung (für alle r), welche die Randbedingung $\phi(0) = 0$ erfüllt; sie heißt *reguläre Lösung*, weil die zugehörige Wellenfunktion $\psi(\boldsymbol{r})$ bei $r = 0$ regulär ist (vgl. (1.73)), und sie ist bis auf eine multiplikative Konstante eindeutig bestimmt. In Anwesenheit eines kurzreichweitigen Potentials gibt es eine andere (bis auf eine multiplikative Konstante eindeutige) Lösung $\phi_{r\leq r_0}(r)$ im Innenbereich, welche die Randbedingung $\phi(0) = 0$ erfüllt. Die stetige Anpassung dieser Funktion und ihrer Ableitung an eine Linearkombination der Lösungen (1.105) im Außenbereich führt auf die Anpassungsgleichungen

$$\phi_{r\leq r_0}(r_0) = A\phi_s(r_0) + B\phi_c(r_0) \quad , \tag{1.106}$$

$$\phi'_{r\leq r_0}(r_0) = A\phi'_s(r_0) + B\phi'_c(r_0) \quad . \tag{1.107}$$

Da im Gegensatz zum Fall der negativen Energien keine der beiden Basisfunktionen (1.105) aus physikalischen Gründen auszuschließen ist, haben wir zwei Konstanten A und B frei, mit denen wir (1.106) und (1.107) immer erfüllen können. Zu jeder Energie $E > 0$ gibt es eine Lösung der Schrödingergleichung. Asymptotisch bleiben die Eigenfunktionen zwar beschränkt, aber sie verschwinden nicht; sie beschreiben ungebundene Zustände im Potential $V_{\text{eff}}(r)$.

Die physikalische Lösung der radialen Schrödingergleichung hat also im Außenbereich die Form

$$\phi(r) = A\phi_s(r) + B\phi_c(r) \ , \qquad r \geq r_0 \quad , \tag{1.108}$$

wobei die Konstanten A und B aus den Anpassungsgleichungen (1.106), (1.107) zu bestimmen sind. Lösungen der Schrödingergleichung sind im allgemeinen komplex; für ein reelles Potential V_{eff} in (1.85) können wir aber immer reelle Lösungen finden und folglich davon ausgehen, daß die Konstanten A und B reell sind. Es ist sinnvoll, (1.108) umzuschreiben:

$$\phi(r) = \sqrt{A^2 + B^2}\,[\cos\delta\,\phi_s(r) + \sin\delta\,\phi_c(r)], \qquad r \geq r_0 \quad , \tag{1.109}$$

wobei δ der Winkel ist, der durch

$$\sin\delta = \frac{B}{\sqrt{A^2+B^2}}\ , \qquad \cos\delta = \frac{A}{\sqrt{A^2+B^2}} \tag{1.110}$$

bestimmt ist. Einsetzen von (1.105) gibt

$$\phi(r) = \sqrt{A^2+B^2}\,\sin(kr+\delta)\ , \qquad r \geq r_0\quad . \tag{1.111}$$

Bei jeder Energie $E > 0$ bestimmen also die zwei Konstanten, die aus den Anpassungsbedingungen (1.106–107) gewonnen werden, die Amplitude und die Phase der physikalischen Wellenfunktion im Außenbereich. Die Amplitude ist im Prinzip frei wählbar und kann durch eine Normierungskonvention festgelegt werden (siehe Abschn. 1.3.4). Eine sehr wichtige Größe ist die Phase δ, die durch die Anpassungsbedingungen bis auf ein additives Vielfaches von π eindeutig bestimmt ist. Sie gibt bei jeder Energie an, um wieviel die Wellen der physikalischen Lösung $\phi(r)$ im Außenbereich gegenüber der regulären Lösung $\phi_s(r)$ der „freien Gleichung“ verschoben sind – siehe Abb. 1.3. Aus (1.110) folgt eine Beziehung für die Phase, die unabhängig von der Amplitude ist:

$$\tan\delta = \frac{B}{A}\quad . \tag{1.112}$$

Die asymptotische Phasenverschiebung δ ist eine sehr wichtige Größe, weil sie die Information über die Wirkung des Potentials im Innenbereich in den Außenbereich trägt. Bei der Beschreibung von Streuprozessen bestimmen solche Phasen die beobachtbaren Wirkungsquerschnitte (siehe Abschn. 4.1.1). Deswegen werden sie auch *Streuphasen* genannt.

Auch für ungebundene Zustände läßt sich die obige Diskussion leicht auf den Fall übertragen, daß $V_{\rm eff}(r)$ im Außenbereich $r \geq r_0$ das Zentrifugalpotential (1.92) ist.

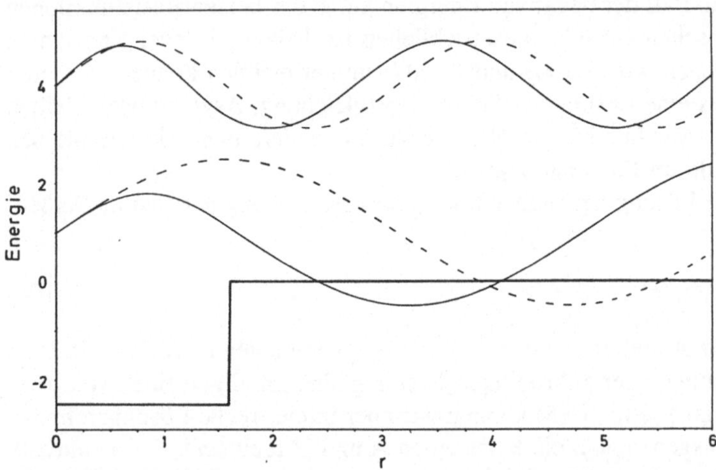

Abb. 1.3. Asymptotische Phasenverschiebung in der radialen Wellenfunktion durch Anpassung an die Wellenfunktion im Innenbereich. Die gestrichelten Linien sind die regulären Lösungen ϕ_s der freien Gleichung (1.103) bei zwei verschiedenen (positiven) Energien; die durchgezogenen Linien sind die am Ursprung regulären Lösungen in Anwesenheit des attraktiven Kastenpotentials aus Abb. 1.2 ($V(r) = -K_0^2 = -2.5$ für $r < r_0 = 1.6$, $V \equiv 0$ für $r > r_0$, $\hbar^2/(2\mu) = 1$). (Siehe auch Abschn. 1.3.3.)

In diesem Fall sind die linear unabhängigen Lösungen von (1.85) im Außenbereich

$$\phi_s(r) = kr\, j_l(kr)\ , \qquad \phi_c(r) = kr\, n_l(kr)\ , \qquad r \geq r_0\ , \tag{1.113}$$

wobei ϕ_s wieder die reguläre Lösung der freien Gleichung ist, in der $V_{\rm eff}(r)$ für alle r nur das Zentrifugalpotential ist. j_l und n_l sind die *sphärischen Bessel-* und *Neumann-Funktionen*, die im Anhang A.3 definiert sind. Wichtig ist hier ihr asymptotisches Verhalten, welches auf ϕ_s und ϕ_c übertragen wieder einen Sinus und einen Kosinus gibt:

$$\begin{aligned} \phi_s(r) &= \sin\left(kr - \frac{l\pi}{2}\right)\left[1 + O\left(\frac{1}{r}\right)\right]\ , \\ \phi_c(r) &= \cos\left(kr - \frac{l\pi}{2}\right)\left[1 + O\left(\frac{1}{r}\right)\right]\ . \end{aligned} \tag{1.114}$$

Damit bleiben alle nach (1.103) folgenden Überlegungen zusammen mit den Gleichungen (1.106) bis (1.110) und (1.112) zumindest asymptotisch gültig. Die physikalische Lösung der radialen Schrödingergleichung hat asymptotisch die Form

$$\phi(r) \propto \sin\left(kr - \frac{l\pi}{2} + \delta_l\right)\ , \tag{1.115}$$

und δ_l ist ihre asymptotische Phasenverschiebung gegenüber der „freien Welle" $kr\, j_l(kr)$.

Läßt man zusätzlich im Außenbereich einen Coulomb-Term zu (1.97), so sind die linear unabhängigen Lösungen von (1.85) im Außenbereich

$$\phi_s(r) = F_l(\eta, kr)\ , \qquad \phi_c(r) = G_l(\eta, kr)\ , \qquad r \geq r_0\ . \tag{1.116}$$

Dabei ist F_l die *reguläre Coulombfunktion*, welche die freie Gleichung löst, in der $V_{\rm eff}$ für alle r die Form (1.97) hat. G_l ist die *irreguläre Coulombfunktion*, welche auch die freie Gleichung löst, aber bei $r = 0$ nicht verschwindet. Die Coulombfunktionen (siehe Anhang A.4) hängen außer von kr noch von dem *Coulombparameter* η ab, der die relative Stärke des Coulomb-Terms im Hamiltonoperator bestimmt (siehe auch (1.99)):

$$\eta = -\frac{\mu C}{\hbar^2 k} = -\frac{1}{ka}\ , \tag{1.117}$$

wobei a wieder der Bohrsche Radius (1.101) ist.

Auch die Coulombfunktionen lassen sich asymptotisch als Sinus und Kosinus schreiben:

$$\begin{aligned} F_l(\eta, kr) &\to \sin\left(kr - \eta \ln 2kr - \frac{l\pi}{2} + \sigma_l\right)\ , \quad \text{für} \quad r \to \infty\ , \\ G_l(\eta, kr) &\to \cos\left(kr - \eta \ln 2kr - \frac{l\pi}{2} + \sigma_l\right)\ , \quad \text{für} \quad r \to \infty\ , \end{aligned} \tag{1.118}$$

aber das Argument sieht etwas komplizierter aus. Die l-abhängigen reellen Konstanten σ_l sind die *Coulomb-Phasen*, die über das Argument der komplexen Γ-Funktion (siehe (A.10) in Anhang A.2) definiert sind,

$$\sigma_l = \arg[\Gamma(l + 1 + \mathrm{i}\eta)] \quad . \tag{1.119}$$

Außerdem tritt in den Argumenten von Sinus und Kosinus in (1.118) noch der r-abhängige Term $\eta \ln 2kr$ auf, der bewirkt, daß eine Coulombwelle nie — auch nicht asymptotisch — eine konstante Wellenlänge bekommt. Das liegt natürlich an der Langreichweitigkeit des Coulombpotentials.

Dennoch bleibt die oben auf (1.103) folgende Diskussion auch in Anwesenheit eines Coulombpotentials gültig. Die physikalische Lösung der Schrödingergleichung hat asymptotisch die Form

$$\phi(r) \propto \sin\left(kr - \eta \ln 2kr - \frac{l\pi}{2} + \sigma_l + \delta_l\right) \quad , \tag{1.120}$$

und δ_l beschreibt ihre asymptotische Phasenverschiebung gegenüber der „freien Coulombwelle" $F_l(\eta, kr)$.

Die asymptotische Phasenverschiebung δ_l gibt bei jeder Energie $E > 0$ an, wie sich eine kurzreichweitige Abweichung des Potentials V_{eff} von einem Referenzpotential bei großen Abständen in der Wellenfunktion bemerkbar macht. Dort ist die physikalische Wellenfunktion eine Überlagerung von zwei Lösungen im Referenzpotential, einer regulären Lösung ϕ_{s} und einer irregulären Lösung ϕ_{c}. Der Tangens von δ_l ist das relative Gewicht der irregulären Komponente. Diese Aussage gilt unabhängig von der Form des Referenzpotentials, es muß nur asymptotisch gegen null gehen. Die drei in diesem Abschnitt behandelten Fälle sind noch einmal in Tabelle 1.3 zusammengefaßt.

Tabelle 1.3. Reguläre Lösungen ϕ_{s} und irreguläre Lösungen ϕ_{c} der radialen Schrödingergleichung (1.85) für positive Energien $E = \hbar^2 k^2/(2\mu)$. Der Coulombparameter ist $\eta = -(\mu/\hbar^2)(C/k)$.

$V_{\mathrm{eff}}(r)$	$\phi_{\mathrm{s}}(r)$	$\phi_{\mathrm{c}}(r)$
0	$\sin kr$	$\cos kr$
$\frac{l(l+1)\hbar^2}{2\mu r^2}$	$kr\, j_l(kr)$	$kr\, n_l(kr)$
asymptotisch	$\sin\left(kr - \frac{l\pi}{2}\right)$	$\cos\left(kr - \frac{l\pi}{2}\right)$
$\frac{l(l+1)\hbar^2}{2\mu r^2} - \frac{C}{r}$	$F_l(\eta, kr)$	$G_l(\eta, kr)$
asymptotisch	$\sin\left(kr - \eta \ln 2kr - \frac{l\pi}{2} + \sigma_l\right)$	$\cos\left(kr - \eta \ln 2kr - \frac{l\pi}{2} + \sigma_l\right)$

1.3.3 Beispiele

Kastenpotential. In diesem Fall ist

$$V(r) = \begin{cases} -V_0 & \text{für } r < r_0 \;, \\ 0 & \text{für } r \geq r_0 \;. \end{cases} \tag{1.121}$$

Wenn das ganze effektive Potential V_{eff} nur aus $V(r)$ besteht, also kein Zentrifugalpotential und keinen Coulomb-Term enthält, so ist für negative Energien $-V_0 < E < 0$ die Lösung $\phi_{r\leq r_0}$ der Schrödingergleichung im Innenbereich

$$\phi_{r\leq r_0}(r) = \sin Kr \quad , \tag{1.122}$$

wobei die Wellenzahl K im Innenbereich durch die Energie $E = -\hbar^2\kappa^2/(2\mu)$ und den Potentialparameter $K_0 = \sqrt{2\mu V_0/\hbar^2}$ gegeben ist (siehe auch Abb. 1.2):

$$K = \sqrt{K_0^2 - \kappa^2} \quad . \tag{1.123}$$

Die Anpassungsbedingung (1.91) lautet nun

$$K \operatorname{ctg} K r_0 = -\kappa = -\sqrt{K_0^2 - K^2} \tag{1.124}$$

und läßt sich für höchstens endlich viele K_i bzw. E_i erfüllen (siehe Aufgabe 1.1).

Enthält das effektive Potential V_{eff} zusätzlich ein Zentrifugalpotential zur Drehimpulsquantenzahl $l > 0$, so ist die Lösung im Innenbereich

$$\phi_{r\leq r_0}(r) = Kr\, j_l(Kr) \quad , \tag{1.125}$$

und die Anpassungsbedingung (1.96) bei $r = r_0$ lautet

$$K\frac{j_{l-1}(Kr_0)}{j_l(Kr_0)} = -\kappa\frac{K_{l-\frac{1}{2}}(\kappa r_0)}{K_{l+\frac{1}{2}}(\kappa r_0)} \quad , \tag{1.126}$$

wobei die Eigenschaft (A.35) der sphärischen Besselfunktionen ausgenutzt wurde.

Für positve Energien $E = \hbar^2k^2/(2\mu)$ ist im Falle eines rein kurzreichweitigen Potentials die Lösung im Innenbereich wieder durch (1.122) gegeben, aber die Wellenzahl K im Innenbereich ist nun

$$K = \sqrt{K_0^2 + k^2} \tag{1.127}$$

(siehe auch Abb. 1.3). Bei $r = r_0$ lassen sich die Anpassungsbedingungen (1.106), (1.107) zu

$$\frac{1}{K}\tan Kr_0 = \frac{1}{k}\tan(kr_0 + \delta_0) \tag{1.128}$$

umschreiben, und das gibt

$$\delta_0 = -kr_0 + \arctan\left(\frac{k}{K}\tan Kr_0\right) \quad . \tag{1.129}$$

In Anwesenheit eines Zentrifugalpotentials $l > 0$ läßt sich für einen unendlich hohen repulsiven Kasten mit Radius r_0 eine einfache Lösung angeben, weil die physikalische Wellenfunktion dann bei $r = r_0$ den Wert Null annehmen muß,

$$\phi_l(r_0) = A\, kr_0\, j_l(kr_0) + B\, kr_0\, n_l(kr_0) = 0 \quad , \tag{1.130}$$

woraus folgt

$$\tan \delta_l = \frac{B}{A} = -\frac{j_l(kr_0)}{n_l(kr_0)} \quad . \tag{1.131}$$

Attraktives Coulombpotential. In diesem Fall ist

$$V(r) = -\frac{C}{r} \quad , \tag{1.132}$$

wobei z. B. im Wasserstoffatom die Konstante C das Quadrat der Elementarladung ist, $C = e^2$.

Die gebundenen Zustände sind durch eine *Coulomb-Hauptquantenzahl* n charakterisiert, $n = 1, 2, 3 \ldots$, und die zugehörigen Energieeigenwerte sind

$$E_n = -\frac{\mathcal{R}}{n^2} \quad . \tag{1.133}$$

$\mathcal{R}$ ist die *Rydbergenergie*:

$$\mathcal{R} = \frac{\mu C^2}{2\hbar^2} = \frac{1}{2}\frac{\hbar^2}{\mu a^2} \quad , \tag{1.134}$$

wobei a wieder der Bohrsche Radius (1.101) ist. Wie beim harmonischen Oszillator (siehe Abschn. 1.2.3) haben die Energieeigenwerte (1.133) im Coulombpotential eine zusätzliche Entartung, die sich darin ausdrückt, daß sie nicht von der Drehimpulsquantenzahl l abhängen; es ist nur zu berücksichtigen, daß n größer als l sein muß. Zur n-ten *Coulombschale* von Energieeigenwerten tragen also nur die Drehimpulse

$$l = 0,\ 1, \ldots, n-1 \tag{1.135}$$

bei. Den Coulombschalen kann man keine eindeutige Parität zuordnen, da zu jedem n (außer $n = 1$) sowohl gerade als auch ungerade Drehimpulse l beitragen. Die Entartung der n-ten Schale ist

$$\sum_{l=0}^{n-1}(2l+1) = n^2 \quad , \tag{1.136}$$

die radialen Eigenfunktionen $\phi_{n,l}(r)$ sind

$$\phi_{n,l}(r) = \frac{1}{n}\left[\frac{(n-l-1)!}{a\,(n+l)!}\right]^{\frac{1}{2}} \left(\frac{2r}{na}\right)^{l+1} L_{n-l-1}^{2l+1}\left(\frac{2r}{na}\right) \mathrm{e}^{-r/(na)} \quad . \tag{1.137}$$

Dabei sind L_ν^α wieder die verallgemeinerten Laguerre-Polynome (siehe Anhang A.2). In (1.137) ist der Grad des Laguerre-Polynoms, der einer radialen Quantenzahl entspricht, $n - l - 1$. Das heißt, daß die radiale Eigenfunktion $\phi_{n,l}$ im Bereich $r > 0$ genau $n - l - 1$ Knoten (Nullstellen) besitzt. Die radialen Eigenfunktionen (1.137) sind für Bahndrehimpulsquantenzahlen l=0, 1, 2 und für die niedrigsten Werte von n in Tabelle 1.4 angegeben und in Abb. 1.4 dargestellt.

Bemerkenswert an den Coulomb-Eigenfunktionen (1.137) ist das Auftreten des Arguments $2r/(na)$, welches von der Hauptquantenzahl n abhängt. Die Bezugslänge

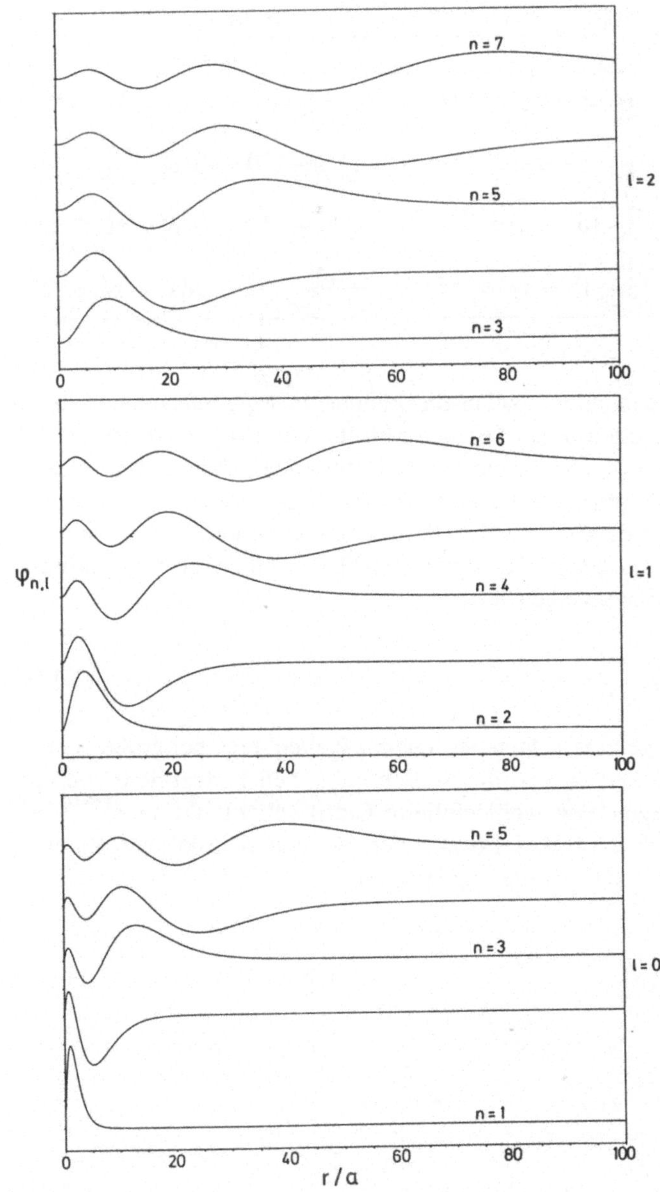

Abb. 1.4. Radiale Eigenfunktionen $\phi_{n,l}(r)$ im Coulombpotential (1.137) für die niedrigsten fünf Werte von n bei Bahndrehimpulsquantenzahlen bis $l=2$

na nimmt mit n zu. Eine Folge hiervon ist, daß die Wellenlängen der Oszillationen im Innenbereich nicht wie beim harmonischen Oszillator mit zunehmendem n immer kleiner werden (vgl. Abb. 1.1); im Coulomb-Fall hängen die Wellenlängen der inneren Oszillationen zwar stark vom Radius r ab, aber kaum von der Hauptquantenzahl n. Der Grund hierfür ist leicht zu verstehen:

Mit zunehmender Hauptquantenzahl n nähert sich der Energieeigenwert (1.133) dem Wert Null. In der radialen Schrödingergleichung (1.74) spielt die rechte Seite $E\phi(r)$ dann nur noch bei großen r eine Rolle, wo die potentielle Energie $V(r)$ auch

Tabelle 1.4. Radiale Eigenfunktionen (1.137) im Coulombpotential, $x_n = 2r/(na)$.

l	$n = l+1$	$n = l+2$	$n = l+3$
0	$\frac{x_1}{\sqrt{a}}\,\mathrm{e}^{-\frac{1}{2}x_1}$	$\frac{x_2}{2\sqrt{2a}}\,(2-x_2)\,\mathrm{e}^{-\frac{1}{2}x_2}$	$\frac{x_3}{6\sqrt{3a}}\,(6-6x_3+x_3^2)\,\mathrm{e}^{-\frac{1}{2}x_3}$
1	$\frac{x_2^2}{2\sqrt{6a}}\,\mathrm{e}^{-\frac{1}{2}x_2}$	$\frac{x_3^2}{6\sqrt{6a}}\,(4-x_3)\,\mathrm{e}^{-\frac{1}{2}x_3}$	$\frac{x_4^2}{16\sqrt{15a}}\,(20-10x_4+x_4^2)\,\mathrm{e}^{-\frac{1}{2}x_4}$
2	$\frac{x_3^3}{6\sqrt{30a}}\,\mathrm{e}^{-\frac{1}{2}x_3}$	$\frac{x_4^3}{48\sqrt{5a}}\,(6-x_4)\,\mathrm{e}^{-\frac{1}{2}x_4}$	$\frac{x_5^3}{60\sqrt{70a}}\,(42-14x_5+x_5^2)\,\mathrm{e}^{-\frac{1}{2}x_5}$
3	$\frac{x_4^4}{48\sqrt{35a}}\,\mathrm{e}^{-\frac{1}{2}x_4}$	$\frac{x_5^4}{120\sqrt{70a}}\,(8-x_5)\,\mathrm{e}^{-\frac{1}{2}x_5}$	$\frac{x_6^4}{864\sqrt{35a}}\,(72-18x_6+x_6^2)\,\mathrm{e}^{-\frac{1}{2}x_6}$

fast verschwindet. Im Innenbereich spielen die kleinen Energieunterschiede durch die verschiedenen Hauptquantenzahlen fast keine Rolle. Die Folge hiervon ist, daß alle Radialwellenfunktionen $\phi_{n,l}$ zu einem festen Drehimpuls l bei großen Hauptquantenzahlen n im Innenbereich bis auf eine Normierungskonstante fast identisch sind. Dies wird in Abb. 1.5 deutlich, in der die Radialwellenfunktionen so umnormiert wurden, daß ihre Norm bei großen Quantenzahlen n umgekehrt proportional zum Abstand $2\mathcal{R}/n^3$ der Energieeigenwerte ist:

$$\phi^{\mathrm{E}}_{n,l}(r) = \sqrt{\frac{n^3}{2\mathcal{R}}}\,\phi_{n,l}(r) \quad . \tag{1.138}$$

Bei dieser Normierung hängen die Höhen der inneren Wellenberge bei großen Quantenzahlen n nicht mehr von n ab, und die Wellenfunktionen konvergieren bei gegebenem l für $n \to \infty$ gegen eine wohldefinierte Grenzwellenfunktion $\phi_l^{(E=0)}$ mit unendlich vielen Knoten. Sie ist eine Lösung der radialen Schrödingergleichung (1.74) zu der Energie $E = 0$ und hat die explizite Form

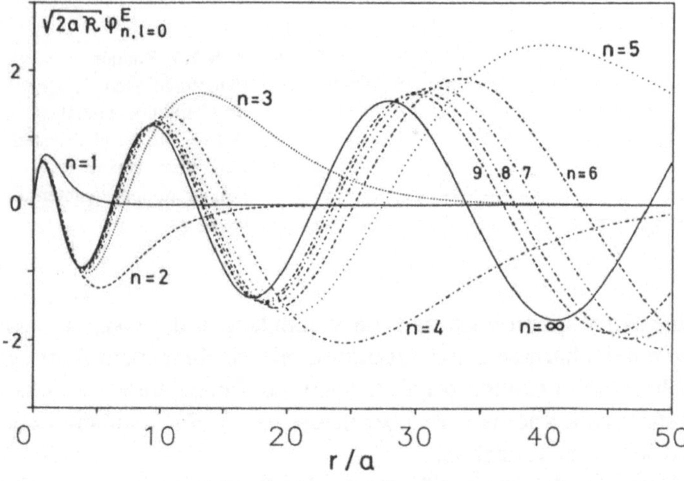

Abb. 1.5. Umnormierte radiale Eigenfunktionen im Coulombpotential (1.138) für $l = 0$. Die durchgezogene Kurve zu $n=\infty$ ist die Grenzwellenfunktion (1.139).

$$\phi_l^{(E=0)}(r) = \frac{\sqrt{r}}{a\sqrt{\mathcal{R}}} J_{2l+1}\left(\sqrt{\frac{8r}{a}}\right) \quad . \tag{1.139}$$

$J_\nu(x)$ ist die *gewöhnliche Besselfunktion* (siehe Anhang A.3). Für kleine Argumente x ist

$$J_\nu(x) = \frac{1}{\nu!}\left(\frac{x}{2}\right)^\nu \quad , \quad x \to 0 \quad , \tag{1.140}$$

und asymptotisch ist

$$J_\nu(x) = \left(\frac{\pi}{2}x\right)^{-\frac{1}{2}} \cos\left(x - \frac{\nu}{2}\pi - \frac{1}{4}\pi\right) \, , \quad x \to \infty \quad . \tag{1.141}$$

Die Konvergenz der Coulomb-Eigenfunktionen für $n \to \infty$ hängt mit der Konvergenz der Energieeigenwerte zusammen. Ebenso wie die Energieeigenwerte (1.133) der gebundenen Zustände nur einen Teil des Spektrums des Hamiltonoperators ausmachen, spannen die zugehörigen Eigenfunktionen nur einen Teil des Hilbertraums auf. Die gebundenen Zustände im Coulombpotential bilden kein vollständiges System, was man sofort merkt, wenn man eine einfache (auf 1 normierte) quadratintegrable Wellenfunktion nach (1.24) zu entwickeln versucht. Die Summe $\sum_n |c_n|^2$ konvergiert schnell, aber meistens gegen eine Zahl wesentlich kleiner als eins (siehe Aufgabe 1.2).

Die Eigenfunktionen des Coulombpotentials werden erst zu einem vollständigen Satz, wenn man die ungebundenen Zustände des Kontinuums $E > 0$ mitnimmt. Dies sind genau die regulären Coulombfunktionen $F_l(\eta, kr)$, die bereits in Abschn. 1.3.2 eingeführt wurden. Aus der Formel (A.45) in Anhang A.4 ergibt sich im attraktiven Coulombpotential ($\eta < 0$) die folgende Formel für die reguläre Coulombfunktion bei kleinen Abständen ($r \to 0$) in der Nähe der Schwelle ($k \to 0$):

$$F_l(\eta, kr) = \frac{\sqrt{\frac{\pi}{2}ka}}{(2l+1)!}\left(\frac{2r}{a}\right)^{l+1} \quad , \quad r \to 0 \, , \quad k \to 0 \quad . \tag{1.142}$$

Wenn die Energie $E = \hbar^2 k^2/(2\mu)$ von oben gegen null konvergiert, so wird aus der radialen Schrödingergleichung (1.74) dieselbe Gleichung, die man erhält, wenn bei negativen Energien $E_n = -\mathcal{R}/n^2$ die Hauptquantenzahl n gegen unendlich geht. Deshalb müssen auch die Kontinuumswellenfunktionen $F_l(\eta, kr)$ an der Kontinuumsschwelle gegen die Lösung $\phi_l^{(E=0)}$ in (1.139) konvergieren

$$\lim_{E \to 0} F_l(\eta, kr) = \sqrt{\frac{\pi \hbar^2 k}{2\mu}} \, \phi_l^{(E=0)}(r) \quad , \tag{1.143}$$

wobei sich die Proportionalitätskonstante aus dem Verhalten (1.140), (1.142) bei $r \to 0$ ergibt.

1.3.4 Normierung der ungebundenen Zustände

Auch für ungebundene Lösungen der stationären Schrödingergleichung gilt natürlich, daß Lösungen zu verschiedenen Energien E, E', bzw. zu verschiedenen asymptotischen Wellenzahlen k, k', orthogonal sind. Da die ungebundenen Wellenfunktionen nicht quadratintegrabel sind, kann man ihnen aber keine endliche Norm zuordnen. Es bietet sich an, die ungebundenen Wellenfunktionen so zu normieren, daß das Skalarprodukt zweier Zustände einer Deltafunktion entspricht. Dies läßt sich auf verschiedene Weisen machen.

Für Radialwellenfunktionen $\phi_k(r)$, die asymptotisch in einen Sinus mit Vorfaktor 1 übergehen,

$$\phi_k(r) \longrightarrow \sin(kr + \delta_{\rm as}) \ , \quad \text{für } r \to \infty \quad , \tag{1.144}$$

gilt

$$\int_0^\infty \phi_k(r)\phi_{k'}(r)dr = \frac{\pi}{2}\,\delta(k-k') \quad , \tag{1.145}$$

wobei wir annehmen, daß k und k' beide positiv sind. Die Phase $\delta_{\rm as}$ in (1.144) kann eine Konstante sein, sie kann aber auch die ortsabhängige Coulombkorrektur $\eta \ln 2kr$ enthalten.

In vielen Fällen ist es sinnvoll, die Wellenfunktionen *in der Energie zu normieren*:

$$\langle \phi_E | \phi_{E'} \rangle = \delta(E - E') \quad . \tag{1.146}$$

Für $E = \hbar^2 k^2/(2\mu)$ gilt

$$\delta(k-k') = \frac{dE}{dk}\delta(E-E') = \frac{\hbar^2 k}{\mu}\delta(E-E') \quad , \tag{1.147}$$

so daß man durch einfache Multiplikation,

$$\phi_E(r) = \left(\frac{\pi\hbar^2 k}{2\mu}\right)^{-\frac{1}{2}} \phi_k(r) \quad , \tag{1.148}$$

die in der Energie normierten Zustände ϕ_E erhält. Die in der Energie normierten Lösungen der radialen Schrödingergleichung sind also diejenigen, die asymptotisch folgende Form haben:

$$\phi_E(r) = \sqrt{\frac{2\mu}{\pi\hbar^2 k}}\,\sin(kr + \delta_{\rm as}) \quad \text{für } r \to \infty \ . \tag{1.149}$$

Mit (1.143) sieht man, daß die in der Energie normierten regulären Coulombfunktionen

$$F_l^{\rm E}(\eta, kr) = \sqrt{\frac{2\mu}{\pi\hbar^2 k}}\,F_l(\eta, kr) \tag{1.150}$$

gerade gegen die Grenzwellenfunktion (1.139) konvergieren, die auch die Grenzfunktion der umnormierten gebundenen Wellenfunktionen (1.138) ist:

$$\lim_{n\to\infty} \phi_{n,l}^{\rm E}(r) = \phi_l^{(E=0)}(r) = \lim_{E\to 0} F_l^{\rm E}(\eta, kr) \quad . \tag{1.151}$$

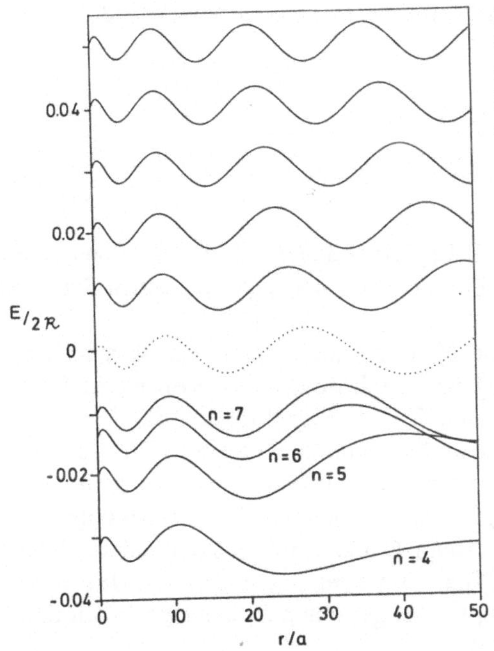

\bb. 1.6. Umnormierte gebundene radiale Eigen-unktionen (1.138) ($E < 0$), in der Energie nor-nierte reguläre Coulombfunktionen (1.150) ($E >$)) und die Grenzwellenfunktion (1.139) (*gepunk-et*) für $l=0$.

In Abb. 1.6 sind die umnormierten gebundenen radialen Eigenfunktionen (1.138), die in der Energie normierten regulären Coulombfunktionen (1.150) und die Grenzwellenfunktion (1.139) für die Bahndrehimpulsquantenzahl $l = 0$ in einem Bild zusammengefaßt.

1.4 Resonanzen und Kanäle

Resonanzen treten bei Energien auf, die im Kontinuum liegen, bei denen es aber fast einen gebundenen Zustand gegeben hätte, d. h. eine kleine Modifikation des Hamiltonoperators hätte genügt, um einen gebundenen Zustand zu bekommen. In einem eindimensionalen Potential können Resonanzen auftreten, wenn der Innenbereich durch eine Potentialbarriere vom Außenbereich abgeschirmt wird (siehe Abschn. 1.4.3). In Systemen mit mehreren Freiheitsgraden treten Resonanzen oft dadurch auf, daß eine gebundene Bewegung in einem Freiheitsgrad durch Kopplung an eine ungebundene Bewegung in einem anderen Freiheitsgrad ins Kontinuum zerfällt. Diese sogenannten *Feshbach-Resonanzen* beschreibt man am einfachsten im Bild der *gekoppelten Kanäle*. Wegen der großen Wichtigkeit des Kanal-Begriffs soll dieser im folgenden Abschnitt zunächst ganz allgemein eingeführt werden.

1.4.1 Kanäle

Betrachten wir ein physikalisches System, dessen Wellenfunktionen $\psi(X,Y)$ von zwei Sätzen X und Y von Variablen abhängen. Sei nun $\hat{O}$ eine Observable, die nur auf Funktionen der Variablen Y wirkt, d. h. für ein Produkt $\psi(X)\phi(Y)$ gilt

$$\hat{O}\,\psi(X)\phi(Y) = \psi(X)\,\hat{O}\phi(Y) \quad . \tag{1.152}$$

Das Eigenwertproblem für $\hat{O}$ ist

$$\hat{O}\phi_n = \omega_n\phi_n \tag{1.153}$$

und definiert einen vollständigen Satz von Eigenfunktionen $\phi_n(Y)$. Wir können uns unter $\hat{O}$ auch einen Satz von Observablen vorstellen und unter ω_n einen Satz von Eigenwerten.

Wenn $\hat{O}$ mit dem Hamiltonoperator $\hat{H}$ kommutiert, dann reduziert sich die Lösung der vollen Schrödingergleichung auf die Lösung einer reduzierten Schrödingergleichung zu jedem Eigenwert ω_n von $\hat{O}$. Jede Eigenfunktion $\phi_n(Y)$ von $\hat{O}$ – genauer gesagt: jeder Eigenwert ω_n, was bei Entartung nicht dasselbe ist – definiert einen *Kanal*, und die Dynamik des reduzierten Problems in der Variablen X in einem gegebenen Kanal ist nicht an die Bewegung in den anderen Kanälen gekoppelt.

Eine Kopplung der Kanäle tritt auf, wenn $\hat{O}$ nicht mit $\hat{H}$ kommutiert. Wegen der Vollständigkeit der Funktionen $\phi_n(Y)$ als Basis im Raum aller Funktionen von Y können wir jede Wellenfunktion $\psi(X,Y)$ des gesamten Systems nach den durch die ϕ_n definierten Kanälen entwickeln:

$$\psi(X,Y) = \sum_n \psi_n(X)\,\phi_n(Y) \quad , \tag{1.154}$$

wobei die $\psi_n(X)$ zunächst unbekannte *Kanalwellenfunktionen* sind, die durch Lösung der Schrödingergleichung zu bestimmen sind. Setzt man den Ansatz (1.154) in die stationäre Schrödingergleichung ein,

$$\sum_n \hat{H}\,\psi_n(X)\phi_n(Y) = E\sum_n \psi_n(X)\phi_n(Y) \quad , \tag{1.155}$$

so erhält man durch Multiplikation von links mit $\phi_m^*(Y)$ und Integration über Y die *gekoppelten Kanalgleichungen* (coupled channel equations) in ihrer allgemeinsten Form:

$$\hat{H}_{m,m}\psi_m(X) + \sum_{n \neq m} \hat{H}_{m,n}\psi_n(X) = E\psi_m(X) \quad . \tag{1.156}$$

Die *diagonalen Hamiltonoperatoren* $\hat{H}_{m,m}$ und die *Kopplungsoperatoren* $\hat{H}_{m,n}$, $m \neq n$, sind *reduzierte Operatoren*, die nur noch im Raum der Wellenfunktionen $\psi(X)$ wirken. Sie sind durch die Eigenfunktionen $\phi_n(Y)$ definiert,

$$\hat{H}_{m,n} = \langle\phi_m|\hat{H}|\phi_n\rangle_Y \quad , \tag{1.157}$$

wobei das Y an der rechten Skalarproduktklammer anzeigen soll, daß nur über die Variable Y integriert (und gegebenenfalls summiert) wird.

Sinnvoll und wertvoll sind die gekoppelten Kanalgleichungen (1.156) insbesondere dann, wenn die diagonalen Operatoren $\hat{H}_{m,m}$ dominieren und die Kopplungsoperatoren $\hat{H}_{m,n}$, $m \neq n$, „klein“ sind. Das ist z. B. der Fall, wenn der Operator

$\hat{O}$ mit einem wesentlichen Teil des Hamiltonoperators kommutiert. Dieser Teil trägt dann nicht zu den Kopplungsoperatoren bei. Hilfreich ist es auch, wenn aus Symmetriegründen nur endlich viele (wenige) Kanäle miteinander koppeln, oder wenn aus physikalischen Gründen nur wenige Terme in der Entwicklung nach Kanälen (1.154) mitgenommen werden müssen.

Weitere Einsichten bekommt man, wenn man die Voraussetzungen etwas präzisiert. Nehmen wir z. B. an, $\hat{H}$ bestehe aus den Operatoren $\hat{H}_X$ und $\hat{H}_Y$, die nur auf Funktionen von X bzw. Y wirken, zusammen mit einem einfachen Kopplungspotential, das durch die Funktion $V(X,Y)$ gegeben ist:

$$\hat{H} = \hat{H}_X + \hat{H}_Y + V(X,Y) \quad . \tag{1.158}$$

Dann eignen sich die Eigenfunktionen $\phi_n(Y)$ von $\hat{H}_Y$ zur Definition von Kanälen. Die diagonalen Hamiltonoperatoren der gekoppelten Kanalgleichungen sind

$$\hat{H}_{m,m} = \hat{H}_X + \langle\phi_m|\hat{H}_Y|\phi_m\rangle_Y + \langle\phi_m|V(X,Y)|\phi_m\rangle_Y \quad , \tag{1.159}$$

und die Kopplungsoperatoren bilden eine Matrix von Potentialen:

$$\hat{H}_{m,n} = V_{m,n}(X) = \int dY\, \phi_m^*(Y)\, V(X,Y)\, \phi_n(Y)\, , \quad m \neq n \quad . \tag{1.160}$$

Die diagonalen Hamiltonoperatoren (1.159) enthalten neben dem Operator $\hat{H}_X$, der in allen Kanälen dieselbe Form hat, noch ein kanalabhängiges Zusatzpotential

$$V_{m,m}(X) = \int |\phi_m(Y)|^2\, V(X,Y)\, dY \tag{1.161}$$

und eine konstante Energie

$$E_m = \langle\phi_m|\hat{H}_Y|\phi_m\rangle_Y \quad , \tag{1.162}$$

die der inneren Energie des Freiheitsgrads Y im jeweiligen Kanal entspricht.

Um noch konkreter zu werden, nehmen wir an, $\psi(X,Y)$ beschreibe einen Massenpunkt der Masse μ, der sich im effektiven radialen Potential $V_{\rm eff}(r)$ bewegt und mit einer Anzahl anderer gebundener Teilchen wechselwirkt. Als Ansatz für $\psi(X,Y)$ haben wir

$$\psi = \sum_{n,l,m} \frac{\phi_{n,l,m}(r)}{r}\, Y_{l,m}(\theta,\phi)\chi_n \quad , \tag{1.163}$$

wobei die χ_n die gebundenen Zustände der anderen Teilchen sind. Jetzt ist X die Radialkoordinate r, und Y besteht aus den Winkelkoordinaten (θ,ϕ) des Massenpunkts zusammen mit allen übrigen Freiheitsgraden. Die gekoppelten Kanalgleichungen haben nun die Form

$$\left(-\frac{\hbar^2}{2\mu}\frac{d^2}{dr^2} + V_{\rm eff}(r) + V_{k,k}(r) + E_k\right)\phi_k(r) + \sum_{k' \neq k} V_{k,k'}(r)\phi_{k'}(r) = E\phi_k(r) \quad , \tag{1.164}$$

wobei der Kanalindex k die Drehimpulsquantenzahlen des Massenpunkts und alle Quantenzahlen der übrigen Freiheitsgrade umfaßt.

Wenn die Kopplungspotentiale im asymptotischen Bereich ($r \to \infty$) verschwinden, kann man bei einer gegebenen Energie E des gesamten Systems zwischen *geschlossenen* und *offenen* Kanälen unterscheiden. In geschlossenen Kanälen ist die Bewegung gebunden, und die Kanalwellenfunktionen $\phi_k(r)$ verschwinden asymptotisch. In offenen Kanälen ist die Bewegung ungebunden, und die Kanalwellenfunktionen oszillieren im asymptotischen Bereich. Wenn das effektive Potential $V_{\text{eff}}(r)$ und die Zusatzpotentiale $V_{k,k}(r)$ in (1.164) asymptotisch gegen null gehen, dann sind bei der Gesamtenergie E diejenigen Kanäle offen, deren innere Energie E_k kleiner ist als E, während Kanäle mit $E_k > E$ geschlossen sind. Die inneren Energien E_k definieren also die *Kanalschwellen*, oberhalb derer im jeweiligen Kanal Kontinuumswellenfunktionen als Kanalwellenfunktionen auftreten. Gebundene Zustände des gesamten Systems und diskrete Energieeigenwerte erhält man, wenn alle Kanäle geschlossen sind. Die Kontinuumsschwelle des gesamten Systems ist mit der niedrigsten Kanalschwelle identisch. Bei Energien, bei denen mindestens ein Kanal offen ist, gibt es immer eine Lösung der gekoppelten Kanalgleichungen. Abb. 1.7 zeigt schematisch einen typischen Satz von diagonalen Kanalpotentialen

$$V_k(r) = V_{\text{eff}}(r) + V_{k,k}(r) + E_k \quad , \tag{1.165}$$

wie sie in (1.164) auftreten. Physikalische Beispiele für Systeme gekoppelter Kanäle werden in Abschn. 3.2 besprochen.

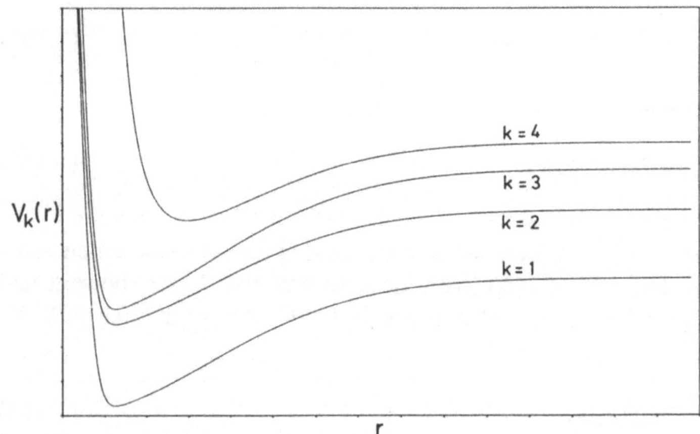

Abb. 1.7. Schematische Darstellung der diagonalen Potentiale (1.165) in einem System gekoppelter Kanäle.

1.4.2 Feshbach-Resonanzen

Das einfachste Beispiel einer Feshbach-Resonanz erhält man in einem Zweikanalsystem, das durch die folgenden gekoppelten Gleichungen beschrieben wird:

$$\begin{aligned} \left(-\frac{\hbar^2}{2\mu}\frac{d^2}{dr^2} + V_1(r)\right)\phi_1(r) + V_{1,2}(r)\phi_2(r) = E\phi_1(r) \quad , \\ \left(-\frac{\hbar^2}{2\mu}\frac{d^2}{dr^2} + V_2(r)\right)\phi_2(r) + V_{2,1}(r)\phi_1(r) = E\phi_2(r) \quad . \end{aligned} \tag{1.166}$$

Für reelle Potentiale muß $V_{1,2}(r) = V_{2,1}(r)$ gelten, wenn der Zweikanal-Hamiltonoperator hermitesch sein soll. Nehmen wir an, Kanal 1 sei offen und Kanal 2 geschlossen, und die Energieskala so gelegt, daß die Kanalschwelle E_1 des offenen Kanals bei $E = 0$ liegt.

Einen fast gebundenen Zustand, d. h. eine Resonanz, erhält man in der Nähe einer Energie, bei der es ohne Kanalkopplung einen gebundenen Zustand im Kanal 2 gäbe. Sei also $\phi_0(r)$ die Wellenfunktion eines solchen gebundenen Zustands im entkoppelten Kanal 2:

$$\left(-\frac{\hbar^2}{2\mu}\frac{d^2}{dr^2} + V_2(r)\right)\phi_0(r) = E_0\phi_0(r) \quad . \tag{1.167}$$

Die Existenz eines solchen Zustands ϕ_0 beeinflußt empfindlich die Lösung der gekoppelten Gleichungen (1.166) in der Nähe der Energie E_0. Um das zu sehen, nehmen wir an, daß die Wellenfunktion $\phi_2(r)$ im geschlossenen Kanal 2 einfach ein Vielfaches $A\phi_0(r)$ dieses Zustands ist. Dann lassen sich die gekoppelten Gleichungen (1.166) umschreiben zu

$$\begin{aligned}\left(E + \frac{\hbar^2}{2\mu}\frac{d^2}{dr^2} - V_1(r)\right)\phi_1(r) &= AV_{1,2}(r)\phi_0(r) \quad , \\ A(E - E_0)\phi_0(r) &= V_{2,1}(r)\phi_1(r) \quad .\end{aligned} \tag{1.168}$$

Die obere der Gleichungen (1.168) kann mit Hilfe der *Greenschen Funktion* $G(r, r')$ gelöst werden, die durch die folgende Beziehung definiert ist:

$$\left(E + \frac{\hbar^2}{2\mu}\frac{d^2}{dr^2} - V_1(r)\right)G(r, r') = \delta(r - r') \quad . \tag{1.169}$$

Man sieht sofort, daß die Wellenfunktion

$$\phi_1(r) = \phi_{\text{reg}} + A\hat{G}V_{1,2}\phi_0 = \phi_{\text{reg}}(r) + A\int_0^\infty G(r, r')V_{1,2}(r')\phi_0(r')\,dr' \tag{1.170}$$

eine Lösung der oberen Gleichung (1.168) ist, wenn $\phi_{\text{reg}}(r)$ eine Lösung der zugehörigen *homogenen* Gleichung ist:

$$\left(E + \frac{\hbar^2}{2\mu}\frac{d^2}{dr^2} - V_1(r)\right)\phi_{\text{reg}}(r) = 0 \quad . \tag{1.171}$$

ϕ_{reg} soll die reguläre Lösung sein, die bei $r = 0$ verschwindet; dann erfüllt ϕ_1 in (1.170) ebenfalls diese Randbedingung (siehe (1.177) unten). Wenn ϕ_{reg} in der Energie normiert ist, so ist ihre asymptotische Form (vgl. (1.149))

$$\phi_{\text{reg}}(r) = \sqrt{\frac{2\mu}{\pi\hbar^2 k}}\sin(kr + \delta_{\text{hg}}) \ , \quad r \to \infty \quad . \tag{1.172}$$

Dabei ist δ_{hg} eine *Hintergrundphase*, die in erster Linie vom diagonalen Potential $V_1(r)$ herrührt und normalerweise nur schwach von der Energie $E = \hbar^2k^2/(2\mu)$ abhängt. Falls $V_1(r)$ einen langreichweitigen Coulombterm enthält, enhält δ_{hg} noch die übliche ortsabhängige Coulombkorrektur (siehe Tabelle 1.3 in Abschn. 1.3.2).

Wenn man die Auflösung (1.170) für $\phi_1(r)$ in die untere Gleichung (1.168) einsetzt,

$$A\left[(E-E_0)\phi_0(r) - V_{2,1}(r)\int_0^\infty G(r,r')V_{1,2}(r')\phi_0(r')\,dr'\right] = V_{2,1}(r)\phi_{\mathrm{reg}}(r)\;, \tag{1.173}$$

und von links das Skalarprodukt mit $\langle\phi_0|$ bildet, so erhält man einen expliziten Ausdruck für den Koeffizienten A,

$$A = \frac{\langle\phi_0|V_{2,1}|\phi_{\mathrm{reg}}\rangle}{E-E_0-\langle\phi_0|V_{2,1}\hat{G}V_{1,2}|\phi_0\rangle}\;, \tag{1.174}$$

wobei das Matrixelement im Nenner einfach folgendes Doppelintegral ist:

$$\langle\phi_0|V_{2,1}\hat{G}V_{1,2}|\phi_0\rangle = \int_0^\infty dr\int_0^\infty dr'\;\phi_0^*(r)V_{2,1}(r)G(r,r')V_{1,2}(r')\phi_0(r')\;. \tag{1.175}$$

Bei gegebenem Diagonalpotential $V_1(r)$ im offenen Kanal 1 läßt sich die Greensche Funktion $G(r,r')$ ausdrücken durch die reguläre Lösung ϕ_{reg} der homogenen Gleichung (1.171) und die entsprechende irreguläre Lösung, die sich asymptotisch wie ein Kosinus verhält:

$$\phi_{\mathrm{irr}}(r) = \sqrt{\frac{2\mu}{\pi\hbar^2 k}}\cos(kr+\delta_{\mathrm{hg}})\;,\quad r\to\infty\;. \tag{1.176}$$

Es ist (siehe Aufgabe 1.4)

$$G(r,r') = -\pi\begin{cases}\phi_{\mathrm{reg}}(r)\phi_{\mathrm{irr}}(r') & \text{für } r\le r'\;,\\ \phi_{\mathrm{reg}}(r')\phi_{\mathrm{irr}}(r) & \text{für } r'\le r\;.\end{cases} \tag{1.177}$$

Bei genügend großen Werten von r können wir in dem Ausdruck (1.170) für $\phi_1(r)$ annehmen, daß die Integrationsvariable r' immer kleiner als r ist, weil $\phi_0(r')$ eine gebundene Wellenfunktion ist und daher der Integrand für große r' verschwindet. Damit können wir für $G(r,r')$ die untere Zeile von (1.177) einsetzen und die Integration über r' ausführen. Als asymptotische Form von $\phi_1(r)$ erhalten wir mit (1.174)

$$\phi_1(r) = \phi_{\mathrm{reg}}(r) + \tan\delta\;\phi_{\mathrm{irr}}(r) = \frac{1}{\cos\delta}\sqrt{\frac{2\mu}{\pi\hbar^2 k}}\sin(kr+\delta_{\mathrm{hg}}+\delta)\;,\quad r\to\infty\;, \tag{1.178}$$

und der Winkel δ ist gegeben durch

$$\tan\delta = -\pi\,\frac{|\langle\phi_0|V_{2,1}|\phi_{\mathrm{reg}}\rangle|^2}{E-E_0-\langle\phi_0|V_{2,1}\hat{G}V_{1,2}|\phi_0\rangle}\;. \tag{1.179}$$

Als Lösungen eines homogenen Differentialgleichungssystems sind die beiden Kanalwellenfunktionen nur bis auf einen gemeinsamen Faktor eindeutig bestimmt.

Eine Kontinuumsfunktion im Kanal 1, die wieder in der Energie normiert ist, erhält man, wenn man die Wellenfunktion ϕ_1 aus (1.178) — und entsprechend die zugehörige Wellenfunktion $A\phi_0$ im Kanal 2 — mit $\cos\delta$ multipliziert. Damit ist auch die gesamte Zweikanal-Wellenfunktion in der Energie normiert, denn die Normierungsintegrale werden von den divergenten Beiträgen des offenen Kanals bestimmt.

Die Ankopplung des Zustands $\phi_0(r)$ im geschlossenen Kanal 2 an den offenen Kanal 1 führt also in der Wellenfunktion im offenen Kanal zu einer *zusätzlichen asymptotischen Phasenverschiebung* δ. Diese zusätzliche Phase charakterisiert die Resonanz. Die in (1.179) auftretenden Matrixelemente

$$\Delta = \langle\phi_0|V_{2,1}\hat{G}V_{1,2}|\phi_0\rangle \tag{1.180}$$

und

$$\Gamma = 2\pi|\langle\phi_0|V_{2,1}|\phi_{\text{reg}}\rangle|^2 \tag{1.181}$$

hängen zwar von der Energie E ab, weil ϕ_{reg} und die Greensche Funktion G energieabhängig sind, diese Energieabhängigkeit ist aber unbedeutend im Vergleich zu der Energieabhängigkeit, die von der Polstruktur der Formel (1.179) für $\tan\delta$ herrührt. Die Lage des Pols, d. h. der Nullstelle des Nenners, definiert die Lage E_{R} der Resonanz:

$$E_{\text{R}} = E_0 + \Delta = E_0 + \langle\phi_0|V_{2,1}\hat{G}V_{1,2}|\phi_0\rangle \quad . \tag{1.182}$$

Sie ist um den *Shift* Δ gegenüber der Energie E_0 des entkoppelten Zustands im geschlossenen Kanal verschoben. Um die Resonanzenergie E_{R} herum steigt die Phase δ mehr oder weniger plötzlich um π an. Die Breite dieses Sprunges wird durch die Energie Γ in (1.181) bestimmt; bei $E = E_{\text{R}} - \Gamma$ und $E = E_{\text{R}} + \Gamma$ hat die Phase bereits 1/4 bzw. 3/4 des Anstiegs durchlaufen. Der Verlauf der Funktion

$$\delta = -\arctan\left(\frac{\Gamma/2}{E - E_{\text{R}}}\right) \tag{1.183}$$

ist für feste Werte der Parameter E_{R} und Γ in Abb. 1.8 dargestellt. Eine isolierte Resonanz, die durch eine zusätzliche asymptotische Phase der Form (1.183) beschrieben wird, heißt auch *Breit-Wigner-Resonanz.*

Die Ableitung der asymptotischen Phasenverschiebung nach der Energie ist nach (1.183)

$$\frac{d\delta}{dE} = \frac{\Gamma/2}{(E - E_{\text{R}})^2 + (\Gamma/2)^2} \tag{1.184}$$

und ist an der Resonanzenergie E_{R} maximal, wobei

$$\Gamma = 2\left(\left.\frac{d\delta}{dE}\right|_{E=E_{\text{R}}}\right)^{-1} \quad . \tag{1.185}$$

Allgemeiner äußert sich eine Resonanz durch einen Sprung in der asymptotischen Phasenverschiebung, der nicht exakt der Breit-Wigner-Form (1.183) entspricht. In

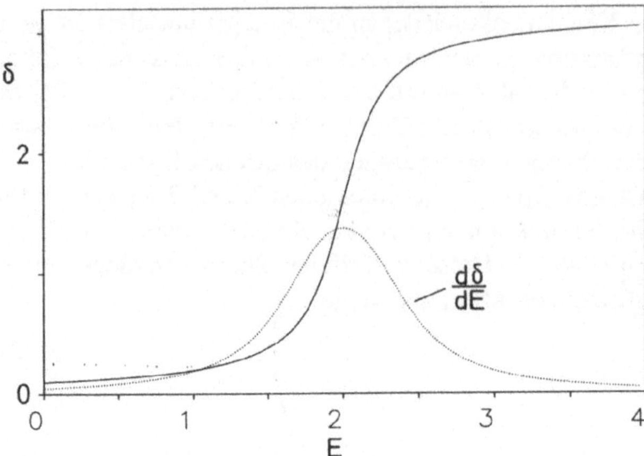

Abb. 1.8. Die durchgezogene Linie zeigt die zusätzliche asymptotische Phasenverschiebung $\delta(E)$ (ohne Hintergrundphase) in der Nähe einer isolierten Breit-Wigner-Resonanz bei $E = E_R = 2.0$ mit einer Breite $\Gamma = 0.4$. Die gepunktete Linie ist die Ableitung (1.184).

diesem Fall dient der Punkt maximaler Steigung $d\delta/dE$ als Definition für die Lage E_R der Resonanz, und die Breite kann über (1.185) definiert werden. Die Festlegung von Lage und Breite einer Resonanz ist meistens unproblematisch, wenn die Resonanz so schmal ist, daß die Matrixelemente (1.180), (1.181) über die ganze Breite als konstant angesehen werden können, ebenso wie die Hintergrundphase δ_{hg}. Mit zunehmender Breite einer Resonanz wird die eindeutige Definition ihrer Lage und Breite schwieriger (siehe auch Abschn. 1.4.3).

Die Ableitung der asymptotischen Phasenverschiebung nach der Energie ist auch ein Maß für die relative Beimischung des geschlossenen Kanals in der Lösung der gekoppelten Kanalgleichungen. Wenn wir von in der Energie normierten Lösungen der gekoppelten Kanalgleichungen (1.166) bzw. (1.168) ausgehen, dann ist die Kanalwellenfunktion ϕ_2 im geschlossenen Kanal

$$\phi_2(r) = A \cos\delta\, \phi_0(r) \quad , \tag{1.186}$$

wobei der Faktor $\cos\delta$, wie oben nach (1.179) erläutert, von der Normierung der ungebundenen Wellenfunktion im Kanal 1 herrührt. Die Beimischung ist quantitativ durch das Quadrat der Amplitude $A\cos\delta$ gegeben, die vor der auf 1 normierten (gebundenen) Wellenfunktion ϕ_0 steht. Mit (1.174), (1.179) ist

$$\begin{aligned} |A\cos\delta|^2 &= \frac{|\langle\phi_0|V_{2,1}|\phi_{\text{reg}}\rangle|^2}{(E-E_R)^2}\,\frac{1}{1+\tan^2\delta} \\ &= \frac{1}{\pi}\,\frac{\Gamma/2}{(E-E_R)^2+(\Gamma/2)^2} = \frac{1}{\pi}\,\frac{d\delta}{dE} \quad . \end{aligned} \tag{1.187}$$

1.4.3 Potentialresonanzen

Eine andere wichtige Situation, in der Resonanzen auftreten können, entsteht durch eine Potentialbarriere, die den Bereich kleiner Abstände r vom Außenbereich trennt. Solche Potentialbarrieren können u.a. durch Überlagerung eines attraktiven kurzreichweitigen Potentials mit dem repulsiven Zentrifugalpotential enstehen. Als Bei-

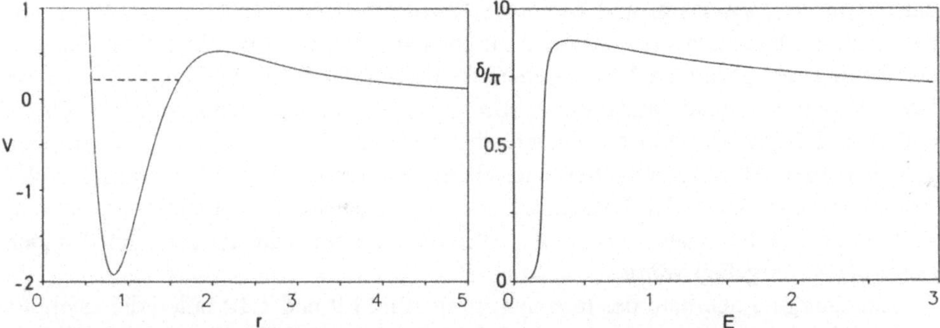

Abb. 1.9. Die linke Hälfte zeigt das Potential (1.188) für Bahndrehimpulsquantenzahl $l = 2$, $V_0 = 12.5$ und $\beta = 1.0$ ($\hbar^2/\mu = 1$). Die rechte Hälfte zeigt die asymptotische Phasenverschiebung $\delta_{l=2}$ aus (1.115) als Funktion der Energie E. Die maximale Steigung der Phasenverschiebung ist bei $E_{\rm R} = 0.21$, und die Breite der Resonanz ist nach (1.185) $\Gamma \approx 0.03$.

spiel betrachten wir das Potential

$$V(r) = -V_0\,\mathrm{e}^{-r^2/\beta^2} + \frac{l(l+1)\hbar^2}{2\mu r^2} \quad , \tag{1.188}$$

welches für $l=2$ und zwei verschiedene Potentialstärken V_0 in Abb. 1.9 und 1.10 dargestellt ist. In Abb. 1.9 gibt es eine Resonanz knapp oberhalb der Kontinuumsschwelle, und sie äußert sich in einem Sprung der asymptotischen Phasenverschiebung $\delta_{l=2}$ um etwas weniger als π. In Abb. 1.10 ist das Potential weniger attraktiv, und die Resonanz liegt in der Nähe des Maximums der Potentialbarriere. Die asymptotische Phasenverschiebung springt nun um deutlich weniger als π, aber es gibt einen Punkt maximaler Steigung, und die Breite der Resonanz kann über die Formel (1.185) definiert werden.

Bei einer Feshbach-Resonanz (Abschn. 1.4.2) addieren sich die Hintergrundphase, die von dem Potential im offenen Kanal herrührt, und die zusätzliche Phase durch die Ankopplung des gebundenen Zustands im geschlossenen Kanal zur gesamten asymptotischen Phasenverschiebung $\delta_{\rm hg} + \delta$ (vgl. (1.178)). Wenn die Energieabhängigkeit der Hintergrundphase und der Kopplungsmatrixelemente ver-

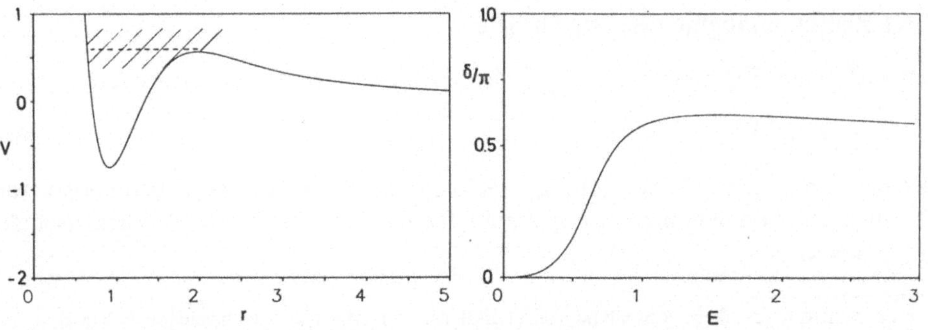

Abb. 1.10. Dasselbe wie Abb. 1.9 für $V_0 = 10.0$. Die maximale Steigung der Phasenverschiebung ist bei $E_{\rm R} = 0.6$, und die Breite der Resonanz ist nach (1.185) $\Gamma \approx 0.5$.

nachlässigt werden kann, und wenn die Resonanz isoliert ist (d. h. die Breite der Resonanz ist kleiner als der Abstand zu benachbarten Resonanzen), dann läßt sich der Sprung der gesamten Phasenverschiebung durch die Arcus-Tangens-Form der Breit-Wigner-Resonanz beschreiben. Bei einer Potentialresonanz wie in Abb. 1.9 und Abb. 1.10 ist es nicht so einfach, die gesamte Phase in einen schwach energieabhängigen Hintergrundanteil und einen resonanten Anteil zu zerlegen. Wie Abb. 1.10 zeigt, kann der Phasensprung um eine breite Potentialresonanz herum, auch wenn die Resonanz isoliert ist, erheblich kleiner sein als die Breit-Wigner-Form (1.183) ergeben würde.

Bei Energien oberhalb der Resonanzen in Abb. 1.9 und 1.10 fallen die asymptotischen Phasenverschiebungen langsam ab und streben für $E \to \infty$ gegen null. Dies hängt damit zusammen, daß das Potential (1.188) mit den Parametern aus Abb. 1.9 und 1.10 keine echten gebundenen Zustände unterhält. Die Differenz zwischen der Phase an der Schwelle und der Phase bei unendlich hohen Energien ist über das *Levinson-Theorem* mit der Anzahl von gebundenen Zuständen verknüpft. Demnach ist $\delta(E=0)$ immer ein ganzzahliges Vielfaches von π, und

$$\delta(E=0) - \delta(E \to \infty) = N_\mathrm{b}\pi \quad , \tag{1.189}$$

wobei N_b die Anzahl der gebundenen Zustände ist. Das Levinson-Theorem (1.189) gilt für die asymptotischen Phasenverschiebungen, die durch ein kurzreichweitiges Potential $V(r)$ in der radialen Schrödingergleichung hervorgerufen werden. Kurzreichweitig heißt hier, daß $V(r)$ asymptotisch schneller als $1/r^2$ gegen null strebt. Die Beziehung (1.189) für die Phasenverschiebung gilt auch, wenn die „freie Schrödingergleichung" (ohne das kurzreichweitige Potential) als Referenzpotential das Zentrifugalpotential und/oder ein *repulsives Coulombpotential* enthält. In Anwesenheit eines *attraktiven Coulombpotentials* gibt es unendlich viele gebundene Zustände, $\delta(E=0)$ ist im allgemeinen kein ganzzahliges Vielfaches von π, und das Levinson-Theorem ist nicht anwendbar.[1] (Vgl. Abschn. 3.1.2.)

1.5 Näherungsmethoden

1.5.1 Zeitunabhängige Störungstheorie

Oft sucht man Eigenwerte und Eigenzustände eines Hamiltonoperators $\hat{H}$,

$$\hat{H} = \hat{H}_0 + \lambda\hat{W} \quad , \qquad \lambda \text{ klein} \, , \tag{1.190}$$

der nur durch eine „kleine Störung" $\lambda\hat{W}$ von einem einfacheren Hamiltonoperator $\hat{H}_0$ abweicht, von dem man das Spektrum und die (auf 1 normierten) Eigenzustände $|\psi_n^{(0)}\rangle$ kennt:

[1] Eine weitere aber seltene Ausnahme von (1.189) tritt bei einem kurzreichweitigen Potential (ohne Zentrifugalpotential und ohne Coulombpotential) auf, wenn es genau an der Schwelle einen „halbgebundenen" Zustand gibt. Genaueres über solche Ausnahmesituationen ist in [New82] zu finden.

$$\hat{H}_0|\psi_n^{(0)}\rangle = E_n^{(0)}|\psi_n^{(0)}\rangle \quad . \tag{1.191}$$

Um eine schrittweise Approximation der Eigenzustände $|\psi_n\rangle$ von $\hat{H}$ zu erreichen, entwickeln wir diese in Potenzen des kleinen Parameters λ:

$$|\psi_n\rangle = |\psi_n^{(0)}\rangle + |\lambda\psi_n^{(1)}\rangle + |\lambda^2\psi_n^{(2)}\rangle + \cdots \; . \tag{1.192}$$

Ebenso für die Eigenwerte E_n von $\hat{H}$:

$$E_n = E_n^{(0)} + \lambda E_n^{(1)} + \lambda^2 E_n^{(2)} + \cdots \; . \tag{1.193}$$

Einsetzen in die stationäre Schrödingergleichung,

$$\begin{aligned} &(\hat{H}_0 + \lambda\hat{W})\left(|\psi_n^{(0)}\rangle + |\lambda\psi_n^{(1)}\rangle + \cdots\right) \\ &= \left(E_n^{(0)} + \lambda E_n^{(1)} + \lambda^2 E_n^{(2)} + \cdots\right)\left(|\psi_n^{(0)}\rangle + |\lambda\psi_n^{(1)}\rangle + \cdots\right) \quad , \end{aligned} \tag{1.194}$$

und Sortieren nach Potenzen von λ gibt in nullter Ordnung wieder die ungestörte Eigenwertgleichung (1.191) und in erster Ordnung

$$\hat{H}_0|\lambda\psi_n^{(1)}\rangle + \lambda\hat{W}|\psi_n^{(0)}\rangle = E_n^{(0)}|\lambda\psi_n^{(1)}\rangle + \lambda E_n^{(1)}|\psi_n^{(0)}\rangle \quad . \tag{1.195}$$

Bildet man von links das Skalarprodukt mit $\langle\psi_n^{(0)}|$, so heben sich wegen

$$\langle\psi_n^{(0)}|\hat{H}_0|\lambda\psi_n^{(1)}\rangle = E_n^{(0)}\langle\psi_n^{(0)}|\lambda\psi_n^{(1)}\rangle \tag{1.196}$$

die Terme mit $|\lambda\psi_n^{(1)}\rangle$ weg, und man erhält einen Ausdruck für die Energieverschiebung in erster Ordnung:

$$\lambda E_n^{(1)} = \langle\psi_n^{(0)}|\lambda\hat{W}|\psi_n^{(0)}\rangle \quad . \tag{1.197}$$

Um aus (1.195) die Änderung $|\lambda\psi_n^{(1)}\rangle$ der Wellenfunktion in erster Ordnung zu bekommen, bilden wir von links das Skalarprodukt mit einem beliebigen Eigenzustand $\langle\psi_m^{(0)}|$ von $\hat{H}_0$ und erhalten wegen

$$\langle\psi_m^{(0)}|\hat{H}_0|\psi_n^{(1)}\rangle = E_m^{(0)}\langle\psi_m^{(0)}|\psi_n^{(1)}\rangle \tag{1.198}$$

den folgenden Ausdruck für den *Überlapp* (d. h. das Skalarprodukt) von $|\lambda\psi_n^{(1)}\rangle$ mit den ungestörten Zuständen:

$$\langle\psi_m^{(0)}|\lambda\psi_n^{(1)}\rangle(E_n^{(0)} - E_m^{(0)}) = \langle\psi_m^{(0)}|\lambda\hat{W}|\psi_n^{(0)}\rangle - \lambda E_n^{(1)}\langle\psi_m^{(0)}|\psi_n^{(0)}\rangle \quad . \tag{1.199}$$

Für $m = n$ verschwindet die linke Seite von (1.199), und wir erhalten wieder (1.197). Für $m \neq n$ erhalten wir im *nicht entarteten Fall*, d. h. $E_m^{(0)} \neq E_n^{(0)}$ für alle m,

$$\langle\psi_m^{(0)}|\lambda\psi_n^{(1)}\rangle = \frac{\langle\psi_m^{(0)}|\lambda\hat{W}|\psi_n^{(0)}\rangle}{E_n^{(0)} - E_m^{(0)}} \quad . \tag{1.200}$$

Da die Eigenzustände von $\hat{H}_0$ ein vollständiges System bilden, definiert (1.200) die Entwicklung von $|\lambda\psi_n^{(1)}\rangle$ in der ungestörten Basis (vgl. (1.6), (1.8)). Nur der Koeffizient von $|\psi_n^{(0)}\rangle$ bleibt durch (1.199) unbestimmt. Eine natürliche Wahl ist, diesen Koeffizienten gleich null zu setzen, wodurch gewährleistet wird, daß die

Norm des gestörten Zustands $|\psi_n^{(0)} + \lambda\psi_n^{(1)}\rangle$ erst in zweiter Ordnung in λ von 1 abweicht. Die Änderung der Wellenfunktion in erster Ordnung ist somit

$$|\lambda\psi_n^{(1)}\rangle = \sum_{m \neq n} \frac{\langle\psi_m^{(0)}|\lambda\hat{W}|\psi_n^{(0)}\rangle}{E_n^{(0)} - E_m^{(0)}} |\psi_m^{(0)}\rangle \quad . \tag{1.201}$$

Sortiert man in (1.194) die Terme zweiter Ordnung in λ,

$$\hat{H}_0|\lambda^2\psi_n^{(2)}\rangle + \lambda\hat{W}|\lambda\psi_n^{(1)}\rangle = E_n^{(0)}|\lambda^2\psi_n^{(2)}\rangle + \lambda E_n^{(1)}|\lambda\psi_n^{(1)}\rangle + \lambda^2 E_n^{(2)}|\psi_n^{(0)}\rangle \quad , \tag{1.202}$$

und bildet man wieder das Skalarprodukt von links mit $\langle\psi_n^{(0)}|$, so erhält man für die Energieverschiebung in zweiter Ordnung

$$\lambda^2 E_n^{(2)} = \langle\psi_n^{(0)}|\lambda\hat{W}|\lambda\psi_n^{(1)}\rangle = \sum_{m \neq n} \frac{|\langle\psi_n^{(0)}|\lambda\hat{W}|\psi_m^{(0)}\rangle|^2}{E_n^{(0)} - E_m^{(0)}} \quad . \tag{1.203}$$

Die obigen Überlegungen gelten für kleine Störungen an nicht entarteten Eigenzuständen des ungestörten Hamiltonoperators $\hat{H}_0$. Im *entarteten Fall* gibt es zu einem Eigenwert $E_n^{(0)}$ N Eigenzustände $|\psi_{n,1}^{(0)}\rangle, \ldots, |\psi_{n,N}^{(0)}\rangle$, und jede (unitäre) Transformation dieser N Zustände untereinander,

$$|\psi_{n,i}^{\mathrm{d}}\rangle = \sum_{j=1}^{N} c_{i,j}|\psi_{n,j}^{(0)}\rangle \quad , \tag{1.204}$$

führt wieder auf N Eigenzustände von $\hat{H}_0$ zum selben Eigenwert $E_n^{(0)}$. Eine sinnvolle Wahl der Koeffizienten $c_{i,j}$ in (1.204) ist diejenige, die den Störoperator $\lambda\hat{W}$ in dem N-dimensionalen Unterraum, der von den entarteten Eigenzuständen aufgespannt wird, diagonalisiert:

$$\langle\psi_{n,i}^{\mathrm{d}}|\lambda\hat{W}|\psi_{n,j}^{\mathrm{d}}\rangle = \epsilon_i\delta_{i,j} \quad . \tag{1.205}$$

Gleichung (1.205) ist erfüllt, wenn die Zustände (1.204) im N-dimensionalen Unterraum Eigenzustände von $\lambda\hat{W}$ sind, d. h. der jeweilige „Restzustand“ $(\lambda\hat{W} - \epsilon_i)|\psi_{n,i}^{\mathrm{d}}\rangle$ ist orthogonal zu allen N Zuständen $|\psi_{n,j}^{\mathrm{d}}\rangle$ oder, was dasselbe ist, zu allen $|\psi_{n,k}^{(0)}\rangle$, $k = 1, \ldots, N$. Diese Orthogonalitätsbedingung läßt sich mit Hilfe von (1.204) als homogenes lineares Gleichungssystem für die Koeffizienten $c_{i,j}$ formulieren:

$$\langle\psi_{n,k}^{(0)}|\lambda\hat{W} - \epsilon_i|\psi_{n,i}^{\mathrm{d}}\rangle = \sum_{j=1}^{N} \left(\langle\psi_{n,k}^{(0)}|\hat{W}|\psi_{n,j}^{(0)}\rangle - \epsilon_i\delta_{k,j}\right) c_{i,j} = 0 \quad . \tag{1.206}$$

Für jedes i ist (1.206) ein Satz von N Gleichungen, $k = 1, \ldots, N$, für die N Unbekannten $c_{i,1}, \ldots, c_{i,N}$. Nicht-triviale Lösungen gibt es nur, wenn die Determinante des Gleichungssystems verschwindet:

$$\det\left(\langle\psi_{n,k}^{(0)}|\lambda\hat{W}|\psi_{n,j}^{(0)}\rangle - \epsilon_i\delta_{k,j}\right) = 0 \quad . \tag{1.207}$$

Die aus der Lösung von (1.206) hervorgehenden *vordiagonalisierten Zustände* $|\psi^{\mathrm{d}}_{n,i}\rangle$ sind immer noch nur in nullter Ordnung in λ Eigenzustände von $\hat{H}$, aber die Störung $\lambda\hat{W}$ vermischt sie nicht mehr untereinander. Das heißt, wir können die Änderung der Wellenfunktionen in erster Ordnung wieder genau wie in (1.201) schreiben, bloß daß die Summe nun nicht nur den einen ungestörten Zustand ausspart, sondern alle mit ihm in $\hat{H}_0$ entarteten. Die gestörten Zustände in erster Ordnung sind also $|\psi^{\mathrm{d}}_{n,i}\rangle + |\lambda\psi^{(1)}_{n,i}\rangle$, wobei $|\psi^{\mathrm{d}}_{n,i}\rangle$ die vordiagonalisierten Zustände (1.205) sind, und

$$|\lambda\psi^{(1)}_{n,i}\rangle = \sum_{E^{(0)}_m \neq E^{(0)}_n} \frac{\langle\psi^{(0)}_m|\lambda\hat{W}|\psi^{\mathrm{d}}_{n,i}\rangle}{E^{(0)}_n - E^{(0)}_m} |\psi^{(0)}_m\rangle \quad . \tag{1.208}$$

Die N Wurzeln der *Säkulargleichung* (1.207) definieren die N Eigenwerte $\epsilon_1, \ldots, \epsilon_N$ von $\lambda\hat{W}$ im N-dimensionalen Unterraum der entarteten Eigenzustände von $\hat{H}_0$. Die entsprechenden neuen Energien $E^{(0)}_n + \epsilon_i$ sind die gestörten Energien bis zur ersten Ordnung in λ. Die nächsten Korrekturen haben die Ordnung von λ^2. Um diese zu berechnen, muß man in (1.202) für $|\psi^{(0)}_n\rangle$ die vordiagonalisierten Zustände $|\psi^{\mathrm{d}}_{n,i}\rangle$ einsetzen und für $|\lambda\psi^{(1)}_n\rangle$ die Korrekturen erster Ordnung nach (1.208). Dann erhält man bei Skalarproduktbildung von links mit $\langle\psi^{\mathrm{d}}_{n,i}|$

$$\lambda^2 E^{(2)}_{n,i} = \langle\psi^{\mathrm{d}}_{n,i}|\lambda\hat{W}|\lambda\psi^{(1)}_{n,i}\rangle = \sum_{E^{(0)}_m \neq E^{(0)}_n} \frac{|\langle\psi^{\mathrm{d}}_{n,i}|\lambda\hat{W}|\psi^{(0)}_m\rangle|^2}{E^{(0)}_n - E^{(0)}_m} \quad . \tag{1.209}$$

Eine Vordiagonalisierung einer begrenzten Anzahl von ungestörten Eigenzuständen ist nicht nur bei exakter Entartung sinnvoll. In den Gleichungen (1.201), (1.203) werden die Beiträge von Zuständen mit ungestörten Energien $E^{(0)}_m$ nahe bei $E^{(0)}_n$ wegen des kleinen Energienenners sehr groß. In diesem Fall kann es zweckmäßig sein, unter den nahe bei $E^{(0)}_n$ liegenden Zuständen vorzudiagonalisieren; die Ausdrücke für die Änderung der Wellenfunktion in erster Ordnung und die Energieverschiebung in zweiter Ordnung haben danach die Form (1.208) bzw. (1.209) und enthalten keine Beiträge von den vordiagonalisierten Zuständen. Ein ungestörter Eigenzustand kann als „nahe bei $E^{(0)}_n$ liegend“ betrachtet werden, wenn der Betrag der Energiedifferenz $E^{(0)}_m - E^{(0)}_n$ von derselben Größenordnung oder kleiner ist als der Betrag des Kopplungsmatrixelements $\langle\psi^{(0)}_m|\lambda\hat{W}|\psi^{(0)}_n\rangle$, siehe Aufgabe 1.5.

Um die Energieverschiebung in zweiter Ordnung oder die Änderung der Wellenfunktionen in erster Ordnung zu berechnen, muß man das ungestörte Problem (1.191) im Prinzip vollständig gelöst haben, da die Summationen in (1.201) und (1.203), bzw. (1.208) und (1.209), ein vollständiges System voraussetzen. Das bedeutet insbesondere für ungestörte Hamiltonoperatoren, die auch ungebundene Eigenzustände haben, daß über die entsprechenden Beiträge des Kontinuums integriert werden muß.

1.5.2 Ritzsches Variationsverfahren

In einem Hilbertraum von normierbaren Zuständen $|\psi\rangle$ kann man den Erwartungswert eines gegebenen Hamiltonoperators $\hat{H}$

$$\langle \hat{H} \rangle = \frac{\langle \psi | \hat{H} | \psi \rangle}{\langle \psi | \psi \rangle} \equiv E[\psi] \tag{1.210}$$

als ein Funktional auffassen, das jedem Zustand $|\psi\rangle$ die reelle Zahl $E[\psi]$ zuordnet. Die Aussage, daß $|\psi\rangle$ ein Eigenzustand von $\hat{H}$ ist, ist gleichbedeutend damit, daß das Funktional $E[\psi]$ an der Stelle $|\psi\rangle$ stationär ist, d. h. für eine infinitesimal kleine Variation $|\psi\rangle \to |\psi + \delta\psi\rangle$ des Zustands verschwindet die entsprechende Variation der Energie:

$$\delta E = 0 \quad . \tag{1.211}$$

Um das einzusehen, berechnen wir $\delta E = E[\psi + \delta\psi] - E[\psi]$ in erster Ordnung in $|\delta\psi\rangle$,

$$\begin{aligned} \delta E &= \frac{\langle \psi | \hat{H} | \psi \rangle + \langle \delta\psi | \hat{H} | \psi \rangle + \langle \psi | \hat{H} | \delta\psi \rangle}{\langle \psi | \psi \rangle + \langle \delta\psi | \psi \rangle + \langle \psi | \delta\psi \rangle} - E \\ &= \frac{\langle \delta\psi | \hat{H} - E | \psi \rangle + \langle \psi | \hat{H} - E | \delta\psi \rangle}{\langle \psi | \psi \rangle + \langle \delta\psi | \psi \rangle + \langle \psi | \delta\psi \rangle} \quad , \end{aligned} \tag{1.212}$$

und dieser Ausdruck verschwindet genau dann, wenn

$$\langle \delta\psi | \hat{H} - E | \psi \rangle + \langle \psi | \hat{H} - E | \delta\psi \rangle = 0 \quad . \tag{1.213}$$

Wenn $|\psi\rangle$ ein Eigenzustand von $\hat{H}$ ist, dann ist sein Eigenwert gleich dem Erwartungswert (1.210), und (1.213) ist natürlich für alle $|\delta\psi\rangle$ erfüllt. Gilt umgekehrt (1.213) für alle (infinitesimalen) $|\delta\psi\rangle$, so gilt sie bei gegebenen $|\delta\psi\rangle$ auch für die Variation $\mathrm{i}|\delta\psi\rangle$; das bedeutet wegen (1.11), (1.12)

$$-\mathrm{i}\langle \delta\psi | \hat{H} - E | \psi \rangle + \mathrm{i}\langle \psi | \hat{H} - E | \delta\psi \rangle = 0 \quad . \tag{1.214}$$

Aus (1.213) und (1.214) folgt, daß $\langle \psi | \hat{H} - E | \delta\psi \rangle$ und $\langle \delta\psi | \hat{H} - E | \psi \rangle$ für sich verschwinden müssen. Wenn aber $\langle \delta\psi | \hat{H} - E | \psi \rangle$ für alle (infinitesimalen) $|\delta\psi\rangle$ im Hilbertraum verschwindet, dann muß der Zustand $(\hat{H} - E)|\psi\rangle$ zu allen Zustandsvektoren des Hilbertraums orthogonal sein und folglich selbst null sein. Das heißt, $|\psi\rangle$ ist ein Eigenzustand von $\hat{H}$ zum Eigenwert E.

Oft ist es wesentlich leichter, für eine begrenzte Menge von Modellzuständen $|\psi\rangle$ jeweils den Energieerwartungswert $E[\psi]$ zu berechnen, als das Eigenwertproblem von $\hat{H}$ zu lösen. In solchen Fällen kann man unter den Modellzuständen diejenigen suchen, bei denen $E[\psi]$ unter kleinen Variationen innerhalb der Menge der Modellzustände stationär ist und diese Zustände als approximative Eigenzustände von $\hat{H}$ ansehen. Besonders sinnvoll ist es, nach einem Minimum von $E[\psi]$ zu suchen und so den Grundzustand von $\hat{H}$ zu approximieren. Da der Erwartungswert (1.210) als gewichteter Mittelwert der exakten Eigenwerte geschrieben werden kann (1.27), kann er nicht kleiner sein als der tiefste exakte Eigenwert E_1:

$$E_1 \leq \frac{\langle \psi | \hat{H} | \psi \rangle}{\langle \psi | \psi \rangle} \; , \quad \text{alle } |\psi\rangle \quad . \tag{1.215}$$

Einen Spezialfall einer Modellzustandsmenge bildet ein Unterraum des Hilbertraums, der von einer (nicht notwendig orthonormalen) Basis $|\psi_1\rangle, \ldots, |\psi_N\rangle$ aufgespannt wird. Der allgemeine Modellzustand ist dann eine Linearkombination

$$|\psi\rangle = \sum_{i=1}^{N} c_i |\psi_i\rangle \tag{1.216}$$

dieser Basiszustände, und die Koeffizienten c_i sind die Parameter, die den Modellzustand bestimmen.

Die Projektion des Hamiltonoperator $\hat{H}$ auf den von $|\psi_1\rangle \ldots |\psi_N\rangle$ aufgespannten Unterraum ist ein reduzierter Operator $\hat{h}$, der durch die Matrixelemente

$$h_{i,j} = \langle\psi_i|\hat{h}|\psi_j\rangle = \langle\psi_i|\hat{H}|\psi_j\rangle \ , \quad i,j = 1, \ldots, N \tag{1.217}$$

definiert ist. Innerhalb des Modellraums sind die Erwartungswerte von $\hat{h}$ und $\hat{H}$ dieselben:

$$\frac{\langle\psi|\hat{H}|\psi\rangle}{\langle\psi|\psi\rangle} = \frac{\langle\psi|\hat{h}|\psi\rangle}{\langle\psi|\psi\rangle} = E[\psi] \quad . \tag{1.218}$$

Da der Modellraum selbst ein Vektorraum von Zustandsvektoren ist, gilt für ihn dieselbe Argumentation wie für den vollen Hilbertraum, und die Stationarität des Energiefunktionals (1.218) ist gleichbedeutend damit, daß der entsprechende Zustand ein Eigenzustand des auf den Modellraum projizierten Hamiltonoperators $\hat{h}$ ist. $|\psi\rangle$ ist ein Eigenzustand von $\hat{h}$ heißt, daß $(\hat{h} - E)|\psi\rangle$ verschwindet bzw. daß $(\hat{H} - E)|\psi\rangle$ zu allen Basiszuständen $|\psi_1\rangle \ldots |\psi_N\rangle$ orthogonal ist:

$$\langle\psi_i|\hat{H} - E|\psi\rangle = 0 \ , \quad i = 1, \ldots, N \quad . \tag{1.219}$$

Einsetzen des expliziten Ansatzes (1.216) für $|\psi\rangle$ in (1.219) gibt

$$\sum_{j=1}^{N} (h_{i,j} - E\, n_{i,j}) c_j = 0 \ , \quad i = 1, \ldots, N \quad , \tag{1.220}$$

wobei $h_{i,j}$ die Matrixelemente des Hamiltonoperators sind (1.217), und $n_{i,j}$ sind die Elemente der *Überlappmatrix*:

$$n_{i,j} = \langle\psi_i|\psi_j\rangle \ , \quad i,j = 1, \ldots, N \quad . \tag{1.221}$$

Gleichung (1.220) ist ein homogenes lineares Gleichungssystem von N Gleichungen für die N unbekannten Koeffizienten c_j. Das Auftreten der Überlappmatrix $n_{i,j}$ rührt daher, daß wir nicht die Orthonormalität der Basiszustände vorausgesetzt haben. Die zugehörige Säkulargleichung lautet

$$\det(h_{i,j} - E\, n_{i,j}) = 0 \tag{1.222}$$

und liefert N Eigenwerte ϵ_k von $\hat{h}$ sowie N zugehörige Eigenzustände der Form (1.216). Die Eigenzustände $|\psi^{(k)}\rangle$ sind jeweils durch einen N-komponentigen Vektor von Koeffizienten $c_i^{(k)}$ charakterisiert und sind als Eigenzustände des hermiteschen

Operators $\hat{h}$ orthogonal:

$$\langle\psi^{(k)}|\psi^{(l)}\rangle = \sum_{i=1}^{N}\sum_{j=1}^{N}(c_i^{(k)})^* \, n_{i,j} \, c_j^{(l)} \propto \delta_{k,l} \quad . \tag{1.223}$$

Wenn sie auf 1 normiert sind, gilt

$$\begin{aligned} \langle\psi^{(k)}|\psi^{(l)}\rangle &= \delta_{k,l} \quad , \\ \langle\psi^{(k)}|\hat{H}|\psi^{(l)}\rangle &= \epsilon_k \delta_{k,l} \ , \quad k,l = 1,\dots,N \ . \end{aligned} \tag{1.224}$$

Die Methode des Diagonalisierens von $\hat{H}$ in einem Unterraum ist besonders wertvoll, wenn man nicht nur den Grundzustand approximieren will. Für diesen gilt ja eine Schrankenbeziehung (1.215), die besagt: je niedriger der Wert von $E[\psi]$, desto näher liegt er an der exakten Grundzustandsenergie E_1. Eine ähnliche Schrankenbeziehung gilt für angeregte Zustände nicht, so daß es nicht immer eine gute Sache ist, für einen Modellzustand, der einen angeregten Zustand approximieren soll, eine möglichst niedrige Energie anzustreben. Nach einem *Theorem von Hylleraas und Undheim* gilt eine solche Schrankenbeziehung wieder, wenn die Modellzustände untereinander nicht mehr mischen, d. h. wenn sie (1.224) erfüllen. Genauer: Seien $E_1 \le E_2 \le E_3 \cdots$ die nach der Größe geordneten exakten Eigenwerte von $\hat{H}$ und $\epsilon_1 \le \epsilon_2 \cdots \le \epsilon_N$ die Energieerwartungswerte von N Zuständen, die untereinander die Bedingungen (1.224) erfüllen. Dann gilt

$$E_i \le \epsilon_i \quad \text{für alle } i = 1,\dots,N \quad . \tag{1.225}$$

Nach diesem Theorem ist klar, daß alle Eigenwerte, die man bei Diagonalisierung von $\hat{H}$ in einem Unterraum bekommt, durch eine Vergrößerung des Unterraums kleiner werden (oder gleich bleiben) müssen. Um das zu sehen, braucht man nur den vergrößerten Unterraum als *den* Hilbertraum anzusehen; für den darin enthaltenen kleineren Unterraum gelten dann die Voraussetzungen für die Beziehung (1.225). Ein sehr schöner Drei-Zeilen-Beweis des Hylleraas-Undheim-Theorems steht in [New82], S.326.

Das Hylleraas-Undheim-Theorem kann auch in Situationen nützlich sein, die allgemeiner sind als Diagonalisieren in einem Unterraum. Wenn z. B. die Variation von $E[\psi]$ nach Parametern in einer Modellwellenfunktion zwei (oder mehrere) stationäre Punkte liefert, etwa ein absolutes Minimum bei $|\psi_1\rangle$ und ein lokales Minimum bei $|\psi_2\rangle$, so weiß man im allgemeinen nicht, ob $E[\psi_2]$ größer oder kleiner ist als die exakte Energie des ersten angeregten Zustands. Außerdem brauchen $|\psi_1\rangle$ und $|\psi_2\rangle$ nicht orthogonal zu sein. Es ist aber meistens verhältnismäßig einfach, die 2×2 Matrizen $h_{i,j} = \langle\psi_i|\hat{H}|\psi_j\rangle$ und $n_{i,j} = \langle\psi_i|\psi_j\rangle$ zu berechnen. Damit kann man die Gleichungen (1.220), (1.222) lösen, was einer *Nachdiagonalisierung* von $\hat{H}$ in dem von $|\psi_1\rangle$ und $|\psi_2\rangle$ aufgespannten zweidimensionalen Unterraum entspricht. Dadurch erhält man eine verbesserte (tiefere) Approximation ϵ_1 für die Grundzustandsenergie und eine Energie ϵ_2, die zwar etwas höher liegen mag als $E[\psi_2]$, von der man aber mit Sicherheit weiß, daß sie eine obere Schranke für die exakte Energie des ersten angeregten Zustands ist.

Noch genauere Ergebnisse kann man erzielen, wenn man für verschiedene Werte der Modellparameter jeweils zwei (oder mehr) Modellzustände nach (1.220), (1.222) diagonalisiert und als Approximation für den Grundzustand den tiefsten Eigenwert ϵ_1 nimmt, als Approximation für den ersten angeregten Zustand den tiefsten zweiten Eigenwert ϵ_2 (der bei anderen Parameterwerten auftreten darf), usw. Die so ermittelten Zustände müssen nicht mehr orthogonal sein, weil sie aus verschiedenen Diagonalisierungen hervorgehen. Die Energien ϵ_i erfüllen aber die Schrankenbedingung, da jede von ihnen als i-ter Zustand eines diagonalen Satzes (1.224) auftritt.

1.5.3 Halbklassische Näherung

Der Zusammenhang zwischen klassischer Mechanik und Quantenmechanik ist in mehrdimensionalen Systemen, die nicht auf eindimensionale Systeme zurückgeführt werden können, noch heute ein Gegenstand aktueller Forschung (siehe auch Kap. 5, Abschn. 5.2 und 5.3). Für eindimensionale Systeme ist dieser Zusammenhang aber sehr gut verstanden. Eine Beschreibung, die das Konzept der Wellenfunktion mit einem beinahe klassischen Impuls verknüpft, ist die halbklassische Näherung von Wentzel, Kramers und Brillouin, die *WKB-Methode*.

In dieser Methode wird die Wellenfunktion $\psi(x)$, die eine eindimensionale Bewegung eines Massenpunkts der Masse μ in einem (reellen) Potential $V(x)$ beschreiben soll, durch eine reelle Amplitude $A(x)$ und eine Phase ausgedrückt:

$$\psi(x) = A(x) \exp\left(\frac{\mathrm{i}}{\hbar} s(x)\right) \quad . \tag{1.226}$$

Die Phase wird durch die reelle Funktion $s(x)$ bestimmt, welche die Dimension einer Wirkung hat. Wenn wir den Ausdruck (1.226) in die stationäre Schrödingergleichung

$$\psi'' + \frac{2\mu}{\hbar^2}(E - V)\psi = 0 \quad . \tag{1.227}$$

einsetzen, so erhalten wir

$$A'' + 2\frac{\mathrm{i}}{\hbar}A's' + A\left(\frac{\mathrm{i}}{\hbar}s'' - \frac{1}{\hbar^2}(s')^2\right) + \frac{2\mu}{\hbar^2}(E - V)A = 0 \quad . \tag{1.228}$$

Da die reellen und die rein imaginären Beiträge in (1.228) für sich verschwinden müssen, erhalten wir zwei gekoppelte Differentialgleichungen für $A(x)$ und $s(x)$:

$$(s')^2 = 2\mu(E - V) + \hbar^2\frac{A''}{A} \quad , \tag{1.229}$$

$$As'' + 2A's' = 0 \quad . \tag{1.230}$$

Gleichung (1.230) läßt sich umschreiben als $(\ln A)' = -\frac{1}{2}(\ln s')'$ und integrieren:

$$A(x) = \text{const.}\,(s'(x))^{-1/2} \quad . \tag{1.231}$$

Die halbklassische Näherung besteht nun darin, daß wir in (1.229) den Term $\hbar^2 A''/A$ vernachlässigen. Die Gleichung läßt sich dann für s' auflösen:

$$s'(x) = \sqrt{2\mu(E - V(x))} \stackrel{\text{def}}{=} p(x) \quad . \tag{1.232}$$

Die durch (1.232) definierte Funktion $p(x)$ ist der *lokale Impuls* der einer klassischen Aufteilung der Energie E in eine kinetische und eine potentielle Energie entspricht:

$$E = \frac{p(x)^2}{2\mu} + V(x) \quad . \tag{1.233}$$

Durch Integration von (1.232) erhalten wir einen expliziten Ausdruck für die Wirkung s,

$$s(x) = \int^x p(x')dx' \quad , \tag{1.234}$$

und mit (1.231) hat die Wellenfunktion (1.226) die Form

$$\psi(x) = \text{const.}\, p(x)^{-1/2}\, \mathrm{e}^{(\mathrm{i}/\hbar)\int^x p(x')\,dx'} \quad . \tag{1.235}$$

Die Darstellung (1.235) ist nur sinnvoll im klassisch erlaubten Bereich $V(x) < E$, in dem $p(x)$ eine reelle Funktion ist. In diesem Bereich zählt die Wirkung (1.234) die Oszillationen der Wellenfunktion; wenn $s(x)$ um $2\pi\hbar$ zunimmt, durchläuft die Phase von ψ einmal den Kreis 2π.

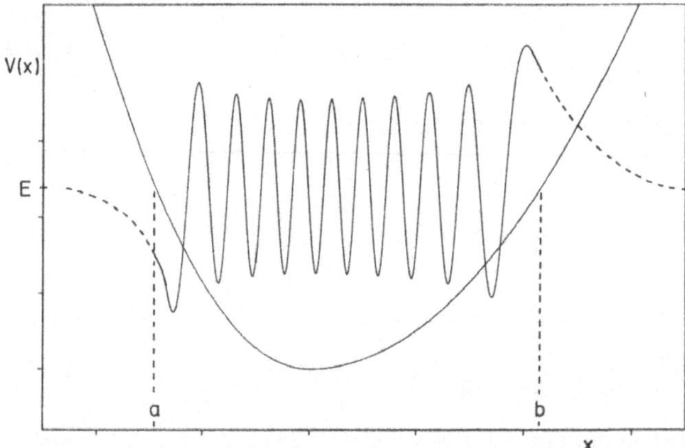

Abb. 1.11. Realteil der Wellenfunktion (1.235) für die gebundene Bewegung eines Massenpunkts in einem Potential $V(x)$.

Abbildung 1.11 illustriert die gebundene Bewegung eines Teilchens der Gesamtenergie E in einem Potential $V(x)$. In dem klassisch erlaubten Bereich zwischen den beiden Umkehrpunkten a und b oszilliert die Wellenfunktion, während sie im klassisch verbotenen Bereich abfällt. Stationäre gebundene Zustände gibt es gerade bei den Energien, bei denen eine ganze Zahl von *Halbwellen* „genau zwischen die beiden Umkehrpunkte a und b paßt", und jeder gebundene Zustand ist durch eine wohldefinierte Anzahl $n = 0, 1, 2, \ldots$, von Knoten im klassisch erlaubten Bereich charakterisiert. Das führt zu der *Bohr-Sommerfeldschen Quantisierungsbedingung*

$$\frac{1}{2}S(E) = s(b) - s(a) = \int_a^b p(x)dx = \left(n + \frac{1}{2}\right)\pi\hbar \,, \quad n = 0, 1, 2, \ldots \tag{1.236}$$

Der Faktor $1/2$ auf der linken Seite von (1.236) berücksichtigt die Tatsache, daß der Weg von a nach b nur eine halbe Periode der klassischen Schwingung erfaßt. Die *integrierte Wirkung* $S(E)$ ist als Integral über eine ganze Periode definiert und ist gerade die Fläche des klassisch erlaubten Bereichs im zweidimensionalen Phasenraum. Der *Maslov-Index* $1/2$ auf der rechten Seite von (1.236) wird aus der stetigen Anpassung der oszillierenden Wellenfunktion an die abfallenden Wellenfunktionen in der Umgebung der klassischen Umkehrpunkte hergeleitet. Gleichung (1.236) gilt (im Rahmen der halbklassischen Näherung) für flache Potentiale mit endlichen Steigungen an den Umkehrpunkten. Für Potentiale, die in der Nähe eines Umkehrpunktes singulär werden wie das Coulombpotential in der radialen Schrödingergleichung bei $l = 0$, sind größere Anstrengungen notwendig, um die Form von ψ in der Nähe des Umkehrpunkts zu bestimmen. Eine intensive Diskussion über die Anpassung von WKB-Wellenfunktionen in der Nähe von klassischen Umkehrpunkten findet sich bei Berry und Mount [BM72].

Als Beispiel für die Anwendung der Quantisierungsbedingung (1.236) mag der eindimensionale harmonische Oszillator dienen,

$$V(x) = \frac{\mu}{2}\omega^2 x^2 \quad , \tag{1.237}$$

bei dem die halbklassische Näherung bereits die exakten Energieeigenwerte $E_n = (n + 1/2)\hbar\omega$ liefert (siehe Aufgabe 1.6). Dies liegt allerdings an der speziellen Form des Oszillatorpotentials. Eine gute Approximation der exakten quantenmechanischen Ergebnisse liefert die WKB-Methode im allgemeinen bei hohen Quantenzahlen n oder bei „sanften Potentialen“, bei denen die mit dem lokalen Impuls (1.232) verbundene *lokale Wellenlänge* $\lambda(x) = 2\pi\hbar/p(x)$ nur schwach von x abhängt: $\lambda'(x) \ll 1$.

Außer als Methode zur Approximation von quantenmechanischen Rechnungen ist die WKB-Methode als anschauliche Methode nützlich, um physikalische Sachverhalte qualitativ zu verdeutlichen. Als Beispiel untersuchen wir die hochangeregten gebundenen Zustände der radialen Schrödingergleichung mit einem Potential $V(r)$, das außerhalb eines Radius r_0 wie eine Potenz von r von unten gegen null strebt,

$$V(r) = -\frac{C}{r^\alpha} \quad \text{für } r > r_0 \ , \quad (C > 0) \quad , \tag{1.238}$$

und bei kleinen r repulsiv ist (um Singularitäten am inneren Umkehrpunkt zu vermeiden), siehe Abb. 1.12. Der innere Umkehrpunkt a wird in der Nähe der Kontinuumsschwelle $E = 0$ kaum von der Energie E abhängen, aber der äußere Umkehrpunkt b geht mit $E \to 0$ nach ∞,

$$b(E) = \left(\frac{C}{|E|}\right)^{1/\alpha} \quad . \tag{1.239}$$

Die integrierte Wirkung aus (1.236) ist gegeben durch

$$\frac{1}{2}S(E) = \int_a^{b(E)} p(r)dr = \int_a^{r_0} p(r)dr + \int_{r_0}^{b(E)} \sqrt{2\mu\left(\frac{C}{r^\alpha} - |E|\right)}\, dr \ . \tag{1.240}$$

Für $E \to 0$ geht das Integral $\int_a^{r_0} p(r)dr$ gegen einen konstanten Wert. Das zweite

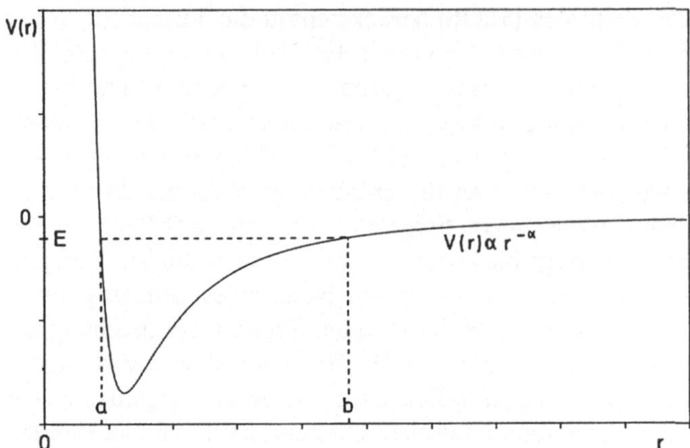

Abb. 1.12. Schematische Darstellung des Potentials $V(r)$ aus (1.238).

Integral auf der rechten Seite von (1.240) bleibt im Limes $E \to 0$ endlich, falls der Exponent α größer ist als zwei. In diesem Fall ist die Wirkung (1.240) bei Annäherung an die Schwelle $E = 0$ von oben beschränkt, und es gibt höchstens endlich viele gebundene Zustände. Für $\alpha \leq 2$ hingegen divergiert das zweite Integral auf der rechten Seite von (1.240) im Limes $E \to 0$, und die Wirkung S wächst über alle Grenzen; in diesem Fall gibt es unendlich viele gebundene Zustände. Diese Aussagen hängen nicht von der Gestalt des Potentials bei kleinen Abständen r ab und sind, obwohl sie hier im Rahmen der WKB-Näherung hergeleitet wurden, ganz allgemein gültig.

Die Anzahl der gebundenen Zustände in einem Potential $V(r)$ hängt also ganz entscheidend von dem asymptotischen Verhalten des Potentials ab. *Kurzreichweitige Potentiale*, das sind solche, die asymptotisch schneller abfallen als r^{-2}, können höchstens endlich viele Zustände binden. *Langreichweitige Potentiale*, das sind solche mit

$$V(r) \stackrel{r\to\infty}{\longrightarrow} -\frac{C}{r^{\alpha}} , \quad 0 < \alpha \leq 2 \quad , \tag{1.241}$$

haben (sofern der langreichweitige Teil attraktiv ist, $C > 0$) immer unendlich viele gebundene Zustände. Hierzu gehört natürlich das in Abschn. 1.3.3 besprochene attraktive Coulombpotential, aber auch das wie $-1/r^2$ abfallende Potential, das Gegenstand von Aufgabe 1.8 ist.

1.6 Drehimpuls und Spin

Ein Drehimpulsoperator $\hat{J}$ ist durch die Vertauschungsrelationen der Form (1.55) charakterisiert:

$$[\hat{J}_x, \hat{J}_y] = \mathrm{i}\hbar \hat{J}_z , \quad [\hat{J}_y, \hat{J}_z] = \mathrm{i}\hbar \hat{J}_x , \quad [\hat{J}_z, \hat{J}_x] = \mathrm{i}\hbar \hat{J}_y \quad , \tag{1.242}$$

was man in der schlampigen, aber einprägsamen Schreibweise

$$\hat{\boldsymbol{J}} \times \hat{\boldsymbol{J}} = \mathrm{i}\hbar \hat{\boldsymbol{J}} \tag{1.243}$$

zusammenfassen kann. Aus diesen Vertauschungsrelationen allein folgt bereits, daß die Eigenwerte von $\hat{\boldsymbol{J}}^2 = \hat{J}_x^2 + \hat{J}_y^2 + \hat{J}_z^2$ die Form $j(j+1)\hbar^2$ haben und daß es zu jedem Wert von j genau $2j+1$ verschiedene Eigenwerte von $\hat{J}_z$ gibt, nämlich $m\hbar$ mit $m = -j, -j+1, \ldots, j-1, j$. Die Zahl $2j+1$ muß eine positive ganze Zahl sein, so daß j selbst ganzzahlig oder halbzahlig sein kann. Für Bahndrehimpulse, die in Bezug zu konkreten Ortsvariablen dargestellt werden können (vgl. (1.65)), führt die Forderung der Eindeutigkeit der Wellenfunktion im Ortsraum auf ausschließlich ganzzahlige Drehimpulsquantenzahlen. Diese Einschränkung gilt nicht für Spin-Drehimpulse, die kein klassisches Analogon im Ortsraum besitzen.

1.6.1 Addition von Drehimpulsen

Seien $\hat{\boldsymbol{J}}_1$ und $\hat{\boldsymbol{J}}_2$ zwei miteinander kommutierende Drehimpulse ($[\hat{J}_{1x}, \hat{J}_{2x}] = [\hat{J}_{1x}, \hat{J}_{2y}] = 0$, etc.), deren Drehimpulsquantenzahlen j_1, m_1 bzw. j_2, m_2 heißen sollen. Da $\hat{\boldsymbol{J}}_1$ und $\hat{\boldsymbol{J}}_2$ die Vertauschungsrelationen (1.242) erfüllen, erfüllt auch die Summe

$$\hat{\boldsymbol{J}} = \hat{\boldsymbol{J}}_1 + \hat{\boldsymbol{J}}_2 \tag{1.244}$$

diese Relationen und ist ebenfalls ein Drehimpuls. $\hat{\boldsymbol{J}}^2$ hat die Eigenwerte $j(j+1)\hbar^2$ und $\hat{J}_z$ hat die Eigenwerte $m\hbar$.

Die Quadrate der Drehimpulse kommutieren,

$$[\hat{\boldsymbol{J}}^2, \hat{\boldsymbol{J}}_1^2] = [\hat{\boldsymbol{J}}^2, \hat{\boldsymbol{J}}_2^2] = 0 \quad , \tag{1.245}$$

und die Komponenten von $\hat{\boldsymbol{J}}$ kommutieren mit $\hat{\boldsymbol{J}}_1^2$ und $\hat{\boldsymbol{J}}_2^2$, z. B. für $\hat{J}_z = \hat{J}_{1z} + \hat{J}_{2z}$:

$$[\hat{J}_z, \hat{\boldsymbol{J}}_1^2] = [\hat{J}_z, \hat{\boldsymbol{J}}_2^2] = 0 \quad . \tag{1.246}$$

Die Komponenten von $\hat{\boldsymbol{J}}_1$ und $\hat{\boldsymbol{J}}_2$ kommutieren aber nicht mit dem Quadrat des Summendrehimpulses,

$$\hat{\boldsymbol{J}}^2 = \hat{\boldsymbol{J}}_1^2 + \hat{\boldsymbol{J}}_2^2 + 2\hat{\boldsymbol{J}}_1 \cdot \hat{\boldsymbol{J}}_2 \quad , \tag{1.247}$$

weil z. B. $\hat{J}_{1z}$ nicht mit den Termen $\hat{J}_{1x}\hat{J}_{2x}$ und $\hat{J}_{1y}\hat{J}_{2y}$ in dem Skalarprodukt $\hat{\boldsymbol{J}}_1 \cdot \hat{\boldsymbol{J}}_2$ kommutiert.

Für die vollständige Klassifizierung der Drehimpulseigenzustände reichen bereits vier kommutierende Operatoren aus, die in verschiedener Weise gewählt werden können. In der *entkoppelten Darstellung* sind das $\hat{\boldsymbol{J}}_1^2$, $\hat{J}_{1z}$, $\hat{\boldsymbol{J}}_2^2$, $\hat{J}_{2z}$. Die zugehörigen Eigenzustände $|j_1, m_1, j_2, m_2\rangle$ sind jeweils auch Eigenzustände von $\hat{J}_z = \hat{J}_{1z} + \hat{J}_{2z}$ zum Eigenwert $m\hbar$ mit $m = m_1 + m_2$, aber sie sind im allgemeinen keine Eigenzustände von $\hat{\boldsymbol{J}}^2$. In der *gekoppelten Darstellung* sind die Basiszustände $|j, m, j_1, j_2\rangle$ Eigenzustände von $\hat{\boldsymbol{J}}^2$, $\hat{J}_z$, $\hat{\boldsymbol{J}}_1^2$ und $\hat{\boldsymbol{J}}_2^2$. Sie sind im allgemeinen nicht Eigenzustände von $\hat{J}_{1z}$ und $\hat{J}_{2z}$.

Bei gegebenen Werten von j_1 und j_2 können wir natürlich die Basiszustände der gekoppelten Darstellung als Linearkombinationen der entkoppelten Basiszustände ausdrücken:

$$|j,m,j_1,j_2\rangle = \sum_{m_1,m_2} \langle j_1,m_1,j_2,m_2|j,m\rangle |j_1,m_1,j_2,m_2\rangle \quad . \tag{1.248}$$

Umgekehrt können wir die entkoppelten Zustände als Linearkombinationen der gekoppelten Zustände ausdrücken:

$$|j_1,m_1,j_2,m_2\rangle = \sum_{j,m} \langle j,m|j_1,m_1,j_2,m_2\rangle |j,m,j_1,j_2,\rangle \quad . \tag{1.249}$$

Die in (1.248), (1.249) auftretenden Koeffizienten

$$\langle j_1,m_1,j_2,m_2|j,m\rangle = \langle j,m|j_1,m_1,j_2,m_2\rangle^* \tag{1.250}$$

heißen *Clebsch-Gordan-Koeffizienten* und sind bei geeigneter Wahl der Phasen der Basiszustände reell.

Der Clebsch-Gordan-Koeffizient $\langle j_1,m_1,j_2,m_2|j,m\rangle$ ist offensichtlich nur von null verschieden, wenn

$$m_1 + m_2 = m \quad . \tag{1.251}$$

Eine weitere Auswahlregel ist die Dreiecksbedingung, die bei gegebenem j_1 und j_2 den minimalen und den maximalen Summendrehimpuls j festlegt:

$$|j_1 - j_2| \leq j \leq j_1 + j_2 \quad . \tag{1.252}$$

Bei festem j_1 und j_2 gehören zu jedem möglichen Summendrehimpuls j genau $2j+1$ Drehimpulseigenzustände, die den verschiedenen Eigenwerten von $\hat{J}_z$ entsprechen. Da die Kopplung der Drehimpulse die Dimension des von den Basiszuständen aufgespannten Raumes nicht ändern kann, ist die Gesamtzahl der gekoppelten Zustände zu allen möglichen Werten von j (bei festem j_1 und j_2) gleich der Anzahl $(2j_1 + 1) \times (2j_2 + 1)$ der Zustände in der entkoppelten Basis:

$$\sum_{j=|j_1-j_2|}^{j_1+j_2} (2j + 1) = (2j_1 + 1)(2j_2 + 1) \quad . \tag{1.253}$$

1.6.2 Spin

Aus experimentellen Untersuchungen weiß man, daß ein Elektron einen inneren Drehimpuls, genannt Spin, besitzt und daß sich der Gesamtdrehimpuls $\hat{\boldsymbol{J}}$ des Elektrons aus dem Bahndrehimpuls $\hat{\boldsymbol{L}}$ und dem Spin $\hat{\boldsymbol{S}}$ zusammensetzt:

$$\hat{\boldsymbol{J}} = \hat{\boldsymbol{L}} + \hat{\boldsymbol{S}} \quad . \tag{1.254}$$

Der Spin hat kein klassisches Analogon und läßt sich nicht mit anschaulichen Koordinaten in Verbindung bringen. Alle physikalischen Zustände des Elektrons sind Eigenzustände von $\hat{\boldsymbol{S}}^2$ zum Eigenwert $s(s + 1)\hbar^2$, und die Spinquantenzahl s hat immer denselben Wert $s = 1/2$. Für eine Komponente von $\hat{S}$, z. B. $\hat{S}_z$, gibt es zwei verschiedene Eigenwerte $m_s\hbar$, nämlich $m_s = +1/2$ und $m_s = -1/2$.

Die Wellenfunktion eines Elektrons hängt also nicht nur z. B. von den Ortskoordinaten $\boldsymbol{r}$ ab, sondern auch von der Spinvariablen m_s:

$$\psi = \psi(\boldsymbol{r}, m_s) \quad . \tag{1.255}$$

Da die diskrete Variable m_s nur zwei Werte annehmen kann, ist es zweckmäßig, die Wellenfunktion (1.255) durch das Paar von gewöhnlichen Funktionen von $\boldsymbol{r}$ darzustellen, die man für die beiden Werte $m_s = 1/2$ und $m_s = -1/2$ erhält:

$$\psi = \begin{pmatrix} \psi_+(\boldsymbol{r}) \\ \psi_-(\boldsymbol{r}) \end{pmatrix} = \begin{pmatrix} \psi(\boldsymbol{r}, m_s = +\frac{1}{2}) \\ \psi(\boldsymbol{r}, m_s = -\frac{1}{2}) \end{pmatrix} \quad . \tag{1.256}$$

Diese zweikomponentigen Größen werden *Spinoren* genannt, um sie von den üblichen Ortsraumvektoren zu unterscheiden. Führt man die Basisspinoren

$$\chi_+ = \begin{pmatrix} 1 \\ 0 \end{pmatrix} , \quad \chi_- = \begin{pmatrix} 0 \\ 1 \end{pmatrix} \tag{1.257}$$

ein, so läßt sich die allgemeine Ein-Elektron-Wellenfunktion (1.256) schreiben als

$$\psi = \psi_+(\boldsymbol{r})\chi_+ + \psi_-(\boldsymbol{r})\chi_- \quad . \tag{1.258}$$

Das Skalarprodukt von zwei Spinoren der Form (1.256) bzw. (1.258) ist

$$\langle\psi|\phi\rangle = \int \mathrm{d}^3r \sum_{m_s=-\frac{1}{2}}^{+\frac{1}{2}} \psi^*(\boldsymbol{r}, m_s)\phi(\boldsymbol{r}, m_s) = \langle\psi_+|\phi_+\rangle + \langle\psi_-|\phi_-\rangle \quad . \tag{1.259}$$

Auf 1 normierte Zustände ψ erfüllen die Bedingung

$$\langle\psi_+|\psi_+\rangle + \langle\psi_-|\psi_-\rangle = \int d^3r \left(|\psi_+(\boldsymbol{r})|^2 + |\psi_-(\boldsymbol{r})|^2\right) = 1 \quad , \tag{1.260}$$

und $|\psi_+(\boldsymbol{r})|^2$ ist z. B. die Wahrscheinlichkeitsdichte dafür, das Elektron am Ort $\boldsymbol{r}$ und im Spinzustand χ_+ zu finden.

Lineare Operatoren können nicht nur auf die Komponentenfunktionen ψ_+, ψ_- wirken, sie können auch die Komponenten im Spinor vermischen. Die allgemeinsten linearen Spinraumoperatoren sind 2×2 Matrizen von komplexen Zahlen. Diese lassen sich als Linearkombinationen von vier Basismatrizen darstellen; die am meisten verwendete Basis besteht aus der Einheitsmatrix und den drei *Paulischen Spinmatrizen*:

$$\hat{\sigma}_x = \begin{pmatrix} 0 & 1 \\ 1 & 0 \end{pmatrix} , \quad \hat{\sigma}_y = \begin{pmatrix} 0 & -\mathrm{i} \\ \mathrm{i} & 0 \end{pmatrix} , \quad \hat{\sigma}_z = \begin{pmatrix} 1 & 0 \\ 0 & -1 \end{pmatrix} \quad . \tag{1.261}$$

Der allgemeinste lineare Operator im Hilbertraum der Einelektronenzustände hat also die Form

$$\hat{O} = \hat{O}_0 + \hat{O}_1\hat{\sigma}_x + \hat{O}_2\hat{\sigma}_y + \hat{O}_3\hat{\sigma}_z \quad , \tag{1.262}$$

wobei die $\hat{O}_i$ spinunabhängige Operatoren wie $\hat{\boldsymbol{p}}$, $\hat{\boldsymbol{r}}$ und Funktionen davon sind.

Die Spinoren χ_+ und χ_- aus (1.257) sind Eigenzustände von $\hat{\sigma}_z$ zu den Eigenwerten +1 und −1. Da sie Eigenzustände der z-Komponente $\hat{S}_z$ des Spins mit den Eigenwerten $+(1/2)\hbar$ und $-(1/2)\hbar$ sein sollen, ist die Beziehung zwischen $\hat{S}_z$ und $\hat{\sigma}_z$ einfach:

$$\hat{S}_z = \frac{1}{2}\hbar\hat{\sigma}_z \quad . \tag{1.263}$$

Zusammen mit den anderen Komponenten

$$\hat{S}_x = \frac{1}{2}\hbar\hat{\sigma}_x \,, \qquad \hat{S}_y = \frac{1}{2}\hbar\hat{\sigma}_y \quad , \tag{1.264}$$

erhalten wir die drei Komponenten des Spinoperators $\hat{\boldsymbol{S}}$:

$$\hat{\boldsymbol{S}} = \frac{1}{2}\hbar\hat{\boldsymbol{\sigma}} \quad . \tag{1.265}$$

Aus den Vertauschungsrelationen der Paulischen Spinmatrizen,

$$\hat{\sigma}_x\hat{\sigma}_y = i\hat{\sigma}_z = -\hat{\sigma}_y\hat{\sigma}_x \,, \quad \text{etc.} \tag{1.266}$$

folgt sofort, daß die durch (1.263–265) definierten Komponenten des Spins die für Drehimpulsoperatoren charakteristischen Vertauschungsrelationen (1.242) erfüllen:

$$[\hat{S}_x, \hat{S}_y] = \mathrm{i}\hbar\hat{S}_z \,, \quad [\hat{S}_y, \hat{S}_z] = \mathrm{i}\hbar\hat{S}_x \,, \quad [\hat{S}_z, \hat{S}_x] = \mathrm{i}\hbar\hat{S}_y \quad . \tag{1.267}$$

Aus den Eigenschaften

$$\hat{\sigma}_x^2 = \hat{\sigma}_y^2 = \hat{\sigma}_z^2 = 1 \tag{1.268}$$

folgt außerdem

$$\hat{\boldsymbol{S}}^2 = \hat{S}_x^2 + \hat{S}_y^2 + \hat{S}_z^2 = \frac{3}{4}\hbar^2 \quad , \tag{1.269}$$

was natürlich nichts anderes aussagt, als daß alle Zustände Eigenzustände von $\hat{\boldsymbol{S}}^2$ zum Eigenwert $s(s+1)\hbar^2$ mit $s = 1/2$ sind.

Der Spin $\hat{\boldsymbol{S}}$ ist ein Vektoroperator mit drei Komponenten, genauso wie der Ort $\hat{\boldsymbol{r}}$ und der Impuls $\hat{\boldsymbol{p}}$. Im Gegensatz zu Ort und Impuls sind aber die Komponenten von $\hat{\boldsymbol{S}}$ keine gewöhnlichen Operatoren, die auf Funktionen wirken, sondern 2×2 Matrizen, welche die Komponenten der Spinoren linear transformieren. Die Komponenten der Spinoren dürfen nicht mit den üblichen Komponenten eines Vektors im Ortsraum verwechselt werden.

1.6.3 Spin-Bahn-Kopplung

Der Hamiltonoperator für ein Elektron in einem radialsymmetrischen Potential $V(r)$ enthält neben der herkömmlichen kinetischen und potentiellen Energie einen zusätzlichen Term, der die Spin- und Bahnfreiheitsgrade koppelt:

$$\hat{H} = -\frac{\hbar^2}{2\mu}\Delta + V(r) + V_{LS}(r)\,\hat{\boldsymbol{L}}\cdot\hat{\boldsymbol{S}} \tag{1.270}$$

Physikalisch kann man den Spin-Bahn-Kopplungsterm als die Wechselwirkungsenergie zweier magnetischer Dipole verstehen, die von dem Bahndrehimpuls $\hat{\boldsymbol{L}}$ und dem Spin $\hat{\boldsymbol{S}}$ herrühren. Quantitativ ergibt sich die Spin-Bahn-Kopplung als ein Zusatzterm zum herkömmlichen Hamiltonoperator (1.52), wenn man in der relativistischen Diracgleichung den nichtrelativistischen Grenzfall bildet (siehe Abschn. 2.1.4, Gl. (2.45)). Hierbei erhält man auch einen expliziten Ausdruck für die Kopplungsfunktion V_{LS}:

$$V_{LS}(r) = \frac{1}{2\mu^2c^2}\frac{1}{r}\frac{dV}{dr} \quad . \tag{1.271}$$

Der Hamiltonoperator (1.270) kommutiert nun nicht mehr mit den Komponenten des Bahndrehimpulses $\hat{\boldsymbol{L}}$, aber er kommutiert mit den Komponenten des Gesamtdrehimpulses $\hat{\boldsymbol{J}} = \hat{\boldsymbol{L}} + \hat{\boldsymbol{S}}$, da wir den Spin-Bahn-Term durch die Quadrate der Drehimpulse ausdrücken können

$$\hat{\boldsymbol{L}}\cdot\hat{\boldsymbol{S}} = \frac{1}{2}(\hat{\boldsymbol{J}}^2 - \hat{\boldsymbol{L}}^2 - \hat{\boldsymbol{S}}^2) \quad , \tag{1.272}$$

und die Komponenten des Summendrehimpulses mit den Quadraten kommutieren (vgl. (1.246)). Deshalb ist es zweckmäßig, die Eigenzustände von Bahndrehimpuls und Spin zu Eigenzuständen des Gesamtdrehimpulses $\hat{\boldsymbol{J}}$ zu koppeln. Dies geschieht mit Hilfe der Clebsch-Gordan-Koeffizienten als ein Spezialfall von (1.248):

$$|j,m,l,s\rangle = \sum_{m_l,m_s} \langle l,m_l,s,m_s|j,m\rangle\, Y_{l,m_l}(\theta,\phi)\chi_{m_s} \quad . \tag{1.273}$$

Die Quantenzahl s in (1.273) ist natürlich immer $1/2$. Da l und m_l stets ganzzahlig sind, sind j und m stets halbzahlig. Wegen der Dreiecksregel (1.252) gibt es zu jeder Bahndrehimpulsquantenzahl l genau zwei mögliche Werte von j: $j = l + 1/2$ und $j = l - 1/2$.

Die gekoppelten Eigenzustände $|j,m,l,s\rangle$ werden *verallgemeinerte Kugelflächenfunktionen* genannt und mit $\mathcal{Y}_{j,m,l}$ bezeichnet. Es sind zweikomponentige Größen, und aus (1.257) und der Auswahlregel $m = m_l + m_s$ (vgl. (1.251)) sieht man, daß die obere Komponente, die ja dem Beitrag von $m_s = +1/2$ entspricht, eine Kugelflächenfunktion mit $m_l = m - 1/2$ enthält, während die untere Komponente eine Kugelflächenfunktion mit $m_l = m + 1/2$ enthält. Die verallgemeinerten Kugelflächenfunktionen sind also im wesentlichen zweikomponentige Spinoren von Kugelflächenfunktionen. Wenn man die bekannten Clebsch-Gordan-Koeffizienten ([New82], [Tin64]) einsetzt, erhält man die expliziten Ausdrücke

$$\begin{aligned}
\mathcal{Y}_{j,m,l} &= \frac{1}{\sqrt{2j}}\begin{pmatrix}\sqrt{j+m}\,Y_{l,m-\frac{1}{2}}(\theta,\phi)\\ \sqrt{j-m}\,Y_{l,m+\frac{1}{2}}(\theta,\phi)\end{pmatrix} \qquad \text{für } j = l + \frac{1}{2} \quad ,\\
\mathcal{Y}_{j,m,l} &= \frac{1}{\sqrt{2j+2}}\begin{pmatrix}-\sqrt{j+1-m}\,Y_{l,m-\frac{1}{2}}(\theta,\phi)\\ \sqrt{j+1+m}\,Y_{l,m+\frac{1}{2}}(\theta,\phi)\end{pmatrix} \qquad \text{für } j = l - \frac{1}{2} \quad .
\end{aligned} \tag{1.274}$$

Die Schrödingergleichung $\hat{H}\psi = E\psi$ mit dem Hamiltonoperator (1.270) hat zunächst die Form von zwei gekoppelten partiellen Differentialgleichungen für die beiden Komponenten $\psi_+(\boldsymbol{r})$ und $\psi_-(\boldsymbol{r})$ der spinoriellen Wellenfunktion (1.256). Eine wesentliche Vereinfachung erhält man, wenn man den Separationsansatz (1.73) mit Hilfe der verallgemeinerten Kugelflächenfunktionen auf spinorielle Wellenfunktionen erweitert:

$$\psi(\boldsymbol{r}, m_s) = \frac{\phi_{j,l}(r)}{r}\mathcal{Y}_{j,m,l} \quad . \tag{1.275}$$

Neben der Beziehung (1.69) (mit (1.57)) können wir jetzt ausnützen, daß die $\mathcal{Y}_{j,m,l}$ Eigenfunktionen des Spin-Bahn-Operators (1.272) sind,

$$\hat{\boldsymbol{L}}\cdot\hat{\boldsymbol{S}}\,\mathcal{Y}_{j,m,l} = \frac{\hbar^2}{2}[j(j+1) - l(l+1) - s(s+1)]\mathcal{Y}_{j,m,l} \quad , \tag{1.276}$$

wobei $s(s+1) = 3/4$. Für die beiden möglichen Fälle $j = l \pm 1/2$ erhalten wir

$$\hat{\boldsymbol{L}}\cdot\hat{\boldsymbol{S}}\,\mathcal{Y}_{j,m,l} = \frac{\hbar^2}{2}\begin{cases} l\mathcal{Y}_{j,m,l} & \text{für } j = l + 1/2 \quad , \\ -(l+1)\mathcal{Y}_{j,m,l} & \text{für } j = l - 1/2 \quad . \end{cases} \tag{1.277}$$

Damit reduziert sich die Schrödingergleichung wieder auf eine radiale Schrödingergleichung

$$\left(-\frac{\hbar^2}{2\mu}\frac{d^2}{dr^2} + \frac{\ell(\ell+1)\hbar^2}{2\mu r^2} + V(r) + \frac{\hbar^2}{2}F(j,\ell)V_{LS}(r)\right)\phi_{j,\ell}(r) = E\phi_{j,\ell}(r) \ , \tag{1.278}$$

wobei der Faktor $F(j,l)$ gerade l oder $-(l+1)$ ist, je nachdem, ob $j = l + 1/2$ oder $j = l - 1/2$. Der Beitrag des Spin-Bahn-Potentials hat für die beiden j-Werte bei gegebenem l verschiedene Vorzeichen.

Auch für ein Elektron mit Spin in einem radialsymmetrischen Potential läßt sich also die stationäre Schrödingergleichung auf eine gewöhnliche Differentialgleichung für die Radialwellenfunktionen zurückführen. Die radiale Schrödingergleichung (1.278) hängt jetzt nicht nur von der Bahndrehimpulsquantenzahl l, sondern auch von der Gesamtdrehimpulsquantenzahl j (nicht aber von m) ab.

Aufgaben

1.1 Ein Massenpunkt der Masse μ bewegt sich in einem radialsymmetrischen Potential

$$V(r) = \begin{cases} -V_0 & \text{für } r \leq r_0 \\ 0 & \text{für } r > r_0 \quad , \end{cases}$$

wobei V_0 eine positive Konstante wesentlich größer als $\hbar^2/(\mu r_0^2)$ ist. Berechnen Sie für $l = 0$ ungefähr (± 1) die Anzahl der gebunden Zustände.

1.2 a) Gegeben sei die auf 1 normierte Radialwellenfunktion

$$\phi(r) = (\sqrt{\pi}b)^{-\frac{1}{2}} \frac{2r}{b} \mathrm{e}^{-r^2/(2b^2)} \quad .$$

Berechnen Sie die Überläppe (d. h. die Skalarprodukte) $\langle\phi|\phi_{n,l=0}\rangle$ mit den radialen Eigenfunktionen (1.81) des harmonischen Oszillators mit einer Oszillatorbreite $\beta \neq b$.

b) Gegeben sei die auf 1 normierte Radialwellenfunktion

$$\phi(r) = 2b^{-\frac{1}{2}} \frac{r}{b} \mathrm{e}^{-r/b} \quad .$$

Berechnen Sie die Überlappintegrale $\langle\phi|\phi_{n,l=0}\rangle$ mit den radialen Eigenfunktionen (1.137) des attraktiven Coulombpotentials mit einem Bohrschen Radius $a \neq b$.

c) Geben Sie für die konkreten Fälle $b = 2\beta$ bzw. $b = 2a$ die ersten vier oder fünf Terme der Summe

$$\sum_n |\langle\phi|\phi_{n,l=0}\rangle|^2$$

an und schätzen Sie den Grenzwert ab.

d) Wiederholen Sie die Übung 2. c) für das Coulombpotential mit $b = a$ und $b = 3a$.

Hinweis:

$$\int_0^\infty \mathrm{e}^{-sx}\, x^\alpha\, L_\nu^\alpha(x)\, dx = \frac{\Gamma(\alpha+\nu+1)(s-1)^\nu}{\nu!\; s^{\alpha+\nu+1}} \quad ,$$

$$\int_0^\infty \mathrm{e}^{-sx}\, x^{\alpha+1}\, L_\nu^\alpha(x)\, dx = -\frac{d}{ds}\left(\int_0^\infty \mathrm{e}^{-sx}\, x^\alpha\, L_\nu^\alpha(x)\, dx\right) \quad .$$

1.3 Zeigen Sie mit Hilfe der Rekursionsformel (A.13) und der Orthogonalitätsrelation (A.12) für Laguerre-Polynome, daß der Erwartungswert des Radius r in den Coulomb-Eigenfunktionen (1.137) (mit Bohrschem Radius a) durch folgende Formel gegeben ist:

$$\langle\phi_{n,l}|r|\phi_{n,l}\rangle = \frac{a}{2}[3n^2 - l(l+1)] \quad .$$

1.4 Zeigen Sie, daß die freie Greensche Funktion für $l = 0$,

$$G_0(r,r') = -\frac{2\mu}{\hbar^2 k} \sin(kr_<)\cos(kr_>) \quad ,$$

($r_<$ ist der kleinere, $r_>$ der größere der beiden Radien r, r') die definierende Gleichung erfüllt:

$$\left(E + \frac{\hbar^2}{2\mu}\frac{d^2}{dr^2}\right) G(r,r') = \delta(r-r') \quad .$$

1.5 In einem zweidimensionalen Hilbertraum sei der Hamiltonoperator durch

$$\hat{H} = \hat{H}_0 + \hat{W}$$

gegeben, mit

$$\hat{H}_0 = \begin{pmatrix} \epsilon_1 & 0 \\ 0 & \epsilon_2 \end{pmatrix} , \quad \hat{W} = \begin{pmatrix} 0 & w \\ w & 0 \end{pmatrix} .$$

Berechnen Sie die Eigenwerte und Eigenzustände von $\hat{H}$

a) jeweils in niedrigster nicht verschwindender Ordnung Störungstheorie, wobei $\hat{W}$ als Störung anzusehen ist,

b) durch exakte Diagonalisierung von $\hat{H}$.

Wie hängen jeweils die Ergebnisse von der Differenz $\epsilon_1 - \epsilon_2$ der ungestörten Energien ab?

1.6 Berechnen Sie mit der Bohr-Sommerfeldschen Quantisierungsbedingung (1.236) die Energieeigenwerte des eindimensionalen harmonischen Oszillators: $V(x) = (\mu/2)\omega^2 x^2$.

1.7 Ein Massenpunkt der Masse μ bewegt sich in einem eindimensionalen Potential $V(x)$. Berechnen Sie den Energieerwartungswert in einer (auf 1 normierten) gaußförmigen Wellenfunktion,

$$\psi(x) = (\sqrt{\pi}b)^{-1/2}\, \mathrm{e}^{-x^2/(2b^2)} ,$$

und betrachten Sie den Grenzwert $b \to \infty$.

Zeigen Sie, daß der tiefste Energieeigenwert nicht größer sein kann als

$$\int_{-\infty}^{\infty} V(x)\, dx$$

und schließen Sie daraus, daß jedes attraktive Potential in einer Dimension mindestens einen gebundenen Zustand unterhält. Warum läßt sich diese Aussage nicht auf ein Teilchen in drei räumlichen Dimensionen übertragen?

1.8 Ein Massenpunkt der Masse μ bewegt sich in einem radialsymmetrischen Potential $V(r)$, das jenseits von r_0 gleich $-C/r^2$ ist ($C > 0$),

$$V(r) = -\frac{C}{r^2} , \quad r > r_0 ,$$

und in der Nähe von $r = 0$ repulsiv ist. Zeigen Sie im Rahmen der WKB-Näherung, daß die Energieeigenwerte für $l = 0$ und hohe Quantenzahlen n durch

$$E_{n,l=0} = -c_1\, \mathrm{e}^{-c_2 n}$$

gegeben sind, und bestimen Sie die Konstante c_2. Was passiert für $l > 0$?

1.9 Verifizieren Sie mit Hilfe von (1.69) die folgenden Identitäten:

$$[\hat{p}^2, r] = -2\hbar^2 \left(\frac{\partial}{\partial r} + \frac{1}{r} \right) ,$$

$$[\hat{p}^2, r^2] = -2\hbar^2 \left(2r \frac{\partial}{\partial r} + 3 \right) .$$

Referenzen

[Bay69] G. Baym, *Lectures on Quantum Mechanics*, Benjamin, New York, 1969.
[BM72] M.V. Berry und K.E. Mount, Semiclassical approximations in wave mechanics, Rep. Prog. Phys. **35** (1972) 315.
[Gas85] S. Gasiorowicz, *Quantenphysik*, Oldenbourg, München, 1985.
[Mes76] A. Messiah, *Quantenmechanik*, Bd. 1, de Gruyter, Berlin, 1976.
[New82] R.G. Newton, *Scattering Theory of Waves and Particles*, 2nd ed., Springer-Verlag, Berlin, Heidelberg, 1982.
[Sch68] L.I. Schiff, *Quantum Mechanics*, McGraw-Hill, New York, 1968.
[Sch88] F. Schwabl, *Quantenmechanik*, Springer-Verlag, Berlin, Heidelberg, 1988.
[Tin64] M. Tinkham, *Group Theory and Quantum Mechanics*, McGraw-Hill, New York, 1964.

2. Atome und Ionen

Dieses Kapitel enthält eine Zusammenfassung der theoretischen Beschreibung von Ein- und Mehrelektronensystemen, wie sie seit mehr als fünf Jahrzehnten entwickelt und erfolgreich auf viele Fragestellungen der Atomphysik angewendet wurde. Die Darstellung ist bewußt knapp gehalten. Für eine gründlichere Einführung in die Atomphysik kann das Buch von Bransden und Joachain [BJ83] empfohlen werden. Auf wesentlich formalerem Niveau ist das Buch „Atomic Many-Body Theory" von Lindgren und Morrison [LM85] angesiedelt. Schließlich sei noch „Atomic Structure" von Condon und Odabasi [CO80] erwähnt, das eine sehr umfassende Darstellung von herkömmlichen Strukturrechnungen für Atome enthält.

2.1 Ein-Elektron-Systeme

2.1.1 Das Wasserstoffatom

Im Rahmen der nichtrelativistischen Quantenmechanik wird ein System aus einem Proton (Masse m_p) und einem Elektron (Masse m_e) durch den folgenden Hamilton-operator beschrieben

$$\hat{H}_\mathrm{H} = \frac{\hat{\boldsymbol{p}}_\mathrm{p}^2}{2m_\mathrm{p}} + \frac{\hat{\boldsymbol{p}}_\mathrm{e}^2}{2m_\mathrm{e}} - \frac{e^2}{|\boldsymbol{r}_\mathrm{e} - \boldsymbol{r}_\mathrm{p}|} \quad , \tag{2.1}$$

wobei $\hat{\boldsymbol{p}}_\mathrm{p}$ und $\hat{\boldsymbol{p}}_\mathrm{e}$ die Impulsoperatoren für Proton bzw. Elektron sind und $\boldsymbol{r}_\mathrm{p}$ bzw. $\boldsymbol{r}_\mathrm{e}$ die jeweiligen Ortskoordinaten. Durch Einführung der Schwerpunktskoordinate $\boldsymbol{R}$ und der Relativkoordinate $\boldsymbol{r}$,

$$\boldsymbol{R} = \frac{m_\mathrm{p}\boldsymbol{r}_\mathrm{p} + m_\mathrm{e}\boldsymbol{r}_\mathrm{e}}{m_\mathrm{p} + m_\mathrm{e}} \quad , \quad \boldsymbol{r} = \boldsymbol{r}_\mathrm{e} - \boldsymbol{r}_\mathrm{p} \quad , \tag{2.2}$$

läßt sich (2.1) umschreiben zu

$$\hat{H}_\mathrm{H} = \frac{\hat{\boldsymbol{P}}^2}{2(m_\mathrm{p} + m_\mathrm{e})} + \frac{\hat{\boldsymbol{p}}^2}{2\mu} - \frac{e^2}{r} \quad , \tag{2.3}$$

wobei $\hat{\boldsymbol{P}}$ der Gesamtimpuls ist und $\hat{\boldsymbol{p}}$ der Impuls der Relativbewegung:

$$\hat{\boldsymbol{P}} = \hat{\boldsymbol{p}}_\mathrm{p} + \hat{\boldsymbol{p}}_\mathrm{e} \, , \quad \frac{\hat{\boldsymbol{p}}}{\mu} = \frac{\hat{\boldsymbol{p}}_\mathrm{e}}{m_\mathrm{e}} - \frac{\hat{\boldsymbol{p}}_\mathrm{p}}{m_\mathrm{p}} \quad . \tag{2.4}$$

In Ortsdarstellung haben die Impulsoperatoren (2.4) die explizite Form:

$$\hat{\boldsymbol{P}} = \frac{\hbar}{\mathrm{i}}\nabla_{\boldsymbol{R}} , \quad \hat{\boldsymbol{p}} = \frac{\hbar}{\mathrm{i}}\nabla_{\boldsymbol{r}} \quad . \tag{2.5}$$

Die in (2.3) und (2.4) auftretende Masse μ ist die *reduzierte Masse*

$$\mu = \frac{m_e m_p}{m_e + m_p} = \frac{m_e}{1 + m_e/m_p} \quad . \tag{2.6}$$

Da das Verältnis $m_e/m_p = 0.000544617013\,(11)$ sehr klein ist (der Zahlenwert stammt aus [CT86]), ist die reduzierte Masse μ nur wenig, ca. 0.5‰, kleiner als die Ruhemasse m_e des Elektrons.

Der Hamiltonoperator $\hat{H}_\mathrm{H}$ besteht also aus einem Anteil $\hat{\boldsymbol{P}}^2/2(m_p + m_e)$, der die freie Bewegung des Schwerpunkts beschreibt, und einem *inneren Hamiltonoperator*

$$\hat{H} = \frac{\hat{\boldsymbol{p}}^2}{2\mu} - \frac{e^2}{r} \quad , \tag{2.7}$$

der die Relativbewegung des Elektrons bezogen auf die Lage des Protons beschreibt. Da die Eigenfunktionen $\psi_\mathrm{cm}(\boldsymbol{R})$ und Energieeigenwerte E_cm für die Schwerpunktsbewegung bekannt sind, $\psi_\mathrm{cm}(\boldsymbol{R}) \propto \exp(\mathrm{i}\boldsymbol{K}\cdot\boldsymbol{R})$, $E_\mathrm{cm} = \hbar^2 K^2/2(m_p + m_e)$, reduziert sich die Lösung des Zweiteilchenproblems (2.1) bzw. (2.3) auf die Lösung der Einteilchen-Schrödingergleichung mit dem inneren Hamiltonoperator (2.7).

Dies ist genau das Einteilchenproblem im attraktiven Coulombpotential, das in Abschn. (1.3.3) ausführlich besprochen wurde. Die Energieeigenwerte sind

$$\begin{aligned} E_n = -\frac{\mathcal{R}}{n^2} , \quad & n = 1, 2, 3, \ldots , \\ & l = 0, 1, \ldots, n-1 , \\ & m = -l, -l+1, \ldots, l-1, l \quad , \end{aligned} \tag{2.8}$$

wobei die Rydbergenergie $\mathcal{R} = \mu e^4/(2\hbar^2)$ um den Faktor μ/m_e kleiner ist als die Rydbergenergie $\mathcal{R}_\infty = m_e e^4/(2\hbar^2)$, die man bei unendlich großer Masse des Protons erhalten würde. Neuere Zahlenwerte für $\mathcal{R}_\infty$ sind [CT86]:

$$\begin{aligned} \mathcal{R}_\infty &= 13.605698\,\mathrm{eV} \quad , \\ \mathcal{R}_\infty/(2\pi\hbar c) &= 109737.31534\,(13)\,\mathrm{cm}^{-1} \quad , \\ \mathcal{R}_\infty/(2\pi\hbar) &= 3.2898419499\,(39) \times 10^{15}\,\mathrm{Hz} \quad . \end{aligned} \tag{2.9}$$

Die gebundenen Eigenfunktionen des Hamiltonoperators (2.7) im Ortsraum haben die Form (1.73), und die Radialwellenfuntionen sind durch (1.137) gegeben. Der darin auftretende Bohrsche Radius $a = \hbar^2/(\mu e^2)$ ist um den Faktor m_e/μ größer als der Bohrsche Radius $a_0 = \hbar^2/(m_e e^2)$, den man bei unendlich hoher Protonenmasse erhalten würde. Nach [CT86] ist

$$a_0 = 0.529177249\,(24) \times 10^{-8}\,\mathrm{cm} \quad . \tag{2.10}$$

In *atomaren Einheiten* mißt man Energien in Einheiten von zweimal der Rydbergenergie und Längen in Einheiten des Bohrschen Radius, $\boldsymbol{r} \to a\boldsymbol{r}$, $\hat{\boldsymbol{p}} \to \hat{\boldsymbol{p}}/a$, $\hat{H} \to 2\mathcal{R}\hat{H}$. Demnach ist in atomaren Einheiten der (innere) Hamiltonoperator für das Wasserstoffatom in Ortsdarstellung:

$$\hat{H} = -\frac{1}{2}\Delta - \frac{1}{r} \quad , \tag{2.11}$$

was $\mu = 1$, $\hbar = 1$ und $e = 1$ entspricht. In atomaren Einheiten ist das (gebundene) Spektrum des Wasserstoffatoms einfach $E_n = -1/(2n^2)$, und der Bohrsche Radius ist 1.

2.1.2 Wasserstoff-ähnliche Ionen

Die Überlegungen des vorangegangenen Abschnitts gelten fast unverändert für ein System aus einem Elektron und einem beliebigen Atomkern der Ladungszahl Z, die ein *wasserstoff-ähnliches* $(Z-1)$-fach positiv geladenes Ion bilden. In der Formel für die reduzierte Masse tritt nun an die Stelle der Protonenmasse m_p die Masse m_K des Atomkerns, die neben der Ladungszahl Z auch von der Massenzahl A (bzw. von der Neutronenzahl $A - Z$) abhängt:

$$\mu = \frac{m_e m_K}{m_e + m_K} = \frac{m_e}{1 + m_e/m_K} \quad . \tag{2.12}$$

Da $m_K > m_p$ für alle Kerne, die nicht gerade das Proton sind, ist nun μ noch näher an der Elektronmasse m_e.

Bei Kernladungszahlen $Z > 1$ ist der wesentliche Unterschied zum Wasserstoffatom die um den Faktor Z stärkere potentielle Energie:

$$\hat{H}_Z = \frac{\hat{\boldsymbol{p}}^2}{2\mu} - \frac{Ze^2}{r} \quad . \tag{2.13}$$

An den Formeln (1.134) für die Rydbergenergie und (1.101) für den Bohrschen Radius sieht man, daß die Formeln (2.8) für die Energieeigenwerte und (1.137) für die Radialwellenfunktionen übernommen werden können, wenn man für die Rydbergenergie $\mathcal{R}_Z$ einsetzt,

$$\mathcal{R}_Z = \frac{Z^2 \mu e^4}{2\hbar^2} \quad , \tag{2.14}$$

und für den Bohrschen Radius a_Z,

$$a_Z = \frac{\hbar^2}{Z\mu e^2} \quad . \tag{2.15}$$

In atomaren Einheiten sind der Hamiltonoperator $\hat{H}_Z$ und die Energieeigenwerte E_n gegeben durch

$$\hat{H}_Z = -\frac{1}{2}\Delta - \frac{Z}{r} \,, \quad E_n = -\frac{Z^2}{2n^2} \quad , \tag{2.16}$$

und der Bohrsche Radius ist $a_Z = 1/Z$.

Zusammen mit dem Wasserstoffatom H bilden die wasserstoff-ähnlichen Ionen He^+, Li^{++}, $Be^{+++}, \ldots$, $U^{91+}, \ldots$ das einfachste Beispiel einer *isoelektronischen Folge*: Atome und Ionen mit derselben Anzahl von Elektronen zeigen sehr große Ähnlichkeiten in den Spektren. Bei mehr als einem Elektron gehorchen die Energien aber nicht so genau einem Skalierungsgesetz wie in (2.16), weil in der potentiellen Energie nur die Wechselwirkung der Elektronen mit dem Atomkern proportional zu Z ist, während die Wechselwirkung der Elektronen untereinander nicht von Z abhängt (siehe Abschn. 2.2 und 2.3).

2.1.3 Die Diracgleichung

Die (zeitabhängige) Schrödingergleichung (1.39) verletzt die Symmetrieforderungen der speziellen Relativitätstheorie, was man schon an der unterschiedlichen Bedeutung von Raum- und Zeitkoordindaten erkennt; die Schrödingergleichung enthält zweite Ableitungen nach den Raumkoordinaten und nur die erste Ableitung nach der Zeit. Als Ausweg schlug Dirac einen relativistischen Hamiltonoperator vor, der die Impulskomponenten $\hat{p}_x = (\hbar/\mathrm{i})\partial/\partial x$ etc. linear enthält. Für ein freies Teilchen der Masse m_0 ist Diracs Hamiltonoperator

$$\hat{H} = c\,\boldsymbol{\alpha}\cdot\boldsymbol{p} + \beta m_0 c^2 \quad . \tag{2.17}$$

Dabei ist $c = 2.99792458 \times 10^8\,\mathrm{ms}^{-1}$ die Lichtgeschwindigkeit, die so eingebaut ist, daß der Koeffizient β und der Vektor von Koeffizienten $(\alpha_x, \alpha_y, \alpha_z) \equiv (\alpha_1, \alpha_2, \alpha_3)$ keine physikalische Dimension haben.

Das Quadrat des Dirac-Hamiltonoperators,

$$\hat{H}^2 = c^2 \sum_{i,k=1}^{3} \frac{1}{2}(\alpha_i\alpha_k + \alpha_k\alpha_i)\hat{p}_i\hat{p}_k + m_0 c^3 \sum_{i=1}^{3}(\alpha_i\beta + \beta\alpha_i)\hat{p}_i + \beta^2 m_0^2 c^4 \ , \tag{2.18}$$

kann die relativistische Energie-Impuls-Beziehung $E^2 = p^2c^2 + m_0^2c^4$ nur dann erfüllen, wenn die Koeffizienten α_i, β die folgenden *Antikommutationsrelationen* erfüllen:

$$\alpha_i\alpha_k + \alpha_k\alpha_i = 2\delta_{i,k} \ , \quad \alpha_i\beta + \beta\alpha_i = 0 \ , \quad \beta^2 = 1 \quad . \tag{2.19}$$

Sie können also keine einfachen Zahlen sein. Als quadratische Matrizen müssen die Koeffizienten, um (2.19) zu erfüllen, mindestens 4×4 Matrizen sein. Die Bewegungsgleichung, die an die Stelle der zeitabhängigen Schrödingergleichung tritt,

$$(c\,\boldsymbol{\alpha}\cdot\hat{\boldsymbol{p}} + \beta m_0 c^2)\psi = \mathrm{i}\hbar\frac{\partial\psi}{\partial t} \quad , \tag{2.20}$$

ist also eine Gleichung für vierkomponentige Größen, die man *vierkomponentige Spinoren* nennt:

$$\psi(\boldsymbol{r},t) = \begin{pmatrix} \psi_1(\boldsymbol{r},t) \\ \psi_2(\boldsymbol{r},t) \\ \psi_3(\boldsymbol{r},t) \\ \psi_4(\boldsymbol{r},t) \end{pmatrix} \quad . \tag{2.21}$$

Gleichung (2.20) heißt *Diracgleichung* und hat die Form von vier gekoppelten partiellen Differentialgleichungen für die vier Komponenten von ψ. Die Koeffizienten α_i, β werden in der sogenannten *Standarddarstellung* durch die Paulischen Spinmatrizen (1.261) ausgedrückt:

$$\alpha_x = \begin{pmatrix} 0 & \hat{\sigma}_x \\ \hat{\sigma}_x & 0 \end{pmatrix} , \quad \alpha_y = \begin{pmatrix} 0 & \hat{\sigma}_y \\ \hat{\sigma}_y & 0 \end{pmatrix} , \\ \alpha_z = \begin{pmatrix} 0 & \hat{\sigma}_z \\ \hat{\sigma}_z & 0 \end{pmatrix} , \quad \beta = \begin{pmatrix} 1 & 0 \\ 0 & -1 \end{pmatrix} . \tag{2.22}$$

In (2.22) bedeutet jede Eintragung in den Matrizen selbst eine 2×2 Matrix, z. B.

$$\alpha_x = \begin{pmatrix} 0 & 0 & 0 & 1 \\ 0 & 0 & 1 & 0 \\ 0 & 1 & 0 & 0 \\ 1 & 0 & 0 & 0 \end{pmatrix} , \quad \beta = \begin{pmatrix} 1 & 0 & 0 & 0 \\ 0 & 1 & 0 & 0 \\ 0 & 0 & -1 & 0 \\ 0 & 0 & 0 & -1 \end{pmatrix} . \tag{2.23}$$

Wenn man eine stationäre Lösung ansetzt,

$$\psi(\boldsymbol{r}, t) = \psi(\boldsymbol{r}, t{=}0)\, \mathrm{e}^{-(\mathrm{i}/\hbar)Et} \quad , \tag{2.24}$$

erhält man aus der Diracgleichung (2.20) eine zeitunabhängige Gleichung

$$(c\,\boldsymbol{\alpha}\cdot\hat{\boldsymbol{p}} + \beta m_0 c^2)\psi = E\psi \quad . \tag{2.25}$$

Es erleichtert die Interpretation, wenn wir die vierkomponentigen Spinoren ψ als Paare von zweikomponentigen Größen schreiben,

$$\psi = \begin{pmatrix} \psi_A \\ \psi_B \end{pmatrix} , \quad \psi_A = \begin{pmatrix} \psi_1 \\ \psi_2 \end{pmatrix} , \quad \psi_B = \begin{pmatrix} \psi_3 \\ \psi_4 \end{pmatrix} . \tag{2.26}$$

Wenn man (2.26) in (2.25) einsetzt und die Darstellung (2.22) ausnützt, so erhält man zwei gekoppelte Gleichungen fur die zweikomponentigen Spinoren ψ_A und ψ_B:

$$\hat{\boldsymbol{\sigma}}\cdot\hat{\boldsymbol{p}}\,\psi_B = \frac{1}{c}(E - m_0 c^2)\psi_A \quad , \\ \hat{\boldsymbol{\sigma}}\cdot\hat{\boldsymbol{p}}\,\psi_A = \frac{1}{c}(E + m_0 c^2)\psi_B \quad . \tag{2.27}$$

Für ein ruhendes Teilchen, $\hat{\boldsymbol{p}}\psi_A = 0$, $\hat{\boldsymbol{p}}\psi_B = 0$, erhalten wir zwei Lösungen von (2.27) zu positiver Energie $E = m_0 c^2$, nämlich $\psi_A = \binom{1}{0}$ oder $\binom{0}{1}$ und $\psi_B = 0$, und zwei Lösungen zu negativer Energie $E = -m_0 c^2$, nämlich $\psi_B = \binom{1}{0}$ oder $\binom{0}{1}$ und $\psi_A = 0$. Die Lösungen zu positiver Energie werden als die zwei Spinzustände des normale Teilchens, die zu negativer Energie als die entsprechenden Zustände des zugehörigen *Antiteilchens* interpretiert. (Für eine Diskussion des Antiteilchen-Konzepts sei auf Lehrbücher der relativistischen Quantenmechanik, z. B. [BD64], verwiesen.) In allgemeineren Situationen als der des ruhenden Teilchens werden die Lösungen von (2.27) zu positiver Energie auch nicht verschwindende untere Komponenten ψ_B haben, sie sind aber außer in extrem relativistischen Situationen mit sehr hohen Energien ($E \gg m_0c^2$) klein und heißen deshalb *kleine Komponenten* im Gegensatz zu den *großen Komponenten* ψ_A.

Um z. B. ein Wasserstoffatom zu beschreiben, müssen wir das oben behandelte System eines freien Teilchens auf ein Teilchen in einem Potential erweitern. Das Konzept eines Teilchens in einem statischen Potential $V(\boldsymbol{r})$ widerspricht natürlich gerade dem Ausgangspunkt der speziellen Relativitätstheorie, da es ein Bezugssystem auszeichnet. Andererseits ist es, im Gegensatz zum nicht-relativistischen Fall (Abschn. 2.1.1), im Rahmen einer relativistischen Theorie *nicht* möglich, das Problem von zwei wechselwirkenden Teilchen auf eine Schwerpunktsbewegung und eine innere Bewegung zu reduzieren. Trotzdem läßt sich die relativistische Beschreibung eines Elektrons in einem von dem Atomkern ausgehenden Potential rechtfertigen, weil der Atomkern vergleichsweise sehr schwer ist und als im Raum ruhend angesehen werden kann. Dieses Bild ist sinnvoll, solange die Energie des Elektrons klein gegenüber der Ruheenergie m_Kc^2 des Atomkerns ist.

Um die Diracgleichung (2.20) bzw. (2.27) auf ein Teilchen in einem statischen Potential $V(\boldsymbol{r})$ zu erweitern, muß man einfach $V(\boldsymbol{r})$ zu dem Hamiltonoperator hinzuaddieren. Aus (2.27) wird dann

$$\begin{aligned} \hat{\boldsymbol{\sigma}}\cdot\hat{\boldsymbol{p}}\,\psi_B &= \frac{1}{c}(E - V(\boldsymbol{r}) - m_0c^2)\psi_A \quad , \\ \hat{\boldsymbol{\sigma}}\cdot\hat{\boldsymbol{p}}\,\psi_A &= \frac{1}{c}(E - V(\boldsymbol{r}) + m_0c^2)\psi_B \quad . \end{aligned} \tag{2.28}$$

Wenn das Potential radialsymmetrisch ist, $V = V(r)$, dann läßt sich wie im nicht-relativistischen Fall die Radialbewegung von der Bewegung in den Winkel- und Spinfreiheitsgraden separieren. Dazu macht man mit Hilfe der in Abschn. 1.6.3 eingeführten verallgemeinerten Kugelflächenfunktionen $\mathcal{Y}_{j,m,l}$ den folgenden Ansatz für die zweikomponentigen Spinoren ψ_A und ψ_B:

$$\psi_A = \frac{F(r)}{r}\mathcal{Y}_{j,m,l_A} \ , \quad \psi_B = \mathrm{i}\frac{G(r)}{r}\mathcal{Y}_{j,m,l_B} \quad . \tag{2.29}$$

Hilfreich sind die Identität (Aufgabe 2.1)

$$\hat{\boldsymbol{\sigma}}\cdot\hat{\boldsymbol{p}} = \frac{1}{r^2}(\hat{\boldsymbol{\sigma}}\cdot\boldsymbol{r})\left(\frac{\hbar}{\mathrm{i}}r\frac{\partial}{\partial r} + \mathrm{i}\,\hat{\boldsymbol{\sigma}}\cdot\hat{\boldsymbol{L}}\right) \tag{2.30}$$

und die Eigenschaften

$$\begin{aligned} \frac{1}{r}(\hat{\boldsymbol{\sigma}}\cdot\boldsymbol{r})\mathcal{Y}_{j,m,l=j+1/2} &= -\mathcal{Y}_{j,m,l=j-1/2} \ , \\ \frac{1}{r}(\hat{\boldsymbol{\sigma}}\cdot\boldsymbol{r})\mathcal{Y}_{j,m,l=j-1/2} &= -\mathcal{Y}_{j,m,l=j+1/2} \ , \end{aligned} \tag{2.31}$$

sowie die Erkenntnis, daß der Operator $\hat{\boldsymbol{\sigma}}\cdot\hat{\boldsymbol{L}} = (2/\hbar)\hat{\boldsymbol{S}}\cdot\hat{\boldsymbol{L}}$ sich durch $\hat{\boldsymbol{J}}^2 - \hat{\boldsymbol{L}}^2 - \hat{\boldsymbol{S}}^2$ bzw. $[j(j+1) - l(l+1) - 3/4]\hbar^2$ ausdrücken läßt (1.276). Aus (2.30), (2.31) sieht man, daß es bei gegebener Gesamtdrehimpulsquantenzahl j genau zwei Möglichkeiten für die Bahndrehimpulsquantenzahlen l_A und l_B im Ansatz (2.29) gibt:

$$\text{(i)}\quad l_A = j - \frac{1}{2}\,, \quad l_B = j + \frac{1}{2}\,; \quad \text{(ii)}\quad l_A = j + \frac{1}{2}\,, \quad l_B = j - \frac{1}{2}\quad . \tag{2.32}$$

Einsetzen von (2.29) in (2.28) und Ausnützen von (2.30), (2.31) führt auf die *radiale Diracgleichung* für die Radialwellenfunktionen $F(r)$ und $G(r)$:

$$\begin{aligned} \hbar c\left(\frac{dF}{dr} + \frac{\kappa}{r}F\right) &= (E - V(r) + m_0c^2)G \quad , \\ \hbar c\left(\frac{dG}{dr} - \frac{\kappa}{r}G\right) &= -(E - V(r) - m_0c^2)F \quad . \end{aligned} \tag{2.33}$$

Der Betrag der Konstanten κ ist $j + 1/2$; ihr Vorzeichen hängt von der Fallunterscheidung (2.32) ab:

$$\kappa = -j - \frac{1}{2} \quad \text{im Fall (i)}\,, \quad \kappa = j + \frac{1}{2} \quad \text{im Fall (ii)} \quad . \tag{2.34}$$

Die radiale Diracgleichung (2.33) ist ein System aus zwei gekoppelten gewöhnlichen Differentialgleichungen erster Ordnung und ist im allgemeinen nicht schwerer zu lösen als die radiale Schrödingergleichung (1.74) oder (1.278). Für ein attraktives Coulombpotential $V(r) = -Ze^2/r^2$ lassen sich die Energieeigenwerte im Bereich der gebundenen Teilchenzustände, $0 < E < m_0c^2$, analytisch angeben:

$$E_{n,j} = m_0c^2\left[1 + \frac{(Z\alpha)^2}{(n-\delta_j)^2}\right]^{-\frac{1}{2}}, \quad \delta_j = j + \frac{1}{2} - \sqrt{(j+1/2)^2 - (Z\alpha)^2}\,. \tag{2.35}$$

Dabei ist $\alpha = e^2/(\hbar c) = 0.00729735308\,(33) \approx 1/137$ [CT86] die dimensionslose *Feinstrukturkonstante*, welche die Stärke der elektromagnetischen Wechselwirkung charakterisiert. Die Energien (2.35) hängen neben der Hauptquantenzahl $n = 1, 2, 3, \ldots$ auch von der Gesamtdrehimpulsquantenzahl j ab, die bei gegebenem n die Werte $j = 1/2, 3/2, \ldots, n - 1/2$ annehmen kann. Für $1/2 < j < n - 1/2$ (also $j \neq 1/2$, $j \neq n - 1/2$) gibt es jeweils noch zwei unabhängige Lösungen der radialen Diracgleichung, die durch die Bahndrehimpulsquantenzahlen $l_A = j + 1/2$ und $l_A = j - 1/2$ in den großen Komponenten charakterisiert sind. Die Formel (2.35) gilt offensichtlich nur für $Z\alpha < 1$. Das setzt voraus $Z < 137$, was für alle heute bekannten Atomkerne erfüllt ist.

Entwickelt man (2.35) nach Potenzen von $Z\alpha$, so erhält man

$$E_{n,j} = m_0c^2\left[1 - \frac{(Z\alpha)^2}{2n^2} - \frac{(Z\alpha)^4}{2n^3}\left(\frac{1}{j+1/2} - \frac{3}{4n}\right) + \cdots\right] \quad . \tag{2.36}$$

Der erste Term ist einfach die Ruheenergie m_0c^2 des Teilchens und der zweite Term entspricht dem nichtrelativistischen Spektrum mit Bindungsenergien $\mathcal{R}/n^2$. Der nächste Term liefert Korrekturen, die mindestens um den Faktor $(Z\alpha)^2/n$ kleiner sind als die nichtrelativistischen Bindungsenergien. Durch diese *Feinstruktur* erfahren alle Enegieniveaus eine Absenkung, die von n und j abhängt. Bei gegebenem n ist die Feinstrukturabsenkung für $j = 1/2$ am stärksten und für $j = n - 1/2$ am geringsten.

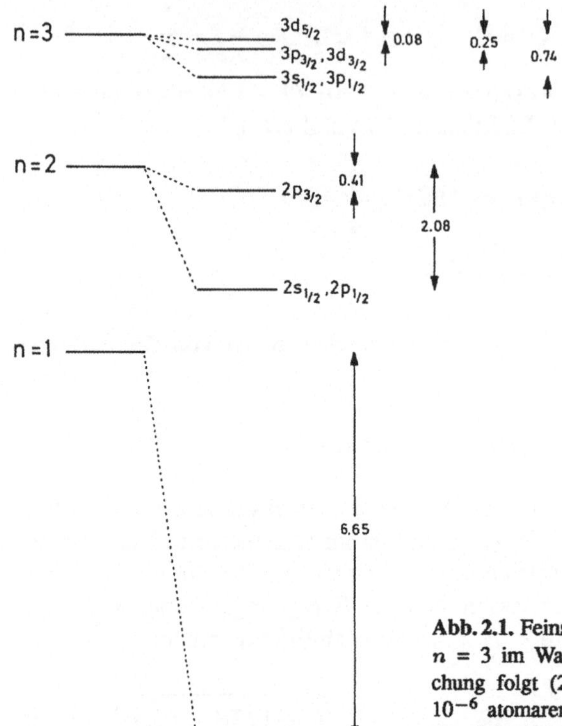

Abb. 2.1. Feinstrukturaufspaltung der Energieniveaus bis $n = 3$ im Wasserstoffatom, wie sie aus der Diracgleichung folgt (2.35). Die Zahlenwerte sind Energien in 10^{-6} atomaren Einheiten, d. h. in diesem Maßstab sind die nichtrelativistischen Bindungsenergien $0.5 \times 10^6/n^2$.

Abbildung 2.1 zeigt das Spektrum des Wasserstoffatoms mit der aus der Diracgleichung folgenden Feinstrukturaufspaltung. Es sei noch auf die Standardnomenklatur für wasserstoffartige Einteilchenzustände hingewiesen: Ein Energieniveau wird mit nl_j gekennzeichnet, wobei n die Coulomb-Hauptquantenzahl ist und j die Gesamtdrehimpulsquantenzahl. Für die Bahndrehimpulsquantenzahl $l = 0, 1, 2, 3, \ldots$ werden stellvertretend die Buchstaben $s, p, d, f, \ldots$ (danach alphabetisch) geschrieben. Beispiele: $2s_{1/2}$ bedeutet $n{=}2$, $l = 0$, $j = 1/2$ und $7g_{9/2}$ bedeutet $n = 7$, $l = 4$, $j = 9/2$.

Eine Entartung der $l_A = j \pm 1/2$ Zustände liegt nicht mehr vor, wenn man die Wechselwirkung zwischen Proton und Elektron über den Rahmen der Diracgleichung hinaus quantenelektrodynamisch behandelt. Dann liegt z. B. das $2s_{1/2}$ Niveau im H-Atom um etwa 0.2×10^{-6} atomare Einheiten unter dem $2p_{1/2}$ Niveau, was etwa 10% der Feinstrukturaufspaltung zum $2p_{3/2}$ Niveau entspricht. Dieser *Lamb shift* wird von experimentellen Messungen sehr genau bestätigt.

2.1.4 Relativistische Korrekturen zur Schrödingergleichung

Die Diracgleichung (2.28) kann durch Auflösung der zweiten Gleichung für ψ_B,

$$\psi_B = \frac{c}{E - V(\boldsymbol{r}) + m_0 c^2}\, \hat{\boldsymbol{\sigma}} \cdot \hat{\boldsymbol{p}}\, \psi_A \quad , \tag{2.37}$$

und Einsetzen in der ersten Gleichung in eine partielle Differentialgleichung zweiter Ordnung für die großen Komponenten ψ_A umgeschrieben werden:

$$\hat{\boldsymbol{\sigma}}\cdot\hat{\boldsymbol{p}}\,\frac{c^2}{m_0c^2+E-V}\,\hat{\boldsymbol{\sigma}}\cdot\hat{\boldsymbol{p}}\,\psi_A=(E-V-m_0c^2)\psi_A \quad , \tag{2.38}$$

bzw., wenn man $E-m_0c^2$ durch ϵ ersetzt:

$$\frac{1}{2m_0}\hat{\boldsymbol{\sigma}}\cdot\hat{\boldsymbol{p}}\left[1+\frac{\epsilon-V}{2m_0c^2}\right]^{-1}\hat{\boldsymbol{\sigma}}\cdot\hat{\boldsymbol{p}}\,\psi_A=(\epsilon-V)\psi_A \quad . \tag{2.39}$$

Im schwach relativistischen Fall ist die Energie E des Teilchens nicht sehr von der Ruheenergie m_0c^2 verschieden, so daß die Differenz $\epsilon=E-m_0c^2$ (ebenso wie das Potential V) im Vergleich zu m_0c^2 eine kleine Größe ist. Dann ist es sinnvoll, die eckige Klammer in (2.39) zu entwickeln. Aus der linken Seite wird

$$\begin{aligned}&\frac{1}{2m_0}\hat{\boldsymbol{\sigma}}\cdot\hat{\boldsymbol{p}}\left(1-\frac{\epsilon-V}{2m_0c^2}\right)\hat{\boldsymbol{\sigma}}\cdot\hat{\boldsymbol{p}}\,\psi_A\\&\quad=\left[\left(1-\frac{\epsilon-V}{2m_0c^2}\right)\frac{(\hat{\boldsymbol{\sigma}}\cdot\hat{\boldsymbol{p}})(\hat{\boldsymbol{\sigma}}\cdot\hat{\boldsymbol{p}})}{2m_0}+\frac{\hbar}{\mathrm{i}}\frac{(\hat{\boldsymbol{\sigma}}\cdot\nabla V)(\hat{\boldsymbol{\sigma}}\cdot\hat{\boldsymbol{p}})}{4m_0^2c^2}\right]\psi_A \quad .\end{aligned} \tag{2.40}$$

Mit Hilfe der Identität (Aufgabe 2.1)

$$(\hat{\boldsymbol{\sigma}}\cdot\boldsymbol{A})(\hat{\boldsymbol{\sigma}}\cdot\boldsymbol{B})=\boldsymbol{A}\cdot\boldsymbol{B}+\mathrm{i}\hat{\boldsymbol{\sigma}}\cdot(\boldsymbol{A}\times\boldsymbol{B}) \tag{2.41}$$

(insbesondere $(\hat{\boldsymbol{\sigma}}\cdot\hat{\boldsymbol{p}})(\hat{\boldsymbol{\sigma}}\cdot\hat{\boldsymbol{p}})=\hat{\boldsymbol{p}}^2$) erhalten wir für ein radialsymmetrisches Potential, $V=V(r)$, $\nabla V=(\boldsymbol{r}/r)dV/dr$, die Gleichung

$$\begin{aligned}&\left[\left(1-\frac{\epsilon-V}{2m_0c^2}\right)\frac{\hat{\boldsymbol{p}}^2}{2m_0}+\frac{\hbar}{\mathrm{i}}\frac{1}{4m_0^2c^2}\frac{1}{r}\frac{dV}{dr}(\boldsymbol{r}\cdot\hat{\boldsymbol{p}})+\frac{\hbar}{4m_0^2c^2}\frac{1}{r}\frac{dV}{dr}\hat{\boldsymbol{\sigma}}\cdot(\boldsymbol{r}\times\hat{\boldsymbol{p}})\right]\psi_A\\&\quad=(\epsilon-V)\psi_A \ .\end{aligned} \tag{2.42}$$

Im ersten Term auf der linken Seite approximieren wir $\epsilon-V$ durch $\hat{\boldsymbol{p}}^2/(2m_0)$. Im letzen Term ist $\hbar\hat{\boldsymbol{\sigma}}\cdot(\boldsymbol{r}\times\hat{\boldsymbol{p}})=2\hat{\boldsymbol{L}}\cdot\hat{\boldsymbol{S}}$. Der mittlere Term ist nicht hermitesch. Dies ist ein Ausdruck der Tatsache, daß die großen Komponenten ψ_A noch an die kleinen Komponenten ψ_B gekoppelt sind, was einer geschlossenen Schrödinger-artigen Gleichung für ψ_A allein im Wege steht. Nach Darwin ist es sinnvoll, einen hermiteschen Mittelwert zu bilden:

$$\begin{aligned}\hat{H}_{\mathrm{D}}&=\frac{1}{8m_0^2c^2}\left[\frac{\hbar}{\mathrm{i}}\frac{1}{r}\frac{dV}{dr}(\boldsymbol{r}\cdot\hat{\boldsymbol{p}})-\frac{\hbar}{\mathrm{i}}(\hat{\boldsymbol{p}}\cdot\boldsymbol{r})\frac{1}{r}\frac{dV}{dr}\right]\\&=\frac{\hbar^2}{8m_0^2c^2}\left(\frac{2}{r}\frac{dV}{dr}+\frac{d^2V}{dr^2}\right)=\frac{\hbar^2}{8m_0^2c^2}\,\Delta V(r) \quad .\end{aligned} \tag{2.43}$$

Damit erhalten wir eine Schrödingergleichung mit relativistischen Korrekturen bis zur ersten Ordnung in $\hat{\boldsymbol{p}}^2/(m_0c)^2$:

$$\left(\frac{\hat{\boldsymbol{p}}^2}{2m_0}+\frac{\hat{\boldsymbol{p}}^2\hat{\boldsymbol{p}}^2}{8m_0^3c^2}+V(r)+\hat{H}_{LS}+\hat{H}_{\mathrm{D}}\right)\psi_A=\epsilon\psi_A \quad . \tag{2.44}$$

Neben dem *Darwin-Term* (2.43) enthält der Hamiltonoperator in (2.44) die Spin-Bahn-Kopplung

$$\hat{H}_{LS} = \frac{1}{2m_0^2c^2}\frac{1}{r}\frac{dV}{dr}\,\hat{\boldsymbol{L}}\cdot\hat{\boldsymbol{S}} \tag{2.45}$$

und eine Korrektur der kinetischen Energie, die den Impuls zur vierten Potenz enthält. Hierdurch ist (2.44) eine Differentialgleichung vierter Ordnung, was eigentlich keinen Fortschritt gegenüber der ungenäherten Diracgleichung (2.28) bzw. (2.33) darstellt. Da der Einfluß der relativistischen Korrekturen klein ist, können sie aber mit Störungstheoretischen Mitteln aus der nichtrelativistischen Schrödingergleichung berechnet werden.

Im attraktiven Coulombpotential $V(r) = -Ze^2/r$ ist die explizite Form der Spin-Bahn-Kopplung und des Darwin-Terms:

$$\hat{H}_{LS} = -\frac{Ze^2}{2m_0^2c^2}\frac{1}{r^3}\,\hat{\boldsymbol{L}}\cdot\hat{\boldsymbol{S}}\ , \quad \hat{H}_{\mathrm{D}} = \frac{\pi\hbar^2 Ze^2}{2m_0^2c^2}\,\delta(\boldsymbol{r}) \quad . \tag{2.46}$$

In diesem Fall liefert der Darwin-Term nur für $l = 0$ einen Beitrag; die Spin-Bahn-Kopplung liefert immer nur für $l > 0$ einen Beitrag. In erster Ordnung Störungstheorie erhält man für die Energien, zusammen mit den Beiträgen des $\hat{\boldsymbol{p}}^2\hat{\boldsymbol{p}}^2$-Terms, wieder das Ergebnis (2.36) (Aufgabe 2.2).

Weitere Korrekturen erhält man, wenn man berücksichtigt, daß der Atomkern nicht ein strukturloser Massenpunkt ist, sondern eine räumliche Ausdehnung (von der Größenordnung 10^{-12} cm) hat sowie einen inneren Drehimpuls (den „Kernspin"). Diese Korrekturen sind noch kleiner als die oben besprochenen und machen sich im Spektrum auf der Ebene der *Hyperfeinstruktur* bemerkbar.

2.2 Mehrelektronensysteme

2.2.1 Der Hamiltonoperator

Für ein Atom oder Ion, das aus N Elektronen und einem Atomkern der Masse m_K und der Ladungszahl Z besteht, ist der nichtrelativistische Hamiltonoperator für das gesamte System

$$\hat{H}_{\mathrm{A}} = \frac{\hat{\boldsymbol{p}}_{\mathrm{K}}^2}{2m_{\mathrm{K}}} + \sum_{i=1}^{N}\left(\frac{\hat{\boldsymbol{p}}_{\mathrm{e}i}^2}{2m_{\mathrm{e}}} - \frac{Ze^2}{|\boldsymbol{r}_{\mathrm{e}i} - \boldsymbol{r}_{\mathrm{K}}|}\right) + \sum_{i<j}\frac{e^2}{|\boldsymbol{r}_{\mathrm{e}i} - \boldsymbol{r}_{\mathrm{e}j}|} \quad ; \tag{2.47}$$

$\hat{\boldsymbol{p}}_{\mathrm{K}}$ und $\boldsymbol{r}_{\mathrm{K}}$ sind der Impuls und der Ort des Atomkerns, und $\hat{\boldsymbol{p}}_{\mathrm{e}i}$ und $\boldsymbol{r}_{\mathrm{e}i}$ sind die Impulse und Ortskoordinaten der N Elektronen. Eine Separation der Schwerpunktsbewegung von der inneren Dynamik kann man erreichen, wenn man neben der Schwerpunktskoordinate

$$\boldsymbol{R} = \frac{1}{M}\left(m_{\mathrm{K}}\boldsymbol{r}_{\mathrm{K}} + m_{\mathrm{e}}\sum_{i=1}^{N}\boldsymbol{r}_{\mathrm{e}i}\right)\ , \quad M = m_{\mathrm{K}} + Nm_{\mathrm{e}} \quad , \tag{2.48}$$

die Relativkoordinaten $\boldsymbol{r}_i$ einführt, welche die Abstände der Elektronen zum Ort des Atomkerns bezeichnen:

$$\boldsymbol{r}_i = \boldsymbol{r}_{ei} - \boldsymbol{r}_K \quad . \tag{2.49}$$

Die zugehörigen Impulse sind

$$\hat{\boldsymbol{P}} = \frac{\hbar}{i}\nabla_{\boldsymbol{R}} \,, \quad \hat{\boldsymbol{p}}_i = \frac{\hbar}{i}\nabla_{\boldsymbol{r}_i} \quad . \tag{2.50}$$

Drückt man die in (2.47) auftretenden Impulse $\hat{\boldsymbol{p}}_K$ und $\hat{\boldsymbol{p}}_{ei}$ durch die Impulse (2.50) aus,

$$\hat{\boldsymbol{p}}_K = \frac{m_K}{M}\hat{\boldsymbol{P}} - \sum_{i=1}^{N}\hat{\boldsymbol{p}}_i \,, \quad \hat{\boldsymbol{p}}_{ei} = \frac{m_e}{M}\hat{\boldsymbol{P}} + \hat{\boldsymbol{p}}_i \quad , \tag{2.51}$$

so läßt sich die gesamte kinetische Energie in (2.47) in einen Schwerpunktsanteil und einen inneren Anteil aufspalten:

$$\frac{\hat{\boldsymbol{p}}_K^2}{2m_K} + \sum_{i=1}^{N}\frac{\hat{\boldsymbol{p}}_{ei}^2}{2m_e} = \frac{\hat{\boldsymbol{P}}^2}{2M} + \sum_{i=1}^{N}\frac{\hat{\boldsymbol{p}}_i^2}{2\mu} + \frac{1}{m_K}\sum_{i<j}\hat{\boldsymbol{p}}_i\cdot\hat{\boldsymbol{p}}_j \quad . \tag{2.52}$$

Dabei ist $\mu = m_e m_K/(m_e + m_K)$ wieder die reduzierte Masse eines Elektrons relativ zum Atomkern. In dem Zweiteilchenpotential, das die elektrostatische Abstoßung der Elektronen beschreibt, tritt die Differenz zweier Koordinaten auf, so daß es egal ist, ob man die auf einen festen Raumpunkt bezogenen Koordinaten $\boldsymbol{r}_{ei}$ oder die auf die Lage des Atomkerns bezogenen Koordinaten (2.49) einsetzt.

Der Hamiltonoperator, der die innere Struktur des Atoms oder Ions beschreibt, hat die Form

$$\hat{H} = \sum_{i=1}^{N}\frac{\hat{\boldsymbol{p}}_i^2}{2\mu} + \sum_{i=1}^{N}\hat{V}(i) + \sum_{i<j}\hat{W}(i,j) \quad . \tag{2.53}$$

Er unterscheidet sich von dem Hamiltonoperator, den man bei einem unendlich schweren Atomkern erhalten würde, durch das Auftreten der reduzierten Masse μ an Stelle der freien Elektronenmasse m_e in der kinetischen Energie. Außerdem führt der letzte Term auf der rechten Seite von (2.52) zu einer impulsabhängigen Korrektur $\hat{\boldsymbol{p}}_i\cdot\hat{\boldsymbol{p}}_j/m_K$ in der Zweiteilchenwechselwirkung. Sie heißt *Massenpolarisierungsterm* und rührt daher, daß der Schwerpunkt (2.48) des gesamten Systems nicht identisch ist mit dem Ort $\boldsymbol{r}_K$ des Atomkerns, auf den die Relativkoordinaten (2.49) der Elektronen bezogen sind. Diese Korrektur ist aber sehr klein und kann störungstheoretisch behandelt werden. Dasselbe gilt mindestens bei leichteren Atomen für die in Abschn. 2.1.4 besprochenen Korrekturen zur Einteilchenwechselwirkung wie z.B. die Spin-Bahn-Kopplung. Für das durch den Hamiltonoperator (2.53) definierte N-Elektronenproblem ist also zunächst die Einteilchenwechselwirkung $\hat{V}(i)$ die ektrostatische Anziehung der Elektronen durch den Atomkern,

$$\hat{V}(i) = -\frac{Ze^2}{r_i} \quad , \tag{2.54}$$

und die Zweiteilchenwechselwirkung $\hat{W}(i,j)$ ist die elektrostatische Abstoßung der Elektronen untereinander,

$$\hat{W}(i,j) = \frac{e^2}{|\boldsymbol{r}_i - \boldsymbol{r}_j|} \quad . \tag{2.55}$$

2.2.2 Pauli-Prinzip und Slaterdeterminanten

Die Wellenfunktionen, welche die innere Dynamik eines N-Elektronen-Atoms oder -Ions beschreiben, hängen von den inneren Ortskoordinaten $\boldsymbol{r}_i$ und den Spinkoordinaten m_{s_i} ab, die wir zusammen mit x_i bezeichnen wollen. Die Tatsache, daß die Elektronen ununterscheidbar sind, äußert sich darin, daß der Hamiltonoperator (2.53) von der Numerierung der Elektronen unabhängig ist. Wenn wir eine gegebene Wellenfunktion $\psi(x_1, \ldots, x_N)$ dadurch verändern, daß wir die Reihenfolge der Indizes permutieren,

$$\hat{P}\psi(x_1, \ldots, x_N) := \psi(x_{P(1)}, \ldots, x_{P(N)}) \quad , \tag{2.56}$$

dann ist es bei der Anwendung des Hamiltonoperators egal, ob wir ihn vor oder nach einer solchen Permutation anwenden:

$$\hat{P}\hat{H}\psi(x_1, \ldots, x_N) = \hat{H}\hat{P}\psi(x_1, \ldots, x_N) \quad . \tag{2.57}$$

Jede Permutation P der Zahlen $1, \ldots, N$ definiert über (2.56) einen Operator $\hat{P}$, der mit dem Hamiltonoperator kommutiert:

$$[\hat{H}, \hat{P}] = 0 \quad . \tag{2.58}$$

Demnach wäre es sinnvoll, die Eigenzustände von $\hat{H}$ nach den Eigenwerten der Permutationsoperatoren zu klassifizieren, d.h. nach dem Verhalten der Wellenfunktionen bei einer Umordnung der Teilchenindizes. In einem Zweiteilchensystem gibt es nur eine nicht-triviale Permutation, nämlich P_{21}, welche die Zahlen 1, 2 in 2, 1 überführt. Offensichtlich gilt für den zugehörigen Permutationsoperator $\hat{P}_{21}\hat{P}_{21} = 1$, so daß seine möglichen Eigenwerte nur +1 oder -1 sein können. In Systemen mit mehr als zwei ununterscheidbaren Teilchen gibt es viel mehr Möglichkeiten, aber in der Natur sind nur diese beiden Eigenwerte realisiert. Alle Wellenfunktionen in Systemen von ununterscheidbaren Teilchen sind entweder *total symmetrisch*, d.h. eine Vertauschung von zwei Teilchenindizes ändert die Wellenfunktion überhaupt nicht, oder sie sind *total antisymmetrisch*, d.h. jede Vertauschung von zwei Indizes multipliziert die Wellenfunktionen mit -1:

$$\begin{aligned} & \hat{P}_{ij}\psi(x_1, \ldots, x_{i-1}, x_i, \ldots, x_{j-1}, x_j, \ldots, x_N) \\ = \;& \psi(x_1, \ldots, x_{i-1}, x_j, \ldots, x_{j-1}, x_i, \ldots, x_N) \\ = & -\psi(x_1, \ldots, x_{i-1}, x_i, \ldots, x_{j-1}, x_j, \ldots, x_N) \quad . \end{aligned} \tag{2.59}$$

Außerdem ist das Symmetrieverhalten der Wellenfunktionen eine innere Eigenschaft der Teilchen und ist unabhängig von ihrem dynamischen Zustand oder ihrer Umgebung. Teilchen mit total symmetrischen Wellenfunktionen heißen *Bosonen*, Teilchen mit total antisymmetrischen Wellenfunktionen heißen *Fermionen*. Elektronen sind Fermionen. Die Feststellung, daß Fermionen nur in total antisymmetrischen Zuständen vorkommen können, heißt *Pauli-Prinzip*.

Jede Permutation der Zahlen $1, \ldots, N$ läßt sich in eine Folge von hintereinander ausgeführten Vertauschungen von zwei Zahlen zerlegen. Diese Zerlegung ist nicht eindeutig, aber die Anzahl der Vertauschungen, die zusammen eine gegebene Permutation P bilden, ist immer gerade oder immer ungerade. Danach nennt man die Permutation selbst *gerade* oder *ungerade*. Die totale Antisymmetrie einer Wellenfuktion läßt sich also kompakt schreiben:

$$\hat{P}\psi = (-1)^P \psi \quad , \tag{2.60}$$

mit $(-1)^P = 1$ für gerade Permutationen und $(-1)^P = -1$ für ungerade Permutationen.

Aus einer gegebenen Wellenfunktion ψ, die nicht antisymmetrisch sein muß, kann man mit Hilfe des *Antisymmetrisierungsoperators*

$$\hat{\mathcal{A}} = \frac{1}{\sqrt{N!}} \sum_P (-1)^P \hat{P} \tag{2.61}$$

eine total antisymmetrische Funktion herausprojizieren. Um das zu sehen, wenden wir auf eine Wellenfunktion $\hat{\mathcal{A}}\psi$ eine gegebene Permutation Q an:

$$\hat{Q}\hat{\mathcal{A}}\psi = \frac{1}{\sqrt{N!}} \sum_P (-1)^P \hat{Q}\hat{P}\psi \quad . \tag{2.62}$$

Da die Permutationen mathematisch eine Gruppe bilden, erfaßt die Menge aller Permutationen QP (Q fest, P durchläuft alle Permutationen) jede Permutation wieder genau einmal. Außerdem ist $(-1)^P = (-1)^Q(-1)^{QP}$, so daß wir mit $P' = QP$ die Gleichung (2.62) umschreiben können:

$$\hat{Q}\hat{\mathcal{A}}\psi = (-1)^Q \frac{1}{\sqrt{N!}} \sum_{P'} (-1)^{P'} \hat{P}'\psi = (-1)^Q \hat{\mathcal{A}}\psi \quad , \tag{2.63}$$

womit die totale Antisymmetrie von $\hat{\mathcal{A}}\psi$ gezeigt ist. Ähnlich läßt sich zeigen:

$$\hat{\mathcal{A}}\hat{\mathcal{A}} = \sqrt{N!}\hat{\mathcal{A}} \, , \quad \hat{\mathcal{A}}^\dagger = \hat{\mathcal{A}} \quad , \tag{2.64}$$

was bedeutet, daß $\hat{\mathcal{A}}/\sqrt{N!}$ die Eigenschaften eines Projektionsoperators hat.

Besonders wichtig sind antisymmetrisierte Wellenfunktionen, die man aus einfachen Produktwellenfunktionen

$$\Psi_0 = \prod_{i=1}^{N} \psi_i(x_i) \tag{2.65}$$

konstruiert. Solche Produktwellenfunktionen treten unter anderem als Eigenfunktionen eines N-Teilchen-Hamiltonoperatoren auf, wenn dieser als Summe von Einteilchen-Hamiltonoperatoren geschrieben werden kann (wie z.B. der Hamiltonoperator (2.53), wenn man die Zweiteilchenwechselwirkung $\hat{W}(i,j)$ wegläßt). Anwendung des Antisymmetrisierungsoperators auf (2.65) gibt die antisymmetrisierte Produktwellenfunktion

$$\hat{\mathcal{A}}\Psi_0 = \frac{1}{\sqrt{N!}} \sum_P (-1)^P \prod_{i=1}^{N} \psi_i(x_{P(i)}) \equiv \frac{1}{\sqrt{N!}} \det(\psi_i(x_j)) \quad . \tag{2.66}$$

Die Schreibweise $\det(\psi_i(x_j))$ rührt daher, daß die Summe über die Produkte in (2.66) formal als Determinante der $N \times N$ Matrix $(\psi_i(x_j))$ geschrieben werden kann:

$$\det(\psi_i(x_j)) = \begin{vmatrix} \psi_1(x_1) & \psi_1(x_2) & \cdots & \psi_1(x_N) \\ \vdots & \vdots & & \vdots \\ \psi_N(x_1) & \psi_N(x_2) & \cdots & \psi_N(x_N) \end{vmatrix} \quad . \tag{2.67}$$

Antisymmetrisierte Produktwellenfunktionen werden *Slaterdeterminanten* genannt.

Aus der Darstellung als Determinante erkennt man, daß eine antisymmetrisierte Produktwellenfunktion identisch verschwindet, wenn zwei (oder mehr) Einteilchenwellenfunktionen ψ_i identisch sind. Hieraus folgt eine alternative Formulierung des Pauli-Prinzips für Slaterdeterminanten: keine zwei Fermionen dürfen denselben Einteilchenzustand besetzen. Allgemeiner und präziser kann man sagen, daß eine Slaterdeterminante genau dann verschwindet, wenn die Einteilchenwellenfunktionen, aus denen sie aufgebaut ist, linear abhängig sind.

Eine Slaterdeterminante ist wie eine normale Determinante invariant gegenüber elementaren Zeilenumformungen:

$$\psi_i \to \psi_i' = \psi_i + \sum_{j \neq i} c_j \psi_j \quad . \tag{2.68}$$

Allgemeiner kann man aus den (linear unabhängigen) Einteilchenwellenfunktionen ψ_i einen beliebigen linear unabhängigen Satz von Linearkombinationen ψ_i' bilden, und $\det(\psi_i'(x_j))$ wird sich höchstens durch eine multiplikative Konstante von $\det(\psi_i(x_j))$ unterscheiden. Eine Slaterdeterminante ist also weniger durch einen konkreten Satz von Einteilchenwellenfunktionen charakterisiert, als vielmehr durch den Unterraum des Einteilchen-Hilbertraums, der von diesen Einteilchenwellenfunktionen aufgespannt wird.

Für Slaterdeterminanten lassen sich die Vielteilchenmatrixelemente, wie z.B. (1.1), auf Matrixelemente der zugehörigen Einteilchenwellenfunktionen zurückführen. Für zwei Slaterdeterminanten $\Psi = (N!)^{-1/2}\det(\psi_i(x_j))$, $\Phi = (N!)^{-1/2}\det(\phi_i(x_j))$ gilt z.B.

$$\langle\Phi|\Psi\rangle = \det(\langle\phi_i|\psi_j\rangle) \quad , \tag{2.69}$$

wobei die rechte Seite nun eine gewöhnliche Determinante einer Matrix von Zahlen, nämlich der Zahlen

$$A_{ij} = \langle\phi_i|\psi_j\rangle \quad , \tag{2.70}$$

ist. Für einen Einteilchenoperator, genauer für einen Vielteilchenoperator, der sich als Summe von Einteilchenoperatoren $\hat{V}$ schreiben läßt, gilt:

$$\langle\Phi|\sum_{i=1}^{N}\hat{V}(i)|\Psi\rangle = \langle\Phi|\Psi\rangle \sum_{i,j=1}^{N}\langle\phi_i|\hat{V}|\psi_j\rangle B_{ji} \quad , \tag{2.71}$$

wobei die Matrix B die inverse der durch (2.70) definierten Matrix A ist. Für einen Operator, der sich als Summe von Zweiteilchenoperatoren schreiben läßt, gilt

$$\langle\Phi|\sum_{i<j}\hat{W}(i,j)|\Psi\rangle = \frac{1}{2}\langle\Phi|\Psi\rangle \sum_{i,j,k,l=1}^{N}\langle\phi_i\phi_j|\hat{W}|\psi_k\psi_l\rangle(B_{ki}B_{lj} - B_{kj}B_{li}) \,. \tag{2.72}$$

Die Formeln (2.71), (2.72) gelten für beliebige (nicht notwendig orthonormale) Einteilchenwellenfunktionen, solange $\det A \neq 0$. Einfachere Formeln erhält man, wenn Φ und Ψ aus demselben Satz von orthonormalen Einteilchenwellenfunktionen aufgebaut sind. Dann ist $\langle\Phi|\Psi\rangle$ nur von null verschieden, wenn die in Φ besetzten Einteilchenzustände dieselben sind wie in Ψ. Außerdem ist $\langle\Psi|\Psi\rangle = 1$. Der Vorfaktor $1/\sqrt{(N!)}$ in (2.66) ist gerade so gewählt, daß eine aus orthonormalen Einteilchenzuständen aufgebaute Slaterdeterminante auf 1 normiert ist.

Bei orthonormalen Einteilchenzuständen vereinfacht sich die Beziehung (2.71) für den Erwartungswert eines Einteilchenoperators zu

$$\langle\Psi|\sum_{i=1}^{N}\hat{V}(i)|\Psi\rangle = \sum_{i=1}^{N}\langle\psi_i|\hat{V}|\psi_i\rangle \quad . \tag{2.73}$$

Dazu gibt es noch ein nicht verschwindendes Matrixelement $\langle\Phi|\sum_{i=1}^{N}\hat{V}(i)|\Psi\rangle$, wenn in der Slaterdeterminante Φ höchstens eines der in Ψ besetzten Einteilchenzustände (etwa ψ_l) nicht besetzt ist, und dafür ein in Ψ nicht besetzter Einteilchenzustand (etwa ψ_t) in Φ besetzt ist. Eine solche Slaterdeterminante Φ nennt man eine *Ein-Teilchen-Ein-Loch-Anregung* Ψ_{tl} von Ψ. Das Matrixelement eines Einteilchenoperators zwischen Ψ_{tl} und Ψ ist:

$$\langle\Psi_{tl}|\sum_{i=1}^{N}\hat{V}(i)|\Psi\rangle = \langle\psi_t|\hat{V}|\psi_l\rangle \quad . \tag{2.74}$$

(Die Formel (2.71) läßt sich auf diesen Fall nicht anwenden, da $\langle\Psi_{tl}|\Psi\rangle = 0$.)

Im Falle von orthonormalen Einteilchenzuständen vereinfacht sich die Beziehung (2.72) für den Erwartungswert eines Zweiteilchenoperators zu

$$\langle\Psi|\sum_{i<j}\hat{W}(i,j)|\Psi\rangle = \frac{1}{2}\sum_{i,j=1}^{N}\left(\langle\psi_i\psi_j|\hat{W}|\psi_i\psi_j\rangle - \langle\psi_i\psi_j|\hat{W}|\psi_j\psi_i\rangle\right) \,. \tag{2.75}$$

Für das Matrixelement eines Zweiteilchenoperators zwischen Ψ und der Ein-Teilchen-Ein-Loch-Anregungung Ψ_{tl} erhält man:

$$\langle\Psi_{tl}|\sum_{i<j}\hat{W}(i,j)|\Psi\rangle = \sum_{i=1}^{N}\left(\langle\psi_i\psi_t|\hat{W}|\psi_i\psi_l\rangle - \langle\psi_i\psi_t|\hat{W}|\psi_l\psi_i\rangle\right) \,. \tag{2.76}$$

Wenn der Bra eine *Zwei-Teilchen-Zwei-Loch-Anregung* $\Psi_{t_1 t_2 l_1 l_2}$ von Ψ ist, d.h. $\phi_{l_1} = \psi_{t_1}$, $\phi_{l_2} = \psi_{t_2}$ und $\phi_i = \psi_i$ für alle anderen i, so gibt es auch ein nicht verschwindendes Matrixelement

$$\langle \Psi_{t_1 t_2 l_1 l_2} | \sum_{i<j} \hat{W}(i,j) | \Psi \rangle = \langle \psi_{t_1} \psi_{t_2} | \hat{W} | \psi_{l_1} \psi_{l_2} \rangle - \langle \psi_{t_1} \psi_{t_2} | \hat{W} | \psi_{l_2} \psi_{l_1} \rangle \,. \quad (2.77)$$

2.2.3 Schalenaufbau der Atome

Wenn der Hamiltonoperator (2.53) nur die Einteilchenwechselwirkung und keine Zweiteilchenwechselwirkung enthielte, entspräche dies einer unabhängigen Bewegung der N Elektronen. Der Hamiltonoperator wäre eine Summe von N Einteilchen-Hamiltonoperatoren der Form (2.13), deren Eigenfunktionen einfach die Eigenfunktionen des wasserstoff-ähnlichen Ions wären. Jedes Produkt aus diesen Einteilchen-Eigenfunktionen wäre eine Eigenfunktion des N-Teilchen-Hamiltonoperators ebenso wie jede daraus aufgebaute Slaterdeterminante (da $\hat{H}$ mit jeder Permutation und folglich auch mit dem Antisymmetrisierungsoperator (2.61) kommutiert), und der Energieeigenwert wäre einfach die Summe aus den Einteilchenenergien der besetzten Einteilchenzustände. Den Grundzustand erhielte man durch Besetzung der N energetisch tiefsten Einteilchenzustände mit je einem Elektron (Pauli-Prinzip), und die angeregten Zustände wären Ein-Teilchen-Ein-Loch-, Zwei-Teilchen-Zwei-Loch- etc. Anregungungen der Grundzustands-Slaterdeterminante.

Dieses einfache Bild wird durch die Zweiteilchenwechselwirkung $\sum_{i<j} \hat{W}(i,j)$ gestört. Sie ist nicht klein und trägt wesentlich zur Gesamtenergie des Atoms oder Ions bei. Trotzdem läßt sich ein großer Teil der Zweiteilchenwechselwirkung durch ein mittleres Einteilchenpotential erfassen, das formal die Unabhängigkeit der Elektronen nicht stört. Eine konsistente Herleitung des mittleren Einteilchenpotentials wird in Abschn. 2.3.1 durchgeführt. Qualitativ kann man es so verstehen, daß die Kräfte auf ein Elektron, die durch die elektrostatische Abstoßung aller anderen Elektronen herrühren, im Mittel eine ortsabhängige Abschirmung der elektrostatischen Anziehung durch den Atomkern bewirken und so das Einteilchenpotential modifizieren. Als *Restwechselwirkung* bleibt übrig, was von solch einem mittleren Einteilchenpotential nicht erfaßt werden kann, und das ist wesentlich weniger als die volle Zweiteilchenwechselwirkung. So wird z.B. ein Elektron in einem N-Elektronen-Atom oder -Ion in sehr großem Abstand von dem Atomkern (Ladungszahl Z) ein abgeschirmtes Coulombpotential $-(Z - N + 1)e^2/r$ spüren. Bei kleinen Abständen $r < a_Z$ spürt es aber das nicht abgeschirmte Potential des nackten Atomkerns: $-Ze^2/r$. Beim Übergang von kleinen zu großen Abständen geht das mittlere Einteilchenpotential stetig von dem nicht abgeschirmten Potential in das abgeschirmte Potential über, wie in Abb. 2.2 für den Fall des Natriumatoms ($Z = N = 11$) schematisch dargestellt ist.

Die Einteilcheneigenzustände in solch einem mittleren Einteilchenpotential sind nicht dieselben wie im reinen attraktiven Coulombpotential, aber sie können nach wie vor durch die Quantenzahlen n, l, m klassifiziert werden. Da immer angenommen wird, daß das mittlere Einteilchenpotential radialsymmetrisch ist, sind die Einteilchenenergien bei gegebener Bahndrehimpulsquantenzahl l nach wie vor in der

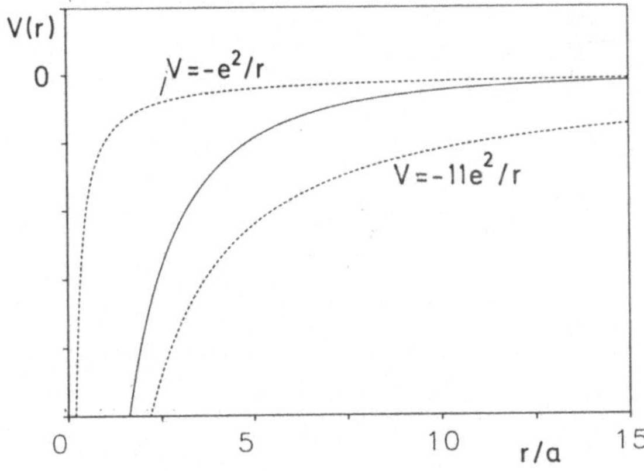

Abb. 2.2. Schematische Darstellung des mittleren Einteilchenpotentials $V(r)$ (*durchgezogene Linie*) im Na-Atom ($Z = N = 11$).

Azimutalquantenzahl m entartet. Bei gegebener Hauptquantenzahl n ist aber die Entartung in l durch die Abweichung des mittleren Einteilchenpotentials von einem reinen Coulombpotential aufgehoben. Ein Blick auf Abb. 2.2 zeigt, daß Zustände mit kleinem Bahndrehimpuls l wesentlich mehr als die Zustände mit höherem l von der stärkeren Anziehung des nackten Atomkerns beeinflußt werden, weil die zugehörigen Wellenfunktionen eine größere Amplitude bei kleinen Abständen haben – siehe Abb. 1.4. Die dadurch verursachte relative Absenkung der Energien der Einteilchenzustände mit kleinem l gegenüber den Zuständen mit höherem l ist groß. Ein typisches Spektrum des Einteilchen-Hamiltonoperators mit einem mittleren Einteilchenpotential wie in Abb. 2.2 ist in Abb. 2.3 dargestellt. Es fällt auf, daß die relative Absenkung der Energien der $l = 0$ Zustände so groß ist, daß die Energie des $4s$ Zustands bereits tiefer liegt als die des $3d$ Zustands. Größere Lücken im Spektrum treten oberhalb der $1s$, $2p$, $3p, \ldots$ Niveaus auf.

Die Energieniveaus in Abb. 2.3 definieren *Unterschalen*, die je nach ihrem Entartungsgrad eine Anzahl von Einteilchenzuständen umfassen, die jeweils mit (höchstens) einem Elektron besetzt werden können. (Der Begriff „Schale" wird für alle zu einer Hauptquantenzahl n gehörenden Einteilchenzustände verwendet, die aber nur im reinen Coulombpotential entartet sind.) Berücksichtigt man, daß es zu jeder Einteilchenortswellenfunktion $\psi(\boldsymbol{r})$ wegen der zwei möglichen Spinzustände des Elektrons zwei verschiedene Einteilchenzustände gibt, ist die Gesamtzahl der Einteilchenzustände in der nl Unterschale einfach $2(2l + 1)$. Für s, p, d, $f, \ldots$ Unterschalen sind das 2, 6, 10, 14, ... etc. Zustände.

Wenn man annimmt, daß die Grundzustandswellenfunktionen der neutralen Atome durch sukzessives Auffüllen der Unterschalen von Einteilchenzuständen aufgebaut werden, so sind die Elektronen in den energetisch tieferen, abgeschlossenen Unterschalen verhältnismäßig stark gebunden, und die am schwächsten gebundenen Elektronen sind die äußersten Elektronen in der letzten besetzten Unterschale. Chemisch ähnliche Atome, die lange vor der Erfindung der Quantenmechanik im *Periodensystem der Elemente* in Gruppen zusammengefaßt wurden, haben in diesem Schema immer dieselbe Zahl von äußersten Elektronen, und die letzte besetzte Unterschale hat innerhalb einer Gruppe immer dieselbe Bahndrehimpulsquantenzahl l. Die Edelgase He, Ne, Ar, Kr, Xe, Rn haben lauter abgeschlossene Unterschalen, und

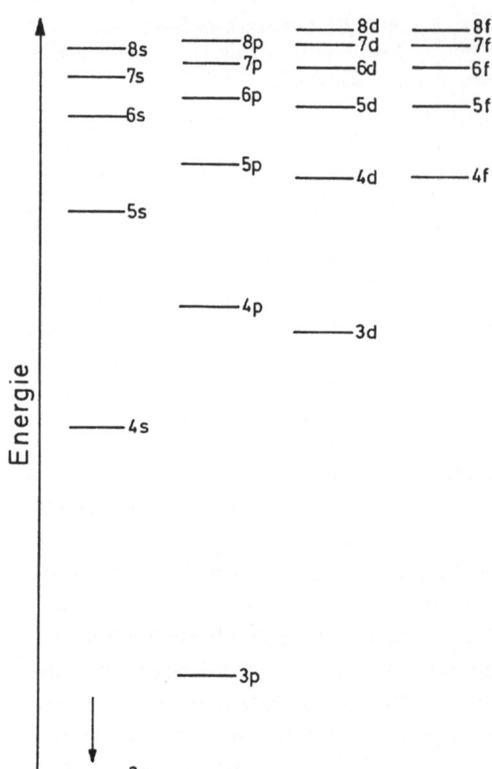

Abb. 2.3. Typisches Spektrum der Einteilchenenergien in einem mittleren Einteilchenpotential wie in Abb. 2.2.

die letzte besetzte Unterschale entspricht jeweils einem Einteilchenniveau am unteren Rand einer der größeren Lücken im Einteilchenspektrum: $1s$, $2p$, $3p$, $4p$, $5p$, $6p$.

Der einfache aus Abb. 2.2 und 2.3 folgende Schalenaufbau der Atome (im Grundzustand) ist weitgehend in der Lage, die Zuordnung der Elemente nach ihren chemischen Eigenschaften im Periodensystem zu erklären. Dies ist ein großer Erfolg des Bildes von unabhängigen Elektronen in definierten Einteilchenzuständen. Trotzdem sind die exakten Eigenzustände des Hamiltonoperators (2.53) natürlich komplizierter. Für eine quantitative Beschreibung von Atomen mit mehreren Elektronen sind Korrelationen in den Wellenfunktionen, die über das unabhängige Einteilchenbild hinausgehen, wichtig.

2.2.4 Klassifizierung atomarer Niveaus

Um die Eigenzustände des N-Elektronen-Hamiltonoperators zu klassifizieren, ist es sinnvoll, nach Konstanten der Bewegung, d.h. nach guten Quantenzahlen zu suchen. Nehmen wir zunächst an, die Spin-Bahn-Kopplung sei vernachlässigbar klein. Der Gesamtbahndrehimpuls $\hat{\boldsymbol{L}}$ und der Gesamtspin $\hat{\boldsymbol{S}}$, die sich aus den Bahndrehimpulsen $\hat{\boldsymbol{L}}_i$ und den Spins $\hat{\boldsymbol{S}}_i$ der Elektronen zusammensetzen,

$$\hat{\boldsymbol{L}} = \sum_{i=1}^{N} \hat{\boldsymbol{L}}_i \;, \quad \hat{\boldsymbol{S}} = \sum_{i=1}^{N} \hat{\boldsymbol{S}}_i \quad , \tag{2.78}$$

sind dann Konstanten der Bewegung, d.h. ihre Komponenten und Quadrate $\hat{\boldsymbol{L}}^2$ und $\hat{\boldsymbol{S}}^2$ kommutieren mit dem Hamiltonoperator (2.53). Die Eigenwerte von $\hat{\boldsymbol{L}}^2$ und $\hat{\boldsymbol{S}}^2$ sind $L(L+1)\hbar^2$ bzw. $S(S+1)\hbar^2$ und zu jedem Wert von L und S gibt es $(2L+1)\times(2S+1)$ entartete Eigenzustände, die den verschiedenen Eigenwerten von $\hat{L}_z$ und $\hat{S}_z$ entsprechen.

Es ist üblich, die Gesamtbahndrehimpulsquantenzahl $L = 0, 1, 2, 3, \ldots$ durch große Buchstaben S, P, D, $F, \ldots$ (danach alphabetisch) zu kennzeichnen und die Gesamtspinquantenzahl S durch die Spinmultiplizität $2S+1$, die links oben an den L-kennzeichnenden Buchstaben geschrieben wird: ${}^3P$ bedeutet also $S=1$, $L=1$, und ${}^4D$ bedeutet $S=3/2$, $L=2$. Da die Elektronspins alle $1/2$ sind, ist der Gesamtspin S ganzzahlig und die Multiplizität $2S+1$ ungerade, wenn die Anzahl N der Elektronen gerade ist; für ungerade N ist S halbzahlig, und $2S+1$ ist gerade.

In Anwesenheit einer kleinen Spin-Bahn-Kopplung $V_{LS}(r_i)\hat{\boldsymbol{L}}_i\cdot\hat{\boldsymbol{S}}_i$ in der Einteilchenwechselwirkung kommutiert der Hamiltonoperator (2.53) nicht mehr mit Bahn- und Spindrehimpulsen (weder mit den Komponenten noch mit den Quadraten), sondern nur noch mit dem Gesamtdrehimpuls der Elektronen:

$$\hat{\boldsymbol{J}} = \hat{\boldsymbol{L}} + \hat{\boldsymbol{S}} \quad . \tag{2.79}$$

Den Einfluß der Spin-Bahn-Kopplung kann man näherungsweise berücksichtigen, wenn man die nach L und S klassifizierten Zustände zu Eigenzuständen von $\hat{\boldsymbol{J}}^2$ und $\hat{J}_z$ koppelt, ähnlich wie für ein Elektron in Abschn. 1.6.3. Die daraus folgenden Zustände tragen zusätzlich noch die Quantenzahl J des Gesamtdrehimpulses, die, wie bei der Kennzeichnung der Ein-Elektron-Niveaus, rechts unten an den L-kennzeichnenden Buchstaben geschrieben werden: ${}^4D_{5/2}$ bedeutet also $S = 3/2$, $L = 2$, $J = 5/2$. Nach der Dreiecksregel (1.252) spaltet jeder Term ${}^{2S+1}L$ in $2S+1$ (falls $S \leq L$) oder $2L+1$ (falls $L \leq S$) Niveaus ${}^{2S+1}L_J$ auf, $J = |L-S|, |L-S|+1, \ldots, L+S-1, L+S$, und jedes solche Niveau umfaßt $2J+1$ Eigenzustände von $\hat{J}_z$, die auch mit Spin-Bahn-Kopplung entartet bleiben. (Diese Entartung wird bei Berücksichtigung der Hyperfeinwechselwirkung mit einem nicht verschwindenden Kernspin $\hat{\boldsymbol{I}}$ gestört, weil dann nur der gesamte Drehimpuls $\hat{\boldsymbol{I}} + \hat{\boldsymbol{J}}$ von Atomkern plus Elektronenhülle eine Konstante der Bewegung ist.)

Solange das unabhängige Einteilchenbild anwendbar ist, kann man die atomaren Niveaus zusätzlich durch die Haupt- und Bahndrehimpulsquantenzahlen n, l der besetzten Einteilchenzustände kennzeichnen. Die Gesamtheit der n, l Quantenzahlen der besetzten Einteilchenzustände definiert eine *Konfiguration*. Eine Konfiguration mit etwa zwei bestzten $1s$-Einteilchenzuständen, zwei besetzten $2s$-Zuständen und drei besetzten $2p$-Zuständen schreibt man konventionell als $(1s)^2(2s)^2(2p)^3$.

Bei der Konstruktion eines Vielteilchenzustands aus Einteilchenzuständen, muß natürlich das Pauli-Prinzip berücksichtigt werden. Das ist noch verhältnismäßig einfach für Atome und Ionen mit zwei Elektronen (oder mit zwei äußeren Elektronen), weil die gekoppelten Spinzustände von zwei $s = 1/2$ Teilchen eine definierte Symmetrie gegenüber der Permutation der beiden Teilchenindizes haben. Wenn wir für diesen Spezialfall von Drehimpulskopplung (1.248) ($j_1 = 1/2$, $j_2 = 1/2$) abkürzend schreiben

$$|S, M_S\rangle = \sum_{m_{s_1}, m_{s_2}} \langle m_{s_1}, m_{s_2}|S, M_S\rangle |m_{s_1}, m_{s_1}\rangle \quad , \tag{2.80}$$

so sind die zum Gesamtspin $S = 1$ gekoppelten Zustände, die ein *Triplett* bilden, einfach

$$\begin{aligned} |1,1\rangle &= |1/2,1/2\rangle \quad , \\ |1,0\rangle &= \frac{1}{\sqrt{2}}\left(|1/2,-1/2\rangle + |-1/2,1/2\rangle\right) \quad , \\ |1,-1\rangle &= |-1/2,-1/2\rangle \quad , \end{aligned} \tag{2.81}$$

und der $S = 0$ (*Singulett-*) Zustand ist

$$|0,0\rangle = \frac{1}{\sqrt{2}}\left(|1/2,-1/2\rangle - |-1/2,1/2\rangle\right) \quad . \tag{2.82}$$

Die drei Zustände des Tripletts $S = 1$ sind gegenüber der Vertauschung der beiden Teilchenindizes symmetrisch, während der Singulett-Zustand antisymmetrisch ist. Damit die gesamte Zweiteilchenwellenfunktion $\psi(\boldsymbol{r}_1, m_{s_1}, \boldsymbol{r}_2, m_{s_2})$ antisymmetrisch ist, muß sie gegenüber einer Vertauschung der beiden Ortskoordinaten in den Triplett-Zuständen antisymmetrisch und in den Singulett-Zuständen symmetrisch sein. So ist im Heliumatom eine Konfiguration, in der beide Elektronen die (nicht entartete) $1s$ Ortswellenfunktion besetzen, nur im Spin-Singulett-Zustand möglich. Die gebundenen Zustände des Heliumatoms sind in Abb. 2.4 dargestellt und nach $S = 0$ (*Parahelium*) und $S = 1$ (*Orthohelium*) sortiert. Die Konfigurationen im Orthohelium (sofern sie vom Pauli-Prinzip erlaubt sind) liegen energetisch tiefer als die entsprechenden Konfigurationen im Parahelium. Das kann man als Effekt der Restwechselwirkung verstehen, die eine kurzreichweitige Abstoßung der Elektronen bewirkt. Sie ist in einer antisymmetrischen Ortswellenfunktion, die für $|\boldsymbol{r}_1 - \boldsymbol{r}_2| = 0$

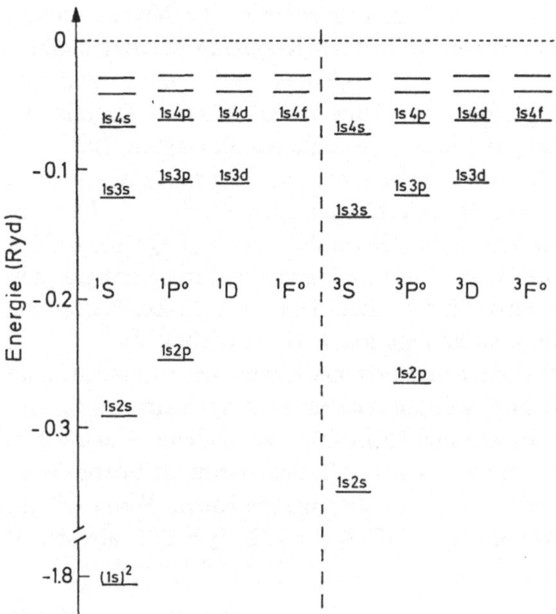

Abb. 2.4. Energien der gebundenen Zustände des Heliumatoms. Die linke Bildhälfte zeigt die Singulett-Zustände des Paraheliums, die rechte Bildhälfte zeigt die Triplett-Zustände des Orthoheliums.

verschwinden muß, weniger wirksam als in einer symmetrischen Ortswellenfunktion, wo sie einen positiven Beitrag zur Energie liefert. (Siehe Aufgabe 2.3.)

Wenn mehrere Elektronen aus einer Unterschale zum Gesamtspin S gekoppelt werden, so liegt der Zustand mit dem größten Wert von S am tiefsten, weil dort die Wirkung der kurzreichweitigen Elektron-Elektron-Abstoßung aufgrund der Symmetrieeigenschaften der Wellenfunktion am geringsten ist. Dies ist die *erste Hundsche Regel.* Bei gegebenem Wert von S können die Elektronen zu verschiedenen Werten L des Gesamtbahndrehimpulses koppeln. Unter diesen Zuständen ist der Effekt der kurzreichweitigen Abstoßung bei den größten Werten von L am geringsten. Deshalb liegen unter den Zuständen mit gleichem Wert von S diejenigen mit dem größten Wert von L am tiefsten. Das ist die *zweite Hundsche Regel.*

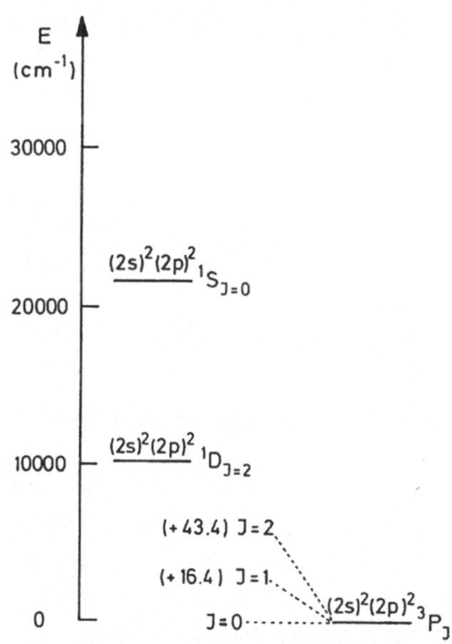

Abb. 2.5. Die tiefsten Energieniveaus des Kohlenstoffatoms. Zu der Kennzeichnung der Konfigurationen gehört eigentlich noch $(1s)^2$ für die zwei besetzten Einteilchenzustände der $n=1$ Schale. Unter den $(2s)^2\,(2p)^2$ Zuständen liegt der Triplett-Term ($S = 1$) nach der ersten Hundschen Regel am tiefsten. Wegen des Pauli-Prinzips sind ^3S und ^3D Terme verboten, weil neben der in den Teilchenindizes symmetrischen Spinwellenfunktion eine symmetrische Ortswellenfunktion stehen würde. Das $L = 1$ Triplett ist regulär, d.h. die Energie nimmt mit zunehmender Gesamtdrehimpulsquantenzahl J zu. Unter den Singulett-Zuständen liegt der $L = 2$ Term nach der zweiten Hundschen Regel tiefer. Als erste angeregte Konfiguration erscheint der Quintuplett-Term der $2s\,(2p)^3$ Konfiguration. Diese Konfiguration hat ungerade Parität.

Als Beispiel zeigt Abb. 2.5 die tiefstliegenden Zustände des Kohlenstoffatoms, das zwei Elektronen in der $2p$-Unterschale hat. Das Grundzustandstriplett ^3P und die nächsten zwei angeregten Singuletts ^1D und ^1S basieren auf der $(1s)^2\,(2s)^2\,(2p)^2$ Konfiguration, in der die tiefsten Einteilchenzustände besetzt sind. Der nächst höhere Term ist ein Quintuplett $^5S^o$, das einer $(1s)^2\,(2s)\,(2p)^3$ Konfiguration entspricht, in der die $2s$-Unterschale mit nur einem, die $2p$-Unterschale dafür mit drei Elektronen besetzt ist. Das kleine „o" rechts oben an dem L-kennzeichnenden Buchstaben steht – wie schon bei den P- und F-Zuständen im Helium in Abb. 2.4 – für *odd parity* und zeigt an, daß die gesamte Vielteilchenwellenfunktion gegenüber gleichzeitiger Spiegelung aller Ortskoordinaten am Ursprung negative Parität hat. Diese Paritätseigenschaft ist wichtig, weil sie die Auswahlregeln für elektromagnetische Übergänge beeinflußt. Für Konfigurationen, die durch die Einteilchenbahndrehimpulsquantenzahlen $l_1, \ldots, l_N$ charakterisiert sind, tritt ungerade Parität auf, wenn die Summe $\sum_{i=1}^{N} l_i$ ungerade ist (siehe (1.71)). Die Parität eines Mehrelektronenzustands ist aber allgemein eine gute Quantenzahl, und das ist nicht an die Gültigkeit des Einteilchenbildes gebunden.

Schließlich zeigt Abb. 2.5 auch die von der Spin-Bahn-Kopplung herrührenden Aufspaltung des Grundzustandstripletts in verschiedene Niveaus ^3P_J, $J = 0, 1, 2$. Die ^1D, ^1S und $^5S^o$ Terme können nicht aufspalten, da entweder L oder S (oder beide) null sind. Das Grundzustandstriplett ist *regulär* in dem Sinne, daß die Energien mit zunehmendem J zunehmen. Bei umgekehrtem Verhalten nennt man ein Multiplett *invertiert*. Empirisch hat man festgestellt, daß Grundzustandsterme von Atomen mit höchstens halb gefüllten äußeren Unterschalen reguläre Multipletts bilden, während bei Atomen mit mehr als halb gefüllten äußeren Unterschalen die Grundzustands-Multipletts invertiert sind.

Die obige Klassifizierung atomarer Zustände beruht auf der Annahme, daß Bahn- und Spindrehimpulse für sich wenigstens approximativ Konstanten der Bewegung sind. Diese *LS-Kopplung*, die auch *Russel-Saunders-Kopplung* genannt wird, verliert ihre Rechtfertigung, wenn der Einfluß der Spin-Bahn-Kopplung in der Einteilchenwechselwirkung stärker wird, was bei größeren Atomen passiert. In diesem Fall kann es zweckmäßig sein anzunehmen, daß die Einteilchengesamtdrehimulse der Elektronen

$$\hat{\boldsymbol{J}}_i = \hat{\boldsymbol{L}}_i + \hat{\boldsymbol{S}}_i \quad , \tag{2.83}$$

approximative Konstanten der Bewegung sind, und diese zum Gesamtdrehimpuls aller Elektronen zu koppeln. Das ist für zwei Elektronen,

$$\hat{\boldsymbol{J}} = \hat{\boldsymbol{J}}_1 + \hat{\boldsymbol{J}}_2 \tag{2.84}$$

noch einfach durchzuführen (vgl. Abschn. 1.6.1) und führt zu dem Schema der *j-j-Kopplung*.

Eine sehr umfassende Kompilation der bekannten Niveaus von Atomen und Ionen von Wasserstoff bis Mangan ist in [BS75], [BS78], [BS81], [BS82] zu finden. Eine detaillierte und umfassende Diskussion der Niveaus von Atomen mit einem oder zwei Elektronen enthält das klassische Werk von Bethe und Salpeter [BS77]. Für eine ausführliche Diskussion über die Struktur tiefliegender Zustände siehe auch *Atomic Structure* von Condon und Odabasa [CO80].

2.3 Ansätze zur Lösung des N-Elektronenproblems

2.3.1 Das Hartree-Fock-Verfahren

Im Hartree-Fock-Verfahren versucht man die Einfachheit des unabhängigen Einteilchenbildes beizubehalten und in diesem Rahmen möglichst nahe an eine exakte Lösung des N-Elektronenproblems heranzukommen. Man sucht also unter allen Slaterdeterminanten die „beste“. Im Sinne des Ritzschen Variationsverfahrens (Abschn. 1.5.2) bedeutet dies, man sucht unter allen möglichen Slaterdeterminanten eine, für die sich der Erwartungswert der Energie $E[\Psi]$ bei einer kleinen Variation der Slaterdeterminante, $\Psi \rightarrow \Psi + \delta\Psi$, nicht ändert: $\delta E[\Psi] = 0$.

Sei also $\Psi = (1/\sqrt{N!}) \det(\psi_i(x_j))$ eine Slaterdeterminante aus orthonormierten Einteilchenzuständen ψ_i. Bei der Variation von Ψ müssen wir darauf achten, daß die variierten Wellenfunktionen auch Slaterdeterminanten sind. Solche Variationen erreicht man, indem man die in Ψ besetzten Einteilchenzustände durch kleine Beimischungen von unbesetzten Einteilchenzuständen ψ_{t_i} modifiziert:

$$\psi_i \to \psi_i' = \psi_i + \lambda_i \psi_{t_i} \quad . \tag{2.85}$$

Entwickelt man die Slaterdeterminante $\Psi' = (1/\sqrt{N!})\det(\psi_i'(x_j))$ um die ursprüngliche Slaterdeterminante Ψ, so sieht man, daß die führenden Terme in $\delta\Psi = \Psi' - \Psi$ diejenigen sind, in der nur ein Einteilchenzustand verändert wurde. Diese Terme bringen Beiträge der Form $\lambda_i \Psi_{t_i i}$, wobei $\Psi_{t_i i}$ eine Ein-Teilchen-Ein-Loch-Anregung von Ψ ist, in der der Einteilchenzustand ψ_i durch den in Ψ nicht besetzten Einteilchenzustand ψ_{t_i} ersetzt ist. Beiträge, in denen mehr als ein Einteilchenzustand verändert werden, entsprechen Zwei-Teilchen-Zwei-Loch-, Drei-Teilchen-Drei-Loch-Anregungen, etc. Diese tragen aber jeweils zwei, drei, oder mehr Vorfaktoren λ_i und sind deswegen in höherer Ordnung klein als die Beiträge der Ein-Teilchen-Ein-Loch-Anregungen.

Die infinitesimalen Variationen einer Slaterdeterminante (unter der Nebenbedingung, daß sie eine Slaterdeterminante bleibt) sind also Ein-Teilchen-Ein-Loch-Anregungen. Aus (1.213), (1.214) sehen wir sofort, daß die Bedingung $\delta E[\Psi] = 0$ gleichbedeutend damit ist, daß die Matrixelemente von $\hat{H}$ zwischen Ψ und allen Ein-Teilchen-Ein-Loch-Anregungen verschwinden:

$$\delta E[\Psi] = 0 \quad \Longleftrightarrow \quad \langle \Psi_{tl} | \hat{H} | \Psi \rangle = 0 \quad \text{für alle} \quad \Psi_{tl} \quad . \tag{2.86}$$

Dies ist das *Theorem von Brillouin.*

Mit dem Theorem von Brillouin lassen sich sofort Bestimmungsgleichungen für die „beste" Slaterdeterminante herleiten. Mit der Darstellung (2.53) des Hamiltonoperators als eine Summe von Einteilchen und Zweiteilchenoperatoren und den Formeln (2.74), (2.76) für ihre Matrixelemente mit Ein-Teilchen-Ein-Loch-Anregungen haben wir

$$\langle \psi_t | \frac{\hat{\boldsymbol{p}}^2}{2\mu} + \hat{V} | \psi_l \rangle + \sum_{i=1}^{N} \left(\langle \psi_i \psi_t | \hat{W} | \psi_i \psi_l \rangle - \langle \psi_i \psi_t | \hat{W} | \psi_l \psi_i \rangle \right) = 0 \quad . \tag{2.87}$$

Die linke Seite von (2.87) können wir auffassen als das Matrixelement eines effektiven Einteilchen-Hamiltonoperators $\hat{h}_\Psi$ zwischen dem Einteilchenzustand ψ_t, der in Ψ nicht besetzt ist, und dem Einteilchenzustand ψ_l, der in Ψ besetzt ist. Die Bedingung $\delta E[\Psi] = 0$ ist erfüllt, wenn dieser Einteilchen-Hamiltonoperator $\hat{h}_\Psi$, der selbst noch von Ψ abhängt, keine nicht verschwindenden Matrixelemente zwischen in Ψ besetzten und in Ψ unbesetzten Einteilchenzuständen hat. Eine hinreichende aber nicht notwendige Voraussetzung hierfür ist, daß die Einteilchenzustände $\psi_1, \ldots, \psi_N, \ldots, \psi_t, \ldots$ den Einteilchen-Hamiltonoperator $\hat{h}_\Psi$ diagonalisieren:

$$\begin{aligned} &\langle \psi_\alpha | \frac{\hat{\boldsymbol{p}}}{2\mu} + \hat{V} | \psi_\beta \rangle + \sum_{i=1}^{N} \left(\langle \psi_i \psi_\alpha | \hat{W} | \psi_i \psi_\beta \rangle - \langle \psi_i \psi_\alpha | \hat{W} | \psi_\beta \psi_i \rangle \right) \\ &\quad = \langle \psi_\alpha | \hat{h}_\Psi | \psi_\beta \rangle = \epsilon_\alpha \delta_{\alpha,\beta} \quad . \end{aligned} \tag{2.88}$$

Dabei sind nun ψ_α und ψ_β beliebige besetzte oder nicht besetzte Einteilchenzustände, aber die Summe in (2.88) läuft nur über die in Ψ besetzten Einteilchenzustände, $\psi_1, \ldots, \psi_N$. Dies sind die *Hartree-Fock-Gleichungen.*

Der Einteilchen-Hamiltonoperator $\hat{h}_\Psi$ enthält verschiedene Beiträge:

$$\hat{h}_\Psi = \frac{\hat{\boldsymbol{p}}^2}{2\mu} + \hat{V} + \hat{W}_d + \hat{W}_{ex} \quad . \tag{2.89}$$

Die kinetische Energie $\hat{\boldsymbol{p}}^2/(2\mu)$ und das Einteilchenpotential $\hat{V}$ kommen von dem Einteilchenanteil des N-Elektronen-Hamiltonoperators $\hat{H}$ und hängen nicht von der Slaterdeterminante Ψ ab. Die ersten Terme in der Klammer hinter dem Summenzeichen in (2.88) liefern das *direkte Potential* $\hat{W}_d$, das durch seine Einteilchenmatrixelemente

$$\langle\psi_\alpha|\hat{W}_d|\psi_\beta\rangle = \sum_{i=1}^{N}\langle\psi_i\psi_\alpha|\hat{W}|\psi_i\psi_\beta\rangle \tag{2.90}$$

definiert ist. Für die Zweiteilchenwechselwirkung (2.55) ohne spinabhängige Korrekturen ist $\hat{W}_d$ einfach ein ortsabhängiges *lokales* Potential:

$$\begin{aligned}\hat{W}_d \equiv W_d(\boldsymbol{r}) &= \sum_{i=1}^{N}\langle\psi_i|\frac{e^2}{|\boldsymbol{r}-\boldsymbol{r}'|}|\psi_i\rangle \\ &= \int d\boldsymbol{r}' \sum_{i=1}^{N}\sum_{m_s}|\psi_i(\boldsymbol{r}', m_s)|^2 \frac{e^2}{|\boldsymbol{r}-\boldsymbol{r}'|} \quad .\end{aligned} \tag{2.91}$$

Der Integrand in (2.91) enthält die elektrostatische Zweiteilchenwechselwirkung $e^2/|\boldsymbol{r}-\boldsymbol{r}'|$ multipliziert mit der *Einteilchendichte* ρ am Ort $\boldsymbol{r}'$:

$$\rho(\boldsymbol{r}') \stackrel{\text{def}}{=} \langle\Psi|\sum_{i=1}^{N}\delta(\boldsymbol{r}'-\boldsymbol{r}_i)|\Psi\rangle = \sum_{i=1}^{N}\sum_{m_s}|\psi_i(\boldsymbol{r}', m_s)|^2 \quad . \tag{2.92}$$

$W_d(\boldsymbol{r})$ ist also das elektrostatische Potential, das von den N Elektronen der Slaterdeterminante Ψ herrührt.

Die zweiten Terme in der Klammer hinter dem Summenzeichen in (2.88) liefern das *Austauschpotential* $\hat{W}_{ex}$, das ebenfalls als Einteilchenoperator durch seine Matrixelemente definiert ist,

$$\langle\psi_\alpha|\hat{W}_{ex}|\psi_\beta\rangle = \sum_{i=1}^{N}\langle\psi_i\psi_\alpha|\hat{W}|\psi_\beta\psi_i\rangle \quad , \tag{2.93}$$

das aber die wesentlich kompliziertere Form eines *nichtlokalen Potentials* hat. Die Wirkung eines solchen nichtlokalen Potentials auf eine Einteilchenwellenfunktion $\psi(\boldsymbol{r}, m_s)$ ist durch einen Integralkern $W_{ex}(\boldsymbol{r}, m_s; \boldsymbol{r}', m_s')$ definiert:

$$\hat{W}_{ex}\psi(\boldsymbol{r}, m_s) = \int d\boldsymbol{r}' \sum_{m_s'} W_{ex}(\boldsymbol{r}, m_s; \boldsymbol{r}', m_s')\,\psi(\boldsymbol{r}', m_s') \quad . \tag{2.94}$$

Wenn man die Zweiteilchenmatrixelemente auf der rechten Seite von (2.93) ausschreibt, sieht man, daß der Integralkern in (2.94) gegeben ist durch

$$W_{\text{ex}}(\boldsymbol{r}, m_s; \boldsymbol{r}', m_s') = \sum_{i=1}^{N} \psi_i^*(\boldsymbol{r}', m_s') \hat{W} \psi_i(\boldsymbol{r}, m_s) \quad . \tag{2.95}$$

Wenn wir impulsabhängige Korrekturen weglassen und für $\hat{W}$ einfach die elektrostatische Abstoßung (2.55) einsetzen, dann ist

$$\begin{aligned} W_{\text{ex}}(\boldsymbol{r}, m_s, \boldsymbol{r}', m_s') &= \sum_{i=1}^{N} \psi_i(\boldsymbol{r}, m_s) \frac{e^2}{|\boldsymbol{r} - \boldsymbol{r}'|} \psi_i^*(\boldsymbol{r}', m_s') \\ &= \delta_{m_s, m_s'} \sum_{i=1}^{N} \delta_{m_s, m_{s_i}} \psi_i(\boldsymbol{r}) \frac{e^2}{|\boldsymbol{r} - \boldsymbol{r}'|} \psi_i^*(\boldsymbol{r}') \quad . \end{aligned} \tag{2.96}$$

Auf der rechten Seite von (2.96) wurde angenommen, daß die Einteilchenzustände ψ_i jeweils einem definierten Spinzustand entsprechen, $\psi_i(\boldsymbol{r}, m_s) = \psi_i(\boldsymbol{r}) \chi_{m_{s_i}}$ (vgl. (1.257)).

Wenn wir für einen gegebenen in Ψ besetzten Einteilchenzustand ψ_j den Erwartungswert von $\hat{W}_\text{d} + \hat{W}_\text{ex}$ ausrechnen, heben sich in der Summe über die besetzten Einteilchenzustände ψ_i die beiden Beiträge zu $i = j$ weg:

$$\langle \psi_j | \hat{W}_\text{d} + \hat{W}_\text{ex} | \psi_j \rangle = \sum_{i \neq j} \left(\langle \psi_i \psi_j | \hat{W} | \psi_i \psi_j \rangle - \langle \psi_i \psi_j | \hat{W} | \psi_j \psi_i \rangle \right) \quad . \tag{2.97}$$

Ein Teil des Austauschpotentials kompensiert gerade die unphysikalischen *Selbstenergien* $\langle \psi_i \psi_i | \hat{W} | \psi_i \psi_i \rangle$ im Beitrag des direkten Potentials.

Mit den Hartree-Fock-Gleichungen (2.88) haben wir das N-Elektronenproblem durch ein Einteilchenproblem mit Hilfe des Einteilchen-Hamiltonoperators $\hat{h}_\Psi$ (2.89) approximiert. Da $\hat{h}_\Psi$ selbst aber noch von der Slatedeterminante Ψ abhängt, die durch Lösung der Hartree-Fock-Gleichungen zu bestimmen ist, beinhaltet das Hartree-Fock-Verfahren ein *Selbstkonsistenzproblem.* Dies wird in der Praxis iterativ gelöst. Man beginnt mit einer Slaterdeterminante Ψ_0, diagonalisiert den durch die in Ψ_0 besetzten Einteilchenzustände definierten Einteilchen-Hamiltonoperator $\hat{h}_{\Psi_0}$, erhält so einen neuen Satz von Einteilchenzuständen und eine neue Slaterdeterminante Ψ_1, diagonalisiert $\hat{h}_{\Psi_1}$, erhält Ψ_2, etc., bis das Verfahren zur Konvergenz gelangt ist. Eine verbreitete Vereinfachung dieses *uneingeschränkten Hartree-Fock-Verfahrens* ist das *eingeschränkte Hartree-Fock-Verfahren,* bei dem man annimmt, daß die Einteilchenwellenfunktionen in jeder Iteration Eigenfunktionen des Einteilchenbahndrehimpulses sind,

$$\psi_i(\boldsymbol{r}, m_s) = \frac{\phi_i^{(l)}(r)}{r} Y_{l,m}(\theta, \phi) \chi_{m_{s_i}} \quad , \tag{2.98}$$

und daß die Radialwellenfunktionen in einer Unterschale alle gleich sind. Die Hartree-Fock-Gleichungen können dann auf Radialgleichungen zur Bestimmung der

Einteilchenradialwellenfunktionen $\phi_i^{(l)}$ für jede besetzte Unterschale reduziert werden.

Im Hartree-Fock-Verfahren führt das Variationsprinzip nicht auf eine Diagonalisierung eines reduzierten Hamiltonoperators in einem Unterraum des Hilbertraums (vgl. Abschn. 1.5.2). Dies liegt daran, daß die Menge aller Variationswellenfunktionen, nämlich die Slaterdeterminanten, nicht einen gegenüber linearer Überlagerung abgeschlossenen Unterraum bildet. Eine Summe von Slaterdeterminanten muß nicht wieder eine Slaterdeterminante sein. Insbesondere brauchen verschiedene Slaterdeterminanten, die (bei gleichen Werten der guten Quantenzahlen) das Hartree-Fock-Problem lösen, nicht diagonal in $\hat{H}$ zu sein, und man weiß nur für den Grundzustand (bei gegebener Symmetrie), daß die Hartree-Fock-Energie $E[\Psi_{\rm HF}] = \langle\Psi_{\rm HF}|\hat{H}|\Psi_{\rm HF}\rangle$ eine obere Schranke für den exakten Energieeigenwert ist.

Die Hartree-Fock-Energie $E[\Psi_{\rm HF}]$ ist nicht identisch mit der Summe der Einteilchenenergien ϵ_i der besetzten Zustände, die man aus der Lösung der Hartree-Fock-Gleichungen (2.88) erhält. Das liegt daran, daß man bei der Summierung der Einteilchenenergien den Beitrag der Zweiteilchenwechselwirkung zwischen Elektronpaaren doppelt zählt. Mit (2.73) und (2.75) ist

$$\begin{aligned}\langle\Psi_{\rm HF}|\hat{H}|\Psi_{\rm HF}\rangle &= \sum_{i=1}^{N}\langle\psi_i|\frac{\hat{p}^2}{2\mu}+\hat{V}|\psi_i\rangle\\ &\quad+\frac{1}{2}\sum_{i,j=1}^{N}\left(\langle\psi_i\psi_j|\hat{W}|\psi_i\psi_j\rangle-\langle\psi_i\psi_j|\hat{W}|\psi_j\psi_i\rangle\right)\\ &=\sum_{i=1}^{N}\epsilon_i-\frac{1}{2}\sum_{i,j=1}^{N}\left(\langle\psi_i\psi_j|\hat{W}|\psi_i\psi_j\rangle-\langle\psi_i\psi_j|\hat{W}|\psi_j\psi_i\rangle\right)\quad.\end{aligned}\tag{2.99}$$

Im allgemeinen ist die endgültige Hartree-Fock-Wellenfunktion nicht eine einzelne Slaterdeterminante, sondern eine Überlagerung mehrerer Slaterdeterminanten, in denen jeweils dieselben radialen Einteilchenzustände besetzt sind, deren Drehimpuls- und Spinanteile aber noch zu definierten Werten der Gesamtdrehimpuls- und ggf. Gesamtbahndrehimpuls- und Gesamtspinquantenzahlen gekoppelt werden (vgl. Abschn. 2.2.4).

Für leichte Atome und Ionen sind relativistische Korrekturen zur nichtrelativistischen Schrödingergleichung klein und können, von den Hartree-Fock-Wellenfunktionen ausgehend, in erster Ordnung Störungstheorie behandelt werden. Bei schwereren Atomen und Ionen ist $Z\alpha \approx Z/137$ nicht mehr so klein, so daß Störungstheorie für die relativistischen Korrekturen mit zunehmender Ladungszahl Z immer schlechter wird. Um eine bessere Berücksichtigung relativistischer Effekte zu erhalten, ersetzt man die kinetische Energie $\hat{p}^2/(2\mu)$ in dem Einteilchen-Hamiltonoperator (2.89) durch Diracs Hamiltonoperator (2.17) für ein freies Teilchen:

$$\hat{h}_\Psi^{\rm D} = c\boldsymbol{\alpha}\cdot\hat{\boldsymbol{p}} + \beta\mu c^2 + \hat{V} + \hat{W}_{\rm d} + \hat{W}_{\rm ex} \quad .\tag{2.100}$$

Damit werden die relativistischen Korrekturen zum Ein-Elektron-Problem (siehe Abschn. 2.1.4) konsistent mitgenommen. Die relativistische Behandlung der Zweiteilchenwechselwirkung ist wesentlich schwieriger, da das Bild einer schweren fast ruhenden Masse, von dem das Potential ausgeht, nur für die Anziehung der Elektronen durch den Atomkern anwendbar ist (vgl. Abschn. 2.1.3), nicht aber für die Wechselwirkung zweier Elektronen untereinander. Man behilft sich hier, indem man die Potentiale $\hat{W}_d$ und $\hat{W}_{ex}$ zunächst über die statische Wechselwirkung (2.55) definiert. Effekte der *Retardierung*, die von der Tatsache herrührt, daß alle Wechselwirkungen sich schnellstens mit Lichtgeschwindigkeit ausbreiten können, werden im Nachhinein störungstheoretisch behandelt. Das *Dirac-Fock-Verfahren* besteht nun darin, daß man selbstkonsistente Eigenfunktionen des Einteilchen-Hamiltonoperators (2.100) sucht. Für radialsymmetrische Potentiale heißt das, man muß an Stelle der radialen Schrödingergleichung die radiale Diracgleichung iterativ lösen.

2.3.2 Korrelationen und Konfigurationswechselwirkung

Das Hartree-Fock-Verfahren (bzw. das Dirac-Fock-Verfahren) liefert die beste N-Elektronen-Wellenfunktion, die mit dem Bild von N unabhängigen Elektronen vereinbar ist. Um darüber hinausgehend *Korrelationen* zu erfassen, muß man bei der Variation Wellenfunktionen zulassen, die komplizierter sind als einzelne Slaterdeterminanten. Ein naheliegender Ansatz für eine korrelierte N-Elektronen-Wellenfunktion ψ ist eine Summe von N_S Slaterdeterminanten Ψ_ν, die (bei gleichen Werten der guten Quantenzahlen) verschiedene N-Elektronen-Konfigurationen umfassen kann:

$$\psi = \sum_{\nu=1}^{N_S} c_\nu \Psi_\nu \quad . \qquad (2.101)$$

Die Effekte der *Konfigurationsmischung* werden berücksichtigt, wenn man den N-Elektronen-Hamiltonoperator in dem von den Ψ_ν aufgespannten Unterraum des Hilbertraums diagonalisert. Dies entspricht einem Variationsverfahren, in dem die Mischungskoeffizienten c_ν in (2.101) die Variationsparameter sind (vgl. Abschn. 1.5.2). Das *Multikonfigurations-Hartree-Fock-Verfahren* (MCHF) besteht darin, daß man unter Variation sowohl der Koeffizienten c_ν in (2.101) als auch der Einteilchenzustände in den Slaterdeterminanten Ψ_ν denjenigen gemischten Zustand sucht, für den der Erwartungswert der Energie $E[\psi]$ minimal ist. Nimmt man genügend Terme in der Summe (2.101) mit, so kann man die exakte Lösung im Prinzip beliebig genau approximieren, denn jede total antisymmetrische N-Elektronen-Wellenfunktion kann als Summe von Slaterdeterminanten geschrieben werden. In der Praxis ist das MCHF-Problem natürlich am ehesten lösbar, wenn nicht zu viele Terme in der Summe (2.101) mitgenommen werden.

Konfigurationsmischung kann man auch mit den Slaterdeterminanten des Dirac-Fock-Verfahrens durchführen. Die entsprechende relativistische Verallgemeinerung des MCHF-Verfahrens ist unter dem Namen *Multi-Konfigurations-Dirac-Fock-Verfahren* (MCDF) bekannt.

Wenn die Anzahl der Konfigurationen, die im Ansatz (2.101) mitgenommen werden, genügend groß ist, dann kann eine einfache Diagonalisierung des Hamiltonoperators in dem von den Ψ_ν aufgespannten Teilraum des Hilbertraumes eine gute Approximation der exakten Eigenzustände liefern, ohne daß der Selbstkonsistenz im Sinne des MCHF-Verfahrens explizit Rechnung getragen werden muß. Wenn man von einer vollständigen Basis von Einteilchenzuständen ausgeht, können die exakten Eigenzustände so im Prinzip beliebig genau approximiert werden. Dies ist der Ausgangspunkt der *Konfigurationswechselwirkungs*-Rechnungen (*Configuration Interaction* – CI). Hierbei werden verschiedene Mehrelektronen-Konfigurationen aus Einteilchenwellenfunktionen konstruiert, die in der Regel so gewählt sind, daß die zugehörigen Matrixelemente nicht zu schwer zu berechnen sind. Die resultierenden Energien und Wellenfunktionen erhält man durch Diagonalisierung der Hamiltonmatrix, die nun eine recht große Dimension – bis zu mehreren Tausend – haben kann.

Eine häufig verwendete Wahl für die Einteilchenortswellenfunktionen besteht in einer Entwicklung in *Ortswellenfunktionen vom Slater-Typ*: $\phi_l(r) \propto r^m \exp(-\zeta r)$. Die Koeffizienten in dieser Entwicklung und die Koeffizienten ζ in den Exponenten werden als Variationsparameter behandelt. Eine Basis von Einteilchenzuständen, die möglichst große Ähnlichkeit mit den Eigenfunktionen (1.137) des reinen Coulombpotentials haben, aber dennoch vollständig sind, erhält man, wenn man die Zahl n im Argument des Laguerre-Polynoms und der Exponentialfunktion nicht von Schale zu Schale variieren läßt, sondern durch einen festen Wert n_0 ersetzt. Die so definierte *Sturm-Liouville-Basis* von Einteilchenzuständen ist vollständig, weil die Laguerre-Polynome ein vollständiges System bilden. Die Einteilchenzustände zu $n = n_0$ sind die Einteilchenzustände des reinen Coulombpotentials zu dieser Hauptquantenzahl. Allerdings sind die Einteilchenzustände zu verschiedenen Hauptquantenzahlen in einer Sturm-Liouville-Basis nicht mehr orthogonal.

Tabelle 2.1. Grundzustandsenergien (in atomaren Einheiten) für die Helium isoelektronische Folge.

	$E_{\rm HF}$	$E_{\rm MCHF}$	$E_{\rm nr}$	$E_{\rm nr} - E_{\rm HF}$	$E_{\rm DF} - E_{\rm HF}$	$E_{\rm exp}$
H^-	−0.487927	−0.527510	−0.527751	−0.039824	<0.00001	−0.52776
He	−2.861680	−2.903033	−2.903724	−0.042044	−0.00013	−2.90378
Li^+	−7.236416	−7.279019	−7.279913	−0.043497	−0.00079	−7.28041
Be^{++}	−13.611300	−13.654560	−13.655566	−0.044266	−0.00270	−13.65744
B^{3+}	−21.986235	−22.029896	−22.030972	−0.044737	−0.00692	−22.03603
C^{4+}	−32.361194	−32.405123	−32.406247	−0.045053	−0.01480	−32.41733
N^{5+}	−44.736163	−44.780287	−44.781445	−0.045282	−0.02804	−44.80351
O^{6+}	−59.111141	−59.155411	−59.156595	−0.045454	−0.04865	−59.19580
F^{7+}	−75.486124	−75.530508	−75.531712	−0.045588	−0.07898	−75.59658
Ne^{8+}	−93.861111	−93.905586	−93.906807	−0.045696	−0.12169	−94.00835

Als einfachstes Beispiel für ein Mehrelektronensystem faßt Tabelle 2.1 für die Zwei-Elektronen-Ionen der Helium isoelektronishen Folge bis Ne^{8+} die in verschiedenen Verfahren berechneten Grundzustandsenergien und die experimentellen Werte $E_{\rm exp}$ [BS75] zusammen. In der ersten Spalte stehen die Hartree-Fock-Energien[1]

[1] Daß die Energie des H^--Ions in der ersten Spalte von Tabelle 2.1 über der Energie −0.5 des H-Atoms liegt, zeigt eine Schwäche des hier verwendeten eingeschränkten Hartree-Fock-Verfahrens. In einer uneingeschränkten Hartree-Fock-Rechnung kann man dem Wert −0.5 beliebig nahe kommen. Dazu konstruiere man eine Zwei-Elektronen-Slaterdeterminante, in der eine Einteilchenwellenfunktion die Wasserstoff-Grundzustandswellenfunktion ist, und die zweite eine sehr weit enfernte fast ebene Welle mit Wellenzahl (fast) null.

[Fro77, Fro87, SK88] und in der zweiten Spalte die Ergebnisse einer MCHF-Rechnungen [SK88]. Die dritte Spalte enthält die „exakten“ Ergebnisse im Rahmen der nichtrelativistischen Quantenmechanik E_{nr}, die durch eine sehr geschickte CI-Rechnung von Pekeris [Pek58] bereits 1958 ermittelt wurden, als Computer-Kapazität noch nicht so üppig zur Verfügung stand wie heute. Die Differenz zwischen der exakten Grundzustandsenergie und der Hartree-Fock-Energie (vierte Spalte) ist die *Korrelationsenergie*, welche die Abweichung der exakten Zweiteilchenwellenfunktion von der Hartree-Fock-Konfiguration ausdrückt. Die absolute Größe der Korrelationsenergie ändert sich innerhalb der isoelektronischen Folge nur wenig, weil die Elektron-Elektron-Wechselwirkung nicht von der Kernladungszahl abhängt. Demgegenüber nimmt der Einteilchenbeitrag zur gesamten Bindungsenergie mit zunehmendem Z stark zu. Die relative Bedeutung von Korrelationen nimmt also innerhalb einer isoelektronischen Folge mit zunehmender Kernladungszahl ab. Um die Größenordnung der relativistischen Korrekturen abzuschätzen, zeigt die fünfte Spalte die Differenz zwischen den Ergebnissen in dem nichtrelativistischen Hartree-Fock-Verfahren und dem relativistischen Dirac-Fock-Verfahren. Diese Differenzen sind ungefähr so groß wie die Differenzen zwischen den exakten nichtrelativistischen Ergebnissen (Spalte 3) und den experimentellen Werten (Spalte 6). In dieser Größenordnung müssen dann allerdings noch *Strahlungskorrekturen* berücksichtigt werden, die aus einer quantenelektrodynamischen Beschreibung der Atome und Ionen folgen. Für Präzisionsrechnungen zu den verschiedenen Korrekturen im Zwei-Elektronen-System siehe z.B. [KH86, Dra88].

Die Kunst, die Hartree-Fock-Gleichungen zu lösen, ist in den letzten Jahrzehnten zu großer Vollkommenheit getrieben worden [Fro77, Fro87]. Ähnliches gilt für die Anwendung von hochdimensionalen CI-Rechnungen zur Bestimmung von Energien und Wellenfunktionen tiefliegender Zustände [Sch77]. Für eine ausführliche Beschreibung der Details solcher Strukturrechnungen für atomare Vielteilchensysteme sei auf das Buch von Lindgren und Morrison [LM85] verwiesen. (Siehe auch [CO80].)

Im Vergleich zu dem umfangreichen Wissen, das sich in den langjährigen erfolgreichen Untersuchungen der elektronischen Struktur tiefliegender Zustände angesammelt hat, ist unser Verständnis von hochangeregten atomaren Zuständen noch sehr unvollständig. Lediglich für den Fall, daß nur ein Elektron hoch angeregt ist, während die übrigen Elektronen einen tiefliegenden Zustand des Rest-Atoms oder -Ions bilden, lassen sich umfassende Aussagen über die Struktur der atomaren Spektren und Wellenfunktionen machen. Dieser Fall, der weitgehend auf das Ein-Elektron-Problem zurückgeführt werden kann, wird ausführlich in Kapitel 3 behandelt. Aber schon wenn zwei Elektronen in einem Atom (oder Ion) hochangeregt sind, ist eine systematische Erfassung des Spektrums ein sehr schwieriges Problem, das bis heute im wesentlichen ungelöst ist. Für eine ausführliche Darstellung des Problems von zwei und mehr hochangeregten Elektronen sei auf [Fan83] und den Part D des Buchs von Fano und Rau [FR86] verwiesen.

2.3.3 Das Thomas-Fermi-Modell

Eines der einfachsten Modelle eines N-Elektronen-Atoms oder -Ions ist das vor mehr als sechzig Jahren entwickelte *Thomas-Fermi-Modell*. Ausgangspunkt dieses Modells ist die Einteilchendichte eines wechselwirkungsfreien entarteten Elektronengases, in dem alle Einteilchenzustände bis zur *Fermi-Energie*

$$E_{\mathrm{F}} = \frac{\hbar^2}{2\mu} k_{\mathrm{F}}^2 \tag{2.102}$$

besetzt sind und alle höheren Zustände unbesetzt. Den Einteilchenzuständen steht im $6N$-dimensionalen *Phasenraum* ein Volumen zur Verfügung, das sich aus dem räumlichen Volumen V und dem Volumen $\frac{4\pi}{3}(\hbar k_{\mathrm{F}})^3$ der *Fermikugel* im Impulsraum zusammensetzt. Im Phasenraum ist also ein Volumen $V\frac{4\pi}{3}(\hbar k_{\mathrm{F}})^3$ besetzt, wobei jede Zelle der Größe $h^3 = (2\pi\hbar)^3$ gerade zwei Einteilchenzustände (Spin auf und Spin ab) unterbringen kann. Die Anzahl N der besetzten Ein-Elektron-Zustände ist somit gegeben durch (siehe auch Aufg. 2.4):

$$N = \frac{2}{(2\pi\hbar)^3} V \frac{4\pi}{3}(\hbar k_{\mathrm{F}})^3 = k_{\mathrm{F}}^3 \frac{V}{3\pi^2} \quad . \tag{2.103}$$

Hieraus erhält man eine Beziehung zwischen der Dichte $\rho = N/V$ und der *Fermi-Wellenzahl* k_{F}:

$$k_{\mathrm{F}} = (3\pi^2\rho)^{1/3} \quad . \tag{2.104}$$

Im Rahmen des Thomas-Fermi-Modells beschreibt man ein Atom durch ein (radialsymmetrisches) Einteilchenpotential $V(r)$ für die Elektronen, und man läßt den *Fermi-Impuls* $\hbar k_{\mathrm{F}}$ in Analogie zur halbklassischen Näherung (1.233) vom Ort r abhängen (siehe Abb. 2.6):

$$E_0 = \frac{\hbar^2}{2\mu} k_{\mathrm{F}}^2(r) + V(r) \quad , \tag{2.105}$$

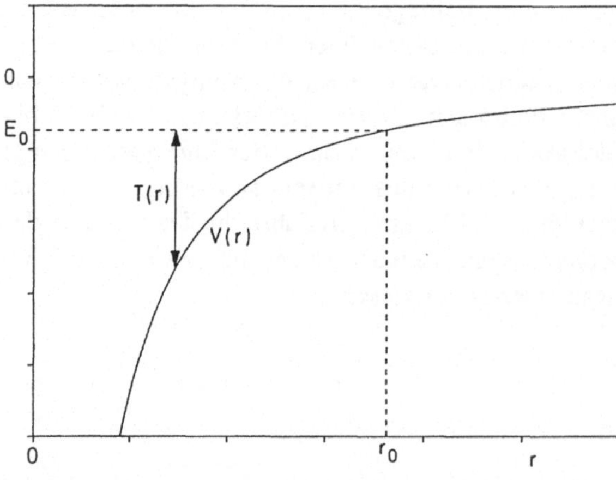

Abb. 2.6. Schematische Darstellung eines Atoms oder Ions im Thomas-Fermi-Modell. Im Einteilchenpotential $V(r)$ sind alle Einteilchenzustände bis zur Energie E_0 besetzt. Lokal ähnelt das System einem entarteten freien Elektronengas, in dem die Zustände bis zur Fermi-Energie $E_{\mathrm{F}} = \frac{\hbar^2}{2\mu}k_{\mathrm{F}}^2 = E_0 - V(r) = T(r)$ besetzt sind. Am äußeren Umkehrpunkt r_0 verschwindet die lokale kinetische Energie $T(r)$ des am wenigsten gebundenen Elektrons.

wobei $E_0 \leq 0$ die Energie des am wenigsten gebundenen Elektrons ist. In diesem Bild ist die kinetische Energie des am wenigsten gebundenen Elektrons,

$$T(r) = E_0 - V(r) = \frac{\hbar^2}{2\mu} k_{\mathrm{F}}^2(r) \quad , \tag{2.106}$$

ortsabhängig. Sie verschwindet am äußeren Umkehrpunkt r_0, der den „Rand" des Atoms definiert.

Eine Differentialgleichung für das Einteilchenpotential $V(r)$ bzw. für $T(r)$ erhält man, wenn man das elektrostatische Potential $-V/e$ mit den Ladungsquellen $-e\rho$ (außerhalb des Kernorts $r = 0$) über die Poissongleichung verknüpft:

$$\Delta V = -\Delta T = -4\pi e^2 \rho \quad . \tag{2.107}$$

Die Dichte ρ läßt sich über (2.104) durch k_{F} und über (2.106) durch T ausdrücken,

$$\rho = \frac{1}{3\pi^2} \left(\frac{2\mu}{\hbar^2} T \right)^{3/2} \quad , \tag{2.108}$$

so daß man für die nur von r abhängende Funktion T die folgende Differentialgleichung (vgl. (1.69)) erhält:

$$\left(\frac{d^2}{dr^2} + \frac{2}{r} \frac{d}{dr} \right) T = \frac{1}{r} \frac{d^2}{dr^2}(rT) = \frac{4e^2}{3\pi} \left(\frac{2\mu}{\hbar^2} T \right)^{3/2} \quad . \tag{2.109}$$

Diese Gleichung erhält eine universelle Gestalt, wenn man die lokale maximale kinetische Energie $T(r)$ auf die vom Atomkern herrührende potentielle Coulombenergie $-Ze^2/r$ bezieht und die dimensionslose *Thomas-Fermi-Funktion* einführt:

$$\chi = \frac{rT}{Ze^2} \quad . \tag{2.110}$$

Aus (2.109) wird dann die *Thomas-Fermi-Gleichung*

$$\frac{d^2\chi}{dx^2} = \frac{\chi^{3/2}}{\sqrt{x}} \quad , \tag{2.111}$$

wobei x eine dimensionslose Länge ist:

$$x = \frac{r}{b} \, , \quad b = aZ^{-\frac{1}{3}} \left(\frac{9\pi^2}{128} \right)^{1/3} \quad ; \tag{2.112}$$

$a = \hbar^2/(\mu e^2)$ ist der Bohrsche Radius. Der äußere Umkehrpunkt $x_0 = r_0/b$ ist die erste Nullstelle von $\chi(x)$; χ verschwindet identisch jenseits von x_0.

Die Randbedingung für die Thomas-Fermi-Funktion bei $x = 0$ ergibt sich aus der Tatasche, daß das Potential $V(r)$ in (2.106) in Nähe des Atomkerns $r = 0$ durch das attraktive Coulombpotential $-Ze^2/r$ dominiert wird. Aus (2.110) folgt die Randbedingung für χ:

$$\chi(0) = 1 \quad . \tag{2.113}$$

Das Verhalten von $\chi(x)$ für kleine x ist [Eng88]

$$\chi(x) \stackrel{x\to 0}{=} 1 + Bx + \frac{4}{3}x^{3/2} + O\left(x^{5/2}\right) \quad . \tag{2.114}$$

Da die Thomas-Fermi-Funktion zwischen $x = 0$ und dem äußeren Umkehrpunkt $x_0 = r_0/b$ nie null ist, kann in diesem Bereich die zweite Ableitung nach (2.111) nie verschwinden und die erste Ableitung nicht das Vorzeichen wechseln. Daraus folgt, daß $\chi(x)$ eine bis zum äußeren Umkehrpunkt monoton abfallende Funktion ist. Die Steigung bei $x = 0$ ist durch die (negative) Konstante B in (2.114) gegeben.

Die äußere Randbedingung ergibt sich aus der Tatsache, daß das Integral der Einteilchendichte vom Ursprung bis zum äußeren Umkehrpunkt gerade die Anzahl N der Elektronen liefern muß:

$$4\pi \int_0^{r_0} \rho(r) r^2 dr = N \quad . \tag{2.115}$$

Mit (2.108), (2.110) und (2.112) läßt sich dies in den dimensionslosen Größen ausdrücken:

$$Z \int_0^{x_0} [\chi(x)]^{3/2} \sqrt{x}\, dx = N \quad . \tag{2.116}$$

Aus der Differentialgleichung (2.111) können wir $\chi^{3/2}$ durch $\chi''\sqrt{x}$ ersetzten und (2.116) formal integrieren:

$$N = Z \int_0^{x_0} x\chi'' dx = Z \left[x\chi' - \chi\right]_0^{x_0} \quad . \tag{2.117}$$

Mit $\chi(0) = 1$ und $\chi(x_0) = 0$ wird aus (2.117)

$$x_0\chi'(x_0) = \frac{N - Z}{Z} \quad . \tag{2.118}$$

Da $\chi(x)$ eine monoton abfallende Funktion ist, kann die rechte Seite von (2.118) nicht positiv sein. Das heißt, N darf nicht größer sein als die Kernladungszahl Z. Für $N = Z$, was einem neutralen Atom entspricht, liegt der äußere Umkehrpunkt x_0 im Unendlichen; die in (2.105), (2.106) auftretende Energie E_0 ist null, und das Einteilchenpotential ist mit (2.110) einfach

$$V(r) = -\frac{Ze^2}{r}\chi_0\left(\frac{r}{b}\right) \quad . \tag{2.119}$$

Alle neutralen Atome werden im Rahmen des Thomas-Fermi-Modells durch eine universelle Thomas-Fermi-Funktion χ_0 beschrieben, die in Abb. 2.7 als durchgezogene Linie dargestellt ist. Sie ist die (eindeutige) Lösung der Gleichung (2.111) mit den Randbedingungen, daß $\chi(0) = 1$ und daß die erste Nullstelle von χ im Unendlichen liegt. Die Steigung bei $x = 0$ ist in diesem Fall $B = -1.588$ (siehe z.B. [Eng88], S. 65).

Lösungen von (2.111), die bei $x = 0$ stärker abfallen als χ_0 schneiden schon im Endlichen (und mit endlicher Steigung) die x-Achse. Für diese Lösungen ist die

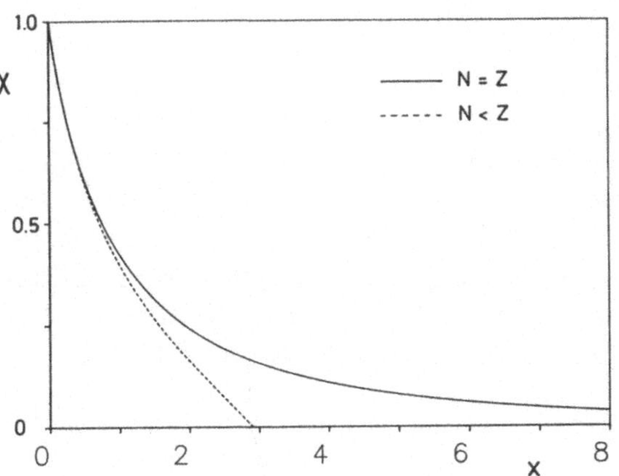

Abb. 2.7. Lösungen der Thomas-Fermi-Gleichung (2.111). Die durchgezogene Linie zeigt den Fall eines neutralen Atoms $N = Z$, die gestrichelte Linie zeigt das Beispiel eines positiv geladenen Ions mit $N \approx Z/2$.

rechte Seite von (2.118) eine endliche negative Zahl, was einem positiv geladenem Ion entspricht. Z.B. mit der Steigung $B = -1.608$ bei $x = 0$ schneidet $\chi(x)$ schon bei $x \approx 2.9$ die x-Achse, und die rechte Seite von (2.118) ist ungefähr $-1/2$. Dieser Fall, der einem zur Hälfte ionisierten Atom entspricht, ist in Abb. 2.7 als gestrichelte Linie eingezeichnet. Lösungen von (2.111), die bei $x = 0$ schwächer abfallen als χ_0, erreichen nie, auch nicht im Unendlichen, die x-Achse und sind im Rahmen des Thomas-Fermi-Modells für isolierte Atome unphysikalisch. Negative Ionen können im Rahmen des Thomas-Fermi-Modells nicht beschrieben werden.

Obwohl das Thomas-Fermi-Modell eine sehr drastische Näherung des N-Elektronenproblems darstellt, ist es sehr nützlich um allgemeine Trends in den Eigenschaften der Atome zu beschreiben. Aus (2.112) sieht man z.B. daß typische Längen mit zunehmender Ladungszahl Z wie $Z^{-1/3}$ skalieren. Eine ausführliche Abhandlung über die Thomas-Fermi-Theorie und allgemeiner über halbklassische Theorien in der Atomphysik ist in [Eng88] zu finden.

2.3.4 Dichtefunktionalmethoden

Der Einteilchenanteil E_V der potentiellen Energie von N Elektronen in einem lokalen äußeren Potential $V(\boldsymbol{r})$ ist

$$E_V = \langle \Psi | \sum_{i=1}^{N} V(\boldsymbol{r}_i) | \Psi \rangle = \int V(\boldsymbol{r}) \rho(\boldsymbol{r})\, d\boldsymbol{r} \quad . \tag{2.120}$$

E_V ist eine eindeutige Funktion, d.h. ein *Funktional*, der Einteilchendichte $\rho(\boldsymbol{r})$, die allgemein (d.h. nicht nur für Slaterdeterminanten) durch die erste Gleichung (2.92) definiert ist. Die Beziehung (2.120) erhält man, wenn man die $V(\boldsymbol{r}_i)$ auf der linken Seite durch $\int \delta(\boldsymbol{r} - \boldsymbol{r}_i)\, V(\boldsymbol{r})\, d\boldsymbol{r}$ ersetzt und das Integral über den Vektor $\boldsymbol{r}$ aus dem Matrixelement herauszieht. Für Slaterdeterminanten liefert der direkte Anteil $\hat{W}_\mathrm{d}$ der Zweiteilchenwechselwirkung (vgl. (2.91)) einen Beitrag zur Gesamtenergie (vgl. (2.75)) von der Form

$$E_{\rm d} = \frac{e^2}{2} \int d\boldsymbol{r}_1 \int d\boldsymbol{r}_2 \frac{\rho(\boldsymbol{r}_1)\rho(\boldsymbol{r}_2)}{|\boldsymbol{r}_1 - \boldsymbol{r}_2|} \quad . \tag{2.121}$$

Dieser Beitrag ist ebenfalls ein Funktional der Einteilchendichte.

Wenn man allgemeiner die Frage untersucht, ob die Energie eines N-Elektronen-Systems ein Funktional der Einteilchendichte ist, kommt man zu einer sehr starken und sehr allgemeinen Aussage über den Grundzustand eines N-Elektronen-Systems, nämlich zum *Hohenberg-Kohn-Theorem* [HK64]: „Für ein System aus N Elektronen in einem äußeren Einteilchenpotential $V(\boldsymbol{r})$ gibt es ein universelles, von V unabhängiges Funktional $F[\rho]$ der Einteilchendichte ρ, so daß der Ausdruck

$$E[\rho] = \int V(\boldsymbol{r})\rho(\boldsymbol{r})\, d\boldsymbol{r} + F[\rho(\boldsymbol{r})] \tag{2.122}$$

für den tatsächlichen Grundzustand minimal ist und den richtigen Wert der Grundzustandsenergie (in diesem Potential) liefert."

Der erste Term auf der rechten Seite von (2.122) ist der Einteilchenbeitrag (2.120) zur potentiellen Energie. Aus dem universellen Funktional F in (2.122) läßt sich auch ein direkter Zweiteilchenbeitrag der Form (2.121) zur potentiellen Energie extrahieren. Der Beitrag $E_{\rm kin}$ der kinetischen Energie zum Dichtefunktional ist im allgemeinen unbekannt. Ebenfalls unbekannt ist der „Austausch- und Korrelationsbeitrag", der die in (2.120) und (2.121) noch nicht erfaßten Beiträge zur potentiellen Energie enthält [KS65].

Im einfachen Thomas-Fermi-Modell, in dem man das Atom lokal als entartetes Elektronengas betrachtet (Abschn. 2.3.3), läßt sich die kinetische Energie als Funktional der Dichte leicht ausrechnen: Die Summe der kinetischen Energien aller besetzten Einteilchenzustände erhält man durch Integration von $\hbar^2 k^2/(2\mu)$ über die besetzten Zustände im Phasenraum:

$$T_{\rm F} = \frac{2}{(2\pi\hbar)^3} V 4\pi \int_0^{k_{\rm F}} \hbar^3 k^2 dk \frac{\hbar^2 k^2}{2\mu} = \frac{\hbar^2}{10\pi^2\mu} V k_{\rm F}^5 \quad . \tag{2.123}$$

Die gesamte kinetische Energie $E_{\rm kin}$ erhält man durch Integration der kinetischen Energiedichte $T_{\rm F}/V$ über das räumliche Volumen des Thomas-Fermi-Atoms. Wenn man dabei für $k_{\rm F}$ den Ausdruck (2.104) einsetzt, erhält man $E_{\rm kin}$ (im Rahmen des Thomas-Fermi-Modells) als Funktional von ρ:

$$(E_{\rm kin})_{\rm TF} = \frac{\hbar^2}{10\pi^2\mu} 4\pi \int_0^{r_0} [3\pi^2\rho(r)]^{5/3} r^2 dr \quad . \tag{2.124}$$

Im Rahmen des Thomas-Fermi-Modells ist also die Energie als Funktional der Einteilchendichte gegeben durch die Summe aus einem Term der Form (2.120) für die potentielle Energie der Elektronen in dem äußeren Potential, das die elektrostatische Anziehung durch den Atomkern beschreibt, einem Term der Form (2.121) für die elektrostatische Abstoßung der Elektronen untereinander und der kinetischen Energie (2.124). Tatsächlich führt die Bedingung, daß die Variation dieses Funktionals bei kleinen Änderungen der Dichte verschwindet, auf die Thomas-Fermi-Gleichung (2.111) [Eng88].

Neben der N-Teilchen-Schrödingergleichung bietet das Hohenberg-Kohn-Theorem einen alternativen Zugang zur Lösung des N-Elektronenproblems. Dieser besteht im allgemeinen darin, daß man mit einem physikalisch oder pragmatisch begründeten Ansatz für das Dichtefunktional $F[\rho(\boldsymbol{r})]$ in (2.122) die Energie $E[\rho]$ zu minimisieren sucht. Eine Darstellung verschiedener Methoden, die sich hieraus entwickelt haben, ist in [DP85] zu finden.

2.4 Elektromagnetische Übergänge

Der Hamiltonoperator (2.1) oder (2.47), bzw. (2.7) oder (2.53) beschreibt die *atomaren Freiheitsgrade* eines Ein- oder Mehr-Elektronen-Atoms (oder -Ions), d. h. die Freiheitsgrade der Elektronen und evtl. des Atomkerns. Dieser atomare Hamiltonoperator $\hat{H}_{\rm A}$ besitzt ein Spektrum von Eigenwerten, und die zugehörigen Eigenzustände sind Lösungen der entsprechenden stationären Schrödingergleichung. Im allgemeinen „sieht" man die Eigenzustände von $\hat{H}_{\rm A}$ durch Beobachtung der elektromagnetischen Strahlung, die beim Übergang zwischen zwei Eigenzuständen emittiert oder absorbiert wird. Die Tatsache, daß es zu solchen Übergängen kommt, und daß ein Atom nicht ewig in einem Eigenzustand von $\hat{H}_{\rm A}$ bleibt, rührt von der Wechselwirkung der atomaren Freiheitsgrade mit den Freiheitsgraden des elektromagnetischen Feldes her. Ein Hamiltonoperator $\hat{H}$, der auch elektromagnetische Übergänge erfassen soll, muß also neben den atomaren Freiheitsgraden auch das elektromagnetische Feld und die Wechselwirkung zwischen Atom und Feld beschreiben. Die Eigenzustände von $\hat{H}_{\rm A}$ sind somit nicht mehr Eigenzustände des vollen Hamiltonoperators $\hat{H}$; ein System, das sich zu einem gegebenen Zeitpunkt in einem Eigenzustand von $\hat{H}_{\rm A}$ befindet, entwickelt sich gemäß (1.40), (1.41) mit dem vollen Hamiltonoperator $\hat{H}$, so daß es sich zu einer späteren Zeit in einem anderen Eigenzustand von $\hat{H}_{\rm A}$ befinden kann. Betrachtet man die Wechselwirkung zwischen Atom und elektromagnetischem Feld als (kleine) Störung des wechselwirkungsfreien Hamiltonoperators, so bewirkt diese Störung, auch wenn sie selbst nicht von der Zeit abhängt, zeitabhängige Übergänge zwischen den Eigenzuständen des ungestörten Hamiltonoperators. Solche Übergänge kann man allgemein im Rahmen der *zeitabhängigen Störungstheorie* beschreiben, die im folgenden Abschnitt dargestellt ist.

2.4.1 Übergänge allgemein, „Goldene Regel"

Betrachten wir ein physikalisches System, das von dem Hamiltonoperator

$$\hat{H} = \hat{H}_0 + \hat{W} \tag{2.125}$$

beschrieben wird, das sich zum Zeitpunkt $t = 0$ aber in einem Eigenzustand $\phi_{\rm a}$ des Hamiltonoperators $\hat{H}_0$ befindet, der sich durch eine „kleine Störung" $\hat{W}$ von dem vollen Hamiltonoperator unterscheidet. Auch wenn $\hat{H}_0$ nicht der exakte Hamiltonoperator ist, bilden seine (orthonormierten) Eigenzustände ϕ_n,

$$\hat{H}_0\phi_n = E_n\phi_n \quad , \tag{2.126}$$

ein vollständiges System, nach dem man die exakte zeitabhängige Wellenfunktion $\psi(t)$ entwickeln kann:

$$\psi(t) = \sum_n c_n(t)\phi_n \exp\left(-\frac{\mathrm{i}}{\hbar}E_n t\right) \quad . \tag{2.127}$$

Die Koeffizienten $c_n(t)$ dieser Entwicklung sind zeitabhängig, weil die Zeitentwicklung der Eigenzustände von $\hat{H}_0$ angesichts der Störung $\hat{W}$ nicht allein durch die Exponentialfunktionen $\exp\left[-(\mathrm{i}/\hbar)E_n t\right]$ gegeben ist.

Die Voraussetzung, daß sich das System zum Zeitpunkt $t = 0$ im Eigenzustand ϕ_a von $\hat{H}_0$ befindet, bedeutet folgende Anfangsbedingungen für die Entwicklungskoeffizienten $c_n(t)$:

$$c_n(t{=}0) = \delta_{n,\mathrm{a}} \quad . \tag{2.128}$$

Zu einem späteren Zeitpunkt t ist die Wahrscheinlichkeit, daß das System in den Eigenzustand ϕ_e von $\hat{H}_0$ übergegangen ist:

$$w_{\mathrm{a}\to\mathrm{e}}(t) = |c_\mathrm{e}(t)|^2 \quad . \tag{2.129}$$

Zur Berechnung der Koeffizienten $c_n(t)$ setzt man die Entwicklung (2.127) in die zeitabhängige Schrödingergleichung (1.38) ein und erhält mit (2.125), (2.126)

$$\begin{aligned} \mathrm{i}\hbar\sum_n \phi_n \left(\frac{dc_n}{dt} - \frac{\mathrm{i}}{\hbar}E_n c_n\right)\exp\left(-\frac{\mathrm{i}}{\hbar}E_n t\right) \\ = \sum_n c_n \exp\left(-\frac{\mathrm{i}}{\hbar}E_n t\right)(E_n\phi_n + \hat{W}\phi_n) \quad . \end{aligned} \tag{2.130}$$

Wenn man das Skalarprodukt von links mit $\langle\phi_m|$ bildet, so wird aus (2.130) ein System gekoppelter gewöhnlicher Differentalgleichungen für die Koeffizienten $c_n(t)$:

$$\mathrm{i}\hbar\frac{dc_m}{dt} = \sum_n W_{mn}\, c_n \exp\left[\frac{\mathrm{i}}{\hbar}(E_m - E_n)t\right] \quad , \tag{2.131}$$

mit

$$W_{mn} = \langle\phi_m|\hat{W}|\phi_n\rangle \quad . \tag{2.132}$$

Die Gleichungen (2.131) lassen sich formal integrieren:

$$\begin{aligned} c_m(t) = & c_m(0) + \frac{1}{\mathrm{i}\hbar}\int_0^t dt' \sum_n W_{mn}\exp\left[\frac{\mathrm{i}}{\hbar}(E_m - E_n)t'\right] c_n(t') \\ = & c_m(0) + \frac{1}{\mathrm{i}\hbar}\int_0^t dt' \sum_n W_{mn}\exp\left[\frac{\mathrm{i}}{\hbar}(E_m - E_n)t'\right] c_n(0) \\ & + \frac{1}{(\mathrm{i}\hbar)^2}\int_0^t dt' \sum_n W_{mn}\exp\left[\frac{\mathrm{i}}{\hbar}(E_m - E_n)t'\right] \\ & \times \int_0^{t'} dt'' \sum_l W_{nl}\exp\left[\frac{\mathrm{i}}{\hbar}(E_n - E_l)t''\right] c_l(t'') \quad , \end{aligned} \tag{2.133}$$

etc.

Die zweite Gleichung (2.133) erhält man durch Einsetzen des durch die erste Gleichung gegebenen Ausdrucks für $c_n(t')$ im Integral (in der ersten Gleichung). Höhere Terme erhält man durch Einsetzen eines solchen Ausdrucks für $c_l(t'')$ in dem zweiten Integral in der letzten Zeile.

In erster Ordnung in den Matrixelementen des Störoperators $\hat{W}$ sind die Koeffizienten $c_n(t)$ durch die zweite Zeile in (2.133) gegeben. Wenn man für die $c_n(0)$ die Anfangsbedingungen (2.128) einsetzt, erhält man für die *Übergangsamplitude* $c_e(t)$ zum Endzustand ϕ_e:

$$c_e(t) = \frac{1}{i\hbar} \int_0^t dt' \, W_{ea} \exp\left[\frac{i}{\hbar}(E_e - E_a)t'\right] \quad . \tag{2.134}$$

Wenn der Störoperator $\hat{W}$ und folglich das Matrixelement W_{ea} nicht von der Zeit abhängen, kann man (2.134) direkt integrieren und erhält

$$|c_e(t)|^2 = w_{a\to e}(t) = |W_{ea}|^2 \frac{\sin^2[(E_e - E_a)t/(2\hbar)]}{[E_e - E_a/2]^2} \quad . \tag{2.135}$$

Für große Zeiten t wird aus (2.135)

$$w_{a\to e}(t) \approx |W_{ea}|^2 \, \frac{2\pi}{\hbar} \, t \, \delta(E_e - E_a) \quad . \tag{2.136}$$

D.h. für große Zeiten t wird die *Übergangswahrscheinlichkeit pro Zeiteinheit*, $P_{a\to e}$, unabhängig von t:

$$P_{a\to e} = \frac{1}{t} \, w_{a\to e}(t) = \frac{2\pi}{\hbar} |W_{ea}|^2 \, \delta(E_e - E_a) \quad . \tag{2.137}$$

Es ist sinnvoll anzunehmen, daß die diagonalen Matrixelemente $\langle\phi_a|\hat{W}|\phi_a\rangle$ und $\langle\phi_e|\hat{W}|\phi_e\rangle$ verschwinden, denn ein in der Basis ϕ_n diagonaler Störoperator verursacht keine Übergänge. Dann sind E_a und E_e nicht nur die Eigenwerte des ungestörten Hamiltonoperators $\hat{H}_0$ in den Anfangs- und Endzuständen, sondern gleichzeitig die Erwartungswerte des vollen Hamiltonoperators $\hat{H} = \hat{H}_0 + \hat{W}$. Die Deltafunktion in der Formel (2.137) für die Übergangswahrscheinlichkeiten besagt, daß langfristig nur solche Übergänge möglich sind, welche die Energie erhalten.

In vielen praktischen Beispielen (wie z. B. beim elektromagnetischen Zerfall eines atomaren Zustands) ist das Spektrum der Endzustände ϕ_e des gesamten Systems (in diesem Fall von Atom plus elektromagnetischem Feld) kontinuierlich. Um die gesamte Übergangswahrschenlichkeit pro Zeiteinheit vom Anfangszustand ϕ_a zu allen möglichen Endzuständen ϕ_e zu bekommen, muß man über einen infinitesimalen Energiebereich um die Energie E_a integrieren:

$$P_{a\to e} = \lim_{\epsilon\to 0} \int_{E_a-\epsilon}^{E_a+\epsilon} \frac{2\pi}{\hbar} |\langle\phi_e|\hat{W}|\phi_a\rangle|^2 \delta(E_e - E_a)\rho(E_e)dE_e \quad , \tag{2.138}$$

bzw.

$$P_{a\to e} = \frac{2\pi}{\hbar} |\langle\phi_e|\hat{W}|\phi_a\rangle|^2 \rho(E_e{=}E_a) \quad . \tag{2.139}$$

Dabei ist $\rho(E_e)$ die *Dichte der Endzustände*.

Die Formel (2.139) ist Fermis berühmte *Goldene Regel*; sie gibt in erster Ordnung zeitabhängiger Störungstheorie die Wahrscheinlichkeiten (pro Zeiteinheit) für Übergänge an, die durch einen zeitunabhängigen Störoperator hervorgerufen werden.

Die genaue Definition der Dichte $\rho(E_e)$ der Endzustände ϕ_e hängt von Normierung der Endzustände ab. Zum Beispiel für ein freies Teilchen der Masse μ im eindimensionalen Kasten der Länge L ist die Anzahl der auf 1 normierten gebundenen Zustände pro Energieeinheit (siehe Aufgabe 2.5)

$$\rho_L(E) = \frac{L}{2\pi}\left(\frac{\hbar^2}{2\mu}E\right)^{-1/2} \quad . \tag{2.140}$$

Die auf 1 normierten Wellenfunktionen haben die Form $\sqrt{2/L}\sin kx$, wobei $E = \hbar^2k^2/(2\mu)$. Der Vorfaktor $\sqrt{2/L}$ tritt in Matrixelementen der Art $|W_{ea}|^2$ quadratisch auf, so daß das Produkt $|W_{ea}|^2\rho_L(E)$ nicht mehr von der Länge L des Kastens abhängt. Wenn wir im Grenzfall $L \to \infty$ die Wellenfunktionen ϕ_e so normieren, daß sie einem Sinus mit Vorfaktor 1 entsprechen, so ist offensichtlich

$$\rho(E) = \frac{1}{\pi}\left(\frac{\hbar^2}{2\mu}E\right)^{-1/2} \quad . \tag{2.141}$$

Werden hingegen die Endzustände in der Energie normiert,

$$\langle\phi_e(E)|\phi_e(E')\rangle = \delta(E - E') \quad , \tag{2.142}$$

was einem Sinus mit Vorfaktor $\sqrt{2\mu/(\pi\hbar^2k)} = [2\mu/(\pi^2\hbar^2E)]^{1/4}$ entspricht (siehe Abschn. 1.3.4, Gl.(1.149)), so ist die korrekte Dichte der Endzustände

$$\rho(E) = 1 \quad . \tag{2.143}$$

Bei der Anwendung der Goldenen Regel (2.139) muß man darauf achten, daß die Dichte der Endzustände und ihre Normierung konsistent gewählt sind.

Die in Abschn. 1.4.2 beschriebenen Feshbach-Resonanzen kann man auch im Bild der zeitabhängigen Störungstheorie beschreiben. Wenn wir die Gleichungen (1.168) ohne Kanalkopplung als Schrödingergleichung mit dem ungestörten Hamiltonoperator $\hat{H}_0$ ansehen und die Kopplungspotentiale $V_{1,2}$, $V_{2,1}$ als die Störung, so ist die Übergangswahrscheinlichkeit pro Zeiteinheit vom gebundenen Anfangszustand $\psi_1 = 0$, $\psi_2 = \phi_0(r)$ in den weglaufenden Endzustand $\psi_1 = \phi_{reg}(r)$, $\psi_2 = 0$ nach der Goldenen Regel

$$P = \frac{2\pi}{\hbar}\,|\langle\phi_0|V_{2,1}|\phi_{reg}\rangle|^2\,\rho(E) \quad . \tag{2.144}$$

Da die Dichte der Endzustände nach (2.143) 1 ist, folgt mit der Formel (1.181) für die Breite Γ der Resonanz:

$$P = \frac{\Gamma}{\hbar}\,, \quad \text{bzw.} \quad \frac{1}{P} = \tau = \frac{\hbar}{\Gamma} \quad . \tag{2.145}$$

P beschreibt die zeitliche Änderung (Abnahme) der Besetzungswahrscheinlichkeit

w_a des Anfangszustands,

$$\frac{dw_a}{dt} = -Pw_a \quad , \tag{2.146}$$

was einem exponentiellen Zerfallsgesetz entspricht:

$$w_a(t) = w_a(0)\,\mathrm{e}^{-t/\tau} \quad . \tag{2.147}$$

Die Zeit τ ist die *Lebensdauer* des gebundenen Anfangszustands ϕ_0 gegenüber dem Zerfall ins Kontinuum, der über das Kopplungspotential $V_{2,1}$ vermittelt wird. Die zweite Gleichung (2.145) besagt, daß die Breite Γ und die Lebensdauer τ einer Resonanz eine der Unschärferelation ähnliche Beziehung erfüllen.

2.4.2 Das elektromagnetische Feld

Klassisch beschreibt man das elektromagnetische Feld mit Hilfe des *skalaren Potentials* $\Phi(\boldsymbol{r}, t)$ und des *Vektorpotentials* $\boldsymbol{A}(\boldsymbol{r}, t)$, die zusammen das elektrische Feld $\boldsymbol{E}(\boldsymbol{r}, t)$ und das Magnetfeld $\boldsymbol{B}(\boldsymbol{r}, t)$ definieren (siehe ein Lehrbuch der Elektrodynamik, z. B. [Jac75]):

$$\boldsymbol{E} = -\nabla\Phi - \frac{1}{c}\frac{\partial \boldsymbol{A}}{\partial t} \, , \quad \boldsymbol{B} = \nabla \times \boldsymbol{A} \quad . \tag{2.148}$$

Dabei ist c die Lichtgeschwindigkeit (vgl. Abschn. 2.1.3). Die Wahl der Potentiale ist nicht eindeutig und hängt von der gewählten *Eichung* ab. Die durch (2.148) definierten Felder $\boldsymbol{E}$ und $\boldsymbol{B}$ ändern sich nicht, wenn wir die Potentiale Φ und $\boldsymbol{A}$ durch neue Potentiale Φ' und $\boldsymbol{A}'$ ersetzen, die mit den ursprünglichen Potential durch eine *Eichtransformation* verknüpft sind:

$$\boldsymbol{A}' = \boldsymbol{A} + \nabla\Lambda \, , \quad \Phi' = \Phi - \frac{1}{c}\frac{\partial \Lambda}{\partial t} \quad . \tag{2.149}$$

Dabei ist Λ eine skalare Funktion von $\boldsymbol{r}$ und t. In der *Coulomb-Eichung*, die auch *Strahlungseichung* oder *transversale Eichung* genannt wird, ist

$$\nabla \cdot \boldsymbol{A} = 0 \, , \quad \Delta\Phi = -4\pi\rho \quad , \tag{2.150}$$

wobei ρ die Dichte der elektrischen Ladungen ist. Für ein quellenfreies Feld verschwindet das skalare Potential in Coulomb-Eichung.

Ein physikalisches System aus (geladenen) Massenpunkten in einem elektromagnetischen Feld beschreibt man durch einen Hamiltonoperator, dessen kinetische Energie mit den *kinetischen Impulsen* $\hat{\boldsymbol{p}}_{\mathrm{kin}} = \hat{\boldsymbol{p}} - (q/c)\boldsymbol{A}$ definiert ist, während die potentielle Energie das skalare Potential Φ enthält. Für ein System aus N Elektronen der Ladung $q = -e$ und der Masse μ hat der Hamiltonoperator unter Einschluß des elektromagnetischen Feldes also die Form

$$\hat{H} = \sum_{i=1}^{N} \left(\frac{\left[\hat{\boldsymbol{p}}_i + (e/c)\boldsymbol{A}(\boldsymbol{r}_i, t)\right]^2}{2\mu} - e\Phi(\boldsymbol{r}_i, t) \right) + \hat{V} \quad . \tag{2.151}$$

Da der Hamiltonoperator (2.151) die Potentiale $\boldsymbol{A}$ und Φ und nicht die physikalischen Felder (2.148) enthält, hängt er von der konkreten Wahl der Eichung ab, so daß auch die absoluten Energieeigenwerte eichabhängig sind. Beobachtbare Größen wie Energiedifferenzen und Übergangswahrscheinlichkeiten sind aber unabhängig von der Wahl der Eichung.

Die Wechselwirkung eines Atoms (oder Ions) mit einem äußeren elektromagnetischen Feld kann man am einfachsten beschreiben, wenn man das Feld klassisch behandelt und die entsprechenden Potentiale $\boldsymbol{A}(\boldsymbol{r}_i, t)$, $\Phi(\boldsymbol{r}_i, t)$ als Funktionen im Hamiltonoperator (2.151) einsetzt. Dieses Verfahren ist allerdings nicht in der Lage, die *spontane Emission* zu beschreiben, in der ein angeregtes Atom in Abwesenheit eines äußeren Feldes ein Photon abstrahlt. Um die experimentell beobachteten elektromagnetischen Übergänge einschließlich der spontanen Emission konsistent zu beschreiben, muß man das elektromagnetische Feld quantenmechanisch behandeln und berücksichtigen, daß auch in Abwesenheit meßbarer äußerer Felder der vollständige Hamiltonoperator eine Wechselwirkung zwischen Atom und Feld enthält, die, wie in Abschn. 2.4.1 beschrieben, Übergänge zwischen den stationären Zuständen des wechselwirkungsfreien Hamiltonoperators hervorruft.

Eine Vorschrift für die *Quantisierung des elektromagnetischen Feldes* bekommt man durch die Betrachtung eines quellenfreien Feldes im Vakuum. Wie man aus den Maxwellschen Gleichungen herleiten kann, erfüllt das Vektorpotential $\boldsymbol{A}(\boldsymbol{r}, t)$ die freie *Wellengleichung*

$$\left(\frac{\partial^2}{\partial x^2} + \frac{\partial^2}{\partial y^2} + \frac{\partial^2}{\partial z^2}\right) \boldsymbol{A} = \frac{1}{c^2}\frac{\partial^2}{\partial t^2}\boldsymbol{A} \quad . \tag{2.152}$$

Eine allgemeine Lösung von (2.152) erhält man als Überlagerung von ebenen Wellen, die wir durch einen *Modenindex* λ kennzeichnen wollen. Jede Mode ist durch einen in die Ausbreitungsrichtung der ebenen Welle zeigenden *Wellenvektor* $\boldsymbol{k}_\lambda$, durch eine Kreisfrequenz $\omega_\lambda = c|\boldsymbol{k}_\lambda|$ und durch einen *Polarisationsvektor* $\boldsymbol{\pi}_\lambda$ der Länge 1 charakterisiert:

$$\boldsymbol{A}_\lambda \exp(-\mathrm{i}\omega_\lambda \mathrm{t}) = \mathrm{L}^{-3/2} \boldsymbol{\pi}_\lambda \exp[\mathrm{i}(\boldsymbol{k}_\lambda \cdot \boldsymbol{r} - \omega_\lambda \mathrm{t})] \quad . \tag{2.153}$$

Viele Beziehungen lassen sich leichter konkret formulieren, wenn wir die kontinuierliche Verteilung der Wellenvektoren diskretisieren. Dazu können wir uns den dreidimensionalen Raum in sehr große aber endliche Würfel der Kantenlänge L aufgeteilt denken und periodische Randbedingungen für die ebenen Wellen fordern. Der Normierungsfaktor $L^{-3/2}$ auf der rechten Seite von (2.153) bewirkt, daß das Integral des Betragsquadrats der Amplitude über einen solchen Würfel für jede Mode λ gleich 1 ist:

$$\int_{L^3} d\,\boldsymbol{r} |\boldsymbol{A}_\lambda(\boldsymbol{r})|^2 = 1 \quad . \tag{2.154}$$

Wählt man für die Potentiale die Coulomb-Eichung (2.150), so gilt wegen $\nabla \cdot \boldsymbol{A} = 0$ für jede Mode λ:

$$\boldsymbol{\pi}_\lambda \cdot \boldsymbol{k}_\lambda = 0 \quad . \tag{2.155}$$

Zu jedem Wellenvektor $\boldsymbol{k}_\lambda$ gibt es also nur zwei unabhängige Polarisationsrichtungen, die beide senkrecht zur Ausbreitungsrichtung sind.

Das allgemeine (reelle) Vektorpotential für das quellenfreie Feld im Vakuum ist eine reelle Überlagerung der ebenen Wellen (2.153),

$$\boldsymbol{A}(\boldsymbol{r},t) = \sum_\lambda (q_\lambda \boldsymbol{A}_\lambda \,\mathrm{e}^{-\mathrm{i}\omega_\lambda t} + q_\lambda^* \boldsymbol{A}_\lambda^* \,\mathrm{e}^{+\mathrm{i}\omega_\lambda t}) \quad , \tag{2.156}$$

und das zugehörige elektrische Feld $\boldsymbol{E}$ und Magnetfeld $\boldsymbol{B}$ sind

$$\begin{aligned} \boldsymbol{E} &= -\frac{1}{c}\frac{\partial \boldsymbol{A}}{\partial t} = \frac{\mathrm{i}}{c}\sum_\lambda \omega_\lambda (q_\lambda \boldsymbol{A}_\lambda \,\mathrm{e}^{-\mathrm{i}\omega_\lambda t} - q_\lambda^* \boldsymbol{A}_\lambda^* \,\mathrm{e}^{+\mathrm{i}\omega_\lambda t}) \quad , \\ \boldsymbol{B} &= \nabla \times \boldsymbol{A} = \mathrm{i}\sum_\lambda \boldsymbol{k}_\lambda \times (q_\lambda \boldsymbol{A}_\lambda \,\mathrm{e}^{-\mathrm{i}\omega_\lambda t} - q_\lambda^* \boldsymbol{A}_\lambda^* \,\mathrm{e}^{+\mathrm{i}\omega_\lambda t}) \quad . \end{aligned} \tag{2.157}$$

Die Energie $\mathcal{E}$ des elektromagnetischen Feldes erhält man durch Integration der Energiedichte $\frac{1}{8\pi}(\boldsymbol{E}^2 + \boldsymbol{B}^2)$ über einen Würfel der Kantenlänge L:

$$\mathcal{E} = \frac{1}{8\pi}\int_{L^3} d\,\boldsymbol{r}\,(\boldsymbol{E}^2 + \boldsymbol{B}^2) = \frac{1}{2\pi c^2}\sum_\lambda \omega_\lambda^2 q_\lambda^* q_\lambda \quad . \tag{2.158}$$

Dabei wurde ausgenutzt, daß Integrale der Form $\int_{L^3} d\,\boldsymbol{r}\,\exp(2\mathrm{i}\boldsymbol{k}_\lambda\cdot\boldsymbol{r})$ über oszillierende Integranden verschwinden.

Eine vertrautere Form von (2.158) erhalten wir, wenn wir die Modenamplituden q_λ und q_λ^* durch die Variablen

$$Q_\lambda = \frac{1}{\sqrt{4\pi c^2}}(q_\lambda^* + q_\lambda)\,, \quad P_\lambda = \frac{\mathrm{i}\omega_\lambda}{\sqrt{4\pi c^2}}(q_\lambda^* - q_\lambda) \quad , \tag{2.159}$$

ersetzen:

$$\mathcal{E} = \sum_\lambda \frac{1}{2}(P_\lambda^2 + \omega_\lambda^2 Q_\lambda^2) \quad . \tag{2.160}$$

Diese Form unterstreicht die Ähnlichkeit zwischen dem quellenfreien elektromagnetischen Feld im Vakuum und einem Satz von entkoppelten harmonischen Oszillatoren. Die Korrespondenz zwischen dem freien elektromagnetischen Feld und einem Satz von harmonischen Oszillatoren wird im Energiespektrum deutlich. Zu jeder Mode λ gehört eine äquidistante Folge $n_\lambda \hbar\omega_\lambda$, $\lambda = 0, 1, 2, \ldots$ von Energien, die den Beitrag dieser Mode zur Gesamtenergie darstellen. Für das elektromagnetische Feld bedeutet n_λ die Anzahl der Photonen in der Mode λ; für den Satz von Oszillatoren bedeutet n_λ die Anregungsquantenzahl des Oszillators zur Mode λ.

Eine Quantisierung des elektromagnetischen Feldes erreicht man durch Interpretation der Variablen P_λ und Q_λ als quantenmechanische Impuls- und Ortsoperatoren für die Oszillatoren in den verschiedenen Moden λ. Der Hamiltonoperator $\hat{H}_\mathrm{F}$ für das Feld ist also

$$\hat{H}_\mathrm{F} = \sum_\lambda \frac{1}{2}(\hat{P}_\lambda^2 + \omega_\lambda^2 \hat{Q}_\lambda^2) \quad . \tag{2.161}$$

Die Eigenzustände dieses Hamiltonoperators sind durch die Besetzungszahlen n_{λ_1}, $n_{\lambda_2}, \dots$ der einzelnen Moden gekennzeichnet.

Wie bei harmonischen Oszillatoren kann man Eigenzustände und Eigenwerte des Operators (2.161) elegant mit Hilfe der folgenden Operatoren erfassen (siehe auch Abschn. 5.2.2):

$$\begin{aligned} \hat{b}_\lambda^\dagger &= (2\hbar\omega_\lambda)^{-1/2}(\omega_\lambda \hat{Q}_\lambda - \mathrm{i}\hat{P}_\lambda) \equiv \sqrt{\frac{\omega_\lambda}{2\pi\hbar c^2}}\, q_\lambda^* \quad , \\ \hat{b}_\lambda &= (2\hbar\omega_\lambda)^{-1/2}(\omega_\lambda \hat{Q}_\lambda + \mathrm{i}\hat{P}_\lambda) \equiv \sqrt{\frac{\omega_\lambda}{2\pi\hbar c^2}}\, q_\lambda \quad . \end{aligned} \tag{2.162}$$

Die Vertauschungsrelationen für die $\hat{b}_\lambda^\dagger$, $\hat{b}_\lambda$ ergeben sich aus den kanonischen Vertauschungsrelationen (1.36) für die Orts- und Impulsoperatoren $\hat{Q}_\lambda$, $\hat{P}_\lambda$:

$$[\hat{b}_\lambda, \hat{b}_{\lambda'}^\dagger] = \delta_{\lambda,\lambda'} \quad . \tag{2.163}$$

$\hat{b}_\lambda^\dagger$ und $\hat{b}_\lambda$ sind *Photonen-Erzeugungs-* bzw. *Photonen-Vernichtungsoperatoren*, welche die Besetzungszahl in der Mode λ jeweils um 1 erhöhen oder senken, genauer (Aufgabe 2.6):

$$\begin{aligned} \hat{b}_\lambda^\dagger |\dots, n_\lambda, \dots\rangle &= \sqrt{n_\lambda + 1}\, |\dots, n_\lambda + 1, \dots\rangle \quad , \\ \hat{b}_\lambda |\dots, n_\lambda, \dots\rangle &= \sqrt{n_\lambda}\, |\dots, n_\lambda - 1, \dots\rangle \quad . \end{aligned} \tag{2.164}$$

Der Operator $\hat{N}_\lambda = \hat{b}_\lambda^\dagger \hat{b}_\lambda$ zählt die Anzahl der Quanten (Photonen) in der Mode λ:

$$\hat{N}_\lambda\, |\dots, n_\lambda, \dots\rangle = n_\lambda\, |\dots, n_\lambda, \dots\rangle \quad , \tag{2.165}$$

und der Hamiltonoperator für das ganze Feld hat die Form

$$\hat{H}_\mathrm{F} = \sum_\lambda \hbar\omega_\lambda\, \hat{b}_\lambda^\dagger \hat{b}_\lambda \quad . \tag{2.166}$$

Der Schritt von (2.161) nach (2.166) erfordert eine *Renormierung* des Hamiltonoperators, die darin besteht, daß der zwar konstante aber unendliche Beitrag der Nullpunktsenergien aller Moden, $\sum_\lambda \hbar\omega_\lambda/2$, weggelassen wird. Die oben beschriebene Quantisierungsvorschrift ist aber ohnehin nicht eindeutig. So hätten wir in der klassischen Energieformel (2.158) die Reihenfolge von q_λ^* und q_λ vertauschen können und hätten beim Einsetzen der quantenmechanischen Operatoren (2.162) einen Hamiltonoperator $\sum_\lambda \hbar\omega_\lambda\, \hat{b}_\lambda \hat{b}_\lambda^\dagger$ erhalten, der sich wegen (2.163) um die doppelte Nullpunktsenergie $\sum_\lambda \hbar\omega_\lambda$ von (2.166) unterscheidet.

Um einen quantenmechanischen Operator zu bekommen, der dem klassischen Vektorpotential $\boldsymbol{A}(\boldsymbol{r}, t)$ entspricht, entwickelt man dieses nach (2.156) und identifiziert die Amplituden q_λ und q_λ^* mit den Photonen-Vernichtungs- und Erzeugungsoperatoren $\hat{b}_\lambda$ und $\hat{b}_\lambda^\dagger$ nach (2.162). Die dabei auftretenden Kombinationen $\hat{b}_\lambda \mathrm{e}^{-\mathrm{i}\omega_\lambda t}$ und $\hat{b}_\lambda^\dagger \mathrm{e}^{+\mathrm{i}\omega_\lambda t}$ haben eine Zeitabhängigkeit, die der Evolution der Feldoperatoren im Heisenberg-Bild entspricht (vgl. (1.44) in Abschn. 1.1.3). Mit $\hat{U}_\mathrm{F}(t) = \exp[-(\mathrm{i}/\hbar)\hat{H}_\mathrm{F} t]$ ist nämlich

$$\hat{U}_\mathrm{F}^\dagger(t)\hat{b}_\lambda\hat{U}_\mathrm{F}(t) = \hat{b}_\lambda\,\mathrm{e}^{-\mathrm{i}\omega_\lambda t}\ , \quad \hat{U}_\mathrm{F}^\dagger(t)\hat{b}_\lambda^\dagger\hat{U}_\mathrm{F}(t) = \hat{b}_\lambda^\dagger\,\mathrm{e}^{+\mathrm{i}\omega_\lambda t}\quad . \tag{2.167}$$

Man erhält also auf diese Weise den Operator $\hat{A}_\mathrm{H} = \hat{U}_\mathrm{F}^\dagger(t)\hat{A}\hat{U}_\mathrm{F}(t)$ im Heisenberg-Bild. Den entsprechenden Operator $\hat{A}$ für das Vektorpotential im Schrödinger-Bild erhält man durch Weglassen der zeitlich oszillierenden Faktoren $\mathrm{e}^{-\mathrm{i}\omega_\lambda t}$ und $\mathrm{e}^{+\mathrm{i}\omega_\lambda t}$:

$$\hat{\boldsymbol{A}}(\boldsymbol{r}) = \sum_\lambda \sqrt{\frac{2\pi\hbar c^2}{\omega_\lambda}}(\boldsymbol{A}_\lambda\hat{b}_\lambda + \boldsymbol{A}_\lambda^*\hat{b}_\lambda^\dagger)\quad . \tag{2.168}$$

Dabei sind die Funktionen $\boldsymbol{A}_\lambda$ und $\boldsymbol{A}_\lambda^*$ die auf den Würfel der Kantenlänge L normierten räumlichen Anteile der ebenen Wellen (2.153) zusammen mit dem jeweiligen Polarisationsvektor, z. B.:

$$\boldsymbol{A}_\lambda(\boldsymbol{r}) = L^{-3/2}\boldsymbol{\pi}_\lambda \exp(\mathrm{i}\boldsymbol{k}_\lambda\cdot\boldsymbol{r})\quad . \tag{2.169}$$

Für die spätere Anwendung der Goldenen Regel (2.139) auf elektromagnetische Übergänge ist es wichtig, die Dichte der Photonenzustände zu kennen. Die ebenen Wellen (2.153), die in einen Würfel der Kantenlänge L (mit periodischen Randbedingungen) hineinpassen, haben Wellenvektoren der Form $\boldsymbol{k} = (n_x, n_y, n_z)2\pi/L$. Die Dichte der möglichen Wellenvektoren ist also $(2\pi/L)^{-3}$. Wenn man danach fragt, wieviele Photonenzustände gegebener Polarisation einen Betrag des Wellenvektors zwischen k und $k + dk$ haben und eine Ausbreitungsrichtung in dem Raumwinkel $d\Omega$, so ergibt sich eine Dichte $(L/2\pi)^3 k^2 d\Omega$. Auf die Energie $\hbar\omega = \hbar ck$ bezogen, ist die Dichte ρ_L der Photonenzustände gegebener Polarisation

$$\rho_L d\Omega = \left(\frac{L}{2\pi}\right)^3 \frac{k^2}{\hbar c}\,d\Omega = \left(\frac{L}{2\pi}\right)^3 \frac{(\hbar\omega_\lambda)^2}{(\hbar c)^3}\,d\Omega\quad . \tag{2.170}$$

2.4.3 Wechselwirkung zwischen Atom und Feld

Der Hamiltonoperator (2.151) für ein N-Elektronen-Atom (oder -Ion) in einem elektromagnetischen Feld hat ausmultipliziert die Form

$$\begin{aligned}\hat{H} = &\sum_{i=1}^{N}\frac{\hat{\boldsymbol{p}}_i^2}{2\mu} + \hat{V} + \frac{e}{2\mu c}\sum_{i=1}^{N}[\hat{\boldsymbol{p}}_i\cdot\boldsymbol{A}(\boldsymbol{r}_i,t) + \boldsymbol{A}(\boldsymbol{r}_i,t)\cdot\hat{\boldsymbol{p}}_i]\\ &+ \frac{e^2}{2\mu c^2}\sum_{i=1}^{N}\boldsymbol{A}(\boldsymbol{r}_i,t)^2 - \mathrm{e}\sum_{i=1}^{N}\Phi(\boldsymbol{r}_i,t)\quad .\end{aligned} \tag{2.171}$$

Für klassische Felder sind die Potentiale $\boldsymbol{A}(\boldsymbol{r},t)$ und $\Phi(\boldsymbol{r},t)$ als reellwertige Funktionen anzusehen. Für eine vollständig quantenmechanische Behandlung eines Systems aus einem Atom und einem elektromagnetischen Feld müssen wir von einem Hamiltonoperator ausgehen, der die atomaren Freiheitsgrade zusammen mit den Freiheitsgraden des Feldes erfaßt. Dies erreichen wir, indem wir den Hamiltonoperator

(2.166) des freien Feldes zum Ausdruck (2.171) hinzuaddieren; die Wechselwirkung zwischen Atom und Feld berücksichtigen wir dadurch, daß wir die Potentiale in (2.171) durch die entsprechenden Operatoren ersetzen. Für das quellenfreie Feld in Strahlungseichung (2.150) setzen wir $\Phi = 0$, während $\hat{\boldsymbol{A}}$ durch den Ausdruck (2.168) gegeben ist. Der volle Hamiltonoperator enthält dann einen wechselwirkungsfreien Term $\hat{H}_0$, der die atomaren Freiheitsgrade und die des Feldes – ohne Wechselwirkung – erfaßt,

$$\hat{H}_0 = \hat{H}_A + \hat{H}_F = \sum_{i=1}^{N} \frac{\hat{p}_i^2}{2\mu} + \hat{V} + \hat{H}_F \quad , \tag{2.172}$$

und einen Wechselwirkungsterm $\hat{W}$. Wenn wir im Sinne der Störungstheorie erster Ordnung den im Vektorpotential quadratischen Term vernachlässigen, ist

$$\hat{W} = \frac{e}{2\mu c} \sum_{i=1}^{N} [\hat{\boldsymbol{p}}_i \cdot \hat{\boldsymbol{A}}(\boldsymbol{r}_i) + \hat{\boldsymbol{A}}(\boldsymbol{r}_i) \cdot \hat{\boldsymbol{p}}_i] \quad , \tag{2.173}$$

mit $\hat{\boldsymbol{A}}(\boldsymbol{r})$ wie in (2.168) definiert.

In den meisten interessierenden Fällen sind die *Wellenlängen* $2\pi/|\boldsymbol{k}_\lambda|$ der von einem Atom emittierten oder absorbierten Photonen sehr viel größer als die räumliche Ausdehnung des Atoms. In Matrixelementen des Wechselwirkungsoperators (2.173) kann man also in guter Näherung die Exponentialfunkionen aus (2.169) durch 1 ersetzen:

$$\exp(\mathrm{i}\boldsymbol{k}_\lambda \cdot \boldsymbol{r}_i) \approx 1 \quad . \tag{2.174}$$

Diese Näherung wird aus Gründen, die im nächsten Abschnitt verständlich werden, *Dipolnäherung* genannt. In der Dipolnäherung vereinfacht sich der Wechselwirkungsoperator (2.173) zu

$$\hat{W} = L^{-3/2} \frac{e}{\mu c} \sum_{i=1}^{N} \sum_{\lambda} \sqrt{\frac{2\pi\hbar c^2}{\omega_\lambda}} \boldsymbol{\pi}_\lambda \cdot \hat{\boldsymbol{p}}_i (\hat{b}_\lambda + \hat{b}_\lambda^\dagger) \quad . \tag{2.175}$$

2.4.4 Emission und Absorption von Photonen

Die Wahrscheinlichkeiten für die Emission und Absorption von Photonen lassen sich mit Hilfe der Goldenen Regel (2.139) über die Matrixelemente

$$W_{ea} = \langle \phi_e | \hat{W} | \phi_a \rangle \tag{2.176}$$

des Operators (2.175) in Dipolnäherung berechnen. Der Anfangszustand ϕ_a und der Endzustand ϕ_e sind Eigenzustände des wechselwirkungsfreien Hamiltonoperators (2.172) und können jeweils als Produkt eines atomaren Eigenzustands $|\Phi_n\rangle$ von $\hat{H}_A$ und eines Eigenzustands des Feldoperators $\hat{H}_F$ (2.166) geschrieben werden:

$$|\phi_a\rangle = |\Phi_a\rangle |\ldots, n_\lambda, \ldots\rangle \; , \quad |\phi_e\rangle = |\Phi_e\rangle |\ldots, n'_\lambda, \ldots\rangle \quad . \tag{2.177}$$

Entsprechend setzen sich die Energien E_a und E_e von Anfangs- und Endzustand jeweils aus dem Eigenwert ϵ_a bzw. ϵ_e von $\hat{H}_A$ und der Energie des Photonen-Feldes zusammen. Wenn sich die Zahl der Photonen nur in der Mode λ ändert und alle anderen Moden eine *Zuschauer*-Rolle spielen, ist

$$\begin{aligned} E_a &= \epsilon_a + n_\lambda \hbar\omega_\lambda \quad \text{plus Energie der Zuschauer-Moden,} \\ E_e &= \epsilon_e + n'_\lambda \hbar\omega_\lambda \quad \text{plus Energie der Zuschauer-Moden.} \end{aligned} \tag{2.178}$$

Das Matrixelement (2.176) läßt sich nun leicht zu einem Matrixelement der atomaren Freiheitsgrade vereinfachen:

$$W_{ea} = L^{-3/2} \frac{e}{\mu c} \sqrt{\frac{2\pi\hbar c^2}{\omega_\lambda}} \sum_{i=1}^{N} \langle \Phi_e | \boldsymbol{\pi}_\lambda \cdot \hat{\boldsymbol{p}}_i | \Phi_a \rangle \, F_\lambda \quad , \tag{2.179}$$

wobei der Faktor F_λ der Feld-Anteil des Übergangsmatrixelements ist,

$$F_\lambda = \langle \dots, n'_\lambda, \dots | \hat{b}_\lambda + \hat{b}^\dagger_\lambda | \dots, n_\lambda, \dots \rangle \quad , \tag{2.180}$$

der für gegebene Werte von n_λ und n'_λ über (2.164) sofort ausgerechnet werden kann. Schließlich läßt sich auch die Forderung nach Energieerhaltung, $E_e = E_a$, in einen atomaren und einen Photonenfeld-Anteil zerlegen:

$$\epsilon_e - \epsilon_a = (n_\lambda - n'_\lambda)\, \hbar\omega_\lambda \quad , \tag{2.181}$$

was natürlich besagt, daß der Energieverlust (oder -gewinn) des Atoms gerade der Energie der emittierten (oder der absorbierten) Photonen entspricht.

In dem atomaren Matrixelement $\sum_{i=1}^{N} \langle \Phi_e | \boldsymbol{\pi}_\lambda \hat{\boldsymbol{p}}_i | \Phi_a \rangle$ in (2.179) lassen sich die Impulse $\hat{\boldsymbol{p}}_i$ durch Kommutatoren der Ortsvektoren $\boldsymbol{r}_i$ mit dem wechselwirkungsfreien Hamiltonoperator $\hat{H}_0$ ausdrücken. Wenn man impulsabhängige Korrekturen im Potential, wie z. B. den Massenpolarisierungsterm (vgl. Abschn. 2.2.1, Aufgabe 2.8), vernachlässigt, gibt nur der erste Term auf der rechten Seite von (2.172) einen Beitrag zum Kommutator $[\hat{H}_0, \boldsymbol{r}_i]$. Dann ist

$$\hat{\boldsymbol{p}}_i = \mu \frac{\mathrm{i}}{\hbar} [\hat{H}_0, \boldsymbol{r}_i] \quad , \tag{2.182}$$

und das atomare Matrixelement wird zu einem Matrixelement des *elektrischen Dipoloperators*

$$\hat{\boldsymbol{d}} = -e \sum_{i=1}^{N} \boldsymbol{r}_i \quad , \tag{2.183}$$

nämlich

$$-\frac{e}{\mu} \sum_{i=1}^{N} \langle \Phi_e | \boldsymbol{\pi}_\lambda \cdot \hat{\boldsymbol{p}}_i | \Phi_a \rangle = (\epsilon_e - \epsilon_a) \frac{\mathrm{i}}{\hbar} \boldsymbol{\pi}_\lambda \cdot \langle \Phi_e | \hat{\boldsymbol{d}} | \Phi_a \rangle \quad . \tag{2.184}$$

Diese durch die Annahme (2.174) mögliche Darstellung des atomaren Matrixelements ist der Grund für die Bezeichnung "Dipolnäherung". Wenn man den Vektor

$\langle \Phi_e | \sum_{i=1}^N \boldsymbol{r}_i | \Phi_a \rangle$ mit $\boldsymbol{r}_{ea}$ bezeichnet, dann ist

$$\langle \Phi_e | \hat{\boldsymbol{d}} | \Phi_a \rangle = -e \langle \Phi_e | \sum_{i=1}^{N} \boldsymbol{r}_i | \Phi_a \rangle = -e\, \boldsymbol{r}_{ea} \quad . \tag{2.185}$$

Setzt man nun (2.179) und (2.184) in die Goldene Regel (2.139) ein, so erhält man mit (2.185)

$$P_{a \to e} = \frac{4\pi^2}{\hbar^2} L^{-3} \frac{(\epsilon_e - \epsilon_a)^2}{\omega_\lambda} e^2 \left| \boldsymbol{\pi}_\lambda \cdot \boldsymbol{r}_{ea} \right|^2 F_\lambda^2 \rho_L(E_e) \quad . \tag{2.186}$$

Spontane Emission. Um die Formel (2.186) auf die spontane Emission anzuwenden, gehen wir von einem Anfangszustand des elektromagnetischen Feldes aus, der in allen Moden λ keine Photonen enthält, $n_\lambda = 0$, für alle λ. Der Feldfaktor (2.180) im Übergangsmatrixelement ist nur von null verschieden, wenn der Endzustand des Feldes in genau einer Mode λ genau ein Photon enthält, $n_\lambda = 1$, und der Wert des Faktors ist nach (2.164) genau 1. Außerdem ist die atomare Energiedifferenz $\epsilon_a - \epsilon_e$ in diesem Fall genau die Energie $\hbar\omega_\lambda$ des ausgestrahlten Photons. Die Wahrscheinlichkeit pro Zeiteinheit, daß das Atom vom Anfangszustand Φ_a in den Endzustand Φ_e übergeht und dabei ein Photon der Energie $\hbar\omega_\lambda$ und der Polarisation $\boldsymbol{\pi}_\lambda$ in den Raumwinkel $d\Omega$ aussendet, ist, mit (2.170)

$$P_{a \to e}\, d\Omega = \frac{1}{2\pi\hbar} \frac{\omega_\lambda^3 e^2}{c^3} \left| \boldsymbol{\pi}_\lambda \cdot \boldsymbol{r}_{ea} \right|^2 d\Omega \quad . \tag{2.187}$$

Wenn wir für einen gegebenen Wellenvektor $\boldsymbol{k}_\lambda$ die Beiträge (2.187) für die beiden Polarisationsrichtungen senkrecht zu $\boldsymbol{k}_\lambda$ addieren, so ergibt die Summe über die Betragsquadrate des Skalarprodukts das Quadrat der Projektion des Vektors $\boldsymbol{r}_{ea}$ auf die Ebene senkrecht zu $\boldsymbol{k}_\lambda$. Da $\boldsymbol{r}_{ea}$ im allgemeinen komplex sein kann, $\boldsymbol{r}_{ea} = \boldsymbol{x}_{ea} + \mathrm{i}\boldsymbol{y}_{ea}$, erhält man genauer

$$\left| \boldsymbol{\pi}_{\lambda_1} \cdot \boldsymbol{r}_{ea} \right|^2 + \left| \boldsymbol{\pi}_{\lambda_2} \cdot \boldsymbol{r}_{ea} \right|^2 = \left| \boldsymbol{x}_{ea} \right|^2 \sin^2 \theta_R + \left| \boldsymbol{y}_{ea} \right|^2 \sin^2 \theta_I \quad , \tag{2.188}$$

wobei θ_R bzw. θ_I der Winkel zwischen dem Wellenvektor $\boldsymbol{k}_\lambda$ und dem Realteil $\boldsymbol{x}_{ea}$ von $\boldsymbol{r}_{ea}$ bzw. dem Imaginärteil $\boldsymbol{y}_{ea}$ ist. Integration über alle Richtungen Ω des Wellenvektors $\boldsymbol{k}_\lambda$ gibt dann die Wahrscheinlichkeit pro Zeiteinheit $\mathrm{P}^{\mathrm{se}}_{a \to e}$ für den atomaren Übergang $\Phi_a \to \Phi_e$ unter Aussendung eines Photons beliebiger Polarisation in eine beliebige Raumrichtung. Mit $|\boldsymbol{x}_{ea}|^2 + |\boldsymbol{y}_{ea}|^2 = |\boldsymbol{r}_{ea}|^2$ ist

$$\mathrm{P}^{\mathrm{se}}_{a \to e} = \int P_{a \to e}\, d\Omega = \frac{4}{3} \frac{e^2 \omega_\lambda^3}{\hbar c^3} \left| \boldsymbol{r}_{ea} \right|^2 \quad . \tag{2.189}$$

Die totale spontane Zerfallswahrscheinlichkeit pro Zeiteinheit P_a eines atomaren Zustands Φ_a erhält man durch Summation der Zerfallswahrscheinlichkeiten (2.189) über alle möglichen Endzustände Φ_e:

$$P_a = \sum_{\epsilon_e < \epsilon_a} \mathrm{P}^{\mathrm{se}}_{a \to e} \quad . \tag{2.190}$$

Diese Zerfallswahrscheinlichkeit entspricht der zeitlichen Änderung (Abnahme) der Besetzungswahrscheinlichkeit $w_a(t)$ des Anfangszustands Φ_a, und die reziproke Größe

$$\tau = 1/P_a \tag{2.191}$$

ist, analog zu (2.147), die Lebensdauer des atomaren Zustands Φ_a gegenüber elektromagnetischem Zerfall.

In einer vollständigeren Beschreibung über den Rahmen der Störungstheorie hinaus würde man nicht von unendlich scharfen atomaren Energiezuständen ausgehen. Wegen der Wechselwirkung zwischen Atom und Feld ist nur der Grundzustand des Atoms, der nicht mehr spontan zerfallen kann, ein wirklich gebundener Zustand. Alle angeregten Zustände sind genau genommen Resonanzen im Kontinuum, analog zu den Feshbach-Resonanzen, die in Abschn. 1.4.2 besprochen wurden. So haben die angeregten Zustände eines Atoms jeweils eine *natürliche Breite* Γ, die über die zweite Gleichung (2.145) mit der Lebensdauer gegenüber elektromagnetischem Zerfall verknüpft ist.

Induzierte Emission. Wenn das elektromagnetische Feld im Anfangszustand nicht leer ist, sondern in der Mode λ mit n_λ Photonen besetzt, so tritt in den Formeln (2.187) und (2.189) auf der rechten Seite ein nicht-trivialer Feldfaktor $F_\lambda^2 = n_\lambda + 1$ hinzu (vgl. (2.180), (2.164)). Der Anteil proportional zu n_λ beschreibt die Wahrscheinlichkeit für die induzierte Emission, die von der Stärke des äußeren Feldes abhängt. Der Zusammenhang zwischen der äußeren Feldstärke und den tatsächlich in die Formeln einzusetzenden Faktoren n_λ hängt von dem konkreten physikalischen Experiment ab.

Betrachten wir z. B. ein Atom in einem elektromagnetischen Feld, in dem alle Moden isotrop besetzt sind mit einer Intensitätsverteilung $I(\omega)$. Dann ist die Energiedichte im Frequenzbereich zwischen ω und $\omega + d\omega$, gleich der Anzahl der Moden beliebiger Polarisation und beliebiger Ausbreitungsrichtung $N_\omega \hbar d\omega$, $N_\omega = 2 \times 4\pi\, \rho_L$, multipliziert mit der (mittleren) Energiedichte pro Mode, $n_\lambda \hbar\omega/L^3$. Mit (2.170) heißt das

$$I(\omega)d\omega = 8\pi\rho_L \hbar\, d\omega\, n_\lambda \hbar\omega/L^3 = \frac{\hbar}{\pi^2}\left(\frac{\omega}{c}\right)^3 n_\lambda\, d\omega \quad , \tag{2.192}$$

bzw.

$$n_\lambda = \pi^2 \frac{I(\omega)}{\hbar}\left(\frac{c}{\omega}\right)^3 \quad . \tag{2.193}$$

Vor die rechte Seite von (2.189) gesetzt gibt das für die Wahrscheinlichkeit pro Zeiteinheit $\mathbf{P}^{\text{ie}}_{\text{a}\to\text{e}}$ eines atomaren Übergangs von Φ_a nach Φ_e durch induzierte Emission eines Photons beliebiger Polarisation und Ausbreitungsrichtung:

$$\mathbf{P}^{\text{ie}}_{\text{a}\to\text{e}} = \frac{4}{3}\frac{\pi^2}{\hbar^2}\, e^2\, |\boldsymbol{r}_{\text{ea}}|^2\, I(\omega) \quad . \tag{2.194}$$

Die Faktoren

$$B_{\mathrm{ea}} = \frac{4}{3}\frac{\pi^2}{\hbar^2}\,e^2\,|\boldsymbol{r}_{\mathrm{ea}}|^2 \tag{2.195}$$

sind die *Einstein-Koeffizienten*, die auch bei einer analogen Behandlung der Absorption auftreten. Historisch haben sie für das Verständnis der Planckschen Formel für die Intensitätsverteilung $I(\omega)$ im konkreten Beispiel der Hohlraumstrahlung eine wichtige Rolle gespielt.

Absorption. Damit Absorption stattfinden kann, muß das elektromagnetische Feld im Anfangszustand in mindestens einer Mode λ eine nicht verschwindende Anzahl n_λ von Photonen haben. Nach der Absorption eines Photons aus dieser Mode ist die Besetzungszahl im Endzustand $n'_\lambda = n_\lambda - 1$, und der Feldfaktor (2.180) ist $F_\lambda^2 = n_\lambda$. Bei der Absorption gibt es kein zusätzliches freies Photon im Endzustand, und wenn der Endzustand des Atoms im diskreten Teil des (atomaren) Spektrums liegt, müssen wir die diskrete Formulierung (2.137) der Goldenen Regel benutzen. Anstelle von (2.186) erhalten wir dann für die Absorptionswahrscheinlichkeit pro Zeiteinheit

$$P_{\mathrm{a}\to\mathrm{e}} = 4\pi^2 L^{-3}\omega_\lambda\,e^2\,|\boldsymbol{\pi}_\lambda\cdot\boldsymbol{r}_{\mathrm{ea}}|^2\,n_\lambda\,\delta(\epsilon_{\mathrm{e}} - \epsilon_{\mathrm{a}} - \hbar\omega_\lambda) \quad . \tag{2.196}$$

Um Absorption aus einem isotropen Strahlungsfeld mit einer Intensitätsverteilung $I(\omega)$ zu beschreiben, muß man über die Frequenzen ω und über alle Richtungen integrieren und erhält mit dem entsprechenden Term n_λ einen Ausdruck analog zu (2.194).

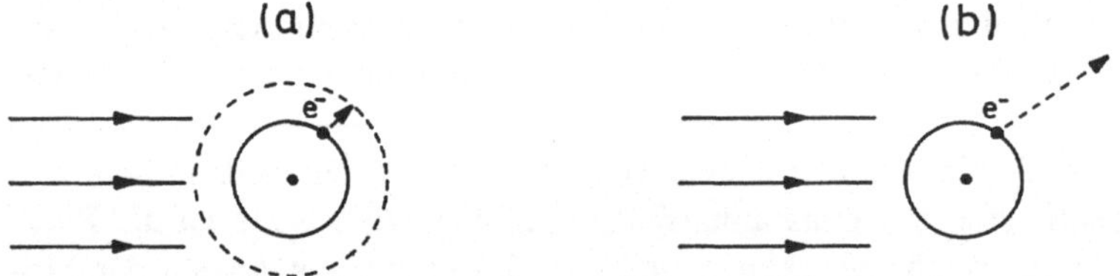

Abb. 2.8. (a) Photoabsorption durch einen monochromatischen Photonenstrahl: Ein Elektron wird aus einem tiefen gebundenen Zustand in einen höheren gebundenen Zustand gehoben. (b) Photoionisation: Ein gebundenes Elektron wird in einen Kontinuumszustand gehoben.

Eine andere experimentell wichtige Situation ist die, daß das Atom von einem monochromatischen Strahl von Photonen beschossen wird (siehe Abb. 2.8). In diesem Fall ist die relevante physikalische Größe der *Wirkungsquerschnitt* σ_{abs} für die Absorption eines Photons. σ_{abs} ist die Absorptionswahrscheinlichkeit pro Zeiteinheit (2.196) geteilt durch die Stromdichte der einfallenden Photonen. Die Stromdichte ist einfach die Photonendichte n_λ/L^3 multipliziert mit ihrer Ausbreitungsgeschwindigkeit c, so daß

$$\sigma_{\mathrm{abs}}(E) = 4\pi^2\,\frac{e^2}{\hbar c}\,\hbar\omega_\lambda\,|\boldsymbol{\pi}_\lambda\cdot\boldsymbol{r}_{\mathrm{ea}}|^2\,\delta(\epsilon_{\mathrm{e}} - \epsilon_{\mathrm{a}} - E) \quad . \tag{2.197}$$

Für auf 1 normierte Anfangs- und Endzustände Φ_{a} und Φ_{e} hat der durch (2.185) definierte Vektor $\boldsymbol{r}_{\mathrm{ea}}$ natürlich die Dimension einer Länge, und der Absorptionsquerschnitt die Dimension einer Fläche. Anschaulich kann man sich vorstellen, daß alle Photonen, die durch eine Fläche σ_{abs} senkrecht zur Einfallsrichtung treten, absorbiert werden.

Photoionisation. Mit einer geringfügigen Modifikation, können wir die Formel (2.197) auch für den Fall benutzen, daß das Atom durch die Absorption eines Photons ionisiert wird. In diesem Fall hat die Wellenfunktion des atomaren Endzustands Φ_e asymptotisch (d. h. für große Abstände des auslaufenden Elektrons) die folgende Form:

$$\Phi_e(x_1, \ldots, x_{N-1}, x_N) = \Phi'_e(x_1, \ldots, x_{N-1})\psi(x_N) \quad . \tag{2.198}$$

Dabei ist $\psi(x_N)$ die Kontinuumswellenfunktion des auslaufenden Elektrons und mag etwa die Form (1.275) oder (1.73) haben mit einer Radialwellenfunktion der Form (1.115) oder (1.120). Φ'_e ist eine $(N-1)$-Elektronen-Wellenfunktion für die auch nach der Photoionisation gebundenen Elektronen. Da die Endzustände nun wieder ein kontinuierliches Spektrum haben, ist die Version (2.139) der Goldenen Regel zu benutzen. Für in der Energie normierte Radialwellenfunktionen des auslaufenden Elektrons (vgl. (1.149)) ist nach (2.143) die Dichte der Endzustände 1, und wir erhalten anstelle von (2.197) den *Wirkungsquerschnitt für Photoionisation*:

$$\sigma_{\mathrm{ph}}(E) = 4\pi^2 \frac{e^2}{\hbar c} \hbar\omega_\lambda \left|\boldsymbol{\pi}_\lambda \cdot \boldsymbol{r}_{\mathrm{ea}}\right|^2 \quad . \tag{2.199}$$

Aufgrund der Normierung der Endzustände, $\langle\Phi_e(E)|\Phi_e(E')\rangle = \delta(E-E')$, hat der durch (2.185) definierte Vektor $\boldsymbol{r}_{\mathrm{ea}}$ nun die Dimension einer Länge mal der inversen Wurzel einer Energie, so daß $\sigma_{\mathrm{ph}}(E)$ wieder die Dimension einer Fläche hat. In (2.197), (2.199) ist $e^2/(\hbar c) \approx 1/137$ natürlich wieder die Feinstrukturkonstante (siehe (2.35)), welche die Stärke der elektromagnetischen Wechselwirkung charakterisiert.

In realen Situationen können die atomaren Anfangszustände Φ_a und/oder Endzustände Φ_e Mitglieder von entarteten oder fast entarteten Multipletts sein, die experimentell nicht aufgelöst werden. Bei der Anwendung von Formeln wie (2.194), (2.197) oder (2.199) für Übergangswahrscheinlichkeiten oder Wirkungsquerschnitte muß das berücksichtigt werden. Unsere Unkenntnis über den genauen Anfangszustand in einem Multiplett berücksichtigen wir durch *Mittelung über die Anfangszustände*. Die Tatsache, daß Übergänge zu mehreren Endzuständen in einem Multiplett möglich sind, berücksichtigen wir durch *Summation über die Endzustände*. Für das konkrete Beispiel von Ein-Elektron-Atomen ist dies in Abschn. 3.1.3 durchgeführt.

2.4.5 Auswahlregeln

Die Wahrscheinlichkeit für elektromagnetische Übergänge hängt entscheidend von dem atomaren Matrixelement

$$\boldsymbol{r}_{\mathrm{ea}} = \langle\Phi_e|\sum_{i=1}^{N} \boldsymbol{r}_i|\Phi_a\rangle = \langle\Phi_e|\hat{\boldsymbol{r}}|\Phi_a\rangle \tag{2.200}$$

ab. Für die Berechnung dieses Matrixelements des Vektoroperators $\hat{\boldsymbol{r}} = (1/e)\hat{\boldsymbol{d}}$ (vgl. (2.183)) ist es sinnvoll, seine *sphärischen Komponenten* einzuführen:

$$\hat{r}^{(\pm)} = \sum_{i=1}^{N} \frac{1}{\sqrt{2}}(x_i \pm \mathrm{i}y_i) \ , \quad \hat{r}^{(0)} = \sum_{i=1}^{N} z_i \quad . \tag{2.201}$$

Das Skalarprodukt von $\hat{\boldsymbol{r}}$ mit einem anderen Vektor, wie z. B. dem Polarisationsvektor $\boldsymbol{\pi}_\lambda$, ist in sphärischen Komponenten

$$\hat{\boldsymbol{r}}\cdot\boldsymbol{\pi}_\lambda = \hat{r}^{(+)}\pi_\lambda^{(-)} + \hat{r}^{(-)}\pi_\lambda^{(+)} + \hat{r}^{(0)}\pi_\lambda^{(0)} = \sum_{\nu=-1}^{1} \hat{r}^{(\nu)}\pi_\lambda^{(-\nu)} \quad . \tag{2.202}$$

Für ein Ein-Elektron-Atom können die sphärischen Komponenten von $\hat{\boldsymbol{r}}$ durch den Radius $r = \sqrt{x^2+y^2+z^2}$ und die in Abschn. 1.2.1 definierten Kugelflächenfunktionen $Y_{l,m}(\theta,\phi)$ dargestellt werden (vgl. Tabelle 1.1):

$$\hat{r}^{(\pm)} = \sqrt{\frac{4\pi}{3}}\, r\, Y_{1,\pm 1}(\theta,\phi)\ , \quad \hat{r}^{(0)} = \sqrt{\frac{4\pi}{3}}\, r\, Y_{1,0}(\theta) \quad . \tag{2.203}$$

Wenn die atomaren Zustände Φ_a und Φ_e einfach Einteilchenwellenfuktionen (ohne Spin) der folgenden Form sind:

$$\Phi_\mathrm{a}(\boldsymbol{r}) = \frac{\phi_{l_\mathrm{a}}}{r} Y_{l_\mathrm{a},m_\mathrm{a}}(\theta,\phi)\ , \quad \Phi_\mathrm{e}(\boldsymbol{r}) = \frac{\phi_{l_\mathrm{e}}}{r} Y_{l_\mathrm{e},m_\mathrm{e}}(\theta,\phi) \quad , \tag{2.204}$$

dann lassen sich die Matrixelemente $r_\mathrm{ea}^{(\nu)}$ ($\nu = +1, 0, -1$) der sphärischen Komponenten (2.203) von $\hat{\boldsymbol{r}}$ mit Hilfe der Formel (A.6) für das Integral über drei Kugelflächenfunktionen auf ein Integral über die radialen Wellenfunktionen zurückführen:

$$\begin{aligned} r_\mathrm{ea}^{(\nu)} &= \langle \Phi_\mathrm{e}|\hat{r}^{(\nu)}|\Phi_\mathrm{a}\rangle \\ &= \int_0^\infty \phi_{l_\mathrm{e}}{}^*(r)\, r\, \phi_{l_\mathrm{a}}(r)\, dr \sqrt{\frac{4\pi}{3}} \int d\Omega\, Y^*_{l_\mathrm{e},m_\mathrm{e}}(\Omega) Y_{1,\nu}(\Omega) Y_{l_\mathrm{a},m_\mathrm{a}}(\Omega) \\ &= \int_0^\infty \phi_{l_\mathrm{e}}{}^*(r)\, r\, \phi_{l_\mathrm{a}}(r)\, dr\, F(l_\mathrm{e},l_\mathrm{a}) \langle l_\mathrm{e}, m_\mathrm{e}|1,\nu,l_\mathrm{a},m_\mathrm{a}\rangle \quad . \end{aligned} \tag{2.205}$$

Dabei ist $\langle l_\mathrm{e}, m_\mathrm{e}|1,\nu,l_\mathrm{a},m_\mathrm{a}\rangle$ der in Abschn. 1.6.1 definierte Clebsch-Gordan-Koeffizient für die Kopplung des Anfangsdrehimpulses $l_\mathrm{a}, m_\mathrm{a}$ mit dem Drehimpuls $1,\nu$ der sphärischen Komponente des Vektoroperators $\hat{\boldsymbol{r}}$ zu dem Enddrehimpuls $l_\mathrm{e}, m_\mathrm{e}$.

Die Drehimpulsquantenzahlen l_e, 1 und l_a müssen eine Dreiecksbeziehung der Form (1.252) erfüllen, was bedeutet, daß l_e und l_a sich höchstens um 1 unterscheiden können. Aus der Parität (1.71) der Kugelflächenfunktionen folgt außerdem, daß die Summe von l_e, 1 und l_a gerade sein muß, da sonst die Parität des Integranden im Integral über Ω in (2.205) negativ und das Integral selbst null wäre. Zusammen mit der Bedingung $m_\mathrm{a}+\nu = m_\mathrm{e}$ (vgl. (1.251)) erhalten wir so die *Auswahlregeln für den Einteilchenbahndrehimpuls bei Dipolübergängen*:

$$\Delta l = l_\mathrm{e} - l_\mathrm{a} = \pm 1\ , \quad \Delta m = m_\mathrm{e} - m_\mathrm{a} = 0, \pm 1 \quad . \tag{2.206}$$

Übergänge, welche die Auswahlregeln nicht erfüllen, sind (in der Dipolnäherung) *verboten*. Der Faktor $F(l_\mathrm{e},l_\mathrm{a})$ hat die konkreten Werte

$$F(l_\mathrm{e},l_\mathrm{a}) = \begin{cases} \sqrt{l_\mathrm{e}/(2l_\mathrm{e}+1)} & \text{für } l_\mathrm{e} = l_\mathrm{a}+1\ , \\ -\sqrt{l_\mathrm{a}/(2l_\mathrm{e}+1)} & \text{für } l_\mathrm{e} = l_\mathrm{a}-1\ . \end{cases} \tag{2.207}$$

Wenn wir die Ein-Elektron-Wellenfuktionen mit Spin betrachten, und von atomaren Eigenfunktionen der Form (1.275) ausgehen, so tritt an die Stelle der Formel

(2.205) eine Gleichung der Form

$$r_{\rm ea}^{(\nu)} = \langle \Phi_{\rm e}|\hat{r}^{(\nu)}|\Phi_{\rm a}\rangle = \langle j_{\rm e}\|\hat{\boldsymbol{r}}\|j_{\rm a}\rangle\langle j_{\rm e},m_{\rm e}|1,\nu,j_{\rm a},m_{\rm a}\rangle \quad , \tag{2.208}$$

wobei die m-Quantenzahlen nun die Eigenwerte der z-Komponente des Gesamtdrehimpulses $\hat{\boldsymbol{J}} = \hat{\boldsymbol{L}} + \hat{\boldsymbol{S}}$ charakterisieren. Die Größe $\langle j_{\rm e}\|\hat{\boldsymbol{r}}\|j_{\rm a}\rangle$ in (2.208) heißt *reduziertes Matrixelement* des Vektoroperators $\hat{\boldsymbol{r}}$ und hängt nicht mehr von den m-Quantenzahlen der atomaren Zustände oder dem Komponentenindex ν des Operators ab. Gleichung (2.208) ist, wie schon (2.205), eine Illustration des *Wigner-Eckart-Theorems*. Dieses wichtige Theorem gilt allgemein für Matrixelemente der (sphärischen) Komponenten eines Vektor- oder Tensoroperators in Drehimpulseigenzuständen und besagt, daß ihre Abhängigkeit von den m-Quantenzahlen und von dem Komponentenindex des Operators allein durch die entsprechenden Clebsch-Gordan-Koeffizienten gegeben ist. Die richtigen Clebsch-Gordan-Koeffizienten sind die, in denen der Drehimpuls des Anfangszustands (hier $j_{\rm a}, m_{\rm a}$) mit der Ordnung und dem Komponentenindex des Operators (hier $1,\nu$) zum Drehimpuls des Endzustands (hier $j_{\rm e}, m_{\rm e}$) gekoppelt werden. Aus den Bedingungen (1.251), (1.252) für nicht verschwindende Clebsch-Gordan-Koeffizienten erhält man die Auswahlregeln für die Quantenzahlen des Gesamtdrehimpulses:

$$\Delta j = j_{\rm e} - j_{\rm a} = 0, \pm 1 \ , \quad \Delta m = m_{\rm e} - m_{\rm a} = 0, \pm 1 \quad . \tag{2.209}$$

Mit Hilfe des Wigner-Eckart-Theorems kann man auch Auswahlregeln für Drehimpulsquantenzahlen in Mehrelektronen-Atomen herleiten, ohne die genaue Struktur der atomaren Wellenfunktionen zu kennen. Für den Gesamtdrehimpuls (2.79) mit den Quantenzahlen J, M gilt offensichtlich

$$\Delta J = J_{\rm e} - J_{\rm a} = 0, \pm 1 \ , \quad \Delta M = M_{\rm e} - M_{\rm a} = 0, \pm 1 \quad . \tag{2.210}$$

Wenn die atomaren Wellenfunktionen in Spin-Bahn-Kopplung gut beschrieben werden, so daß der Gesamtbahndrehimpuls und der Gesamtspin (2.78) "gute Quantenzahlen" sind, so sind die Auswahlregeln für die Bahndrehimpulsquantenzahlen L, M_L

$$\Delta L = L_{\rm e} - L_{\rm a} = 0, \pm 1 \ , \quad \Delta M_L = M_{L_{\rm e}} - M_{L_{\rm a}} = 0, \pm 1 \quad . \tag{2.211}$$

Da der Wechselwirkungsoperator (2.175) gar nicht auf den Spinanteil der Wellenfunktionen wirkt, gilt für die Gesamtspinquantenzahlen S, M_S

$$\Delta S = 0 \ , \quad \Delta M_S = 0 \quad . \tag{2.212}$$

Ähnlich wie im Ein-Elektron-Atom muß die Parität von Anfangs- und Endzustand verschieden sein, damit das Matrixelement des Dipoloperators nicht verschwindet. Im Mehrelektronen-Atom ist aber die Parität nicht einfach durch die Gesamtbahndrehimpulsquantenzahl gegeben, so daß $\Delta L = 0$ Übergänge nicht allgemein verboten sind.

Da der Anfangs- und der Enddrehimpuls zusammen mit der Ordnung 1 des Vektoroperators $\hat{\boldsymbol{r}}$ immer eine Dreiecksbeziehung der Form (1.252) erfüllen müssen, sind über die oben angegebenen Auswahlregeln (2.210), (2.211) hinaus alle Übergänge verboten, bei denen sowohl der Anfangsdrehimpuls (ob J_a oder L_a) und der zugehörige Enddrehimpuls null sind.

Übergänge, die in Dipolnäherung verboten sind, können für elektromagnetische Prozesse in höherer Ordnung erlaubt sein. Wenn man z. B. über die Dipolnäherung (2.174) hinausgeht und in der Entwicklung der Exponentialfunktion den nächsten Term $\mathrm{i}\boldsymbol{k}_\lambda \cdot \boldsymbol{r}_i$ mitnimmt, so erhält man die Wahrscheinlichkeiten für *elektrische Quadrupolübergänge* sowie für *magnetische Dipolübergänge*. Diese sind im allgemeinen sehr klein, weil der Betrag von $\boldsymbol{k}_\lambda \cdot \boldsymbol{r}_i$ für typische Wellenzahlen k_λ und für Ortsvektoren $\boldsymbol{r}_i$, die der räumlichen Ausdehnung eines Atoms entsprechen, klein sind. Um die Wahrscheinlichkeiten für Übergänge, in denen gleichzeitig zwei oder mehr Photonen emittiert oder absorbiert werden, zu erhalten, muß man über die erste Ordnung der störungstheoretischen Beschreibung hinausgehen (siehe auch Abschn. 5.1 in Kap. 5).

2.4.6 Oszillatorstärken, Summenregeln

Um die elektrischen Dipolübergänge zwischen den Atomaren Zuständen Φ_a und Φ_e zu charakterisieren, ist es üblich, die dimensionslosen *Oszillatorstärken* einzuführen. Dies sind Betragsquadrate von entsprechend normierten Matrixelementen der Komponenten des Vektoroperators $\hat{\boldsymbol{r}}$. In einer kartesischen Basis ist z. B. die Oszillatorstärke $f_{ea}^{(x)}$ definiert durch

$$f_{ea}^{(x)} = \frac{2\mu}{\hbar^2}\,\hbar\omega \left|\langle\Phi_e|\sum_{i=1}^{N} x_i|\Phi_a\rangle\right|^2 \quad , \tag{2.213}$$

wobei $\hbar\omega = \epsilon_e - \epsilon_a$. Über die drei Komponenten summiert erhalten wir:

$$f_{ea} = f_{ea}^{(x)} + f_{ea}^{(y)} + f_{ea}^{(z)} = \frac{2\mu}{\hbar}\,\omega\,|\langle\Phi_e|\hat{\boldsymbol{r}}|\Phi_a\rangle|^2 \quad . \tag{2.214}$$

Der Beitrag des Übergangs von Φ_a nach Φ_e zum Wirkungsquerschnitt $\sigma_{abs}(E)$ für die Absorption aus einem Strahl von in x-Richtung polarisierten Photonen, $\boldsymbol{\pi}_\lambda = \hat{\boldsymbol{e}}_x$, ist z. B. (vgl. (2.197))

$$\sigma_{abs}(E) = 4\pi^2 \frac{e^2}{\hbar c}\frac{\hbar^2}{2\mu}\, f_{ea}^{(x)}\,\delta(\epsilon_e - \epsilon_a - E) \quad . \tag{2.215}$$

Betrachten wir einen gegebenen (normierten) Anfangszustand Φ_a und einen vollständigen Satz von (gebundenen) Endzuständen Φ_n, so folgt aus der Vertauschungsrelation (1.33) von Ort und Impuls:

$$\begin{aligned}\frac{\hbar}{\mathrm{i}} N &= \langle\Phi_a|\sum_{i=1}^{N}(\hat{p}_{x_i}x_i - x_i\hat{p}_{x_i})|\Phi_a\rangle \\ &= \sum_n \langle\Phi_a|\sum_{i=1}^{N}\hat{p}_{x_i}|\Phi_n\rangle\langle\Phi_n|\sum_{i=1}^{N}x_i|\Phi_a\rangle\end{aligned}$$

$$
\begin{aligned}
&-\sum_n \langle\Phi_a|\sum_{i=1}^N x_i|\Phi_n\rangle\langle\Phi_n|\sum_{i=1}^N \hat{p}_{x_i}|\Phi_a\rangle \\
&=\mu\frac{i}{\hbar}\sum_n 2(\epsilon_a-\epsilon_n)\langle\Phi_a|\sum_{i=1}^N x_i|\Phi_n\rangle\langle\Phi_n|\sum_{i=1}^N x_i|\Phi_a\rangle \\
&=\frac{2\mu}{i\hbar}\sum_n \hbar\omega_n|\langle\Phi_n|\sum_{i=1}^N x_i|\Phi_a\rangle|^2 \quad ,
\end{aligned}
\tag{2.216}
$$

wobei in der vorletzten Zeile die Impulskomponenten $\hat{p}_{x_i}$ nach (2.182) durch die Kommutatoren $[\hat{H}_0, x_i]$ ersetzt wurden, und ausgenutzt wurde, daß die Φ_n Eigenfunktionen von $\hat{H}_0$ zu den Eigenwerten ϵ_n sind. Mit der Definition (2.213) erhalten wir eine *Summenregel* für die Oszillatorstärken $f_{na}^{(x)}$:

$$
\sum_n f_{na}^{(x)} = N \quad . \tag{2.217}
$$

Entsprechende Summenregeln gelten natürlich auch für die y- und die z-Komponenten, und so erhalten wir für die durch (2.214) definierten Oszillatorstärken die *Thomas-Reiche-Kuhn-Summenregel*:

$$
\sum_n f_{na} = \sum_n \left(f_{na}^{(x)} + f_{na}^{(y)} + f_{na}^{(z)}\right) = 3N \quad . \tag{2.218}
$$

Für die Anwendung auf atomare Systeme, müssen die obigen Überlegungen noch ergänzt werden, weil der vollständige Satz von Endzuständen auch Kontinuumszustände enthält. Für Endzustände Φ_E im Kontinuum werden die Definitionen (2.213), (2.214) der Oszillatorstärken modifiziert,

$$
\begin{aligned}
&\frac{d{f_{Ea}}^{(x)}}{dE} = \frac{2\mu}{\hbar^2}\,\hbar\omega\,|\langle\Phi_E|\sum_{i=1}^N x_i|\Phi_a\rangle|^2 \ , \ \text{etc.} \ , \\
&\frac{df_{Ea}}{dE} = \frac{d{f_{Ea}}^{(x)}}{dE} + \frac{d{f_{Ea}}^{(y)}}{dE} + \frac{d{f_{Ea}}^{(z)}}{dE} \quad .
\end{aligned}
\tag{2.219}
$$

Wenn die Endzustände Φ_E in der Energie normiert sind, haben die Funktionen $df_{aE}^{(x)}/dE$ und df_{aE}/dE die Dimension einer inversen Energie. Der Photoionisationsquerschnitt (2.199) ist für in x-Richtung polarisierte einfallende Photonen

$$
\sigma_{ph}(E) = 4\pi^2\frac{e^2}{\hbar c}\frac{\hbar^2}{2\mu}\frac{d{f_{Ea}}^{(x)}}{dE} \quad . \tag{2.220}
$$

Schließlich werden auch die Summenregeln (2.217), (2.218) ergänzt

$$
\begin{aligned}
&\sum_n f_{na}^{(x)} + \int_0^\infty \frac{d{f_{Ea}}^{(x)}}{dE}\,dE = N \ , \quad \text{etc.} \ , \\
&\sum_n f_{na} + \int_0^\infty \frac{df_{Ea}}{dE}\,dE = 3N \quad ,
\end{aligned}
\tag{2.221}
$$

wobei hier angenommen wurde, daß die Ionisationsgrenze bei $E = 0$ liegt.

Die Summenregeln für die Oszillatorstärken sind ein wervolles Hilfsmittel, um abzuschätzen, wie wichtig im konkreten Fall einzelne Übergänge sind. Bei einer numerischen Berechnung von Übergangswahrscheinlichkeiten zu einem endlichen Satz von Endzuständen kann die Angabe, zu welchem Anteil die mitgenommenen Zustände die Summenregel ausschöpfen, einen Hinweis auf die Zuverlässigkeit der Rechnung bzw. auf die Wichtigkeit von vernachlässigten Beiträgen liefern. Die Anzahl N muß dabei nicht immer die Gesamtzahl von Elektronen sein. So wird man bei Photoabsorption durch das Lithiumatom mit einem äußeren Elektron bei niedrigen Photonenenergien $N = 1$ annehmen können. Wenn die Energie so groß ist, daß auch Elektronen aus der unteren abgeschlossen $1s$-Schale angeregt werden, dann müssen diese Elektronen bei der Formulierung der Summenregel mitgezählt werden.

Aufgaben

2.1 $\boldsymbol{A}$ und $\boldsymbol{B}$ sind zwei Vektoren, und $\hat{\boldsymbol{\sigma}}$ ist der Vektor der Paulischen Spinmatrizen (1.261). Beweisen Sie die Identität

$$(\hat{\boldsymbol{\sigma}}\cdot\boldsymbol{A})(\hat{\boldsymbol{\sigma}}\cdot\boldsymbol{B}) = \boldsymbol{A}\cdot\boldsymbol{B} + \mathrm{i}\hat{\boldsymbol{\sigma}}\cdot(\boldsymbol{A}\times\boldsymbol{B}) \quad .$$

Zeigen Sie, daß das Skalarprodukt von $\hat{\boldsymbol{\sigma}}$ mit dem Impulsoperator $\hat{\boldsymbol{p}}$ durch den Drehimpuls $\hat{\boldsymbol{L}}$ und den Ortsvektor $\boldsymbol{r}$ wie folgt ausgedrückt werden kann:

$$\hat{\boldsymbol{\sigma}}\cdot\hat{\boldsymbol{p}} = \frac{1}{r^2}(\hat{\boldsymbol{\sigma}}\cdot\boldsymbol{r})\left(\frac{\hbar}{\mathrm{i}}r\frac{\partial}{\partial r} + \mathrm{i}\hat{\boldsymbol{\sigma}}\cdot\hat{\boldsymbol{L}}\right) \quad .$$

2.2 Berechnen Sie in erster Ordnung Störungstheorie die Energieverschiebungen, die von der Spin-Bahn-Kopplung $\hat{H}_{LS}$, dem Darwin-Term $\hat{H}_{\mathrm{D}}$ und der relativistischen Korrektur $\hat{H}_{\mathrm{ke}}$ zur kinetischen Energie an den Eigenzuständen des Wasserstoffatoms mit Hauptquantenzahlen bis $n = 2$ hervorgerufen werden.

$$\hat{H}_{LS} = -\frac{Ze^2}{2m_0^2c^2}\frac{1}{r^3}\hat{\boldsymbol{L}}\cdot\hat{\boldsymbol{S}} \ , \quad \hat{H}_{\mathrm{D}} = \frac{\pi\hbar^2 Ze^2}{2m_0^2c^2}\delta(\boldsymbol{r}) \ , \quad \hat{H}_{\mathrm{ke}} = \frac{\hat{\boldsymbol{p}}^2\hat{\boldsymbol{p}}^2}{8m_0^3c^2} \quad .$$

2.3 a) Im Heliumatom bzw. in einem Helium-ähnlichen Ion mögen beide Elektronen dieselbe Ortswellenfunktion

$$\psi(\boldsymbol{r}) = \frac{1}{\sqrt{\pi}}\beta^{-3/2}\mathrm{e}^{-r/\beta}$$

haben. Für welchen Wert von β ist der Erwartungswert des Zweiteilchen-Hamiltonoperators

$$\hat{H} = \sum_{i=1,2}\left(\frac{\hat{\boldsymbol{p}}_i^2}{2\mu} - \frac{Ze^2}{r_i}\right) + \frac{e^2}{|\boldsymbol{r}_1 - \boldsymbol{r}_2|}$$

minimal? Wie hängen β und die minimale Energie von der Kernladungszahl Z ab?

Hinweis:

$$\frac{1}{|\boldsymbol{a}-\boldsymbol{b}|} = \sum_{l=0}^{\infty} \frac{|\boldsymbol{a}|^l}{|\boldsymbol{b}|^{l+1}} P_l(\cos\theta) \quad \text{für } |\boldsymbol{a}| < |\boldsymbol{b}| \quad ,$$

wobei θ der Winkel zwischen $\boldsymbol{a}$ und $\boldsymbol{b}$ ist, und P_l die Legendre-Polynome (Anhang A.1) sind.

b) Berechnen Sie die Erwartungswerte von $\hat{H}$ in den zu ${}^1P$ und ${}^3P$ gekoppelten Zuständen des Heliumatoms, die aus der Konfiguration $1s\,2p$ konstruiert werden. Nehmen Sie für die Einteilchenwellenfunktionen wasserstoffartige Funktionen mit dem Parameter β aus Aufgabe 2.3 a).

2.4 Betrachten Sie ein „Gas" aus nicht wechselwirkenden Fermionen in einem endlichen Würfel der Kantenlänge L:

$$V = \begin{cases} 0 & \text{innerhalb des Würfels} \\ +\infty & \text{außerhalb des Würfels} \end{cases}$$

a) Bestimmen Sie die Eigenfunktionen und Eigenwerte des Einteilchen-Hamiltonoperators

$$\hat{H} = \frac{\hat{\boldsymbol{p}}^2}{2\mu} + V \quad .$$

b) Jede Einteilchenfunktion mit einer Energie nicht größer als $E_{\mathrm{F}} = \hbar^2 k_{\mathrm{F}}^2/(2\mu)$ möge mit zwei Fermionen (Spin auf, Spin ab) besetzt sein. Wie hängt, bei großen Energien E_{F}, die Anzahl N der Fermionen mit der Energie E_{F} zusammen?

2.5 Berechnen Sie Eigenfunktionen und Eigenwerte des Hamiltonoperators für ein Teilchen der Masse μ in einem eindimensionalen Kasten der Länge L:

$$V(x) = \begin{cases} 0 & \text{für } 0 \le x \le L \\ +\infty & \text{für } x < 0 \text{ oder } x > L \end{cases}$$

Zeigen Sie, daß für große Energien E die Anzahl der Eigenzustände pro Energieeinheit durch die Formel (2.140) gegeben ist.

2.6 $\psi_n(x)$ seien die Eigenfunktionen des Hamiltonoperators für den eindimensionalen harmonischen Oszillator:

$$\hat{H} = \frac{\hat{p}^2}{2} + \frac{1}{2}\omega^2 x^2 \, , \quad \hat{H}\psi_n = \left(n + \frac{1}{2}\right)\hbar\omega \quad .$$

Zeigen Sie, daß die Operatoren

$$\hat{b}^\dagger = (2\hbar\omega)^{-1/2}(\omega x - \mathrm{i}\hat{p}) \text{ und } \hat{b} = (2\hbar\omega)^{-1/2}(\omega x + \mathrm{i}\hat{p})$$

als Erzeugungs- und Vernichtungsoperatoren von Oszillatorquanten wirken, und daß bei geeigneter Phasenkonvention für die Eigenzustände ψ_n gilt:

$$\hat{b}^\dagger\psi_n = \sqrt{n+1}\,\psi_{n+1} \, , \quad \hat{b}\psi_n = \sqrt{n}\,\psi_{n-1} \quad .$$

Hinweis: Berechnen Sie zunächst die Kommutatoren von $\hat{b}^\dagger$ und $\hat{b}$ mit $\hat{H}$ und erinnern Sie sich an (1.12).

2.7 Berechnen Sie für den $2p$ Zustand im Wasserstoffatom die Lebensdauer gegenüber elektromagnetischem Zerfall.

2.8 Wie ändert sich die Beziehung (2.182),

$$\hat{\boldsymbol{p}}_i = \mu \frac{\mathrm{i}}{\hbar} [\hat{H}_0, \boldsymbol{r}_i] \quad ,$$

wenn $\hat{H}_0$ neben der üblichen kinetischen Energie noch den Massenpolarisierungsterm (Abschn. 2.2.1) enthält?

$$\hat{H}_0 = \sum_{i=1} \frac{\hat{\boldsymbol{p}}_i^2}{2\mu} + \frac{1}{m_K} \sum_{i<j} \hat{\boldsymbol{p}}_i \cdot \hat{\boldsymbol{p}}_j \quad + \quad \text{Terme, die mit } \boldsymbol{r}_i \text{ kommutieren.}$$

Referenzen

[BD64] J.D. Bjorken und S.D. Drell, *Relativistic Quantum Mechanics*, McGraw-Hill, New York, 1964.

[BJ83] B.H. Bransden und C.J. Joachain, *Physics of Atoms and Molecules*, Longman, London, New York, 1983.

[BS75] S. Bashkin und J.O. Stoner, Jr., *Atomic Energy Levels and Grotrian Diagrams — vol. I. Hydrogen I – Phosphorus XV*, North Holland Publ. Co., Amsterdam, 1975.

[BS77] H.A. Bethe und E. Salpeter, *Quantum Mechanics of One- and Two- Electron Atoms*, Plenum Publishing Co., New York, 1977.

[BS78] S. Bashkin und J.O. Stoner, Jr., *Atomic Energy Levels and Grotrian Diagrams — vol. II. Sulphur I – Titanium XXII*, North Holland Publ. Co., Amsterdam, 1978.

[BS81] S. Bashkin und J.O. Stoner, Jr., *Atomic Energy Levels and Grotrian Diagrams — vol. III. Vanadium I – Chromium XV*, North Holland Publ. Co., Amsterdam, 1981.

[BS82] S. Bashkin und J.O. Stoner, Jr., *Atomic Energy Levels and Grotrian Diagrams — vol. IV. Manganese I – XXV*, North Holland Publ. Co., Amsterdam, 1982.

[CO80] E.U. Condon und H. Odabasi, *Atomic Structure*, Cambridge University Press, Cambridge (U.K.), 1980.

[CT86] E.R. Cohen und B.N. Taylor, CODATA Bulletin 63, November 1986 (siehe auch: Phys. Bl. **43** (1987) S. 398-399).

[DP85] R.M. Dreizler und J. da Providência (eds.), *Density Functional Methods in Physics*, Plenum Press, New York, London 1985.

[Dra88] G.W. Drake, Nucl. Instrum. Methods B **31** (1988) 7.

[Eng88] B.-G. Englert, *Semiclassical Theory of Atoms*, Lecture Notes in Physics Bd. 300, eds. H. Araki et al., Springer-Verlag, Berlin, Heidelberg, 1988.

[Fan83] U. Fano, Rep. Prog. Phys. **46** (1983) 97.

[FR86] U. Fano und A.R.P. Rau, *Atomic Collisions and Spectra*, Academic Press, New York, 1986.

[Fro77] C. Froese Fischer, *The Hartree-Fock Method for Atoms*, John Wiley and Sons, New York, 1977

[Fro87] C. Froese Fischer, Comput. Phys. Commun. 43 (1987) 355

[HK64] P. Hohenberg und W. Kohn, Phys. Rev. **136** (1964) B864.

[Jac75] J.D. Jackson, Classical Electrodynamics, 2nd ed., John Wiley and Sons, New York, 1975.

[KH86] A. Kono und S. Hattori, Phys. Rev. A **34** (1986) 1727.

[KS65] W. Kohn und L.J. Sham, Phys. Rev. 140 (1965) A1133.

[LM85] I. Lindgren und J. Morrison, *Atomic Many-Body Theory*, 2nd. ed., Springer-Verlag, Berlin, Heidelberg, 1985.

[Pek58] C.L. Pekeris, Phys. Rev 112 (1958) 1649.

[Sch77] H.F. Schaefer, ed. *Methods of Electronic Structure Theory*, Addison-Wesley, London, 1977.

[SK88] J. Styszyński und J. Karwowski, J. Phys. B 21 (1988) 2389.

3. Atomare Spektren

Um die Lage und die Eigenschaften atomarer Niveaus theoretisch präzise zu beschreiben, muß man im Prinzip das in den Abschnitten 2.2 und 2.3 besprochene N-Elektronenproblem lösen. Dies ist natürlich nicht allgemein möglich, aber mit approximativen und numerischen Methoden ist es im Laufe vieler Jahre gelungen, wichtige Eigenschaften atomarer Spektren, vor allem im Bereich tiefliegender Zustände, qualitativ und in einfachen Fällen quantitativ zu verstehen [LM85, CO80]. Die Beschreibung der Struktur eines Atoms oder Ions wird allerdings sehr kompliziert, wenn mehrere Elektronen hoch angeregt sind [Fan83, FR86]. Tatsächlich ist das Mehrelektronenproblem im Bereich hochangeregter Zustände auch heute noch weitgehend ungelöst.

Demgegenüber lassen sich die Strukturen atomarer Spektren und Wellenfunktionen relativ einfach systematisch verstehen, wenn sich höchstens ein Elektron in einem hoch angeregten Zustand befindet, während die übrigen Elektronen durch eng gebundene Wellenfunktionen nahe am Kernort beschrieben werden. Dieser Fall läßt sich nämlich asymptotisch auf ein Ein-Elektron-Problem zurückführen, wobei das Potential asymptotisch (für neutrale Atome oder positive Ionen) durch das langreichweitige Coulombpotential gegeben ist. Dieses Kapitel beschäftigt sich mit der Beschreibung von atomaren Spektren, sofern sie im obigen Sinne auf der Grundlage eines erweiterten Ein-Elektron-Bildes verstanden werden können.

3.1 Ein Elektron im modifizierten Coulombpotential

3.1.1 Rydbergserien, Quantendefekte

Für ein Elektron mit Bahndrehimpulsquantenzahl l in einem reinen Coulombpotential,

$$V_{\mathrm{C}}(r) = I - \frac{Ze^2}{r} + \frac{l(l+1)\hbar^2}{2\mu r^2} \quad , \tag{3.1}$$

haben die Lösungen der radialen Schrödingergleichung (1.74) die Energieeigenwerte (vgl. (1.133), (2.8))

$$E_n = I - \frac{\mathcal{R}}{n^2} \, , \quad n = l+1, \; l+2, \ldots \quad , \tag{3.2}$$

wobei $\mathcal{R}$ die Rydbergkonstante ist; I ist die Kontinuumsschwelle. Wenn das Potential $V(r)$ nur bei kurzen Abständen von der reinen Coulomb-Form (3.1) abweicht,

$$V(r) = V_C(r) + V_{kr}(r) \ , \quad \lim_{r\to\infty} r^2 V_{kr}(r) = 0 \quad , \tag{3.3}$$

dann lassen sich die Energieeigenwerte nach wie vor in der Form (3.2) schreiben, wenn wir die Quantenzahl n durch eine *effektive Quantenzahl*

$$n^* = n - \mu_n \tag{3.4}$$

ersetzen:

$$E_n = I - \frac{\mathcal{R}}{(n^*)^2} = I - \frac{\mathcal{R}}{(n-\mu_n)^2} \quad . \tag{3.5}$$

Die Korrekturen μ_n heißen *Quantendefekte*, und die Energien (3.5) bilden eine *Rydbergserie.*

Der praktische Nutzen der *Rydberg-Formel* (3.5) ergibt sich daraus, daß die Quantendefekte μ_n für genügend große Quantenzahlen n nur schwach von n abhängen und insbesondere im Grenzfall $n \to \infty$ gegen einen endlichen Grenzwert konvergieren. Daß dies so ist, versteht man am einfachsten im Rahmen der halbklassischen Näherung, die in Abschn. 1.5.3 beschrieben wurde.

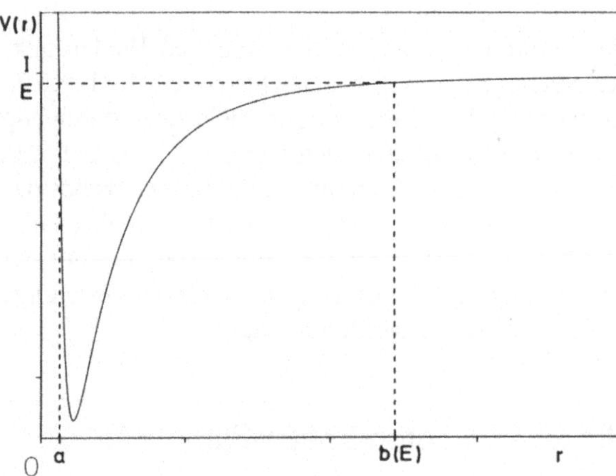

Abb. 3.1. Radiales modifiziertes Coulombpotential (3.3) (einschließlich des Zentrifugalpotentials) mit innerem Umkehrpunkt a und äußerem Umkehrpunkt b, der in der Nähe der Kontiniuumsschwelle nach (3.7) von der Energie abhängt.

Bei einer Energie $E < I$ ist das für die Quantisierungsvorschrift (1.236) maßgebliche Wirkungsintegral im reinen Coulomb-Fall

$$S_C(E) = 2\int_a^b \sqrt{2\mu(E - V_C(r))}\,dr \quad . \tag{3.6}$$

Der innere Umkehrpunkt a ist für $l = 0$ der Ursprung, $a = 0$; ansonsten hängt a nur schwach von der Energie ab (siehe Abb. 3.1). Der äußere Umkehrpunkt b wandert für, $E \to I$ zu immer größeren Abständen:

$$b(E) = \frac{Ze^2}{I - E} \quad . \tag{3.7}$$

Für $l = 0$ erhält man

$$S_C(E) = 2\int_0^b \sqrt{2\mu\left(E - I + \frac{Ze^2}{r}\right)}\,dr = 2\sqrt{2\mu Ze^2}\int_0^b \sqrt{\frac{1}{r} - \frac{1}{b}}\,dr$$
$$= 2\pi\sqrt{\frac{b(E)\mu Ze^2}{2}} \quad , \tag{3.8}$$

bzw. mit (3.7)

$$E = I - \frac{\mu Z^2 e^4}{2}\left(\frac{2\pi}{S_C(E)}\right)^2 \quad . \tag{3.9}$$

Die Bohr-Sommerfeldsche Quantisierungsbedingung (1.236), $S_C(E) = 2\pi\hbar(n+\alpha)$, gibt mit der richtigen Konstanten α, die für $l = 0$ im reinen Coulomb-Fall offenbar null sein muß, die Energieformel (3.2) mit der korrekten Rydbergenergie $\mathcal{R} = \mu Z^2 e^4/(2\hbar^2)$. Für $l > 0$ ist der innere Umkehrpunkt nicht mehr bei $r = 0$, und das Integral in (3.6) läßt sich nicht mehr so einfach geschlossen ausrechnen. In der Nähe der Schwelle $E \to I$ ist aber die Energieabhängigkeit des Wirkungsintegrals durch das langreichweitige $1/r$-Potential und die Energieabhängigkeit (3.7) des äußeren Umkehrpunkts gegeben. Genügend nahe an der Schwelle wird das Wirkungsintegral $S_C(E)$ sich also nur durch eine energieunabhängige Konstante von dem Ausdruck in (3.8) unterscheiden, so daß man mit der „richtigen" Konstanten in der Bohr-Sommerfeldschen Quantisierungsbedingung wieder die korrekte Formel (3.2) bekommen kann.

Der Einfluß eines zusätzlichen kurzreichweitigen Potentials besteht in der Nähe der Schwelle im wesentlichen darin, daß die Wirkung S_C durch die volle Wirkung

$$S(E) = 2\int_a^b \sqrt{2\mu(E - V(r))}\,dr \tag{3.10}$$

ersetzt wird. Dieses bedeutet einen zusätzlichen Beitrag $S_{kr}(E)$, der gegeben ist durch

$$S_{kr}(E) = S(E) - S_C(E) = 2\int_a^b \sqrt{2\mu(E - V(r))}\,dr$$
$$- 2\int_a^b \sqrt{2\mu(E - V_C(r))}\,dr \quad . \tag{3.11}$$

Dabei kann der innere Umkehrpunkt a in den beiden Integralen mit und ohne kurzreichweitiges Zusatzpotential geringfügig verschieden sein; der äußere Umkehrpunkt b ist in der Nähe der Schwelle in jedem Fall durch das langreichweitige Coulombpotential bestimmt (3.7). Anstelle von (3.2) erhalten wir nun die Rydberg-Formel (3.5), und die dabei auftretenden Quantendefekte sind, im Rahmen der halbklassischen Näherung, gegeben durch

$$\mu_n^{hk} = \frac{1}{2\pi\hbar} S_{kr}(E_n) \quad . \tag{3.12}$$

Im Grenzfall $E \to I$, $b \to \infty$ heben sich die divergierenden Beiträge zu den beiden Integralen in (3.11) auf, und die Differenz konvergiert gegen einen endlichen Wert.[1]

[1] Diese Überlegungen gelten noch, wenn das „kurzreichweitige Potential" etwas schwächer abfällt, als die Bedingung in (3.3) fordert, z.B. für $\lim_{r\to\infty} r^2 V_{kr} = \text{const.} \neq 0$. Ein solches Potential wäre allerdings asymptotisch proportional zum Zentrifugalpotential und entspräche einer Umdefinition der Drehimpulsquantenzahl.

Tabelle 3.1. Anregungsenergien E (in cm^{-1}), effektive Quantenzahlen n^* und zugehörige Quantendefekte $\mu_n = n - n^*$ für Ein-Elektron-Anregungen im Kaliumatom (aus [Ris56]).

Term	E	n^*	μ_n	Term	E	n^*	μ_n
$4s\,^2S_{1/2}$	0.00	1.77043	2.22957	$4p\,^2P_{1/2}$	12985.17	2.23213	1.76787
$5s\,^2S_{1/2}$	21026.58	2.80137	2.19863	$^2P_{3/2}$	13042.88	2.23506	1.76494
$6s\,^2S_{1/2}$	27450.69	3.81013	2.18987	$5p\,^2P_{1/2}$	24701.43	3.26272	1.73728
$7s\,^2S_{1/2}$	30274.28	4.81384	2.18616	$^2P_{3/2}$	24720.17	3.26569	1.73431
$8s\,^2S_{1/2}$	31765.37	5.81577	2.18423	$6p\,^2P_{1/2}$	28999.27	4.27286	1.72714
$9s\,^2S_{1/2}$	32648.35	6.81691	2.18309	$^2P_{3/2}$	29007.71	4.27587	1.72413
$10s\,^2S_{1/2}$	33214.22	7.81763	2.18237	$7p\,^2P_{1/2}$	31069.90	5.27756	1.72244
$11s\,^2S_{1/2}$	33598.54	8.81810	2.18190	$^2P_{3/2}$	31074.40	5.28058	1.71942
$12s\,^2S_{1/2}$	33817.46	9.81847	2.18153	$8p\,^2P_{1/2}$	32227.44	6.28015	1.71985
$13s\,^2S_{1/2}$	34072.22	10.8187	2.1813	$^2P_{3/2}$	32230.11	6.28316	1.71684
				$9p\,^2P_{1/2}$	32940.21	7.28174	1.71826
				$^2P_{3/2}$	32941.94	7.28478	1.71522
$3d\,^2D_{5/2}$	21534.70	2.85370	0.14630	$10p\,^2P_{1/2}$	33410.23	8.28279	1.71721
$^2D_{3/2}$	21537.00	2.85395	0.14605	$^2P_{3/2}$	33411.39	8.28579	1.71421
$4d\,^2D_{5/2}$	27397.10	3.79669	0.20331				
$^2D_{3/2}$	27398.14	3.79695	0.20305	$4f\,^2F$	28127.85	3.99318	0.00682
$5d\,^2D_{5/2}$	30185.24	4.76921	0.23079				
$^2D_{3/2}$	30185.74	4.76946	0.23054	$5f\,^2F$	30606.73	4.99227	0.00773
$6d\,^2D_{5/2}$	31695.89	5.75448	0.24552				
$^2D_{3/2}$	31696.15	5.75470	0.24530	$6f\,^2F$	31953.17	5.99177	0.00823
$7d\,^2D_{5/2}$	32598.30	6.74580	0.25420				
$^2D_{3/2}$	32598.43	6.74598	0.25402	$7f\,^2F$	32764.80	6.99148	0.00852
$8d\,^2D_{5/2}$	33178.12	7.74021	0.25979				
$^2D_{3/2}$	33178.23	7.74045	0.25955	$8f\,^2F$	33291.40	7.99127	0.00873
$9d\,^2D_{5/2}$	33572.06	8.73652	0.26348				
$^2D_{3/2}$	33572.11	8.73667	0.26333	$9f\,^2F$	33652.32	8.99109	0.00891
$10d\,^2D_{5/2}$	33851.55	9.73371	0.26629				
$^2D_{3/2}$	33851.59	9.73388	0.26612	$10f\,^2F$	33910.42	9.99094	0.00906
$11d\,^2D_{5/2}$	34056.94	10.7317	0.2683				
$^2D_{3/2}$	34057.00	10.7320	0.2680	$11f\,^2F$	34101.36	10.9909	0.0091

Als Beispiel für Rydbergserien ist das Spektrum der Ein-Elektron-Anregungen in Kalium in Tabelle 3.1 angegeben (siehe [Ris56]). Um aus den experimentell bestimmten Term-Energien mit genügender Genauigkeit die Quantendefekte zu extrahieren, müssen die von der Kernmasse herrührenden Korrekturen zur Rydbergenergie (vgl. (2.12)) recht genau berücksichtigt werden. Mit den Kernmassen aus [WB77] und der Rydbergenergie $\mathcal{R}_\infty$ aus (2.9) ergibt sich für das Isotop K^{39} der Wert $\mathcal{R} = \mathcal{R}_\infty \mu / m_e = 109735.771\,cm^{-1}$. Die Kontinuumsschwelle liegt bei $I = 35009.77\,cm^{-1}$.

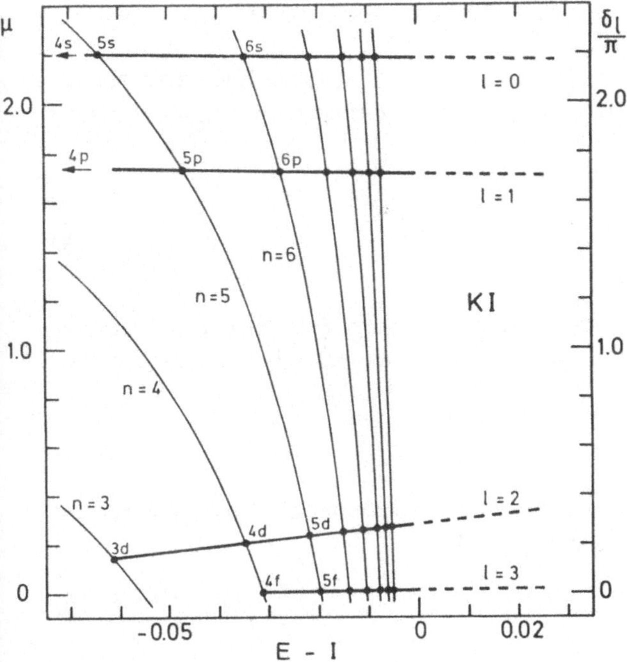

Abb. 3.2. Quantendefekte (•) der ^2L Rydbergserien im Kaliumatom als Funktion der Energie relativ zur Kontinuumsschwelle (siehe auch Tab. 3.1). Die Aufspaltung der einzelnen Dubletts ist auf dem Maßstab des Bildes nicht aufgelöst. Die fast horizontalen Geraden sind die jeweiligen Quantendefektfunktionen $\mu(E)$; ihre Schnittpunkte mit der Kurvenschar (3.18) definieren die Energien der gebundenen Zustände. An der Kontinuumsschwelle $E = I$ gehen die Quantendefektfunktionen stetig in die durch π dividierten asymptotischen Phasenverschiebungen über, die als gestrichelte Linien eingezeichnet sind. (Die römische Eins hinter dem „K" zeigt an, daß es sich um das neutrale Kaliumatom handelt. Einfach positiv geladene Kaliumionen werden in dieser Schreibweise mit K II, zweifach positiv geladene mit K III, etc. bezeichnet.)

Die Quantendefekte der angeregten Zustände im Kalium sind in Abb. 3.2 als Funktion der Energie relativ zur Kontinuumsschwelle $E - I$ dargestellt. Zu jedem Satz von Quantenzahlen $S\,(=\frac{1}{2})$, L, J erhalten wir eine Rydbergserie von Zuständen nl, innerhalb der die Quantendefekte nur sehr schwach von der Hauptquantenzahl n bzw. von der Energie abhängen. Die Abhängigkeit von der Energie läßt sich jeweils sehr genau durch eine Gerade wiedergeben. Mit zunehmendem Bahndrehimpuls nehmen die Quantendefekte sehr schnell ab, weil der Innenbereich, in dem die Abweichung vom reinen Coulombpotential wichtig ist, immer mehr durch das repulsive Zentrifugalpotential dominiert wird (siehe Aufgabe 3.1.).

Wegen ihrer schwachen Energieabhängigkeit ist es sinnvoll, die zunächst bei den diskreten Energien E_n definierten Quantendefekte $\mu_n = \mu(E_n)$ zu einer stetigen *Quantendefektfunktion* $\mu(E)$ zu ergänzen, welche die Wirkung des kurzreichweitigen Potentials $V_{\rm kr}$ beschreibt. In halbklassischer Näherung läßt sich durch die Verallgemeinerung der Formel (3.12) auf beliebige Energien $E < I$ eine explizite Formel für die Quantendefektfunktion angeben:

$$\mu^{\rm hk}(E) = \frac{1}{2\pi\hbar} S_{\rm kr}(E) \quad . \tag{3.13}$$

Über die halbklassische Näherung hinaus kann man eine exakte Definition der Quantendefektfunktion bei beliebigen Energien durch die asymptotische Anpassung der regulären Lösung der radialen Schrödingergleichung an eine Linearkombination von Whittakerfunktionen (siehe Abschn. 1.3.1, Anhang A.4) formulieren [Sea83]. In der Praxis ist es üblich, die schwach energieabhängige Funktion dadurch zu approximieren, daß man durch die von den Quantendefekten vorgegebenen diskreten Werte $\mu(E_n) = \mu_n$ ein Polynom in der Energie $E - I$ legt.

Wenn wir im Bereich der gebundenen Zustände, $E < I$, die Energievariable E durch die kontinuierlich von 0 bis $+\infty$ variierende *kontinuierliche effektive Quantenzahl* ν ersetzen,

$$\nu(E) = \sqrt{\frac{\mathcal{R}}{I - E}}, \quad E = I - \frac{\mathcal{R}}{\nu^2} \quad , \tag{3.14}$$

so lautet für das reine Coulombpotential die Bedingung, daß bei einem bestimmten Wert von ν die ensprechende Energie E eines der Eigenwerte (3.2) der Schrödingergleichung ist,

$$\nu(E) = n = l + 1, \ l + 2, \dots \quad . \tag{3.15}$$

Für ein modifiziertes Coulombpotential der Form (3.3) lautet die Bedingung für das Auftreten eines gebundenen Zustands wegen (3.5)

$$\nu(E) + \mu_n = n \quad , \tag{3.16}$$

bzw. mit der Quantendefektfunktion $\mu(E)$ ausgedrückt,

$$\nu(E) + \mu(E) = n \quad . \tag{3.17}$$

Die Energien E_n der gebundenen Zustände einer Rydbergserie sind also die Schnittpunkte der Quantendefektfunktion mit der Schar von Kurven

$$\mu^{(n)} = n - \nu(E) = n - \sqrt{\frac{\mathcal{R}}{I - E}} \tag{3.18}$$

in der μ-E Ebene, wie in Abb. 3.2 dargestellt.

Mit der Technik der hochauflösenden Laserspektroskopie ist es heutzutage möglich, auch sehr hoch angeregte Zustände in Rydbergserien zu beobachten. Die linke Hälfte von Abb. 3.3 zeigt ein gemessenes Photoabsorptionsspektrum (vgl. (2.197) in Abschn. 2.4.4) mit Linien bis zur Hauptquantenzahl $n = 310$ in der $6snd\,^1D_2$ Rydbergserie in Barium. Die rechte Hälfte des Bildes zeigt in logarithmischer Auftragung die Energiedifferenzen $E_{n+1} - E_n$ als Funktion der effektiven Quantenzahl n^*. Die aus der Rydberg-Formel (3.5) folgende Proportionalität zu $(n^*)^{-3}$ ist durch die Gerade wiedergegeben. Neben der Auflösung so kleiner Energiedifferenzen ($\approx 10^{-8}$ atomare Einheiten) ist es ein beachtlicher Erfolg der experimentellen Technik, daß Messungen an so hoch angeregten Rydberg-Atomen überhaupt möglich sind. Die räumliche Ausdehnung eines Rydberg-Atoms wächst quadratisch mit der Hauptquantenzahl n (siehe Aufgabe 1.3) und ist für $n \approx 300$ größer als 10^5 Bohrsche Radien, d. h. die in Abb. 3.3 beobachteten Rydberg-Atome sind fast schon ein Hundertstel Millimeter groß! In weiteren Messungen wurden sogar Zustände dieser Rydbergserie mit $n > 500$ identifiziert [NR87].

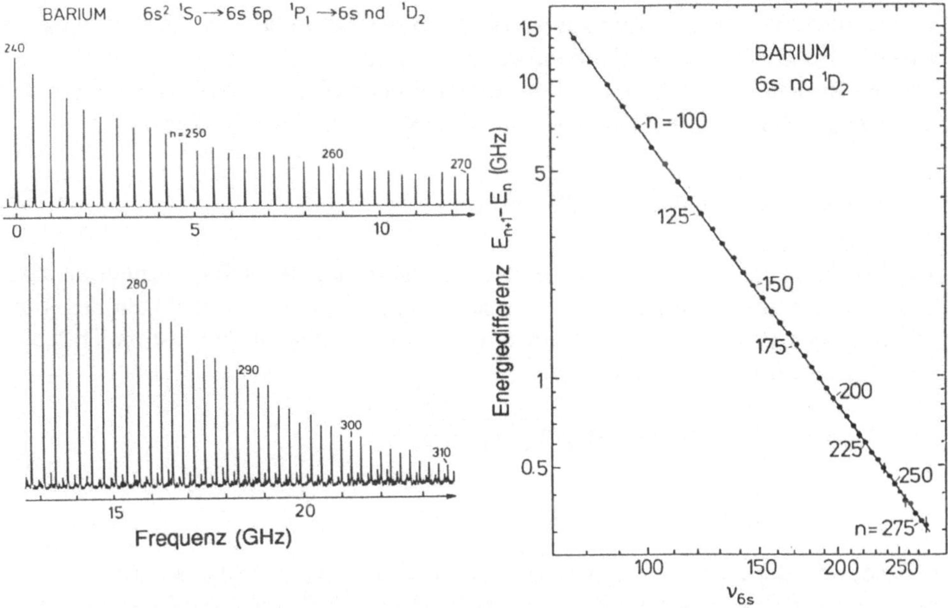

Abb. 3.3. Die linke Hälfte zeigt Photoabsorptionsquerschnitte mit Endzuständen in der $6s\,nd\,^1D_2$ Rydbergserie in Barium. Die rechte Hälfte zeigt in logarithmischer Auftragung die Energiedifferenzen benachbarter Rydbergzustände (jede fünfte Energiedifferenz ist eingetragen). Die durchgezogene Linie zeigt die aus (3.5) folgende Proportionalität zu $(n_e^*)^{-3}$. (Aus [NJ88].)

3.1.2 Theorem von Seaton, Einkanal-Quantendefekttheorie

Unterhalb der Kontinuumsschwelle wird eine kurzreichweitige Abweichung des tatsächlichen Potentials vom reinen Coulombpotential durch die Quantendefekte bzw. durch die Quantendefektfunktion beschrieben. Oberhalb der Kontinuumsschwelle äußert sich die kurzreichweitige Abweichung vom Coulombpotential in den asymptotischen Phasenverschiebungen oder Streuphasen (vgl. Abschn. 1.3.2, Gl. (1.120)). An der Kontinuumsschwelle sind die Quantendefekte mit der Streuphase verknüpft, weil die Lösungen der radialen Schrödingergleichung im Grenzfall $n \to \infty$ (d. h. $E \to I$ von unten) und im Grenzfall $E \to I$ (von oben) bei geeigneter Normierung gegen dieselbe wohldefinierte Lösung bei $E = I$ konvergieren wie im reinen Coulomb-Fall (siehe (1.151)). Den quantitativen Zusammenhang zwischen Quantendefekten und Streuphasen an der Kontinuumsschwelle beschreibt das *Theorem von Seaton*:

$$\lim_{n\to\infty} \mu_n = \mu(E = I) = \frac{1}{\pi} \lim_{E\to I} \delta(E) \quad . \tag{3.19}$$

Der Faktor $1/\pi$ tritt auf der rechten Seite von (3.19) auf, weil eine Verschiebung des asymptotischen Teils einer Wellenfunktion um genau eine Halbwelle knapp unterhalb der Schwelle eine Verschiebung um 1 in der effektiven Quantenzahl bzw. im

Quantendefekt bedeutet, während sie oberhalb der Schwelle einer Veränderung der asymptotischen Phasenverschiebung um π entspricht.

Die Beziehung (3.19) läßt sich im Rahmen der halbklassischen Näherung sofort verifizieren. Dort hat die Radialwellenfunktion $\phi(r)$ die Form (1.235),

$$\phi(r) \propto p(r)^{-1/2} \exp\left[\frac{\mathrm{i}}{\hbar}\int^{r} p(r')dr'\right] \quad , \tag{3.20}$$

und die Phase der Welle ist gerade das Wirkungsintegral im Exponenten dividiert durch $\hbar$. Die asymptotische Phasenverschiebung, die durch Hinzufügen des kurzreichweitigen Potentials V_{kr} zum reinen Coulombpotential entsteht, ist die Differenz der Phasen mit und ohne V_{kr}:

$$\begin{aligned}\delta^{\mathrm{hk}}(E) =& \frac{1}{\hbar}\int_{a}^{r} \sqrt{2\mu(E - V_{\mathrm{C}}(r') - V_{\mathrm{kr}}(r'))}\, dr' \\ &- \frac{1}{\hbar}\int_{a}^{r} \sqrt{2\mu(E - V_{\mathrm{C}}(r'))}\, dr' \quad .\end{aligned} \tag{3.21}$$

(Wieder darf der innere Umkehrpunkt a mit und ohne V_{kr} verschieden sein.) Wegen der Kurzreichweitigkeit von V_{kr} hängt die Differenz (3.21) bei genügend großem r nicht mehr von r ab. Die asymptotische Phasenverschiebung ist in halbklassischer Näherung also gerade $1/(2\hbar)$ mal dem zusätzlichen Beitrag zur integrierten Wirkung, der durch das kurzreichweitige Potential hervorgerufen wird (vgl. (3.11)). Im Grenzfall $E \to I$ ist dies genau π mal der rechten Seite von (3.12) im Grenzfall $b \to \infty$, bzw. $n \to \infty$.

[Zu den halbklassischen Formeln (3.11), (3.21) sei noch angemerkt, daß man bei halbklassischen Näherungen an der radialen Schrödingergleichung präzisere Ergebnisse erhält, wenn man im Zentrifugalpotential die Größe $l(l+1)$ durch $(l+1/2)^2$ ersetzt [BM72]. Durch diese *Langer-Modifikation* erreicht man unter anderem, daß die halbklassische Radialwellenfunktion (3.20) für kleine r das richtige Verhalten proportional zu r^{l+1} hat (vgl. (1.77)).]

Die enge Verknüpfung zwischen dem „Quasi-Kontinuum" der gebundenen Zustände knapp unterhalb der Schwelle und dem echten Kontinuum oberhalb der Schwelle ist charakteristisch für die langreichweitigen Coulomb-ähnlichen Potentiale. Die Wellenfunktionen bestehen hauptsächlich aus einer großen Anzahl von Oszillationen weit draußen im $1/r$-Potential, ob es nun endlich viele unterhalb der Schwelle oder unendlich viele oberhalb der Schwelle sind. Der Einfluß des kurzreichweitigen Zusatzpotentials V_{kr} äußert sich im wesentlichen in einer Verschiebung der äußeren Oszillationen, und das drückt sich oberhalb der Schwelle in der Streuphase und unterhalb der Schwelle in der Quantendefektfunktion bzw. den Quantendefekten aus.

Die beiden mathematisch ähnlichen, aber physikalisch verschiedenen Situationen knapp unterhalb und knapp oberhalb der Kontinuumsschwelle lassen sich in eine einheitliche Gleichung der *Einkanal-Quantendefekttheorie* (QDT) zusammenfassen,

$$\tan[\pi(\nu + \mu)] = 0 \quad . \tag{3.22}$$

Dabei ist jetzt $\mu(E)$ die Funktion, welche die physikalischen Auswirkungen des kurzreichweitigen Zusatzpotentials beschreibt: unterhalb der Schwelle ist μ die oben beschriebene Quantendefektfunktion, und oberhalb der Schwelle ist $\mu(E)$ die asymptotische Phasenverschiebung $\delta(E)$ dividiert durch π. Die Funktion ν hat unterhalb und oberhalb der Schwelle eine verschiedene Bedeutung. Unterhalb der Schwelle ist $\nu(E)$ eine der Energie äquivalente Variable, nämlich die kontinuierliche effektive Quantenzahl (3.14). Oberhalb der Schwelle ist ν bis auf einen Faktor $1/\pi$ und ein Vorzeichen die asymptotische Phasenverschiebung $\delta(E)$:

$$\nu(E) = \sqrt{\frac{\mathcal{R}}{I-E}} \quad \text{für } E < I\,, \quad \nu(E) = -\frac{1}{\pi}\delta(E) \quad \text{für } E \geq I \quad . \tag{3.23}$$

Mit der Identifikation (3.23) ist die QDT-Gleichung (3.22) oberhalb der Schwelle in dem vorliegenden Einkanalfall eine triviale Identität $\delta(E) = \delta(E)$. Unterhalb der Schwelle bedeutet (3.22) einfach, daß $\nu(E) + \mu(E)$ eine ganze Zahl n sein muß – das ist gerade die Bedingung (3.17) für die Existenz eines gebundenen Zustands.

Ähnlich wie die asymptotischen Phasenverschiebungen, die stets nur bis auf ein additives Vielfaches von π eindeutig sind, sind die Quantendefekte und die Quantendefektfunktion nur modulo 1 eindeutig definiert. Die konkrete Wahl der Quantendefekte bzw. der Quantendefektfunktion bestimmt den Beginn der Zählung der Quantenzahlen n in einer gegebenen Rydbergserie.

3.1.3 Photoabsorption und Photoionisation

Die Wirkungsquerschnitte (2.197) für Photoabsorption und (2.199) für Photoionisation sind, wie in Abschn. 2.4.6 besprochen, durch die Oszillatorstärken $f_{\mathrm{ea}}^{(i)}$ bzw. $df_{\mathrm{Ea}}^{(i)}/dE$ gegeben. Die Beziehungen zwischen den Wirkungsquerschnitten und den Oszillatorstärken hängen von der Polarisation des einfallenden Lichtes und von der Orientierung bzw. von den azimutalen Quantenzahlen der atomaren Anfangs- und Endwellenfunktionen ab. Um diese geometrischen Abhängigkeiten loszuwerden, ist es sinnvoll, *mittlere Oszillatorstärken* zu definieren, was für Ein-Elektron-Atome mit Wellenfunktionen der Form (1.73) recht einfach ist.

Für die Anfangs- und Endwellenfunktionen,

$$\begin{aligned} \Phi_{n_a,l_a,m_a}(\boldsymbol{r}) &= \frac{\phi_{n_a,l_a}(r)}{r} Y_{l_a,m_a}(\theta,\phi)\,, \\ \Phi_{n_e,l_e,m_e}(\boldsymbol{r}) &= \frac{\phi_{n_e,l_e}(r)}{r} Y_{l_e,m_e}(\theta,\phi) \quad , \end{aligned} \tag{3.24}$$

definieren wir die mittlere Oszillatorstärke für Übergänge von dem Anfangsmultiplett n_a, l_a zum Endmultiplett n_e, l_e durch Mittelung über die Anfangszustände und Summation über die Endzustände (vgl. Abschn. 2.4.4, letzter Absatz) sowie Mittelung über die drei Raumrichtungen x, y, z:

$$\begin{aligned} \bar{f}_{n_e l_e, n_a l_a} &= \frac{1}{2l_a+1} \sum_{m_a=-l_a}^{+l_a} \sum_{m_e=-l_e}^{+l_e} \frac{1}{3} \sum_{i=1}^{3} f^{(i)}_{n_e l_e m_e, n_a l_a m_a} \\ &= \frac{2\mu}{3\hbar}\omega \sum_{m_e=-l_e}^{+l_e} \frac{1}{2l_a+1} \sum_{m_a=-l_a}^{+l_a} |\langle \Phi_{n_e,l_e,m_e}|\boldsymbol{r}|\Phi_{n_a,l_a,m_a}\rangle|^2 \quad . \end{aligned} \tag{3.25}$$

In sphärischen Komponenten (2.201) läßt sich das Betragsquadrat in (3.25) umschreiben zu

$$|\langle\Phi_{n_e,l_e,m_e}|\boldsymbol{r}|\Phi_{n_a,l_a,m_a}\rangle|^2 = \sum_{\nu=-1}^{+1}|\langle\Phi_{n_e,l_e,m_e}|r^{(\nu)}|\Phi_{n_a,l_a,m_a}\rangle|^2 \quad . \tag{3.26}$$

Mit dem Ausdruck (2.205) für die Matrixelemente der sphärischen Komponenten von $\boldsymbol{r}$ ist

$$\begin{aligned}
&\sum_{m_a=-l_a}^{l_a}|\langle\Phi_{n_e,l_e,m_e}|\boldsymbol{r}|\Phi_{n_a,l_a,m_a}\rangle|^2 \\
&= \sum_{m_a=-l_a}^{l_a}\left(\int_0^\infty \phi_{n_e,l_e}(r)\,r\,\phi_{n_a,l_a}(r)\,dr\right)^2 F(l_e,l_a)^2\sum_{\nu=-1}^{+1}\langle l_e,m_e|1,\nu,l_a,m_a\rangle^2 \\
&= \left(\int_0^\infty \phi_{n_e,l_e}(r)\,r\,\phi_{n_a,l_a}(r)\,dr\right)^2\frac{l_>}{2l_e+1} \quad .
\end{aligned} \tag{3.27}$$

Hierbei wurde vorausgesetzt, daß l_e entweder l_a+1 oder l_a−1 ist, und ausgenutzt, daß die Summe der Quadrate der Clebsch-Gordan-Koeffizienten über m_a und ν einen Faktor 1 ergibt [Edm64]. Für die Faktoren $F(l_e, l_a)$ wurde der explizite Ausdruck (2.207) eingesetzt; $l_>$ ist die größere der beiden Bahndrehimpulsquantenzahlen l_a und l_e. Da der Ausdruck (3.27) nicht mehr von der Azimutalquantenzahl m_e des Endzustands abhängt, fällt der Faktor $1/(2l_e + 1)$ bei der Summation über m_e in (3.25) weg, und der Ausdruck für die mittleren Oszillatorstärken vereinfacht sich zu

$$\bar{f}_{n_el_e,n_al_a} = \frac{2\mu}{3\hbar}\,\omega\,\frac{l_>}{2l_a+1}\left(\int_0^\infty \phi_{n_e,l_e}(r)\,r\,\phi_{n_a,l_a}(r)\,dr\right)^2 \quad . \tag{3.28}$$

Die Frequenz $\omega = (\epsilon_e - \epsilon_a)/\hbar$, und folglich auch die Oszillatorstärken, sind positiv für $\epsilon_e > \epsilon_a$ (Absorption) und negativ für $\epsilon_e < \epsilon_a$ (Emission). Unter Berücksichtigung des in (3.28) auftretenden Mittelungsfaktors $1/(2l_a + 1)$ gilt für die gemittelten Oszillatorstärken die Beziehung

$$(2l_a+1)\bar{f}_{n_el_e,n_al_a} + (2l_e+1)\bar{f}_{n_al_a,n_el_e} = 0 \quad . \tag{3.29}$$

Für die gemittelten Oszillatorstärken, in denen die Summe über die Azimutalquantenzahlen der Endzustände schon in der Definition enthalten ist, gilt die Summenregel (siehe auch (3.37) unten)

$$\sum_{n_e,l_e}\bar{f}_{n_el_e,n_al_a} = 1 \quad . \tag{3.30}$$

Die Summe läßt sich noch nach den Beiträgen zu den beiden möglichen Bahndrehimpulsquantenzahlen $l_e = l_a + 1$ und $l_e = l_a - 1$ der Endzustände aufteilen [BS77] (siehe auch (3.38) unten):

$$\begin{aligned}
\sum_{n_e}\bar{f}_{n_el_a+1,n_al_a} &= \frac{1}{3}\frac{(l_a+1)(2l_a+3)}{2l_a+1} \;, \\
\sum_{n_e}\bar{f}_{n_el_a-1,n_al_a} &= -\frac{1}{3}\frac{l_a(2l_a-1)}{2l_a+1} \quad .
\end{aligned} \tag{3.31}$$

Die Matrixelemente (3.26) enthalten keine Spinabhängigkeit und lassen keine Spin-ändernden Übergänge zu. Wenn aber die aufgrund der Spin-Bahn-Kopplung zu Multipletts mit guter Gesamtdrehimpulsquantenzahl j aufgespaltenen Endzustände aufgelöst sind, so verteilt sich die (gemittelte) Oszillatorstärke zu gegebenem n_e und l_e auf die Terme mit verschiedenem j im Verhältnis zu ihrer Multiplizität $2j+1$. So ist z. B. bei einem Übergang $n_a\,{}^2S_{1/2} \to n_e\,{}^2P_j$ der Übergang zu den $j = 3/2$ Zuständen $(2j+1=4)$ insgesamt doppelt so stark wie der Übergang zu den $j = 1/2$ Zuständen $(2j+1=2)$.

Der Wirkungsquerschnitt für die Absorption von Photonen beliebiger Polarisation durch Ein-Elektron-Atome unbestimmter Orientierung ist eine Serie von scharfen Spitzen, deren Stärken, bis auf den konstanten Faktor $2\pi^2 e^2\hbar/(\mu c)$ aus (2.215), durch die gemittelten Oszillatorstärken (3.28) gegeben sind. In dem Radialintegral in (3.28) tragen nur relativ kleine Abstände r bei, weil die Anfangswellenfunktion $\phi_{n_a,l_a}(r)$ bei großen r verschwindet. Mit zunehmender Hauptquantenzahl n_e der Endzustände werden die Amplituden der (auf 1 normierten) Radialwellenfunktionen $\phi_{n_e,l_e}(r)$ der Endzustände im Innenbereich immer kleiner, wie bei den reinen Coulombfunktionen in Abb. 1.4. Deshalb werden die Oszillatorstärken mit zunehmender Hauptquantenzahl n_e ebenfalls immer kleiner.

Um die Abhängigkeit der Wirkungsquerschnitte bzw. der Oszillatorstärken von der Hauptquantenzahl bei hohen Hauptquantenzahlen sichtbar zu machen, ist es sinnvoll, die Radialwellenfunktionen der Endzustände analog zu (1.138) so umzunormieren, daß das Quadrat ihrer Norm umgekehrt proportional zum Abstand $2\mathcal{R}/(n_e^*)^3$ der Energieeigenwerte ist:

$$\phi^{\mathrm{E}}_{n_e,l_e} = \sqrt{\frac{(n_e^*)^3}{2\mathcal{R}}}\,\phi_{n_e,l_e} \quad . \tag{3.32}$$

Dabei sind n_e^* die effektiven Quantenzahlen $n_e - \mu_{n_e}$, die über (3.5) die Energien der Endzustände bestimmen. Die Wellenfunkionen (3.32) gehen im Grenzfall $n_e^* \to \infty$ bzw. $E \to I$ über in die in der Energie normierten Kontinuumswellen ϕ_{E,l_e} bei $E \geq I$. Mit (3.32) lassen sich die (gemittelten) Oszillatorstärken (3.28) umschreiben als

$$\bar{f}_{n_e l_e, n_a l_a} = \frac{2\mathcal{R}}{(n_e^*)^3}\,\frac{2\mu}{3\hbar}\,\omega\,\frac{l_>}{2l_a+1}\left(\int_0^\infty \phi^{\mathrm{E}}_{n_e,l_e}(r)\,r\,\phi_{n_a,l_a}(r)\,dr\right)^2 \quad , \tag{3.33}$$

wobei das radiale Matrixelement nun an der Kontinuumsschwelle $E = I$ gegen einen endlichen Wert konvergiert.

Die Darstellung (3.33) der Oszillatorstärken ermöglicht einen nahtlosen Anschluß an die Photoionisationsquerschnitte bzw. an die Oszillatorstärken zu Endzuständen im Kontinuum. Wenn wir ähnlich wie in (3.25) mittlere Oszillatorstärken wie folgt definieren,

$$\begin{aligned} \frac{d\bar{f}_{El_e,n_a l_a}}{dE} &= \frac{1}{2l_a+1}\sum_{m_a=-l_a}^{+l_a}\sum_{m_e=-l_e}^{+l_e}\frac{1}{3}\sum_{i=1}^{3}\frac{df^{(i)}_{El_e m_e,n_a l_a m_a}}{dE} \\ &= \frac{2\mu}{3\hbar}\,\omega\sum_{m_e=-l_e}^{+l_e}\frac{1}{2l_a+1}\sum_{m_a=-l_a}^{+l_a}\left|\langle\Phi_{E,l_e,m_e}|\boldsymbol{r}|\Phi_{n_a,l_a,m_a}\rangle\right|^2 \quad , \end{aligned} \tag{3.34}$$

so erhalten wir mit denselben Manipulationen, die von (3.25) nach (3.28) führten,

$$\frac{d\bar{f}_{n_a l_a, E l_e}}{dE} = \frac{2\mu}{3\hbar}\,\omega\,\frac{l_>}{2l_a+1}\left(\int_0^\infty \phi_{E,l_e}(r)\,r\,\phi_{n_a,l_a}(r)\,dr\right)^2 \quad . \tag{3.35}$$

Der Wirkungsquerschnitt für die Photoionisation von Atomen unbekannter Orientierung durch Photonen beliebiger Polarisation ist, bis auf den Faktor $2\pi^2e^2\hbar/(\mu c)$ aus (2.220), durch die gemittelte Oszillatorstärke (3.35) gegeben. Aus (3.33) sieht man, daß die diskreten Oszillatorstärken, multipliziert mit der Dichte $(n_e^*)^3/(2\mathcal{R})$ der (diskreten) Endzustände, an der Schwelle $E = I$ stetig in die Kontinuumsform (3.35) übergehen:

$$\lim_{n_e\to\infty}\frac{(n_e^*)^3}{2\mathcal{R}}\bar{f}_{n_e l_e, n_a l_a} = \lim_{E\to I}\frac{d\bar{f}_{E l_e, n_a l_a}}{dE} \quad . \tag{3.36}$$

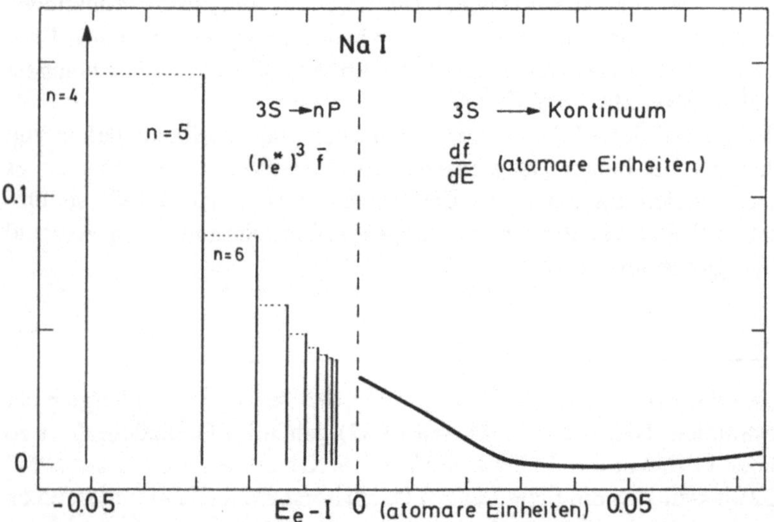

Abb. 3.4. Gemessene Oszillatorstärken für $3S \rightarrow nP$ Übergänge in Natrium. Die diskreten Oszillatorstärken (aus [KB32]) sind jeweils mit $(n_e^*)^3$ multipliziert. Nahe an der Schwelle entsprechen die Flächen unter den gestrichelten Linien den ursprünglichen Oszillatorsstärken. Die kontinuierlichen Oszillatorstärken oberhalb der Schwelle sind die durch den Faktor $2\pi^2e^2\hbar/(\mu c)$ dividierten Photoabsorptionsquerschnitte aus [HC67].

Ein Beispiel für den nahtlosen Übergang des diskreten Linienspektrums unterhalb der Schwelle in das kontinuierliche Photoabsorptionsspektrum oberhalb der Schwelle ist in Abb. 3.4 für Natrium dargestellt. Die linke Hälfte des Bildes zeigt die mit $(n_e^*)^3/(2\mathcal{R})$ multiplizierten Oszillatorstärken (3.33) ($2\mathcal{R}$ ist in atomaren Einheiten eins), die rechte Hälfte zeigt die durch $2\pi^2e^2\hbar/(\mu c)$ dividierten Photoabsorptionsquerschnitte. Das ausgeprägte Minimum bei einer Energie um 0.05 atomare Einheiten über der Schwelle wird auf eine Nullstelle mit Vorzeichenwechsel im radialen Matrixelement in (3.35) zurückgeführt. Im diskreten Teil des Spektrums ist der Abstand benachbarter Linien nahe an der Schwelle gerade $2\mathcal{R}/(n_e^*)^3$, so daß die

Fläche unter den gestrichelten Linien wieder den ursprünglichen Oszillatorstärken entspricht.

Die Übergänge ins Kontinuum müssen natürlich auch bei der Formulierung der Summenregeln berücksichtigt werden. So muß (3.30) korrekt lauten

$$\sum_{n_e,l_e} \bar{f}_{n_e l_e, n_a l_a} + \int_I^\infty \frac{d\bar{f}_{E l_e, n_a l_a}}{dE}\, dE = 1 \quad . \tag{3.37}$$

Die korrekt ergänzte Form von (3.31) lautet

$$\begin{aligned} \sum_{n_e} \bar{f}_{n_e l_a+1, n_a l_a} + \int_I^\infty \frac{d\bar{f}_{E\, l_a+1, n_a l_a}}{dE}\, dE &= \frac{1}{3}\frac{(l_a+1)(2l_a+3)}{2l_a+1} \ , \\ \sum_{n_e} \bar{f}_{n_e l_a-1, n_a l_a} + \int_I^\infty \frac{d\bar{f}_{E\, l_a-1, n_a l_a}}{dE}\, dE &= -\frac{1}{3}\frac{l_a(2l_a-1)}{2l_a+1} \quad . \end{aligned} \tag{3.38}$$

Schließlich sei noch darauf hingewiesen, daß die Herleitung der Summenregeln in Abschn. 2.4.6 eine Vertauschungsrelation der Form (2.182) voraussetzte, insbesondere die Vertauschbarkeit des Dipoloperators mit der potentiellen Energie. Das ist in einem Ein-Elektron-Atom nur erfüllt, wenn die potentielle Energie eine lokale Funktion der Ortskoordinate ist. Für nichtlokale Einteilchenpotentiale, wie sie beim Hartree-Fock-Verfahren (Abschn. 2.3.1) auftreten, kann die Thomas-Reiche-Kuhn-Summenregel streng genommen nicht mit $N = 1$ angewendet werden. Einen Ausweg bietet die Einsicht, daß die Nichtlokalität im Hartree-Fock-Potential vom Pauli-Prinzip herrührt, welches z. B. bei Alkaliatomen dafür sorgt, daß die Wellenfunktion des Valenzelektrons orthogonal zu den besetzten Zuständen in den abgeschlossenen Schalen ist. Näherungsweise kann man dann die Summenregel mit $N = 1$ anwenden, wenn man fiktive Übergänge zu den vom Pauli-Prinzip ausgeschlossenen Zuständen mitzählt. Da für solche Übergänge $\epsilon_e < \epsilon_a$ und folglich $\bar{f}_{n_e l_e, n_a l_a}$ negativ ist, erhöht sich die Summe der Oszillatorstärken für die erlaubten Übergänge.

3.2 Gekoppelte Kanäle

3.2.1 Close-Coupling-Gleichungen

Das in Abschn. 3.1 beschriebene einfache Bild eines Elektrons im modifizierten Coulombpotential läßt sich weitgehend auf Mehrelektronen-Atome übertragen, wenn ein Elektron in einem hochangeregten Zustand schwach gebunden ist, während alle anderen Elektronen einen mehr oder weniger fest gebundenen *Rumpf* bilden. Im einfachsten Fall kann man annehmen, daß die Rumpf-Elektronen nicht angeregt werden können und sich nur über das mittlere Einteilchenpotential für das „äußere" Elektron im Spektrum bemerkbar machen. In einem nächsten Schritt kann man eine endliche Anzahl diskreter Anregungen der Rumpf-Elektronen zulassen. Die Gesamtwellenfunktion eines N-Elektronen-Atoms (oder -Ions) hat dann die Form

$$\Psi(x_1,\ldots,x_N) = \hat{\mathcal{A}}_1 \sum_j \psi_{\text{inn}}^{(j)}(m_{s_1},x_2,\ldots x_N)\psi_j(\boldsymbol{r}_1) \quad , \tag{3.39}$$

wobei der Summationsindex j verschiedene innere Zustände des Rumpfes zählt, deren Wellenfunktionen $\psi_{\text{inn}}^{(j)}$ jeweils einen „Kanal" definieren und von den *inneren Koordinaten* abhängen. Das sind alle Koordinaten außer der Ortskoordinate $\boldsymbol{r}_1$ des äußeren Elektrons; der Spin m_{s_1} des äußeren Elektrons zählt im folgenden zu den inneren Koordinaten. Zu jedem Kanal ist $\psi_j(\boldsymbol{r}_1)$ die zugehörige Kanalwellenfunktion, das ist einfach eine Ein-Elektron-Ortswellenfunktion für das äußere Elektron. Später werden wir noch die Winkelkoordinaten bzw. den Bahndrehimpuls des äußeren Elektrons zu den inneren Koordinaten zählen, so daß die Kanalwellenfunktionen nur noch von der Radialkoordinate des äußeren Elektrons abhängen. Zunächst wollen wir aber die Bewegungsgleichungen für die vollen Ein-Elektron-Ortswellenfunktionen $\psi_j(\boldsymbol{r}_1)$ herleiten.

Wir nehmen an, daß die Rumpfwellenfunktionen antisymmetrisch bezüglich des Austauschs der Teilchenindices $2-N$ sind; damit die Gesamtwellenfunktion vollständig antisymmetrisch ist, steht auf der rechten Seite von (3.39) noch der *Rest-Antisymmetrisierer*, der den Austausch des äußeren Elektrons 1 mit den Rumpf-Elektronen $2-N$ berücksichtigt:

$$\hat{\mathcal{A}}_1 = \mathbf{1} - \sum_{\nu=2}^{N} \hat{P}_{1\leftrightarrow\nu} \quad . \tag{3.40}$$

Bewegungsgleichungen für die Einteilchenwellenfunktionen $\psi_j(\boldsymbol{r}_1)$ erhält man aus der N-Elektronen-Schrödingergleichung $\hat{H}\Psi = E\Psi$, in dem man von links mit den Bra-Zuständen $\langle\psi_{\text{inn}}^{(i)}|$ multipliziert und und über alle inneren Koordinaten integriert bzw. summiert. Wenn man die Kanalwellenfunktionen $\psi_j(\boldsymbol{r}_1)$ mit Hilfe der Deltafunktion umschreibt als $\psi_j(\boldsymbol{r}_1) = \int \psi_j(\boldsymbol{r}')\delta(\boldsymbol{r}_1-\boldsymbol{r}')\,d\boldsymbol{r}'$, so erhält man die gekoppelten Kanalgleichungen:

$$\hat{H}_{i,i}\psi_i + \sum_{j\neq i} \hat{H}_{i,j}\psi_j = E\left(\hat{A}_{i,i}\psi_i + \sum_{j\neq i} \hat{A}_{i,j}\psi_j\right) \quad , \tag{3.41}$$

mit den Operatoren

$$\begin{aligned} \hat{H}_{i,j} &= \langle\psi_{\text{inn}}^{(i)}|\hat{H}\hat{\mathcal{A}}_1|\psi_{\text{inn}}^{(j)}\delta(\boldsymbol{r}_1-\boldsymbol{r}')\rangle' \;, \\ \hat{A}_{i,j} &= \langle\psi_{\text{inn}}^{(i)}|\hat{\mathcal{A}}_1|\psi_{\text{inn}}^{(j)}\delta(\boldsymbol{r}_1-\boldsymbol{r}')\rangle'. \end{aligned} \tag{3.42}$$

Der Strich an den Matrixelementen deutet an, daß nur über die inneren Koordinaten und nicht über $\boldsymbol{r}_1$ integriert wird, so daß die Matrixelemente tatsächlich Funktionen von $\boldsymbol{r}_1$ und $\boldsymbol{r}'$ sind. Eine symmetrischere Darstellung erhält man, wenn man die Bra-Zustände durch die Einheit als $\int \delta(\boldsymbol{r}_1-\boldsymbol{r})\,d\boldsymbol{r}_1$ ergänzt. Die Operatoren in (3.41) sind so als Integraloperatoren mit den folgenden Integralkernen definiert:

$$\begin{aligned} H_{i,j}(\boldsymbol{r},\boldsymbol{r}') &= \langle\psi_{\text{inn}}^{(i)}\delta(\boldsymbol{r}_1-\boldsymbol{r})|\hat{H}\hat{\mathcal{A}}_1|\psi_{\text{inn}}^{(j)}\delta(\boldsymbol{r}_1-\boldsymbol{r}')\rangle \quad , \\ A_{i,j}(\boldsymbol{r},\boldsymbol{r}') &= \langle\psi_{\text{inn}}^{(i)}\delta(\boldsymbol{r}_1-\boldsymbol{r})|\hat{\mathcal{A}}_1|\psi_{\text{inn}}^{(j)}\delta(\boldsymbol{r}_1-\boldsymbol{r}')\rangle \quad , \end{aligned} \tag{3.43}$$

wobei nun die Matrixelemente wie üblich durch die Integration bzw. Summation über alle Koordinaten definiert sind. Die Wirkung der durch die Integralkerne (3.43) definierten Operatoren auf eine beliebige Ortswellenfunktion $\psi(\boldsymbol{r})$ ist z. B.

$$\hat{H}_{i,j}\psi = \int H_{i,j}(\boldsymbol{r},\boldsymbol{r}')\,\psi(\boldsymbol{r}')\,d\boldsymbol{r}' \quad . \tag{3.44}$$

Die gekoppelten Gleichungen (3.41) mit den durch (3.43), (3.44) definierten Integraloperatoren sind eine Projektion der vollen Schrödingergleichung auf einen Zustandsraum, der aus Vektoren $\psi = (\psi_1, \ldots, \psi_i, \ldots)$ von Kanalwellenfunktionen ψ_i besteht. Die projizierte Schrödingergleichung in diesem Zustandsraum läßt sich kompakt schreiben als

$$\hat{\mathbf{H}}\psi = E\hat{\mathbf{A}}\psi \quad , \tag{3.45}$$

wobei $\hat{\mathbf{H}} \equiv (\hat{H}_{i,j})$ und $\hat{\mathbf{A}} \equiv (\hat{A}_{i,j})$ jeweils Matrizen von Integraloperatoren sind. Da der Restantisymmetrisierer $\hat{\mathcal{A}}_1$ hermitesch ist und mit dem N-Elektronen-Hamiltonoperator $\hat{H}$ kommutiert, gilt $\hat{H}_{j,i} = \hat{H}^\dagger_{i,j}$ und $\hat{A}_{j,i} = \hat{A}^\dagger_{i,j}$, so daß $\hat{\mathbf{H}}$ und $\hat{\mathbf{A}}$ hermitesche Operatoren sind.

Die gekoppelten Kanalgleichungen (3.41) bzw. (3.45) sehen etwas komplizierter aus als die allgemein hergeleiteten Gleichungen (1.156) in Abschn. 1.4.1. Dies liegt daran, daß unser Ansatz (3.39) schon die Ununterscheidbarkeit aller Elektronen korrekt berücksicht und alle untereinander *äquivalenten Kanäle*, die sich nur durch unterschiedliche Numerierung der Elektronen unterscheiden, zu einem Kanal zusammenfaßt. Die antisymmetrisierten Zustände $\hat{\mathcal{A}}_1|\psi^{(i)}_{\rm inn}\delta(\boldsymbol{r}_1-\boldsymbol{r})\rangle$, sind dadurch nicht orthogonal, und die Bewegungsgleichung (3.41) bzw. (3.45) enthält nicht nur die Matrix von Hamiltonoperatoren auf der linken Seite, sondern auch noch die Matrix von Überlappoperatoren auf der rechten Seite. Die Bewegungsgleichung hat die Form einer *verallgemeinerten Eigenwertgleichung*, wie sie typischer Weise bei der Formulierung der Schrödingergleichung in einer nicht orthogonalen Basis vorkommt.

Die Überlappmatrizen $A_{i,j}(\boldsymbol{r},\boldsymbol{r}')$ kann man zerlegen in einen *direkten Anteil*, der von der **1** im Restantisymmetrisierer (3.40) herrührt, und einen *Austauschanteil* $K_{i,j}(\boldsymbol{r},\boldsymbol{r}')$, der von den tatsächlichen Permutationen in (3.40) stammt. Wegen der Orthonormalität der Rumpfzustände ist der direkte Anteil einfach ein Kroneckersymbol im Kanalindex und eine Deltafunktion in der Ortskoordinate, während der Austauschanteil ein echter nichtlokaler Integraloperator ist:

$$\begin{aligned} A_{i,j} &= \delta_{i,j}\delta(\boldsymbol{r}-\boldsymbol{r}') - K_{i,j}(\boldsymbol{r},\boldsymbol{r}') \quad , \\ K_{i,j}(\boldsymbol{r},\boldsymbol{r}') &= \sum_{\nu=2}^{N}\langle\psi^{(i)}_{\rm inn}\delta(\boldsymbol{r}_1-\boldsymbol{r})|\hat{P}_{1\leftrightarrow\nu}|\psi^{(j)}_{\rm inn}\delta(\boldsymbol{r}_1-\boldsymbol{r}')\rangle \quad . \end{aligned} \tag{3.46}$$

Im Austauschanteil wird die Ortskoordinate $\boldsymbol{r}_1$ des äußeren Elektrons mit einem der Ortskoordinaten $\boldsymbol{r}_2, \ldots, \boldsymbol{r}_N$ der Rumpf-Elektronen vertauscht, und das Matrixelement verschwindet für große $|\boldsymbol{r}'|$ (oder große $|\boldsymbol{r}|$) wegen des exponentiellen Abfalls der Wellenfunktion des gebundenen Rumpfzustandes $\psi^{(j)}_{\rm inn}$ (oder $\psi^{(i)}_{\rm inn}$). Der Überlappoperator $\hat{\mathbf{A}}$ geht also für große Abstände des äußeren Elektrons, in den Einheitsoperator über.

Ähnliche Überlegungen gelten für die Hamiltonoperatoren $\hat{H}_{i,j}$. Auch sie lassen sich zerlegen in einen direkten Anteil $\hat{H}_\mathrm{d}$, der von der **1** im Restantisymmetrisierer (3.40) herrührt, und einen Austauschanteil $\hat{H}_\mathrm{ex}$, der nichtlokal und kurzreichweitig ist und durch eine Matrix von Integralkernen $H_{\mathrm{ex}\,i,j}(\boldsymbol{r},\boldsymbol{r}')$ beschrieben wird.

Um die Struktur des direkten Anteils des Einteilchen-Hamiltonoperators $\hat{H}_\mathrm{d}$ deutlich zu machen, ist es sinnvoll, den N-Elektronen-Hamiltonoperator (2.53) wie folgt aufzuteilen:

$$\hat{H} = \hat{H}_1 + \hat{H}_{2-N} + \hat{H}_W \quad . \tag{3.47}$$

$\hat{H}_1$ wirkt nur auf Funktionen von $\boldsymbol{r}_1$, und $\hat{H}_{2-N}$ wirkt nur auf Funktionen der übrigen, der inneren Koordinaten:

$$\begin{aligned} \hat{H}_1 &= \frac{\hat{\boldsymbol{p}}_1^2}{2\mu} + V(\boldsymbol{r}_1) \;, \\ \hat{H}_{2-N} &= \sum_{\nu=2}^{N} \frac{\hat{\boldsymbol{p}}_\nu^2}{2\mu} + \sum_{\nu=2}^{N} V(\boldsymbol{r}_\nu) + \sum_{1<\nu<\nu'} \hat{W}(\nu,\nu') \quad . \end{aligned} \tag{3.48}$$

Die Kopplung von $\boldsymbol{r}_1$ an die übrigen Freiheitsgrade kommt von dem Wechselwirkungsterm

$$\hat{H}_W = \sum_{\nu=2}^{N} \hat{W}(1,\nu) \quad . \tag{3.49}$$

Da $\hat{H}_1$ nicht auf die inneren Wellenfunktionen wirkt, liefert die Integration über die inneren Koordinaten in $\langle \psi_\mathrm{inn}^{(i)} \delta(\boldsymbol{r}-\boldsymbol{r}_1)|\hat{H}_1|\psi_\mathrm{inn}^{(j)} \delta(\boldsymbol{r}'-\boldsymbol{r}_1)\rangle$ ein Kroneckersymbol in den Kanalindizes, und die diagonalen Matrixelemente sind einfach die Einteilchenmatrixelemente der kinetischen Energie $\hat{\boldsymbol{p}}_1^2/(2\mu)$ und der potentiellen Energie $V(\boldsymbol{r}_1)$ des äußeren Elektrons. $\hat{H}_{2-N}$ liefert einen diagonalen Beitrag, der aus den *inneren Energien* in den jeweiligen Kanälen,

$$E_i = \langle \psi_\mathrm{inn}^{(i)} | \hat{H}_2 | \psi_\mathrm{inn}^{(i)} \rangle' \quad , \tag{3.50}$$

multipliziert mit $\delta(\boldsymbol{r}-\boldsymbol{r}')$ besteht. Wenn die inneren Wellenfunktionen Eigenfunktionen von $\hat{H}_{2-N}$ sind, was mindestens näherungsweise erfüllt sein sollte, dann verschwinden die in den Kanalindizes nichtdiagonalen Beiträge von $\hat{H}_{2-N}$ zum direkten Einteilchen-Hamiltonoperator. Ansonsten gibt es eine kleine Korrektur zu dem Beitrag des Wechselwirkungsterms $\hat{H}_W$, der die Kanäle koppelt; mit dem Ausdruck (2.55) für die Elektron-Elektron-Wechselwirkung besteht dieser Beitrag aus den lokalen Kopplungspotentialen

$$V_{i,j}(\boldsymbol{r}) = \langle \psi_\mathrm{inn}^{(i)} | \sum_{\nu=2}^{N} \frac{e^2}{|\boldsymbol{r}-\boldsymbol{r}_\nu|} | \psi_\mathrm{inn}^{(j)} \rangle' \quad . \tag{3.51}$$

Die Aufteilung in direkte und Austauschanteile macht die Struktur von (3.41) als ein System von gekoppelten Schrödinger-ähnlichen Gleichungen sichtbar:

$$\left(\frac{\hat{p}^2}{2\mu} + V(\boldsymbol{r})\right)\psi_i(\boldsymbol{r}) + \sum_j V_{i,j}(\boldsymbol{r})\psi_j(\boldsymbol{r}) + \sum_j \int H_{\mathrm{ex}\,i,j}(\boldsymbol{r},\boldsymbol{r}')\psi_j(\boldsymbol{r}')\,d\boldsymbol{r}'$$
$$= (E - E_i)\psi_i(\boldsymbol{r}) - E\sum_j \int K_{i,j}(\boldsymbol{r},\boldsymbol{r}')\psi_j(\boldsymbol{r}')\,d\boldsymbol{r}' \quad . \tag{3.52}$$

Der Ansatz, der durch die gekoppelten Gleichungen (3.52) formuliert wird, ist unter dem Namen „*Close Coupling*" bekannt. Er liefert einen Satz von gekoppelten Integrodifferentialgleichungen für die Kanalwellenfunktionen $\psi_i(\boldsymbol{r})$. Die Wechselwirkungen bestehen aus einem direkten lokalen Potential und einem nichtlokalen Austauschpotential. Der explizit energieabhängige nichtlokale Beitrag auf der rechten Seite rührt daher, daß die Bewegungsgleichung die Form eines verallgemeinerten Eigenwertproblems (3.45) hat.

Die langreichweitigsten Beiträge zur potentiellen Energie in (3.52) sind das direkte diagonale Potential $V(\boldsymbol{r})$, das die elektrostatische Anziehung durch den Kern beschreibt,

$$V(\boldsymbol{r}) = -\frac{Ze^2}{r} \quad , \tag{3.53}$$

sowie die direkten Wechselwirkungspotentiale (3.51). Diese lassen sich mit Hilfe der Multipolentwicklung

$$\frac{1}{|\boldsymbol{r} - \boldsymbol{r}_\nu|} = \sum_{l=0}^{\infty} \frac{[\min\{r, r_\nu\}]^l}{[\max\{r, r_\nu\}]^{l+1}} P_l(\cos\theta_\nu) \tag{3.54}$$

für große $|\boldsymbol{r}|$ in eine Reihe entwickeln,

$$V_{i,j}(\boldsymbol{r}) = \sum_{l=0}^{\infty} \frac{e^2}{r^{l+1}} \langle\psi_{\mathrm{inn}}^{(i)}|\sum_{\nu=2}^{N} r_\nu^l\, P_l(\cos\theta_\nu)|\psi_{\mathrm{inn}}^{(j)}\rangle' \,, \quad |\boldsymbol{r}| \to \infty \quad . \tag{3.55}$$

Dabei sind P_l die Legendre-Polynome (Anhang A.1), und θ_ν ist der Winkel zwischen $\boldsymbol{r}$ und $\boldsymbol{r}_\nu$. Der $l = 0$ Beitrag in (3.55) liefert ein in den Kanalindizes diagonales Potential, welches die elektrostatische Abstoßung durch die Rumpf-Elektronen beschreibt und dafür sorgt, daß das äußere Elektron bei großen Abständen nur die Netto-Ladung $Z - (N - 1)$ von Atomkern und Rumpf-Elektronen sieht. Die höheren Beiträge für $l > 0$ hängen von den *Multipolmomenten* bzw. *Multipolmatrixelementen*

$$M_{i,j}^{(l)} = \langle\psi_{\mathrm{inn}}^{(i)}|\sum_{\nu=2}^{N} r_\nu^l\, P_l(\cos\theta_\nu)|\psi_{\mathrm{inn}}^{(j)}\rangle' \tag{3.56}$$

der inneren Zustände ab. Da die inneren Zustände im allgemeinen Eigenzustände des Paritätsoperators für die $N-1$ Elektronen sind (vgl. Abschn. 2.2.4), verschwinden die diagonalen Multipolmomente $M_{i,i}^{(l)}$ für ungerade l. Die Struktur der Close-Coupling-Gleichungen wird also für neutrale Atome und positive Ionen (also für $Z \geq N$) durch das langreichweitige in den Kanalindizes diagonale Potential $(Z - N + 1)e^2/r$ dominiert, welches die elektrostatische Anziehung des äußeren Elektrons durch die

Netto-Ladung des Rumpfes beschreibt. Die nächsten Beiträge hängen von den Multipolmomenten bzw. den Multipolmatrixelementen der inneren Zustände des Rumpfes ab; sie fallen in den diagonalen Potentialen mindestens wie $1/r^3$ und in den nichtdiagonalen Kopplungspotentialen mindestens wie $1/r^2$ ab. Die nichtlokalen Austauschpotentiale fallen wegen des exponentiellen Abfalls der Wellenfunktionen der gebundenen inneren Zustände bei großen Abständen exponentiell ab.

Im allgemeinen haben die durch die inneren Zustände $\psi_{\rm inn}^{(i)}$ definierten Kanäle einen wohldefinierten Drehimpuls, den *Kanalspin*, der sich aus den Bahndrehimpulsen der Rumpf-Elektronen $2-N$ und den Spindrehimpulsen aller Elektronen zusammensetzt. Dieser muß noch mit dem Bahndrehimpuls des äußeren Elektrons zu gutem Gesamtdrehimpuls gekoppelt werden. Bei einer Zerlegung der Close-Coupling-Gleichungen (3.52) nach radialen und Winkelanteilen können nur solche Terme miteinander koppeln, die zu denselben Werten der Gesamtdrehimpulsquantenzahlen J, M_J und, wenn die Störung durch Spin-Bahn-Kopplung genügend klein ist, zu denselben Werten der Gesamtbahndrehimpulsquantenzahlen L, M_L und der Gesamtspinquantenzahlen S, M_S gehören. Die gekoppelten Gleichungen (3.52) zerfallen also in verschiedene Sätze gekoppelter Radialgleichungen, die bis auf die nichtlokalen Austauschpotentiale die Form (1.164) haben. Jeder solche Satz ist durch die Quantenzahlen J, L, S und durch die N-Elektronen-Parität gekennzeichnet, genauso wie es für atomare Zustände allgemein in Abschn. 2.2.4 beschrieben wurde. Mit den üblichen Phasenkonventionen bei den Drehimpulskopplungen sind die Potentiale in den gekoppelten Radialgleichungen reell. Der Übergang zu gekoppelten Radialgleichungen wird im Zusammenhang mit der inelastischen Streuung in Abschn. 4.3.2 ausführlicher besprochen.

3.2.2 Autoionisierende Resonanzen

Zu einem angeregten inneren Zustand $\psi_{\rm inn}^{(2)}$ der Rumpf-Elektronen gehört eine innere Energie E_2, die höher liegt als die innere Energie E_1 des Grundzustands $\psi_{\rm inn}^{(1)}$. Während die Kanalschwelle I_1 im Kanal 1 mit der Kontinuumsschwelle I des gesamten Systems identisch ist, liegt die Kanalschwelle I_2, oberhalb von der Kanal 2 offen ist, um die innere Anregungsenergie des Rumpfes, E_2-E_1, höher:

$$I_1 = I \ , \quad I_2 = I + E_2 - E_1 \quad . \tag{3.57}$$

Bei Energien zwischen I_1 und I_2 kann es im Kanal 2 Zustände geben, die ohne die Kopplung an den offenen Kanal 1 gebunden wären. Solche Zustände sind im Bild unabhäniger Teilchen *Zwei-Elektronen-Anregungen*: zum einen ist ein Rumpf-Elektron angeregt, was den inneren Zustand $\psi_{\rm inn}^{(2)}$ definiert; zum anderen besetzt das äußere Elektron einen (angeregten) Zustand in dem Elektron-Rumpf-Potential (siehe Abb. 3.5). Durch die Kanalkopplung kann das angeregte Rumpf-Elektron seine Anregungsenergie E_2-E_1 an das äußere Elektron übertragen, das somit eine Energie über der Kontinuumsschwelle erhält und ohne Absorption oder Emission von elektromagnetischer Strahlung ausgesendet werden kann. Dieser Vorgang heißt *Autoionisation* oder *Auger-Effekt*.

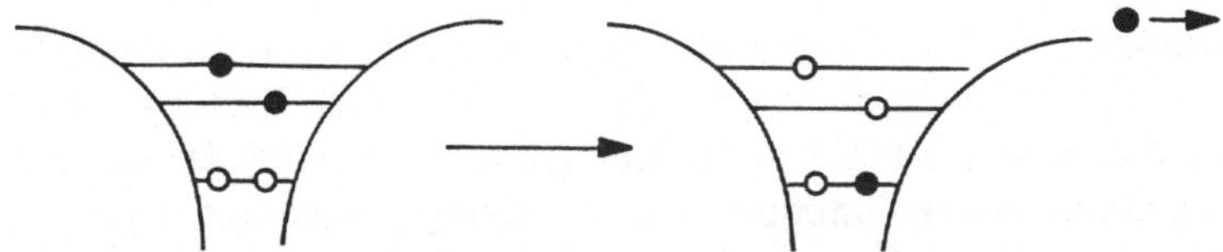

Abb. 3.5. Schematische Darstellung einer autoionisierenden Resonanz im Einteilchenbild. Elektronen sind durch ausgefüllte Kreise, unbesetzte Einteilchenzustände durch leere Kreise gekennzeichnet.

In den gekoppelten Kanalgleichungen erscheinen solche *autoionisierenden Zustände* als Feshbach-Resonanzen, wie sie in Abschn. 1.4.2 beschrieben wurden. Die Wellenfunktion des gebundenen Zustands im nicht gekoppelten Kanal 2 wird durch eine gebundene Radialwellenfunktion $\phi_0(r)$ beschrieben, und alle übrigen Koordinaten (einschließlich der Winkelkoordinaten des äußeren Elektrons) sollen in der inneren Wellenfunktion des angeregten Rumpfzustands $\psi_{\rm inn}^{(2)}$ erfaßt sein. Die Radialwellenfunktion $\phi_{\rm reg}$ im nicht gekoppelten offenen Kanal 1 hat asymptotisch die Form $[2\mu/(\pi\hbar^2 k)]^{1/2}\sin(kr+\delta_{\rm hg})$ (vgl. (1.172)), wobei $\delta_{\rm hg}$ die Hintergrundphase ist, die vom diagonalen Potential herrührt. Der Vorfaktor $[2\mu/(\pi\hbar^2 k)]^{1/2}$ gewährleistet die Normierung in der Energie. Die Auswirkung der Kopplung der Kanäle läßt sich einfach berechnen, wenn man annimmt, daß die Kanalwellenfunktion ϕ_2 im Kanal 2 stets proportional zur Wellenfunktion des gebundenen Zustands ϕ_0 ist. Dann erhält man eine Lösung der gekoppelten Gleichungen in der folgenden Form:

$$\begin{aligned} \phi_1(r) &= \cos\delta_{\rm res}\,\phi_{\rm reg}(r) + \sin\delta_{\rm res}\,\Delta\phi_1(r) \quad , \\ \phi_2(r) &= \cos\delta_{\rm res}\,\frac{\langle\phi_0|V_{2,1}|\phi_{\rm reg}\rangle}{E-E_{\rm R}}\,\phi_0(r) \quad . \end{aligned} \tag{3.58}$$

Dabei wird die Änderung der Kanalwellenfunktion im Kanal 1 durch den Term $\sin\delta_{\rm res}\,\Delta\phi_1$ beschrieben, in dem $\Delta\phi_1(r)$ asymptotisch in die irreguläre Lösung der nicht gekoppelten Gleichung übergeht:

$$\Delta\phi_1(r) = \sqrt{2\mu/(\pi\hbar^2 k)}\,\cos(kr+\delta_{\rm hg}) \;, \quad r\to\infty \quad . \tag{3.59}$$

$\delta_{\rm res}$ ist die zusätzliche asymptotische Phase, die durch die Kopplung des gebundenen Zustands im Kanal 2 an den offenen Kanal 1 hervorgerufen wird. Sie steigt in der Nähe der Energie $E_{\rm R}$ der autoionisierenden Resonanz mehr oder weniger plötzlich um π an und wird quantitativ sehr gut durch die Formel (1.183) beschrieben:

$$\tan\delta_{\rm res} = -\frac{\Gamma/2}{E-E_{\rm R}} \quad . \tag{3.60}$$

Die Breite Γ ist nach (1.181) gegeben durch

$$\Gamma = 2\pi\langle\phi_{\rm reg}|V_{1,2}|\phi_0\rangle^2 \tag{3.61}$$

und bestimmt über (2.145) die Lebensdauer des Zustands gegenüber Autoionisation. Das Potential $V_{1,2}$ ist reell (wie das Matrixelement $\langle\phi_{\rm reg}|V_{1,2}|\phi_0\rangle$) und erfaßt alle Beiträge, welche die Kanäle koppeln, einschließlich der nichtlokalen Austauschbeiträge.

Die Kanalwellenfunktionen (3.58) entsprechen genau den Lösungen der Zweikanal-Gleichungen in Abschn. 1.4.2 zusammen mit dem gemeinsamen Faktor $\cos\delta_{\rm res}$, mit dem die Wellenfunktionen in Kanal 1 in der Energie normiert sind. Damit sind auch die zugehörigen Gesamtwellenfunktionen in der Energie normiert, weil die Normierungsintegrale durch die divergenten Beiträge der Radialwellenfunktionen im offenen Kanal bestimmt sind.

Mit (3.60), (3.61) läßt sich die Radialwellenfunktion ϕ_2 aus (3.58) umschreiben zu

$$\phi_2(r) = -\frac{\sin\delta_{\rm res}}{\pi\langle\phi_{\rm reg}|V_{1,2}|\phi_0\rangle}\,\phi_0(r) \quad , \tag{3.62}$$

so daß die gesamte N-Elektronen-Wellenfunktion die folgende Gestalt hat:

$$\begin{aligned}\Phi_E = {}&\cos\delta_{\rm res}\,\hat{\mathcal{A}}_1\left\{\psi_{\rm inn}^{(1)}\frac{\phi_{\rm reg}(r)}{r}\right\} - \frac{\sin\delta_{\rm res}}{\pi\langle\phi_{\rm reg}|V_{1,2}|\phi_0\rangle}\\ &\times\hat{\mathcal{A}}_1\left\{\psi_{\rm inn}^{(2)}\frac{\phi_0(r)}{r} - \pi\langle\phi_{\rm reg}|V_{1,2}|\phi_0\rangle\,\psi_{\rm inn}^{(1)}\frac{\Delta\phi_1(r)}{r}\right\} \quad .\end{aligned} \tag{3.63}$$

Es ist sinnvoll, die Radialwellenfunktion ϕ_0 des gebundenen Zustands im (nicht gekoppelten) Kanal 2 so zu normieren, daß der Beitrag $\hat{\mathcal{A}}_1\{\psi_{\rm inn}^{(2)}\phi_0(r)/r\}$ des Kanals 2 zur N-Elektronen-Wellenfunktion (3.63) auf 1 normiert ist. Wegen der Antisymmetrisierung bedeutet dies nicht unbedingt, daß ϕ_0 selbst auf 1 normiert ist. Das Betragsquadrat des Faktors vor dem Beitrag aus Kanal 2 in (3.63) läßt sich mit (3.60), (3.61) schreiben als:

$$\frac{\sin^2\delta_{\rm res}}{\pi^2\langle\phi_{\rm reg}|V_{1,2}|\phi_0\rangle^2} = \frac{1}{\pi}\,\frac{\Gamma/2}{(E-E_{\rm R})^2+(\Gamma/2)^2} = \frac{1}{\pi}\,\frac{d\delta_{\rm res}}{dE} \quad . \tag{3.64}$$

Die Beimischung des Kanals 2 in der Nähe der autoionisierenden Resonanz wird also durch eine Lorentzkurve beschrieben, deren Maximum an der Resonanzenergie $E_{\rm R}$ liegt und deren Breite die Breite der Resonanz ist (siehe Abb. 1.8 in Abschn. 1.4.2).

Gleichung (3.63) zeigt, daß die „ungestörte Wellenfunktion" ($\delta_{\rm res}=0$) durch die Kopplung der Kanäle eine Beimischung erhält. Diese Beimischung besteht nicht nur aus dem *nackten* gebundenen Zustand $\hat{\mathcal{A}}_1\psi_{\rm inn}^{(2)}\phi_0(r)/r$, sondern ist selbst durch eine Modifikation der Wellenfunktion im offenen Kanal verziert (*dressed*).

Die Existenz von autoionisierenden Resonanzen macht sich, außer im strahlungslosen Zerfall der angeregten Zustände, auch in anderen meßbaren Größen wie z. B. den Photoabsorptionsquerschnitten bemerkbar. Um etwa die Oszillatorstärke $df_{E{\rm a}}^{(x)}/dE$ für die Photoionisation aus einem N-Elektronen-Anfangszustand $\Phi_{\rm a}$ zu berechnen, muß man die obere Formel (2.219) anwenden und die Zweikanal-Endwellenfunktion Φ_E aus (3.63) einsetzen:

$$\begin{aligned}\frac{df_{E{\rm a}}^{(x)}}{dE} &= \frac{2\mu}{\hbar}\omega\left[d_1\cos\delta_{\rm res} - d_2\,\frac{\sin\delta_{\rm res}}{\pi\langle\phi_{\rm reg}|V_{1,2}|\phi_0\rangle}\right]^2\\ &= \frac{2\mu}{\hbar}\omega d_1^2\cos^2\delta_{\rm res}\left[1-\frac{d_2}{d_1}\,\frac{\tan\delta_{\rm res}}{\pi\langle\phi_{\rm reg}|V_{1,2}|\phi_0\rangle}\right]^2 \quad .\end{aligned} \tag{3.65}$$

Dabei sind d_1 und d_2 die N-Elektronen-Matrixelemente, welche die Dipolübergänge von dem Anfangszustand Φ_a zu den beiden Beiträgen des Endzustands (3.63) beschreiben:

$$d_1 = \langle \psi_{\text{inn}}^{(1)} \frac{\phi_{\text{reg}}(r)}{r} | \sum_{\nu=1}^{N} x_\nu \hat{A}_1 | \Phi_a \rangle \quad ,$$
$$d_2 = \langle \psi_{\text{inn}}^{(2)} \frac{\phi_0(r)}{r} - \pi \langle \phi_{\text{reg}} | V_{1,2} | \phi_0 \rangle \, \psi_{\text{inn}}^{(1)} \frac{\Delta\phi_1(r)}{r} | \sum_{\nu=1}^{N} x_\nu \hat{A}_1 | \Phi_a \rangle \quad . \tag{3.66}$$

Die Formel (3.65) zeigt, daß die beobachtbaren Photoabsorptionsquerschnitte in der Nähe einer autoionisierenden Resonanz von zwei miteinander interferierenden Amplituden gestaltet werden. Die dabei auftretenden Linienformen können wir am besten diskutieren, wenn wir sie umschreiben zu

$$\frac{df_{\text{Ea}}^{(x)}}{dE} = \frac{2\mu}{\hbar}\omega d_1^2 \frac{(q+\epsilon)^2}{1+\epsilon^2} \quad . \tag{3.67}$$

Dabei ist

$$\epsilon = -\cot \delta_{\text{res}} = \frac{E - E_{\text{R}}}{\Gamma/2} \tag{3.68}$$

die *reduzierte Energie*, welche die Energie relativ zur Lage der Resonanz in Einheiten der halben Breite der Resonanz mißt. Der Parameter

$$q = \frac{d_2}{d_1 \pi \langle \phi_{\text{reg}} | V_{1,2} | \phi_0 \rangle} \tag{3.69}$$

ist der *Formparameter* oder *shape parameter*, der von der relativen Stärke der Dipolübergangsmatrixelemente (3.66) abhängt und die Form der Resonanzlinie bestimmt. In (3.67) ist $(2\mu/\hbar)\omega d_1^2$ ein schwach energieabhängiger Faktor, der die Oszillatorstärke bezeichnet, die wir ohne Kopplung an den gebundenen Zustand im Kanal 2 erwarten würden. Die Energieabhängigkeit des Wirkungsquerschnitts in der Nähe der Resonanz ist in erster Linie durch die *Beutler-Fano-Funktion*

$$F(q;\epsilon) = \frac{(q+\epsilon)^2}{1+\epsilon^2} \tag{3.70}$$

gegeben.

Beutler-Fano-Resonanzen der Form (3.67) treten nicht nur bei Photoabsorption auf, sondern bei allen observablen Größen, die durch ein Übergangsmatrixelement $\langle \Phi_E | \hat{O} | \Phi_a \rangle$ analog zu (2.219) bestimmt sind. Die Matrixelemente (3.66) sind dann durch entsprechende Matrixelemente des Übergangsoperators $\hat{O}$ zu ersetzen.

Verschiedene Werte des Formparameters q in der Beutler-Fano-Funktion (3.70) führen zu verschieden aussehenden Resonanzlinien, von denen einige in Abb. 3.6 dargestellt sind. An der Stelle $q = -\epsilon$ verschwindet die Funktion und entsprechend die Oszillatorstärke bzw. der Photoabsorptionsquerschnitt, was einer totalen destruktiven Interferenz der beiden Terme in (3.65) entspricht. Die Resonanzkurve ist auf der Seite, auf der die Nullstelle liegt, steiler als auf der anderen Seite. Das Vor-

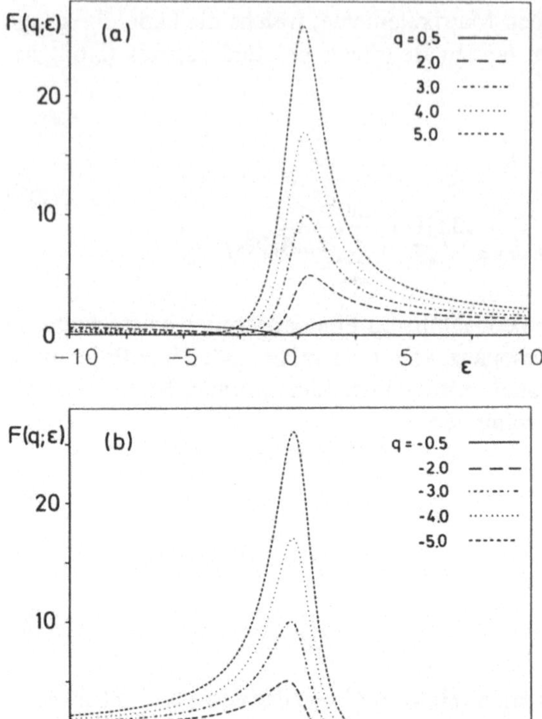

Abb. 3.6. Die Beutler-Fano-Funktion (3.70) für verschiedene positive (a) und negative (b) Werte des Formparameters q.

zeichen von q bestimmt, welche Seite die steile ist. Das Maximum der Kurve liegt bei $\epsilon = 1/q$; die Höhe des Maximums ist $1 + q^2$. Weit weg von der Resonanz, $\epsilon \to \pm\infty$, wird die Beutler-Fano-Funktion 1 und man erhält die Oszillatorstärke, die man ohne Kanalkopplung erwarten würde. Für sehr kleine Werte von $|q|$ beschreibt die Beutler-Fano-Funktion einen beinahe symmetrischen Abfall auf null um die Resonanzenergie (*Fenster-Resonanz*). (Siehe auch Aufgabe 3.4.)

3.2.3 Konfigurationswechselwirkung, Interferenz von Resonanzen

Die Überlegungen der Abschn. 1.4.2 und 3.2.2 lassen sich auf den Fall von mehr als einem geschlossenen und/oder offenen Kanal erweitern.

Betrachten wir z. B. ein System aus einem offenen Kanal 1 und zwei geschlossenen Kanälen 2 und 3, die jeweils von einem gebundenen Eigenzustand ϕ_{02} bzw. ϕ_{03} dominiert werden,

$$\left(-\frac{\hbar^2}{2\mu}\frac{d^2}{dr^2} + V_i\right)\phi_{0i} = E_{0i}\phi_{0i} \;, \quad i = 2, 3 \;. \tag{3.71}$$

Die gekoppelten Kanalgleichungen

$$\left(-\frac{\hbar^2}{2\mu}\frac{d^2}{dr^2}+V_i\right)\phi_i(r)+\sum_{j\neq i}V_{i,j}\phi_j(r)=E\,\phi_i(r)\ ,\quad i=1,2,3 \tag{3.72}$$

vereinfachen sich unter der Annahme

$$\phi_2(r)=A_2\phi_{02}(r)\ ,\quad \phi_3(r)=A_3\phi_{03}(r) \tag{3.73}$$

zu (vgl. (1.168))

$$\begin{aligned}\left(E+\frac{\hbar^2}{2\mu}\frac{d^2}{dr^2}-V_1\right)\phi_1(r)&=A_2V_{1,2}\phi_{02}(r)+A_3V_{1,3}\phi_{03}(r)\quad ,\\ A_2(E-E_{02})\phi_{02}(r)&=V_{2,1}\phi_1(r)+A_3V_{2,3}\phi_{03}(r)\quad ,\\ A_3(E-E_{03})\phi_{03}(r)&=V_{3,1}\phi_1(r)+A_2V_{3,2}\phi_{02}(r)\quad .\end{aligned} \tag{3.74}$$

Die formale Auflösung der ersten Gleichung (3.74) für ϕ_1 mit Hilfe der Greenschen Funktion (1.177) ergibt nun (vgl. (1.170))

$$\phi_1=\phi_{\text{reg}}+A_2\,\hat{G}\,V_{1,2}\phi_{02}+A_3\,\hat{G}\,V_{1,3}\phi_{03}\quad . \tag{3.75}$$

Wenn wir diesen Ausdruck für ϕ_1 in den unteren beiden Gleichungen (3.74) einsetzen und von links Matrixelemente mit ϕ_{02} bzw. ϕ_{03} bilden, erhalten wir ein inhomogenes lineares System von zwei Gleichungen für die zwei Amplituden A_2 und A_3:

$$(E-\epsilon_2)A_2-W_{2,3}A_3=W_{2,1}\ ,\quad (E-\epsilon_3)A_3-W_{3,2}A_2=W_{3,1}\quad . \tag{3.76}$$

Dabei sind die ϵ_i analog zu (1.182) Energien in der Nähe der Energien der entkoppelten Eigenzustände in den geschlossenen Kanälen,

$$\epsilon_i=E_{0i}+\langle\phi_{0i}|V_{i,1}\,\hat{G}\,V_{1,i}|\phi_{0i}\rangle\ ,\quad i=2,3\quad , \tag{3.77}$$

und $W_{i,j}$ sind die (reellen) Kopplungsmatrixelemente

$$\begin{aligned}W_{i,1}&=\langle\phi_{0i}|V_{i,1}|\phi_{\text{reg}}\rangle\ ,\quad i=2,3\quad ,\\ W_{2,3}&=\langle\phi_{02}|V_{2,3}|\phi_{03}\rangle+\langle\phi_{02}|V_{2,1}\,\hat{G}\,V_{1,3}|\phi_{03}\rangle=W_{3,2}\quad .\end{aligned} \tag{3.78}$$

$W_{2,3}$ enthält in dem zweiten Matrixelement auf der rechten Seite auch den Einfluß der indirekten Kopplung der geschlossenen Kanäle über den offenen Kanal 1. Die Auflösung des Gleichungssystems (3.76) gibt nun an Stelle von (1.174) Ausdrücke für die zwei Amplituden A_2 und A_3:

$$A_2=\frac{(E-\epsilon_3)W_{2,1}+W_{2,3}W_{3,1}}{(E-\epsilon_2)(E-\epsilon_3)-W_{2,3}^2}\ ,\quad A_3=\frac{(E-\epsilon_2)W_{3,1}+W_{3,2}W_{2,1}}{(E-\epsilon_2)(E-\epsilon_3)-W_{2,3}^2}\ . \tag{3.79}$$

Für den Tangens der zusätzlichen asymptotischen Phase δ_{res}, die in der Wellenfunktion des offenen Kanals durch die Kopplung an die gebundenen Zustände ϕ_{02} und ϕ_{03} hervorgerufen wird, erhalten wir aus der asymptotischen Form von (3.75) nun an Stelle von (1.179)

$$\tan \delta_{res} = -\pi \frac{(E-\epsilon_3)W_{2,1}^2 + (E-\epsilon_2)W_{3,1}^2 + 2W_{2,1}W_{3,1}W_{2,3}}{(E-\epsilon_2)(E-\epsilon_3) - W_{2,3}^2} \quad . \tag{3.80}$$

Die Formel (3.80) für δ_{res} beschreibt zwei resonante Sprünge um π, wobei die $\pi/2$-Durchgänge durch die Nullstellen des Nenners

$$N(E) = (E-\epsilon_2)(E-\epsilon_3) - W_{2,3}^2 \tag{3.81}$$

gegeben sind. Wenn man den Zähler auf der rechten Seite von (3.80) durch $-Z(E)$ abkürzt,

$$Z(E) = \pi[(E-\epsilon_3)W_{2,1}^2 + (E-\epsilon_2)W_{3,1}^2 + 2W_{2,1}W_{3,1}W_{2,3}] \quad , \tag{3.82}$$

dann ist die Ableitung der Phase δ_{res} an den Nullstellen von $N(E)$ gegeben durch

$$\left.\frac{d\delta_{res}}{dE}\right|_{N=0} = \frac{N'}{Z} \quad . \tag{3.83}$$

Wenn die durch die Nullstellen von $N(E)$ definierten Polstellen von $\tan \delta_{res}$ nicht zu sehr überlappen, d. h. ihr Abstand sollte nicht wesentlich kleiner sein als die Residuen, so beschreiben diese Pole zwei Resonanzen, die durch Kopplung der gebundenen Zustände ϕ_{02} und ϕ_{03} an den offenen Kanal 1 hervorgerufen werden. Die Lagen der Resonanzen, E_+ und E_-, spiegeln die Wechselwirkung der Zustände untereinander wider und sind gegeben durch (vgl. Aufgabe 1.5)

$$E_{\pm} = \frac{\epsilon_2 + \epsilon_3}{2} \pm \sqrt{\left(\frac{\epsilon_2 - \epsilon_3}{2}\right)^2 + W_{2,3}^2} \quad . \tag{3.84}$$

Wenn wir die im allgemeinen schwache Abhängigkeit der Matrixelemente $W_{i,j}$ und der durch (3.77) definierten ϵ_i von der Energie E vernachlässigen, sind die zugehörigen Breiten Γ_+ und Γ_- über die allgemeine Formel (1.185)

$$\Gamma_{\pm} = \frac{\Gamma_2 + \Gamma_3}{2} \pm \pi \frac{\frac{1}{2}(\epsilon_2 - \epsilon_3)(W_{2,1}^2 - W_{3,1}^2) + 2W_{2,1}W_{3,1}W_{2,3}}{\sqrt{\frac{1}{4}(\epsilon_2 - \epsilon_3)^2 + W_{2,3}^2}} \quad . \tag{3.85}$$

Dabei sind $\Gamma_2 = 2\pi W_{2,1}^2$ und $\Gamma_3 = 2\pi W_{3,1}^2$ die Breiten, die man jeweils durch Kopplung an nur einen der geschlossenen Kanäle 2 oder 3 nach (1.181) erwarten würde, ohne Berücksichtigung ihrer Wechselwirkung. Die Summe dieser Breiten bleibt durch die Kopplung im wesentlichen unverändert, weil die Terme hinter dem Plus-Minus-Zeichen auf der rechten Seite von (3.85) bei der Addition wegfallen, aber die Verteilung der Breiten auf die beiden Resonanzen hängt sehr empfindlich von der Wechselwirkung ab. Im Extremfall kann eine der Resonanzen die gesamte Breite tragen, während die andere eine verschwindende Breite hat, was einem *gebundenen Zustand im Kontinuum* entspricht. Das vollständige Verschwinden der Autoionisationswahrscheinlichkeit für eine Überlagerung von gebundenen Zuständen aus den geschlossenen Kanälen 2 und 3 kann man als Folge einer vollständig destruktiven Interferenz der Zerfallsamplituden der beiden Komponenten des Zustands verstehen. (Siehe Aufgabe 3.3.)

Das Auftreten von Resonanzen mit exakt verschwindender Breite kann man allgemein an der Formel (3.80) ablesen, ohne irgendwelche weiteren Annahmen machen zu müssen. An Nullstellen des Nenners (3.81) ist die Phase δ_{res} ein halbzahliges Vielfaches von π, an Nullstellen des Zählers (3.82) ist sie ein ganzzahliges Vielfaches von π. Wenn eine Nullstelle des Zählers sehr nahe bei einer Nullstelle des Nenners liegt, muß die Steigung der Phase sehr groß werden, da ein endlicher Sprung um mindestens $\pi/2$ über eine sehr kleine Energie erfolgen muß. Eine unendlich scharfe Resonanz, d. h. einen gebundenen Zustand im Kontinuum, erhält man, wenn Zähler und Nenner gleichzeitig verschwinden, und das ist der Fall, wenn die folgenden Gleichungen erfüllt sind:

$$E-\epsilon_2=-\frac{W_{2,1}}{W_{3,1}}W_{2,3}\ ,\quad E-\epsilon_3=-\frac{W_{3,1}}{W_{2,1}}W_{2,3}\quad . \tag{3.86}$$

In diesem Fall ist die asymptotische Phase δ_{res} unbestimmt, weil die Wellenfunktion $\phi_1(r)$ im offenen Kanal einen gebundenen Zustand beschreibt, der asymptotisch verschwindet.

Die Interferenz von zwei Resonanzen aus verschiedenen geschlossenen Kanälen macht sich auch in den Photoabsorptionsquerschnitten bzw. Oszillatorstärken bemerkbar. Für die drei Kanalwellenfunktionen, die den in der Energie normierten Endzustand Φ_E definieren, lautet die entsprechende Verallgemeinerung von (3.58)

$$\begin{aligned}&\phi_1(r)=\cos\delta_{res}\phi_{reg}(r)+\sin\delta_{res}\Delta\phi_1(r)\quad ,\\&\phi_2(r)=\cos\delta_{res}A_2\phi_{02}(r)\ ,\quad \phi_3(r)=\cos\delta_{res}A_3\phi_{03}(r)\quad ,\end{aligned} \tag{3.87}$$

und die Gesamtwellenfunktion Φ_E ist eine entsprechende Verallgemeinerung von (3.63). Wenn wir die Oszillatorstärken (2.219) mit dieser Endwellenfunktion ausrechnen, so erhalten wir als Erweiterung von (3.65)

$$\frac{df_{Ea}}{dE}=\frac{2\mu}{\hbar}\omega\, d_1^2\cos^2\delta_{res}\left(1+\frac{d_2}{d_1}A_2+\frac{d_3}{d_1}A_3\right)^2\quad . \tag{3.88}$$

Dabei ist $(2\mu/\hbar)\omega d_1^2$ die Oszillatorstärke, die man ohne Kopplung des offenen Kanals an die geschlossenen Kanäle erwarten würde. Die Parameter d_2 und d_3 sind Dipolübergangsmatrixelemente vom Anfangszustand zu den Komponenten der jeweiligen geschlossenen Kanäle in der Endwellenfunktion. Diese sind durch die Kanalwellenfunktionen ϕ_{02} bzw. ϕ_{03} definiert und können noch wie in (3.66) eine kleine Beimischung des offenen Kanals enthalten. Ersetzt man den $\cos^2$ in (3.88) durch $1/(1+\tan^2)$, so erhält man mit den expliziten Ausdrücken (3.79) für die Amplituden A_2, A_3

$$\begin{aligned}\frac{df_{Ea}}{dE}=&\frac{2\mu}{\hbar}\omega d_1^2\left\{N(E)+\frac{d_2}{d_1}\left[(E-\epsilon_3)W_{2,1}+W_{2,3}W_{3,1}\right]\right.\\&\left.+\frac{d_3}{d_1}\left[(E-\epsilon_2)W_{3,1}+W_{3,2}W_{2,1}\right]\right\}^2\frac{1}{N(E)^2+Z(E)^2}\quad ,\end{aligned} \tag{3.89}$$

wobei $N(E)$ und $Z(E)$ wieder der Nenner (3.81) bzw. der Zähler (3.82) in dem Ausdruck (3.80) für die Phase sind.

Für verschiedene Werte der Kopplungsmatrixelemente $W_{i,j}$, der (verschobenen) Energien ϵ_2, ϵ_3 der nicht wechselwirkenden Resonanzen und der relativen Dipolmatrixelemente d_2/d_1 und d_3/d_1 kann die Formel (3.89) für die Oszillatorstärken zu sehr verschiedenen Energieabhängigkeiten bzw. Linienformen führen. Abbildung 3.7 zeigt zwei Beispiele, in denen unterschiedliche Interferenzeffekte eine schmale Resonanz hervorrufen. Zur Berechnung der Phase (3.80) und der Oszillatorstärke (3.89) wurden in beiden Fällen für die direkte Kopplung der geschlossenen Kanäle an den offenen Kanal dieselben Matrixelemente $W_{2,1}$ (0.5) und $W_{3,1}$ (0.3) eingesetzt und dieselben relativen Dipolmatrixelemente d_2/d_1 und d_3/d_1 (jeweils 2.0). Darüber hinaus entspricht Abb. 3.7(a) den Werten $\epsilon_2=4.0$, $\epsilon_3=6.0$, $W_{2,3} = -1.5$. In diesem Fall sind beide Resonanzen deutlich getrennt, aber die untere trägt fast die ganze Breite, während die obere sehr schmal ist, weil die Bedingungen (3.86) für einen gebundenen Zustand im Kontinuum beinahe erfüllt sind. In der Oszillatorstärke sind eine Breite und eine schmale Beutler-Fano-Resonanz deutlich zu erkennen. Das Maximum der schmalen Resonanz ist sehr hoch, weil der Nenner $N(E)^2 + Z(E)^2$ auf der rechten Seite von (3.89) sehr klein wird. Sowohl für die schmale als auch für die breite Resonanz liegt die Nullstelle der Oszillatorstärke links vom Maximum, was einem positiven Formparameter q entspricht (siehe Abb. 3.6).

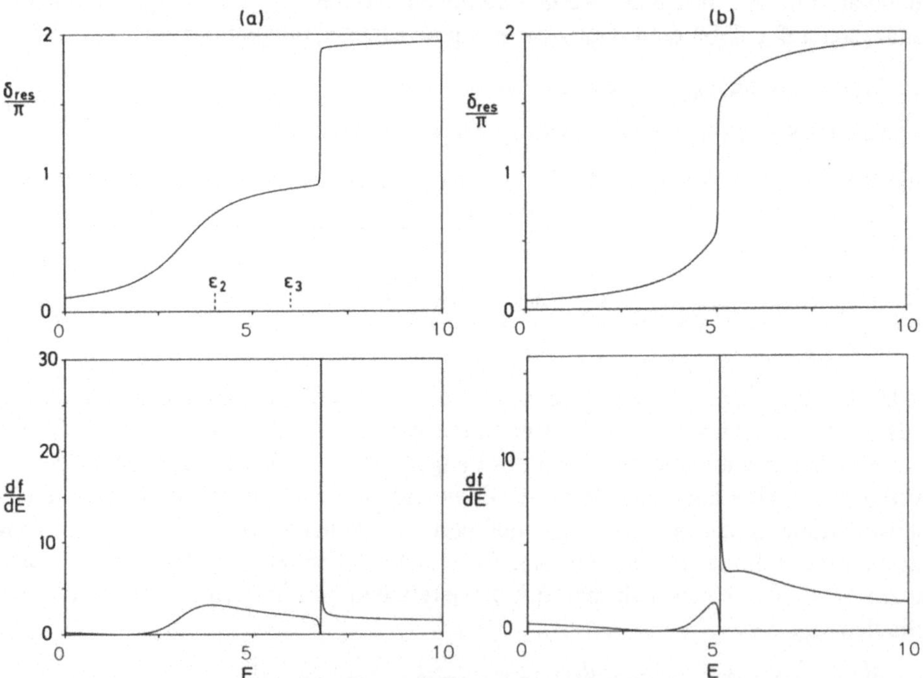

Abb. 3.7a,b. Resonante Phasen (3.80) und Oszillatorstärken (3.89) für zwei Beispiele von zwei interferierenden Resonanzen. Die Kopplungen der beiden geschlossenen Kanäle 2 und 3 an den offenen Kanal sind durch die Matrixelemente $W_{2,1} = 0.5$, $W_{3,1} = 0.3$ gegeben, und die relativen Dipolstärken sind $d_2/d_1 = d_3/d_1 = 2.0$. Darüber hinaus ist im Fall **(a)** $\epsilon_2 = 4.0$, $\epsilon_3 = 6.0$, $W_{3,2} = -1.5$. Im Fall **(b)** ist $\epsilon_2 = 4.9$, $\epsilon_3 = 5.1$, $W_{3,2} = 0$. Die Oszillatorstärken in den unteren Bildhälften sind in angegeben in Einheiten der Oszillatorstärke $(2\mu/\hbar)\omega d_1^2$, die man ohne Kopplung an die beiden gebundenen Zustände in den geschlossenen Kanälen erhält.

In Abb. 3.7(b) ist das Matrixelement $W_{3,2}$ für die direkte Kopplung der beiden geschlossenen Kanäle null, und die Energien ϵ_2 und ϵ_3 wurden sehr dicht beinander gewählt (nämlich bei 4.9 bzw. 5.1). Dieser Fall entspricht der Überlagerung von zwei Resonanzen, die keine direkte Wechselwirkung miteinander haben, und deren Abstand wesentlich kleiner ist als ihre Breite. Jetzt ist der Abstand der Polstellen (3.84) von $\tan \delta_{\mathrm{res}}$ so klein, daß es nicht mehr möglich ist, zwei unabhängige Resonanzen zu identifizieren. Zwischen den beiden Polstellen muß aber zwangsläufig die Phase von einem halbzahligen Vielfachen von π zum nächsten halbzahligen Vielfachen von π ansteigen, was ebenfalls zu einem plötzlichen Phasensprung führt (siehe obere Bildhälfte). In der Oszillatorstärke (untere Bildhälfte) erkennt man eine sehr schmale (und hohe) Beutler-Fano-Resonanz, die mitten in eine breite Resonanz hineinschneidet.

Neben den beiden Beispielen in Abb. 3.7 sind noch diverse andere Linienformen möglich, die unterschiedlichen Breiten und Abständen und verschiedenen Formparametern q der Resonanzen entsprechen. Die beobachtbaren Linien sind oft das Ergebnis komplizierter Interferenzeffekte, und es ist nicht ohne weiteres klar, daß ein Maximum im Photoabsorptionsquerschnitt eindeutig einem bestimmten gegen Autoionisation instabilen Zustand des Atoms entspricht.

Die bisherigen Überlegungen gingen davon aus, daß nur ein Kanal offen ist. Wenn z. B. zwei Kanäle offen sind, so sind die asymptotischen Phasen der Kontinuumswellenfunktionen nicht eindeutig bestimmt, und es gibt zu jeder Energie E zwei linear unabhängige ungebundene Lösungen der gekoppelten Kanalgleichungen. Bei der Anwendung der Goldenen Regel zur Berechnung von Übergangswahrscheinlichkeiten erhält man dann eine nicht kohärente Überlagerung von zwei Beiträgen die den verschiedenen Endzuständen entsprechen. Eine detaillierte und umfassende Beschreibung der Theorie von Photoabsorptionsspektren befindet sich in dem Handbuch-Artikel von Starace [Sta82].

3.2.4 Gestörte Rydbergserien

Die Wirkung einer isolierten autoionisierenden Resonanz kann man im Rahmen der QDT durch einen Zusatzterm auf der rechten Seite von (3.22) erfassen:

$$\tan\left[\pi(\nu+\mu)\right] = \frac{\Gamma/2}{E - E_{\mathrm{R}}} \quad . \tag{3.90}$$

Dabei ist $\mu(E)$ nach wie vor eine schwach energieabhängige Quantendefektfunktion, in der die Abweichung des Potentials im offenen Kanal 1 vom reinen Coulombpotential zum Ausdruck kommt, und $\nu(E)$ hat nach wie vor die durch (3.23) definierten Bedeutungen unterhalb und oberhalb der Schwelle. Durch die Modifikation (3.90) bleibt die QDT-Gleichung für Energien E unterhalb der Schwelle eine Bestimmungsgleichung für die Energien der gebundenen Zustände, die nun aber durch die Schnittpunkte der Kurven (3.18) mit der Funktion

$$\tilde{\mu}(E) = \mu(E) - \frac{1}{\pi} \arctan \frac{\Gamma/2}{E - E_{\mathrm{R}}} \tag{3.91}$$

gegeben sind. Für Energien E oberhalb der Schwelle beschreibt die QDT-Gleichung (3.90) den resonanten Sprung der Phase um π,

$$\delta = \pi\mu(E) - \arctan \frac{\Gamma/2}{E - E_{\mathrm{R}}} \ , \tag{3.92}$$

und die schwach energieabhängige Funktion $\pi\mu(E)$ tritt als Hintergrundphase auf.

Streng genommen lassen sich die Effekte des Potentials und der Feshbach-Resonanz nicht einfach linear superponieren; deshalb kann sich die Quantendefektfunktion $\mu(E)$ in Anwesenheit der Resonanz, d. h. unter Berücksichtigung der Kopplung an den geschlossenen Kanal, geringfügig von der Quantendefektfunktion unterscheiden, die man aus dem Potential im offenen Kanal ohne Berücksichtigung der Kopplung erhalten würde.

Eine typische Realisierung der QDT unter Berücksichtigung einer autoionisierenden Resonanz bei einer Energie E_{R} oberhalb der Kontinuumsschwelle ist in Abb. 3.8(a) dargestellt.

An den obigen Überlegungen ändert sich physikalisch viel, aber formal wenig, wenn die Energie der Zwei-Elektronen-Anregung nicht über, sondern unterhalb der

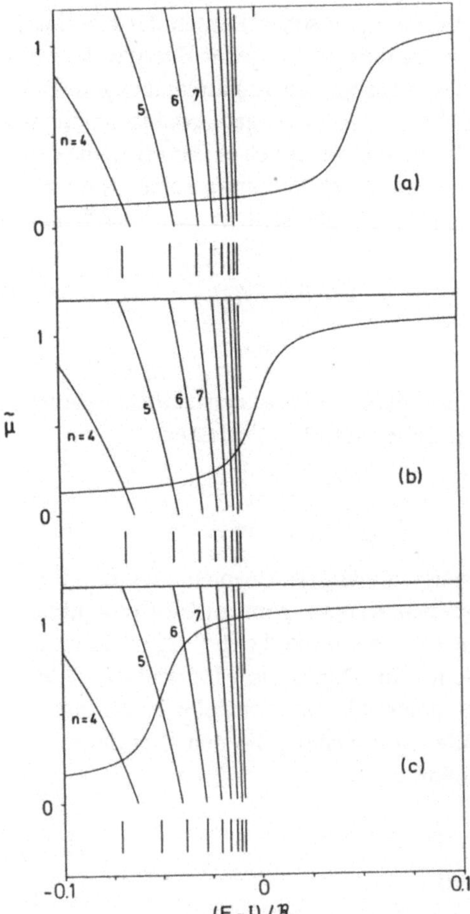

Abb. 3.8a–c. Die Funktion $\tilde{\mu}$ aus (3.91), für einen isolierten resonanten bzw. pseudoresonanten Störer der Breite $\Gamma = 0.02$ Rydbergenergien. Für $\mu(E)$ wurde der Wert 0.1 angenommen. Die Lage des Störers ist (**a**) $E_{\mathrm{R}} = I + 0.05\,\mathcal{R}$, (**b**) $E_{\mathrm{R}} = I$, (**c**) $E_{\mathrm{R}} = I - 0.05\,\mathcal{R}$. Für $E > I$ ist $\pi\tilde{\mu}$ die asymptotische Phasenverschiebung in Bezug auf die reguläre Coulombfunktion; für $E < I$ geben die Schnittpunkte von $\tilde{\mu}(E)$ mit der Schar von Kurven (3.18) die Energien der gebundenen Zustände, die nochmal als vertikale Striche unten im jeweiligen Bildteil dargestellt sind.

Kontinuumsschwelle I liegt. Da die mathematische Begründung der QDT-Gleichung [Sea83] oberhalb und unterhalb der Schwelle gleichermaßen gilt, können die Formeln (3.90), (3.91) ohne weiteres auch angewendet werden, wenn die Energie E_R, bei der sich die Wirkung des gebundenen Zustands im Kanal 2 bemerkbar macht, unterhalb der Schwelle liegt. Die Zwei-Elektronen-Anregung ist nun nicht eine autoionisierende Resonanz, sondern ein zusätzlicher gebundener Zustand, der sich als *pseudoresonante Störung* in der Rydbergserie der gebundenen Zustände bemerkbar macht. An die Stelle des Sprungs um π in der asymptotischen Phasenverschiebung tritt ein mehr oder weniger plötzlicher Sprung um 1 in den Quantendefekten der gebundenen Zustände. Dies ist in Abb. 3.8(c) dargestellt. Weit unterhalb der Energie E_R des Störers liegen die Quantendefekte auf der schwach energieabhängigen Kurve $\mu(E)$. In der Nähe von E_R nehmen die Quantendefekte zu, so daß die effektiven Quantenzahlen $n^* = n - \mu_n$ und folglich auch die Energien (3.5) dichter liegen als ohne Störung. Weit oberhalb des Störers sind die Quantendefekte gerade um 1 im Vergleich zur ungestörten Rydbergserie verschoben. Das ändert nicht ihre Energien, aber ihre Numerierung: der n-te Zustand der ungestörten Serie bei der Energie $E_n = I - \mathcal{R}/(n - \mu_n)^2$ ist nun der $(n+1)$-te Zustand der gestörten Serie bei annähernd derselben Energie. Das Spektrum ist also durch den Störer auf einer Strecke, die ungefähr der Breite Γ entspricht, so gestaucht, daß insgesamt ein gebundener Zustand mehr hineinpaßt. Die Spektren mit und ohne Störer sind nochmals in den unteren Teilen von Abb. 3.8 dargestellt.

Schließlich ist es möglich, daß die Energie E_R der Resonanz sehr nahe an der Schwelle liegt, so daß das Intervall $E_R - \Gamma/2$, $E_R + \Gamma/2$ sowohl Energien unterhalb als auch oberhalb der Kontinuumsschwelle umfaßt. In diesem Fall, der in Abb. 3.8 (b) dargestellt ist, macht sich der gebundene Zustand im geschlossenen Kanal 2 zum Teil durch eine Störung der Rydbergserie der gebundenen Zustände und zum Teil als Ausläufer einer Resonanz im Kontinuum bemerkbar.

Eine pseudoresonante Störung der Rydbergserie der gebundenen Zustände macht sich nicht nur in einer Verschiebung der Energien bemerkbar, sondern auch in anderen observablen Größen wie z. B. Photoabsorptionswahrscheinlichkeiten bzw. Oszillatorstärken. Die Auswirkung eines Störers auf die diskreten Oszillatorstärken f_n in einer Rydbergserie sind mit einer Formel analog zu (3.67) zu beschreiben, wenn wir die linke Seite durch die mit der Dichte der Zustände multiplizierten diskreten Oszillatorstärken ersetzen (vgl. 3.36):

$$\frac{(n^*)^3}{2\mathcal{R}} f_n = \frac{(n^*)^3}{2\mathcal{R}} f_n^{(0)} \frac{(q+\epsilon)^2}{1+\epsilon^2} , \tag{3.93}$$

mit

$$\epsilon = \frac{E - E_R}{\Gamma/2} , \quad q = \frac{d_2/d_1}{\pi \langle \phi_n^E | V_{1,2} | \phi_0 \rangle} . \tag{3.94}$$

Dabei sind $f_n^{(0)}$ die diskreten Oszillatorstärken, die man ohne Störung der Rydbergserie erwarten würde, und d_2/d_1 ist ein schwach energieabhängiger Parameter, der wie in (3.69) die relative Stärke der Dipolübergänge zu den verschiedenen Kanälen beschreibt. Mit den umnormierten gebundenen Wellenfunktionen ϕ_n^E im Kanal 1, die an der Schwelle stetig in die in der Energie normierten Kontinuumswellenfunktionen übergehen, ist das Matrixelement $\langle\phi_n^{\mathrm{E}}|V_{1,2}|\phi_0\rangle$ eine schwach energieabhängige Größe, welche die effektive Stärke der Kanalkopplung beschreibt.

3.3 Mehrkanal-Quantendefekttheorie (MQDT)

3.3.1 Zwei gekoppelte Coulomb-Kanäle

Wir betrachten in diesem Abschnitt ein Zweikanal-System, in dem die diagonalen Potentiale jeweils durch ein modifiziertes Coulombpotential gegeben sind:

$$V_i(r) \stackrel{r\to\infty}{=} I_i - \frac{C}{r} \quad . \tag{3.95}$$

Zwischen den beiden Kanalschwellen I_1 und I_2 ($I_1 < I_2$) gibt es nun nicht nur einen gebundenen Zustand im geschlossenen Kanal 2, der zu einer autoionisierenden Resonanz führt (siehe Abschn. 3.2.4), sondern unendlich viele solcher Zustände, die eine Rydbergserie bilden. Durch die Kopplung an den offenen Kanal 1 erhalten wir dann eine ganze *Rydbergserie von autoionisierenden Resonanzen* bei den Energien

$$E_{n_2} = I_2 - \frac{\mathcal{R}}{(n_2^*)^2} = I_2 - \frac{\mathcal{R}}{[n_2 - \mu_2(n_2)]^2} \quad , \tag{3.96}$$

wobei n_2^* und $\mu_2(n_2)$ nun effektive Quantenzahlen und Quantendefekte im Kanal 2 sind. Die Breiten Γ_{n_2} der Resonanzen werden durch eine Formel analog zu (3.61) beschrieben:

$$\Gamma_{n_2} = 2\pi\langle\phi_{\mathrm{reg}}|V_{1,2}|\phi_{n_2}\rangle^2 = 2\pi\frac{2\mathcal{R}}{(n_2^*)^3}\langle\phi_{\mathrm{reg}}|V_{1,2}|\phi_{n_2}^{\mathrm{E}}\rangle^2 \quad . \tag{3.97}$$

Dabei sind ϕ_{n_2} die gebundenen Radialwellenfunktionen im geschlossenen Kanal 2, und

$$\phi_{n_2}^{\mathrm{E}}(r) = \sqrt{\frac{(n_2^*)^3}{2\mathcal{R}}}\,\phi_{n_2}(r) \tag{3.98}$$

sind die entsprechenden umnormierten Wellenfunktionen, die an der Schwelle I_2 stetig in die in der Energie normierten Kontinuumswellenfunktionen – nun aber im Kanal 2 – übergehen. In der Nähe der Schwelle I_2 wird das Matrixelement auf der rechten Seite von (3.97) also schwach von der Energie abhängen, und wir sehen ohne große Rechnung, daß die Autoionisationsbreiten für große Werte der Quantenzahl n_2 im Kanal 2 umgekehrt proportional zur dritten Potenz der zugehörigen effektiven Quantenzahl n_2^* abnehmen, also genauso wie die Abstände benachbarter Resonanzen.

Diese Verhältnisse lassen sich kompakt und anschaulich durch eine Erweiterung der Formel (3.90) beschreiben:

$$\tan[\pi(\nu_1 + \mu_1)] = \frac{R_{1,2}^2}{\tan[\pi(\nu_2 + \mu_2)]} \quad . \tag{3.99}$$

In dem zunächst interessierenden Energiebereich zwischen den beiden Kanalschwellen ist ν_1, wie in (3.23), bis auf einen Faktor $-1/\pi$ einfach die asymptotische Phasenverschiebung im offenen Kanal 1,

$$\nu_1(E) = -\frac{1}{\pi}\,\delta_1(E)\ , \quad E > I_1 \quad , \tag{3.100}$$

während ν_2 im geschlossenen Kanal 2 die Bedeutung der kontinuierlichen effektiven Quantenzahl hat, die nun aber durch den Abstand zur Kanalschwelle I_2 definiert ist:

$$\nu_2(E) = \sqrt{\frac{\mathcal{R}}{I_2 - E}}\ , \quad E < I_2 \quad . \tag{3.101}$$

Die dimensionslose Größe $R_{1,2}$ beschreibt die Stärke der Kopplung zwischen den Kanälen 1 und 2 und soll höchstens schwach von der Energie abhängen.

Die Gleichung (3.99) ist (zwischen den Kanalschwellen I_1 und I_2) eine explizite Gleichung für die asymptotische Phasenverschiebung δ_1 im offenen Kanal:

$$\delta_1 = \pi\mu_1(E) - \arctan\left[\frac{R_{1,2}^2}{\tan\left[\pi(\nu_2 + \mu_2)\right]}\right] \quad . \tag{3.102}$$

Dabei erscheint $\pi\mu_1(E)$ wie der Term $\pi\mu(E)$ in (3.92) als Hintergrundphase, die von dem diagonalen Potential im Kanal 1 herrührt (bzw. von seiner Abweichung vom reinen Coulombpotential). Der arctan-Term liefert nun nicht nur einen isolierten Sprung der Phase um π, sondern eine ganze Rydbergserie von Sprüngen, die an den Energien E_{n_2} erfolgen, bei denen der Nenner $\tan[\pi(\nu_2 + \mu_2)]$ im Argument verschwindet. Diese Bedingung entspricht aber gerade der Einkanal-QDT-Gleichung (3.22) für den geschlossenen Kanal 2, und $\mu_2(E)$ spielt dabei die Rolle der schwach energieabhängigen Quantendefektfunktion, welche die Quantendefekte $\mu_2(n_2)$ in der Rydbergserie von Energien (3.96) verbindet. In der Nähe der Nullstellen von $\tan[\pi(\nu_2 + \mu_2)]$ können wir die Funktion entwickeln und erhalten mit der Abkürzung

$$T_2(E) := \tan\left[\pi(\nu_2 + \mu_2)\right] \tag{3.103}$$

die Beziehung

$$T_2(E) \approx (E - E_{n_2}) \left.\frac{dT_2}{dE}\right|_{E=E_{n_2}} = (E - E_{n_2})\,\frac{\pi}{2\mathcal{R}}\,(n_2^*)^3 \quad . \tag{3.104}$$

In der Nähe der Nullstellen von $T_2(E)$ vereinfacht sich also (3.102) zu

$$\delta_1 = \pi\mu_1(E) - \arctan\left[\frac{2\mathcal{R}}{\pi(n_2^*)^3}\,\frac{R_{1,2}^2}{(E - E_{n_2})}\right] \quad . \tag{3.105}$$

Wenn wir für $R_{1,2}$ das Kopplungsmatrixelement (multipliziert mit $-\pi$) einsetzen, das über die umnormierten gebundenen Wellenfunktionen (3.98) definiert ist,

$$R_{1,2} = -\pi\langle\phi_{\mathrm{reg}}|V_{1,2}|\phi_{n_2}^{\mathrm{E}}\rangle \quad , \tag{3.106}$$

dann erhält (3.105) genau die Form (3.92) für eine isolierte Resonanz an der

Stelle E_{n_2} mit der Breite (3.97). Die Übertragung des Bildes isolierter Feshbach-Resonanzen auf eine Rydbergserie von autoionisierenden Resonanzen liefert also die approximative Beziehung (3.106) für den Kopplungsparameter $\mathcal{R}_{1,2}$. (Das Vorzeichen, das in (3.99), (3.105) noch keine Rolle spielt, entspricht der gebräuchlichsten Konvention [GF84].)

Neben dem Verhalten der asymptotischen Phase δ_1 lassen sich auch andere Ergebnisse aus Abschn. 3.2.2 auf den Fall einer Rydbergserie von Resonanzen übertragen. Aus den expliziten Formeln (3.58) und (3.62) für die radialen Kanalwellenfunktionen wird

$$\begin{aligned} \phi_1(r) &= \cos\left[\pi(\nu_1+\mu_1)\right]\phi_{\rm reg}(r) - \sin\left[\pi(\nu_1+\mu_1)\right]\phi_{\rm irr}(r)\ , \quad r\to\infty\ , \\ \phi_2(r) &= -\frac{\sin\left[\pi(\nu_1+\mu_1)\right]}{\mathcal{R}_{1,2}}\frac{(n_2^*)^3}{2\mathcal{R}}\phi_{n_2}(r) = -\frac{\sin\left[\pi(\nu_1+\mu_1)\right]}{\mathcal{R}_{1,2}}\phi^{\rm E}_{n_2}(r)\ . \end{aligned} \tag{3.107}$$

Bis auf ein Minuszeichen ist $\pi(\nu_1+\mu_1) = -(\delta_1 - \pi\mu_1)$ gerade der „Resonanz-Teil“ der asymptotischen Phase, ohne die schwach energieabhängige Hintergrundphase $\pi\mu_1$, die bereits in den regulären und irregulären Lösungen $\phi_{\rm reg}$ und $\phi_{\rm irr}$ des (nicht gekoppelten) offenen Kanals enthalten ist. $\phi^{\rm E}_{n_2}$ sind die umnormierten gebundenen Wellenfunktionen (3.98), die an der Schwelle I_2 stetig in die in der Energie normierten Kontinuumswellenfunktionen $\phi^{(2)}_{\rm reg}$ des Kanals 2 übergehen.

Wenn wir mit den Wellenfunktionen (3.107) analog zu (3.65) die Oszillatorstärke für Photoionisation ausrechnen, erhalten wir

$$\begin{aligned} \frac{df_{\rm Ea}}{dE} &= \frac{2\mu}{\hbar}\omega d_1^2\cos^2\left[\pi(\nu_1+\mu_1)\right]\left[1-\frac{d_2}{d_1}\frac{\tan\left[\pi(\nu_1+\mu_1)\right]}{\mathcal{R}_{1,2}}\right]^2 \\ &= \frac{2\mu}{\hbar}\omega d_1^2\frac{\{\tan\left[\pi(\nu_2+\mu_2)\right] - \mathcal{R}_{1,2}d_2/d_1\}^2}{\tan^2\left[\pi(\nu_2+\mu_2)\right] + \mathcal{R}_{1,2}^4}\ , \end{aligned} \tag{3.108}$$

wobei $(2\mu/\hbar)\omega d_1^2$ die schwach energiabhängige Oszillatorstärke bezeichnet, die man ohne Kopplung an den geschlossenen Kanal 2 erwarten würde, und d_2/d_1 wieder die relative Oszillatorstärke der Übergange vom Anfangszustand in die beiden Endzustandskanäle beschreibt. Um die untere Gleichung in (3.108) zu bekommen, wurde für $\tan\left[\pi(\nu_1+\mu_1)\right]$ gemäß (3.99) der Ausdruck $\mathcal{R}_{1,2}^2/\tan\left[\pi(\nu_2+\mu_2)\right]$ eingesetzt. Gleichung (3.108) hat dieselbe Form wie (3.67),

$$\frac{df_{\rm Ea}}{dE} = \frac{2\mu}{\hbar}\omega d_1^2\frac{(q+\epsilon)^2}{1+\epsilon^2}\ , \tag{3.109}$$

wenn wir die reduzierte Energie ϵ definieren als

$$\epsilon = \frac{\tan\left[\pi(\nu_2+\mu_2)\right]}{\mathcal{R}_{1,2}^2}\ . \tag{3.110}$$

Der Formparameter q ist nun

$$q = -\frac{d_2/d_1}{\mathcal{R}_{1,2}}\ . \tag{3.111}$$

Die reduzierte Energie (3.110) ist in der Nähe einer Resonanzenergie, d. h. einer Nullstelle von $\tan[\pi(\nu_2 + \mu_2)]$, eine lineare Funktion der Energie E (siehe (3.104)) und ist tatsächlich durch den Ausdruck auf der rechten Seite von (3.68) gegeben, wenn man $R_{1,2}^2$ durch die Breite Γ ausdrückt (vgl. (3.125) unten). Entfernt man sich von der Resonanzenergie um einen Abstand bis $\mp 1/2$ in der kontinuierlichen effektiven Quantenzahl ν_2, so durchläuft die reduzierte Energie (3.110) das gesamte Intervall $-\infty$ bis $+\infty$. In der Rydbergserie von Resonanzen wird also jede einzelne „Beutler-Fano-Resonanz" auf ein Energie-Intervall gestaucht, welches gerade einem Intervall der Länge 1 in der kontinuierlichen effektiven Quantenzahl im geschlossenen Kanal 2 entspricht. (Siehe Abb. 3.9.)

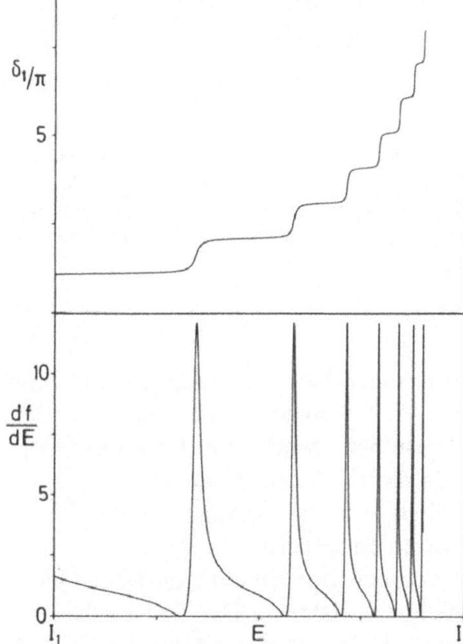

Abb. 3.9. Phase (3.102) und Oszillatorstärke (3.108) in einer Rydbergserie von autoionisierenden Resonanzen für die folgenden Werte der 2QDT-Parameter: $\mu_1 = 0.1$, $\mu_2 = 0.1$, $R_{1,2} = 0.3$, $d_2/d_1 = -1.0$. Der Abstand der Beiden Schwellen I_1 und I_2 ist 0.1 Rydbergenergien. Die Oszillatorstärke in der unteren Bildhälfte ist angegeben in Einheiten der Oszillatorstärke $(2\mu/\hbar)\omega d_1^2$, die man ohne Ankopplung der Rydbergserie im geschlossenen Kanal 2 erwarten würde.

Die in Abb. 3.9 dargestellten Verhältnisse beziehen sich auf den Energiebereich $I_1 < E < I_2$, in dem Kanal 1 offen und Kanal 2 geschlossen ist. Um sie auf Energien unterhalb der Schwelle I_1 zu übertragen, wo beide Kanäle geschlossen sind, müssen wir die Größe ν_1 wieder als kontinuierliche effektive Quantenzahl im Kanal 1 ansehen:

$$\nu_1(E) = \sqrt{\frac{\mathcal{R}}{I_1 - E}}, \quad E < I_1 \quad , \tag{3.112}$$

Nun ist (3.99) eine Bestimmungsgleichung für die Energien der gebundenen Zustände im gekoppelten Zweikanal-System. Liegt unterhalb von I_1 ein gebundener Zustand im (nicht gekoppelten) angeregten Kanal 2, so führt die zugehörige Nullstelle in der Funktion $T_2(E)$ (3.103) zu einer pseudoresonanten Störung in der Rydbergserie der gebundenen Zustände, die sich, wie in Abschn. 3.2.4 für einzelne Störer beschrie-

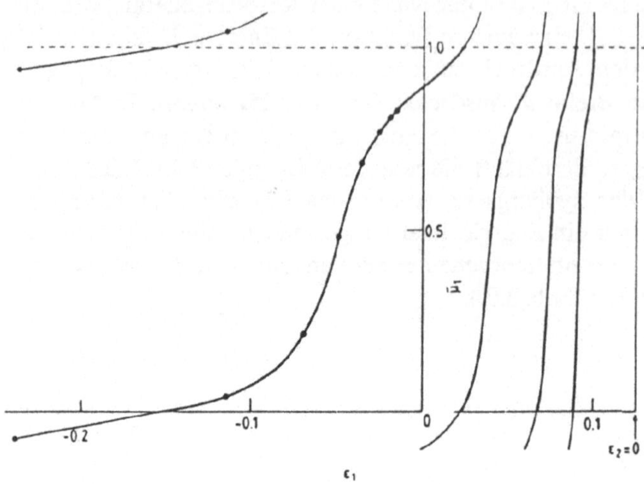

Abb. 3.10. Der linke Teil des Bildes zeigt (modulo 1) die Quantendefekte der $4s\,np\ ^1P^o$ Rydbergserie in Ca I, die von dem tiefsten Zustand im $3d\,np\ ^1P^o$ Kanal gestört wird. Im rechten Teil des Bildes sieht man (wieder modulo 1) die asymptotische Phase (geteilt durch π) in dem nun offenen $4s\,np\ ^1P^o$ Kanal. Die resonanten Sprünge in der Phase kommen von den höheren Zuständen im $3d$ Kanal und entsprechen wie in Abb. 3.9 autoionisierenden Resonanzen. (Aus [Sea83].)

ben, in einem Sprung der Quantendefekte um 1 bemerkbar macht. Als Beispiel zeigt Abb. 3.10 die Quantendefekte der Rydbergserie im Kalziumatom, die aus den zu $^1P^o$ gekoppelten $4s\,np$ Zuständen gebildet wird. Diese Serie wird in der Nähe der Quantenzahl $n = 7$ von dem tiefsten Zustand im $3d\,np\,^1P^o$ Kanal gestört. Oberhalb der Schwelle setzt sich das Bild fort in einer Rydbergserie von Sprüngen in der Phase, die wie in Abb. 3.9 autoionisierenden Resonanzen entsprechen.

In dem Photoabsorptionsspektrum macht sich der Störer unterhalb der Schwelle durch eine Modulation der mit $(n^*)^3$ multiplizierten diskreten Oszillatorstärken bemerkbar, wie sie durch (3.93) beschrieben wird. Dabei ist nun allerdings die periodische Form (3.110) der reduzierten Energie ϵ einzusetzen.

Oberhalb der zweiten Kanalschwelle I_2 sind beide Kanäle offen. Zu jeder Energie $E > I_2 > I_1$ gibt es zwei linear unabhängige Lösungen der gekoppelten Kanalgleichungen, und jede Linearkombination hiervon ist wieder eine Lösung. Die asymptotische Phase im Kanal 1 ist nun bei gegebener Energie nicht festgelegt, sondern hängt von dem asymptotischen Verhalten der Wellenfunktion im Kanal 2 ab. Umgekehrt legt eine bestimmte Wahl der asymptotischen Phase im Kanal 1 das asymptotische Verhalten der Wellenfunktion im Kanal 2 fest.

Das asymptotische Verhalten der Lösungen bei zwei offenen Kanälen läßt sich einfach verstehen, wenn man die expliziten Ausdrücke (3.107) für die Kanalwellenfunktionen knapp unterhalb der Schwelle I_2 zu Energien oberhalb von I_2 fortsetzt. Paare ϕ_1, ϕ_2 von Wellenfunktionen, die eine maximale Beimischung von Kanal 2 enthalten, sind durch $\sin[\pi(\nu_1 + \mu_1)] = \pm 1$ und $\cos[\pi(\nu_1 + \mu_1)] = 0$ gekennzeichnet. Bei der Fortsetzung zu Energien oberhalb von I_2 werden aus den umnormierten gebundenen Wellenfunktionen $\phi^{\mathrm{E}}_{n_2}$ die in der Energie normierten regulären Lösungen $\phi^{(2)}_{\mathrm{reg}}$ im nicht gekoppelten Kanal 2. Bei entsprechender Vorzeichenwahl erhalten wir ein Paar von Kanalwellenfunktionen mit dem folgenden asymptotischen Verhalten:

$$\phi_1(r) \overset{r\to\infty}{=} \phi^{(1)}_{\mathrm{irr}}(r) \;, \quad \phi_2(r) \overset{r\to\infty}{=} \frac{1}{R_{1,2}}\phi^{(2)}_{\mathrm{reg}}(r) \quad . \tag{3.113}$$

(Die hochgestellte (1) wurde eingefügt, um die irregulären (und regulären) Lösungen im Kanal 1 von den entsprechenden Lösungen im Kanal 2 zu unterscheiden.) Da beide Kanäle offen sind, können wir durch Vertauschung der Kanalindizes eine Lösung konstruieren, deren Kanalwellenfunktionen ein zu (3.113) komplementäres asymptotisches Verhalten haben:

$$\phi_1(r) \overset{r\to\infty}{=} \frac{1}{R_{2,1}}\phi^{(1)}_{\mathrm{reg}}(r) \;, \quad \phi_2(r) \overset{r\to\infty}{=} \phi^{(2)}_{\mathrm{irr}}(r) \quad . \tag{3.114}$$

Für die in (3.113), (3.114) auftretenden Kopplungsmatrixelemente $R_{1,2}$ und $R_{2,1}$ erhält man durch Übertragung der (approximativen) Formel (3.106) auf Energien $E > I_2$ die Ausdrücke

$$R_{1,2} = -\pi\langle\phi^{(1)}_{\mathrm{reg}}|V_{1,2}|\phi^{(2)}_{\mathrm{reg}}\rangle \;, \quad R_{2,1} = -\pi\langle\phi^{(2)}_{\mathrm{reg}}|V_{2,1}|\phi^{(1)}_{\mathrm{reg}}\rangle = R_{1,2} \quad . \tag{3.115}$$

Die Matrixelemente sind endlich, weil das Kopplungspotential asymptotisch mindestens wie $1/r^2$ abfällt.

Die allgemeine Lösung der gekoppelten Gleichungen für die zwei Kanäle ist eine Linearkombination der beiden Lösungen, die asymptotisch durch (3.113) und (3.114) gegeben sind:

$$\begin{aligned} \phi_1(r) &\overset{r\to\infty}{=} \frac{B}{R_{2,1}}\phi^{(1)}_{\mathrm{reg}}(r) + A\phi^{(1)}_{\mathrm{irr}}(r) \;, \\ \phi_2(r) &\overset{r\to\infty}{=} \frac{A}{R_{1,2}}\phi^{(2)}_{\mathrm{reg}}(r) + B\phi^{(2)}_{\mathrm{irr}}(r) \quad . \end{aligned} \tag{3.116}$$

Für die asymptotischen Phasenverschiebungen $\delta_1 - \pi\mu_1 = -\pi(\nu_1 + \mu_1)$ und $\delta_2 - \pi\mu_2 = -\pi(\nu_2 + \mu_2)$ erhalten wir

$$\tan[\pi(\nu_1+\mu_1)] = -\frac{A}{B}R_{2,1} \;, \quad \tan[\pi(\nu_2+\mu_2)] = -\frac{B}{A}R_{1,2} \quad , \tag{3.117}$$

und daraus folgt

$$\tan[\pi(\nu_1+\mu_1)]\,\tan[\pi(\nu_2+\mu_2)] = R^2_{1,2} \quad . \tag{3.118}$$

Gleichung (3.118) hat wieder dieselbe Form wie (3.99), aber sie ist nun eine *Verträglichkeitsgleichung* für die asymptotischen Phasen in den beiden offenen Kanälen.

Die drei Gleichungen (3.99), (3.102) und (3.118) lassen sich einheitlich als Gleichung der *Zweikanal-Quantendefekttheorie* (2QDT) schreiben:

$$\begin{vmatrix} \tan[\pi(\nu_1+\mu_1)] & R_{1,2} \\ R_{2,1} & \tan[\pi(\nu_2+\mu_2)] \end{vmatrix} = 0 \quad . \tag{3.119}$$

Die unterschiedlichen Bedeutungen – als Bestimmungsgleichung für die Energieeigenwerte, wenn beide Kanäle geschlossen sind, als explizite Gleichung für die asymptotische Phasenverschiebung, wenn ein Kanal offen ist, oder als Verträglichkeitsgleichung für die asymptotischen Phasen, wenn beide Kanäle offen sind – erhält man, wenn man für die Größe ν_i unterhalb der jeweiligen Kanalschwelle I_i die kontinuierliche effektive Quantenzahl einsetzt und oberhalb von I_i die durch $-\pi$ dividierte asymptotische Phase:

$$\nu_i(E) = \begin{cases} \sqrt{\dfrac{\mathcal{R}}{I_i - E}} & \text{für } E < I_i \;, \\ -\dfrac{1}{\pi}\,\delta_i & \text{für } E > I_i \quad . \end{cases} \tag{3.120}$$

Die Formeln in diesem Abschnitt wurden durch die Verallgemeinerung der Betrachtungen aus Abschn. 1.4.2 über isolierte Feshbach-Resonanzen hergeleitet. Die approximativen Beziehungen (3.107) für die Wellenfunktionen und (3.106), (3.115) für die Kanalkopplungsparameter beruhen auf diesem Bild isolierter Feshbach-Resonanzen. Eine strengere Behandlung z. B. von Seaton [Sea83] und von Giusti und Fano [GF84] zeigt, daß die 2QDT-Gleichung (3.119) ganz allgemein gültig ist, auch wenn der Kanal-Kopplungsparameter $|R_{1,2}|$ groß ist, so daß Resonanzen und Störer nicht isoliert sind. Die einzige Bedingung für die Gültigkeit der Formeln der Quantendefekttheorie ist, daß die Abweichungen der diagonalen Potentiale vom reinen Coulombpotential und die nicht-diagonalen Kopplungspotentiale für große r genügend schnell abfallen. Bei einer rigorosen Herleitung treten die 2QDT-Parameter μ_1, μ_2, $R_{1,2}$ als schwach energieabhängige Größen auf, deren genaue Definitionen durch die tatsächlichen Lösungen der gekoppelten Kanalgleichungen gegeben sind.

Schließlich sei noch darauf hingewiesen, daß verschiedene Formulierungen der Quantendefekttheorie gebräuchlich sind. Während in diesem Kapitel die Kanalwellenfunktionen asymptotisch als Überlagerung der regulären und irregulären Lösungen der nicht gekoppelten Gleichungen dargestellt werden, geht die ursprüngliche Formulierung von Seaton von den regulären und irregulären Coulombfunktionen aus. Die Tangens-Funktionen wie (3.103) enthalten dann als Argument die asymptotischen Phasen einschließlich der schwach energieabhängigen Hintergrundsphasen. Der Einfluß der Abweichungen der diagonalen Potentiale vom reinen Coulombpotential schlägt sich darin nieder, daß die Matrix $R_{i,j}$ in der 2QDT-Gleichung (3.119) auch noch diagonale Elemente $R_{i,i}$ enthält. In Seatons Formulierung lautet die MQDT-Gleichung (für zwei Kanäle)

$$\begin{vmatrix} \tan\pi\nu_1 + R_{1,1} & R_{1,2} \\ R_{2,1} & \tan\pi\nu_2 + R_{2,2} \end{vmatrix} = 0 \quad . \tag{3.121}$$

Die Matrix $R_{i,j}$ in (3.121) ist im Fall, daß beide Kanäle offen sind, gerade die *Reaktanz-Matrix* der Streutheorie, die in Abschn. 4.2.2 definiert wird. Die in diesem Kapitel verwendete Formulierung der MQDT, die für zwei Kanäle in (3.119) zusammengefaßt ist, entspricht einer Verschiebung der Phasen der Bezugswellenfunktion, die so gewählt ist, daß die Reaktanz-Matrix keine Diagonalelemente enthält. In der Darstellung ohne Diagonalelemente wird sie auch *phasenverschobene Reaktanzmatrix* genannt.

Eine weitere Formulierung der MQDT geht auf Fano zurück [Fan70] und basiert auf einer Diagonalisierung der Reaktanzmatrix von Seaton. Die so entstehenden Überlagerungen von Kanälen werden *Eigenkanäle* genannt. Die Eigenwerte der Reaktanzmatrix schreibt man als $\tan\delta$ und die Winkel δ sind die *Eigenphasen* (siehe auch Abschn. 4.2.2).

3.3.2 Der Lu-Fano-Plot

Die Aussagen der 2QDT lassen sich einfach und anschaulich graphisch darstellen. Unterhalb der höheren Kanalschwelle I_2 ist Kanal 2 geschlossen, und die 2QDT-Gleichung (3.119) ist

$$-\nu_1 = \mu_1 - \frac{1}{\pi}\arctan\left[\frac{R_{1,2}^2}{\tan\left[\pi(\nu_2+\mu_2)\right]}\right] \stackrel{\text{def}}{=} \tilde{\mu}_1 \quad . \tag{3.122}$$

Auf der rechten Seite steht die Funktion $\tilde{\mu}_1$, die eine Funktion der Energie E bzw. der kontinuierlichen effektiven Quantenzahl $\nu_2 = [\mathcal{R}/(I_2 - E)]^{1/2}$ ist. Sie ist eine Erweiterung der Funktion (3.91) für einen einzelnen Störer auf den Fall einer ganzen Rydbergserie von Störern. Wenn die 2QDT-Parameter μ_1, μ_2 und $R_{1,2}$ nicht schwach energieabhängig, sondern konstant wären, so wäre $\tilde{\mu}_1$ exakt periodisch in ν_2 mit der Periode 1. Die linke Seite von (3.122) bezeichnet oberhalb der tieferen Schwelle I_1 die durch π dividierte asymptotische Phase im offenen Kanal 1, die nur modulo 1 eindeutig definiert ist, und unterhalb von I_1 (bis auf ein Vorzeichen) die kontinuierliche effektive Quantenzahl im Kanal 1. Wie im Fall eines isolierten Störers in Abschn. 3.2.4 definieren unterhalb der Schwelle die Schnittpunkte der Funktion $\tilde{\mu}_1$ mit der Kurvenschar (3.18) die Quantendefekte

$$\mu_{n_1} = n_1 - \nu_1(E_{n_1}) \tag{3.123}$$

und Energien E_{n_1} der gebundenen Zustände. Wenn wir diese Quantendefekte zusammen mit der Phase $\delta_1(E)/\pi$ (beide modulo 1) als Funktion der kontinuierlichen effektiven Quantenzahl ν_2 im höheren Kanal 2 (ebenfalls modulo 1) auftragen, so liegen – bei konstanten 2QDT-Parametern – sowohl Quantendefekte als auch Phasen auf einer Periode der Funktion $\tilde{\mu}_1$ aus (3.122). Diese Darstellung heißt *Lu-Fano-Plot* [LF70]. Abbildung 3.11 zeigt drei typische Beispiele von Lu-Fano-Plots.

Einige allgemeine Eigenschaften des Lu-Fano-Plots können wir quantitativ formulieren, wenn wir die Ableitungen der Funktion $\tilde{\mu}_1(\nu_2)$ betrachten. Mit der Abkürzung (3.103), $T_2 = \tan\left[\pi(\nu_2+\mu_2)\right]$, ist

$$\frac{d(\tilde{\mu}_1)}{d\nu_2} = R_{1,2}^2\frac{1+T_2^2}{T_2^2+R_{1,2}^4}\;, \qquad \frac{d^2(\tilde{\mu}_1)}{d\nu_2^2} = 2\pi R_{1,2}^2\frac{T_2(R_{1,2}^4-1)}{(T_2^2+R_{1,2}^4)^2}\left(1+T_2^2\right) \quad . \tag{3.124}$$

Die Steigung der Kurve ist immer positiv. Für *schwache Kopplung*, d. h. $|R_{1,2}| < 1$, ist die maximale Steigung bei $T_2 = 0$, also bei $\nu_2 = n_2 - \mu_2$, und wir erhalten wie erwartet resonante Sprünge um die Nullstellen von T_2. Der Wert der maximalen Steigung ist $1/R_{1,2}^2$ und definiert nach der allgemeinen Formel (1.185) die Breiten

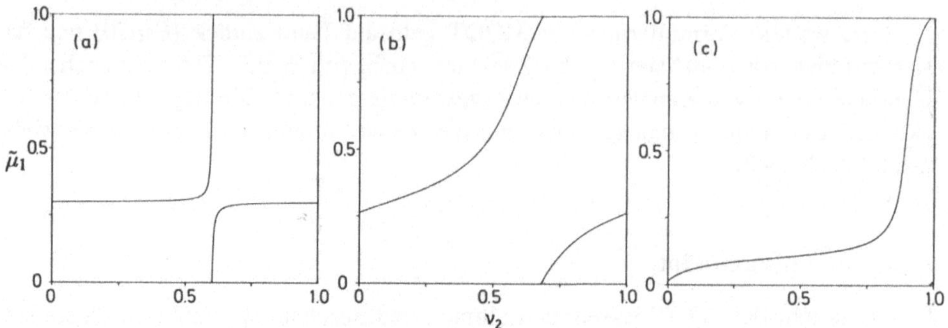

Abb. 3.11a–c. Beispiele für Lu-Fano-Plots mit den konstanten 2QDT-Parametern: (a) $\mu_1 = 0.3$, $\mu_2 = 0.4$, $R_{1,2} = 0.1$. (b) $\mu_1 = 0.3$, $\mu_2 = 0.4$, $R_{1,2} = 0.6$. Die Parameter in Teil (c), $\mu_1 = 0.1$, $\mu_2 = 0.1$, $R_{1,2} = 0.3$. sind dieselben wie in Abb. 3.9. Abbildung 3.11(c) ist also eine Reduktion der oberen Hälfte von Abb. 3.9 auf eine Periode in Energie (bzw. ν_2) und Phase.

der Resonanzen (oder der pseudoresonanten Störer):

$$\Gamma = \frac{4\mathcal{R}}{\pi (n_2^*)^3} R_{1,2}^2 \quad . \tag{3.125}$$

Hierbei geht ein, daß

$$\frac{d}{dE} = \frac{\nu_2^3}{2\mathcal{R}} \frac{d}{d\nu_2} \quad . \tag{3.126}$$

Streng genommen liegt ein Maximum der Ableitung nach der Energie E nicht an exakt derselben Stelle wie das zugehörige Maximum in der Ableitung nach ν_2. Dieser Unterschied wird meistens ignoriert, weil er erstens wegen der schwachen Energieabhängigkeit des Vorfaktors $\nu_2^3/\mathcal{R}$ in (3.126) sehr klein ist und weil zweitens dadurch Formeln wie (3.125) wesentlich einfacher werden. Die minimalen Steigungen der Funktion $\tilde{\mu}_1(\nu_2)$ liegen für $|R_{1,2}| < 1$ bei $T_2 = \infty$, bzw. bei $\nu_2 = n_2 + \frac{1}{2} - \mu_2$, also genau zwischen den Resonanzenergien, und der Wert ist $R_{1,2}^2$.

Für *starke Kopplung*, d. h. $|R_{1,2}| > 1$, kehren sich die Verhältnisse im Lu-Fano-Plot um: die Steigung ist bei $T_2 = 0$ minimal und bei $T_2 = \infty$ maximal. In diesem Fall erscheinen die resonanten Sprünge bei $\nu_2 = n_2 + \frac{1}{2} - \mu_2$ und die zugehörigen Breiten der Resonanzen (oder pseudo-resonanten Störungen) sind

$$\Gamma = \frac{4\mathcal{R}}{\pi \nu_2^3} \frac{1}{R_{1,2}^2} \quad . \tag{3.127}$$

Sehr starke Kopplung der Kanäle führt also zu einer Rydbergserie von sehr schmalen Resonanzen, die genau zwischen den Lagen der gebundenen Zustände im angeregten Kanal liegen [Mie68].

Der Fall $|R_{1,2}| \approx 1$ fällt etwas aus der Reihe. Der Lu-Fano-Plot zeigt nun im wesentlichen eine Gerade der Steigung 1, und es ist nicht mehr möglich Lagen von Resonanzen eindeutig zu definieren.

Eine Besonderheit der 2QDT-Formel (3.122) ist, daß die 2QDT-Parameter darin nicht eindeutig bestimmt sind. Die Funktion $\tilde{\mu}_1(\nu_2)$, die man mit μ_1, μ_2, $R_{1,2}$ erhält, ändert sich nicht, wenn man die Parameter durch

$$\mu_1' = \mu_1 + \frac{\pi}{2} , \quad \mu_2' = \mu_2 + \frac{\pi}{2} , \quad R_{1,2}' = \frac{\pm 1}{R_{1,2}} \tag{3.128}$$

ersetzt.

In konkreten physikalischen Situationen sind die 2QDT-Parameter nicht konstant, sondern schwach energieabhängig. Dadurch ist die Funktion (3.122) nicht exakt periodisch in ν_2, und man erhält für jede Periode von $\tan[\pi(\nu_2 + \mu_2)]$ einen etwas anderen Verlauf im Lu-Fano-Plot. Dies ist in Abb. 3.12 für das schon in Abschn. 3.3.1 besprochene Beispiel der gekoppelten $^1P^o$ Serien im Ca I dargestellt (vgl. Abb. 3.10).

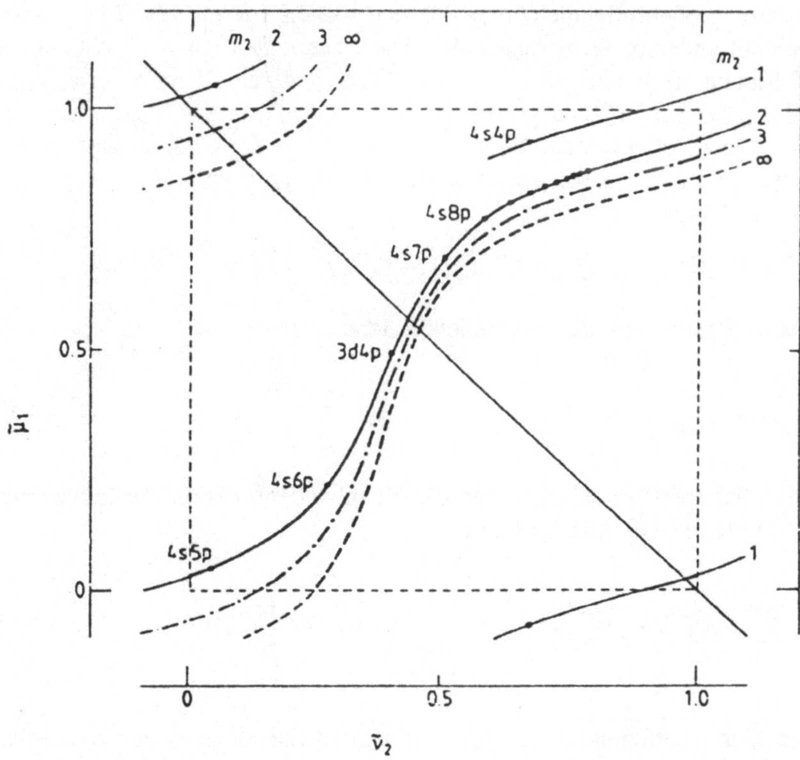

Abb. 3.12. Lu-Fano-Plot für die gekoppelten $4s\,np$ und $3d\,np$ $^1P^o$ Kanäle in Ca I. (Aus [Sea83].)

3.3.3 Mehr als zwei Kanäle

Nach der ausführlichen Behandlung der Zweikanal-Quantendefekttheorie in Abschn. 3.3.1 und 3.3.2 ist es verhältnismäßig einfach, die Ergebnisse auf den allgemeinen Fall von N gekoppelten Coulomb-Kanälen zu erweitern. Die zentrale Formel der MQDT ist die Verallgemeinerung der Zweikanal-Gleichung (3.119) und lautet

$$\det\{\tan[\pi(\nu_i + \mu_i)]\,\delta_{i,j} + (1 - \delta_{i,j})R_{i,j}\} = 0 \quad . \tag{3.129}$$

Dabei ist $R_{i,j}$ eine reelle symmetrische Matrix, welche schwach von der Energie abhängt und die Kopplung der verschiedenen Kanäle $i = 1, 2, \dots, N$ beschreibt. Wir benutzen weiterhin die Darstellung der phasenverschobenen Reaktanzmatrix, in der $R_{i,j}$ keine Diagonalelemente hat. Die in den Kanalindizes diagonalen Abweichungen vom reinen Coulombpotential werden durch die schwach energieabhängigen Parameter μ_i berücksichtigt. Die Bedeutung der Größen ν_i hängt davon ab, ob der Kanal i geschlossen oder offen ist. Für Energien unterhalb der jeweiligen Kanalschwelle I_i ist ν_i die kontinuierliche effektive Quantenzahl im (geschlossenen) Kanal i, oberhalb von I_i ist $-\pi\nu_i$ die asymptotische Phase δ_i der Kanalwellenfunktion im (offenen) Kanal i (3.120).

Wegen ihrer großen allgemeinen Bedeutung wollen wir die MQDT-Gleichung (3.129) noch auf anderem Wege begründen. Dazu betrachten wir zunächst den Fall, daß alle N Kanäle offen sind. Dann gibt es zu jeder Energie N linear unabhängige Lösungen der gekoppelten Kanalgleichungen, und jede Lösung Φ besteht aus einem N-tupel von Kanalwellenfunktionen $\phi_i(r)$, $i = 1, \dots, N$. Wir wählen eine Basis $\Phi^{(j)}$ von Lösungen, deren Kanalwellenfunktionen $\phi_i^{(j)}$ ein asymptotisches Verhalten ähnlich wie in (3.113), (3.114) haben:

$$\phi_j^{(j)}(r) \overset{r\to\infty}{=} \phi_{\rm reg}^{(j)}(r) \ , \quad \phi_i^{(j)}(r) \overset{r\to\infty}{=} R_{i,j}\phi_{\rm irr}^{(i)}(r) \ , \quad i \neq j \quad . \tag{3.130}$$

Die allgemeine Lösung ist nun eine beliebige Überlagerung

$$\Phi = \sum_{j=1}^{N} Z_j \Phi^{(j)} \tag{3.131}$$

dieser Basis-Lösungen. Im Kanal i hat die Kanalwellenfunktion der allgemeinen Lösung (3.131) die asymptotische Form

$$\phi_i(r) = \sum_{j=1}^{N} Z_j \phi_i^{(j)}(r) \overset{r\to\infty}{=} Z_i \phi_{\rm reg}^{(i)}(r) + \left(\sum_{j \neq i} R_{i,j} Z_j \right) \phi_{\rm irr}^{(i)}(r) \quad . \tag{3.132}$$

Der Quotient der Koeffizienten von $\phi_{\rm irr}^{(i)}$ und $\phi_{\rm reg}^{(i)}$ ist der Tangens der zusätzlichen asymptotischen Phase $\delta_i - \pi\mu_i = -\pi(\nu_i + \mu_i)$, um welche die Kanalwellenfunktion (3.132) asymptotisch gegenüber der regulären Lösung $\phi_{\rm reg}^{(i)}$ im Kanal i verschoben ist. Das heißt,

$$\begin{aligned} \tan[\pi(\nu_i + \mu_i)] Z_i &= -\sum_{j \neq i} R_{i,j} Z_j \ , \\ \tan[\pi(\nu_i + \mu_i)] Z_i &+ \sum_{j \neq i} R_{i,j} Z_j = 0 \quad . \end{aligned} \tag{3.133}$$

Gleichung (3.133) ist ein homogenes lineares Gleichungssystem dessen Koeffizientenmatrix aus den diagonalen Elementen $\tan[\pi(\nu_i + \mu_i)]$ und den nichtdiagonalen Elementen $R_{i,j}$ besteht. Damit es nicht-verschwindende Lösungen gibt, muß die Determinante dieser Matrix verschwinden, was genau die Aussage der MQDT-Gleichung (3.129) ist.

Diese Begründung der MQDT-Gleichung kann man auf tiefere Energien übertragen, bei denen einige oder alle Kanäle geschlossen sind. Dazu muß man die Definitionen der regulären und irregulären Kanalwellenfunktionen $\phi_{\rm reg}^{(i)}$ und $\phi_{\rm irr}^{(i)}$ für die geschlossenen Kanäle unter die jeweiligen Kanalschwellen I_i fortsetzen. Dies ist von Seaton ausführlich für den Fall beschrieben, daß $\phi_{\rm reg}^{(i)}$ und $\phi_{\rm irr}^{(i)}$ die reinen regulären und irregulären Coulombfunktionen sind [Sea83].

Die MQDT-Gleichung (3.129) hat in verschiedenen Energiebereichen verschiedene Bedeutungen. Der Übersichtlichkeit halber numerieren wir die Kanäle in der Reihenfolge zunehmender Kanalschwellen:

$$I_1 < I_2 < \cdots < I_N \quad . \tag{3.134}$$

Für $E < I_1$ sind alle Kanäle geschlossen, und (3.129) ist eine Bedingung für die Existenz eines gebundenen Zustands.

Für $I_1 < E < I_2$ ist nur der Kanal 1 offen, alle anderen Kanäle sind geschlossen. Die MQDT-Gleichung ist nun eine explizite Gleichung für die asymptotische Phasenverschiebung der Wellenfunktion im offenen Kanal 1. Mit dem Entwicklungssatz für Determinanten wird aus (3.129)

$$\tan\left[\pi(\nu_1+\mu_1)\right]\det\mathbf{R}_{11} = \sum_{j=2}^{N}(-1)^j R_{1,j}\det\mathbf{R}_{1j} \quad , \tag{3.135}$$

bzw.

$$\delta_1 = \pi\mu_1 - \arctan\left[\frac{\sum_{j=2}^{N}(-1)^j R_{1,j}\det\mathbf{R}_{1j}}{\det\mathbf{R}_{11}}\right] \quad . \tag{3.136}$$

Dabei ist $\mathbf{R}_{1j}$ die Matrix, die aus der Matrix $\{\tan\left[\pi(\nu_i+\mu_i)\right]\delta_{i,j} + (1-\delta_{i,j})R_{i,j}\}$ in (3.129) hervorgeht, wenn man die erste Zeile und die j-te Spalte streicht. Insbesondere ist $\mathbf{R}_{11}$ die Matrix, die in eine MQDT-Gleichung für die $N-1$ geschlossenen Kanäle $i = 2, \ldots, N$ ohne Berücksichtigung der Kopplung an den offenen Kanal 1 einzusetzen wäre. Die Nullstellen von $\det\mathbf{R}_{11}$ entsprechen also gebundenen Zuständen der untereinander gekoppelten geschlossenen Kanäle $i = 2, \ldots, N$. Gleichung (3.136) beschreibt $N-1$ gekoppelte Rydbergserien von autoionisierenden Resonanzen, die von den gebundenen Zuständen der untereinander gekoppelten geschlossenen Kanäle herrühren.

Für $I_1 < \cdots < I_n < E < I_{n+1} < \cdots < I_N$ sind die unteren n Kanäle offen und die oberen $N-n$ Kanäle geschlossen. Dann gibt es n linear unabhängige Lösungen der gekoppelten Kanalgleichungen, und jede Lösung ist durch n asymptotische Phasenverschiebungen δ_i in den offenen Kanälen $i = 1, \ldots, n$ charakterisiert. Die MQDT-Gleichung (3.129) hat für $n \geq 2$ die Bedeutung einer Verträglichkeitsgleichung für diese asymptotischen Phasen.

Wie vielschichtig und kompliziert Spektren aussehen können, wenn mehr als zwei Kanäle koppeln, sieht man schon am Beispiel von drei Kanälen [GG83, GL84, WF87]. In dem Energiebereich $I_1 < E < I_2 < I_3$, in dem Kanal 1 offen und die Kanäle 2 und 3 geschlossen sind, entstehen komplexe Spektren durch die Interferenz von zwei Rydbergserien von autoionisierenden Resonanzen. Die 3QDT-Gleichung (3.129) (mit $N = 3$) ist in diesem Bereich eine explizite Gleichung für die asymptotische Phase δ_1 im offenen Kanal. Mit den Abkürzungen

$$T_2(E) = \tan[\pi(\nu_2 + \mu_2)] \ , \quad T_3(E) = \tan[\pi(\nu_3 + \mu_3)] \quad , \tag{3.137}$$

ist die 3QDT-Gleichung

$$\tan(\delta_1 - \pi\mu_1) = -\frac{R_{1,2}^2 T_3 + R_{1,3}^2 T_2 - 2R_{1,2}R_{1,3}R_{2,3}}{T_2 T_3 - R_{2,3}^2} \quad . \tag{3.138}$$

Die 3QDT-Gleichung (3.138) hat dieselbe Form wie die Gleichung (3.80) in Abschn. 3.2.3, die den Einfluß der Kopplung von nur zwei gebundenen Zuständen in verschiedenen geschlossenen Kanälen beschreibt. Man erhält die 3QDT-Gleichung aus (3.80), wenn man für $(E - \epsilon_i)$, $i = 2, 3$ die periodischen Funktionen $T_i(E)$ aus (3.137) (dividiert durch π) einsetzt, und wenn man die Kopplungsmatrixelemente $W_{i,j}$, wie es (3.115) suggeriert, durch $-R_{i,j}/\pi$ ersetzt,

$$E - \epsilon_i \to \frac{T_i}{\pi} = \frac{1}{\pi}\tan[\pi(\nu_i + \mu_i)] \ , \quad W_{i,j} \to -\frac{R_{i,j}}{\pi} \quad . \tag{3.139}$$

Sowohl $\delta_{\rm res}$ in (3.80) als auch $\delta_1 - \pi\mu_1$ in (3.138) stehen für die zusätzliche Phase, die durch die nichtdiagonalen Kopplungen hervorgerufen wird.

Während Abschn. 3.2.3 die Interferenz von nur zwei autoionisierenden Resonanzen beschreibt, erfaßt die 3QDT-Gleichung (3.138) die Interferenz von zwei ganzen Rydbergserien von Resonanzen. Die Nullstellen im Nenner auf der rechten Seite definieren analog zu den Nullstellen von (3.81) die Positionen von resonanten Sprüngen um π in der Phase, solange die Breiten genügend klein sind, d. h. kleiner als der Abstand benachbarter Resonanzen, damit man individuelle Resonanzen trennen kann. Diese Nullstellen sind durch

$$T_2(E_{\rm R}) = R_{2,3}^2/T_3(E_{\rm R}) \tag{3.140}$$

gegeben, was einer 2QDT-Gleichung für die gebundenen Zustände in den beiden gekoppelten geschlossenen Kanälen 2 und 3 entspricht. Im gegenwärtigen Fall $I_2 < I_3$ bilden also die Lagen der Resonanzen eine Rydbergserie in Kanal 2, die durch Störer aus Kanal 3 gestört wird. Für die Breiten der Resonanzen erhält man über die allgemeine Formel (1.185) unter Ausnützung von (3.140) und Vernachlässigung von möglichen schwachen Energieabhängigkeiten in den 3QDT-Parametern [GL84, FW85]

$$\Gamma = \frac{4\mathcal{R}}{\pi\nu_2^3} R_{1,2}^2 \frac{(T_3 - R_{2,3}R_{1,3}/R_{1,2})^2}{T_3^2 + R_{2,3}^4 + (\nu_3/\nu_2)^3(T_3^2 + 1)R_{2,3}^2} \quad . \tag{3.141}$$

Für jeden Störer aus Kanal 3 durchläuft ν_3 ein Intervall der Länge 1, und $T_3(E)$ durchläuft den ganzen Wertebereich $-\infty$ bis $+\infty$. Die gestörten Lagen der Resonanzen werden durch die 2QDT-Formel (3.140) bestimmt, und können wie bei gestörten

Rydbergserien von gebundenen Zuständen durch einen Sprung um 1 in entsprechend definierten Quantendefekten beschrieben werden. Gleichzeitig werden die Breiten der Resonanzen im Vergleich zu den Breiten $4\mathcal{R}R_{1,2}^2/(\pi\nu_2^3)$ in einer ungestörten Rydbergserie von Resonanzen (3.125) stark verändert. Diese Veränderung wird durch den zusätzlichen Quotienten auf der rechten Seite von (3.141) beschrieben.

Aus (3.141) sieht man, daß es in jeder Periode von $T_3(E)$ einen *Punkt verschwindender Breite* bei

$$T_3 = \frac{R_{2,3}R_{1,3}}{R_{1,2}} \tag{3.142}$$

gibt. Wenn die durch (3.142) definierte Energie mit einer Resonanzenergie (3.140) übereinstimmt, erhalten wir tatsächlich eine Resonanz mit exakt verschwindender Breite, d. h. einen gebundenen Zustand im Kontinuum. Aus (3.140) und (3.142) läßt sich die Bedingung für die Existenz eines gebundenen Zustands im Kontinuum analog zu (3.86) in symmetrischer Form schreiben:

$$T_2 = \frac{R_{2,3}R_{1,2}}{R_{1,3}}\,, \quad T_3 = \frac{R_{2,3}R_{1,3}}{R_{1,2}} \quad . \tag{3.143}$$

Um die maximale Verbreiterung abzuschätzen, welche die Störung der Rydbergserie von Resonanzen nach (3.141) verursacht, betrachten wir den zusätzlichen Quotienten auf der rechten Seite,

$$\frac{(T_3 - R_{2,3}R_{1,3}/R_{1,2})^2}{T_3^2 + R_{2,3}^4 + (\nu_3/\nu_2)^3(T_3^2+1)R_{2,3}^2} \leq \frac{(T_3 - R_{2,3}R_{1,3}/R_{1,2})^2}{T_3^2 + R_{2,3}^4} = \frac{(p+\eta)^2}{1+\eta^2} \quad , \tag{3.144}$$

wobei

$$\eta = \frac{T_3}{R_{2,3}^2}\,, \quad p = -\frac{R_{1,3}}{R_{1,2}R_{2,3}} \quad . \tag{3.145}$$

Die rechte Seite von (3.144) ist eine Beutler-Fano-Funktion (3.70) mit Energieparameter η und Formparameter p aus (3.145). Ihr Maximum ist $1 + p^2$, so daß die maximale Verbreiterung auf Breiten von höchstens

$$\Gamma_{\text{max}} = \frac{4\mathcal{R}}{\pi\nu_2^3}\left[R_{1,2}^2 + \frac{R_{1,3}^2}{R_{2,3}^2}\right] \quad , \tag{3.146}$$

führt.

Die Nullstellen im Nenner auf der rechten Seite von (3.138) können nur dann als Resonanzlagen interpretiert werden, wenn ihre Abstände größer sind als die Breiten der Resonanzen. Dies ist erfüllt, wenn die maximalen Breiten (3.146) kleiner sind als die Abstände, die ungefähr durch die Abstände $2\mathcal{R}/\nu_2^3$ in der ungestörten Rydbergserie (von Resonanzen) gegeben sind. Das führt auf folgende Bedingung für die Gültigkeit der allgemeinen Breite-Formel (3.141) in einer gestörten Rydbergserie von autoionisierenden Resonanzen:

$$R_{1,2}^2 + \frac{R_{1,3}^2}{R_{2,3}^2} < \frac{\pi}{2} \quad . \tag{3.147}$$

Wenn allerdings die Bedingungen (3.143) exakt oder beinahe erfüllt sind, dann sind Nullstellen von Zähler und Nenner auf der rechten Seite von (3.138) an exakt oder beinahe derselben Stelle, und das führt zu verschwindenden oder sehr kleinen Breiten, unabhängig davon ob (3.147) erfüllt und die Formel (3.141) allgemein gültig ist oder nicht.

Schließlich können wir noch eine Formel für die Photoabsorptionswahrscheinlichkeiten bzw. Oszillatorstärken in einer gestörten Rydbergserie von autoionisierenden Resonanzen angeben. Dazu benutzen wir die Analogie zu der in Abschn. 3.2.3 beschriebenen Situation von zwei isolierten gebundenen Zuständen in den geschlossenen Kanälen, in der die Oszillatorstärken durch (3.89) beschrieben werden. Mit dem Übergang (3.139) erhalten wir

$$\begin{aligned} \frac{df_{E\mathrm{a}}}{dE} &= \frac{2\mu}{\hbar}\omega d_1^2 \\ &\times \frac{\left[N(E) - \frac{d_2}{d_1}(T_3 R_{1,2} - R_{2,3}R_{1,3}) - \frac{d_3}{d_1}(T_2 R_{1,3} - R_{2,3}R_{1,2})\right]^2}{N(E)^2 + Z(E)^2} , \end{aligned} \tag{3.148}$$

wobei nun $-Z(E)$ den Zähler des Quotienten auf der rechten Seite der 3QDT-Gleichung (3.138) und $N(E)$ den Nenner bezeichnet:

$$\begin{aligned} Z(E) &= R_{1,2}^2 T_3 + R_{1,3}^2 T_2 - 2R_{1,2}R_{1,3}R_{2,3} , \\ N(E) &= T_2 T_3 - R_{2,3}^2 \quad . \end{aligned} \tag{3.149}$$

Die Formel (3.148) für Oszillatorstärken in einem System von drei gekoppelten Coulomb-Kanälen wurde zuerst 1984 von Giusti und Lefebvre-Brion hergeleitet [GL84].

Der allgemeine Ausdruck (3.148) läßt sich wieder formal als eine ungestörte Oszillatorstärke multipliziert mit einer Beutler-Fano-Funktion schreiben (vgl. (3.109)):

$$\frac{df_{E\mathrm{a}}}{dE} = \frac{2\mu}{\hbar}\omega d_1^2 \frac{(\tilde{q} + \tilde{\epsilon})^2}{1 + \tilde{\epsilon}^2} , \tag{3.150}$$

wobei der Energieparameter $\tilde{\epsilon}$ und der Formparameter $\tilde{q}$ nun gegeben sind durch

$$\tilde{\epsilon} = \frac{N(E)}{Z(E)} \tag{3.151}$$

und

$$\tilde{q} = -\frac{(d_2/d_1)(R_{1,2}T_3 - R_{2,3}R_{1,3}) + (d_3/d_1)(T_2 R_{1,3} - R_{2,3}R_{1,2})}{Z(E)} \quad . \tag{3.152}$$

Der Energieparameter ist in der Nähe einer Nullstelle E_R von $N(E)$ wieder eine lineare Funktion der Energie,

$$\tilde{\epsilon} = \frac{E - E_\mathrm{R}}{\Gamma/2} , \tag{3.153}$$

wobei Γ die Breite aus (3.141) ist. Wenn die Breiten nicht zu groß sind, beschreibt (3.150) wieder eine Serie von Beutler-Fano-ähnlichen Resonanzen. Im Gegensatz zu einer ungestörten Rydbergserie von autoionisierenden Resonanzen variieren die Breiten über (3.141) sehr stark innerhalb der Serie, und auch die Formparameter können nicht mehr durch eine gemeinsame energieunabhängige (oder höchstens schwach energiabhängige) Zahl wie in (3.111) erfaßt werden. Wenn die Resonanzen so schmal sind, daß wir die Größe $T_2(E) = \tan[\pi(\nu_2 + \mu_2)]$, die in jeder Periode den ganzen Wertebereich von $-\infty$ bis $+\infty$ durchläuft, über die Breite einer Resonanz als annähernd konstant ansehen können, dann können wir für $T_2(E)$ den Wert (3.140) an der jeweiligen Resonanzenergie einsetzen und erhalten eine einfache Formel für die Variation des Formparameters $\tilde{q}$ innerhalb der gestörten Rydbergserie von autoionisierenden Resonanzen:

$$\tilde{q} = \left(-\frac{d_2/d_1}{R_{1,2}}\right)\left(\frac{T_3 - R_{2,3}d_3/d_2}{T_3 - R_{2,3}R_{1,3}/R_{1,2}}\right) \quad . \tag{3.154}$$

Der erste Faktor auf der rechten Seite von (3.154) ist der Formparameter q, den man nach (3.111) in einer ungestörten Rydbergserie von autoionisierenden Resonanzen erwarten würde. Der zweite Faktor beschreibt die Änderungen, die durch die Störer hervorgerufen werden. In jeder Periode von T_3 gibt es eine Nullstelle von $\tilde{q}$ bei

$$T_3 = R_{2,3}\,\frac{d_3}{d_2} \tag{3.155}$$

und eine Polstelle bei

$$T_3 = R_{2,3}\,\frac{R_{1,3}}{R_{1,2}} \quad . \tag{3.156}$$

Die Polstelle (3.156) ist gerade der Punkt verschwindender Breite (3.142). An dieser Stelle wird die Höhe $1+\tilde{q}^2$ der Resonanzlinie im Prinzip unendlich, aber das Produkt der Höhe mit der Breite (3.141) bleibt endlich. Sowohl an der Nullstelle (3.155) als auch an der Polstelle (3.156) erfährt der Formparameter $\tilde{q}$ einen Vorzeichenwechsel, der *q-Umkehr* oder *q-reversal* genannt wird.

Die Beziehung (3.154) wurde mit einer recht groben Näherung aus (3.152) gewonnen, aber sie ermöglicht ein qualitatives Verständnis von verschiedenen Strukturen, die in einer gestörten Rydbergserie von autoionisierenden Resonanzen auftreten können. Abbildung 3.13 zeigt für zwei Beispiele die Oszillatorstärke (3.148) als Funktion der kontinuierlichen effektiven Quantenzahl ν_2 im Kanal 2. Die Serie wird um $\nu_2 \approx 17$ von einem Zustand mit effektiver Quantenzahl $\nu_3 = 7$ (im Kanal 3) gestört. Die beiden q-reversals, einmal am Punkt verschwindender Breite und einmal bei der Nullstelle des Formparameters, sind deutlich zu erkennen.

Wenn mehr als ein Kanal offen ist, dann gibt es für die instabilen Zustände in einer Rydbergserie von autoionisierenden Resonanzen mehrere Zerfallskanäle, und die gesamte Autoionisationsbreite ist eine Summe der partiellen Zerfallsbreiten in die einzelnen offenen Kanäle. Wenn eine solche Rydbergserie von autoionisierenden Resonanzen durch Zustände aus weiteren geschlossenen Kanälen gestört wird, so führt das unter anderem auf eine starke Energieabhängigkeit in den *Verzweigungsverhältnissen*, d. h. in den Verhältnissen der partiellen Zerfallsbreiten [VC88].

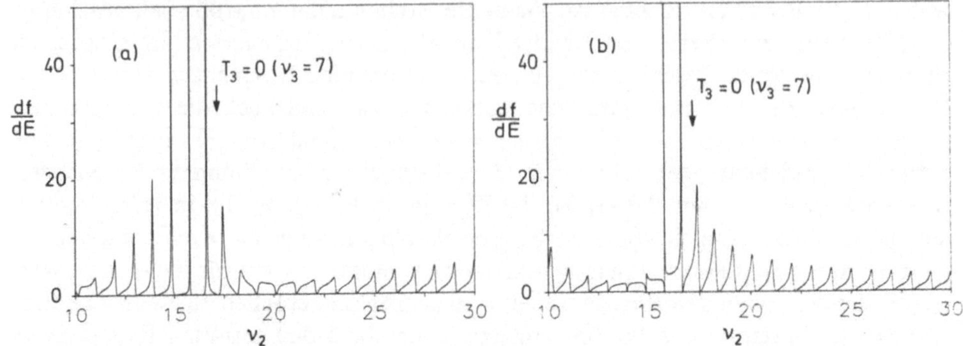

Abb. 3.13a,b. Oszillatorstärken (3.148) in einer gestörten Rydbergserie von autoionisierenden Resonanzen. In beiden Bildteilen wurden folgende 3QDT-Parameter eingesetzt: $\mu_2 = \mu_3 = 0$, $R_{1,2} = 0.4$, $R_{1,3} = -0.2$, $R_{2,3} = -0.2$, $R_{2,3} = 0.5$, $I_3 - I_2 = 0.026$ Rydbergenergien. Das Zentrum des Störers ($T_3 = 0$ für $\nu_3 = 7.0$) liegt bei $\nu_2 = 17.13$. Im Teil (a) sind die Dipolparameter $d_2/d_1 = d_3/d_1 = 1$, so daß der Punkt verschwindender Breite und der Punkt verschwindenden q-Werts auf verschiedenen Seiten vom Zentrum $T_3 = 0$ liegen. Im Teil (b) ist $d_2/d_1 = 0.5$, $d_3/d_1 = -1$, so daß beide q-reversals links von $T_3 = 0$ liegen. Die Oszillatorstärken df/dE sind angegeben in Einheiten der Oszillatorstärke $(2\mu/\hbar)\omega d_1^2$, die man ohne Ankopplung der geschlossenen Kanäle 2 und 3 erwarten würde.

In realen Situationen muß oft die Kopplung von mehr als nur zwei oder drei Coulomb-Kanälen berücksichtigt werden. Abbildung 3.14 zeigt einen Teil des Photoionisationsspektrums im Bariumatom in einem Energiebereich, in dem bei Gesamtdrehimpuls $J = 2$ sowohl die $5d_{3/2}\,ns$ als auch die $5d_{3/2}\,nd$ Serie von autoionisierenden Resonanzen durch die $5d_{5/2}14s_{1/2}$ Resonanz gestört werden. Im unteren Teil des Bildes sind die Ergebnisse einer MQDT-Rechnung mit sechs geschlossenen und zwei offenen Kanälen angegeben. Viele wesentliche Strukturen im Spektrum werden von der MQDT-Anpassung richtig wiedergegeben. Allerdings enthält die MQDT bei so vielen Kanälen schon sehr viele Parameter, die auch durch Anpassung an ein so reiches Spektrum nicht ohne weiteres eindeutig bestimmt werden können.

Probleme mit nicht eindeutig bestimmten MQDT-Parametern treten natürlich nur auf, wenn sie als unabhängige empirische Parameter behandelt werden, die durch Anpassung an experimentelle Daten festzulegen sind. Um Rydbergspektren von Molekülen im Rahmen der MQDT zu analysieren, benutzten Jungen und Atabek eine Transformation des Bezugssystems, die es erlaubt, die große Zahl der unabhängigen Reaktanzmatrixelemente auf Grund weniger dynamischer Grundparameter zu berechnen. Auf diese Weise konnten MQDT-Rechnungen mit sehr vielen (bis zu 30) Kanälen durchgeführt werden [JA77].

Eine *ab initio* Theorie ohne empirische Parameter setzt eine wenigstens approximative Lösung der N-Elektronen-Schrödingergleichung bzw. im gegenwärtigen Fall der gekoppelten Kanalgleichungen voraus. In der sogenannten *R-Matrix-Methode* [Gre83, OG85] wird der Ortsraum in einen Innenraum vom Radius R und einen Außenraum aufgeteilt. Im Innenraum wird das N-Elektronenproblem approximativ gelöst, und die Lösungen werden bei $r = R$ an die asymptotischen Ein-Elektron-Wellenfunktionen angepaßt, die in jedem Kanal aus einer Überlagerung von regulären und irregulären Coulombfunktionen, bzw. bei geschlossenen Kanälen aus

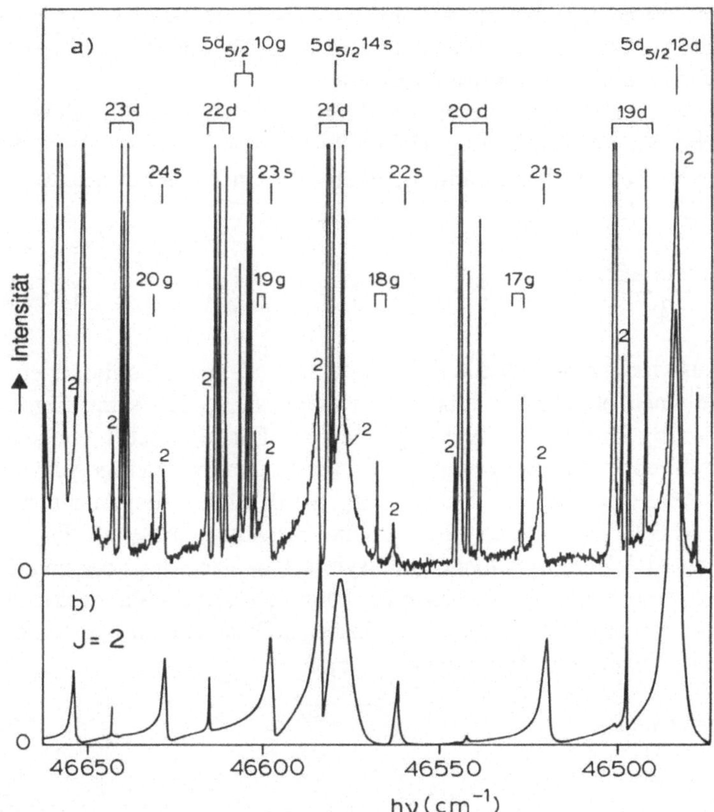

Abb. 3.14. Photospektrum in Barium in der Nähe des $5d_{5/2}\,14s_{1/2}$ $J=2$ Zustands, der die $5d_{3/2}\,ns$ und die $5d_{3/2}\,nd$ Serie stört. Der untere Teil des Bildes zeigt die Ergebnisse einer MQDT-Analyse mit sechs geschlossenen und zwei offenen Kanälen. (Aus [BH89].)

den entsprechenden Whittakerfunktionen bestehen. Auch im Rahmen einer solchen *ab initio* Theorie ist der MQDT-Formalismus von großem Nutzen, weil die schwach energieabhängigen MQDT-Parameter nur auf einem dünnen Netz von Energien berechnet (und gespeichert) werden müssen, während die schnell mit der Energie variierenden Strukturen von den MQDT-Formeln beschrieben werden. *Ab initio* Berechnungen von MQDT-Parametern sind in den letzten Jahren mit zunehmendem Erfolg vor allem für die Erdalkaliatome durchgeführt worden [AL87, AL89].

3.4 Atome in äußeren Feldern

Alles bisher Gesagte wird mehr oder weniger stark modifiziert, wenn wir Atome (und Ionen) betrachten, die nicht isoliert sind, sondern von einem äußeren elektromagnetischen Feld beeinflußt werden. Für tiefliegende gebundene Zustände eines Atoms läßt sich der Einfluß äußerer Felder oft mit störungstheoretischen Methoden befriedigend erfassen, für hoch angeregte Zustände und/oder sehr starke Felder ist dies jedoch nicht mehr möglich, und selbst beim einfachen Wasserstoffatom treten vielschichtige und physikalisch interessante Effekte auf.

Ausgangspunkt der Überlegungen dieses Abschnitts ist ein klassisches elektromagnetisches Feld, das wir mit Hilfe des skalaren Potentials $\Phi(\boldsymbol{r},t)$ und des Vektorpotentials $\boldsymbol{A}(\boldsymbol{r},t)$ beschreiben. Der Hamiltonoperator für ein N-Elektronen-Atom oder -Ion ist dann (siehe (2.151))

$$\hat{H} = \sum_{i=1}^{N} \left(\frac{[\hat{\boldsymbol{p}}_i + (e/c)\boldsymbol{A}(\boldsymbol{r}_i,t)]^2}{2\mu} - e\Phi(\boldsymbol{r}_i,t) \right) + \hat{V} \quad . \tag{3.157}$$

Eine wichtige Auswirkung von äußeren Feldern ist, daß der Hamiltonoperator (3.157) im allgemeinen nicht mehr rotationsinvariant ist, so daß seine Eigenzustände nicht gleichzeitig Drehimpulseigenzustände sind. Für räumlich homogene Felder bleibt der Hamiltonoperator (bei geeigneter Eichung) aber invariant gegenüber Drehungen um eine Achse parallel zur Feldrichtung, so daß die Komponente des Gesamtdrehimpulses in Feldrichtung nach wie vor eine Erhaltungsgröße ist. Für ein Elektron in einem Potential $V(\boldsymbol{r})$, das nicht radialsymmetrisch ist, das aber invariant gegenüber Drehungen um etwa die z-Achse ist, kann man das dreidimensionale Problem immerhin auf ein zweidimensionales reduzieren. Dies erreicht man durch die Transformation auf *zylindrische Koordinaten* ρ, z, ϕ:

$$x = \rho\cos\phi \; , \quad y = \rho\sin\phi \; , \quad z = z \; ; \quad \rho = \sqrt{x^2+y^2} \quad . \tag{3.158}$$

Mit dem Ansatz

$$\psi(\boldsymbol{r}) = f_m(\rho,z)\,\mathrm{e}^{\mathrm{i}m\phi} \tag{3.159}$$

reduziert sich die stationäre Schrödingergleichung auf eine Gleichung für die Funktion $f_m(\rho,z)$:

$$\begin{aligned} &\left[-\frac{\hbar^2}{2\mu} \left(\frac{\partial^2}{\partial\rho^2} + \frac{1}{\rho}\frac{\partial}{\partial\rho} - \frac{m^2}{\rho^2} + \frac{\partial^2}{\partial z^2} \right) + V(\rho,z) \right] f_m(\rho,z) \\ &= E f_m(\rho,z) \quad . \end{aligned} \tag{3.160}$$

3.4.1 Atome in einem statischen, homogenen elektrischen Feld

Ein statisches, homogenes elektrisches Feld $\boldsymbol{E}$, das in Richtung der z-Achse zeigen soll, beschreiben wir mit Hilfe eines zeitunabhängigen skalaren Potentials

$$\Phi(\boldsymbol{r}) = -E_z\, z \tag{3.161}$$

und einem verschwindenden Vektorpotential. Der Hamiltonoperator (3.157) hat dann die folgende spezielle Form:

$$\hat{H} = \sum_{i=1}^{N} \frac{\hat{\boldsymbol{p}}_i^2}{2\mu} + \hat{V} + eE_z \sum_{i=1}^{N} z_i \quad . \tag{3.162}$$

Im Rahmen der zeitunabhängigen Störungstheorie (Abschn. 1.5.1) sind die Verschiebungen der Energieeigenwerte, die durch den Beitrag des Feldes in (3.162) hervorgerufen werden, in erster Ordnung gegeben durch (1.197),

$$\Delta E_n^{(1)} = eE_z \langle \Psi_n | \sum_{i=1}^{N} z_i | \Psi_n \rangle \quad , \tag{3.163}$$

wobei Ψ_n die Eigenzustände des ungestörten ($E_z = 0$) Hamiltonoperators sein sollen. Wie in Abschn. 2.2.4 angesprochen, sind diese Eigenzustände im allgemeinen Eigenzustände des N-Elekronen-Paritätsoperators, so daß die Erwartungswerte (3.163) des Operators $\sum_{i=1}^{N} z_i$, der die Parität ändert, verschwinden. In zweiter Ordnung werden die Energieverschiebungen durch die Formel (1.203) beschrieben,

$$\Delta E_n^{(2)} = (eE_z)^2 \sum_{m \neq n} \frac{|\langle \Psi_n | \sum_{i=1}^{N} z_i | \Psi_m \rangle|^2}{E_n - E_m} \quad , \tag{3.164}$$

wobei E_n und E_m die Energieeigenwerte des ungestörten Hamiltonoperators sind. Die rechte Seite von (3.164) sollte auch das Kontinuum einschließen, so daß oberhalb der Kontinuumsschwelle die Summe durch ein Integral zu ersetzen ist. Die Energieverschiebungen (3.164) hängen quadratisch von der Stärke des äußeren elektrischen Feldes E_z ab und sind unter dem Namen *quadratischer Stark-Effekt* bekannt.

Die Energieverschiebungen (3.164) sind eng verknüpft mit der *Dipol-Polarisierbarkeit* des Atoms im elektrischen Feld. In einem infinitesimal schwachen elektrischen Feld kann man die Änderung der Wellenfunktionen in erster Ordnung Störungstheorie beschreiben. Nach (1.201) sind die modifizierten Wellenfunktionen

$$|\psi_n'\rangle = |\psi_n\rangle + eE_z \sum_{m \neq n} \frac{\langle \psi_m | \sum_{i=1}^{N} z_i | \psi_n \rangle}{E_n - E_m} |\psi_m\rangle \quad . \tag{3.165}$$

Die Wellenfunktionen (3.165) sind nicht mehr Eigenfunktionen der N-Elektronen-Parität, und sie haben ein Dipolmoment, das von dem äußeren Feld induziert ist und in Richtung des Feldes (z-Richtung) zeigt. Die z-Komponente des induzierten Dipolmoments ist

$$\begin{aligned} d_z &= -e\langle \psi_n' | \sum_{i=1}^{N} z_i | \psi_n' \rangle \\ &= 2e^2 E_z \sum_{m \neq n} \frac{|\langle \psi_m | \sum_{i=1}^{N} z_i | \psi_n \rangle|^2}{E_m - E_n} := \alpha_\mathrm{d} E_z \quad . \end{aligned} \tag{3.166}$$

Mit der durch (3.166) definierten Dipol-Polarisierbarkeit α_d (im Zustand ψ_n) sind die Energieverschiebungen (3.164) des quadratischen Stark-Effekts

$$\Delta E_n^{(2)} = -\frac{\alpha_\mathrm{d}}{2} E_z^2 \quad . \tag{3.167}$$

In dem außergewöhnlichen Fall, daß ein Eigenwert des ungestörten Hamiltonoperators entartet ist und Eigenzustände verschiedener Parität umfaßt, gibt es schon in erster Ordnung nicht-verschwindende Energieverschiebungen, die man *linearen Stark-Effekt* nennt. Die Energieverschiebungen in erster Ordnung berechnet man dann, indem man die Störung $eE_z \sum_{i=1}^{N} z_i$ im Unterraum der Eigenzustände des entarteten Eigenwertes diagonalisiert, siehe Gl. (1.206). Ein wichtiges Beispiel bilden die Ein-Elektron-Atome, bei denen jede Hauptquantenzahl $n \geq 2$ einem entarteten Energieeigenwert mit Eigenfunktionen verschiedener Parität $(-1)^l$ entspricht. Die dabei auftretenden Wechselwirkungsmatrixelemente zwischen zwei entarteten Wellenfunktionen $\psi_1(\boldsymbol{r}) = Y_{l_1,m_1}(\Omega)\phi_{n,l_1}(r)/r$ und $\psi_2(\boldsymbol{r}) = Y_{l_2,m_2}(\Omega)\phi_{n,l_2}(r)/r$ sind

$$\langle\psi_1|eE_z z|\psi_2\rangle = eE_z\, r_{1\,2}^{(0)} \quad , \tag{3.168}$$

wobei $r_{1\,2}^{(0)}$ die in (2.205) definierte $\nu = 0$ Komponente des Dipolmatrixelements ist. Das Matrixelement (3.168) ist nur von null verschieden, wenn die Azimutalquantenzahlen in Bra und Ket gleich sind, $m_1 = m_2$. Im Fall $n = 2$ gibt es nichtverschwindende Matrixelemente zwischen den $l = 0$ und $l = 1$ Zuständen mit $m = 0$. Die beiden anderen $l = 1$ Zustände mit Azimutalquantenzahl $m = +1$ und $m = -1$ sind vom linearen Stark-Effekt unberührt (siehe Aufgabe 3.8). Abbildung 3.15(a) zeigt die Aufspaltung des $n = 2$ Terms im Wasserstoffatom durch den linearen Stark-Effekt. Zum Vergleich zeigt Abb. 3.15(b) die Energieverschiebung (3.167) des $n = 1$ Niveaus durch den quadratischen Stark-Effekt (siehe Aufgabe 3.9).

Die störungstheoretische Behandlung des Stark-Effekts ist nicht unproblematisch. Das sieht man schon daran, daß das störende Potential $eE_z \sum_{i=1}^{N} z_i$ (bei positiver Feldstärke E_z) gegen $-\infty$ strebt, wenn ein z_i nach $-\infty$ läuft. Der gestörte Hamilton-

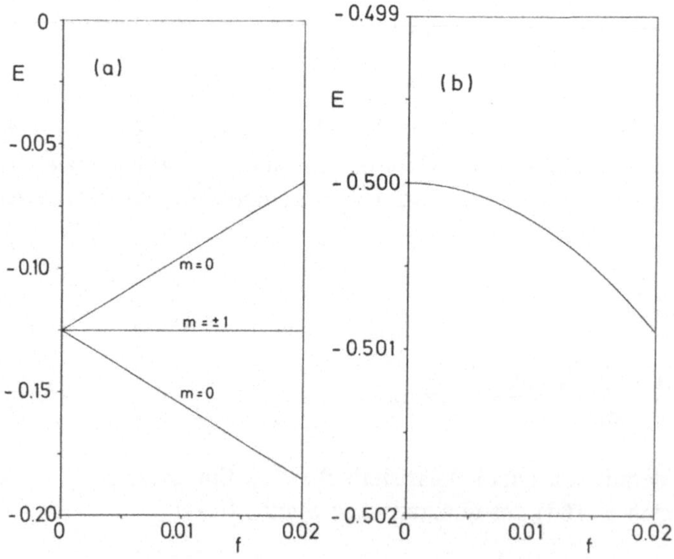

Abb. 3.15. (a) Aufspaltung des entarteten Wasserstoff-Niveaus mit $n = 2$ durch den linearen Stark-Effekt (Aufgabe 3.8). (b) Energieverschiebung des Wasserstoff-Grundzustands durch den quadratischen Stark-Effekt (3.167). f ist die elektrische Feldstärke in Einheiten von $E_0 \approx 5.142 \times 10^9$ V/cm (3.173), und die Energien sind in atomaren Einheiten angegeben.

operator (3.162) ist nach unten unbeschränkt und hat keinen Grundzustand; streng genommen hat er überhaupt keine gebundenen Eigenzustände mit diskreten Eigenwerten, sondern ein kontinuierliches, nach unten und oben unbeschränktes Spektrum. Durch das elektrische Feld werden aus den gebundenen Zuständen des ungestörten Hamiltonoperators Resonanzen, und die Breite einer solchen Resonanz ist $\hbar/\tau$, wobei τ die Lebensdauer des Zustands gegenüber *Feldionisation* ist. Für tiefliegende Zustände und nicht zu starke Felder sind die Lebensdauern gegenüber Feldionisation so lang, daß die Zustände praktisch als gebundene Zustände angesehen werden können, aber für hoch angeregte Zustände und/oder sehr starke Felder können die Lebensdauern sehr kurz und die Breiten groß sein. Auch für beliebig kleine, aber endliche Feldstärken verliert die Störungstheorie ihre Rechtfertigung bei genügend hohen Anregungen. Der Grenzübergang von verschwindender zu kleiner, aber endlicher Feldstärke ist an der Kontinuumsschwelle nicht stetig. Knapp unterhalb der Schwelle liegen bei exakt verschwindender Feldstärke unendlich viele gebundene Zustände des langreichweitigen Coulompotentials. Schon bei einem beliebig schwachen Feld gibt es streng genommen gar keine gebundenen Zustände mehr.

Die Energie, oberhalb der Feldionisation auch klassisch möglich ist, heißt *Stark-Sattel*. Für ein Ein-Elektron-Potential

$$V(\boldsymbol{r}) = -\frac{Ze^2}{r} + eE_z z\,, \quad E_z > 0 \quad , \tag{3.169}$$

liegt der Stark-Sattel auf der negativen z-Achse am lokalen Maximum der Funktion $V(x{=}0, y{=}0, z)$. In den beiden zur z-Achse senkrechten Richtungen hat die potentielle Energie hier ein Minimum (siehe Abb. 3.16). Die Lage z_S und Energie V_S des Stark-Sattels sind:

$$z_S = -\sqrt{\frac{Ze}{E_z}}\,, \quad V_S = -2e\sqrt{ZeE_z} \quad . \tag{3.170}$$

Für ein Ein-Elektron-Atom, das durch ein reines Coulombpotential $-Ze^2/r$ beschrieben wird, läßt sich die Schrödingergleichung in *parabolischen Koordinaten*

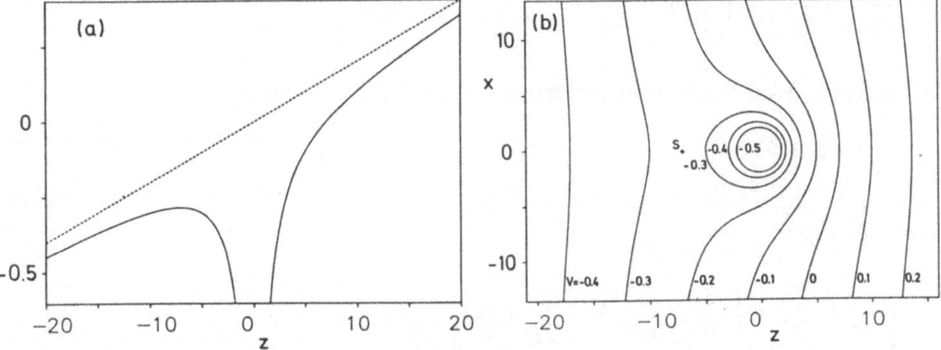

Abb. 3.16a,b. Potentielle Energie (3.169) in einem Ein-Elektron-Atom im elektrischen Feld der Feldstärke f = 0.02 atomare Einheiten (siehe (3.173)). **(a)** Potential längs der z-Achse; **(b)** Äquipotentiallinien in der xz-Ebene. Der Punkt S kennzeichnet den Stark-Sattel.

auch in Anwesenheit eines äußeren elektrischen Feldes in gewöhnliche Differentialgleichungen entkoppeln. Da die Rotationssymmetrie um die z-Achse durch das elektrische Feld in z-Richtung nicht gestört wird, ist es sinnvoll, den azimutalen Winkel ϕ als eine Koordinate zu behalten. Die beiden anderen Koordinaten ξ und η haben die Dimension einer Länge und sind definiert durch

$$\xi = r + z\ , \quad \eta = r - z\ ; \quad r = \frac{1}{2}(\xi + \eta)\ , \quad z = \frac{1}{2}(\xi - \eta)\ . \tag{3.171}$$

Die Koordinaten ξ und η können Werte zwischen null und $+\infty$ annehmen. Sie heißen parabolisch, weil die durch ξ = const und die durch η = const definierten Flächen Rotationsparaboloide um die z-Achse sind.

Der Hamiltonoperator für ein Elektron unter dem Einfluß eines Coulombpotentials und eines äußeren elektrischen Feldes lautet in atomaren Einheiten und parabolischen Koordinaten

$$\begin{aligned} \hat{H} = &-\frac{2}{\xi+\eta}\left[\frac{\partial}{\partial\xi}\left(\xi\frac{\partial}{\partial\xi}\right) + \frac{\partial}{\partial\eta}\left(\eta\frac{\partial}{\partial\eta}\right)\right] \\ &-\frac{1}{2\xi\eta}\frac{\partial^2}{\partial\phi^2} - \frac{2Z}{\xi+\eta} + f\frac{\xi-\eta}{2}\ . \end{aligned} \tag{3.172}$$

Dabei ist f die elektrische Feldstärke in atomaren Einheiten:

$$f = \frac{E_z}{E_0}\ , \quad E_0 = \frac{e}{a^2} = \frac{\mu^2 e^5}{\hbar^4} \approx 5.142 \times 10^9 \mathrm{V/cm}\ . \tag{3.173}$$

Wenn man die Schrödingergleichung $\hat{H}\psi = E\psi$ mit $(\xi+\eta)/2$ durchmultipliziert und für ψ den Produktansatz

$$\psi = f_1(\xi)\, f_2(\eta)\, \mathrm{e}^{\mathrm{i}m\phi} \tag{3.174}$$

einsetzt, so erhält man zwei entkoppelte Gleichungen für $f_1(\xi)$ und $f_2(\eta)$

$$\begin{aligned} &\frac{d}{d\xi}\left(\xi\frac{df_1}{d\xi}\right) + \left(\frac{E}{2}\xi - \frac{m^2}{4\xi} - \frac{f}{4}\xi^2\right) f_1 + Z_1 f_1 = 0\ , \\ &\frac{d}{d\eta}\left(\eta\frac{df_2}{d\eta}\right) + \left(\frac{E}{2}\eta - \frac{m^2}{4\eta} + \frac{f}{4}\eta^2\right) f_2 + Z_2 f_2 = 0\ . \end{aligned} \tag{3.175}$$

Dabei treten zwei Separationskonstanten Z_1 und Z_2 auf, die über

$$Z_1 + Z_2 = Z \tag{3.176}$$

verknüpft sind. Division der oberen Gleichung (3.175) durch 2ξ und der unteren durch 2η ergibt

$$\left[-\frac{1}{2}\left(\frac{d^2}{d\xi^2} + \frac{1}{\xi}\frac{d}{d\xi} - \frac{m^2}{4\xi^2}\right) - \frac{Z_1}{2\xi} + \frac{f}{8}\xi\right] f_1(\xi) = \frac{E}{4} f_1(\xi)\ , \tag{3.177}$$

$$\left[-\frac{1}{2}\left(\frac{d^2}{d\eta^2} + \frac{1}{\eta}\frac{d}{d\eta} - \frac{m^2}{4\eta^2}\right) - \frac{Z_2}{2\eta} - \frac{f}{8}\eta\right] f_2(\eta) = \frac{E}{4} f_2(\eta)\ . \tag{3.178}$$

Die Gleichungen (3.177), (3.178) haben die Form von zwei zylindrisch-radialen Schrödingergleichungen zur azimutalen Quantenzahl $m/2$ (vgl. (3.160)). Neben dem zylindrischen Radialpotential $(m/2)^2/(2\xi^2)$ enthält die Gleichung (3.177) für $f_1(\xi)$, die *Bergauf-Gleichung*, noch ein Coulombpotential $-Z_1/2\xi$ und ein ansteigendes lineares Potential $(f/8)\xi$, das von dem elektrischen Feld herrührt. In diesem *Bergauf-Potential* gibt es für jeden (positiven oder negativen) Wert der Separationskonstanten Z_1 eine Folge von gebundenen Lösungen zu diskreten Energieeigenwerten. Andererseits gibt es zu jeder Energie E eine diskrete Folge von Werten von Z_1, für den die Bergauf-Gleichung gebundene Lösungen besitzt, welche durch die Anzahl $n_1 = 0, 1, 2, \ldots$ von Knoten von $f_1(\xi)$ im Bereich $\xi > 0$ charakterisiert werden. Für immer größere Werte von Z_1, die auch größer als die tatsächliche Kernladung Z sein können, wird n_1 immer größer. Einen minimalen Wert von Z_1, der bei positiven Energien auch kleiner als null sein kann, erhält man, wenn das gesamte Bergauf-Potential, bei gegebener Energie E, gerade noch tief genug ist, um einen knotenlosen Eigenzustand zu unterhalten. (Siehe Abb. 3.17.)

Im feldfreien Fall $f = 0$ hat (3.178) dieselbe Form wie (3.177). Im Bereich negativer Energien gibt es eine diskrete Folge von Energien, nämlich $E_n = -Z^2/(2n^2)$, $n = 1, 2, \ldots$, für welche beide Gleichungen, (3.177) und (3,178) mit geeigneten Werten von Z_1 und Z_2 gleichzeitig normierbare Lösungen mit n_1 bzw. n_2 Knoten besitzen. Bei gegebener Azimutalquantenzahl $m = 0, \pm 1, \pm 2, \ldots, \pm(n-1)$ hängen die parabolischen Quantenzahlen $n_1 = 0, 1, 2, \ldots$ und $n_2 = 0, 1, 2, \ldots$ mit den Separationskonstanten Z_1, Z_2 und mit der Coulomb-Hauptquantenzahl n über

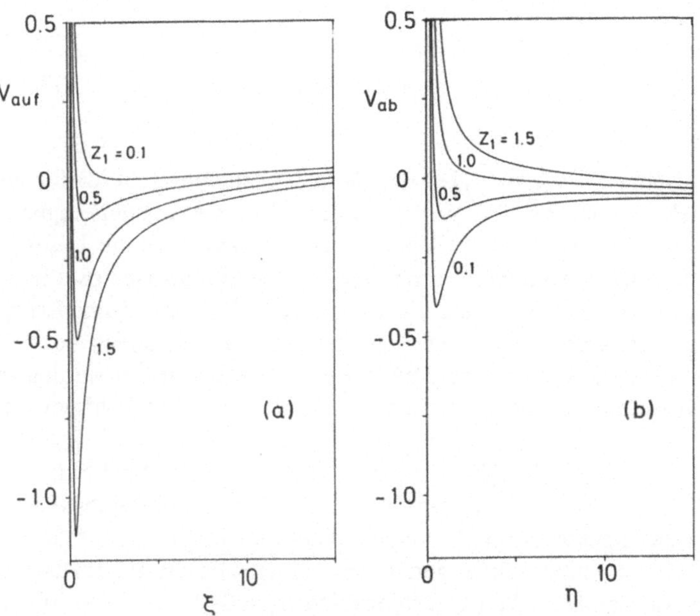

Abb. 3.17a,b. Effektive Potentiale in der Bergauf-Gleichung (3.177) (a) und in der Bergab-Gleichung (3.178) (b) für $m = 1$ und vier verschiedene Werte der Separationskonstanten Z_1 ($Z_1 + Z_2 = 1$). Die elektrische Feldstärke ist $f = 0.02$ atomare Einheiten.

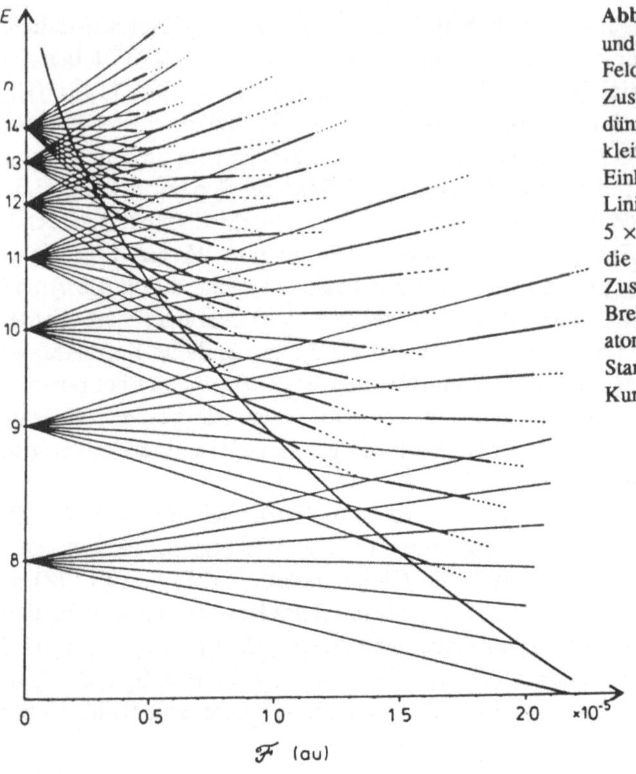

Abb. 3.18. Stark-Aufspaltung und Zerfallsbreiten gegenüber Feldionisation für die $m = 1$ Zustände im Wasserstoffatom. Die dünnen Linien bezeichnen Breiten kleiner als 5×10^{-12} atomare Einheiten, die dick gezogenen Linien bezeichnen Breiten zwischen 5×10^{-12} und 5×10^{-8}, und die gestrichelt eingezeichneten Zustände sind Resonanzen mit Breiten größer als 5×10^{-8} atomare Einheiten. Die Energie des Stark-Sattels (3.170) ist als dicke Kurve eingezeichnet. (Aus [LB80].)

$$n_i + \frac{|m|+1}{2} = n\frac{Z_i}{Z}\,, \quad i = 1, 2\,; \qquad n_1 + n_2 + |m| + 1 = n \tag{3.179}$$

zusammen [LL67].

Bei positiver Feldstärke f läßt sich aber die *Bergab-Gleichung* (3.178) für eine gegebene Separationskonstante Z_2 $(= Z - Z_1)$ bei jeder Energie mit den angemessenen Randbedingungen eindeutig lösen. Dabei ist zu bedenken, daß die Lösungen $f_2(\eta)$ asymptotisch nicht wie reguläre und irreguläre Coulombfunktionen oszillieren, weil das Potential linear mit der Koordinate η abnimmt, so daß die kinetische Energie linear mit η zunimmt.[2] Aus den tiefer liegenden gebundenen Zuständen des feldfreien Falles werden schmale Resonanzen. Die Breiten der Resonanzen werden mit zunehmender Energie immer größer, ihre Lebensdauern gegenüber Feldionisation immer kleiner.

Eine systematische theoretische Untersuchung über das Stark-Spektrum vom Wasserstoffatom wurde 1980 von Luc-Koenig und Bachelier veröffentlicht [LB80]. Abbildung 3.18 zeigt das Spektrum für Azimutalquantenzahl $|m| = 1$. Im feldfreien Fall gibt es zu jeder Hauptquantenzahl n gerade $(n - |m|)$ entartete Eigenzustände, die durch die möglichen parabolischen Quantenzahlen $n_1 = 0, 1, \ldots, n - |m| - 1$

[2] Für eine allgemeine Diskussion der Asymptotik von Kontinuumswellenfunktionen in Gegenwart eines elektrischen Feldes siehe z. B. [TF85].

charakterisiert werden können. Bei endlicher Feldstärke wird die Entartung in jeder dieser n-Mannigfaltigkeiten aufgehoben. Dabei wird die Energie bei den Zuständen mit den niedrigsten Werten der Bergauf-Quantenzahl n_1 am meisten abgesenkt, weil für sie der Anteil der Wellenfunktion, der in Bergab-Richtung konzentriert ist, am größten ist. Da kleine n_1 mit kleinen Werten der Separationskonstante Z_1 und entsprechend mit großen Werten von $Z_2 = 1 - Z_1$ verknüpft sind, werden diese Zustände die größten Resonanzbreiten haben, denn größere Werte von Z_2 bedeuten ein stärker attraktives Coulombpotential in der Bergab-Gleichung und entsprechend niedrigere Potentialbarrieren für die Feldionisation. Umgekehrt haben Lösungen zu großen Werten von n_1 und kleinen Werten von n_2 sehr kleine Breiten und haben auch oberhalb des Stark-Sattels lange Lebensdauern gegenüber Feldionisation. Tatsächlich ist eine ausgeprägte Resonanzstruktur in Photoionisationsspektren oberhalb des Stark-Sattels und sogar oberhalb der „feldfreien Ionisationsgrenze" zu beobachten [RW86].

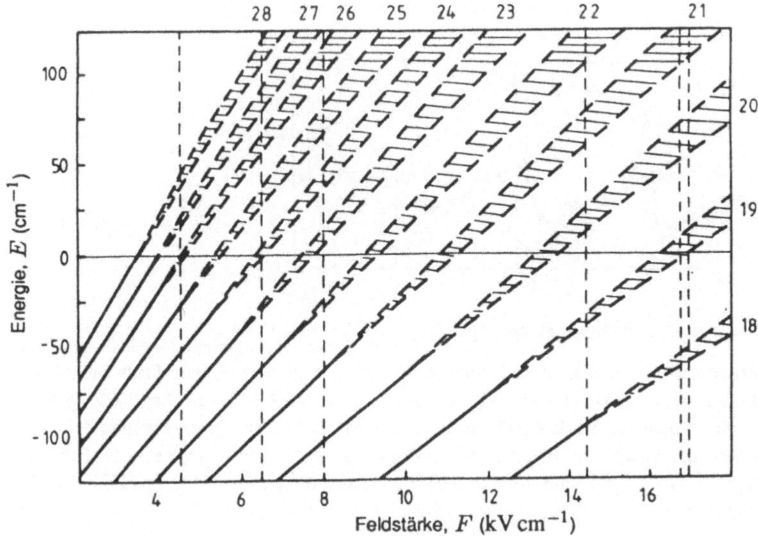

Abb. 3.19. Lagen und Breiten der Wasserstoff Stark-Zustände mit maximaler Bergauf-Quantenzahl, $n_1 = n-1$, $n_2=0$, $m=0$. Am Rand ist die Coulomb-Hauptquantenzahl n angegeben. (Aus [Kol89].)

Kolosov hat kürzlich die Lagen und Breiten von resonanten Stark-Zuständen mit maximaler Bergauf-Quantenzahl, $n_1 = n-1$, $n_2 = 0$, $m = 0$, und mit zweit-höchstem n_1 für Energien um die feldfreie Schwelle berechnet [Kol89]. Abbildung 3.19 zeigt die Ergebnisse für die Zustände mit maximalem n_1. Abbildung 3.20 zeigt die experimentellen Photoionisationsspektren bei drei verschiedenen elektrischen Feldstärken. Die berechneten Lagen der Resonanzen mit $n_1 = n-1$, $n_2 = 0$ und $n_1 = n-2$, $n_2 = 1$ sind mit Pfeilen angezeigt, und die Breiten sind durch Schraffierung oder waagerechte Balken eingezeichnet. Eine deutliche Korrelation zwischen den experimentellen Strukturen und den berechneten Resonanzen ist auch bei positiven Energien sichtbar.

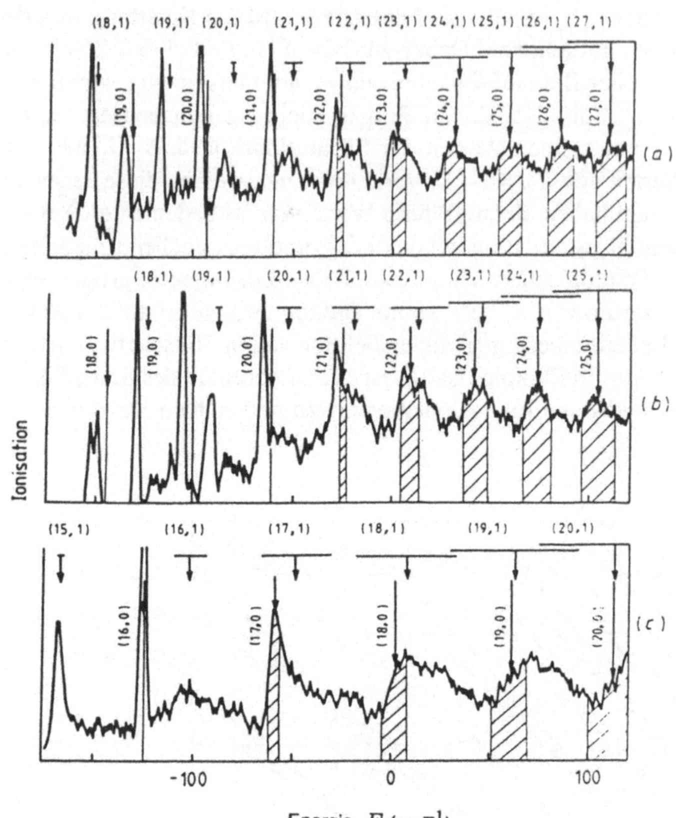

Abb. 3.20a–c. Experimentelle Photoionisationsspektren von Wasserstoff in einem Stark-Feld für drei verschiedene Feldstärken E_z: (a) 6.5 kV/cm, (b) 8.0 kV/cm, (c) 16.7 kV/cm. Die Pfeile geben die berechneten Lagen von resonanten Stark-Zuständen mit den parabolischen Quantenzahlen (n_1, n_2) an $(m = 0)$. Die Schraffierungen zeigen die Breiten der Zustände mit maximalem n_1 $(= n - 1)$. Die Breiten der Zustände mit $n_1 = n - 2$, $n_2 = 1$ sind als waagerechte Balken dargestellt. (Aus [Kol89].)

3.4.2 Atome in einem statischen, homogenen Magnetfeld

Ein statisches homogenes Magnetfeld, das in z-Richtung zeigen soll, kann man in der *symmetrischen Eichung* mit dem Vektorpotential

$$A(r) = -\frac{1}{2}(r \times B) = -\frac{1}{2}\begin{pmatrix} -y \\ x \\ 0 \end{pmatrix} B_z \tag{3.180}$$

beschreiben. Der Hamiltonoperator (3.157) behält bei dieser Eichung seine Axialsymmetrie um die z-Achse, und er hat die folgende spezielle Form

$$\hat{H} = \sum_{i=1}^{N} \frac{\hat{p}_i^2}{2\mu} + \hat{V} + \omega \hat{L}_z + \sum_{i=1}^{N} \frac{\mu\omega^2}{2}(x_i^2 + y_i^2) \quad . \tag{3.181}$$

Dabei ist ω die halbe Zyklotron-Frequenz, welche die Energieeigenzustände eines freien Elektrons in einem Magnetfeld charakterisiert (siehe Aufgabe 3.10):

$$\omega = \frac{\omega_c}{2} = \frac{eB_z}{2\mu c} \quad . \tag{3.182}$$

In dem Hamiltonoperator (3.181) steht $\hat{L}_z$ für die z-Komponente des gesamten Bahndrehimpulses der N Elektronen, und der Beitrag $\omega\hat{L}_z$ ist gerade die Energie $-\boldsymbol{\mu}\cdot\boldsymbol{B}$ des mit dieser Bahnbewegung verbundenen magnetischen Moments $\boldsymbol{\mu} = -e/(2\mu c)\hat{\boldsymbol{L}}$ im Magnetfeld $\boldsymbol{B}$. Das Verhältnis $-e/(2\mu c)$ von magnetischem Moment zu Bahndrehimpuls ist das *gyromagnetische Verhältnis*.

Wenn wir den in der Magnetfeldstärke B_z bzw. in ω quadratischen Term im Hamiltonoperator (3.181) zunächst vernachlässigen, so führt das äußere Magnetfeld einfach zu einer zusätzlichen Energie $\omega\hat{L}_z$. Eigenzustände des ungestörten Hamiltonoperators, in denen die Effekte der Spin-Bahn-Kopplung vernachlässigt werden können und in denen der Gesamtspin verschwindet, in denen also der Bahndrehimpuls gleich dem Gesamtdrehimpuls ist, bleiben auch im Magnetfeld Eigenzustände des Hamiltonoperators, nur die Entartung in der Quantenzahl M_L wird aufgehoben. Quantitativ werden die Energien um den jeweiligen Betrag

$$\Delta E_{M_L} = \frac{e\hbar B_z}{2\mu c} M_L \tag{3.183}$$

verschoben. Dies ist der *normale Zeeman-Effekt*. Das Ergebnis (3.183) beruht übrigens nicht auf Störungstheorie, sondern nur auf der Vernachlässigung der Effekte des Spins und des in ω quadratischen Terms in (3.181). Die Konstante $e\hbar/(2\mu c)$ ist bis auf den kleinen Unterschied zwischen der reduzierten Masse μ und der Elektronmasse m_e das *Bohrsche Magneton* [CT86],

$$\mu_B = \frac{e\hbar}{2m_e c} = 5.78838263(52) \times 10^{-5}\,\mathrm{eV/Tesla} \quad . \tag{3.184}$$

Im allgemeinen können die Beiträge des Spins (außer in Zuständen mit Gesamtspin null) bei der Untersuchung von Energieverschiebungen im Magnetfeld nicht vernachlässigt werden. Der wichtigste Beitrag kommt von den magnetischen Momenten, die von den Spins der Elektronen herrühren. Die Wechselwirkung dieser Spin-Momente mit dem Magnetfeld berechnet man am schnellsten, wenn man das Feld mit der Substitution $\hat{\boldsymbol{p}}_i \to \hat{\boldsymbol{p}}_i + (e/c)\boldsymbol{A}(\boldsymbol{r}_i)$ in die Diracgleichung (2.28) einführt und den Übergang zur nichtrelativistischen Schrödingergleichung vollzieht (Aufgabe 3.11). Bis zur ersten Ordnung in der Magnetfeldstärke erhält man den folgenden Hamiltonoperator für ein freies Elektron im äußeren Magnetfeld:

$$\hat{H}_B^{(0)} = \frac{\hat{\boldsymbol{p}}_i^2}{2\mu} + \frac{e}{2\mu c}(\hat{\boldsymbol{L}}_i + 2\hat{\boldsymbol{S}}_i)\cdot\boldsymbol{B} \quad . \tag{3.185}$$

Bemerkenswert ist der Faktor zwei vor dem Spin. Er besagt, daß der Spin $\hbar/2$ des Elektrons ein genau so großes magnetisches Moment hervorruft wie ein Bahndrehimpuls von $\hbar$.

Bis zur ersten Ordnung in der Magnetfeldstärke wird also die Wechselwirkung des Atoms mit dem Magnetfeld durch einen Beitrag

$$\hat{W}_{\mathrm{B}} = \frac{e}{2\mu c}(\hat{\boldsymbol{L}} + 2\hat{\boldsymbol{S}})\cdot\boldsymbol{B} = \frac{eB_z}{2\mu c}(\hat{L}_z + 2\hat{S}_z) \tag{3.186}$$

im N-Elektronen-Hamiltonoperator beschrieben. Dies entspricht gerade der Energie eines magnetischen Dipols mit dem magnetischen Moment $-(\hat{\boldsymbol{L}} + 2\hat{\boldsymbol{S}})e/(2\mu c)$ im Magnetfeld $\boldsymbol{B}$. Das magnetische Moment ist jetzt nicht ein Vielfaches des Gesamtdrehimpulses $\hat{\boldsymbol{J}} = \hat{\boldsymbol{L}} + \hat{\boldsymbol{S}}$; d. h. es gibt kein konstantes gyromagnetisches Verhältnis. Die Aufspaltung der Energien durch das Magnetfeld hängt nun nicht wie im normalen Zeeman-Effekt nur von der Magnetfeldstärke und der Azimutalquantenzahl ab; deswegen spricht man im allgemeineren Fall, in dem der Spin des Atoms auch eine Rolle spielt, vom *anomalen Zeeman-Effekt.*

Die ungestörten atomaren Zustände können durch die Gesamtdrehimpulsquantenzahl J und die Quantenzahl M_J für die z-Komponente des Gesamtdrehimpulses charakterisiert werden, wobei die (ungestörten) Energien nicht von M_J abhängen. Wenn das Atom in LS-Kopplung beschrieben wird, dann haben die ungestörten atomaren Zustände Ψ_{L,S,J,M_J} in einem entarteten J-Multiplett auch noch eine gute Gesamtbahndrehimpulsquantenzahl L und eine gute Gesamtspinquantenzahl S (vgl. Abschn. 2.2.4). Wenn die Energieverschiebungen durch den Störoperator (3.186) klein sind, verglichen mit dem Abstand der Energien verschiedener J-Multipletts, dann sind diese Energieverschiebungen in erster Ordnung Störungstheorie einfach die Erwartungswerte des Störperators (3.186) in den ungestörten Zuständen Ψ_{L,S,J,M_J}. Der Störoperator ist bereits in der Quantenzahl M_J diagonal, so daß eine Diagonalisierung nach Gleichung (1.206) gar nicht nötig ist.

Einen quantitativen Ausdruck für die Erwartungswerte des Störoperators (3.186) erhält man mit Hilfe des Wigner-Eckart-Theorems für die Matrixelemente der Komponenten eines Vektoroperators zwischen Drehimpulseigenzuständen. Danach ist die Abhängigkeit dieser Matrixelemente von dem Komponentenindex des Operators und von den azimutalen Quantenzahlen in Bra und Ket für alle Vektoroperatoren gleich und durch die Clebsch-Gordan-Koeffizienten gegeben (siehe Abschn. 1.6.1). Speziell ist:

$$\begin{aligned}
\langle\Psi_{L,S,J,M_J}|\hat{S}_z|\Psi_{L,S,J,M_J}\rangle &= \langle LSJ\|\hat{\boldsymbol{S}}\|LSJ\rangle\langle J,M_J|1,0,J,M_J\rangle\,,\\
\langle\Psi_{L,S,J,M_J}|\hat{J}_z|\Psi_{L,S,J,M_J}\rangle &= \langle LSJ\|\hat{\boldsymbol{J}}\|LSJ\rangle\langle J,M_J|1,0,J,M_J\rangle\,,\\
\langle\Psi_{L,S,J,M_J}|\hat{\boldsymbol{J}}\cdot\hat{\boldsymbol{S}}|\Psi_{L,S,J,M_J}\rangle &= \langle LSJ\|\hat{\boldsymbol{J}}\|LSJ\rangle\langle LSJ\|\hat{\boldsymbol{S}}\|LSJ\rangle\{\mathrm{CG}\}\,,\\
\langle\Psi_{L,S,J,M_J}|\hat{\boldsymbol{J}}^2|\Psi_{L,S,J,M_J}\rangle &= \langle LSJ\|\hat{\boldsymbol{J}}\|LSJ\rangle\langle LSJ\|\hat{\boldsymbol{J}}\|LSJ\rangle\{\mathrm{CG}\}\,.
\end{aligned} \tag{3.187}$$

Dabei ist z. B. $\langle LSJ\|\hat{\boldsymbol{S}}\|LSJ\rangle$ das für das ganze J-Multiplett charakteristische reduzierte Matrixelement des Gesamtspins, das nicht von den Azimutalquantenzahlen oder der speziellen Spinkomponente abhängt. In den unteren beiden Gleichungen in (3.187) steht $\{\mathrm{CG}\}$ jeweils für dieselbe Summe aus Clebsch-Gordan-Koeffizienten. Division der ersten Gleichung (3.187) durch die zweite und der dritten durch die vierte gibt auf der rechten Seite zweimal dieselbe Zahl, nämlich den Quotienten der reduzierten Matrixelemente $\langle LSJ\|\hat{\boldsymbol{S}}\|LSJ\rangle$ und $\langle LSJ\|\hat{\boldsymbol{J}}\|LSJ\rangle$. Das heißt, daß die

Quotienten der linken Seiten ebenfalls gleich sein müssen, so daß

$$\begin{aligned}
&\langle \Psi_{L,S,J,M_J} | \hat{S}_z | \Psi_{L,S,J,M_J} \rangle \\
&= \frac{\langle \Psi_{L,S,J,M_J} | \hat{\boldsymbol{J}} \cdot \hat{\boldsymbol{S}} | \Psi_{L,S,J,M_J} \rangle}{\langle \Psi_{L,S,J,M_J} | \hat{\boldsymbol{J}}^2 | \Psi_{L,S,J,M_J} \rangle} \langle \Psi_{L,S,J,M_J} | \hat{J}_z | \Psi_{L,S,J,M_J} \rangle \\
&= \frac{\langle \Psi_{L,S,J,M_J} | \hat{\boldsymbol{J}} \cdot \hat{\boldsymbol{S}} | \Psi_{L,S,J,M_J} \rangle}{J(J+1)\hbar^2} M_J \hbar \quad .
\end{aligned} \tag{3.188}$$

Das Operatorprodukt $\hat{\boldsymbol{J}} \cdot \hat{\boldsymbol{S}}$ können wir analog zu (1.272) durch $(\hat{\boldsymbol{J}}^2 + \hat{\boldsymbol{S}}^2 - \hat{\boldsymbol{L}}^2)/2$ ersetzen und den Erwartungswert von $\hat{\boldsymbol{J}} \cdot \hat{\boldsymbol{S}}$ durch die Eigenwerte von $\hat{\boldsymbol{J}}^2$, $\hat{\boldsymbol{S}}^2$ und $\hat{\boldsymbol{L}}^2$ ausdrücken:

$$\langle \Psi_{L,S,J,M_J} | \hat{S}_z | \Psi_{L,S,J,M_J} \rangle = \frac{J(J+1) + S(S+1) - L(L+1)}{2J(J+1)} M_J \hbar \quad . \tag{3.189}$$

Für die Energieverschiebungen des anomalen Zeeman-Effekts in erster Ordnung Störungstheorie ergibt sich mit $\hat{L}_z + 2\hat{S}_z = \hat{J}_z + \hat{S}_z$

$$\begin{aligned}
\Delta E_{L,S,J,M_J} &= \frac{eB_z}{2\mu c} \langle \Psi_{L,S,J,M_J} | \hat{J}_z + \hat{S}_z | \Psi_{L,S,J,M_J} \rangle \\
&= \frac{eB_z}{2\mu c} \left(1 + \frac{J(J+1) + S(S+1) - L(L+1)}{2J(J+1)} \right) M_J \hbar \\
&= \frac{e\hbar B_z}{2\mu c} g \, M_J \, .
\end{aligned} \tag{3.190}$$

Die Tatsache, daß es kein konstantes gyromagnetisches Verhältnis gibt, drückt sich in dem *Landé-Faktor*

$$\begin{aligned}
g &= 1 + \frac{J(J+1) + S(S+1) - L(L+1)}{2J(J+1)} \\
&= \frac{3J(J+1) + S(S+1) - L(L+1)}{2J(J+1)}
\end{aligned} \tag{3.191}$$

aus. Er beschreibt die Abhängigkeit des gyromagnetischen Verhältnisses von dem J-Multiplett. Für $S = 0$ und $J = L$ ist $g = 1$, und wir erhalten wieder das Ergebnis des normalen Zeeman-Effekts (3.183).

Wenn die Wechselwirkung mit dem Magnetfeld wesentlich stärker ist als die Spin-Bahn-Wechselwirkung, ist es sinnvoll, die atomaren Zustände (zunächst) ohne Spin-Bahn-Kopplung zu berechnen und sie nach den Quantenzahlen der z-Komponenten des Gesamtbahndrehimpulses und des Gesamtspins zu klassifizieren: Ψ_{L,S,M_L,M_S}. Die Energieverschiebungen durch den Wechselwirkungsoperator (3.186) sind dann – ohne weitere störungstheoretischen Annahmen – einfach

$$\Delta E_{M_L,M_S} = \frac{e\hbar B_z}{2\mu c} (M_L + 2M_S) \quad . \tag{3.192}$$

Dies ist der *Paschen-Back-Effekt*. Ein Beispiel für den Übergang vom Bereich des anomalen Zeeman-Effekts zum Paschen-Back-Effekt ist in Abb. 3.21 schematisch dargestellt.

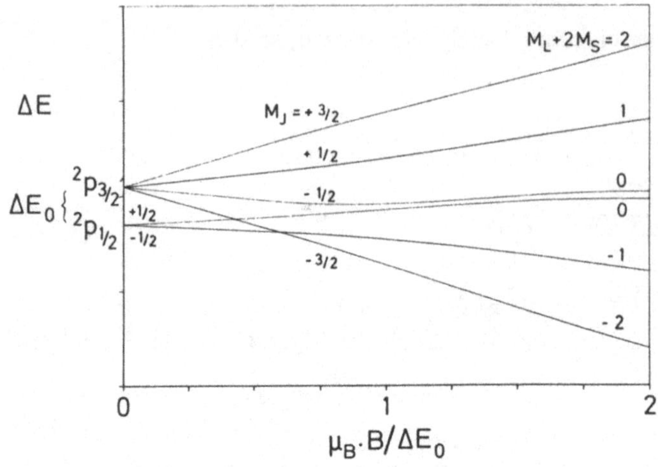

Abb. 3.21. Schematische Darstellung der Niveauaufspaltung im Magnetfeld am Beispiel eines $^2P_{1/2}$ und eines $^2P_{3/2}$ Multipletts, die im feldfreien Fall um eine Spin-Bahn-Aufspaltung ΔE_0 auseinanderliegen. Wenn das Produkt aus Feldstärke B und Magneton (3.184) kleiner ist als ΔE_0, erhalten wir die Niveau-Aufspaltung des anomalen Zeeman-Effekts (3.190), für $\mu_B B > \Delta E_0$ kommen wir in den Bereich des Paschen-Back-Effekts (3.192).

Der Störoperator (3.186) beschreibt die *paramagnetische* Wechselwirkung zwischen dem Magnetfeld und dem (permanenten) magnetischen Dipolmoment des Atoms. Die Operatoren $\hat{L}_z$ und $\hat{S}_z$ kommutieren mit $\hat{\boldsymbol{L}}^2$ und $\hat{\boldsymbol{S}}^2$. Wenn der Gesamtbahndrehimpuls L und der Gesamtspin S gute Quantenzahlen des Atoms ohne äußeres Magnetfeld sind, so bleiben sie es auch, wenn der Einfluß des Störoperators (3.186) berücksichtigt wird. L ist nicht mehr eine gute Quantenzahl, wenn das Magnetfeld so stark ist, daß der in ω quadratische Term in (3.181) (der *diamagnetische* Term) eine Rolle spielt. Dieser Term ist ein zweidimensionales harmonisches Oszillatorpotential in den beiden Richtungen senkrecht zur Richtung des Magnetfeldes.

Die Schrödingergleichung für ein freies Elektron (ohne Spin) im äußeren Magnetfeld läßt sich (in symmetrischer Eichung) leicht in zylindrischen Koordinaten lösen (siehe Aufgabe 3.10). Die Eigenfunktionen sind

$$\psi_{N,m,k}(\rho,\phi,z) = \Phi_{N,m}(\rho)\,\mathrm{e}^{\mathrm{i}m\phi}\,\mathrm{e}^{\mathrm{i}kz} \quad , \tag{3.193}$$

und die Energieeigenwerte sind

$$\begin{aligned} E_{N,m,k} = (2N + m + |m| + 1)\hbar\omega + \frac{\hbar^2 k^2}{2\mu} \ , \quad & N = 0, 1, 2, \ldots \quad , \\ & m = 0, \pm 1, \pm 2, \ldots \quad , \\ & -\infty < k < +\infty \quad . \end{aligned} \tag{3.194}$$

Dabei sind $\Phi_{N,m}(\rho)\exp(\mathrm{i}m\phi)$ die Eigenzustände des zweidimensionalen harmonischen Oszillators (*Landau-Zustände*), welche durch die zylindrische Hauptquantenzahl N und die Azimutalquantenzahl m für die z-Komponente des Bahndrehimpulses charakterisiert sind. Der Faktor $\exp(\mathrm{i}kz)$ beschreibt die freie Bewegung des Elektrons parallel zum Magnetfeld.

Ein Maß für die relative Wichtigkeit des diamagnetischen Terms erhält man, wenn man die Oszillatorenergie $\hbar\omega$ in (3.194) mit der für atomare Wechselwirkungen charakteristischen Rydbergenergie $\mathcal{R} = \mu e^4/(2\hbar^2)$ vergleicht:

$$\gamma = \frac{\hbar\omega}{\mathcal{R}} = \frac{B_z}{B_0} \;, \\ B_0 = \frac{\mu^2 e^3 c}{\hbar^3} \approx 2.35 \times 10^9\,\text{Gauß} = 2.35 \times 10^5\,\text{Tesla} \quad . \tag{3.195}$$

Für Feldstärken, die wesentlich kleiner sind als B_0, was für alle mit irdischen Mitteln erzeugbaren Magnetfelder wohl noch der Fall ist, spielt der diamagnetische Term für die tiefliegenden Zustände eines Atoms keine Rolle. Dies rechtfertigt seine Vernachlässigung bei der Besprechung des normalen und anomalen Zeeman-Effekts und des Paschen-Back-Effekts. Im astrophysikalischen Kontext sind aber an den Oberflächen von Weißen Zwergen und von Neutronen-Sternen Magnetfelder der Größenordnung 10^4 bis 10^8 T nachgewiesen worden. Bei solchen Feldstärken kann der in ω quadratische Beitrag zum Hamiltonoperator (3.181) keineswegs vernachlässigt werden [WZ88]. Man spricht in diesem Zusammenhang auch vom *quadratischen Zeeman-Effekt*.

Bei Magnetfeldstärken von einigen Tesla, wie sie im Labor erzeugt werden können, ist der durch (3.195) definierte *Feldstärkeparameter* γ von der Größenordnung 10^{-5}. Der quadratische Zeeman-Effekt spielt dann zwar für tiefliegende Zustände keine Rolle, bei hochangeregten Rydberg-Atomen kann er aber durchaus wichtig sein. Da der Abstand benachbarter Energieniveaus in einer einfachen Rydbergserie mit zunehmender Hauptquantenzahl n ungefähr $2\mathcal{R}/n^3$ ist, kann man schon bei Quantenzahlen um $n = 40$ bis $n = 50$ eine wesentliche Störung des Spektrums durch den diamagnetischen Term erwarten.

Die Vielschichtigkeit des quadratischen Zeeman-Effekts kann man schon am einfachsten Beispiel, am Ein-Elektron-Atom bzw. am Wasserstoffatom, deutlich machen. Eine Übersicht über die vielen Arbeiten, die in letzten Jahren über das H-Atom im Magnetfeld geschrieben wurden, ist z. B. in [FW89] oder [HR89] zu finden.

Ohne Spin-Effekte ist die Schrödingergleichung für ein Wasserstoffatom im Magnetfeld in atomaren Einheiten und zylindrischen Koordinaten (vgl. (3.181), (3.160))

$$\left[-\frac{1}{2}\left(\frac{\partial^2}{\partial\rho^2} + \frac{1}{\rho}\frac{\partial}{\partial\rho} + \frac{\partial^2}{\partial z^2} - \frac{m^2}{\rho^2}\right) \right. \\ \left. + \frac{m}{2}\gamma + \frac{1}{8}\gamma^2\rho^2 - \frac{1}{\sqrt{\rho^2 + z^2}}\right] f_m(\rho, z) = E f_m(\rho, z) \quad . \tag{3.196}$$

Effekte der Spin-Bahn-Wechselwirkung spielen hauptsächlich bei relativ schwachen Feldern eine Rolle, und die Schwerpunktsbewegung, die in Gegenwart eines äußeren Feldes nicht so selbstverständlich absepariert werden kann, wird erst bei extrem starken Feldern wichtig. So ist die Ein-Elektron-Schrödingergleichung (3.196) für Werte des Feldstärkeparameters zwischen $\gamma \approx 10^{-5}$ und $\gamma \approx 10^{+4}$ eine zuverlässige

Beschreibung des wirklichen physikalischen Systems. Die Azimutalquantenzahl m ist eine gute Quantenzahl ebenso wie die Parität π, die häufig durch die *z-Parität* $\pi_z = (-1)^m \pi$ ausgedrückt wird. Die z-Parität beschreibt die Symmetrie der Wellenfunktion bei Spiegelung an der xy-Ebene (senkrecht zum Magnetfeld). In jedem m^{π_z}-Unterraum des vollen Hilbertraumes bleibt die Schrödingergleichung aber eine *nichtseparable* Gleichung in zwei Koordinaten, d. h. es gibt kein Koordinatensystem, in dem sich die Gleichung ähnlich wie beim Stark-Effekt auf gewöhnliche Differentialgleichungen in jeweils einer Koordinate zurückführen ließe. Wenn wir den trivialen normalen Zeeman-Term $(m/2)\gamma$ weglassen, ist das Potential in (3.196) unabhängig von dem Vorzeichen von m:

$$V_m(\rho, z) = \frac{m^2}{2\rho^2} - \frac{1}{\sqrt{\rho^2 + z^2}} + \frac{1}{8}\gamma^2\rho^2 \quad . \tag{3.197}$$

Äquipotentiallinien des Potentials (3.197) sind für den Fall $m = 0$ in Abb. 3.22 dargestellt.

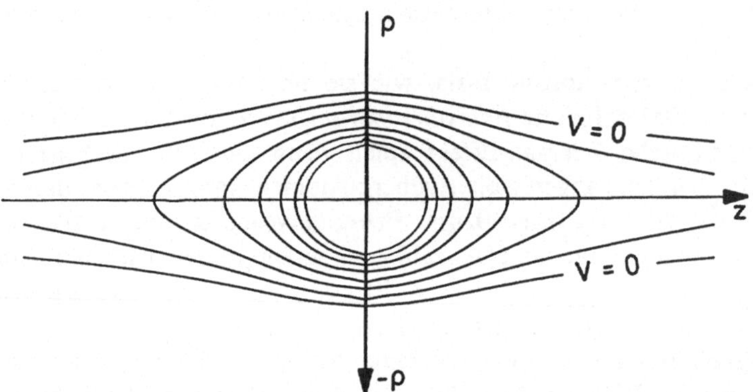

Abb. 3.22. Äquipotentiallinien für das Potential (3.197) im Fall $m = 0$.

Für sehr starke Felder mit Feldstärkeparametern γ mindestens von der Größenordnung 1 sind die Energien, die nötig sind, um Landau-Zustände senkrecht zum Feld anzuregen, größer als die typischen Coulomb-Energien für die Bewegung parallel zum Feld. In diesem Fall ist es sinnvoll, die Wellenfunktion $f_m(\rho, z)$ in *Landau-Kanäle* zu entwickeln:

$$f_m(\rho, z) = \sum_{N=0}^{\infty} \Phi_{N,m}(\rho)\psi_N(z) \quad . \tag{3.198}$$

Einsetzen in die Schrödingergleichung (3.196) und Projektion auf die verschiedenen Landau-Kanäle liefert dann in jedem m^{π_z}-Unterraum einen Satz von gekoppelten Kanalgleichungen für die Kanalwellenfunktionen $\psi_N(z)$, und die Potentiale sind

$$V_{N,N'}(z) = E_{N,m}\delta_{N,N'} + \int_0^{\infty} \rho d\rho \, \Phi_{N,m}(\rho) \frac{-1}{\sqrt{\rho^2 + z^2}} \Phi_{N',m}(\rho) \quad . \tag{3.199}$$

Die diagonalen Potentiale sind asymptotisch Coulombpotentiale proportional zu $1/|z|$, und die Kanalschwellen $E_{N,m}$ sind (ohne den normalen Zeeman-Term $(m/2)\gamma$)

$$E_{N,m} = [N + (|m| + 1)/2]\gamma = E_m + N\gamma \quad . \tag{3.200}$$

Dabei liegt die Kontinuumsschwelle $E_m = (|m| + 1)\gamma/2$ in einem gegebenen m^{π_z}-Unterraum über der „feldfreien Schwelle“ $E = 0$, bei der das Atom klassisch ionisiert werden kann. Das liegt daran, daß ein nach $z = \pm\infty$ weglaufendes Elektron mindestens die Nullpunktsenergie des niedrigsten Landau-Zustands haben muß.

Für sehr starke Felder beschreibt die Schrödingergleichung (3.196) also gekoppelte Coulomb-Kanäle, und die Abstände der Kanalschwellen sind größer als die Coulomb-Bindungsenergien in den einzelnen Kanälen. In jedem m^{π_z}-Unterraum erhalten wir eine Rydbergserie von gebundenen Zuständen, deren Wellenfunktionen von dem tiefsten Landau-Kanal $N = 0$ dominiert werden, und eine Reihe von Rydbergserien von autoionisierenden Resonanzen, die den angeregten Landau-Kanälen $N > 0$ zugeordnet werden können. Die Autoionisation ist in diesem Fall so zu verstehen, daß ein angeregter Landau-Zustand, der ohne Kanalkopplung gebunden wäre, durch die Kanalkopplung seine Anregungsenergie senkrecht zum Magnetfeld in Anregungsenergie parallel zum Feld umsetzen kann, um so ins Kontinuum zu zerfallen. Man braucht für Autoionisation nicht unbedingt zwei Elektronen, es genügen in diesem Fall zwei (gekoppelte) Freiheitsgrade!

Eine Übersicht über das Spektrum im Bereich sehr starker Felder zeigt Abb. 3.23 für den $m^{\pi_z} = 0^+$ Unterraum. Mit abnehmender Feldstärke werden die Abstände auf-

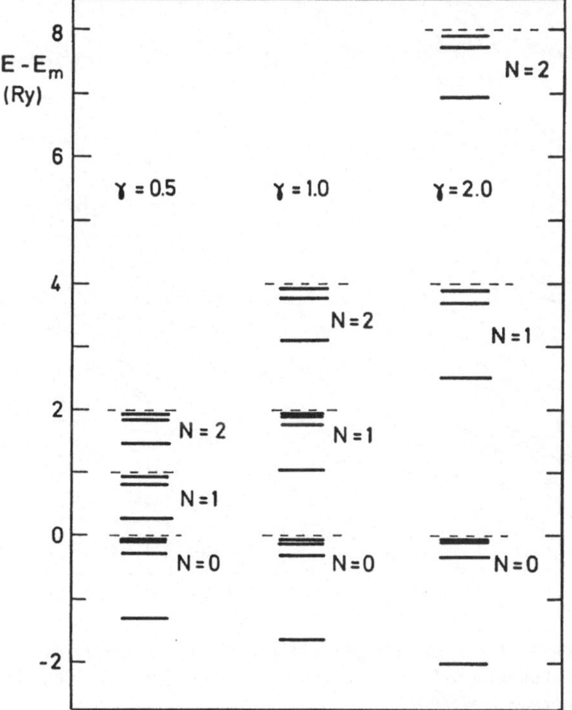

Abb. 3.23. Spektrum von gebundenen Zuständen und autoionisierenden Resonanzen für ein Wasserstoffatom im sehr starken Magnetfeld bei drei verschiedenen Werten des Feldstärkeparameters γ (3.195).

einanderfolgender Kanalschwellen immer kleiner, und es kommt zu Interferenzen der verschiedenen Landau-Kanäle. In einem kleinen Bereich – bis hinab zu $\gamma \approx 0.01$ – kann man die gekoppelten Gleichungen für die Landau-Kanäle noch direkt lösen und das Spektrum qualitativ im Rahmen der Mehrkanal-Quantendefekttheorie verstehen. Für heute im Labor erreichbare Magnetfeldstärken von etwa $\gamma \approx 10^{-5}$ ist aber der Abstand aufeinanderfolgender Kanalschwellen von der Größenordnung 10^{-3} bis 10^{-4} eV, so daß eine realistische Rechnung die Kopplung von Zehntausenden von Landau-Kanälen berücksichtigen müßte.

Bei schwachen Feldern $\gamma \ll 1$ und Energien deutlich unterhalb der feldfreien Schwelle $E = 0$ kann man die Auswirkungen des quadratischen Zeeman-Effekts weitgehend störungstheoretisch behandeln. Die im feldfreien Fall entarteten Zustände zur Hauptquantenzahl n und Azimutalquantenzahl m können durch die Drehimpulsquantenzahlen $l = |m|, |m|+1, \dots, n-1$ charakterisiert werden, wobei die Zustände mit geradem l zur z-Parität $(-1)^m$ gehören, während die Zustände mit ungeradem l die umgekehrte z-Parität haben. Bei endlicher Feldstärke tritt zunächst „l-Mischung" auf, und die Entartung wird durch eine Aufspaltung aufgehoben, die proportional zum Quadrat der Magnetfeldstärke ist. Es ist üblich, die aufgespaltenen Zustände ei-

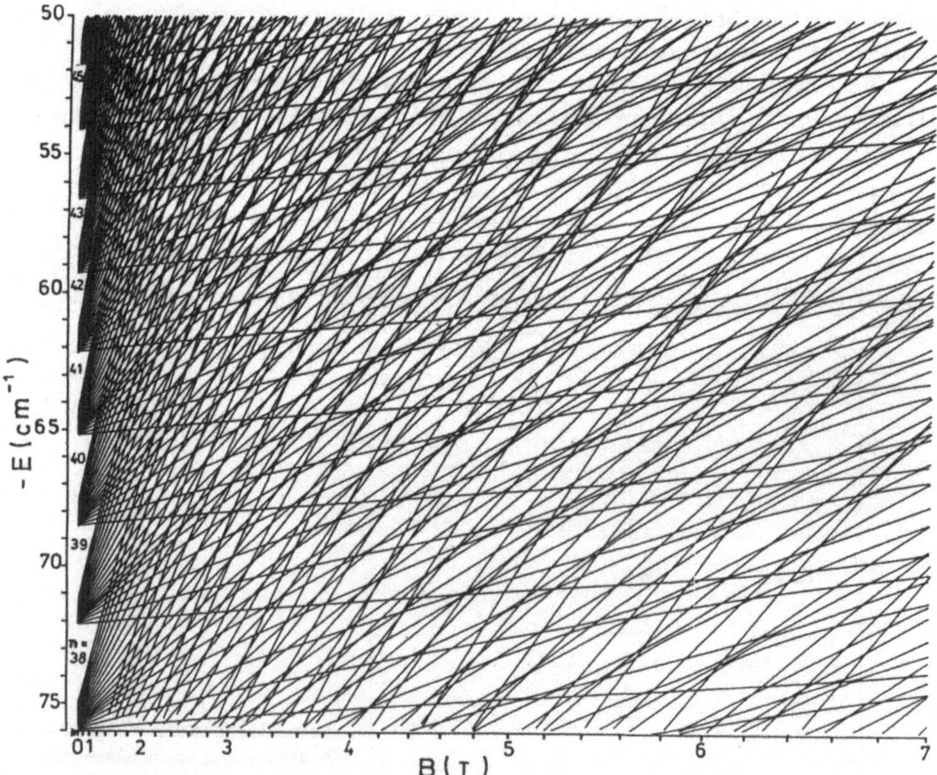

Abb. 3.24. Teil des Spektrums für ein Wasserstoffatom im homogenen Magnetfeld bis zu einer Feldstärke von 7 Tesla. Das Bild zeigt gebundene Zustände im $m^{\pi_z} = 0^+$ Unterraum in einem Energiebereich, der Hauptquantenzahlen um $n = 40$ entspricht. (Aus [FW89])

ner (n, m)-Mannigfaltigkeit durch einen Index k zu kennzeichnen, der mit $k = 0$ für den energetisch höchsten Zustand beginnt und bis $k = n - |m| - 1$ für den energetisch tiefsten Zustand läuft. Wenn in einem gegebenen m^{π_z}-Unterraum die verschiedenen n-Mannigfaltigkeiten mit zunehmender Feldstärke (oder zunehmender Hauptquantenzahl n) zu überlappen beginnen, ist die Wechselwirkung zwischen verschiedenen Zuständen zunächst gering, so daß sie nach wie vor durch die zwei Zahlen n und k klassifiziert werden können. Mit weiter zunehmender Feldstärke oder Energie geht aber die Ordnung im Spektrum immer mehr verloren (siehe Abb. 3.24), und in der Nähe der feldfreien Schwelle $E = 0$ ist es schließlich unmöglich, individuelle Quantenzustände dieses zweidimensionalen Systems auch nur annähernd durch zwei sinnvolle Quantenzahlen zu klassifizieren. Wie wir in Abschn. 5.3.4 sehen werden, ist dies der Bereich, in dem die klassische Dynamik *chaotisch* ist.

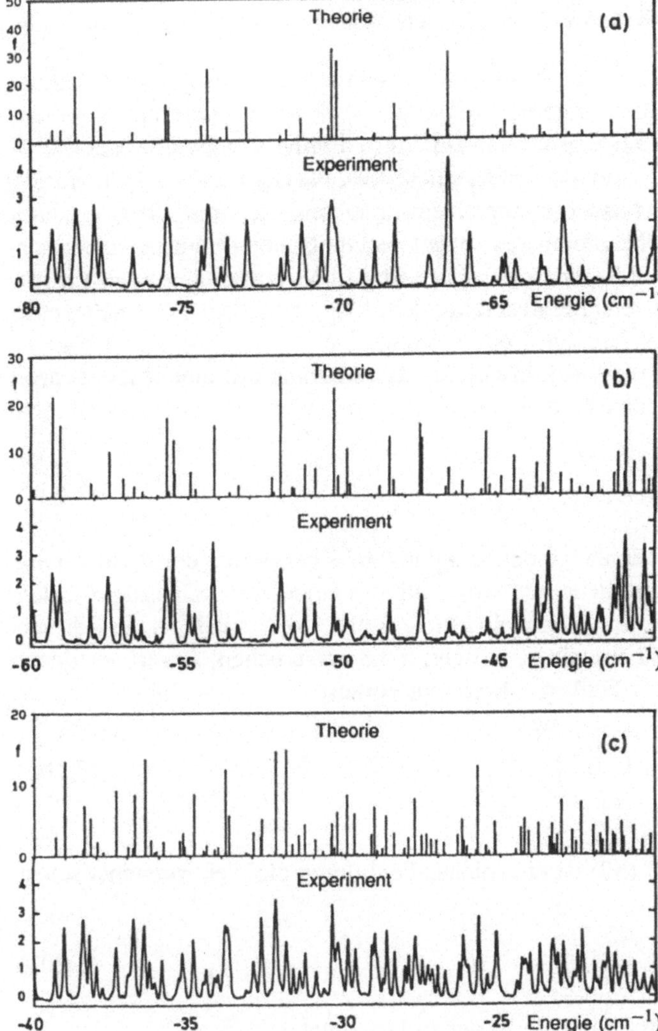

Abb. 3.25. Vergleich zwischen berechneten (obere Hälften) und gemessenen (untere Hälften) Photoabsorptionslinien eines Wasserstoffatoms in einem homogenen Magnetfeld von 5.96 T. Das Bild zeigt $\Delta m = 0$ Übergänge von dem $2p_{m=0}$ Anfangszustand zu hochangeregten Rydbergzuständen im $m^{\pi_z} = 0^+$ Unterraum (aus [HW87]).

Für ein Wasserstoffatom im Magnetfeld liegen detaillierte experimentelle Spektren vor, die von Welge et al. mit Methoden der hochauflösenden Laserspektroskopie gemessen wurden [HW87]. Ein Vergleich zwischen gemessenen Photoabsorptionsspektren und den Ergebnissen einer direkten numerischen Lösung der Schrödingergleichung (3.196) ist in Abb. 3.25 wiedergegeben. Die Magnetfeldstärke ist 5.96 T und das Spektrum reicht bis knapp unter die feldfreie Schwelle $E = 0$. Innerhalb der experimentellen Genauigkeit ist die Übereinstimmung mit der numerischen Rechnung bis zu sehr hohen Anregungen hervorragend. Auch wenn dies unseren Erwartungen entspricht, ist es doch beruhigend zu wissen, daß die Schrödingergleichung die Details eines atomaren Spektrums auch dann richtig wiedergibt, wenn sie nichtseparabel, das quantenmechanische Spektrum sehr kompliziert und die zugrundeliegende klassische Dynamik chaotisch ist.

3.4.3 Atome in einem zeitlich oszillierenden elektrischen Feld

Die in Abschn. 2.4 beschriebene Theorie der Wechselwirkung eines Atoms mit elektromagnetischer Strahlung beschreibt die resonante Absorption und Emission von Photonen zwischen stationären Eigenzuständen des feldfreien Atoms. Ein Atom wird aber auch dann von einem (monochromatischen) elektromagnetischen Feld beeinflußt, wenn dessen Frequenz nicht gerade einem erlaubten atomaren Übergang entspricht. Bei kleinen Intensitäten kommt es zu Aufspaltungen und frequenzabhängigen Verschiebungen der Energieniveaus; bei genügend großen Intensitäten, wie sie mit moderner Lasertechnologie leicht realisiert werden, können Mehrphotonen-Prozesse (Anregung, Ionisation) eine wichtige Rolle spielen.

Der wichtigste Beitrag zur Wechselwirkung eines Atoms mit einem monochromatischen elektromagnetischen Feld ist der Einfluß des oszillierenden elektrischen Feldes,

$$\boldsymbol{E}(\boldsymbol{r},t) = \boldsymbol{E}_0 \cos(\boldsymbol{k}\cdot\boldsymbol{r} - \omega t) \quad . \tag{3.201}$$

Wir nehmen an, daß die Wellenlänge der Strahlung groß gegenüber der Ausdehnung des Atoms ist, so daß die räumliche Inhomogenität des Feldes vernachlässigt werden kann, und daß die magnetische Wechselwirkung keine Rolle spielt. Neben diesen Annahmen, die der Dipolnäherung von Abschn. 2.4.3 entsprechen, setzen wir linear polarisiertes Licht mit einem Feld in z-Richtung voraus:

$$\boldsymbol{E} = \boldsymbol{E}_0 \cos\omega t \ , \quad \boldsymbol{E}_0 = \begin{pmatrix} 0 \\ 0 \\ E_z \end{pmatrix} \quad . \tag{3.202}$$

In der Strahlungseichung (2.150) ist ein solches Feld durch die elektromagnetischen Potentiale

$$\boldsymbol{A} = -\frac{c}{\omega}\boldsymbol{E}_0 \sin\omega t \ , \quad \Phi = 0 \quad , \tag{3.203}$$

definiert. Alternativ sind die Potentiale in der *Feldeichung*

$$A = 0 \ , \quad \Phi = -\boldsymbol{E}_0 \cdot \boldsymbol{r} \cos \omega t \quad . \tag{3.204}$$

Die Feldeichung (3.204) hat den Vorteil, daß die Wechselwirkung zwischen Atom und Feld im Hamiltonoperator nur als eine zeitlich oszillierende zusätzliche potentielle Energie auftritt. Der Hamiltonoperator (3.157) hat in diesem Fall die Form

$$\hat{H} = \sum_{i=1}^{N} \frac{\hat{\boldsymbol{p}}_i^2}{2\mu} + \hat{V} + eE_z \sum_{i=1}^{N} z_i \cos \omega t \quad . \tag{3.205}$$

Da der Hamiltonoperator (3.205) eine periodische Zeitabhängigkeit mit der Periode $T = 2\pi/\omega$ zeigt, liegt es nahe, nach Lösungen der zeitabhängigen Schrödingergleichung zu suchen, die bis auf eine Phase dieselbe periodische Zeitabhängigkeit zeigen. Geht man mit dem Ansatz

$$\psi(t) = \mathrm{e}^{-(\mathrm{i}/\hbar)\epsilon t} \, \Phi_\epsilon(t) \ , \quad \Phi_\epsilon(t+T) = \Phi_\epsilon(t) \quad , \tag{3.206}$$

in die zeitabhängige Schrödingergleichung $\hat{H}\psi = \mathrm{i}\hbar\partial\psi/\partial t$, so erhält man eine Bestimmungsgleichung für die periodische Funktion $\Phi_\epsilon(t)$:

$$\left(\hat{H} - \mathrm{i}\hbar\frac{\partial}{\partial t}\right) \Phi_\epsilon = \epsilon \Phi_\epsilon \quad , \tag{3.207}$$

Gleichung (3.207) hat die Form einer Eigenwertgleichung für den Operator

$$\hat{\mathcal{H}} = \hat{H} - \mathrm{i}\hbar\frac{\partial}{\partial t} \quad . \tag{3.208}$$

Ihre Eigenwerte nennt man *Quasienergien*, und die zugehörigen Lösungen (3.206) sind die *Quasienergiezustände* oder *Floquet-Zustände*. Sie sind vollständig in dem Sinne, daß jede Lösung der zeitabhängigen Schrödingergleichung als eine Summe von Floquet-Zuständen mit zeitunabhängigen Koeffizienten geschrieben werden kann. Für jeden Eigenzustand Φ_ϵ von $\hat{\mathcal{H}}$ zum Eigenwert ϵ gibt es eine ganze Folge von Eigenzuständen $\Phi_\epsilon \mathrm{e}^{\mathrm{i}k\omega t}$ mit den Eigenwerten $\epsilon + k\hbar\omega$, $\quad k = 0, \pm 1, \pm 2, \ldots$. Sie gehören alle zu demselben Floquet-Zustand (3.206).

Die Dynamik, die durch den Hamiltonoperator (3.208) beschrieben wird, erhält eine formale Ähnlichkeit mit der quantenmechanischen Dynamik eines zeitunabhängigen Hamiltonoperators, wenn wir den Hilbertraum betrachten, der von den Basisfunktionen Φ_ϵ als Funktionen der Koordinaten und der Zeit im Intervall $0 - T$ aufgespannt wird. Das Skalarprodukt von zwei Zuständen ϕ_1 und ϕ_2 in diesem Hilbertraum ist definiert als das zeitliche Mittel des gewöhnlichen Skalarprodukts über eine Periode T; wir kennzeichnen es mit einer Doppelklammer:

$$\langle\langle \phi_1 | \phi_2 \rangle\rangle \stackrel{\mathrm{def}}{=} \frac{1}{T} \int_0^T \langle \phi_1(t) | \phi_2(t) \rangle \, dt \quad . \tag{3.209}$$

Die in den Gleichungen (3.206) – (3.209) zusammengefaßte „Quasienergiemethode" und Erweiterungen davon sind in den letzten Jahren auf eine Vielzahl von Problemen im Zusammenhang mit der dynamischen Wechselwirkung von Atomen und Licht angewendet worden. Eine umfassende Übersicht geben die Monographie von Delone und Krainov [DK85] und der Artikel von Manakov et al. [MO86].

Um Störungstheorie im Sinne von Abschn. 1.5.1 anzuwenden, gehen wir aus von den Eigenzuständen ψ_n des feldfreien Hamiltonoperator $\hat{H}_0$ mit den Eigenwerten E_n, und wir nehmen als ungestörte Zustände die Produkte

$$\phi_{n,k} = \psi_n \,\mathrm{e}^{\mathrm{i}k\omega t} \quad . \tag{3.210}$$

Sie sind Eigenzustände des Hamiltonoperators

$$\hat{\mathcal{H}}_0 = \hat{H}_0 - \mathrm{i}\hbar\frac{\partial}{\partial t} \tag{3.211}$$

zu den Eigenwerten

$$E_{n,k} = E_n + k\,\hbar\omega \quad . \tag{3.212}$$

Wenn wir das oszillierende Potential in (3.205) als kleine Störung in der „Schrödingergleichung“ (3.207) ansehen, läßt sich die zeitunabhängige Störungstheorie aus Abschnitt 1.5.1 sinngemäß anwenden. So wird im Falle von nicht entarteten ungestörten Eigenzuständen die Energieverschiebung in erster Ordnung durch den Erwartungswert der Störung gegeben, der schon deswegen verschwindet, weil die zeitliche Mittelung (3.209) über eine Periode des Kosinus null ergibt. In zweiter Ordnung erhalten wir analog zu (1.209)

$$\Delta E_n^{(2)} = (eE_z)^2 \sum_{E_{m,k} \neq E_n} \frac{|\langle\langle\phi_{n,0}|\sum_{i=1}^N z_i \cos\omega t|\phi_{m,k}\rangle\rangle|^2}{E_n - E_{m,k}} \quad . \tag{3.213}$$

Die Matrixelemente $\langle\langle\phi_{n,0}|\sum_{i=1}^N z_i \cos\omega t|\phi_{m,k}\rangle\rangle$ verschwinden – außer für $k = +1$ und $k = -1$ – bei der Zeitmittelung über eine Periode. Für die beiden nicht verschwindenden Matrixelemente erhalten wir mit einem Faktor $1/2$ das gewöhnliche Matrixelement zwischen ψ_n und ψ_m. Aus (3.213) wird so

$$\Delta E_n^{(2)} = \frac{(eE_z)^2}{4}\left[\sum_{E_m+\hbar\omega \neq E_n} \frac{|\langle\psi_n|\sum_{i=1}^N z_i|\psi_m\rangle|^2}{E_n - E_m - \hbar\omega} + \sum_{E_m-\hbar\omega \neq E_n} \frac{|\langle\psi_n|\sum_{i=1}^N z_i|\psi_m\rangle|^2}{E_n - E_m + \hbar\omega}\right] \quad . \tag{3.214}$$

Die Energieverschiebungen in diesem *Wechselfeld-Stark-Effekt* hängen also von der Frequenz ω ab. Im Grenzfall $\omega \to 0$ wird aus (3.214) wieder die Formel für den gewöhnlichen quadratischen Stark-Effekt (3.164) – bis auf einen Faktor $1/2$, der daher rührt, daß ein Wechselfeld mit Amplitude E_z und Intensität $E_z^2 \cos^2\omega t$ im zeitlichen Mittel einem konstanten Feld mit Intensität $E_z^2/2$ entspricht.

Wie in (3.167) können wir den Wechselfeld-Stark-Effekt auch über eine *frequenzabhängige Polarisierbarkeit* beschreiben, die analog zu (3.166) definiert ist:

$$\alpha_d(\omega) = e^2 \left[\sum_{E_m+\hbar\omega \neq E_n} \frac{|\langle\psi_n|\sum_{i=1}^N z_i|\psi_m\rangle|^2}{E_m + \hbar\omega - E_n} \right.$$
$$\left. + \sum_{E_m-\hbar\omega \neq E_n} \frac{|\langle\psi_n|\sum_{i=1}^N z_i|\psi_m\rangle|^2}{E_m - \hbar\omega - E_n} \right] . \qquad (3.215)$$

Für $\omega \rightarrow 0$ geht $\alpha_d(\omega)$ über in die gewöhnliche Polarisierbarkeit α_d. Als Funktion von ω durchläuft die frequenzabhängige Polarisierbarkeit eine Singularität, wenn $\hbar\omega$ die Energie eines erlaubten Dipolübergangs passiert. Wenn die Funktion $\alpha_d(\omega)$ aus anderer Quelle bekannt ist, etwa durch eine nicht störungstheoretische Lösung der Schrödingergleichung, dann kann man aus ihren Polen die Energien und andere Eigenschaften der Zustände ψ_m extrahieren. Ein Beispiel für die Berechnung und Auswertung von frequenzabhängigen Polarisierbarkeiten ist in [MO88] zu finden.

Die Herleitung der Formel (3.214) beruht auf der Wahl (3.204) für die Eichung der elektromagnetischen Potentiale. Mit verschiedenen Eichungen erhält man unterschiedliche Formeln für die Energieverschiebungen im Wechselfeld-Stark-Effekt. Trotz dieser Eichabhängigkeit sind die Formeln physikalisch sinnvoll, denn die physikalisch beobachtbaren Größen sind nicht die absoluten Energien, sondern Differenzen von Energien, und diese hängen nicht von der Wahl der Eichung ab. Die Eichabhängigkeit der Energieverschiebungen im Wechselfeld-Stark-Effekt wird z. B. von Mittleman ausführlicher diskutiert [Mit82].

Über den Rahmen von störungstheoretisch erklärbaren Effekten hinaus ist eine zuverlässige Theorie zur Beschreibung von Atomen (und Ionen) in einem zeitlich oszillierenden Feld von fundamentaler Bedeutung für das Verständnis von diversen Experimenten, in denen das Verhalten von Materie in einem äußeren Laser- oder Mikrowellenfeld untersucht wird. Sie ist z. B. die Voraussetzung für die Erklärung von Multiphoton-Prozessen, die in starken Feldern auftreten, und für die Deutung der Rolle, die „Chaos“ bei der Mikrowellenionisation von Rydberg-Atomen spielt. Auf diese beiden speziellen Themen wird später in Abschn. 5.1 bzw. in Abschn. 5.3.3 ausführlicher eingegangen.

Aufgaben

3.1 Ein Elektron bewegt sich im Potential

$$V(r) = \begin{cases} -e^2/r & \text{für } r > r_0 \quad , \\ -Ze^2/r & \text{für } r \leq r_0 \, , \quad Z > 1 \quad . \end{cases}$$

Benutzen Sie die halbklassische Formel (3.12) um abzuschätzen, wie die Quantendefekte $\mu_{n,l}$ (n groß) von der Drehimpulsquantenzahl l abhängen.

3.2 Zeigen Sie anhand der Summenregeln (3.31), daß elektromagnetische Dipolübergänge, in denen sich die Hauptquantenzahl n und die Drehimpulsquantenzahl l in demselben Sinne ändern (d. h. beide werden größer, oder beide werden kleiner), wahrscheinlicher sind als Übergänge, in denen sich n und l in entgegengesetztem Sinne ändern.
Berechnen Sie die mittleren Oszillatorstärken für die $2p \to 3s$ und für die $2p \to 3d$ Übergänge im Wasserstoff.

3.3 **a)** Zwei gebundene Zustände $\phi_{02}(r)$ und $\phi_{03}(r)$ in den geschlossenen Kanälen 2 und 3 wechselwirken über ein Kanalkopplungspotential $V_{2,3}(r)$. Bestimmen Sie die Eigenwerte E_+ und E_- sowie die Eigenzustände

$$\psi_+ = \begin{pmatrix} a_2\phi_{02} \\ a_3\phi_{03} \end{pmatrix} , \quad \psi_- = \begin{pmatrix} b_2\phi_{02} \\ b_3\phi_{03} \end{pmatrix} \quad ,$$

des Hamiltonoperators in dem Raum, der von diesen beiden Zuständen aufgespannt wird, d. h. lösen Sie das Zweizustandsproblem, auf das sich (3.74) reduziert, wenn der offene Kanal 1 weggelassen wird.

b) Berechnen Sie mit Hilfe der Goldenen Regel (Abschn. 2.4.1) die Lebensdauern und Zerfallsbreiten der Zustände ψ_+ und ψ_- aus a) gegenüber Zerfall in einen offenen Kanal 1. Vergleichen Sie Ihre Ergebnisse mit (3.85).

3.4 Für zwei nicht wechselwirkende Resonanzen, $W_{2,3} = 0$, vereinfacht sich die Formel (3.89) für die Oszillatorstärke bzw. den Photoionisationsquerschnitt zu:

$$\frac{df_{E\mathrm{a}}}{dE} = \frac{2\mu}{\hbar}\omega d_1^2 \frac{\{N(E) + (d_2/d_1)(E-\epsilon_3)W_{2,1} + (d_3/d_1)(E-\epsilon_2)W_{3,1}\}^2}{N(E)^2 + Z(E)^2} \quad ,$$

mit

$$Z(E) = \pi[(E-\epsilon_3)W_{2,1}^2 + (E-\epsilon_2)W_{3,1}^2] \; ,$$
$$N(E) = (E-\epsilon_2)(E-\epsilon_3) \quad .$$

Diskutieren Sie die Lage der Nullstellen und Maxima von $df_{E\mathrm{a}}/dE$ für die beiden Fälle:

$$d_2 \approx d_3 \ll d_1 \; , \quad d_2 \approx d_3 \gg d_1 \quad .$$

3.5 Eine Rydbergserie von gebundenen Zuständen sei durch einen verschwindenden Quantendefekt $\mu = 0$ charakterisiert. Bei der Energie $E_R = I - 0.04\mathcal{R}$ wird die Serie von einem isolierten Störer der Breite Γ gestört. Bestimmen Sie mit graphischen Mitteln die Energien und effektiven Quantenzahlen der Zustände mit den Quantenzahlen $n = 3$ bis $n = 10$ für die Fälle:

$$\Gamma = 0.01\,\mathcal{R} \; , \quad \Gamma = 0.001\,\mathcal{R} \; , \quad \Gamma \to 0 \quad .$$

3.6 a) Bestimmen Sie anhand von Abb. 3.10 numerische Werte für die Energien der sechs niedrigsten $^1P^o$-Zustände im Kalziumatom relativ zur Ionisierungsgrenze.

b) Geben Sie eine Abschätzung für die Zweikanal- MQDT-Parameter μ_1, μ_2, (jeweils modulo eins) und $|R_{1,2}|$ in der Beschreibung der $(4s\,np)$ und $(3d\,np)$ $^1P^o$-Serien im Kalzium.

3.7 Ein isolierter Störer (siehe Gl. (3.91)) mit konstanter Breite Γ wandert durch eine Rydberg-Serie von gebundenen Zuständen,

$$E_n = I - \frac{\mathcal{R}}{(n^*)^2} \quad ,$$

seine Energie E_R ist also ein veränderlicher Parameter. Zeigen Sie, daß im Grenzfall kleiner Breite Γ der minimale Abstand von aufeinanderfolgenden Energieniveaus E_n und E_{n+1} relativ zum ungestörten Abstand $2\mathcal{R}/(n^*)^3$ gegeben ist durch

$$\left[\frac{E_{n+1} - E_n}{2\mathcal{R}/(n^*)^3}\right]_{\min} \approx \left(\frac{\Gamma(n^*)^3}{\pi\mathcal{R}}\right)^{\frac{1}{2}} \quad .$$

3.8 Die vier entarteten Ortswellenfunktionen des Wasserstoffatoms mit Hauptquantenzahl $n = 2$ werden im homogenen elektrischen Feld der Stärke E_z aufgespalten. Berechnen Sie die Matrix $(\langle\psi_{n=2,l,m}|e\,E_z\,z|\psi_{n=2,l',m'}\rangle)$ des Störoperators sowie seine Eigenzustände und Eigenwerte.

3.9 Zeigen Sie, daß der Kommutator des Hamiltonoperators $\hat{H}_0 = \hat{\boldsymbol{p}}^2/(2\mu) - e^2/r$ mit dem Operator $\hat{b} = az(a + r/2)$ bei Anwendung auf die Grundzustandswellenfunktion $\psi_0(\boldsymbol{r}) = \exp(-r/a)/(a\sqrt{\pi a})$ des Wasserstoffatoms bis auf einen Faktor $\hbar^2/\mu$ dasselbe liefert wie die Multiplikation mit z (siehe auch Aufgabe 1.9):

$$[\hat{H}_0, \hat{b}]\psi_0 = \frac{\hbar^2}{\mu}\, z\,\psi_0 \quad .$$

Berechnen Sie mit Hilfe der Vollständigkeitsrelation (1.22) die statische Dipolpolarisierbarkeit

$$\alpha_\mathrm{d} = 2e^2 \sum_{m \neq 0} \frac{|\langle\psi_m|z|\psi_0\rangle|^2}{E_m - E_0}$$

für das Wasserstoffatom im Grundzustand.

3.10 Ein homogenes Magnetfeld $\boldsymbol{B} = B_z \boldsymbol{e}_z$ ($\boldsymbol{e}_z$ ist der Einheitsvektor in z-Richtung) kann man z. B. durch ein Vektorpotential $\boldsymbol{A}_\mathrm{s}$ in der *symmetrischen* Eichung (3.180),

$$\boldsymbol{A}_\mathrm{s}(\boldsymbol{r}) = -\frac{1}{2}(\boldsymbol{r} \times \boldsymbol{B}) = \frac{1}{2}\begin{pmatrix} -y \\ x \\ 0 \end{pmatrix} B_z \quad ,$$

oder durch ein Vektorpotential A_L in *Landau-Eichung*,

$$A_L(r) = \begin{pmatrix} y \\ 0 \\ 0 \end{pmatrix} B_z \quad ,$$

beschreiben.

a) Bestimmen Sie die skalare Funktion $f(r)$, die über $A_s = A_L + \nabla f$ die eine Eichung in die andere transformiert.

b) Berechnen Sie sowohl in der symmetrischen Eichung als auch in der Landau-Eichung die Eigenzustände und Eigenwerte des Hamiltonoperators für ein freies Elektron im Magnetfeld B:

$$\hat{H} = \frac{1}{2\mu}\left(\hat{p} + \frac{e}{c}A(r)\right)^2 \quad .$$

Wie hängen die Wellenfunktionen in der symmetrischen Eichung mit den Wellenfunktionen in der Landau-Eichung zusammen?

3.11 Aus der Diracgleichung (2.28) für ein freies Elektron wird in Anwesenheit eines elektromagnetischen Feldes

$$\hat{\sigma}\cdot\left(\hat{p} + \frac{e}{c}A\right)\psi_B = \frac{1}{c}(E - e\Phi - m_0c^2)\psi_A \quad ,$$

$$\hat{\sigma}\cdot\left(\hat{p} + \frac{e}{c}A\right)\psi_A = \frac{1}{c}(E - e\Phi + m_0c^2)\psi_B \quad .$$

Dabei ist A das Vektorpotential und Φ das skalare Potential.

Leiten Sie im nichtrelativistischen Grenzfall eine Schrödinger-artige Gleichung für die großen Komponenten ψ_A her.

Hinweis: Nähern Sie den aus der zweiten Gleichung folgenden Ausdruck für die kleinen Komponenten ψ_B, indem Sie $c^2/(E - e\Phi + m_0c^2)$ durch $1/(2m_0)$ ersetzen.

Referenzen

[AL87] M. Aymar, E. Luc-Koenig und S. Watanabe, J. Phys. B **20** (1987) 4325.

[AL89] M. Aymar und J.M. Lecomte, J. Phys. B **22** (1989) 223.

[BH89] E.A.J.M. Bente und W. Hogervorst, Z. Phys. D **14** (1989) 119.

[BM72] M.V. Berry und K.E. Mount, *Semiclassical approximations in wave mechanics*, Rep. Prog. Phys. **35** (1972) 315.

[BS57] H.A. Bethe und E.E. Salpeter, *Quantum Mecanics of One- und Two-Electron Systems*, in: *Handbuch der Physik*, S. Flügge (Hrsg.), Springer-Verlag, Berlin, Heidelberg, 1957, Bd. XXXV, S. 88ff.

[CO80] E.U. Condon und H. Odabasi, Atomic Structure, Cambridge University Press, Cambridge (U.K.), 1980.

[CT86] E.R. Cohen und B.N. Taylor, CODATA Bulletin 63, November 1986 (siehe auch: Phys. Bl. **43** (1987) S. 398–399).

[DK85] N.B. Delone und V.P. Krainov, *Atoms in Strong Light Fields*, Springer-Verlag, Berlin, Heidelberg, 1985.

[Edm64] A.R. Edmonds, *Drehimpulse in der Quantenmechanik*, B.I., Mannheim, 1964.

[Fan70] U. Fano, Phys. Rev. A **2** (1970) 1866.

[Fan83] U. Fano, Rep. Prog. Phys. **46** (1983) 97.

[FR86] U. Fano und A.R.P. Rau, *Atomic Collisions und Spectra*, Academic Press, New York, 1986.

[FW85] H. Friedrich und D. Wintgen, Phys. Rev. A **32** (1985) 3231.

[FW89] H. Friedrich and D. Wintgen, Phys. Reports **183** (1989) 37.

[GF84] A. Giusti-Suzor und U. Fano, J. Phys. B **17** (1984) 215.

[GG83] F. Gounand, T.F. Gallagher, W. Sandner, K.A. Safinya und R. Kachru, Phys. Rev. A **27** (1983) 1925.

[GL84] A. Giusti-Suzor und H. Lefebvre-Brion, Phys. Rev. A **30** (1984) 3057.

[Gre83] C.H. Greene, Phys. Rev. A **28** (1983) 2209.

[HC67] R.D. Hudson und V.L. Carter, Journal of the Optical Society of America **57** (1967) 651.

[HR89] H. Hasegawa, M. Robnik und G. Wunner, Prog. Theor. Phys. Suppl. 98 (1989) 198.

[HW87] A. Holle, G. Wiebusch, J. Main, K.H. Welge, G. Zeller, G. Wunner, T. Ertl, and H. Ruder, Z. Physik D **5** (1987) 279.

[JA77] Ch. Jungen und O. Atabek, J. Chem. Phys. **66** (1977) 5584.

[KB32] S.A. Korff und G. Breit, Reviews of Modern Physics **4** (1932) 471.

[Kol89] V.V. Kolosov, J. Phys. B **22** (1989) 1989.

[LB80] E. Luc-Koenig und A. Bachelier, J. Phys. B **13** (1980) 1743.

[LF70] K.T. Lu und U. Fano, Phys. Rev. A **2** (1970) 81.

[LL67] L.D. Landau und E.M. Lifschitz, *Lehrbuch der Theoretischen Physik, Bd. III: Quantenmechanik*, Akademie-Verlag, Berlin, 1967.

[LM85] I. Lindgren und J. Morrison, *Atomic Many-Body Theory*, 2nd ed., Springer-Verlag, Berlin, Heidelberg, 1985.

[Mie68] F.H. Mies, Phys. Rev. **175** (1968) 1628.

[Mit82] M.H. Mittleman, *Introduction to the Theory of Laser-Atom Interactions*, Plenum Press, New York, 1982.

[MO86] N.L. Manakov, V.D. Ovsiannikov und L.P. Rapoport, Physics Reports **141** (1986) 319.

[MO88] P.K. Mukherjee, K. Ohtsuki und K. Ohno, Theor. Chim. Acta **74** (1988) 431.

[NJ88] J. Neukammer, G. Jönsson, A. König, K. Vietzke, H. Hieronymus und H. Rinneberg, Phys. Rev. A **38** (1988) 2804.

[NR87] J. Neukammer, H. Rinneberg, K. Vietzke, A. König, H. Hieronymus, M. Kohl, H.-J. Grabka und G. Wunner, Phys. Rev. Lett. **59** (1987) 2947.

[OG85] P.F. O'Mahony und C.H. Greene, Phys. Rev. A **31** (1985) 250.

[Ris56] P. Risberg, Arkiv för Fysik **10** (1956) 583.

[RW86] H. Rottke und K.H. Welge, Phys. Rev A **33** (1986) 301.

[Sea58] M.J. Seaton, Mon. Not. R. Astron. Soc. **118** (1958) 504.

[Sea83] M.J. Seaton, Rep. Prog. Phys. **46** (1983) 167.

[Sta82] A.F. Starace, in: *Handbuch der Physik*, Bd. 31, Springer-Verlag, Berlin, Heidelberg, 1982, S. 1.

[TF85] R. Thieberger, M. Friedman und A. Rabinovitch, J. Phys. B **18** (1985) L673.

[VC88] L.D. Van Woerkom und W.E. Cooke, Phys. Rev. A **37** (1988) 3326.

[WB77] A.H. Wapstra und K. Bos, At. Nucl. Data Tables **19** (1977) 177.

[WF87] D. Wintgen und H. Friedrich, Phys. Rev. A **35** (1987) 1628.

[WZ88] G.Wunner, G. Zeller, U. Woelk, W. Schweizer, R. Niemeier, F. Geyer, H. Friedrich und H. Ruder, in: *Atomic Spectra and Collisions in External Fields*, ed. K.T. Taylor, M.H. Nayfeh und C.W. Clark, Plenum Press, New York, 1988.

4. Einfache Reaktionen

Neben den spektroskopischen Untersuchungen an Atomen bieten Reaktionen eine der wichtigsten Möglichkeiten, Information über die Struktur atomarer Systeme und ihre Wechselwirkungen zu erhalten. Allgemeine Reaktionstheorie ist ein bedeutendes und gut entwickeltes Teilgebiet der theoretischen Physik [Bur77, AJ77, New82, Bra83]. Um in einem überschaubaren Rahmen zu bleiben, wollen wir uns in diesem Kapitel auf einfache Reaktionen beschränken, die von dem Stoß eines Elektrons mit einem Atom oder einem Ion hervorgerufen werden. Im einfachsten Fall, daß wir das Atom (oder Ion) als strukturloses Gebilde ansehen können, ist dies ein Zweikörperproblem, das aber, wie in Abschn. 2.1 besprochen, auf ein Einkörperproblem mit reduzierter Masse zurückgeführt werden kann.

4.1 Elastische Streuung

Die (elastische) Streuung eines Teilchens an einem Potential ist ein zeitabhängiger Prozeß. Unter den im Labor üblichen Bedingungen läßt er sich aber mit der zeitunabhängigen Schrödingergleichung beschreiben (siehe z. B. [Mes76]). Welche Randbedingungen die Wellenfunktion erfüllen muß, um einlaufende und gestreute Teilchen zu beschreiben, hängt davon ab, ob das Potential kurzreichweitig oder langreichweitig ist.

4.1.1 Elastische Streuung an einem kurzreichweitigen Potential

Um die Streuung eines strukturlosen Teilchens der Masse μ an einem kurzreichweitigen Potential $V(\boldsymbol{r})$,

$$\lim_{r\to\infty} r^2 V(\boldsymbol{r}) = 0 \quad , \tag{4.1}$$

zu beschreiben, suchen wir eine Lösung der stationären Schrödingergleichung

$$\left[-\frac{\hbar^2}{2\mu}\Delta + V(\boldsymbol{r})\right]\psi(\boldsymbol{r}) = E\psi(\boldsymbol{r}) \tag{4.2}$$

mit der folgenden asymptotischen Form,

$$\psi(\boldsymbol{r}) = \mathrm{e}^{\mathrm{i}kz} + f(\theta,\phi)\frac{\mathrm{e}^{\mathrm{i}kr}}{r} \quad , \quad r \to \infty \; . \tag{4.3}$$

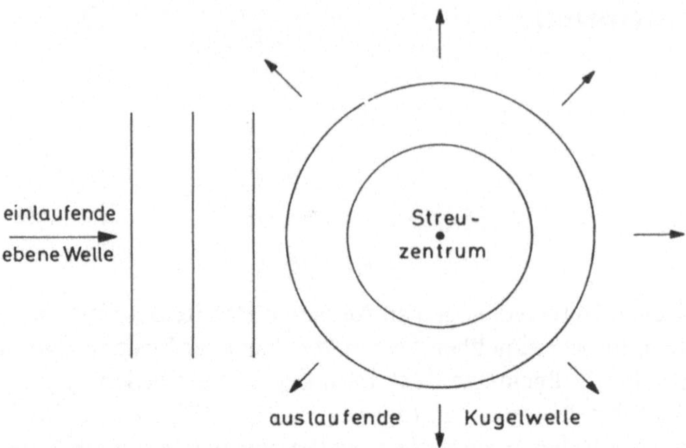

Abb. 4.1. Schematische Darstellung der einlaufenden ebenen Welle und der auslaufenden Kugelwelle, wie sie von der stationären Lösung mit den Randbedingungen (4.3) beschrieben wird.

Der erste Term auf der rechten Seite von (4.3) beschreibt eine in Richtung der z-Achse einlaufende ebene Welle mit Teilchendichte $\rho = |\psi|^2 = 1$ und Geschwindigkeit $v = \hbar k/\mu$; die *Teilchenstromdichte*, die allgemein durch

$$\boldsymbol{j} = \frac{\hbar}{2i\mu}(\psi^* \nabla \psi - \psi \nabla \psi^*) \tag{4.4}$$

definiert ist, ist für die einlaufende ebene Welle einfach $\hbar k/\mu$ mal dem Einheitsvektor in z-Richtung. Der zweite Term auf der rechten Seite von (4.3) beschreibt eine auslaufende Kugelwelle (siehe Abb. 4.1); sie ist durch eine *Streuamplitude* f moduliert, die von dem Polarwinkel θ und dem Azimutalwinkel ϕ abhängt (siehe (1.56)). Mit dieser Kugelwelle ist eine auslaufende Teilchenstromdichte $\boldsymbol{j}_{\text{aus}}$ verbunden; sie ist nach (4.4) in führender Ordnung in $1/r$ gegeben durch,

$$\boldsymbol{j}_{\text{aus}} = \frac{\hbar k}{\mu} |f(\theta, \phi)|^2 \frac{\boldsymbol{r}}{r^3} + O\left(\frac{1}{r^3}\right) \quad . \tag{4.5}$$

Asymptotisch ist der gestreute Teilchenfluß in den Raumwinkel $d\Omega$, d. h. durch die Fläche $r^2 d\Omega = r^2 \sin\theta \, d\theta \, d\phi$, einfach $(\hbar k/\mu)|f(\theta, \phi)|^2$; das Verhältnis dieses Flusses zur einfallenden Teilchenstromdichte definiert den *differentiellen Wirkungs-* oder *Streuquerschnitt*,

$$\frac{d\sigma}{d\Omega} = |f(\theta, \phi)|^2 \quad . \tag{4.6}$$

Über alle Raumrichtungen integriert, erhalten wir den *integrierten Wirkungsquerschnitt*, den man auch *totalen elastischen Streuquerschnitt* nennen kann,

$$\sigma = \int \frac{d\sigma}{d\Omega} d\Omega = \int_0^{2\pi} d\phi \int_0^{\pi} \sin\theta d\theta \, |f(\theta, \phi)|^2 \quad . \tag{4.7}$$

Jede Lösung der stationären Schrödingergleichung (4.2) erfüllt die *Kontinuitätsgleichung* in der Form

$$\nabla \cdot \boldsymbol{j} = -\frac{d\rho}{dt} = 0 \ , \quad \text{bzw.} \quad \oint \boldsymbol{j} \cdot d\boldsymbol{s} = 0 \quad . \tag{4.8}$$

Dies besagt, daß der Netto-Teilchenfluß durch eine geschlossene Oberfläche verschwindet. Für eine asymptotisch große Kugel, $r \to \infty$, mit dem Oberflächenelement $d\boldsymbol{s} = r^2 d\Omega\, \boldsymbol{r}/r$ liefert die einlaufende ebene Welle in (4.3) aus Symmetriegründen keinen Beitrag zum Integral in (4.8), während der Beitrag I_{aus} der auslaufenden Kugelwelle für jede nicht verschwindende Streuamplitude positiv ist,

$$I_{\text{aus}} = \oint \boldsymbol{j}_{\text{aus}} \cdot d\boldsymbol{s} = \frac{\hbar k}{\mu} \int |f(\Omega)|^2 d\Omega = \frac{\hbar k}{\mu} \sigma \quad . \tag{4.9}$$

Da der gesamte Teilchenfluß durch die Kugeloberfläche verschwindet, muß es bei der Berechnung der Teilchenstromdichte nach (4.4) Terme geben, welche den positiven Beitrag (4.9) kompensieren. Dies erledigen gerade die Interferenzterme zwischen einlaufender und gestreuter Welle. Eine explizite Rechnung (siehe Aufgabe 4.1) zeigt, daß die Interferenz nur in Vorwärtsrichtung $\theta = 0$ wesentlich ist, und so erhalten wir eine Verknüpfung zwischen der Streuamplitude in Vorwärtsrichtung und dem integrierten Wirkungsquerschnitt,

$$\frac{1}{2\mathrm{i}}[f(\theta{=}0) - f^*(\theta{=}0)] = \Im[f(\theta{=}0)] = \frac{k}{4\pi} \sigma \quad . \tag{4.10}$$

Diese Beziehung drückt die Teilchenzahlerhaltung aus und heißt *optisches Theorem.*

In Streuproblemen ist es oft nützlich, statt von der Schrödingergleichung (4.2) von einer äquivalenten Integralgleichung als Bestimmungsgleichung für die Wellenfunktion $\psi(\boldsymbol{r})$ auszugehen.

Dazu schreiben wir die Schrödingergleichung formal als inhomogene Differentialgleichung,

$$\left[E + \frac{\hbar^2}{2\mu}\Delta\right] \psi(\boldsymbol{r}) = V(\boldsymbol{r})\psi(\boldsymbol{r}) \quad . \tag{4.11}$$

Diese lösen wir mit Hilfe der *freien Greenschen Funktion*

$$\mathcal{G}(\boldsymbol{r}, \boldsymbol{r}') = -\frac{\mu}{2\pi\hbar^2} \frac{\mathrm{e}^{\mathrm{i}k|\boldsymbol{r}-\boldsymbol{r}'|}}{|\boldsymbol{r} - \boldsymbol{r}'|} \quad , \tag{4.12}$$

welche die folgende Gleichung erfüllt:

$$\left(E + \frac{\hbar^2}{2\mu}\Delta\right) \mathcal{G}(\boldsymbol{r}, \boldsymbol{r}') = \delta(\boldsymbol{r} - \boldsymbol{r}') \quad . \tag{4.13}$$

Die Greensche Funktion (4.12) ist eine Erweiterung der in Abschn. 1.4.2 definierten Greenschen Funktion auf dreidimensionale Vektor-Argumente. Sie ist die Ortsdarstellung des *Greenschen Operators* $\hat{\mathcal{G}}$, der die Eigenschaft eines zu $E + (\hbar^2/2\mu)\Delta = E - \hat{\boldsymbol{p}}^2/(2\mu)$ inversen Operators hat:

$$\hat{\mathcal{G}} = \lim_{\epsilon \to 0} \frac{1}{E \pm \mathrm{i}\epsilon - \hat{\boldsymbol{p}}^2/(2\mu)} \quad . \tag{4.14}$$

Damit der Operator $E - \hat{p}^2/(2\mu)$ invertiert werden kann, wird der reellen Energie E ein infinitesimaler imaginärer Beitrag $\pm i\epsilon$ hinzugefügt. Die verschiedenen Vorzeichen führen auf unterschiedliches asymptotisches Verhalten. Mit einem positiven infinitesimalen Imaginärteil der Energie erhalten wir gerade die Greensche Funktion (4.12), und die Lösung (4.15) unten beschreibt asymptotisch ($r \to \infty$) eine auslaufende Kugelwelle; mit negativem Imaginärteil erhalten wir die komplex konjugierte Greensche Funktion, die asymptotisch auf eine einlaufende Kugelwelle führt.

Man rechnet leicht nach, daß die Wellenfunktion

$$\psi(\boldsymbol{r}) = \mathrm{e}^{ikz} + \int \mathcal{G}(\boldsymbol{r}, \boldsymbol{r}')\, V(\boldsymbol{r}')\psi(\boldsymbol{r}')\, d\boldsymbol{r}' \qquad (4.15)$$

die Schrödingergleichung (4.11) erfüllt. Da die „Inhomogenität" in (4.11) noch von der Lösung ψ der Gleichung abhängt, ist (4.15) nicht eine explizite Lösung der Schrödingergleichung, sondern eine Umformung in eine äquivalente Integralgleichung, die unter dem Namen *Lippmann-Schwinger-Gleichung* bekannt ist. Ihre Lösungen erfüllen automatisch die Randbedingungen (4.3). Für $r \gg r'$ können wir die freie Greensche Funktion (4.12) durch

$$\mathcal{G}(\boldsymbol{r}, \boldsymbol{r}') = -\frac{\mu}{2\pi\hbar^2}\frac{\mathrm{e}^{ikr}}{r}\,\mathrm{e}^{-i\boldsymbol{k}_r\cdot\boldsymbol{r}'} + O\left(\frac{r'}{r}\right) \qquad (4.16)$$

approximieren (Aufgabe 4.2) und erhalten die Form (4.3) mit einem impliziten Ausdruck für die Streuamplitude,

$$f(\theta, \phi) = -\frac{\mu}{2\pi\hbar^2}\int \mathrm{e}^{-i\boldsymbol{k}_r\cdot\boldsymbol{r}'}\, V(\boldsymbol{r}')\,\psi(\boldsymbol{r}')\, d\boldsymbol{r}' \quad . \qquad (4.17)$$

In (4.16) und (4.17) ist $\boldsymbol{k}_r$ der Wellenvektor mit dem Betrag k, der in die Richtung des Radiusvektors $\boldsymbol{r}$ (ohne $'$) zeigt.

Das Integral in (4.17) können wir auffassen als das Matrixelement eines abstrakten *Übergangsoperators* $\hat{T}$ zwischen einem Anfangszustand $\psi_a(\boldsymbol{r}') = \exp(ikz')$ und einem Endzustand $\psi_e(\boldsymbol{r}') = \exp(i\boldsymbol{k}_r\cdot\boldsymbol{r}')$,

$$T_{ea} = \langle\psi_e|\hat{T}|\psi_a\rangle \stackrel{\mathrm{def}}{=} \langle\psi_e|V|\psi\rangle = -\frac{2\pi\hbar^2}{\mu}f(\theta, \phi) \quad . \qquad (4.18)$$

Mit Hilfe der so definierten *T-Matrix* läßt sich die Streuung im Sinne der zeitabhängigen Störungstheorie (Abschn. 2.4.1) als Übergang von der einlaufenden ebenen Welle ψ_a in Richtung der z-Achse zu einer auslaufenden ebenen Welle ψ_e in Richtung des Radiusvektors $\boldsymbol{r} \equiv (r, \theta, \phi)$ interpretieren (Aufgabe 4.3).

Wenn der Einfluß des Potentials gering ist, kann es gerechtfertigt sein, die exakte Wellenfunktion $\psi(\boldsymbol{r}')$ im Integranden auf der rechten Seite von (4.15) bzw. (4.17) durch die „ungestörte" einlaufende ebene Welle $\psi_a(\boldsymbol{r}')=\exp(ikz')$ zu ersetzen. Diese Annahme definiert die *Bornsche Näherung*. Sie macht aus (4.15) einen expliziten Ausdruck für die Streuwellenfunktion und aus (4.17) einen expliziten Ausdruck für die Streuamplitude. Die Streuamplitude in Bornscher Näherung ist

$$f^{\mathrm{B}} = -\frac{\mu}{2\pi\hbar^2}\int \mathrm{e}^{-i\boldsymbol{q}\cdot\boldsymbol{r}'}\, V(\boldsymbol{r}')\, d\boldsymbol{r}' = -\frac{\mu}{2\pi\hbar^2}\langle\psi_e|V|\psi_a\rangle \quad . \qquad (4.19)$$

Dabei ist $\boldsymbol{q} = k(\boldsymbol{e}_r - \boldsymbol{e}_z)$. Der Vektor $\boldsymbol{e}_z$ ist der Einheitsvektor in Richtung der positiven z-Achse und $\boldsymbol{e}_r$ ist der Einheitsvektor in Richtung des Radiusvektors $\boldsymbol{r}$. Die Formel (4.19) zeigt, daß die Streuamplitude in Bornscher Näherung durch Fourier-Transformation aus dem Potential hervorgeht. Das Argument $\boldsymbol{q}$ ist der Wellenvektor des übertragenen Impulses bei einer elastischen Streuung in Richtung des Radiusvektors $\boldsymbol{r}$:

$$\hbar\boldsymbol{q} = (\hbar k)\boldsymbol{e}_r - (\hbar k)\boldsymbol{e}_z \quad . \tag{4.20}$$

Wie ein Vergleich von (4.18) und (4.19) zeigt, besteht die Bornsche Näherung darin, daß man den Übergangsoperator $\hat{T}$ durch das Potential V ersetzt.

Wenn das Potential radialsymmetrisch ist, $V=V(r)$, dann läßt sich die zeitunabhängige Schrödingergleichung auf radiale Schrödingergleichungen zurückführen (vgl. Abschn. 1.2.2). Die Randbedingungen (4.3) sind zwar nicht radialsymmetrisch, aber die Symmetrie gegenüber Drehungen um die z-Achse bleibt bestehen. Deshalb können wir annehmen, daß die Azimutalquantenzahl m_l eine gute Quantenzahl ist und mit dem Wert $m_l = 0$ der einlaufenden ebenen Welle übereinstimmt. Streuamplitude und Wirkungsquerschnitte hängen nicht von dem Azimutalwinkel ϕ ab. Die Lösung $\psi(\boldsymbol{r})$ der stationären Schrödingergleichung läßt sich also wie folgt nach *Partialwellen* entwickeln,

$$\psi(\boldsymbol{r}) = \sum_{l=0}^{\infty} \frac{\phi_l(r)}{r} Y_{l,0}(\theta) = \sum_{l=0}^{\infty} \frac{\phi_l(r)}{r} \sqrt{\frac{2l+1}{4\pi}}\, P_l(\cos\theta) \quad , \tag{4.21}$$

und die Radialwellenfunktionen $\phi_l(r)$ sind reguläre Lösungen der jeweiligen radialen Schrödingergleichungen (1.74). Die P_l in (4.21) sind die *Legendre-Polynome* (siehe Anhang A.1). Mit der Identität

$$\mathrm{e}^{\mathrm{i}kz} = \sum_{l=0}^{\infty} (2l+1)\, \mathrm{i}^l j_l(kr) P_l(\cos\theta) \tag{4.22}$$

und dem folgenden Ansatz für die Streuamplitude,

$$f(\theta) = \sum_{l=0}^{\infty} f_l \sqrt{\frac{4\pi}{2l+1}} Y_{l,0}(\theta) = \sum_{l=0}^{\infty} f_l P_l(\cos\theta) \quad , \tag{4.23}$$

ist die Partialwellenentwicklung der Wellenfunktion (4.3) im asymptotischen Bereich

$$\psi(\boldsymbol{r}) \overset{r\to\infty}{=} \sum_{l=0}^{\infty} \left[(2l+1)\, \mathrm{i}^l j_l(kr) + f_l \frac{\mathrm{e}^{\mathrm{i}kr}}{r} \right] P_l(\cos\theta) \quad . \tag{4.24}$$

Dabei sind $j_l(kr)$ die schon in Abschn. 1.3.2 auftretenden sphärischen Besselfunktionen (siehe Anhang A.3). Asymptotisch ist (siehe (A.33))

$$j_l(kr) = \sin(kr - l\pi/2)/(kr) + O(1/r^2) \quad ,$$

so daß sich für die asymptotische Form der Radialwellenfunktion $\phi_l(r)$ ergibt

$$
\begin{aligned}
\phi_l(r) &\propto \frac{(2l+1)}{k}\sin\left(kr - l\tfrac{\pi}{2}\right) + f_l\,\mathrm{e}^{\mathrm{i}(kr-l\pi/2)} \\
&= \left(\frac{2l+1}{k} + \mathrm{i}f_l\right)\sin\left(kr - l\tfrac{\pi}{2}\right) + f_l\cos\left(kr - l\tfrac{\pi}{2}\right) \quad .
\end{aligned}
\tag{4.25}
$$

Andererseits ist die Lösung der radialen Schrödingergleichung asymptotisch proportional zu sin $(kr - l\pi/2 + \delta_l)$ (vgl. (1.115) in Abschn. 1.3.2), so daß die Gleichung (4.25) eine Beziehung zwischen der *Partialwellenamplitude* f_l und der asymptotischen Phasenverschiebung oder Streuphase δ_l herstellt. Bis auf eine gemeinsame komplexe Proportionalitätskonstante c_l ist der Koeffizient von $\sin(kr - l\pi/2)$ gleich $\cos\delta_l$ und der Koeffizient von $\cos(kr - l\pi/2)$ gleich $\sin\delta_l$,

$$
\cos\delta_l = c_l\left(\frac{2l+1}{k} + \mathrm{i}f_l\right) , \quad \sin\delta_l = c_l f_l \quad . \tag{4.26}
$$

Bildet man mit (4.26) die Ausdrücke für $\exp(\pm\mathrm{i}\delta_l) = \cos\delta_l \pm \mathrm{i}\sin\delta_l$ und den Quotienten $\exp(2\mathrm{i}\delta_l) = \exp(+\mathrm{i}\delta_l)/\exp(-\mathrm{i}\delta_l)$, so erhält man für die Partialwellenamplituden

$$
f_l = \frac{2l+1}{2\mathrm{i}k}\left(\mathrm{e}^{2\mathrm{i}\delta_l} - 1\right) = \frac{2l+1}{k}\,\mathrm{e}^{\mathrm{i}\delta_l}\sin\delta_l \quad . \tag{4.27}
$$

Mit (4.23) haben wir nun einen expliziten Ausdruck für den differentiellen Wirkungsquerschnitt (4.6) als Funktion der Streuphasen δ_l,

$$
\begin{aligned}
\frac{d\sigma}{d\Omega} &= |f(\theta)|^2 \\
&= \frac{1}{k^2}\sum_{l,l'} \mathrm{e}^{\mathrm{i}(\delta_l' - \delta_l)}\,(2l+1)\,\sin\delta_l\,(2l'+1)\,\sin\delta_{l'}\,P_l(\cos\theta)\,P_{l'}(\cos\theta) \quad .
\end{aligned}
\tag{4.28}
$$

In der entsprechenden Formel für den integrierten Wirkungsquerschnitt (4.7) können wir die Orthogonalität der Legendre-Polynome bzw. der Kugelflächenfunktionen (1.58) ausnutzen und erhalten

$$
\sigma = \frac{\pi}{k^2}\sum_{l=0}^{\infty}(2l+1)\,|\mathrm{e}^{2\mathrm{i}\delta_l} - 1|^2 = \frac{4\pi}{k^2}\sum_{l=0}^{\infty}(2l+1)\sin^2\delta_l \quad . \tag{4.29}
$$

Wenn wir die radiale Schrödingergleichung (1.74) formal als eine inhomogene Differentialgleichung schreiben,

$$
\left(E + \frac{\hbar^2}{2\mu}\frac{d^2}{dr^2} - \frac{l(l+1)\hbar^2}{2\mu r^2}\right)\phi_l(r) = V(r)\phi_l(r) \quad , \tag{4.30}
$$

können wir mit Hilfe der radialen freien Greenschen Funktion (vgl. (1.177), Aufgabe 1.4)

$$
G_l(r,r') = -\frac{2\mu k}{\hbar^2}\begin{cases} r\,j_l(kr)\,r'n_l(kr') & \text{für } r \le r' \\ r'j_l(kr')\,r\,n_l(kr) & \text{für } r' \le r \end{cases} \tag{4.31}
$$

analog zu (4.15) eine *radiale Lippmann-Schwinger-Gleichung* formulieren,

$$\phi_l(r) = \sqrt{\frac{2\mu}{\pi\hbar^2 k}}\, kr\, j_l(kr) + \int_0^\infty G_l(r,r')V(r')\phi_l(r')\,dr' \quad . \tag{4.32}$$

n_l ist wieder die sphärische Neumannfunktion, die asymptotisch übergeht in $\cos(kr - l\pi/2)/(kr)$ (siehe Abschn. 1.3.2, Anhang A.3). Der erste Term auf der rechten Seite von (4.32) ist die (in der Energie normierte) reguläre Lösung der „homogenen Gleichung“ ($V \equiv 0$). Für große Abstände r können wir wegen der Kurzreichweitigkeit des Potentials die untere Zeile von (4.31) in das Integral in (4.32) einsetzen,

$$\begin{aligned}\phi_l(r) = \sqrt{\frac{2\mu}{\pi\hbar^2 k}} \Bigg[& kr\, j_l(kr) - kr\, n_l(kr) \\ & \times \int_0^\infty \sqrt{\frac{2\mu\pi}{\hbar^2 k}}\, kr' j_l(kr')V(r')\phi_l(r')\,dr' \Bigg] \quad ,\end{aligned} \tag{4.33}$$

und erhalten für die Streuphase

$$\tan\delta_l = -\sqrt{\frac{2\mu\pi}{\hbar^2 k}} \int_0^\infty kr' j_l(kr')V(r')\phi_l(r')\,dr' \quad . \tag{4.34}$$

Wenn der Einfluß des Potentials auf die Radialwellenfunktion gering ist, können wir im Integral in (4.34) die exakte Radialwellenfunktion $\phi_l(r')$ durch die reguläre Lösung der „homogenen Gleichung“ ersetzen. Diese *Bornsche Näherung für die Streuphase* führt auf einen expliziten Ausdruck für $\tan\delta_l$,

$$\tan\delta_l \approx -\frac{2\mu k}{\hbar^2} \int_0^\infty [j_l(kr')]^2 V(r')\, r'^2\,dr' \quad . \tag{4.35}$$

Obwohl (4.35) nur eine Näherung ist, die vor allem bei hohen Energien bzw. Wellenzahlen k gut sein sollte, lassen sich einige Eigenschaften der Streuphase ablesen, die allgemein gültig sind, z. B. daß $\tan\delta_l$ bei $k = 0$ und $k \to \infty$ verschwindet. Aus (4.35) sieht man auch, daß die Streuphase knapp über der Schwelle in einem repulsiven Potential, $V(r) > 0$, zunächst abfällt und in einem attraktiven Potential, $V(r) < 0$, zunächst ansteigt (dies gilt nicht unbedingt, wenn das Potential so tief ist, daß es gebundene Zustände unterhält). Für Potentiale, die asymptotisch exponentiell verschwinden, läßt sich das Schwellenverhalten der Streuphasen aus dem Verhalten der sphärischen Besselfunktionen um $\rho = kr = 0$ ablesen. Da $j_l(\rho)$ im Grenzfall kleiner Werte von ρ proportional zu ρ^l ist (A.32), ist in der Nähe der Schwelle die Streuphase δ_l (modulo π) proportional zu k^{2l+1},

$$\delta_l(k) \approx n\pi - \alpha_l k^{2l+1} \quad . \tag{4.36}$$

An der Schwelle wird der Beitrag der Partialwelle $l=0$ dominant, und der integrierte Wirkungsquerschnitt (4.29) ist einfach

$$\lim_{k\to 0} \sigma = 4\pi\alpha_0^2 \quad . \tag{4.37}$$

Die Proportionalitätskonstante α_0 wird *Streulänge* genannt. Nach (1.131) ist die Streulänge eines radialsymmetrischen repulsiven Kastenpotentials gerade der Radius des Kastens (siehe auch Aufgabe 4.4).

Die niederenergetische elastische Streuung eines Elektrons z. B. an einem Edelgasatom kann man näherungsweise als Streuung an einem kurzreichweitigen Potential beschreiben. Nach den Überlegungen von Abschn. 3.2.1 gibt es in diesem Fall ($N = Z + 1$) kein langreichweitiges Coulombpotential. Auch verschwinden alle höheren ($l > 0$) direkten Beiträge der Form (3.55) zum Potential im elastischen Kanal, weil die innere Wellenfuntion $\psi_{\rm inn}$ des Atoms verschwindenden Gesamtdrehimpuls hat und somit alle Erwartungswerte von Vektor-Operatoren oder höheren Tensoren nach dem Wigner-Eckart-Theorem verschwinden müssen. Bei großen Abständen des Elektrons kommt der führende Beitrag zur Elektron-Atom-Wechselwirkung daher, daß das elektrische Feld des Elektrons das Atom polarisiert und ein endliches Dipolmoment induziert,

$$V(r) \stackrel{r\to\infty}{=} -e^2\frac{\alpha_{\rm d}}{2r^4} \quad ; \tag{4.38}$$

dabei ist $\alpha_{\rm d}$ die durch (3.166) definierte Dipol-Polarisierbarkeit des Atoms (siehe Aufgabe 4.5). Für ein solches Potential, das asymptotisch nur wie ein Polynom in $1/r$ abfällt, ist das Schwellenverhalten der Streuphasen nicht durch die Formel (4.36) gegeben. Für das $1/r^4$ Potential (4.38) gilt speziell [OR62, BM89]

$$\begin{aligned} \tan\delta_0 &\stackrel{k\to 0}{=} -\alpha_0 k\left(1+\frac{4\alpha_{\rm d}}{3}k^2\ln k\right) - \frac{\pi\alpha_{\rm d}}{3}k^2 + O(k^3) \quad , \\ \tan\delta_l &\stackrel{k\to 0}{=} \frac{\pi\alpha_{\rm d}}{(2l+3)(2l+1)(2l-1)}k^2 + O(k^3)\,, \quad l>0 \quad . \end{aligned} \tag{4.39}$$

Bei kleineren Abständen ist es nicht so selbstverständlich, daß die Elektron-Atom-Wechselwirkung durch ein einfaches Potential beschrieben werden kann. Das sieht man daran, daß schon im elastischen Kanal die Austauscheffekte zu komplizierten, nichtlokalen Beiträgen führen. Eine Folge dieser Austauschbeiträge ist, daß die Wellenfunktion des streuenden Elektrons orthogonal zu den im beschossenen Atom besetzten Einteilchenzuständen sein sollte, um den Forderungen des Pauli-Prinzips zu genügen.

Als Beispiel sind die aus gemessenen Wirkungsquerschnitten für elastische Elektron-Argon-Streuung deduzierten Streuphasen [Wil79] in Abb. 4.2 für Partialwellen bis l=3 und Energien bis $E = \hbar^2k^2/(2\mu) = 20\,\text{eV}$ als Funktion der Wellenzahl k dargestellt. Die Streuphasen δ_l sind nur bis auf ein ganzzahliges Vielfaches von π eindeutig bestimmt. Wenn wir die Funktion $\delta_l(E)$ stetig von k=0 bis $k \to \infty$ verfolgen, so ist für ein lokales Potential die Differenz $\delta_l(0) - \delta_l(\infty)$ nach dem Levinson-Theorem (1.189) die Anzahl der gebundenen Zustände (in der Partialwelle l) multipliziert mit π. Eine Erweiterung des Levinson-Theorems auf nichtlokale Potentiale [Swa55] besagt, daß im beschossenen Atom besetzte Einteilchenzustände, die wegen des Pauli-Prinzips vom streuenden Elektron nicht besetzt werden dürfen, bei der Anwendung des Levinson-Theorems mitgezählt werden müssen. Die Elektron-Argon-Streuphasen sind in Abb. 4.2 so aufgetragen, daß sie entsprechend der in den jeweiligen Partialwellen besetzten Zustände ($1s$, $2s$, $3s$, $2p$, $3p$) an der Schwelle für l = 0 bei 3π anfangen, für l = 1 bei 2π und für $l \geq 2$ bei null. Wenn das einfache Potentialbild für beliebig hohe Energien gültig wäre, würden in dieser Darstellung alle Phasen bei hohen Energien gegen null streben. (Echte gebundene Zustände im

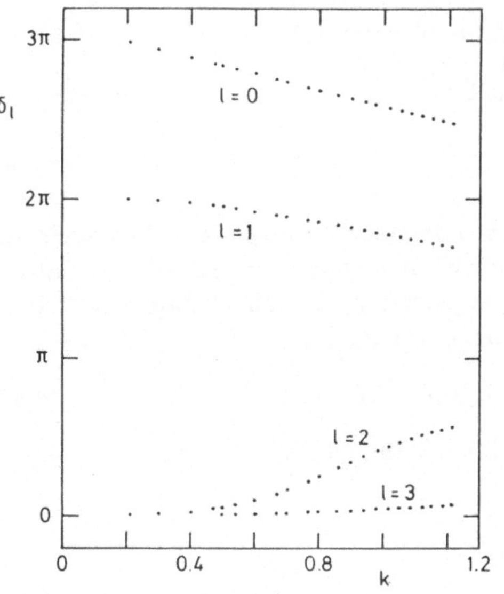

Abb. 4.2. Experimentelle Streuphasen [Wil79] für elastische Elektron-Argon-Streuung

Elektron-Argon-System, also gebundene Zustände eines negativen Argon-Ions, gibt es nicht.) Eine Übersicht über verschiedene Potentiale, mit denen man die Daten in Abb. 4.2 und für Elektronstreuung an anderen Edelgasen recht gut beschreiben kann, ist in dem Artikel von O'Connell und Lane [OL83] zu finden. Schließlich zeigt Abb. 4.3 den differentiellen Wirkungsquerschnitt (4.6) als Funktion des Streuwinkels bei einer Einschußenergie von 20 eV.

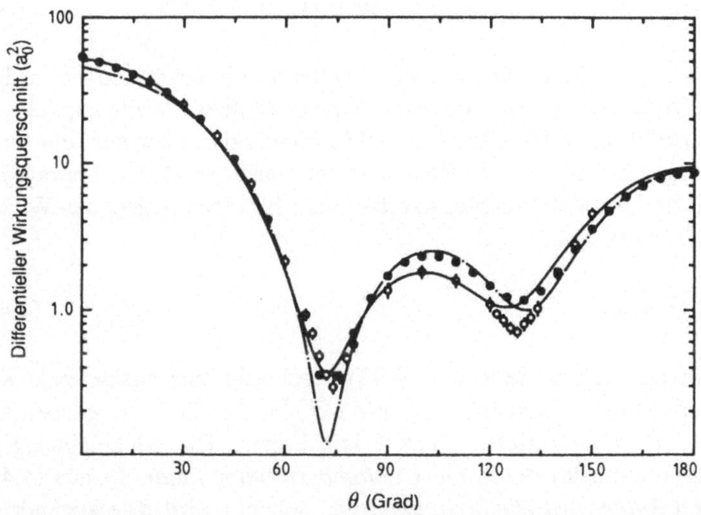

Abb. 4.3. Differentieller Wirkungsquerschnitt für die elastische Elektron-Argon-Streuung bei E=20 eV. Die experimentellen Punkte stammen aus [WW75] (•) bzw. [AB83] (∘). Die durchgezogene Kurve wurde mit einem optischen Potential auf der Grundlage von zehn Pseudozuständen berechnet (Abschn. 4.1.4). Die strichpunktierte Linie zeigt Ergebnisse einer etwas einfacheren Rechnung ohne Berücksichtigung von angeregten Zuständen des Argonatoms. (Aus [BM88].)

4.1.2 Elastische Streuung am reinen Coulombpotential

Um die Streuung an einem Coulombpotential

$$V_C(\boldsymbol{r}) = -\frac{Ze^2}{r} \tag{4.40}$$

zu beschreiben, müssen wir wegen der Langreichweitigkeit des Potentials die Überlegungen von Abschn. 4.1.1 ganz erheblich modifizieren. Es gibt eine analytische Lösung der stationären Schrödingergleichung, die am Ursprung regulär ist und den Randbedingungen des Streuproblems entspricht,

$$\psi_C(\boldsymbol{r}) = \mathrm{e}^{-\pi\eta/2}\,\Gamma(1+\mathrm{i}\eta)\,\mathrm{e}^{\mathrm{i}kz}\,F(-\mathrm{i}\eta, 1; \mathrm{i}k(r-z)) \quad . \tag{4.41}$$

Dabei ist der Coulombparameter η derselbe wie in (1.117),

$$\eta = -\frac{Z\mu e^2}{\hbar^2 k} = -\frac{1}{ka_Z} \quad , \tag{4.42}$$

Γ ist die komplexe Gammafunktion (A.10) und F die konfluente hypergeometrische Reihe (A.42). Für große Werte von $k(r-z)$ hat $\psi_C(\boldsymbol{r})$ die Form

$$\begin{aligned}\psi_C(\boldsymbol{r}) = &\,\mathrm{e}^{\mathrm{i}[kz+\eta\ln k(r-z)]}\left[1+\frac{\eta^2}{\mathrm{i}k(r-z)}+\dots\right]\\ &+ f_C(\theta)\,\frac{\mathrm{e}^{\mathrm{i}(kr-\eta\ln 2kr)}}{r}\left[1+\frac{(1+\mathrm{i}\eta)^2}{\mathrm{i}k(r-z)}+\dots\right]\end{aligned} \tag{4.43}$$

mit

$$f_C = \frac{-\eta}{2k\sin^2(\theta/2)}\,\mathrm{e}^{-\mathrm{i}[\eta\ln(\sin^2(\theta/2))-2\sigma_0]} \quad , \qquad \sigma_0 = \arg[\Gamma(1+\mathrm{i}\eta)] \quad . \tag{4.44}$$

Der erste Term auf der rechten Seite von (4.43) beschreibt asymptotisch im Bereich links von dem Streuzentrum, $z = r\cos\theta < 0$, eine einlaufende Welle $\exp(\mathrm{i}k_{\mathrm{eff}}z)$. Ihre effektive Wellenzahl $k_{\mathrm{eff}} = k + \eta[\ln k(r-z)]/z$ konvergiert aber nur sehr langsam gegen den asymptotischen Wert k. Berechnet man nach (4.4) den Beitrag $\boldsymbol{j}_{\mathrm{ein}}$ des ersten Terms zur Teilchenstromdichte, so erhält man für einen gegebenen Winkel $\theta \neq 0$ in führender Ordnung in $1/r$

$$\boldsymbol{j}_{\mathrm{ein}} = \frac{\hbar k}{\mu}\boldsymbol{e}_z + O\left(\frac{1}{r}\right) \quad . \tag{4.45}$$

Der zweite Term auf der rechten Seite von (4.43) beschreibt eine auslaufende Kugelwelle mit einer effektiven Wellenzahl $k - \eta(\ln 2kr)/r$, die für $r \to \infty$ ebenfalls nur langsam gegen den asymptotischen Wert k konvergiert. Die winkelabhängige Modulation wird (asymptotisch) durch die *Coulomb-Streuamplitude* f_C aus (4.44) beschrieben, die auch *Rutherfordsche Streuamplitude* genannt wird. Die zugehörige Teilchenstromdichte ist (wieder für gegebenes $\theta \neq 0$) in führender Ordnung in $1/r$

$$\boldsymbol{j}_{\mathrm{aus}} = \frac{\hbar k}{\mu}|f_C(\theta)|^2\frac{\boldsymbol{r}}{r^3} + O\left(\frac{1}{r^3}\right) \quad , \tag{4.46}$$

und der differentielle Wirkungsquerschnitt als asymptotisches Verhältnis von auslaufendem Teilchenstrom zu einlaufender Teilchenstromdichte ist analog zu (4.6)

$$\frac{d\sigma_C}{d\Omega} = |f_C(\theta)|^2 = \frac{\eta^2}{4k^2 \sin^4(\theta/2)} = \frac{4}{a_Z^2 q^4} \quad . \tag{4.47}$$

Dabei ist q der Betrag des Vektors $\boldsymbol{q}$, der wie in (4.20) die Differenz zwischen auslaufendem und einlaufendem Wellenvektor beschreibt, $q = 2k \sin(\theta/2)$ (siehe Abb. 4.4(c)).

Die Formel (4.47) ist die berühmte Rutherford-Formel für die elastische Streuung am reinen Coulombpotential. Der differentielle Wirkungsquerschnitt hängt nicht von dem Vorzeichen des Potentials ab. Außerdem hängt er nicht von Energie und Streuwinkel getrennt ab, sondern nur von dem Betrag des übertragenen Impulses $\hbar\boldsymbol{q}$. Der Rutherfordsche differentielle Wirkungsquerschnitt divergiert stark in Vorwärtsrichtung, so daß der zugehörige integrierte Wirkungsquerschnitt unendlich wird. Dies liegt natürlich an der Langreichweitigkeit des Coulombpotentials, die bewirkt, daß auch weit am Potentialzentrum vorbeifliegende Teilchen abgelenkt werden. Abbildung 4.4(a) zeigt die klassischen Hyperbelbahnen eines attraktiven Coulombpotentials, und Abb. 4.4(b) zeigt den durch die Rutherford-Formel (4.47) gegebenen Wirkungsquerschnitt.

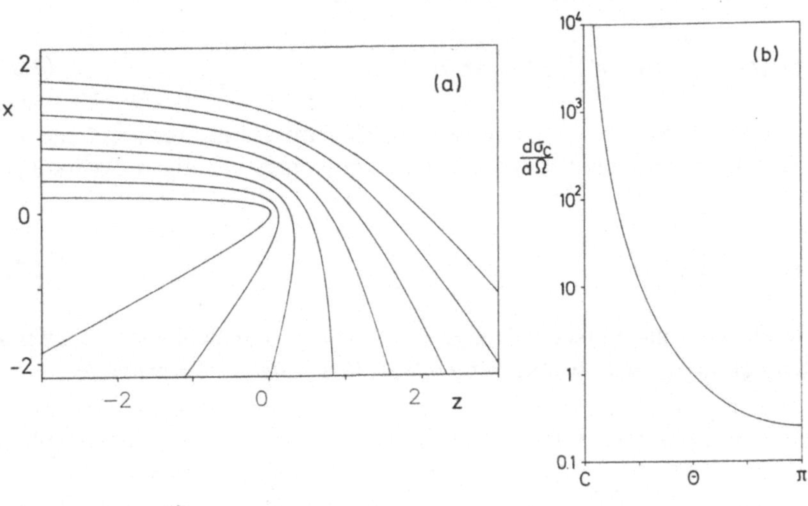

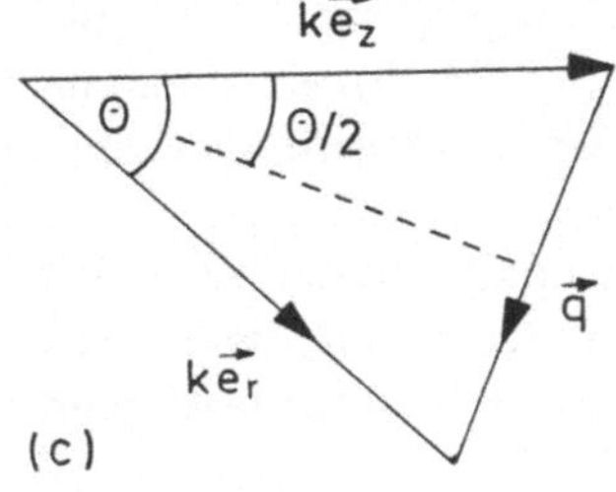

Abb. 4.4. (**a**) Klassische Hyperbelbahnen für die Streuung an einem attraktiven Coulombpotential für $k = 1/a_Z$ und $\eta = -1$. Die Koordinaten x und z sind in Einheiten des Bohrschen Radius a_Z aufgetragen. (**b**) Der zugehörige differentielle Wirkungsquerschnitt nach der Rutherford-Formel (4.47). Teil (**c**) veranschaulicht die Identität $q = 2k \sin(\theta/2)$.

4.1.3 Elastische Streuung am modifizierten Coulombpotential, DWBA

Eine wichtige reale Situation in der Elektronstreuung ist, daß das Potential nur bei großen Abständen einem reinen Coulombpotential entspricht, während bei kleinen Abständen Modifikationen auftreten, etwa durch eine abnehmende Abschirmung des Kerns des beschossenen Ions durch seine Elektronen (vgl. Abb. 2.2),

$$V(\boldsymbol{r}) = V_C(r) + V_{kr}(\boldsymbol{r}) \; , \quad \lim_{r\to\infty} r^2 V_{kr}(\boldsymbol{r}) = 0 \quad . \tag{4.48}$$

Um den Einfluß des zusätzlichen kurzreichweitigen Potentials zu erfassen, ist es sinnvoll, die Schrödingergleichung wieder wie eine inhomogene Differentialgleichung zu schreiben (vgl. (4.11)), in der nun aber die „Inhomogenität" nur aus dem kurzreichweitigen Term besteht,

$$\left[E + \frac{\hbar^2}{2\mu}\Delta - V_C(r)\right] \psi(\boldsymbol{r}) = V_{kr}(\boldsymbol{r})\psi(\boldsymbol{r}) \quad . \tag{4.49}$$

Bezeichnen wir mit $\mathcal{G}_C(\boldsymbol{r}, \boldsymbol{r}')$ die geeignete Greensche Funktion, welche die folgende Gleichung erfüllt,

$$\left[E + \frac{\hbar^2}{2\mu}\Delta - V_C(r)\right] \mathcal{G}_C(\boldsymbol{r}, \boldsymbol{r}') = \delta(\boldsymbol{r} - \boldsymbol{r}') \quad , \tag{4.50}$$

so ist die äquivalente Integralgleichung in diesem Fall

$$\psi(\boldsymbol{r}) = \psi_C(\boldsymbol{r}) + \int \mathcal{G}_C(\boldsymbol{r}, \boldsymbol{r}') V_{kr}(\boldsymbol{r}')\psi(\boldsymbol{r}')\, d\boldsymbol{r}' \quad . \tag{4.51}$$

Im asymptotischen Bereich $r \to \infty$ hat der zweite Term auf der rechten Seite von (4.51) die Form einer auslaufenden Kugelwelle (im langreichweitigen Coulombpotential),

$$\psi(\boldsymbol{r}) = \psi_C(\boldsymbol{r}) + f'(\theta, \phi)\frac{\mathrm{e}^{\mathrm{i}(kr - \eta \ln 2kr)}}{r} \; , \quad r \to \infty \quad . \tag{4.52}$$

Anders als in (4.17) ist die winkelabhängige Amplitude f' nun nicht über einlaufende ebene Wellen definiert, sondern über *verzerrte Wellen* (*distorted waves*) $\psi_{C,\boldsymbol{r}}$,

$$f'(\theta, \phi) = -\frac{\mu}{2\pi\hbar^2} \int \psi^*_{C,\boldsymbol{r}}(\boldsymbol{r}') V_{kr}(\boldsymbol{r}')\, \psi(\boldsymbol{r}')\, d\boldsymbol{r}' \quad . \tag{4.53}$$

Die verzerrten Wellen $\psi_{C,\boldsymbol{r}}(\boldsymbol{r}')$ sind Lösungen der Schrödingergleichung mit einem reinen Coulombpotential, aber ihre asymptotische Form (vgl. (4.43)) entspricht nicht einer in Richtung der positiven z-Achse einlaufenden Welle, sondern einer einlaufenden Welle in Richtung des Radiusvektors $\boldsymbol{r}$.

Da der erste Term auf der rechten Seite von (4.52) asymptotisch auch einen Anteil enthält, der einer auslaufenden Kugelwelle entspricht (siehe (4.43)), setzt sich die gesamte Amplitude der auslaufenden Kugelwelle aus der reinen Coulomb-Amplitude f_C und der zusätzlichen Amplitude (4.53) zusammen,

$$\psi(\boldsymbol{r}) = \mathrm{e}^{\mathrm{i}[kz+\eta \ln k(r-z)]} + [f_{\mathrm{C}}(\theta) + f'(\theta,\phi)] \frac{\mathrm{e}^{\mathrm{i}(kr-\eta \ln 2kr)}}{r} \;, \quad r \to \infty \quad . \tag{4.54}$$

Der differentielle Wirkungsquerschnitt ist nun

$$\frac{d\sigma}{d\Omega} = |f_{\mathrm{C}}(\theta) + f'(\theta,\phi)|^2 \quad . \tag{4.55}$$

Die Streuamplitude für die elastische Streuung eines Teilchens am Potential $V_{\mathrm{C}} + V_{\mathrm{kr}}$ setzt sich also aus zwei Beiträgen zusammen: Der erste Beitrag ist die Streuamplitude für die Streuung am „ungestörten Potential" V_{C}, der zweite Beitrag beschreibt die Modifikation der exakten Lösungen im ungestörten Potential durch das störende Zusatzpotential. Diese nach *Gell-Mann* und *Goldberger* benannte Zerlegung läßt sich ganz allgemein für Summen aus zwei Potentialen durchführen. Der Wirkungsquerschnitt enthält neben dem Beitrag $|f_{\mathrm{C}}|^2$ von der Coulomb-Streuamplitude und einem Beitrag $|f'|^2$ von der zusätzlichen Streuamplitude noch einen Interferenzterm $f_{\mathrm{C}}f'^* + f_{\mathrm{C}}^*f'$.

Wenn der Einfluß des zusätzlichen kurzreichweitigen Potentials gering ist, kann man im Sinne der Bornschen Näherung die exakte Wellenfunktion ψ im Integranden auf der rechten Seite von (4.53) durch die (verzerrte) einlaufende Coulombwelle (4.41) ersetzen. Diese Annahme definiert die *distorted wave Born approximation* (DWBA) und führt auf den folgenden expliziten Ausdruck für die zusätzliche Streuamplitude,

$$f^{\mathrm{DWBA}} = -\frac{\mu}{2\pi\hbar^2} \int \psi_{\mathrm{C},r}^*(\boldsymbol{r}')V_{\mathrm{kr}}(\boldsymbol{r}')\,\psi_{\mathrm{C}}(\boldsymbol{r}')\,d\boldsymbol{r}' \quad . \tag{4.56}$$

Wenn das zusätzliche kurzreichweitige Potential V_{kr} radialsymmetrisch ist, wird eine Entwicklung der Wellenfunktionen nach Partialwellen sinnvoll. Für die in z-Richtung einlaufende Coulombwelle $\psi_{\mathrm{C}}(\boldsymbol{r})$ gilt analog zu (4.22)

$$\psi_{\mathrm{C}}(\boldsymbol{r}) = \sum_{l=0}^{\infty} (2l+1)\,\mathrm{i}^l\,\mathrm{e}^{\mathrm{i}\sigma_l}\,\frac{F_l(\eta,kr)}{kr}\,P_l(\cos\theta) \quad . \tag{4.57}$$

Dabei sind die Funktionen F_l die schon in Abschn. 1.3.2 definierten regulären Coulombfunktionen, welche die radiale Schrödingergleichung für ein reines Coulombpotential lösen. Die Coulombphasen σ_l sind durch (1.119) definiert. Die zusätzliche Amplitude f' hängt nun nicht vom Azimutalwinkel ϕ ab, und wir können sie analog zu (4.23) entwickeln:

$$f'(\theta) = \sum_{l=0}^{\infty} f_l'\,P_l(\cos\theta) \quad . \tag{4.58}$$

Mit denselben Schritten, die von (4.24) nach (4.27) führten, erhalten wir aus der Wellenfunktion (4.52) eine Beziehung zwischen den Partialwellenamplituden f_l' und den zusätzlichen Phasenverschiebungen δ_l, die in den jeweiligen Partialwellen durch das kurzreichweitige Zusatzpotential hervorgerufen werden (vgl. (1.118), (1.120)):

$$f_l' = \frac{2l+1}{2\mathrm{i}k}\,\mathrm{e}^{2\mathrm{i}\sigma_l}(\mathrm{e}^{2\mathrm{i}\delta_l} - 1) = \frac{2l+1}{k}\,\mathrm{e}^{2\mathrm{i}\sigma_l}\,\mathrm{e}^{\mathrm{i}\delta_l}\sin\delta_l \quad . \tag{4.59}$$

Wegen der Kurzreichweitigkeit des Potentials V_{kr} konvergieren die zusätzlichen Phasenverschiebungen δ_l in (4.59) mit zunehmendem Drehimpuls l rasch gegen null (bzw. gegen ein ganzzahliges Vielfaches von π), so daß die Entwicklung (4.58) rasch konvergiert. Die Partialwellenentwicklung der Coulomb-Streuamplitude f_C konvergiert dagegen nur sehr langsam. Um z.B. den Wirkungsquerschnitt (4.55) zu berechnen, ist es deswegen am besten, man setzt für f_C den analytisch bekannten Ausdruck (4.44) ein und entwickelt nur die Zusatzamplitude f' nach Partialwellen. Die Phasenverschiebungen δ_l kann man aus dem asymptotischen Verhalten der radialen Wellenfunktionen

$$\phi_l(r) \propto F_l(\eta, kr) + \tan\delta_l\, G_l(\eta, kr) \ , \quad r \to \infty \quad , \tag{4.60}$$

bestimmen (vgl. Tabelle 1.3).

Eine implizite Gleichung für die Phasenverschiebungen erhält man durch Erweiterung von (4.34) auf modifizierte Coulombpotentiale,

$$\tan\delta_l = -\sqrt{\frac{2\mu\pi}{\hbar^2 k}} \int_0^\infty F_l(\eta, kr')V_{kr}(r')\phi_l(r')\, dr' \quad . \tag{4.61}$$

Im Sinne der DWBA erhält man einen genäherten expliziten Ausdruck für die Phasen, wenn man die exakte Radialwellenfunktion ϕ_l im Integranden auf der rechten Seite von (4.61) durch die reguläre Coulombfunktion F_l ersetzt (mit dem Faktor $[2\mu/(\pi\hbar^2 k)]^{1/2}$ für die Normierung in der Energie),

$$\tan\delta_l \approx -\frac{2\mu}{\hbar^2 k} \int_0^\infty [F_l(\eta, kr')]^2 V_{kr}(r')\, dr' \quad . \tag{4.62}$$

Wenn das Coulombpotential repulsiv ist, $\eta > 0$, dann verschwindet $\tan\delta_l$ an der Schwelle $k \to 0$ ebenso wie im Falle eines kurzreichweitigen Potentials allein. Für ein attraktives Coulombpotential, $\eta < 0$, strebt $\tan\delta_l$ im allgemeinen gegen einen endlichen Wert. Die Phasen an der Schwelle sind ja mit den Quantendefekten der entsprechenden Rydbergzustände unterhalb der Schwelle verknüpft, wie es Seatons Theorem (3.19) formuliert und Abb. 3.2 für das e^--K^+-System illustriert. Ein Nebenprodukt dieser Überlegung ist die Einsicht, daß die zusätzliche Streuphase δ_l, die durch ein kurzreichweitiges Potential in Verbindung mit einem Coulombpotential hervorgerufen wird, nicht identisch sein kann mit der Streuphase, die von dem kurzreichweitigen Potential allein herrührt.

4.1.4 Feshbachsche Projektoren. Optisches Potential

Alle konkreten Anwendungen der Überlegungen in den vorangegangenen Abschnitten dieses Kapitels hängen entscheidend von der Gestalt des Potentials ab. Für große Abstände des Elektrons sind die führenden Terme bekannt – Polarisationspotential (4.38) für Streuung am neutralen Atom und Coulombpotential (4.40) für Streuung am geladenen Ion. Bei kleinen Abständen spielen aber Anregungen des beschossenen Atoms oder Ions eine Rolle ebenso wie Austauscheffekte, und das Wechselwirkungspotential wird sehr kompliziert – wenn es überhaupt gerechtfertigt ist, die

Elektron-Atom-Wechselwirkung durch eine Schrödingergleichung mit Potential zu beschreiben.

Eine Möglichkeit, eine Schrödinger-ähnliche Bewegungsgleichung für die Relativbewegung von Elektron und Atom (bzw. Ion) aus dem N-Elektronenproblem herzuleiten, bietet der ***Projektionsformalismus*** von ***Feshbach***. Darin teilt man den gesamten Zustandsraum mit Hilfe der Projektionsoperatoren $\hat{\mathcal{P}}$ und $\hat{\mathcal{Q}}$ auf in einen Raum von Wellenfunktionen $\hat{\mathcal{P}}\Psi$, deren Dynamik man explizit studieren will, und einen dazu orthogonalen Restraum, den ***$\hat{\mathcal{Q}}$-Raum***, der nur durch seine Rückwirkung auf die Zustände im ***$\hat{\mathcal{P}}$-Raum*** interessant ist:

$$\Psi = \hat{\mathcal{P}}\Psi + \hat{\mathcal{Q}}\Psi \;, \quad \hat{\mathcal{P}} + \hat{\mathcal{Q}} = 1 \;, \quad \hat{\mathcal{P}}\hat{\mathcal{Q}} = 0 \quad . \tag{4.63}$$

Zur Beschreibung der elastischen Streuung ist es sinnvoll, den $\hat{\mathcal{P}}$-Raum aus Zuständen aufzubauen, in denen das beschossene Atom durch eine gegebene Wellenfunktion (im allgemeinen die Grundzustandswellenfunktion) beschrieben wird, während beliebige Wellenfunktionen für das streuende Elektron zugelassen sind. Dies entspricht einem Term in der Close-Coupling-Entwicklung (3.39). Alle auf dem $\hat{\mathcal{P}}$-Raum orthogonalen Wellenfunktionen bilden den $\hat{\mathcal{Q}}$-Raum.

Die stationäre Schrödingergleichung $\hat{H}\Psi = E\Psi$ für die Wellenfunktion Ψ aus (4.63) läßt sich durch Multiplikation von links mit $\hat{\mathcal{P}}$ und mit $\hat{\mathcal{Q}}$ in zwei gekoppelte Gleichungen für $\hat{\mathcal{P}}\Psi$ und $\hat{\mathcal{Q}}\Psi$ umschreiben,

$$\begin{aligned} \hat{\mathcal{P}}\hat{H}\hat{\mathcal{P}}(\hat{\mathcal{P}}\Psi) + \hat{\mathcal{P}}\hat{H}\hat{\mathcal{Q}}(\hat{\mathcal{Q}}\Psi) &= E(\hat{\mathcal{P}}\Psi) \quad , \\ \hat{\mathcal{Q}}\hat{H}\hat{\mathcal{Q}}(\hat{\mathcal{Q}}\Psi) + \hat{\mathcal{Q}}\hat{H}\hat{\mathcal{P}}(\hat{\mathcal{P}}\Psi) &= E(\hat{\mathcal{Q}}\Psi) \quad . \end{aligned} \tag{4.64}$$

Dabei wurde die Eigenschaft von Projektionsoperatoren benutzt, daß $\hat{\mathcal{P}}\hat{\mathcal{P}} = \hat{\mathcal{P}}$ und $\hat{\mathcal{Q}}\hat{\mathcal{Q}} = \hat{\mathcal{Q}}$. Wenn man die untere Gleichung (4.64) für $\hat{\mathcal{Q}}\Psi$ auflöst,

$$\hat{\mathcal{Q}}\Psi = \frac{1}{E - \hat{\mathcal{Q}}\hat{H}\hat{\mathcal{Q}}}\hat{\mathcal{Q}}\hat{H}\hat{\mathcal{P}}(\hat{\mathcal{P}}\Psi) \quad , \tag{4.65}$$

und das Ergebnis in die erste Gleichung einsetzt, erhält man eine *effektive Schrödingergleichung* für die Komponente $\hat{\mathcal{P}}\Psi \equiv \psi$,

$$\hat{H}_{\text{eff}}\psi = E\psi \;, \quad \hat{H}_{\text{eff}} = \hat{\mathcal{P}}\hat{H}\hat{\mathcal{P}} + \hat{\mathcal{P}}\hat{H}\hat{\mathcal{Q}}\frac{1}{E - \hat{\mathcal{Q}}\hat{H}\hat{\mathcal{Q}}}\hat{\mathcal{Q}}\hat{H}\hat{\mathcal{P}} \quad . \tag{4.66}$$

In der Formel für den *effektiven Hamiltonoperator* $\hat{H}_{\text{eff}}$ enthält der erste Term $\hat{\mathcal{P}}\hat{H}\hat{\mathcal{P}}$ alle direkten Beiträge und Austauschterme des elastischen Kanals, aber keine Beiträge, die von der Ankopplung an angeregte Zustände des beschossenen Atoms herrühren. Diese sind in dem zweiten Term $\hat{\mathcal{P}}\hat{H}\hat{\mathcal{Q}}[E - \hat{\mathcal{Q}}\hat{H}\hat{\mathcal{Q}}]^{-1}\hat{\mathcal{Q}}\hat{H}\hat{\mathcal{P}}$ enthalten, der einen explizit energieabhängigen Beitrag zum *effektiven Potential* liefert. Wenn die Energie E oberhalb der Kontinuumsschwelle von $\hat{\mathcal{Q}}\hat{H}\hat{\mathcal{Q}}$ liegt, dann muß man wie in (4.14) der Energie E im Nenner in (4.66) einen infinitesimalen imaginären Beitrag hinzufügen. Dadurch wird der effektive Hamiltonoperator nicht-hermitesch. Die Projektion der Schrödingergleichung auf einen Teilraum des vollen Zustandsraumes führt also auf ein explizit energieabhängiges Zusatzpotential in der effektiven

Schrödingergleichung für die Projektion der Gesamtwellenfunktion auf diesen Teilraum. Wenn das Projektilelektron in Kontinuumszustände des $\hat{\mathcal{Q}}$-Raums übergehen kann, ist dieses effektive $\hat{\mathcal{P}}$-Raum-Potential nicht-hermitesch. Das effektive Potential $\hat{V}_{\text{eff}}$ in der effektiven Schrödingergleichung im $\hat{\mathcal{P}}$-Raum wird auch *optisches Potential* genannt.

Eine unmittelbare Folge der Nicht-Hermitezität des optischen Potentials $\hat{V}_{\text{eff}}$ ist, daß die Kontinuitätsgleichung in der Form (4.8) nicht mehr erfüllt ist. Tatsächlich ist in diesem Fall

$$\begin{aligned} \nabla\cdot\boldsymbol{j} &= \frac{\hbar}{2\mathrm{i}\mu}(\psi^*\Delta\psi - \psi\Delta\psi^*) = \frac{1}{\mathrm{i}\hbar}(\psi^*\hat{V}_{\text{eff}}\psi - \psi\hat{V}_{\text{eff}}^{\dagger}\psi^*) \quad , \\ \oint \boldsymbol{j}\cdot d\boldsymbol{s} &= \int \nabla\cdot\boldsymbol{j}\, d\boldsymbol{r} = \frac{2}{\hbar}\Im[\langle\psi|\hat{V}_{\text{eff}}|\psi\rangle] \quad . \end{aligned} \tag{4.67}$$

Wenn die Randbedingungen so gewählt sind, daß das Projektilelektron in dem $\hat{\mathcal{Q}}$-Raum ausläuft und nicht einläuft, dann ist $\langle\psi|\hat{V}_{\text{eff}}|\psi\rangle$ negativ, was einem Schwund von Teilchenfluß oder *Absorption* aus dem $\hat{\mathcal{P}}$-Raum in den $\hat{\mathcal{Q}}$-Raum entspricht.

Wenn das nicht-hermitesche optische Potential die Form eines komplexen radialsymmetrischen Potentials $V_{\text{eff}}(r)$ hat, dann ist eine Partialwellenentwicklung nach wie vor sinnvoll, aber die radialen Wellenfunktionen ϕ_l und die Streuphasen δ_l sind nun komplex. Für ein Potential mit negativem Imaginärteil ist der Imaginärteil der Streuphase im allgemeinen positiv (vgl. (4.35)), so daß der Betrag von $\exp(2\mathrm{i}\delta_l)$ kleiner als 1 ist. Die Formeln (4.28), (4.29) für den Wirkungsquerschnitt der elastischen Streuung bleiben bei einem (kurzreichweitigen) komplexen Potential gültig. Zusätzlich ist der *totale Absorptionsquerschnitt* σ_{abs} definiert als der Teilchenschwund pro Zeiteinheit bezogen auf die einlaufende Teilchenstromdichte $\hbar k/\mu$. Die asymptotische Form (4.24) der Wellenfunktion kann man mit Hilfe des ersten Ausdrucks (4.27) für die Partialwellenamplituden f_l schreiben als

$$\psi(\boldsymbol{r}) \overset{r\to\infty}{=} \sum_{l=0}^{\infty} \frac{(2l+1)}{2\mathrm{i}k}\left[\mathrm{e}^{2\mathrm{i}\delta_l}\frac{\mathrm{e}^{+\mathrm{i}kr}}{r} - (-1)^l\,\frac{\mathrm{e}^{-\mathrm{i}kr}}{r}\right] P_l(\cos\theta) \quad . \tag{4.68}$$

Der totale Teilchenschwund pro Zeiteinheit ist dann

$$-\oint \boldsymbol{j}\cdot d\boldsymbol{s} = \frac{\hbar}{4\mu k}\sum_{l=0}^{\infty}(2l+1)^2\,(1-|\mathrm{e}^{2\mathrm{i}\delta_l}|^2)\int P_l(\cos\theta)^2\, d\Omega \tag{4.69}$$

wobei die Orthogonalität der $\hat{\mathcal{P}}_l$ schon ausgenutzt wurde. Mit $\int P_l(\cos\theta)^2\, d\Omega = 4\pi/(2l+1)$ (vgl. (A.3), (1.58)) erhalten wir, auf die einfallende Teilchenstromdichte bezogen,

$$\sigma_{\text{abs}} = -\frac{\mu}{\hbar k}\oint \boldsymbol{j}\cdot d\boldsymbol{s} = \frac{\pi}{k^2}\sum_{l=0}^{\infty}(2l+1)(1-|\mathrm{e}^{2\mathrm{i}\delta_l}|^2) \quad . \tag{4.70}$$

Wie gut die Schrödinger-ähnliche Gleichung (4.66) die elastische Streuung beschreibt, hängt natürlich ganz entscheidend davon ab, wie genau der effektive Hamiltonoperator $\hat{H}_{\text{eff}}$ bzw. das optische Potential $\hat{V}_{\text{eff}}$ berechnet wird. Eine der einfachsten

Näherungen besteht darin, daß man die Kopplung an den $\hat{Q}$-Raum ganz ignoriert. Dies führt auf die Einkanalversion der Close-Coupling-Gleichungen (3.52), die keine Anregung des beschossenen Atoms berücksichtigt, wohl aber sämtliche Austauscheffekte zwischen dem Projektilelektron und den Elektronen des beschossenen Atoms. Das daraus resultierende Potential ist unter dem Namen *statisches Austauschpotential* bekannt. Wenn das beschossene Atom oder Ion durch eine Hartree-Fock-Wellenfunktion beschrieben wird, ist das statische Austauschpotential einfach das zugehörige Hartree-Fock-Potential (Abschn. 2.3.1).

Wenn man etwa das langreichweitige Polarisationspotential (4.38) bekommen will, muß man schon über das statische Austauschpotential hinausgehen und die Ankopplung an den $\hat{Q}$-Raum berücksichtigen. Eine exakte Berechnung des Kopplungsterms in (4.66) würde allerdings eine vollständige Lösung der N-Elektronen-Schrödingergleichung im $\hat{Q}$-Raum voraussetzen, was natürlich unmöglich ist. Ein erfolgreicher approximativer Zugang zum Kopplungspotential besteht darin, daß man die Gesamtheit der Eigenzustände von $\hat{Q}\hat{H}\hat{Q}$ durch eine endliche (kleine) Anzahl von geschickt ausgewählten *Pseudozuständen* ersetzt [CU87, CU89]. Die durchgezogene Kurve in Abb. 4.3 wurde mit einem optischen Potential auf der Grundlage von zehn Pseudozuständen berechnet [BM88].

4.2 Spin und Polarisation

In Abschn. 4.1 haben wir noch nicht berücksichtigt, daß das Elektron einen Spin hat. Wenn das Potential, an dem das Elektron gestreut wird, ganz unabhängig von der Spinkoordinate ist, dann kann sich der Spinzustand des Elektrons während der Streuung nicht ändern, und die Wirkungsquerschnitte sind von dem Spinzustand unabhängig. Im allgemeinen enthält aber die Elektron-Atom-Wechselwirkung mindestens eine Spinabhängigkeit in Form einer Spin-Bahn-Kopplung – siehe Abschn. 1.6.3. Dadurch kann sich der Spinzustand des Elektrons durch die Streuung ändern, und die Wirkungsquerschnitte hängen von dem Spinzustand vor und nach dem Stoß ab.

4.2.1 Auswirkung der Spin-Bahn-Kopplung

Nehmen wir zunächst an, der Spin des Projektilelektrons ist durch den Spin-auf Zustand $|\chi_+\rangle$ gegeben (vgl. (1.257)). Die asymptotische Form der Lösung der stationären Schrödingergleichung (mit kurzreichweitigem Potential) ist in diesem Fall (statt (4.3))

$$\psi = \mathrm{e}^{\mathrm{i}kz}\begin{pmatrix}1\\0\end{pmatrix} + \frac{\mathrm{e}^{\mathrm{i}kr}}{r}\begin{pmatrix}f(\theta,\phi)\\g(\theta,\phi)\end{pmatrix}, \quad r\to\infty \quad . \tag{4.71}$$

Der differentielle Wirkungsquerschnitt für die elastische Streuung ist der auslaufende Teilchenstrom, zu dem es nun einen Spin-auf und einen Spin-ab Beitrag gibt, geteilt durch die einlaufende Teilchenstromdichte,

$$\frac{d\sigma}{d\Omega} = |f(\theta,\phi)|^2 + |g(\theta,\phi)|^2 \quad . \tag{4.72}$$

Dabei ist $g(\theta, \phi)$ die *Spinumklapp-* oder *Spinflip-Amplitude*, und ihr Betragsquadrat beschreibt die Wahrscheinlichkeit dafür, daß die Orientierung des Spins durch die Streuung umgeklappt wird. Die Formel (4.72) setzt voraus, daß wir die auslaufenden Elektronen nicht nach Spin-auf und Spin-ab Komponenten trennen, d. h. daß wir auf eine Messung des Spinzustands des gestreuten Elektrons verzichten.

Wenn das beschossene Atom (oder Ion) selbst keinen Spin hat und neben der Spin-Bahn-Kopplung keine weiteren nichtradialen Beiträge im Potential enthalten sind, dann koppeln der Spin des Elektrons und sein Bahndrehimpuls zu einem guten Gesamtdrehimpuls, der durch die Quantenzahl $j = l \pm \frac{1}{2}$ gekennzeichnet ist. Die stationäre Schrödingergleichung läßt sich zerlegen in einen Satz von radialen Schrödingergleichungen (1.278), in denen die Potentiale nicht nur von der Bahndrehimpulsquantenzahl l, sondern auch von der Gesamtdrehimpulsquantenzahl j abhängen. Die Lösungen dieser radialen Schrödingergleichung sind asymptotisch durch Phasenverschiebungen $\delta_l^{(j)}$ charakterisiert.

Wir wählen die Quantisierungsachse für alle Drehimpulse in Richtung des einlaufenden Teilchenstrahls und können annehmen, daß die gesamte Wellenfunktion ein Eigenzustand der z-Komponente des Gesamtdrehimpulses ist. Die zugehörige Quantenzahl muß $m = +\frac{1}{2}$ sein, um mit dem ersten Term auf der rechten Seite von (4.71) konsistent zu sein. Um die Wellenfunktion (4.71) nach Komponenten mit gutem j, m und l zu zerlegen, verwenden wir die verallgemeinerten Kugelflächenfunktionen $\mathcal{Y}_{j,m,l}$ aus Abschn. 1.6.2. Im speziellen Fall $m = +\frac{1}{2}$ wird aus (1.274)

$$\begin{aligned} \mathcal{Y}_{l+\frac{1}{2},m,l} &= \frac{1}{\sqrt{2l+1}} \begin{pmatrix} \sqrt{l+1}\, Y_{l,0}(\theta) \\ \sqrt{l}\, Y_{l,1}(\theta,\phi) \end{pmatrix} \quad , \\ \mathcal{Y}_{l-\frac{1}{2},m,l} &= \frac{1}{\sqrt{2l+1}} \begin{pmatrix} -\sqrt{l}\, Y_{l,0}(\theta) \\ \sqrt{l+1}\, Y_{l,1}(\theta,\phi) \end{pmatrix} \quad . \end{aligned} \tag{4.73}$$

Diese Beziehungen lassen sich umkehren,

$$\begin{aligned} \begin{pmatrix} Y_{l,0}(\theta) \\ 0 \end{pmatrix} &= \sqrt{\frac{l+1}{2l+1}}\, \mathcal{Y}_{l+\frac{1}{2},m,l} - \sqrt{\frac{l}{2l+1}}\, \mathcal{Y}_{l-\frac{1}{2},m,l} \quad , \\ \begin{pmatrix} 0 \\ Y_{l,1}(\theta,\phi) \end{pmatrix} &= \sqrt{\frac{l}{2l+1}}\, \mathcal{Y}_{l+\frac{1}{2},m,l} + \sqrt{\frac{l+1}{2l+1}}\, \mathcal{Y}_{l-\frac{1}{2},m,l} \quad . \end{aligned} \tag{4.74}$$

Den ortsabhängigen Teil der ebenen Welle entwickeln wir nach (4.22) und erhalten zusammen mit der oberen Gleichung (4.74)

$$\begin{aligned} \mathrm{e}^{ikz}\chi_+ &= \sqrt{4\pi} \sum_{l=0}^{\infty} \sqrt{2l+1}\, \mathrm{i}^l j_l(kr) \begin{pmatrix} Y_{l,0}(\theta) \\ 0 \end{pmatrix} \\ &= \sqrt{4\pi} \sum_{l=0}^{\infty} \mathrm{i}^l j_l(kr) (\sqrt{l+1}\, \mathcal{Y}_{l+\frac{1}{2},m,l} - \sqrt{l}\, \mathcal{Y}_{l-\frac{1}{2},m,l}) \quad . \end{aligned} \tag{4.75}$$

Wenn wir die Streuamplituden f und g analog zu (4.23) nach Kugelflächenfunktionen entwickeln,

$$\begin{aligned} f(\theta) &= \sum_{l=0}^{\infty} f_l \sqrt{\frac{4\pi}{2l+1}}\, Y_{l,0}(\theta) \,, \\ g(\theta,\phi) &= \sum_{l=1}^{\infty} g_l \sqrt{l(l+1)} \sqrt{\frac{4\pi}{2l+1}}\, Y_{l,1}(\theta,\phi) \quad , \end{aligned} \tag{4.76}$$

dann können wir mit (4.74) auch die auslaufende Kugelwelle in (4.71) nach Beiträgen mit gutem j, m und l zerlegen,

$$\begin{aligned} \begin{pmatrix} f(\theta) \\ g(\theta,\phi) \end{pmatrix} = \sum_{l=0}^{\infty} \frac{\sqrt{4\pi}}{2l+1} \Big[& (f_l + l g_l)\sqrt{l+1}\, \mathcal{Y}_{l+\frac{1}{2},m,l} \\ & -[f_l - (l+1)g_l]\sqrt{l}\, \mathcal{Y}_{l-\frac{1}{2},m,l} \Big] \quad . \end{aligned} \tag{4.77}$$

Wenn wir nun die radialen Anteile der einlaufenden ebenen Welle und der auslaufenden Kugelwelle bei gegebenem l und j zusammennehmen, erhalten wir Ausdrücke, die wie der Ausdruck in der großen eckigen Klammer in (4.24) aussehen, bloß daß an Stelle des Koeffizienten f_l in (4.24) nun verschiedene Linearkombinationen von f_l und g_l stehen, nämlich $f_l + l\, g_l$ für $j = l + \frac{1}{2}$ und $f_l - (l+1)\, g_l$ für $j = l - \frac{1}{2}$. Dieselben Schritte, die von (4.24) nach (4.27) führten, ergeben nun

$$\begin{aligned} f_l + l\, g_l &= \frac{2l+1}{2ik} \left[\exp\left(2i\delta_l^{(l+1/2)}\right) - 1 \right] \quad , \\ f_l - (l+1) g_l &= \frac{2l+1}{2ik} \left[\exp\left(2i\delta_l^{(l-1/2)}\right) - 1 \right] \quad . \end{aligned} \tag{4.78}$$

Nach den Partialwellenamplituden f_l und g_l aufgelöst, erhalten wir

$$\begin{aligned} f_l &= \frac{l+1}{2ik} \left[\exp\left(2i\delta_l^{(l+1/2)}\right) - 1 \right] + \frac{l}{2ik} \left[\exp\left(2i\delta_l^{(l-1/2)}\right) - 1 \right] \quad , \\ g_l &= \frac{1}{2ik} \left[\exp\left(2i\delta_l^{(l+1/2)}\right) - \exp\left(2i\delta_l^{(l-1/2)}\right) \right] \quad . \end{aligned} \tag{4.79}$$

Über (4.77), (4.79) können wir den direkten und den Spinumklappanteil des Wirkungsquerschnitts (4.72) aus den Streuphasen ausrechnen, die sich aus den asymptotischen Lösungen der radialen Schrödingergleichungen (1.278) ergeben. Die Abhängigkeit der Spinumklappamplitude von dem Azimutalwinkel ϕ ist übrigens unabhängig von l einfach durch $\exp(i\phi)$ gegeben, so daß der Wirkungsquerschnitt wieder nur vom Polarwinkel θ abhängt. Wenn der Einfluß der Spin-Bahn-Kopplung vernachlässigbar ist, sind die Streuphasen bei gegebenem l unabhängig von j; dann verschwindet g_l, und für f_l erhalten wir wieder den Ausdruck (4.27).

Für die Streuung an einem langreichweitigen modifizierten Coulombpotential lassen sich die Formeln (4.77) und (4.79) auf die Partialwellenentwicklung der zusätzlichen Streuamplituden übertragen, die durch die kurzreichweitigen Abweichungen (einschließlich der Spin-Bahn-Kopplung) vom reinen Coulombpotential hervorgerufen werden. Die entsprechende Erweiterung von (4.59) lautet

$$f'_l = \frac{l+1}{2ik} e^{2i\sigma_l} \left[\exp\left(2i\delta_l^{(l+1/2)}\right) - 1\right] + \frac{l}{2ik} e^{2i\sigma_l} \left[\exp\left(2i\delta_l^{(l-1/2)}\right) - 1\right] ,$$
$$g'_l = \frac{e^{2i\sigma_l}}{2ik} \left[\exp\left(2i\delta_l^{(l+1/2)}\right) - \exp\left(2i\delta_l^{(l-1/2)}\right)\right] . \tag{4.80}$$

Ebenso können wir das gesamte Potential in der radialen Schrödingergleichung (1.278) aufteilen in einen ungestörten Anteil ohne Spin-Bahn-Kopplung und den Spin-Bahn-Anteil $(\hbar^2/2)F(j,l)V_{LS}(r)$. Da der Einfluß der Spin-Bahn-Kopplung klein ist, können wir im Sinne der DWBA die Formel (4.62) benutzen, um einen approximativen Ausdruck für die zusätzliche Phase zu bekommen, die von dem Spin-Bahn-Term im radialen Potential herrührt:

$$\left(\tan \delta_l^{(j)}\right)_{LS} \approx -\frac{\mu}{k} F(j,l) \int_0^\infty [\phi_l(r')]^2 V_{LS}(r')\, dr' \quad . \tag{4.81}$$

Hier ist ϕ_l die asymptotisch auf $\sin(kr + \cdots)$ normierte reguläre Lösung der radialen Schrödingergleichung mit dem vollen radialen Potential, aber ohne Spin-Bahn-Kopplung. Bei gegebenem l ist die j-Abhängigkeit der rechten Seite von (4.81) allein durch den Faktor $F(j,l)$ gegeben, der für $j = l + \frac{1}{2}$ einfach l und für $j = l - \frac{1}{2}$ einfach $-(l+1)$ ist (siehe Abschn. 1.6.3).

4.2.2 Anwendung auf allgemeine reine Spinzustände

Unter einem *reinen Zustand* versteht man allgemein jeden Zustand, der durch eine quantenmechanische Wellenfunktion beschrieben wird – im Gegensatz zu einem *gemischten Zustand*, der ein statistisches Gemisch von verschiedenen Zuständen enthält (siehe Abschn. 4.2.3). Ein reiner Spinzustand eines Elektrons ist durch einen zweikomponentigen Spinor $\binom{A}{B}$ gegeben. Um einen solchen Zustand des einlaufenden Elektrons allgemein berücksichtigen zu können, müssen wir über den Ansatz (4.71) hinausgehen.

Betrachten wir an Stelle von (4.71) den Fall, daß das einlaufende Elektron im Spin-ab Zustand $|\chi_-\rangle$ ist,

$$\psi' = e^{ikz} \begin{pmatrix} 0 \\ 1 \end{pmatrix} + \frac{e^{ikr}}{r} \begin{pmatrix} g'(\theta,\phi) \\ f'(\theta,\phi) \end{pmatrix} , \quad r \to \infty \quad . \tag{4.82}$$

Die z-Komponente des Gesamtdrehimpulses ist nun $m' = -\frac{1}{2}$. Die Partialwellenentwicklung der Streuamplituden ist (an Stelle von (4.76))

$$f'(\theta) = \sum_{l=0}^\infty f_l \sqrt{\frac{4\pi}{2l+1}}\, Y_{l,0}(\theta) ,$$
$$g'(\theta,\phi) = \sum_{l=1}^\infty g_l \sqrt{l(l+1)} \sqrt{\frac{4\pi}{2l+1}}\, Y_{l,-1}(\theta,\phi) \tag{4.83}$$

und führt auf dieselben Ausdrücke (4.79) für die Partialwellenamplituden f_l und g_l (siehe Aufgabe 4.6). Die Amplituden f, g in (4.71) und f', g' in (4.82) unterscheiden sich also nur in der ϕ-Abhängigkeit der Spinumklappamplituden, die durch die

Kugelflächenfunktionen $Y_{l,\pm 1}$ gegeben und proportional zu $\pm \exp(\pm \mathrm{i}\phi)$ ist (siehe (A.3), (A.4)). Es ist also $f'(\theta) = f(\theta)$, und die Spinumklappamplituden g, g' können wir mit Hilfe einer gemeinsamen, nur von dem Polarwinkel θ abhängenden Funktion g_0 ausdrücken:

$$g(\theta,\phi) = g_0(\theta)\,\mathrm{e}^{+\mathrm{i}\phi}\ ,\quad g'(\theta,\phi) = -g_0(\theta)\,\mathrm{e}^{-\mathrm{i}\phi}\ . \tag{4.84}$$

Aus den Spezialfällen (4.71) und (4.82) können wir durch Überlagerung diejenige Wellenfunktion konstruieren, die einem einlaufenden Elektron in einem beliebigen (reinen) Spinzustand entspricht,

$$A\psi + B\psi' = \mathrm{e}^{\mathrm{i}kz}\begin{pmatrix} A \\ B \end{pmatrix} + \frac{\mathrm{e}^{\mathrm{i}kr}}{r}\begin{pmatrix} Af(\theta) - Bg_0(\theta)\,\mathrm{e}^{-\mathrm{i}\phi} \\ Ag_0(\theta)\,\mathrm{e}^{+\mathrm{i}\phi} + Bf(\theta) \end{pmatrix}\ ,\quad r\to\infty\ . \tag{4.85}$$

Der differentielle Wirkungsquerschnitt als Verhältnis des auslaufenden Teilchenstroms zur einlaufenden Teilchenstromdichte ist,

$$\begin{aligned}\frac{d\sigma}{d\Omega} &= \frac{|Af(\theta) - Bg_0(\theta)\,\mathrm{e}^{-\mathrm{i}\phi}|^2 + |Ag_0(\theta)\,\mathrm{e}^{+\mathrm{i}\phi} + Bf(\theta)|^2}{|A|^2+|B|^2} \\ &= |f(\theta)|^2 + |g_0(\theta)|^2 + 2\Im[f(\theta)g_0(\theta)^*]\frac{2\Im[AB^*\,\mathrm{e}^{\mathrm{i}\phi}]}{|A|^2+|B|^2}\ .\end{aligned} \tag{4.86}$$

Diese Formel setzt wieder voraus, daß auf eine Messung des Spinzustands des gestreuten Elektrons verzichtet wird. Wenn A und B beide von null verschieden sind, ist das einlaufende Elektron nicht mehr parallel oder antiparallel zur z-Achse polarisiert. Dadurch geht die Axialsymmetrie um die z-Achse verloren, und der Wirkungsquerschnitt (4.86) hängt nicht nur von dem Polarwinkel θ, sondern auch vom Azimutalwinkel ϕ ab (siehe Abb. 4.5). Die relative Bedeutung des ϕ-abhängigen Beitrags wird durch den Imaginärteil des Produkts fg_0^* bestimmt und oft mit Hilfe der *Sherman-Funktion* $S(\theta)$ ausgedrückt,

$$S(\theta) = -2\frac{\Im[fg_0^*]}{|f|^2+|g_0|^2} = \mathrm{i}\frac{fg_0^* - f^*g_0}{|f|^2+|g_0|^2}\ . \tag{4.87}$$

Es ist eine Besonderheit von Teilchen mit Spin $\frac{1}{2}$, daß ein beliebiger (reiner) Spinzustand als ein Spin-auf (oder Spin-ab) Zustand in Bezug auf eine geeignete Quantisierungsachse dargestellt werden kann. Um das zu sehen, gehen wir von einem beliebigen normierten Spinzustand aus, $|\chi\rangle = \binom{A}{B}$, $|A|^2+|B|^2=1$. Mit Hilfe

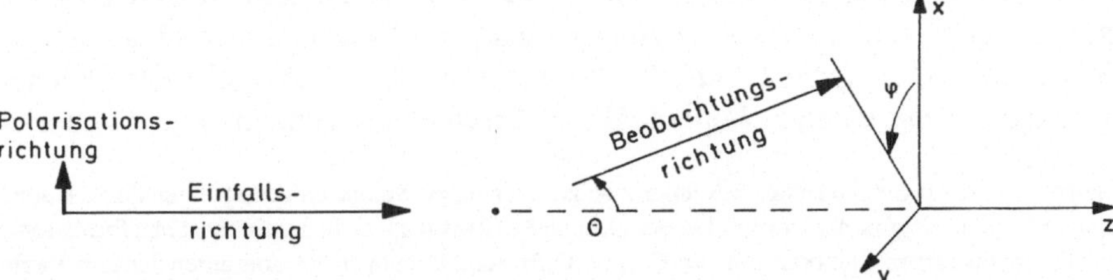

Abb. 4.5. Streuung von Elektronen, die senkrecht zur Einfallsrichtung polarisiert sind. Der Wirkungsquerschnitt hängt nicht nur von dem Polarwinkel θ ab, sondern auch vom Azimutalwinkel ϕ.

der Paulischen Spinmatrizen (1.261) definieren wir den dreikomponentigen *Polarisationsvektor*

$$\boldsymbol{P} = \langle \chi | \hat{\boldsymbol{\sigma}} | \chi \rangle \quad . \tag{4.88}$$

In diesem speziellen Fall sind seine Komponenten

$$P_x = 2\Re[A^* B] \ , \quad P_y = 2\Im[A^* B] \ , \quad P_z = |A|^2 - |B|^2 \quad , \tag{4.89}$$

und er hat die Länge 1. Die Projektion des Spinoperators $\hat{\boldsymbol{\sigma}}$ auf die Richtung von $\boldsymbol{P}$ ist

$$\hat{\sigma}_P = \boldsymbol{P} \cdot \hat{\boldsymbol{\sigma}} = P_x \hat{\sigma}_x + P_y \hat{\sigma}_y + P_z \hat{\sigma}_z \quad , \tag{4.90}$$

und man kann leicht zeigen (Aufgabe 4.7), daß der Spinor $|\chi\rangle = \binom{A}{B}$ ein Eigenzustand von $\hat{\sigma}_P$ zum Eigenwert +1 ist.[1]

Die Gleichung (4.85) läßt sich so interpretieren, daß der Spinzustand $|\chi\rangle = \begin{pmatrix} A \\ B \end{pmatrix}$ durch die Streuung in die Raumrichtung (θ, ϕ) in den neuen Spinzustand

$$\begin{pmatrix} A' \\ B' \end{pmatrix} = \mathsf{S} \begin{pmatrix} A \\ B \end{pmatrix} \ , \quad \mathsf{S} = \frac{1}{|f|^2 + |g_0|^2} \begin{pmatrix} f(\theta) & -g_0(\theta)\mathrm{e}^{-\mathrm{i}\phi} \\ g_0(\theta)\mathrm{e}^{\mathrm{i}\phi} & f(\theta) \end{pmatrix} \tag{4.91}$$

transformiert wird. Die Transformation wird durch die Transformationsmatrix S beschrieben, die im allgemeinen nicht unitär ist und nicht mit der später zu behandelnden Streumatrix verwechselt werden darf (siehe Abschn. 4.3.2). Der Polarisationsvektor $\boldsymbol{P}'$ nach der Streuung ist

$$\boldsymbol{P}' = \frac{\langle \chi | \mathsf{S}^\dagger \hat{\boldsymbol{\sigma}} \mathsf{S} | \chi \rangle}{\langle \chi | \mathsf{S}^\dagger \mathsf{S} | \chi \rangle} \quad . \tag{4.92}$$

Der Nenner in (4.92) sorgt für die richtige Normierung, denn der transformierte Spinor $\mathsf{S}|\chi\rangle$ ist nicht mehr auf 1 normiert.

4.2.3 Anwendung auf gemischte Spinzustände

Allgemein enthält ein *gemischter Zustand* eines quantenmechanischen Systems verschiedene Wellenfunktionen mit gewissen statistischen Wahrscheinlichkeiten. Um unsere Unwissenheit über den genauen Zustand des Systems zu berücksichtigen, stellen wir uns eine Ansammlung von identischen physikalischen Systemen vor, die alle möglichen Zustände umfaßt, welche mit unseren begrenzten Kenntnissen über das System verträglich sind. Eine solche Ansammlung von Systemen nennt man ein *Ensemble* oder eine *statistische Gesamtheit*. Ein solches statistisches Gemisch können wir nicht durch eine einzige Wellenfunktion beschreiben, sondern nur durch eine

[1] Der tiefere Grund für die Tatsache, daß jeder zweikomponentige Spinor eindeutig einer Polarisationsrichtung entspricht, liegt in der Isomorphie der Gruppe SU(2) von speziellen unitären Transformationen von zweikomponentigen Spinoren mit der Gruppe O(3) von Drehungen im dreidimensionalen Raum. Ähnliches gilt nicht mehr für Spinoren mit mehr als zwei Komponenten, d. h. für Spins größer oder gleich 1.

inkohärente Überlagerung von Größen, die sich auf die einzelnen Mitglieder der Gesamtheit beziehen. Um eine statistische Gesamtheit zu beschreiben, eignet sich der *Dichteoperator*

$$\hat{\rho} = \sum_n w_n |\chi_n\rangle\langle\chi_n| \quad . \tag{4.93}$$

Dabei sind $|\chi_n\rangle$ (orthonormierte) Zustandsvektoren (Wellenfunktionen) für reine quantenmechanische Zustände, und die Summe in (4.93) läuft über alle Zustände, die in dem statistischen Gemisch enthalten sein können. Eventuelle Teilinformationen, welche das Auftreten einiger Zustände wahrscheinlicher als das anderer Zustände machen, werden in den reellen, nicht-negativen Wahrscheinlichkeiten w_n berücksichtigt. Die Summe dieser Wahrscheinlichkeiten ist natürlich 1. Wenn wir gar nichts über ein System wissen, dann sind alle w_n gleich und ihr Wert ist das Inverse der Anzahl der möglichen Zustände, d. h. der Anzahl der Systeme in der Gesamtheit.

Der Dichteoperator (4.93) ist eine gewichtetes Mittel der Projektoren $|\chi_n\rangle\langle\chi_n|$ auf die einzelnen Zustände $|\chi_n\rangle$. Ein Dichteoperator ist immer hermitesch und seine Spur ist die Summe der Wahrscheinlichkeiten, also 1. In einer konkreten Darstellung wird aus dem Dichteoperator die *Dichtematrix*. Der *statistische Erwartungswert* $\langle\langle\hat{O}\rangle\rangle$ einer Observablen $\hat{O}$ in einem gemischten Zustand ist der entsprechend gewichtete Mittelwert der quantenmechanischen Erwartungswerte in den einzelnen Zuständen,

$$\langle\langle\hat{O}\rangle\rangle = \sum_n w_n \langle\chi_n|\hat{O}|\chi_n\rangle = \mathrm{Sp}\{\hat{O}\hat{\rho}\} \quad . \tag{4.94}$$

Einen reinen Zustand erhält man in dem Spezialfall, daß eine Wahrscheinlichkeit 1 ist und alle anderen null. Der statistische Erwartungswert (4.94) ist dann identisch mit dem quantenmechanischen Erwartungswert in dem (reinen) Zustand. Der Dichteoperator $\hat{\rho}_r$ eines reinen Zustands ist einfach der Projektor auf diesen Zustand, insbesondere ist

$$\hat{\rho}_r\hat{\rho}_r = \hat{\rho}_r \quad . \tag{4.95}$$

Ein vollständig unpolarisiertes Elektron ist eines, über dessen Spinzustand wir nichts wissen. Es ist dadurch gekennzeichnet, daß in Bezug auf eine beliebige Quantisierungsachse beide Spinzustände $|\chi_+\rangle$ und $|\chi_-\rangle$ gleichwahrscheinlich sind. Der zugehörige Dichteoperator ist

$$\hat{\rho} = \tfrac{1}{2}|\chi_+\rangle\langle\chi_+| + \tfrac{1}{2}|\chi_-\rangle\langle\chi_-| \quad , \tag{4.96}$$

und die zugehörige Dichtematrix ist einfach $\frac{1}{2}$ mal der 2×2 Einheitsmatrix. Um eine Streuung mit unpolarisierten Elektronen zu beschreiben, müssen wir den Wirkungsquerschnitt (4.72) aus Abschn. 4.2.1 und den entsprechenden Wirkungsquerschnitt für ein einlaufendes Elektron im Spin-ab Zustand *inkohärent* mit dem jeweiligen Gewicht $1/2$ addieren. (Wegen (4.84) sind in diesem Fall beide Wirkungsquerschnitte gleich, so daß sich hierdurch nichts ändert.) Dies entspricht der Mittelung über die Anfangszustände, die mit den gemessenen Randbedingungen verträglich sind, wie schon im Zusammenhang mit elektromagnetischen Übergängen in Abschn. 2.4.4 erwähnt wurde.

Ein allgemeiner gemischter Spinzustand ist weder vollständig polarisiert wie ein reiner Zustand noch vollständig unpolarisiert wie in (4.96). Für einen gemischten Zustand definieren wir den Polarisationsvektor in Anlehnung an (4.94) als

$$\boldsymbol{P} = \langle\langle \hat{\boldsymbol{\sigma}} \rangle\rangle = \mathrm{Sp}\{\hat{\boldsymbol{\sigma}}\hat{\rho}\} \quad . \tag{4.97}$$

Wenn wir die Richtung von $\boldsymbol{P}$ als Quantisierungsachse nehmen und von einem Dichtoperator

$$\hat{\rho} = w_+ |\chi_+\rangle\langle\chi_+| + w_- |\chi_-\rangle\langle\chi_-| \,, \quad w_+ + w_- = 1 \quad , \tag{4.98}$$

ausgehen, dann ist offenbar die Komponente von $\boldsymbol{P}$ in Richtung dieser Achse die Differenz der Wahrscheinlichkeiten für eine Spinausrichtung parallel und antiparallel zu $\boldsymbol{P}$, nämlich $w_+ - w_-$. Dies ist gleichzeitig die Länge des Polarisationsvektors, die für einen gemischten Spinzustand kleiner als 1 ist. Die Länge des Polarisationsvektors dient als Definition für den *Polarisationsgrad*. Der Polarisationsgrad liegt zwischen null und 1; er ist 1 für vollständig polarisierte Elektronen (reiner Zustand) und null für vollständig unpolarisierte Elektronen.

Wenn das einlaufende Elektron teilweise polarisiert ist in Bezug auf eine Quantisierungsachse, die nicht die z-Achse sein muß, dann wird sein (gemischter) Spinzustand durch eine Dichtematrix der Form (4.98) beschrieben. Um den differentiellen Wirkungsquerschnitt für diesen Fall zu berechnen, müssen wir zunächst die differentiellen Wirkungsquerschnitte für die beiden reinen Zustände $|\chi_+\rangle$ und $|\chi_-\rangle$ in Bezug auf die entsprechende Quantisierungsachse nach (4.86) ermitteln und die Ergebnisse mit den Gewichten w_+ und w_- inkohärent überlagern.

Durch die Streuung in die Raumrichtung (θ, ϕ) wird ein einlaufender (reiner) Spinzustand $|\chi\rangle$ nach (4.91) in den Spinzustand $\mathsf{S}|\chi\rangle$ transformiert. Auf gemischte Zustände übertragen, bedeutet dies, daß der Dichteoperator $\hat{\rho}$ des einlaufenden Elektrons in den Dichteoperator

$$\hat{\rho}' = \frac{\mathsf{S}\hat{\rho}\mathsf{S}^\dagger}{\mathrm{Sp}\{\mathsf{S}\hat{\rho}\mathsf{S}^\dagger\}} \tag{4.99}$$

transformiert wird. Der Nenner in (4.99) dient der Normierung, $\mathrm{Sp}\{\hat{\rho}'\} = 1$. Mit (4.97) können wir eine allgemeine Formel für den Polarisationsvektor $\boldsymbol{P}'$ des in die Raumrichtung (θ, ϕ) gestreuten Elektrons angeben,

$$\boldsymbol{P}' = \mathrm{Sp}\{\hat{\boldsymbol{\sigma}}\hat{\rho}'\} = \frac{\mathrm{Sp}\{\hat{\boldsymbol{\sigma}}\mathsf{S}\hat{\rho}\mathsf{S}^\dagger\}}{\mathrm{Sp}\{\mathsf{S}\hat{\rho}\mathsf{S}^\dagger\}} \quad . \tag{4.100}$$

Als eine Anwendung der Formel (4.100) betrachten wir den Fall, daß das einlaufende Elektron vollständig unpolarisiert ist. Dann ist $\hat{\rho}$ einfach $\frac{1}{2}$ mal der Einheitsmatrix, und (4.100) vereinfacht sich zu

$$\boldsymbol{P}' = \frac{\mathrm{Sp}\{\hat{\boldsymbol{\sigma}}\mathsf{S}\mathsf{S}^\dagger\}}{\mathrm{Sp}\{\mathsf{S}\mathsf{S}^\dagger\}} \quad . \tag{4.101}$$

Durch Einsetzen des expliziten Ausdrucks (4.91) für die Transformationsmatrix S erhalten wir

$$P'_x = -S(\theta)\sin\phi\ , \quad P'_y = S(\theta)\cos\phi\ , \quad P'_z = 0 \quad , \tag{4.102}$$

wobei $S(\theta)$ wieder die Sherman-Funktion (4.87) ist. Das heißt, auch bei Streuung von unpolarisierten Elektronen können die gestreuten Elektronen eine endliche Polarisation zeigen. Die Richtung des Polarisationsvektors ist senkrecht zur *Streuebene*, die von der Richtung des einlaufenden Elektrons (z-Achse) und der Richtung des gestreuten Elektrons (θ, ϕ) aufgespannt wird.

Wenn das beschossene Atom oder Ion selbst einen nicht verschwindenden Drehimpuls hat, wird die ganze Drehimpulskopplung wesentlich komplizierter. In diesem Fall gibt es nicht nur für das Projektilelektron, sondern auch für das beschossene Atom verschiedene Polarisationszustände zu berücksichtigen. Im allgemeinen gibt es auch mehrerere Bahndrehimpulse l, die zusammen mit dem Spin des Elektrons und dem Drehimpuls des beschossenen Atoms zu einem gegebenen Wert der Gesamtdrehimpulsquantenzahl koppeln können. Dies führt zu gekoppelten radialen Schrödingergleichungen, wie sie auch bei der inelastischen Streuung auftreten – siehe Abschn. 4.3.2.

Der Umfang und die Qualität von Experimenten mit polarisierten Elektronen haben in den letzten Jahren stark zugenommen – siehe z.B. [Kes85]. Für eine ausführliche Monographie über den Umgang mit Dichtematrizen siehe [Blu81]. Wie man Polarisationseffekte in der Elektron-Atom-Streuung mit Hilfe des Dichtematrixformalismus beschreibt, ist auch umfassend in [Bar89] dargestellt. In den letzten Jahren wurde der Dichtematrixformalismus auf zunehmend komplizierte Situationen angewendet, wie z.B. die Beschreibung von Elektronstreuung an optisch aktiven Molekülen mit vorgegebener Orientierung [BF90].

4.3 Inelastische Streuung

4.3.1 Allgemeine Formulierung

In der inelastischen Streuung geht der anfangs vorhandene innere Zustand des beschossenen Atoms (oder Ions) durch den Stoß des Projektilelektrons in einen anderen inneren Zustand über. Unser Ansatz für die Wellenfunktion muß, um diesem Umstand Rechnung tragen zu können, mindestens zwei Kanäle enthalten. Der natürliche Ausgangspunkt für die Beschreibung der inelastischen Elektronstreuung sind die gekoppelten Kanalgleichungen (3.52), die wir hier vereinfacht wie folgt schreiben wollen:

$$\left[-\frac{\hbar^2}{2\mu}\Delta + V_{i,i}\right]\psi_i(\boldsymbol{r}) + \sum_{j\neq i} V_{i,j}\psi_j(\boldsymbol{r}) = (E - E_i)\psi_i(\boldsymbol{r}) \quad . \tag{4.103}$$

Dabei ist $\boldsymbol{r}$ die Ortskoordinate des Projektilelektrons, j (oder i) kennzeichnet eine Anzahl von offenen Kanälen, die durch verschiedene innere Zustände $\psi_{\mathrm{inn}}^{(j)}$ des beschossenen Atoms definiert sind, und E_j sind die zugehörigen inneren Anregungsenergien. Die Potentiale $V_{i,j}$ sind weitgehend durch die Matrixelemente des Wechselwirkungsoperators (3.49) zwischen den inneren Zuständen gegeben,

$$V_{i,j} = \langle \psi_{\text{inn}}^{(i)} | \hat{H}_{\text{W}} | \psi_{\text{inn}}^{(j)} \rangle' + \cdots \quad . \tag{4.104}$$

Die Punkte auf der rechten Seite stehen für die (kurzreichweitigen) Austauschterme im effektiven Potential und für mögliche Beiträge, die von der Kopplung an einen nicht explizit beschriebenen $\hat{Q}$-Raum herrühren. Die Matrix von Potentialen $V_{i,j}$ ist ein Operator im Raum der Vektoren von Kanalwellenfunktionen (ψ_1, $\psi_2, \ldots$), der im allgemeinen eine explizite Energieabhängigkeit enthält und nicht hermitesch ist, wenn Flußverlust in offene Kanäle des $\hat{Q}$-Raumes wichtig ist.

Eine Lösung der gekoppelten Gleichungen (4.103), welche einem einlaufenden Elektron im Kanal i entspricht, wird (bei kurzreichweitigen Wechselwirkungen) folgende Randbedingungen erfüllen:

$$\psi_j(\boldsymbol{r}) = \delta_{j,i}\, \mathrm{e}^{\mathrm{i}k_i z} + \frac{\mathrm{e}^{\mathrm{i}k_j r}}{r} f_{j,i}(\theta, \phi) \; , \quad r \to \infty \quad . \tag{4.105}$$

Dabei ist

$$k_j = \sqrt{\frac{2\mu(E - E_j)}{\hbar^2}} \tag{4.106}$$

die asymptotische Wellenzahl des auslaufenden Elektrons im (offenen) Kanal j. Differentielle Wirkungsquerschnitte definiert man wie in Abschn. 4.1.1 als Verhältnis des auslaufenden Teilchenstroms durch das Oberflächenelement $r^2 d\Omega$ zur einlaufenden Teilchenstromdichte. Für die elastische Streuung $i \to i$ erhält man nach wie vor die Form (4.6),

$$\frac{d\sigma_{i \to i}}{d\Omega} = |f_{i,i}(\theta, \phi)|^2 \quad , \tag{4.107}$$

aber der differentielle Wirkungsquerschnitt für eine inelastische Streuung $i \to j$, $j \neq i$ hat die leicht modifizierte Form

$$\frac{d\sigma_{i \to j}}{d\Omega} = \frac{k_j}{k_i} |f_{j,i}(\theta, \phi)|^2 \quad . \tag{4.108}$$

Der Faktor k_j/k_i auf der rechten Seite von (4.108) rührt daher, daß der im Kanal i einlaufende Teilchenstrom den Betrag $\hbar k_i/\mu$ hat, während der im Kanal j auslaufende Strom durch eine Formel wie (4.5) gegeben ist, aber mit einem Vorfaktor $\hbar k_j/\mu$. Wenn wir die inelastische Streuamplitude $f_{j,i}$ wie bei der elastischen Streuung als Matrixelement eines Übergangsoperators auffassen (vgl. (4.18) und (4.118) unten), dann läßt sich der Ausdruck (4.108) im Sinne der zeitabhängigen Störungstheorie (Abschn. 2.4.1) herleiten, und die Proportionalität zu k_j ergibt sich aus der Dichte der Endzustände in der Goldenen Regel (2.139) (siehe Aufgabe 4.3). Der *Phasenraumfaktor* k_j/k_i berücksichtigt also die unterschiedliche Zustandsdichte für freie Elektronen im Ausgangskanal j und im Eingangskanal i.

Integrierte Wirkungsquerschnitte sind analog zu (4.7) definiert,

$$\sigma_{i \to j} = \int \frac{d\sigma_{i \to j}}{d\Omega}\, d\Omega = \frac{k_j}{k_i} \int |f_{j,i}(\Omega)|^2\, d\Omega \quad . \tag{4.109}$$

Der *totale Wirkungsquerschnitt* (ausgehend vom Eingangskanal i) umfaßt den integrierten elastischen Wirkungsquerschnitt $\sigma_{i \to i}$, den *totalen inelastischen Wirkungsquerschnitt* $\sigma_{i,\text{inel}} = \sum_{j \neq i} \sigma_{i \to j}$ und den Absorptionsquerschnitt σ_{abs}, der den Teilchenschwund in offene Kanäle des $\hat{Q}$-Raumes erfaßt,

$$\sigma_{i,\text{tot}} = \sigma_{i \to i} + \sum_{j \neq i} \sigma_{i \to j} + \sigma_{\text{abs}} = \sigma_{i,\text{el}} + \sigma_{i,\text{inel}} + \sigma_{\text{abs}} \quad . \tag{4.110}$$

Auch im Mehrkanalfall können wir eine Lippmann-Schwinger-Gleichung formulieren. Dazu schreiben wir zunächst die Schrödingergleichung (4.103) wie eine inhomogene Differentialgleichung,

$$\left[\mathbf{E}' + \frac{\hbar^2}{2\mu}\Delta\right] \Psi = \hat{\mathbf{V}}\Psi \quad . \tag{4.111}$$

Im Interesse einer kompakteren Schreibweise benutzen wir Vektoren und Matrizen: Ψ steht für den Vektor von Kanalwellenfunktionen $(\psi_1, \psi_2, \ldots)$, $\hat{\mathbf{V}}$ steht für die Matrix von Potentialen $(V_{i,j})$, und $\mathbf{E}'$ ist die diagonale Matrix mit den asymptotischen Energien $E - E_i$ der jeweiligen Kanäle als diagonalen Matrixelementen. Da die „homogene Gleichung" ($\hat{\mathbf{V}} \equiv 0$) einem Satz von entkoppelten freien Schrödingergleichungen entspricht, können wir leicht eine diagonale Matrix $\mathbf{G}$ von Greenschen Funktionen definieren,

$$\mathbf{G} \equiv \begin{pmatrix} \mathcal{G}_{1,1} & 0 & 0 & \cdots \\ 0 & \mathcal{G}_{2,2} & 0 & \cdots \\ 0 & 0 & \mathcal{G}_{3,3} & \cdots \\ \cdots & \cdots & \cdots & \cdots \end{pmatrix} , \quad \mathcal{G}_{i,i} = -\frac{\mu}{2\pi\hbar^2} \frac{\mathrm{e}^{\mathrm{i}k_i|\boldsymbol{r}-\boldsymbol{r}'|}}{|\boldsymbol{r}-\boldsymbol{r}'|} \quad , \tag{4.112}$$

welche die Erweiterung von (4.13) auf den Mehrkanalfall erfüllt,

$$\left[\mathbf{E}' + \frac{\hbar^2}{2\mu}\Delta\right] \mathbf{G} = \mathbf{1} \quad . \tag{4.113}$$

Mit dieser Greenschen Funktion für den Mehrkanalfall läßt sich die allgemeine Lösung von (4.111) schreiben als

$$\Psi = \Psi_{\text{hom}} + \hat{\mathbf{G}}\hat{\mathbf{V}}\Psi \quad . \tag{4.114}$$

Dabei ist Ψ_{hom} eine Lösung der „homogenen Gleichung".

Damit die Wellenfunktion (4.114) Randbedingungen erfüllt, die einer einlaufenden ebenen Welle nur im Kanal i entsprechen, sollte Ψ_{hom} durch folgende Komponenten definiert sein,

$$\psi_i(\boldsymbol{r}) = \psi_{\mathrm{a},i}(\boldsymbol{r}) = \mathrm{e}^{\mathrm{i}k_i z} \; , \quad \psi_j = 0 \quad \text{für } j \neq i \quad . \tag{4.115}$$

Dann sind die Komponenten von (4.114)

$$\psi_j(\boldsymbol{r}) = \delta_{j,i}\,\mathrm{e}^{\mathrm{i}k_i z} + \int \mathcal{G}_{j,j}(\boldsymbol{r},\boldsymbol{r}') \sum_n V_{j,n}\psi_n(\boldsymbol{r}')\,d\boldsymbol{r}' \quad . \tag{4.116}$$

Da alle $\mathcal{G}_{j,j}$ asymptotisch die Form (4.16) haben (mit k_j an Stelle von k), haben die Kanalwellenfunktionen ψ_j die asymptotische Form (4.105), und als implizite Gleichung für die Streuamplituden erhalten wir eine Verallgemeinerung von (4.17),

$$f_{j,i}(\theta,\phi) = -\frac{\mu}{2\pi\hbar^2}\sum_n \int \mathrm{e}^{-\mathrm{i}\boldsymbol{k}_j\cdot\boldsymbol{r}'}\, V_{j,n}\psi_n(\boldsymbol{r}')\,d\boldsymbol{r}' \quad . \tag{4.117}$$

Dabei ist $\boldsymbol{k}_j$ der Vektor mit dem Betrag k_j, der in Richtung des Radiusvektors $\boldsymbol{r}$ zeigt.

Die Abhängigkeit der rechten Seite in (4.117) vom Index i des Eingangskanals ist dadurch gegeben, daß die im Integranden einzusetzenden Kanalwellenfunktionen ψ_n diejenigen sind, welche die Schrödingergleichung (oder die Lippmann-Schwinger-Gleichung) mit einlaufenden Randbedingungen im Kanal i lösen. Analog zum Einkanalfall können wir die Summe über die Integrale in (4.117) auffassen als ein Matrixelement eines abstrakten Übergangsoperators $\hat{\mathrm{T}}$ zwischen einem Anfangszustand $\Psi_{\mathrm{a},i}$, der durch eine einlaufende ebene Welle $\psi_{\mathrm{a},i}(\boldsymbol{r}') = \exp(\mathrm{i}k_i z')$ im Eingangskanal i definiert ist, und einem Endzustand Ψ_e, der durch eine ebene Welle $\psi_{\mathrm{e},j}(\boldsymbol{r}') = \exp(\mathrm{i}\boldsymbol{k}_j\cdot\boldsymbol{r}')$ im Ausgangskanal j definiert ist:

$$\mathcal{T}_{\mathrm{e},j;\mathrm{a},i} = \langle\Psi_{\mathrm{e},j}|\hat{\mathrm{T}}|\Psi_{\mathrm{a},i}\rangle = \langle\Psi_{\mathrm{e},j}|\hat{\mathrm{V}}|\Psi\rangle = -\frac{2\pi\hbar^2}{\mu}\, f_{j,i}(\theta,\phi) \quad . \tag{4.118}$$

Analog zum Einkanalfall besteht die Bornsche Näherung darin, daß man die exakten Kanalwellenfunktionen ψ_n in (4.116), (4.117) durch die „homogene Lösung" $\delta_{n,i}\exp(\mathrm{i}k_i z')$ ersetzt, was gleichbedeutend damit ist, daß man den Übergangsoperator $\hat{\mathrm{T}}$ durch das Potential $\hat{\mathrm{V}}$ ersetzt. Die Übergangsamplituden in Bornscher Näherung sind

$$\begin{aligned} f^{\mathrm{B}}_{j,i} = -\frac{\mu}{2\pi\hbar^2}\int \mathrm{e}^{-\mathrm{i}\boldsymbol{k}_j\cdot\boldsymbol{r}'}\, V_{j,i}\,\mathrm{e}^{\mathrm{i}k_i z'}\,d\boldsymbol{r}' &= -\frac{\mu}{2\pi\hbar^2}\langle\psi_{\mathrm{e},j}|V_{j,i}|\psi_{\mathrm{a},i}\rangle \\ &= -\frac{\mu}{2\pi\hbar^2}\langle\Psi_{\mathrm{e},j}|\hat{\mathrm{V}}|\Psi_{\mathrm{a},i}\rangle \quad . \end{aligned} \tag{4.119}$$

Wenn wir Antisymmetrisierungseffekte etc. weglassen, können wir das Matrixelement in (4.119) nach (4.104) explizit ausschreiben. Wenn wir für die Wechselwirkung $\hat{H}_\mathrm{W}$ einfach die Coulomb-Anziehung des Elektrons 1 durch den Atomkern (Ladung Z) und die Coulomb-Abstoßung durch die anderen Elektronen $\nu = 2,\ldots,N$ einsetzen, erhalten wir

$$\begin{aligned} f^{\mathrm{B}}_{j,i} &= -\frac{\mu}{2\pi\hbar^2}\langle \mathrm{e}^{\mathrm{i}\boldsymbol{k}_j\cdot\boldsymbol{r}_1}\psi^{(j)}_{\mathrm{inn}}|\left(\sum_{\nu=2}^{N}\frac{e^2}{|\boldsymbol{r}_1-\boldsymbol{r}_\nu|} - \frac{Ze^2}{r_1}\right)|\mathrm{e}^{\mathrm{i}\boldsymbol{k}_i\cdot\boldsymbol{r}_1}\psi^{(i)}_{\mathrm{inn}}\rangle \\ &= -\frac{\mu}{2\pi\hbar^2}\int d\boldsymbol{r}_1\cdots\int d\boldsymbol{r}_N \sum_{m_{\mathrm{S}_1},\ldots,m_{\mathrm{S}_N}} \mathrm{e}^{\mathrm{i}(\boldsymbol{k}_i-\boldsymbol{k}_j)\cdot\boldsymbol{r}_1}[\psi^{(j)}_{\mathrm{inn}}(\boldsymbol{r}_2,\ldots,\boldsymbol{r}_N;\ldots)]^* \\ &\quad\times\left(\sum_{\nu=2}^{N}\frac{e^2}{|\boldsymbol{r}_1-\boldsymbol{r}_\nu|} - \frac{Ze^2}{r_1}\right)\psi^{(i)}_{\mathrm{inn}}(\boldsymbol{r}_2,\ldots,\boldsymbol{r}_N;\ldots) \quad . \end{aligned} \tag{4.120}$$

Dabei ist $\boldsymbol{k}_i$ der Wellenvektor der einlaufenden ebenen Welle im Kanal i. Wegen der Orthogonalität der inneren Zustände $\psi^{(i)}_{\mathrm{inn}}$ im Eingangskanal und $\psi^{(j)}_{\mathrm{inn}}$ im inelastischen

Ausgangskanal liefert der Anteil des Potentials, der die Anziehung des Elektrons 1 durch den Kern beschreibt und der nur von $\boldsymbol{r}_1$ abhängt, keinen Beitrag zum Matrixelement in (4.120). Um den Beitrag des anderen Anteils auszurechenen, der von der Elektron-Elektron-Abstoßung herrührt, nützen wir die Tatsache aus, daß $1/|\boldsymbol{r}_1 - \boldsymbol{r}_\nu|$ die Fourier-Transformierte von $(2/\pi)^{1/2}|\boldsymbol{k}_i - \boldsymbol{k}_j|^{-2}$ ist. Die daraus folgende Identität

$$\int \frac{\mathrm{e}^{\mathrm{i}(\boldsymbol{k}_i - \boldsymbol{k}_j)\cdot \boldsymbol{r}_1}}{|\boldsymbol{r}_1 - \boldsymbol{r}_\nu|} d\boldsymbol{r}_1 = \frac{4\pi}{|\boldsymbol{k}_i - \boldsymbol{k}_j|^2} \mathrm{e}^{\mathrm{i}(\boldsymbol{k}_i - \boldsymbol{k}_j)\cdot \boldsymbol{r}_\nu} \tag{4.121}$$

ermöglicht es, die Integration über $\boldsymbol{r}_1$ in (4.120) durchzuführen,

$$f^{\mathrm{B}}_{j,i} = -\frac{2\mu e^2}{\hbar^2 |\boldsymbol{k}_i - \boldsymbol{k}_j|^2} \langle \psi^{(j)}_{\mathrm{inn}}| \sum_{\nu=2}^{N} \mathrm{e}^{\mathrm{i}(\boldsymbol{k}_i - \boldsymbol{k}_j)\cdot \boldsymbol{r}_\nu} |\psi^{(i)}_{\mathrm{inn}}\rangle' \quad . \tag{4.122}$$

Wenn wir wie bei der elastischen Streuung den übertragenen Impuls, der nun bei der inelastischen Streuung als Differenz zweier Impulsvektoren unterschiedlicher Länge gegeben ist, durch den Wellenvektor $\boldsymbol{q}$ ausdrücken,

$$\boldsymbol{q} = \boldsymbol{k}_j - \boldsymbol{k}_i \quad , \tag{4.123}$$

dann ergibt sich für den inelastischen Streuquerschnitt

$$\frac{d\sigma^{\mathrm{B}}_{i\to j}}{d\Omega} = \frac{k_j}{k_i} |f^{\mathrm{B}}_{j,i}|^2 = \frac{4}{q^4 a_1^2} \frac{k_j}{k_i} |\langle \psi^{(j)}_{\mathrm{inn}}| \sum_{\nu=2}^{N} \mathrm{e}^{-\mathrm{i}\boldsymbol{q}\cdot \boldsymbol{r}_\nu} |\psi^{(i)}_{\mathrm{inn}}\rangle'|^2 \quad . \tag{4.124}$$

Der erste Faktor $4/(q^4 a_1^2)$ auf der rechten Seite ist eine Verallgemeinerung des Rutherfordschen differentiellen Wirkungsquerschnitts (4.47) für die Streuung eines Elektrons der Masse μ an einem einfach geladenen Kern, $a_1 = \hbar^2/(\mu e^2)$ ist der entsprechende Bohrsche Radius. Im Gegensatz zur elastischen Streuung ist dieser Rutherfordsche Faktor allerdings nicht in Vorwärtsrichtung divergent, da der Impulsübertragsvektor $\boldsymbol{q}$ aus (4.123) mindestens den Betrag

$$q_{\mathrm{min}} = |k_i - k_j| \tag{4.125}$$

haben muß.

Der letzte Faktor in (4.124) enthält die Information über die Struktur der Anfangs- und Endzustände des beschossenen Atoms. In Analogie zu den Oszillatorstärken der elektromagnetischen Übergänge (Abschn. 2.4.6) kann man vom Impulsübertrag abhängende *verallgemeinerte Oszillatorstärken* definieren,

$$F_{j,i}(\boldsymbol{q}) = \frac{2\mu}{\hbar^2} \frac{E_j - E_i}{q^2} |\langle \psi^{(j)}_{\mathrm{inn}}| \sum_{\nu=2}^{N} \mathrm{e}^{-\mathrm{i}\boldsymbol{q}\cdot \boldsymbol{r}_\nu} |\psi^{(i)}_{\mathrm{inn}}\rangle'|^2 \quad . \tag{4.126}$$

Im hypothetischen Grenzfall verschwindenden Impulsübertrags, gehen die verallgemeinerten Oszillatorstärken (4.126) in die gewöhnlichen Oszillatorstärken über, die durch (2.213) definiert sind.

Die in den Gleichungen (4.120)–(4.126) zusammengefaßte Formulierung geht auf Bethe zurück und stellt eine Verbindung zwischen den Wirkungsquerschnitten der inelastischen Elektronstreuung und der Photoabsorption her. Vorraussetzungen für die Anwendbarkeit der *Bethe-Theorie* sind die Anwendbarkeit der Bornschen Näherung (4.119) und die Vernachlässigbarkeit von Austauscheffekten zwischen dem einlaufenden bzw. auslaufenden Elektron und dem beschossenen Atom. Sie ist also vor allem bei hohen Energien von einlaufendem und auslaufendem Elektron nützlich. Eine ausführliche Abhandlung über die Bethe-Theorie ist in [Ino71] zu finden.

Betrachten wir die Elektronstreuung an einem geladenen Ion, dann haben die diagonalen Potentiale asymptotisch die Form eines reinen Coulombpotentials (4.40). Wenn i der Eingangskanal ist, sind die asymptotischen Randbedingungen für die Kanalwellenfunktionen (vgl. (4.54), (4.105))

$$\begin{aligned}\psi_j(\boldsymbol{r}) \stackrel{r\to\infty}{=} & \;\delta_{j,i}\left[\mathrm{e}^{\mathrm{i}[k_i z+\eta_i \ln k_i(r-z)]} + f_{\mathrm{C}}(\theta)\frac{\mathrm{e}^{\mathrm{i}(k_i r-\eta_i \ln 2k_i r)}}{r}\right] \\ & + \frac{\mathrm{e}^{\mathrm{i}(k_j r-\eta_j \ln 2k_j r)}}{r} f'_{j,i}(\theta,\phi) \quad .\end{aligned} \tag{4.127}$$

Da die asymptotische Wellenzahl k_j über (4.106) vom Kanalindex j abhängt, ist der Coulombparameter (4.42) ebenfalls vom Kanalindex abhängig, $\eta_j = -1/(k_j a_Z)$. Die zusätzlichen Streuamplituden $f'_{j,i}$ in (4.127) sind eine Folge der Abweichungen des vollständigen Potentials von einem reinen Coulombpotential $-(Ze^2/r)\delta_{j,i}$. Diese Abweichungen vom reinen Coulombpotential bestehen aus zusätzlichen Beiträgen zu den diagonalen Potentialen ($j=i$) und allen Kopplungspotentialen ($j\neq i$). Sie sind nach den Überlegungen von Abschn. 3.2.1 im allgemeinen kurzreichweitig. Der elastische Wirkungsquerschnitt ist, wie im Einkanalfall, über eine Summe der Coulomb-Streuamplitude f_{C} und der zusätzlichen Streuamplitude $f'_{i,i}$ definiert. In den inelastischen Kanälen wird der Wirkungsquerschnitt durch die zusätzliche Streuamplitude $f'_{j,i}$ allein bestimmt,

$$\frac{d\sigma_{i\to i}}{d\Omega} = |f_{\mathrm{C}}(\theta) + f'_{i,i}(\theta,\phi)|^2 \;; \qquad \frac{d\sigma_{i\to j}}{d\Omega} = \frac{k_j}{k_i}|f'_{j,i}(\theta,\phi)|^2 \;, \quad j\neq i \quad . \tag{4.128}$$

Die zusätzlichen Streuamplituden $f'_{j,i}$ sind durch implizite Gleichungen der Form (4.117) gegeben, nur daß die ebenen Wellen $\exp(-\mathrm{i}\boldsymbol{k}_j\cdot\boldsymbol{r}')$ durch verzerrte (Coulomb-) Wellen $\psi_{\mathrm{C},j}$ zu ersetzen sind, die jeweils eine Coulombwelle im Kanal j mit einlaufendem Anteil (vgl. (4.43)) in Richtung des Radiusvektors $\boldsymbol{r}$ beschreiben. Mit den üblichen Annahmen der Bornschen Näherung (für verzerrte Wellen) erhalten wir einen expliziten Ausdruck für die zusätzliche Streuamplitude im elastischen Kanal ($j=i$) und für die Übergangsamplitude zu den inelastischen Kanälen ($j\neq i$),

$$f^{\mathrm{DWBA}}_{j,i} = -\frac{\mu}{2\pi\hbar^2}\langle\psi_{\mathrm{C},j}|V_{j,i}|\psi_{\mathrm{C}}\rangle \quad . \tag{4.129}$$

Dabei ist ψ_{C} die Coulombwelle (4.41) im Eingangskanal i, d. h. mit Wellenzahl k_i, Coulombparameter η_i und einlaufendem Anteil in Richtung der positiven z-Achse.

4.3.2 Gekoppelte Radialgleichungen

Die inneren Zustände $\psi_{\text{inn}}^{(i)}$ des beschossenen Atoms oder Ions sind Eigenzustände des Gesamtdrehimpulses der $N-1$ Elektronen zu der Gesamtdrehimpulsquantenzahl J_i, und wir wollen annehmen, daß sie auch Eigenzustände der zugehörigen z-Komponente zum Eigenwert M_i sind. Um eine vollständige Spezifikation der möglichen elastischen und inelastischen Reaktionen zu gewährleisten, nehmen wir an, daß der Kanalindex i (oder j) nicht nur den inneren Zustand des beschossenen Atoms mit seinen Drehimpulsquantenzahlen J_i, M_i kennzeichnet, sondern auch den Spinzustand χ_+ oder χ_- des Projektilelektrons.

Bei einer Entwicklung der Kanalwellenfunktionen nach Partialwellen können wir im allgemeinen nicht wie in (4.21) davon ausgehen, daß die z-Komponente des Bahndrehimpulses eine Erhaltungsgröße und gleich null ist, wir entwickeln also

$$\psi_i(\boldsymbol{r}) = \sum_{l=0}^{\infty} \sum_{m=-l}^{+l} \frac{\phi_{i,l,m}}{r} Y_{l,m}(\theta, \phi) \quad . \tag{4.130}$$

Außerdem sind die Potentiale im allgemeinen nicht bahndrehimpulserhaltend; ihre Wirkung auf die Winkelkoordinaten kann man wie folgt beschreiben:

$$V_{i,j} Y_{l',m'} = \sum_{l,m} Y_{l,m} V_{i,j}(l,m;l',m') \quad . \tag{4.131}$$

Matrixelemente der Potentiale $V_{i,j}$ werden durch die Partialwellenentwicklung (4.130) in eine Summe von radialen Matrixelementen der „radialen Potentiale" $V_{i,j}(l,m;l',m')$ zerlegt. Der Zusammenhang zwischen solchen radialen Matrixelementen und den Matrixelementen der zugehörigen N-Elektronen-Wellenfunktionen ist durch (4.104) gegeben,

$$\begin{aligned} &\left\langle \frac{\phi_{i,l,m}}{r} Y_{l,m} \middle| V_{i,j} \middle| \frac{\phi_{j,l',m'}}{r} Y_{l',m'} \right\rangle \\ &= \left\langle \frac{\phi_{i,l,m}}{r} Y_{l,m}\, \psi_{\text{inn}}^{(i)} \middle| \hat{H}_{\text{W}} \middle| \frac{\phi_{j,l',m'}}{r} Y_{l',m'} \psi_{\text{inn}}^{(j)} \right\rangle + \cdots \\ &= \langle \phi_{i,l,m} | V_{i,j}(l,m;l',m') | \phi_{j,l',m'} \rangle \quad . \end{aligned} \tag{4.132}$$

Wenn wir die Entwicklung (4.130) in die gekoppelten Gleichungen (4.103) einsetzen, erhalten wir so die gekoppelten Radialgleichungen

$$\begin{aligned} &\left[-\frac{\hbar^2}{2\mu} \frac{d^2}{dr^2} + \frac{l(l+1)\hbar^2}{2\mu r^2} \right] \phi_{i,l,m}(r) + \sum_{j,l',m'} V_{i,j}(l,m;l',m')\, \phi_{j,l',m'}(r) \\ &= (E - E_i)\, \phi_{i,l,m}(r) \, . \end{aligned} \tag{4.133}$$

Wieviele und welche Kombinationen von Kanalindex j und Bahndrehimpulsquantenzahlen l', m' bei gegebenem i, l und m in der Summe in (4.133) mitgenommen werden müssen, hängt entscheidend von den Drehimpulsquantenzahlen J_i, M_i und J_j, M_j der inneren Zustände $\psi_{\text{inn}}^{(i)}$ bzw. $\psi_{\text{inn}}^{(j)}$ ab, weil diese die Wirkung der Potentiale auf die Spin- und Winkelvariablen bestimmen. Da der Gesamtdrehimpuls des ganzen N-Elektronen-Systems eine Erhaltungsgröße ist, zerfällt das gekoppelte Gleichungssystem (4.133) in Blöcke zu verschiedenen Gesamtdrehimpulsquantenzahlen des ganzen Systems. Wenn wir von einer Entwicklung nach endlich vielen inneren Zuständen $\psi_{\rm inn}^{(j)}$ ausgehen, umfaßt jeder solche Block endlich viele gekoppelte Radialgleichungen. Eine weitergehende Reduktion dieser Blöcke kann möglich sein, wenn der N-Elektronen-Hamiltonoperator weitere Symmetrien bzw. gute Quantenzahlen besitzt. Wenn z. B. der Einfluß der spinabhängigen Kräfte vernachlässigt werden kann, sind der Gesamtbahndrehimpuls und der Gesamtspin des ganzen Systems Erhaltungsgrößen, und es koppeln nur Partialwellen zu denselben Werten der entsprechenden Quantenzahlen.

Zu jedem Block von gekoppelten Radialgleichungen gibt es genauso viele linear unabhängige Vektoren Φ von Lösungsfunktionen $\phi_{i,l,m}$, wie es Gleichungen gibt. Jede Radialwellenfunktion einer Lösung ist asymptotisch eine Überlagerung von zwei linear unabhängigen Lösungen der entkoppelten freien Gleichung, etwa von (vgl. Tabelle 1.3, (1.149))

$$\begin{aligned} \phi_{i,l}^{\rm s}(r) &\stackrel{r\to\infty}{=} \sqrt{\frac{2\mu}{\pi\hbar^2 k_i}}\,\sin\left(k_i r - l\frac{\pi}{2}\right) , \\ \phi_{i,l}^{\rm c}(r) &\stackrel{r\to\infty}{=} \sqrt{\frac{2\mu}{\pi\hbar^2 k_i}}\,\cos\left(k_i r - l\frac{\pi}{2}\right) . \end{aligned} \tag{4.134}$$

Die Koeffizienten dieser Überlagerungen können z. B. durch direkte numerische Lösung der gekoppelten Gleichungen gewonnen werden, wenn die Potentiale bekannt sind. Sie bestimmen die asymptotische Form der Wellenfunktion bei gegebenen Anfangsbedingungen und folglich die meßbaren Wirkungsquerschnitte.

Eine gebräuchliche Basis von Lösungsvektoren $\Phi^{(i,l,m)}$ ist durch die folgenden asymptotischen Randbedingungen definiert:

$$\phi_{j,l',m'}^{(i,l,m)}(r) \stackrel{r\to\infty}{=} \delta_{i,j}\,\delta_{l,l'}\,\delta_{m,m'}\,\phi_{i,l}^{\rm s}(r) + R_{i,l,m;j,l',m'}\,\phi_{j,l'}^{\rm c}(r) \quad . \tag{4.135}$$

Die Koeffizienten $(R_{i,l,m;j,l',m'})$ der Kosinus-Terme definieren die *Reaktanzmatrix* $\mathbf{R}$, die auch unter der Bezeichnung *K-Matrix* bekannt ist.[2] Im trivialen Fall, daß sich die gekoppelten Gleichungen auf eine Radialgleichung der Form (1.74) oder (1.278) reduzieren, ist die Reaktanzmatrix einfach der Tangens der asymptotischen Phasenverschiebung δ, die vom Potential hervorgerufen wird,

$$R = \tan\delta \quad . \tag{4.136}$$

Wenn das Potential reell ist, sind diese Phase und ihr Tangens ebenfalls reell. Im echten Mehrkanalfall ist die Reaktanzmatrix eine hermitesche Matrix, wenn das Potential $\hat{\mathbf{V}}$ keine nicht-hermiteschen Beiträge (Absorption) enthält. Da die Potential-Matrix in diesem Fall im allgemeinen nicht nur hermitesch, sondern reell symmetrisch ist und $\mathbf{R}$ über reelle Randbedingungen definiert ist, ist $\mathbf{R}$ dann eine reelle symmetrische Matrix.

[2] Nicht zu verwechseln mit der *R-Matrix*. Diese definiert ein konkretes Verfahren zur Lösung der Schrödingergleichung, bei dem man zunächst gebundene Hilfszustände im Innenbereich konstruiert, die dann mit Hilfe der R-Matrix an die Streuwellenfunktionen angepaßt werden (siehe z. B. [Bra83]).

Eine alternative Basis von Lösungsvektoren $\Psi^{(i,l,m)}$ erhält man, wenn man die Radialwellenfunktionen nicht als Überlagerung der wie Sinus und Kosinus oszillierenden Funktionen (4.134) darstellt, sondern als Überlagerung der entsprechenden auslaufenden und einlaufenden Kugelwellen,

$$\begin{aligned} \phi^{+}_{i,l}(r) &= \phi^{c}_{i,l}(r) + \mathrm{i}\phi^{s}_{i,l}(r) \overset{r\to\infty}{=} \sqrt{\frac{2\mu}{\pi\hbar^2 k_i}}\, \mathrm{e}^{+\mathrm{i}(k_i r - l\pi/2)} \quad , \\ \phi^{-}_{i,l}(r) &= \phi^{c}_{i,l}(r) - \mathrm{i}\phi^{s}_{i,l}(r) \overset{r\to\infty}{=} \sqrt{\frac{2\mu}{\pi\hbar^2 k_i}}\, \mathrm{e}^{-\mathrm{i}(k_i r - l\pi/2)} \quad ; \end{aligned} \tag{4.137}$$

$$\psi^{(i,l,m)}_{j,l',m'}(r) \overset{r\to\infty}{=} \delta_{i,j}\,\delta_{l,l'}\,\delta_{m,m'}\,\phi^{-}_{i,l}(r) - S_{i,l,m;j,l',m'}\,\phi^{+}_{j,l'}(r) \quad . \tag{4.138}$$

Die asymptotischen Koeffizienten der auslaufenden Komponenten $\phi^{+}_{j,l'}$ definieren die *Streumatrix* oder *S-Matrix*: $\mathbf{S} = (S_{i,l,m;j,l',m'})$.

Da die beiden Basen $\Phi^{(i,l,m)}$ und $\Psi^{(i,l,m)}$ von Lösungsvektoren mit den Randbedingungen (4.135) bzw. (4.138) denselben Lösungsraum aufspannen, muß es eine lineare Transformation geben, welche die eine Basis in die andere überführt. Diese Transformation ist

$$-\mathrm{i}\left(\Phi^{(i,l,m)} + \sum_{j,l',m'} S_{i,l,m;j,l',m'}\,\Phi^{(j,l',m')}\right) = \Psi^{(i,l,m)} \quad . \tag{4.139}$$

Die Richtigkeit von (4.139) erkennt man, wenn man auf beiden Seiten die asymptotischen Formen der Radialwellenfunktionen in der Sinus-Kosinus-Basis (4.134) betrachtet. Die Koeffizienten vor den Sinus-Termen bilden auf beiden Seiten dieselbe Matrix $-\mathrm{i}(\mathbf{1}+\mathbf{S})$. Aus der Forderung, daß dann auch die Koeffizientenmatrizen vor den Kosinus-Termen gleich sein müssen, folgt

$$-\mathrm{i}(\mathbf{1}+\mathbf{S})\mathbf{R} = \mathbf{1} - \mathbf{S} \quad . \tag{4.140}$$

Hieraus folgt ein expliziter Ausdruck für die S-Matrix als Funktion von $\mathbf{R}$,

$$\mathbf{S} = (\mathbf{1} + \mathrm{i}\mathbf{R})(\mathbf{1} - \mathrm{i}\mathbf{R})^{-1} \quad . \tag{4.141}$$

Wenn man von Effekten der Absorption absieht, ist die S-Matrix (4.141) wegen der Hermitezität von $\mathbf{R}$ unitär. Im trivialen Fall, daß sich die gekoppelten Gleichungen auf eine Radialgleichung der Form (1.74) oder (1.278) reduzieren, ist die S-Matrix einfach durch die asymptotische Phasenverschiebung δ gegeben, die vom Potential hervorgerufen wird (vgl. (4.136)),

$$S = \frac{1 + \mathrm{i}\tan\delta}{1 - \mathrm{i}\tan\delta} = \mathrm{e}^{2\mathrm{i}\delta} \quad . \tag{4.142}$$

Bei einer gegebenen Energie E läßt sich die hermitesche Matrix $\mathbf{R}$ stets auf Diagonalform bringen. Die zugehörige Transformation definiert Linearkombinationen der durch i, l und m gekennzeichneten Kanäle; diese Linearkombinationen werden *Eigenkanäle* genannt. Die Eigenwerte ρ von $\mathbf{R}$ sind reell und können in Anlehnung an (4.136) jeweils als Tangens eines Winkels geschrieben werden. Die zugehörigen Winkel heißen *Eigenphasen*. Zu jedem Eigenwert ρ von $\mathbf{R}$ gehört ein Lösungsvektor der gekoppelten Kanalgleichungen, in dem alle Radialwellenfunktionen asymptotisch proportional zu einer Überlagerung der Sinus- und Kosinus-Funktionen (4.134) mit demselben Koeffizienten $\rho = \tan\delta$ vor dem Kosinus-Term sind. Wenn eine Eigenphase als Funktion der Energie plötzlich um π ansteigt, deutet dies wie im Einkanalfall auf einen resonanten, fast gebundenen Zustand. Da die S-Matrix eine Funktion von $\mathbf{R}$ ist, ist $\mathbf{S}$ in derselben Basis von Eigenkanälen, die $\mathbf{R}$ diagonalisiert, ebenfalls diagonal, und die Eigenwerte von S sind durch die Eigenphasen gegeben: $\exp 2\mathrm{i}\delta$.

Um einen Zusammenhang zwischen der S-Matrix und den beobachtbaren Wirkungsquerschnitten herzustellen, erinnern wir uns an die Randbedingungen (4.105) der Kanalwellenfunktionen in einem typischen Streuexperiment. In der Partialwellenentwicklung (4.130) der gesamten Wellenfunktion liefert nur die einlaufende ebene Welle im Kanal i Beiträge, die asymptotisch einer einlaufenden Kugelwelle entsprechen (vgl. (4.22)). Ein Vergleich mit den einlaufenden Kugelwellen aus (4.137) zeigt, daß die Lösung der stationären Schrödingergleichung mit den Randbedingungen (4.105) als die folgende Überlagerung von Basis-Lösungsvektoren $\Psi^{(i,l,m=0)}$ gegeben ist:

$$\Psi = \sum_l (-\pi\hbar)\,\mathrm{i}^{l-1}\sqrt{\frac{2l+1}{2\mu k_i}}\,\Psi^{(i,l,0)} \quad . \tag{4.143}$$

Die Kanalwellenfunktionen $\psi_j(\boldsymbol{r})$ sind durch eine entsprechende Überlagerung der Radialwellenfunktionen (4.138) gegeben,

$$\begin{aligned}\psi_j(\boldsymbol{r}) &= \sum_{l',m'} Y_{l',m'}(\theta,\phi)\,\frac{1}{r}\sum_l(-\pi\hbar)\,\mathrm{i}^{l-1}\sqrt{\frac{2l+1}{2\mu k_i}}\,\psi^{(i,l,0)}_{j,l',m'}(r)\\ &\overset{r\to\infty}{=} \delta_{j,i}\,\mathrm{e}^{\mathrm{i}k_i z} + \frac{\mathrm{e}^{\mathrm{i}k_j r}}{r}\sum_{l',m'} Y_{l',m'}(\theta,\phi)\,\mathrm{i}\sum_l \mathrm{i}^{l-l'}\\ &\quad\times\sqrt{\frac{\pi(2l+1)}{k_i k_j}}\left(\delta_{j,i}\,\delta_{l,l'}\,\delta_{0,m'} - S_{i,l,0;j,l',m'}\right) .\end{aligned} \tag{4.144}$$

Die Verknüpfung zwischen den durch (4.105) definierten Streuamplituden und den Matrixelementen der S-Matrix lautet also,

$$\begin{aligned}\mathrm{i}\sqrt{k_i k_j}\,f_{j,i}(\theta,\phi) &= \sum_{l',m'} Y_{l',m'}(\theta,\phi)\sum_l \mathrm{i}^{l-l'}\\ &\quad\times\sqrt{\pi(2l+1)}\left(S_{i,l,0;j,l',m'} - \delta_{j,i}\,\delta_{l,l'}\,\delta_{0,m'}\right) \quad .\end{aligned} \tag{4.145}$$

Wenn die Potentiale den Bahndrehimpuls erhalten, ist die S-Matrix in l und m diagonal,

$$S_{i,l,0;j,l',m'} = S_{i,l;j,l}\,\delta_{l,l'}\,\delta_{0,m'} \quad . \tag{4.146}$$

Der Ausdruck für die Streuamplitude (4.145) vereinfacht sich dann zu

$$f_{j,i}(\theta,\phi) = \frac{1}{\mathrm{i}\sqrt{k_i k_j}}\sum_l \sqrt{\pi(2l+1)}\left(S_{i,l;j,l} - \delta_{j,i}\right)Y_{l,0}(\theta) \quad , \tag{4.147}$$

was im Falle der elastischen Streuung mit dem Ergebnis (4.23), (4.27) übereinstimmt.

Wenn die diagonalen Potentiale ein langreichweitiges Coulombpotential enthalten, müssen die vorangegangenen Überlegungen ähnlich wie in Abschn. 4.1.3 modifiziert werden. An Stelle der Sinus- und Kosinuswellen (4.134) oder der Kugelwellen (4.137) sind die vom reinen Coulombpotential verzerrten Wellen zu setzen. Die Reaktanzmatrix **R** beschreibt nun den Einfluß der kurzreichweitigen Abweichungen vom reinen Coulombpotential. Diese Reaktanzmatrix und ihre Fortsetzung zu Energien, bei denen einige oder alle Kanäle geschlossen sind, bilden die Grundlage für Seatons Formulierung der Mehrkanal-Quantendefekttheorie (siehe Abschn. 3.3).

Bisher haben wir in diesem Abschnitt noch nicht die Komplikationen besprochen, die bei einer expliziten Berücksichtigung des Spins auftreten. Die Einbeziehung des Spins des Projektilelektrons wurde in Abschn. 4.2 am Beispiel der elastischen Streuung an einem Atom mit Gesamtdrehimpuls null diskutiert. Im allgemeinen hat das beschossene Atom im inneren Zustand $\psi_{\rm inn}^{(i)}$ einen endlichen Drehimpuls J_i. Dazu gibt es $2J_i + 1$ Eigenzustände der z-Komponente seines Drehimpulses, die durch die zugehörigen Quantenzahlen $M_i = -J_i, -J_i + 1, \ldots, J_i$ gekennzeichnet sind. Wie in Abschn. 4.2 besprochen, läßt sich ein beliebiger reiner oder gemischter Spinzustand des Elektrons durch eine 2×2 Dichtematrix beschreiben. Entsprechend läßt sich ein beliebiger reiner oder gemischter Zustand in den Quantenzahlen M_i des Atoms durch eine $(2J_i+1) \times (2J_i+1)$ Dichtematrix beschreiben. Insgesamt wird also ein beliebiger Polarisationszustand von Elektron und Atom (mit Drehimpuls J_i) durch eine $[2(2J_i+1)] \times [2(2J_i+1)]$ Dichtematrix beschrieben. Die theoretische Beschreibung der Änderung der Polarisationszustände von Elektron und Atom durch die Streuung basiert dann auf der Untersuchung von Transformationen, welche die $[2(2J_i{+}1)]\times[2(2J_i{+}1)]$ Dichtematrizen im Eingangskanal in $[2(2J_j{+}1)]\times[2(2J_j{+}1)]$ Dichtematrizen in den jeweiligen Ausgangskanälen überführen. Für eine ausführliche Behandlung siehe [Bar89].

Wir wollen vorübergehend die Quantenzahlen $m_s = \pm\frac{1}{2}$ für die z-Komponente des Elektronspins und M_i für die z-Komponente des Drehimpulses des beschossenen Atoms explizit angeben, so daß der Kanalindex i nur noch alle übrigen Freiheitsgrade in $\psi_{\rm inn}^{(i)}$ erfaßt. Die allgemeine inelastische Streuamplitude ist dann $f_{j,m_s',M_j;i,m_s,M_i}(\theta,\phi)$ für den Übergang vom Eingangskanal i zum Ausgangskanal j bei gleichzeitigem Übergang der Quantenzahlen der z-Komponenten von m_s, M_i nach m_s', M_j. Eine vollständige experimentelle Bestimmung aller Amplituden zu gegebenen Kanalindizes i, j ist aber im allgemeinen sehr schwierig, weil z. B. die Preparation des zu beschießenden Atoms in einem definierten Eigenzustand der z-Komponente seines Drehimpulses nicht einfach ist. Die unvollständige Information über die Polarisationszustände von Elektron und Atom wird gerade mit Hilfe der Dichtematrizen beschrieben. So ist die Dichtematrix, welche ein vollständig unpolarisiertes Elektron und ein vollständig unpolarisiertes Atom (mit Drehimpuls J_i) im Eingangskanal beschreibt, einfach $1/[2(2J_i + 1)]$ mal der Einheitsmatrix. Wenn die Komponenten des Elektronspins und des Drehimpulses des Atoms auch im Ausgangskanal ungemessen bleiben, dann ist der differentielle Wirkungsquerschnitt für die inelastische Streuung vom Kanal i in den Kanal j in diesem Fall die inkohärente Überlagerung aller in Frage kommender Beiträge mit dem Vorfaktor $1/[2(2J_i + 1)]$,

$$\frac{d\sigma_{i\to j}}{d\Omega} = \frac{1}{2(2J_i+1)} \sum_{m_s=-\frac{1}{2}}^{+\frac{1}{2}} \sum_{M_i=-J_i}^{J_i} \sum_{m'_s=-\frac{1}{2}}^{+\frac{1}{2}} \sum_{M_j=-J_j}^{J_j} \frac{k_j}{k_i} |f_{j,m'_s,M_j;i,m_s,M_i}(\theta,\phi)|^2 . \tag{4.148}$$

Dies entspricht einer Mittelung über alle Anfangszustände und einer Summation über alle Endzustände, die mit den gemessenen Randbedingungen verträglich sind (vgl. Abschn. 2.4.4, letzter Absatz, und 4.2.3).

4.3.3 Schwelleneffekte

Wenn wir den Wirkungsquerschnitt (4.108) oder (4.109) für die inelastische Streuung in der Nähe der Kanalschwelle $E=E_j$ betrachten, so ist seine Energieabhängigkeit weitgehend durch den Phasenraumfaktor k_j/k_i bestimmt. Die Übergangsamplitude $f_{j,i}$ ist durch ein Matrixelement der Form (4.117) gegeben und wird im allgemeinen bei $E = E_j$ einen endlichen Wert annehmen. In einem genügend kleinen Energieintervall um E_j wird sie im wesentlichen konstant sein. Eine Ausnahme gibt es, wenn in einer Partialwellenzerlegung des Integrals in (4.117) niedere Partialwellen aus Symmetriegründen nicht auftreten. Nehmen wir an, l sei die niedrigste Bahndrehimpulsquantenzahl, die bei einer Partialwellenentwicklung der ebenen Welle $\psi^*_{\mathrm{e},j} = \exp(-\mathrm{i}\boldsymbol{k}_j\cdot\boldsymbol{r}')$ zum Integral in (4.117) beiträgt. Dann ist die Abhängigkeit des Integrals von der Wellenzahl k_j durch die sphärische Besselfunktion $j_l(k_j r')$ gegeben (vgl. (4.22)) und ist proportional zu k_j^l (A.32). Das Betragsquadrat der Übergangsamplitude ist also proportional zu k_j^{2l}, und wir erhalten unter Berücksichtigung des Vorfaktors k_j/k_i *Wigners Schwellengesetz für inelastische Wirkungsquerschnitte*,

$$\sigma_{i\to j}(E) \propto \left(\sqrt{E-E_j}\right)^{2l+1} . \tag{4.149}$$

Dabei ist l die niedrigste Bahndrehimpulsquantenzahl, die im Ausgangskanal beobachtet wird.

Die Öffnung eines Kanals j an der Schwelle E_j macht sich auch in der Energieabhängigkeit von anderen inelastischen Wirkungsquerschnitten und des elastischen Wirkungsquerschnitts bemerkbar. Als Beispiel betrachten wir die Energieabhängigkeit des integrierten elastischen Wirkungsquerschnitts. Wenn wir im Sinne von Abschn. 4.1.4 die gesamte inelastische Streuung über ein nicht-hermitesches absorbierendes optisches Potential beschreiben, dann ist der gesamte inelastische Wirkungsquerschnitt über (4.70) mit den Streuphasen δ_l des elastischen Kanals verknüpft. (Das optische Potential wird als radialsymmetrisch angenommen.) Wenn E_j die niedrigste inelastische Schwelle ist, dann sind die Streuphasen δ_l – und folglich auch die zugehörigen S-Matrix-Elemente $S_l = \exp(2\mathrm{i}\delta_l)$ (vgl. (4.142)) – unterhalb von E_j reell und oberhalb von E_j komplex. Wenn bereits unterhalb von E_j Kanäle offen sind, so wird sich die Schwelle E_j durch eine mehr oder weniger plötzliche Änderung der Imaginärteile der S_l bemerkbar machen. Wenn s-Wellen im Ausgangskanal j nicht verboten sind, wird der gesamte inelastische Wirkungsquerschnitt (4.70) knapp oberhalb von E_j nach Wigners Schwellengesetz (4.149) proportional zu $(E - E_j)^{1/2}$ ansteigen. Dies hat Auswirkungen auf den integrierten elastischen Wirkungsquerschnitt, der durch die Formel (4.29) gegeben ist,

$$\begin{aligned}\sigma_{\mathrm{el}} &= \frac{\pi}{k_i^2}\sum_{l=0}^{\infty}(2l+1)\,|S_l - 1|^2 = \frac{\pi}{k_i^2}\sum_{l=0}^{\infty}(2l+1)\left(|S_l|^2 + 1 - 2\Re S_l\right) \\ &= \frac{2\pi}{k_i^2}\sum_{l=0}^{\infty}(2l+1)\,(1 - \Re S_l) - \sigma_{\mathrm{abs}} \quad .\end{aligned} \tag{4.150}$$

Da die Realteile der S_l sanfte Funktionen der Energie sind, fällt der integrierte elastische Wirkungsquerschnitt (4.150) knapp oberhalb von E_j proportional zu $-(E - E_j)^{1/2}$ ab. Weitergehende Untersuchungen über die mathematischen Eigenschaften der S-Matrix (siehe z. B. [New82]) zeigen, daß der Wirkungsquerschnitt knapp unterhalb der Schwelle E_j proportional zu $(E_j - E)^{1/2}$ ist, wobei die Proportionalitätskonstante positiv oder negativ sein kann. Eine negative Proportionalitätskonstante ergibt an der Schwelle E_j eine *Spitze* (engl. *cusp*) wie in Abb. 4.6(a), eine positive Proportionalitätskonstante unterhalb der Schwelle führt auf eine *gerundete Spitze* wie in Abb. 4.6(b). In beiden Fällen macht sich die Kanalschwelle E_j als Singularität mit unendlicher Steigung im integrierten elastischen Wirkungsquerschnitt bemerkbar, vorausgesetzt, daß s-Wellen im Ausgangskanal j nicht aus Symmetriegründen verboten sind.

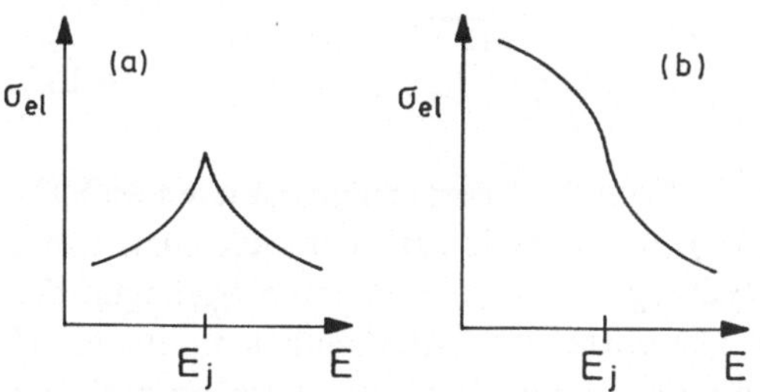

Abb. 4.6a,b. Schematische Darstellung von Singularitäten im integrierten elastischen Wirkungsquerschnitt, die an inelastischen Kanalschwellen auftreten: (**a**) Spitzensingularität, (**b**) gerundete Spitze.

Es ist durchaus möglich, daß die innere Energie E_i im Eingangskanal größer ist als die innere Energie E_j im Ausgangskanal. Dieser Fall, der einer *exothermen Reaktion* in der Chemie entspricht, wird auch *superelastische Streuung* genannt. Der Ausgangskanal j ist dann bereits an der Schwelle E_i des Eingangskanals offen, und das auslaufende Elektron hat eine um $E_i - E_j$ größere asymptotische kinetische Energie als das einlaufende Elektron. An der Reaktionsschwelle E_i fängt die Wellenzahl k_i im Eingangskanal bei null an, aber die Wellenzahl k_j im Ausgangskanal ist endlich. Wenn die entsprechenden Streuamplituden nicht verschwinden, divergieren die Wirkungsquerschnitte (4.108), (4.109) im Falle der superelastischen Streuung an der Reaktionsschwelle.

Das Schwellenverhalten von inelastischen Wirkungsquerschnitten ist wesentlich anders, wenn das Wechselwirkungspotential ein langreichweitiges Coulombpotential enthält. In dem Matrixelement für die Streuamplitude (vgl. (4.117)) ist nun an die Stelle der ebenen Welle im Ausgangskanal eine Coulombwelle zu setzen. Aus der Partialwellenentwicklung (4.57) sehen wir, daß die Energieabhängigkeit der

Übergangsamplitude $f'_{j,i}$ knapp oberhalb der Schwelle E_j durch die regulären Coulombfunktionen $F_l(\eta_j, k_j r)$ (dividiert durch $k_j r$) gegeben ist. In einem attraktiven Coulombpotential gilt nach (1.143), (1.139)

$$\frac{F_l(\eta_j, k_j r)}{k_j r} \stackrel{E \to E_j}{=} \sqrt{\frac{\pi \hbar^2}{2\mu k_j r}} \frac{1}{a_Z \sqrt{\mathcal{R}}} J_{2l+1}\left(\sqrt{\frac{8r}{a_Z}}\right) \quad , \tag{4.151}$$

so daß $|f'_{j,i}|^2$ knapp oberhalb von E_j umgekehrt proportional zu k_j ist, unabhängig davon, welche Drehimpulse zur Partialwellensumme beitragen. In Anwesenheit eines langreichweitigen attraktiven Coulombpotentials im Ausgangskanal streben also die inelastischen Wirkungsquerschnitte (4.128) an den jeweiligen Schwellen glatt gegen konstante Werte.

Entsprechend dem glatten Verhalten der inelastischen Wirkungsquerschnitte in einem attraktiven Coulombpotential ist das Verhalten des differentiellen Wirkungsquerschnitts für elastische Streuung knapp oberhalb einer inelastischen Schwelle ebenfalls glatt – der integrierte elastische Wirkungsquerschnitt ist ja divergent. Unterhalb einer inelastischen Schwelle gibt es aber in einem attraktiven Coulombpotential ganze Rydbergserien von Feshbach-Resonanzen. Betrachten wir den einfachen Fall, daß unterhalb der Kanalschwelle E_j nur der elastische Kanal i offen ist, und daß die Elektron-Ion-Wechselwirkung durch ein radiales Potential beschrieben werden kann. Dann ist die Streuphase δ_l in jeder Partialwelle l durch eine Formel wie (3.102) gegeben,

$$\delta_l = \pi\mu_i - \arctan\left[\frac{R_{i,j}^2}{\tan\left[\pi(\nu_j + \mu_j)\right]}\right] , \quad \nu_j = \sqrt{\frac{\mathcal{R}}{E_j - E}} \quad . \tag{4.152}$$

Dabei sind μ_i, $R_{i,j}$ und μ_j gerade die schwach von der Energie abhängenden MQDT-Parameter im Zweikanalfall (Abschn. 3.3.1), und sie hängen natürlich auch von l ab. Gleichung (4.152) beschreibt eine Rydbergserie von resonanten Sprüngen der Streuphase jeweils um π (vgl. Abb. 3.9). Die einzelnen Partialwellenamplituden f'_l (siehe (4.59)) oszillieren knapp unterhalb von E_j unendlich oft zwischen null und einem maximalen Wert von $|f'_l| = (2l+1)/k_i$, was mit der Annäherung an E_j zu immer engeren Oszillationen im differentiellen Wirkungsquerschnitt (4.55) führt. In der Praxis können diese Oszillationen ab einer gewissen Energie nicht mehr aufgelöst werden, und man beobachtet im Experiment bereits die glatte Funktion, in die der Wirkungsquerschnitt oberhalb der Schwelle übergeht.

4.3.4 Ein Beispiel

Theoretische Untersuchungen der inelastischen Elektron-Atom-Streuung sind naturgemäß für die Streuung am Wasserstoffatom am weitesten gediehen. Hier kennt man das Spektrum und die Eigenzustände des beschossenen H-Atoms genau, und viele Matrixelemente lassen sich analytisch berechnen.

Ausführliche Berechnungen von Wirkungsquerschnitten für die inelastische Elektron-Wasserstoff-Streuung bei relativ niedrigen Energien wurden z. B. von Callaway durchgeführt [Cal82, Cal88]. Williams [Wil88] hat präzise Messungen im Energiebereich zwischen der ersten inelastischen Schwelle $(3/4)\mathcal{R} \approx 10.20$ eV und der

$n=3$ Schwelle bei $(8/9)\mathcal{R} \approx 12.09$ eV durchgeführt, siehe auch [SS89]. In diesem Energiebereich sind die Kanäle, in denen das Wasserstoff-Elektron in die $n=2$ Schale angeregt wird, offen, aber alle höheren Kanäle sind geschlossen.

Die Rechnungen in [Cal82] gingen von einer Close-Coupling-Entwicklung aus. Die Eigenzustände des H-Atoms wurden bis zur Hauptquantenzahl $n=3$ exakt mitgenommen, höhere geschlossene Kanäle durch Pseudozustände approximiert. Spinabhängige Beiträge im Potential sind nicht so wichtig, so daß die gekoppelten Gleichungen in Blöcke zu guter Gesamtbahndrehimpulsquantenzahl L und Gesamtspinquantenzahl S zerfallen. Um die gekoppelten Gleichungen zu lösen, wurden verschiedene Variationsmethoden benutzt [Cal78], [Nes80].

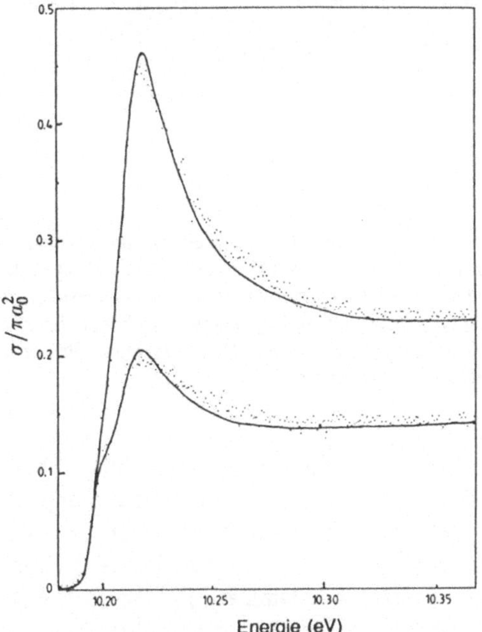

Abb. 4.7. Integrierte Wirkungsquerschnitte für die inelastische Streuung eines Elektrons am Wasserstoffatom für Energien knapp oberhalb der inelastischen Schwelle (10.20 eV). Die obere Kurve zeigt die $1s \rightarrow 2p$ Anregung, die untere die $1s \rightarrow 2s$ Anregung. Die Punkte sind experimentelle Daten von Williams, die durchgezogenen Linien sind die theoretischen Ergebnisse aus [Cal82], die etwas geglättet wurden, um die endliche experimentelle Auflösung zu simulieren. (Aus [Wil88].)

Abb. 4.7 zeigt integrierte inelastische Wirkungsquerschnitte für den Energiebereich knapp oberhalb der ersten inelastischen Schwelle. Die obere Kurve zeigt die Anregung des H-Atoms in den $2p$-Zustand, die untere Kurve zeigt die Anregung in den $2s$-Zustand. Die Punkte sind die experimentellen Werte, die durchgezogenen Linien sind die Ergebnisse der Rechnungen aus [Cal82], die allerdings ein wenig geglättet wurden, um das endliche Auflösungsvermögen des Experiments zu simulieren. So werden an der Schwelle (10.20 eV) aus den ursprünglichen theoretischen Kurven mit unendlicher Steigung Kurven mit endlichem Anstieg. Knapp oberhalb der inelastischen Schwelle zeigen beide Kurven ein ausgeprägtes Maximum, das auf eine Resonanz deutet. Tatsächlich liefern die Rechnungen zu $L=1$ und $S=0$ eine resonante Eigenphase in diesem Bereich. Anpassung an eine analytische Form ähnlich zu (1.183) liefert eine Resonanzlage von $E_R \approx 10.2$ eV und eine Breite von $\Gamma \approx 0.02$ eV.

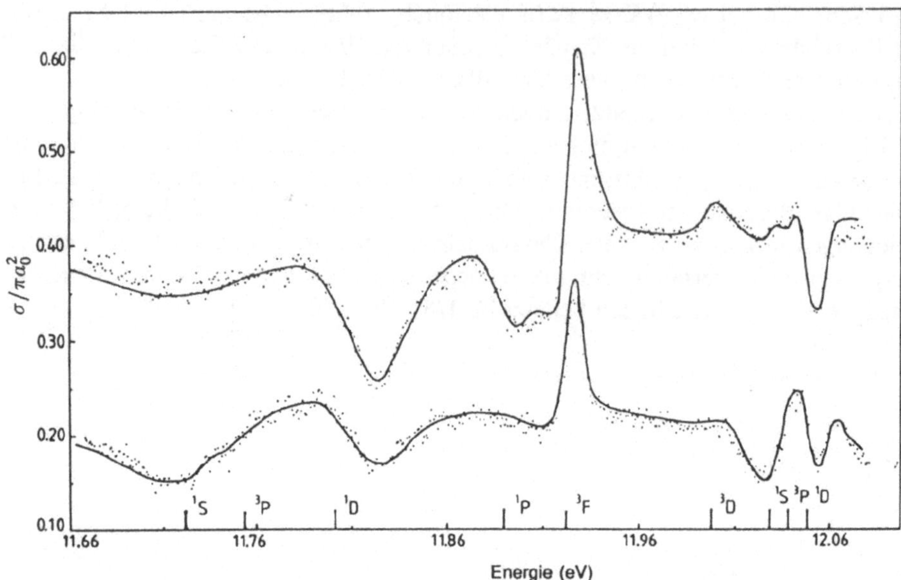

Abb. 4.8. Integrierte Wirkungsquerschnitte für die inelastische Streuung eines Elektrons am Wasserstoffatom für Energien knapp unterhalb der Schwelle für $n=3$ Anregungen des H-Atoms (12.09 eV). Die obere Kurve zeigt die $1s \to 2p$ Anregung, die untere die $1s \to 2s$ Anregung. Die Punkte sind experimentelle Daten von Williams, die durchgezogenen Linien sind die theoretischen Ergebnisse aus [Cal82], die etwas geglättet wurden, um die endliche experimentelle Auflösung zu simulieren. Die senkrechten Striche auf der Abszisse zeigen die Lagen einer Reihe von Feshbach-Resonanzen. (Aus [Wil88].)

Abb. 4.8 zeigt die integrierten inelastischen Wirkungsquerschnitte aus Abb. 4.7 bei etwas höheren Energien knapp unterhalb der $n=3$ Schwelle. Wieder zeigt die obere Kurve den $1s \to 2p$ Übergang, während die untere Kurve den $1s \to 2s$ Übergang zeigt. Die durchgezogenen Kurven sind wieder die (geglätteten) Ergebnisse der Rechnungen [Cal82], während die Punkte die Daten aus [Wil88] darstellen. Knapp unterhalb der $n=3$ Schwelle bilden sich in den nur knapp geschlossenen $n=3$ Kanälen eine Anzahl von gebundenen Zuständen, die über Ankopplung an die offenen $n=1$ und $n=2$ Kanäle zerfallen können und sich als Feshbach-Resonanzen bemerkbar machen. Die Lagen und Breiten dieser Resonanzen ergeben sich aus einer Analyse der Eigenphasen, die in der Nähe plötzlicher Sprünge an die analytische Form (1.183) angepaßt werden [Cal82]. Die unregelmäßig oszillierende Struktur in den Wirkungsquerschnitten ist offensichtlich auf diese Resonanzen zurückzuführen, deren Positionen durch die senkrechten Striche über der Abszisse angegeben sind. Ähnliche Strukturen sind auch in den differentiellen inelastischen Streuquerschnitten zu beobachten, die kürzlich von Warner et al. gemessen wurden [WR90]. Insgesamt ist die Übereinstimmung zwischen den berechneten und den gemessenen Wirkungsquerschnitten sehr zufriedenstellend.

4.4 Ausgangskanäle mit zwei ungebundenen Elektronen

Die Überlegungen der Abschnitte 4.1–3 gehen davon aus, daß nur eine Ortskoordinate sehr groß werden kann, nämlich die Koordinate des einlaufenden bzw. des gestreuten Elektrons. In den Bereichen des Konfigurationsraumes, in denen die Ortskoordinaten von mindestens zwei Elektronen sehr große Beträge bekommen, verschwindet die Mehrelektronenwellenfunktion. Unter diesen Voraussetzungen lassen sich die asymptotischen Randbedingungen der Wellenfunktionen einfach formulieren, und eine *ab initio* Beschreibung der möglichen elastischen und inelastischen Streuprozesse läßt sich geradlinig etwa über den Close-Coupling-Ansatz (3.39) in Verbindung mit der Feshbachschen Projektionstechnik begründen.

Eine saubere Formulierung der Reaktionstheorie wird wesentlich schwerer, wenn nach dem Stoß Zustände mit zwei oder mehr auslaufenden Elektronen wichtig sind. Das ist der Fall, wenn die Energie des Projektilelektrons ausreicht, um das beschossene Atom zu ionisieren bzw. ein Elektron aus einem beschossenen Ion herauszuschießen. Die theoretische Beschreibung solcher (e, 2e)-*Reaktionen* mit genau zwei auslaufenden Elektronen im Ausgangskanal soll in diesem Abschnitt kurz skizziert und plausibel gemacht werden. Für eine umfassendere Darstellung der Theorie von (e, 2e)-Reaktionen sei z. B. auf [Rud68] und auf den vor kurzem veröffentlichten Artikel von Byron und Joachain [BJ89] hingewiesen.

4.4.1 Allgemeine Formulierung

Um die allgemeine Struktur der Wellenfunktionen in einer (e, 2e)-Reaktion besser zu verstehen, wollen wir zunächst die Elektronen durch unterscheidbare Teilchen ohne elektrische Ladung ersetzen. Die Komplikationen, die durch die Ununterscheidbarkeit und durch die langreichweitigen Coulomb-Wechselwirkungen hinzukommen, werden anschließend besprochen.

Die Dynamik der zwei auslaufenden Teilchen wird durch Kontinuumswellenfunktionen beschrieben, welche von den beiden Ortsvektoren $\boldsymbol{r}_1$ und $\boldsymbol{r}_2$, also von insgesamt sechs Ortskoordinaten, abhängen. Die übrigen Freiheitsgrade werden durch gebundene innere Wellenfunktionen $\phi_{\text{inn}}^{(n)}$ erfaßt, die von den übrigen Ortsvektoren $\boldsymbol{r}_3, \ldots, \boldsymbol{r}_N$ und allen Spinkoordinaten abhängen. Sie mögen Eigenzustände eines entsprechenden inneren Hamiltonoperators $\hat{H}_{\text{inn}}$ zu den Eigenwerten E_n sein. Jeder solche Eigenzustand definiert einen *Aufbruchkanal* n.

In der Darstellung der inelastischen Streuung in Abschn. 4.3 haben wir uns auf Streukanäle mit einem äußeren Elektron beschränkt. Dadurch war es einfach, die Darstellung auf die gekoppelten Kanalgleichungen (4.103) für die Ortswellenfunktionen des äußeren Elektrons zu reduzieren. Wenn Streukanäle und Aufbruchkanäle gleichzeitig wichtig sind, kann man nicht so einfach einen Satz von gekoppelten Kanalgleichungen aufstellen, weil die Kanalwellenfunktionen Funktionen in verschiedenen Räumen sind: entweder Funktionen eines Ortsvektors (Streukanäle) oder Funktionen von zwei Ortsvektoren (Aufbruchkanäle). Eine konsistente Beschreibung erreichen wir, wenn wir im Raum der Wellenfunktionen des gesamten N-Teilchen-Systems arbeiten. Zu einer Kanalwellenfunktion gehört stets eine entsprechende innere Wellenfunktion, die von den jeweils übrigen Koordinaten abhängt – $\phi^{(n)}_{\rm inn}(\boldsymbol{r}_3,\ldots,\boldsymbol{r}_N;m_{s_1}\ldots m_{s_N})$ in den Aufbruchkanälen und $\psi^{(j)}_{\rm inn}(\boldsymbol{r}_2,\ldots,\boldsymbol{r}_N;m_{s_1}\ldots m_{s_N})$ in den Streukanälen.

Um die asymptotische Struktur der Wellenfunktion zu studieren, benutzen wir wieder die Methode der Greenschen Funktionen. Zunächst schreiben wir den N-Teilchen-Hamiltonoperator $\hat{H}$ als eine Summe aus den kinetischen Energien $\hat{t}_1 = -(\hbar^2/2\mu)\Delta_{\boldsymbol{r}_1}$ bzw. $\hat{t}_2 = -(\hbar^2/2\mu)\Delta_{\boldsymbol{r}_2}$ der Teilchen 1 und 2, dem inneren Hamiltonoperator $\hat{H}_{\rm inn}$ und einem Rest $\hat{V}_R$, der alle hierin noch nicht erfaßten Wechselwirkungen enthalten soll,

$$\hat{H} = \hat{t}_1 + \hat{t}_2 + \hat{H}_{\rm inn} + \hat{V}_{\rm R} \quad . \tag{4.153}$$

Die N-Teilchen-Schrödingergleichung schreiben wir formal als eine inhomogene Gleichung,

$$(E - \hat{t}_1 - \hat{t}_2 - \hat{H}_{\rm inn})\Psi = \hat{V}_{\rm R}\Psi \quad . \tag{4.154}$$

Die Greensche Funktion $\hat{\mathbf{G}}$, die jetzt auch ein Operator in dem Raum der inneren Wellenfunktionen $\phi^{(n)}_{\rm inn}(\boldsymbol{r}_3,\ldots\boldsymbol{r}_N;\ldots)$ ist, wird als Lösung der folgenden Gleichung definiert,

$$(E - \hat{t}_1 - \hat{t}_2 - \hat{H}_{\rm inn})\hat{\mathbf{G}} = \delta(\boldsymbol{r}_1 - \boldsymbol{r}'_1)\,\delta(\boldsymbol{r}_2 - \boldsymbol{r}'_2)\,\mathbf{1} \quad . \tag{4.155}$$

Die fettgedruckte Eins auf der rechten Seite von (4.155) ist der Einheitsoperator im Raum der inneren Wellenfunktionen $\phi^{(n)}_{\rm inn}$.

Eine formale Lösung der inhomogenen Gleichung (4.154) erhalten wir nun als

$$\Psi = \hat{\mathbf{G}}\hat{V}_{\rm R}\Psi \quad . \tag{4.156}$$

Im Gegensatz zu den Lippmann-Schwinger-Gleichungen für die elastische und die inelastische Streuung, (4.15) bzw. (4.114), steht auf der rechten Seite von (4.156) kein durch die einlaufenden Randbedingungen bestimmter Term, der einer Lösung der „homogenen Gleichung“ ($\hat{V}_{\rm R} \equiv 0$) entspricht. Dies liegt daran, daß im Anfangszustand nur ein Elektron, nämlich das einlaufende, frei ist, während alle anderen Elektronen gebunden sind; ein solcher Zustand ist nicht eine Lösung der homogenen Gleichung, die jetzt zwei freie Teilchen beschreibt.

Wir können mit Hilfe der Integralgleichung (4.156) die asymptotische Form der Wellenfunktion in den Aufbruchkanälen ermitteln. Die Gleichung (4.155) können wir mit einer Greenschen Funktion der folgenden Struktur erfüllen,

$$\hat{\mathbf{G}} = \sum_n \mathcal{G}_n(\boldsymbol{r}_1,\boldsymbol{r}_2;\boldsymbol{r}'_1,\boldsymbol{r}'_2)|\phi^{(n)}_{\rm inn}\rangle\langle\phi^{(n)}_{\rm inn}| \quad , \tag{4.157}$$

wobei die Summe über einen vollständigen Satz von inneren Eigenzuständen $\phi^{(n)}_{\rm inn}$ (und nicht nur über gebundene Zustände) laufen sollte. In den offenen Aufbruchkanälen, $E > E_n$, ist die Abhängigkeit der Greenschen Funktion von den Ortsvektoren durch Faktoren $\mathcal{G}_n(\boldsymbol{r}_1,\boldsymbol{r}_2;\boldsymbol{r}'_1,\boldsymbol{r}'_2)$ gegeben, welche die folgenden Gleichungen erfüllen:

$$(E - E_n - \hat{t}_1 - \hat{t}_2)\mathcal{G}_n(\boldsymbol{r}_1, \boldsymbol{r}_2; \boldsymbol{r}'_1, \boldsymbol{r}'_2) = \delta(\boldsymbol{r}_1 - \boldsymbol{r}'_1)\,\delta(\boldsymbol{r}_2 - \boldsymbol{r}'_2) \quad . \tag{4.158}$$

$E - E_n$ ist die asymptotische kinetische Energie, die im offenen Aufbruchkanal n den beiden auslaufenden Teilchen zur Verfügung steht.

Um Schreibarbeit zu sparen, fassen wir die beiden Ortsvektoren $\boldsymbol{r}_1$ und $\boldsymbol{r}_2$ zu einem sechskomponentigen Ortsvektor

$$\boldsymbol{R} \equiv (\boldsymbol{r}_1, \boldsymbol{r}_2) \tag{4.159}$$

zusammen. Mit den Bezeichnungen,

$$\begin{aligned} E - E_n &= \frac{\hbar^2}{2\mu} K_n^2 , \\ \Delta_6 = \Delta_{\boldsymbol{r}_1} + \Delta_{\boldsymbol{r}_2} &= \frac{\partial^2}{\partial x_1^2} + \frac{\partial^2}{\partial y_1^2} + \frac{\partial^2}{\partial z_1^2} + \frac{\partial^2}{\partial x_2^2} + \frac{\partial^2}{\partial y_2^2} + \frac{\partial^2}{\partial z_2^2} \quad , \end{aligned} \tag{4.160}$$

wird (4.158), bis auf den Faktor $2\mu/\hbar^2$ die Definitionsgleichung für die Greensche Funktion der Helmholtz-Gleichung in sechs Dimensionen,

$$(K_n^2 + \Delta_6)\mathcal{G}_n(\boldsymbol{R}, \boldsymbol{R}') = \frac{2\mu}{\hbar^2}\,\delta(\boldsymbol{R} - \boldsymbol{R}') \quad . \tag{4.161}$$

Die Greensche Funktion, welche (4.161) erfüllt und geeignet ist, zwei auslaufende Teilchen im Aufbruchkanal n zu beschreiben, ist (siehe Aufgabe 4.9)

$$\mathcal{G}_n(\boldsymbol{R}, \boldsymbol{R}') = -\frac{\mu K_n^2}{8\pi^2\hbar^2}\,\frac{\mathrm{i}H_2^{(1)}(K_n|\boldsymbol{R} - \boldsymbol{R}'|)}{|\boldsymbol{R} - \boldsymbol{R}'|^2} \quad . \tag{4.162}$$

Dabei ist $H_\nu^{(1)}$ die Hankelfunktion der Ordnung ν (siehe Anhang A.3). Für kleine Werte des Abstands $|\boldsymbol{R} - \boldsymbol{R}'|$ erhalten wir (A.19)

$$\mathcal{G}_n(\boldsymbol{R}, \boldsymbol{R}') = -\frac{\mu}{2\pi^3\hbar^2}\,\frac{1}{|\boldsymbol{R} - \boldsymbol{R}'|^4} , \quad |\boldsymbol{R} - \boldsymbol{R}'| \to 0 \quad , \tag{4.163}$$

für große Werte von $|\boldsymbol{R} - \boldsymbol{R}'|$ (A.18)

$$\mathcal{G}_n(\boldsymbol{R}, \boldsymbol{R}') = -\sqrt{\mathrm{i}}\,\frac{\mu}{\hbar^2} K_n^{3/2}\,\frac{\mathrm{e}^{\mathrm{i}K_n|\boldsymbol{R} - \boldsymbol{R}'|}}{(2\pi|\boldsymbol{R} - \boldsymbol{R}'|)^{5/2}} , \quad |\boldsymbol{R} - \boldsymbol{R}'| \to \infty \quad . \tag{4.164}$$

Für $R \gg R'$ können wir genau wie in Abschn. 4.1.1 (vgl. (4.16)) nach R'/R entwickeln,

$$\mathcal{G}_n(\boldsymbol{R}, \boldsymbol{R}') = -\sqrt{\mathrm{i}}\,\frac{\mu}{\hbar^2} K_n^{3/2}\,\frac{\mathrm{e}^{\mathrm{i}K_n R}}{(2\pi R)^{5/2}}\,\mathrm{e}^{-\mathrm{i}\boldsymbol{K}_R\cdot\boldsymbol{R}'} + O\left(\frac{R'}{R}\right) \quad . \tag{4.165}$$

Dabei ist $\boldsymbol{K}_R$ der sechskomponentige Wellenvektor mit dem Betrag K_n, der in Richtung des (sechskomponentigen) Ortsvektors $\boldsymbol{R}$ zeigt.

Die asymptotische Form der Wellenfunktion erhalten wir, indem wir die durch (4.157) und (4.165) gegebene Greensche Funktion in (4.156) einsetzen,

$$\Psi \overset{R\to\infty}{=} -\sum_n \sqrt{\mathrm{i}}\,\frac{\mu}{\hbar^2}K_n^{3/2}\,\frac{\mathrm{e}^{\mathrm{i}K_nR}}{(2\pi R)^{5/2}}\,|\phi_{\mathrm{inn}}^{(n)}\rangle\,\langle\phi_{\mathrm{inn}}^{(n)}\psi_n^{(K_R)}|\hat{V}_{\mathrm{R}}|\Psi\rangle + \cdots \quad . \tag{4.166}$$

Hier ist $\psi_n^{(K_R)}(\boldsymbol{R}') = \exp(\mathrm{i}\boldsymbol{K}_R \cdot \boldsymbol{R}')$ eine ebene Welle mit sechskomponentigem Wellenvektor $\boldsymbol{K}_R$ für die freie Bewegung der beiden Teilchen 1 und 2, die zusammen die kinetische Energie $E - E_n$ haben. Die Summe in (4.166) soll als Summe über die echten offenen Aufbruchkanäle verstanden werden, in denen $E > E_n$ ist und $\phi_{\mathrm{inn}}^{(n)}$ ein gebundener Zustand in den inneren Koordinaten. Kanäle mit $E < E_n$ liefern für $R \to \infty$ keinen Beitrag, und ungebundene innere Eigenzustände, die physikalisch einem Aufbruch in mehr als zwei ungebundene Teilchen entsprechen, sind durch die Punkte auf der rechten Seite angedeutet.

Wenn wir den sechskomponentigen Wellenvektor $\boldsymbol{K}_R$ in zwei dreikomponentige Vektoren aufteilen, $\boldsymbol{k}_1$ für die ersten drei und $\boldsymbol{k}_2$ für die letzten drei Komponenten, so ist

$$\psi_n^{(K_R)}(\boldsymbol{R}') = \mathrm{e}^{\mathrm{i}\boldsymbol{k}_1\cdot\boldsymbol{r}_1'}\,\mathrm{e}^{\mathrm{i}\boldsymbol{k}_2\cdot\boldsymbol{r}_2'} \quad . \tag{4.167}$$

ψ_n ist also einfach ein Produkt aus zwei ebenen Wellen für die unabhängige freie Bewegung der beiden weglaufenden Teilchen 1 und 2.

Da $\boldsymbol{K}_R$ im sechsdimensionalen Raum in dieselbe Richtung zeigt wie der sechskomponentige Ortsvektor $\boldsymbol{R}$, gibt es eine gemeinsame Proportionalitätskonstante β, so daß

$$\boldsymbol{k}_1 = \beta\boldsymbol{r}_1 \ , \quad \boldsymbol{k}_2 = \beta\boldsymbol{r}_2 \quad . \tag{4.168}$$

Gleichung (4.168) besagt, daß der Wellenvektor $\boldsymbol{k}_1$ im dreidimensionalen Raum in dieselbe Richtung zeigt wie der Ortsvektor $\boldsymbol{r}_1$ und daß $\boldsymbol{k}_2$ in dieselbe Richtung zeigt wie $\boldsymbol{r}_2$. Dies sind insgesamt vier reelle Bedingungen, da eine Richtung im dreidimensionalen Raum durch zwei Winkel festgelegt wird. Eine Richtung im sechsdimensionalen Raum wird aber durch fünf Winkel festgelegt. Die fünfte Bedingung, die aus der Parallelität der sechskomponentigen Vektoren $\boldsymbol{K}_R$ und $\boldsymbol{R}$ folgt, ist

$$\frac{k_1}{k_2} = \frac{r_1}{r_2} \quad . \tag{4.169}$$

Die Länge K_n des Vektors $\boldsymbol{K}_R$ ist durch die im Ausgangskanal zur Verfügung stehende kinetische Energie festgelegt,

$$\frac{\hbar^2 K_n^2}{2\mu} = \frac{\hbar^2}{2\mu}(k_1^2 + k_2^2) = E - E_n \quad . \tag{4.170}$$

Die Aufteilung dieser kinetischen Energie auf die beiden auslaufenden Teilchen 1 und 2 ist durch das Verhältnis (4.169) eindeutig bestimmt.

Die asymptotische Form der Wellenfunktion Ψ in einem Aufbruchkanal n ist also nach (4.166) ein Produkt aus dem inneren Eigenzustand $\phi_{\mathrm{inn}}^{(n)}$ und einer auslaufenden Kugelwelle im sechsdimensionalen Ortsraum zusammen mit dem Phasenraumfaktor $K_n^{3/2}$ und einer *Aufbruchamplitude* f_n, die von der Richtung des (sechskomponentigen) Ortsvektors $\boldsymbol{R}$ abhängt,

$$\Psi \stackrel{R\to\infty}{=} \sum_n |\phi_{\rm inn}^{(n)}\rangle \frac{{\rm e}^{{\rm i}K_n R}}{(2\pi R)^{5/2}} K_n^{3/2} f_n(\Omega_1, \Omega_2, \alpha) + \cdots \quad . \tag{4.171}$$

Dabei ist Ω_1 der Raumwinkel, der die Richtung des Vektors $\boldsymbol{r}_1$ definiert, Ω_2 ist der Raumwinkel zu $\boldsymbol{r}_2$, und α ist der sogenannte *Hyperwinkel*; sein Tangens ist gerade das Längenverhältnis (4.169), welches die Aufteilung der asymptotischen kinetischen Energie auf die beiden auslaufenden Teilchen bestimmt,

$$\tan\alpha = \frac{r_1}{r_2} \quad . \tag{4.172}$$

Zusammen mit der Vektorlänge R, die man auch *Hyperradius* nennt, bilden die fünf Winkel $\Omega_1, \Omega_2, \alpha$ die Kugelkoordinaten im sechsdimensionalen Ortsraum. Diese sechsdimensionalen Kugelkoordinaten werden allgemein *hypersphärische Koordinaten* genannt.

Ein Vergleich von (4.171) mit (4.166) zeigt, daß die Aufbruchamplitude f_n in völliger Analogie zur elastischen Streuung (4.17) oder inelastischen Streuung (4.117), (4.118) durch ein Matrixelement gegeben ist, das im Bra ebene Wellen für die freie Bewegung der Teilchen im Ausgangskanal enthält,

$$f_n(\Omega_1, \Omega_2, \alpha) = -\sqrt{\rm i}\,\frac{\mu}{\hbar^2}\,\langle \phi_{\rm inn}^{(n)} \psi_n^{(K_R)} | \hat{V}_{\rm R} | \Psi \rangle \quad . \tag{4.173}$$

Der Operator $\hat{V}_{\rm R}$ im Matrixelement erfaßt alle Beiträge im Hamiltonoperator, die nicht schon in der kinetischen Energie der beiden Teilchen 1 und 2 oder im inneren Hamiltonoperator für die übrigen Freiheitsgrade enthalten sind. Die Wellenfunktion Ψ im Ket ist eine Lösung der vollen stationären Schrödingergleichung, die im asymptotischen Bereich des sechsdimensionalen Ortsraums für endliche Werte von $\tan\alpha$ die Form (4.171) hat.

Die Normierung der Gesamtwellenfunktion Ψ und die physikalische Dimension der Aufbruchamplitude f_n sind an dieser Stelle noch nicht bestimmt. Das liegt daran, daß die Lippmann-Schwinger-Gleichung (4.156) als Integralgleichung homogen ist, so daß weder sie noch ihre asymptotische Form (4.166) die Normierung der Wellenfunktion festlegen.[3]

Wir können die Normierung der Gesamtwellenfunktion durch den Bezug auf die Randbedingungen im Eingangskanal festlegen. Im asymptotischen Bereich $R \to \infty$ erfaßt der Hyperwinkel $\alpha = \pi/2$, $\tan\alpha = r_1/r_2 = \infty$, gerade den Teil des Konfigurationsraumes, in dem nur das Teilchen 1 sehr weit weg ist. Hier wird also das asymptotische Verhalten der Wellenfunktion durch die Randbedingungen des Eingangskanals i und alle elastischen und inelastischen Streukanäle bestimmt,

$$\Psi = {\rm e}^{{\rm i}k_i z_1} |\psi_{\rm inn}^{(i)}\rangle + \sum_j \frac{{\rm e}^{{\rm i}k_j r_1}}{r_1} f_{j,i}(\Omega_1) |\psi_{\rm inn}^{(j)}\rangle \ , \quad \frac{r_1}{r_2} \to \infty \quad . \tag{4.174}$$

Die Wellenfunktionen $\psi_{\rm inn}^{(j)}$ sind die inneren Wellenfunktionen in den Streukanälen und sind Eigenfunktionen eines entsprechenden inneren Hamiltonoperators für die

[3] In Anwesenheit von Aufbruchkanälen reicht eine Lippmann-Schwinger-Gleichung nicht aus, um die Gesamtwellenfunktion eindeutig zu bestimmen. Eine ausführliche Diskussion dieser Frage befindet sich in [Glö83].

Teilchen 2 bis N. Für $\alpha = 0$, $\tan\alpha = r_1/r_2 = 0$, erfaßt der asymptotische Bereich $R \to \infty$ den Teil des Konfigurationsraumes, in dem nur das Teilchen 2 sehr weit weg ist. Dies entspricht einer elastischen oder inelastischen Streuung verbunden mit einem Austausch der Teilchen 1 und 2. Die Wellenfunktion ist asymptotisch

$$\Psi = \sum_j \frac{e^{ik_j r_2}}{r_2} g_{j,i}(\Omega_2)|\psi_{\text{inn}}^{(j)}\rangle , \quad \frac{r_2}{r_1} \to \infty \quad . \tag{4.175}$$

Hier sind $\psi_{\text{inn}}^{(j)}$ dieselben inneren Wellenfunktionen wie in (4.174), aber sie beschreiben nun die Teilchen 1, 3, ..., N. In Abb. 4.9 sind die verschiedenen asymptotischen Bereiche mit Hilfe von Hyperradius und Hyperwinkel dargestellt.

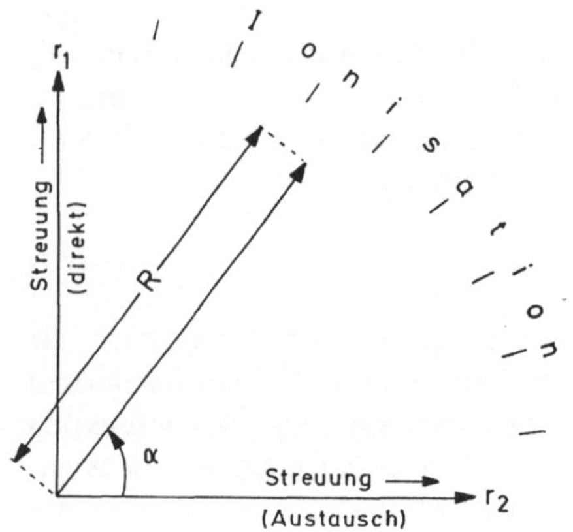

Abb. 4.9. Verschiedene asymptotische Bereiche im sechsdimensionalen Ortsraum, dargestellt durch Hyperradius R und Hyperwinkel α.

Im Zusammenhang mit der Normierung der Wellenfunktionen können wir uns die physikalischen Dimensionen der in (4.173) auftretenden Größen klarmachen. Die Gesamtwellenfunktion Ψ im Ket hat nach (4.174) dieselbe Dimension wie eine dimensionslose ebene Welle multipliziert, mit einer auf 1 normierten Wellenfunktion für $(N-1)$ Teilchen im dreidimensionalen Ortsraum, also $[\text{Länge}]^{-(3/2)(N-1)}$. Andererseits hat die Wellenfunktion im Bra die Dimension einer auf 1 normierten Wellenfunktion (nämlich $\phi_{\text{inn}}^{(n)}$) für nur $(N-2)$ Teilchen, multipliziert mit zwei dimensionslosen ebenen Wellen (4.167); die Dimension der Wellenfunktion im Bra ist also $[\text{Länge}]^{-(3/2)(N-2)}$. Da die Integration über alle $3N$ Ortskoordinaten die Dimension $[\text{Länge}]^{3N}$ mitbringt, ist die Dimension des Matrixelements in (4.173) Energie$\times$Länge$^{9/2}$, und die Dimension der Aufbruchamplitude f_n ist Länge$^{5/2}$.

Für die Definition des Wirkungsquerschnitts brauchen wir die Verallgemeinerung des Stromdichteoperators (4.4) auf Ströme im sechsdimensionalen Ortsraum,

$$j_6 = \frac{\hbar}{2i\mu}[\psi^*(\boldsymbol{R})\nabla_6\psi(\boldsymbol{R}) - \psi(\boldsymbol{R})\nabla_6\psi^*(\boldsymbol{R})] \quad . \tag{4.176}$$

Der untere Index „6“ deutet wie in (4.160) den Bezug auf den sechsdimensionalen Raum an. Für eine Wellenfunktion der Form (4.171) mit einem Ortsanteil

$$\psi(\boldsymbol{R}) \stackrel{R\to\infty}{=} \frac{\mathrm{e}^{\mathrm{i}K_n R}}{(2\pi R)^{5/2}} K_n^{3/2} f_n(\Omega_1, \Omega_2, \alpha) \tag{4.177}$$

erhält man für die auslaufende Teilchenstromdichte im sechsdimensionalen Raum in völliger Analogie zum dreidimensionalen Fall (4.5)

$$\boldsymbol{j}_6 = \frac{\hbar K_n^4}{\mu} \frac{|f_n(\Omega_\mathrm{h})|^2}{(2\pi R)^5} \frac{\boldsymbol{R}}{R} + O\left(\frac{1}{R^6}\right) \quad . \tag{4.178}$$

Den Raumwinkel $(\Omega_1, \Omega_2, \alpha)$ im sechsdimensionalen Ortsraum haben wir mit Ω_h abgekürzt. Das zugehörige Raumwinkelelement ist (siehe Aufgabe 4.11)

$$\begin{aligned} d\Omega_\mathrm{h} &= \sin^2\alpha \cos^2\alpha \, d\alpha \, d\Omega_1 \, d\Omega_2 \\ &= \sin^2\alpha \cos^2\alpha \, d\alpha \sin\theta_1 d\theta_1 \, d\phi_1 \sin\theta_2 d\theta_2 \, d\phi_2 \quad . \end{aligned} \tag{4.179}$$

Die Größe

$$d^3\sigma_{i\to n} = \frac{|\boldsymbol{j}_6| R^5 d\Omega_\mathrm{h}}{\hbar k_i/\mu} \tag{4.180}$$

ist der Teilchenstrom in das Raumwinkelelement $d\Omega_\mathrm{h}$, bezogen auf eine einfallende Stromdichte $\hbar k_i/\mu$ (eines Teilchens) im Eingangskanal i. Auslaufender Strom im Raumwinkelelement $d\Omega_\mathrm{h}$ bedeutet, daß Teilchen 1 im Raumwinkelelement $d\Omega_1$ wegläuft, daß Teilchen 2 im Raumwinkelelement $d\Omega_2$ wegläuft und daß der Tangens des Verhältnisses k_1/k_2 zwischen α und $\alpha + d\alpha$ liegt. Es ist üblich, dieses Verhältnis über die asymptotische kinetische Energie $T_1 = \hbar^2 k_1^2/(2\mu)$ von Teilchen 1 oder $T_2 = \hbar^2 k_2^2/(2\mu)$ von Teilchen 2 auszudrücken. Diese kinetischen Energien hängen über

$$k_1 = K_n \sin\alpha \ , \quad k_2 = K_n \cos\alpha \tag{4.181}$$

mit dem Hyperwinkel α zusammen. Mit

$$\begin{aligned} K_n^4 \sin^2\alpha \cos^2\alpha |d\alpha| &= k_1^2 k_2^2 |d\alpha| = k_1 k_2^2 |dk_2| \\ &= \frac{k_1 k_2}{2} |d(k_2^2)| = k_1 k_2 \frac{\mu}{\hbar^2} \, dT_2 \end{aligned} \tag{4.182}$$

wird aus (4.180) der *dreifach-differentielle Wirkungsquerschnitt* in seiner üblichen Form,

$$\frac{d^3\sigma_{i\to n}}{d\Omega_1 d\Omega_2 dT_2} = \frac{k_1 k_2}{k_i} \frac{\mu}{\hbar^2} \frac{|f_n(\Omega_1, \Omega_2, T_2)|^2}{(2\pi)^5} \quad . \tag{4.183}$$

Dies ist die auf die einlaufende Einteilchen-Stromdichte bezogene Anzahl der Reaktionen pro Zeiteinheit, in denen Teilchen 1 in Richtung Ω_1 wegläuft und Teilchen 2 mit einer asymptotischen kinetischen Energie T_2 in Richtung Ω_2, während die restlichen Teilchen im gebundenen Eigenzustand $\phi_\mathrm{inn}^{(n)}$ des inneren Hamiltonoperators zurückbleiben (siehe auch Abb. 4.10). Da das Betragsquadrat der Aufbruchamplitude als physikalische Dimension die fünfte Potenz einer Länge hat (siehe die Diskussion kurz nach (4.175)), hat der dreifach-differentielle Wirkungsquerschnitt (4.183) die Dimension einer Fläche geteilt durch eine Energie.

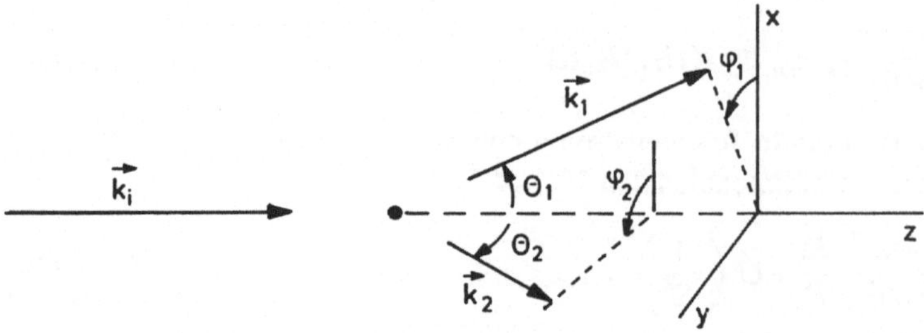

Abb. 4.10. Schematische Darstellung einer (e, 2e)-Reaktion. $\boldsymbol{k}_i$ ist der Wellenvektor des parallel zur z-Achse einlaufenden Teilchens, $\boldsymbol{k}_1$ ist der Wellenvektor des in die Richtung Ω_1 auslaufenden Teilchens 1, und $\boldsymbol{k}_2$ ist der Wellenvektor des in die Richtung Ω_2 auslaufenden Teilchens 2 mit der kinetischen Energie $T_2 = \hbar^2 k_2^2/(2\mu)$.

4.4.2 Anwendung auf Elektronen

Um die Formulierung des vorangegangenen Abschnitts auf (e, 2e)-Reaktionen anwenden zu können, müssen wir einerseits die Ununterscheidbarkeit der Elektronen berücksichtigen und andererseits ihre elektrische Ladung, welche die Ursache für ihre langreichweitigen Coulomb-Wechselwirkungen ist.

Wenn das beschossene Atom (oder Ion) ein Ein-Elektron-Atom ist, gibt es insgesamt nur zwei Elektronen, deren Ununterscheidbarkeit zu berücksichtigen ist. Bei mehr als insgesamt zwei Elektronen müssen auch noch die Effekte des Austauschs der beiden Kontinuumselektronen in den Aufbruchkanälen mit den zurückgebliebenen Elektronen berücksichtigt werden. Wir wollen annehmen, daß diese letzteren Effekte analog zur Diskussion in Abschn. 3.2.1 durch entsprechende Modifikationen der Wechselwirkung $\hat{V}_\mathrm{R}$ erfaßt werden (vgl. (3.52)), und hier nur den Austausch der beiden Kontinuumselektronen behandeln.

Die Formulierung in Abschn. 4.4.1 mit den asymptotischen Formeln (4.171), (4.174), (4.175) geht davon aus, daß das Elektron 1 das im Eingangkanal i einlaufende ist. Genauso hätten wir das Elektron 2 als einlaufendes Elektron wählen können. Nennen wir die zugehörige Lösung der vollen Schrödingergleichung Ψ', so sind die asymptotischen Formeln für Ψ' offenbar

$$\Psi' \overset{R\to\infty}{=} \sum_n |\phi_\mathrm{inn}^{(n)}\rangle \frac{\mathrm{e}^{\mathrm{i}K_n R}}{(2\pi R)^{5/2}} K_n^{3/2} g_n(\Omega_1, \Omega_2, \alpha) + \cdots \quad , \tag{4.184}$$

$$\Psi' = \mathrm{e}^{\mathrm{i}k_i z_2} |\psi_\mathrm{inn}^{(i)}\rangle + \sum_j \frac{\mathrm{e}^{\mathrm{i}k_j r_2}}{r_2} f_{j,i}(\Omega_2) |\psi_\mathrm{inn}^{(j)}\rangle \, , \quad \frac{r_2}{r_1} \to \infty \quad , \tag{4.185}$$

$$\Psi' = \sum_j \frac{\mathrm{e}^{\mathrm{i}k_j r_1}}{r_1} g_{j,i}(\Omega_1) |\psi_\mathrm{inn}^{(j)}\rangle \, , \quad \frac{r_1}{r_2} \to \infty \quad . \tag{4.186}$$

Die Reziprozität in den direkten Streuamplituden $f_{j,i}$ und den Austauschamplituden $g_{j,i}$ ist in (4.185) und (4.186) schon eingebaut. Die in (4.184) auftretende Aufbruchamplitude g_n ist analog zu (4.173) gegeben durch

$$g_n(\Omega_1,\Omega_2,\alpha) = -\sqrt{\mathrm{i}}\,\frac{\mu}{\hbar^2}\,\langle\phi_{\mathrm{inn}}^{(n)}\psi_n^{(K_R)}|\hat{V}_{\mathrm{R}}|\Psi'\rangle \tag{4.187}$$

Wie man durch Permutation der Indizes 1 und 2 sofort sieht, hängt sie über

$$\begin{aligned} g_n(\Omega_1,\Omega_2,\alpha) &= f_n(\Omega_2,\Omega_1,\frac{\pi}{2}-\alpha) \quad \text{bzw.} \\ g_n(\Omega_1,\Omega_2,T_2) &= f_n(\Omega_2,\Omega_1,T_1) \end{aligned} \tag{4.188}$$

mit der Aufbruchamplitude f_n zusammen. Die Reziprozitätsgleichung (4.188) ist unter dem Namen *Peterkop-Theorem* bekannt.

Der Einfluß der Ununterscheidbarkeit der Elektronen 1 und 2 auf den dreifach-differentiellen Wirkungsquerschnitt für Endzustände in dem Aufbruchkanal n hängt davon ab, ob die Spins der beiden Elektronen im Ausgangskanal zum Gesamtspin null (Singulett) oder 1 (Triplett) gekoppelt sind (vgl. Abschn. 2.2.4, (2.81), (2.82)). Im Singulettfall muß die Gesamtwellenfunktion bezüglich des Austauschs nur der Ortskoordinaten $\boldsymbol{r}_1$ und $\boldsymbol{r}_2$ symmetrisch sein, weil der Spinanteil (2.82) der Wellenfunktion antisymmetrisch ist. Eine geeignete Lösung der vollen Schrödingergleichung erhält man in diesem Fall durch Addition der durch (4.171), (4.174), (4.175) definierten Lösung Ψ mit der durch (4.184–186) definierten Lösung Ψ',

$$\Psi_{S=0} = \frac{1}{\sqrt{2}}(\Psi + \Psi') \quad . \tag{4.189}$$

In der Formel (4.183) für den dreifach-differentiellen Wirkungsquerschnitt muß man also nun die Aufbruchamplitude f_n durch die Summe von f_n und g_n (geteilt durch $\sqrt{2}$) ersetzen. Außerdem müssen wir die Wirkungsquerschnitte zu Ω_1,Ω_2,T_2 und Ω_2,Ω_1,T_1 addieren, da wir die beiden Elektronen im Ausgangskanal nicht unterscheiden können. Mit Hilfe des Peterkop-Theorems (4.188) erhalten wir also für die Singulettkopplung der auslaufenden Elektronenspins

$$\left(\frac{d^3\sigma_{i\to n}}{d\Omega_1 d\Omega_2 dT_2}\right)_{S=0} = \frac{k_1 k_2}{k_i}\,\frac{\mu}{\hbar^2}\,\frac{|f_n^{\mathrm{s}}(\Omega_1,\Omega_2,T_2)|^2}{(2\pi)^5}\,, \quad f_n^{\mathrm{s}} = f_n + g_n \quad . \tag{4.190}$$

Analog erhalten wir für die Triplettkopplung der auslaufenden Elektronenspins,

$$\left(\frac{d^3\sigma_{i\to n}}{d\Omega_1 d\Omega_2 dT_2}\right)_{S=1} = \frac{k_1 k_2}{k_i}\,\frac{\mu}{\hbar^2}\,\frac{|f_n^{\mathrm{t}}(\Omega_1,\Omega_2,T_2)|^2}{(2\pi)^5}\,, \quad f_n^{\mathrm{t}} = f_n - g_n \quad . \tag{4.191}$$

Im allgemeinen wird die Spinkopplung der auslaufenden Elektronen nicht gemessen, und der beobachtete dreifach-differentielle Wirkungsquerschnitt ist das mit $2S+1$ gewichtete Mittel der Ausdrücke (4.190), (4.191),

$$\frac{d^3\sigma_{i\to n}}{d\Omega_1 d\Omega_2 dT_2} = \frac{k_1 k_2}{k_i}\,\frac{\mu}{\hbar^2}\,\frac{\frac{1}{4}|f_n^{\mathrm{s}}|^2 + \frac{3}{4}|f_n^{\mathrm{t}}|^2}{(2\pi)^5} \quad . \tag{4.192}$$

Ernsthaftere Probleme bereitet die Berücksichtigung der langreichweitigen Coulomb-Wechselwirkungen. Um einen Ausdruck der Form (4.173) formulieren zu können, müssen wir die asymptotische Form der Zwei-Elektronen-Wellenfunktion (in Anwesenheit von Coulombkräften) kennen, erstens um die „freien Wellen" im

Bra zu bestimmen, und zweitens um die Lösung der vollen Schrödingergleichung Ψ im Ket festzulegen. Die entscheidende Schwierigkeit liegt dabei darin, daß die beiden Kontinuumselektronen auch bei sehr großen Abständen nicht wirklich frei sind, weil sie neben der Coulomb-Wechselwirkung mit dem Rest-Ion (falls es nicht ein neutrales Atom ist) immer noch ihre gegenseitige Coulomb-Abstoßung spüren.

Eine naheliegende Erweiterung der Formel (4.173) zur Beschreibung von geladenen Elektronen im Aufbruchkanal erhält man, wenn man die ebenen Wellen im Bra durch Coulombwellen ψ_{C,r_1}, bzw. ψ_{C,r_2} im Feld des Rest-Ions ersetzt. ψ_{C,r_1} und ψ_{C,r_2} sind im wesentlichen die durch (4.41) und (4.43) definierten Wellenfunktionen, nur daß der zugehörige Wellenzahlvektor den Betrag k_1 bzw. k_2 hat und in Richtung des Ortsvektors $\boldsymbol{r}_1$ bzw. $\boldsymbol{r}_2$ zeigt. Die Tatsache, daß sich die auslaufenden Elektronen auch asymptotisch nicht unabhängig voneinander bewegen, berücksichtigt man durch eine Phase ϕ. Der Ausdruck für die Aufbruchamplitude hat nach wie vor die Form (4.173), aber für die „freie Welle" im Bra tritt nun an Stelle von (4.167)

$$\psi_n^{(\boldsymbol{K}_R)}(\boldsymbol{R}') = \psi_{C,r_1}(\boldsymbol{r}_1')\psi_{C,r_2}(\boldsymbol{r}_2')\,e^{i\phi} \quad . \tag{4.193}$$

Im Falle eines nackten Rest-Ions haben wir es mit einem reinen Drei-Teilchen-Coulombproblem zu tun. In diesem Fall hat die Lösung tatsächlich asymptotisch die Form (4.193), wenn wir für ϕ diejenige Phase einsetzen, um die sich die auslaufende Coulombwelle für die Relativbewegung der beiden Elektronen von einer ebenen Welle (mit derselben asymptotischen Wellenzahl) unterscheidet [BB89]. Für große Abstände der beiden auslaufenden Elektronen ist (vgl. (4.43))

$$\phi = -\eta' \ln(kr' + \boldsymbol{k}\cdot\boldsymbol{r}') , \quad \boldsymbol{k} = \frac{1}{2}(\boldsymbol{k}_1 - \boldsymbol{k}_2) , \quad \boldsymbol{r}' = \boldsymbol{r}_1' - \boldsymbol{r}_2' , \quad \eta' = \frac{\mu' e^2}{\hbar^2 k} . \tag{4.194}$$

Der Coulombparameter η' ist in diesem Fall der für die repulsive Elektron-Elektron-Wechselwirkung (μ' ist die reduzierte Masse der beiden Elektronen).

Die Coulombwellen (4.193) stehen für Lösungen einer Schrödingergleichung für zwei Elektronen im Feld eines geladenen Ions. Wenn man den Ausdruck für die Aufbruchamplitude analog zur Herleitung bei ungeladenen Teilchen in Abschn. 4.4.1 über eine „inhomogene Differentialgleichung" mit entsprechender Greenscher Funktion für die „homogene Gleichung" begründet, dann enthält das Potential in der „Inhomogenität" nur die Wechselwirkungen, die nicht schon in der „homogenen Gleichung" auftreten. Wenn wir im Ausdruck (4.173) für die Aufbruchamplitude die langreichweitigen Coulomb-Wechselwirkungen zwischen den beiden auslaufenden Elektronen und dem Rest-Ion dadurch berücksichtigen, daß wir die freie Welle (4.167) durch die Zwei-Elektronen-Coulombwelle (4.193) ersetzen, dann müssen wir gleichzeitig die zugehörigen Coulombpotentiale aus dem Restpotential $\hat{V}_R$ weglassen.

Unabhängig von dem Problem, die richtigen freien Wellen für den Bra in (4.173) und (4.187) zu finden, brauchen wir auch noch die exakten Wellenfunktionen Ψ bzw. Ψ' für den Ket. Die sind natürlich im allgemeinen sehr schwer zu beschaffen. Im Sinne der Bornschen Näherung (mit Coulombwellen) erhalten wir eine approximative Formel, wenn wir die exakten Wellenfunktionen durch die Coulombwellen im Eingangskanal ersetzen. Für die Aufbruchamplitude (4.173) ergibt sich so

$$f_n^{\mathrm{DWBA}}(\Omega_1, \Omega_2, \alpha) = -\sqrt{\mathrm{i}}\,\frac{\mu}{\hbar^2}\,\langle \phi_{\mathrm{inn}}^{(n)} \psi_n^{(K_R)} | \hat{V}_{\mathrm{R}} | \psi_{\mathrm{inn}}^{(i)} \psi_{\mathrm{C}}(\boldsymbol{r}_1') \rangle \quad , \tag{4.195}$$

wobei ψ_{C} die Coulombwelle (4.41) ist mit einlaufendem Anteil in Richtung der z-Achse und Wellenzahl k_i. Die Bornsche Näherung gibt die besten Ergebnisse, wenn die Energie des einfallenden Elektrons sehr groß ist. Wenn man sich dann auf Endzustände konzentriert, in denen ein Elektron eine große und das andere eine wesentlich kleinere Energie hat, so werden Austauscheffekte klein, und das schnelle Elektron kann mit dem einlaufenden identifiziert werden. Ersetzten wir die Coulombwellen des schnellen Elektrons in Bra und Ket noch durch die entsprechenden ebenen Wellen, so erhalten wir die folgende gebräuchliche Form ([Rud68], [BJ89]) der Aufbruchamplitude in Bornscher Näherung:

$$f_n^{\mathrm{B}}(\Omega_1, \Omega_2, \alpha) = -\sqrt{\mathrm{i}}\,\frac{\mu}{\hbar^2}\,\langle \phi_{\mathrm{inn}}^{(n)} \mathrm{e}^{\mathrm{i}\boldsymbol{k}_1 \cdot \boldsymbol{r}_1'} \psi_{\mathrm{C},r_2}(\boldsymbol{r}_2') | \hat{V}_{\mathrm{R}} | \psi_{\mathrm{inn}}^{(i)} \mathrm{e}^{\mathrm{i}k_i z_1'} \rangle \quad . \tag{4.196}$$

Nach den Überlegungen des vorangegangenen Absatzes enthält das Restpotential $\hat{V}_{\mathrm{R}}$ in (4.196) nicht mehr die Coulomb-Wechselwirkung zwischen dem langsamen Elektron 2 und dem Rest-Ion, aber es enthält noch die Coulomb-Wechselwirkung zwischen dem schnellen Elektron und dem Rest-Ion sowie die Coulomb-Abstoßung der beiden auslaufenden Elektronen. Für eine (e, 2e)-Reaktion am Ein-Elektron-Atom (oder -Ion) der Kernladungszahl Z gibt es im zurückgelassenen Ion keine Elektronen mehr, und das in der Formel (4.196) einzusetzende Restpotential ist

$$V_{\mathrm{R}}(\boldsymbol{r}_1, \boldsymbol{r}_2) = -\frac{Ze^2}{r_1} + \frac{e^2}{|\boldsymbol{r}_1 - \boldsymbol{r}_2|} \quad . \tag{4.197}$$

4.4.3 Beispiel

Das Interesse an Wirkungsquerschnitten für (e, 2e)-Reaktionen ist seit vielen Jahren unverändert groß. Besondere Aufmerksamkeit richtet sich auf die einfachste solche Reaktion,

$$\mathrm{e}^- + \mathrm{H} \rightarrow \mathrm{H}^+ + \mathrm{e}^- + \mathrm{e}^- \quad , \tag{4.198}$$

für die seit einigen Jahren auch experimentelle Ergebnisse vorliegen ([EK85], [EJ86]). Da das zurückgelassene Ion H^+ keine inneren Freiheitsgrade hat, gibt es für diese Reaktion genau einen Aufbruchkanal mit innerer Energie null. Abbildung 4.11 zeigt den dreifach-differentiellen Wirkungsquerschnitt für die Reaktion (4.198) als Funktion des Ablenkwinkels θ_2 des langsamen Elektrons. Die übrigen Variablen wurden wie folgt festgelegt: Einschußenergie des schnellen Elektrons, $E = 150$ eV; kinetische Energie des langsamen Elektrons nach dem Stoß, $T_2 = 3$ eV; $\boldsymbol{k}_i$, $\boldsymbol{k}_1$ und $\boldsymbol{k}_2$ in einer Ebene. Die verschiedenen Bildteile entsprechen verschiedenen Ablenkwinkeln des schnellen Elektrons, nämlich 4°, 10° und 16°. Aufgrund der unterschiedlichen Größenordnungen der kinetischen Energien der auslaufenden Elektronen und der ebenen Anordnung der drei Wellenzahlvektoren nennt man eine solche Festlegung der Parameter *asymmetrisch koplanar*.

Neben den gemessenen Punkten in Abb. 4.11 [EK85] zeigen die gepunkteten Linien die Ergebnisse nach der Bornschen Näherung (4.196), (4.197). Obwohl man erwarten könnte, daß die Bornsche Näherung bei solch großen Energien des schnellen Elektrons eine recht gute Näherung ist, sind die Abweichungen von den experimentellen Punkten doch merklich. Erst vor kurzem ist es gelungen [BB89], den anspruchsvolleren Ausdruck (4.195) mit der korrekten asymptotischen Form (4.193) für die freie Drei-Teilchen-Coulombwelle numerisch zu berechnen. Der so berechnete dreifach-differentielle Wirkungsquerschnitt ist in den drei Teilen von Abb. 4.11 jeweils als durchgezogene Linie eingezeichnet und stimmt sehr gut mit den experimentellen Punkten überein. Schließlich zeigen die gestrichelten Linien die Auswertung der Formel (4.195) für den Fall, daß das einlaufende Teilchen und das schnellere der beiden auslaufenden Teilchen nicht ein Elektron, sondern ein Positron ist:

$$e^+ + H \to H^+ + e^- + e^+ \quad . \tag{4.199}$$

Der Unterschied zwischen den Ergebnissen für Elektronstoß und Positronstoß unterstreicht den großen Einfluß der Wechselwirkung der beiden auslaufenden Teilchen, die in (4.198) repulsiv und in (4.199) attraktiv ist. In der einfachen Bornschen Näherung (4.196) sind die Wirkungsquerschnitte für (4.198) und (4.199) gleich.

Die beiden Maxima in Abb. 4.11 sind charakteristisch für die asymmetrisch koplanare Geometrie. Im Rahmen der Bornschen Näherung läßt sich begründen [BJ89], daß Maxima in Richtung des Impulsübertragsvektors des schnellen Elektrons

$$\boldsymbol{q} = \boldsymbol{k}_1 - \boldsymbol{k}_i \tag{4.200}$$

und in Richtung von $-\boldsymbol{q}$ erwartet werden. Der Betrag des Impulsübertragsvektors ist übrigens klein, wenn der Energieverlust des schnellen Elektrons gering ist (Aufgabe 4.12).

Wenn wir von der Axialsymmetrie der gesamten Reaktion um die z-Achse ausgehen, d. h. wir sehen von Polarisationseffekten ab, dann hängt der dreifach-differentielle Wirkungsquerschnitt bei gegebener Einschußenergie von vier unabhängigen Variablen ab, nämlich θ_1, θ_2, $\phi_1 - \phi_2$ und T_2 oder T_1. Verschiedene Geometrien ermöglichen verschiedene Approximationen in der Theorie und beleuchten unterschiedliche dynamische Aspekte der Reaktion. Neben der oben besprochenen asymmetrisch koplanaren Geometrie ist z. B. die nicht-ebene, symmetrische Geometrie interessant, die besonders von McCarthy und Mitarbeitern untersucht wurde. Hierbei ist $T_1 = T_2$, $\theta_1 = \theta_2$ und $\phi_1 - \phi_2 \neq 0, \pi$. Im Rahmen der *Stoßnäherung* (*impulse approximation*), in der das herauszuschießende Elektron fast wie ein freies Elektron behandelt wird, läßt sich eine Verbindung zwischen dem dreifach-differentiellen Wirkungsquerschnitt in nicht-ebener symmetrischer Geometrie und der Wellenfunktion des herausgeschossenen Elektrons vor dem Stoß herstellen ([MW76], [MW88]).

Abb. 4.11a–c. Dreifach-differentieller Wirkungsquerschnitt (4.183) für die Reaktion (4.198) in asymmetrisch koplanarer Geometrie als Funktion von θ_2 für $E_i = 150$ eV, $T_2 = 3$ eV und (a) $\theta_1 = 4°$, (b) $\theta_1 = 10°$, (c) $\theta_1 = 16°$. Die experimentellen Punkte stammen aus [EK85] und aus neueren Messungen von Ehrhardt et al. Die gepunkteten Kurven zeigen die Ergebnisse der Bornschen Näherung (4.196). Die durchgezogenen Kurven wurden über die Formel (4.195) mit der korrekten asymptotischen Form (4.193) für die freie Drei-Teilchen-Coulombwelle berechnet. Die gestrichelten Linien zeigen die Ergebnisse dieser Rechnung für Positronstoß (4.199). (Aus [BB89].)

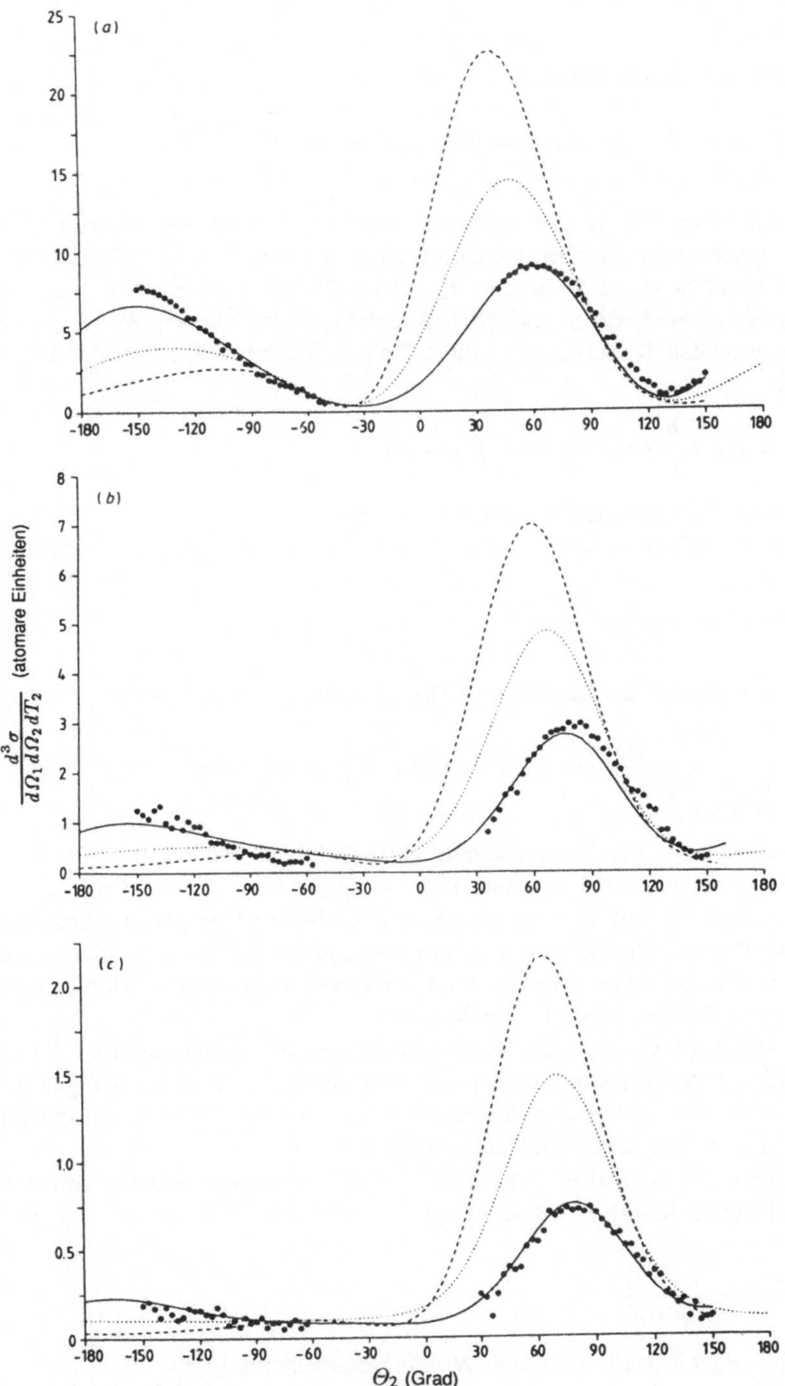

Abb. 4.11a–c. Legende s. gegenüberliegende Seite.

Aufgaben

4.1 a) Beweisen Sie die Identität

$$\lim_{a\to\infty} a\int_{-1}^{1}(1+x)f(x)\mathrm{e}^{\mathrm{i}a(1-x)}\,dx = 2\mathrm{i}f(1) \quad .$$

b) Bei der Berechnung des Teilchenstroms $\oint \boldsymbol{j}\cdot d\boldsymbol{s}$ durch die Oberfläche einer asymptotisch großen Kugel mit einer stationären Streuwelle der Form (4.3) tritt neben dem Beitrag I_{aus} aus (4.9) noch ein Beitrag I_{interf}, der von den Interferenzen zwischen der einlaufenden ebenen Welle und der auslaufenden Kugelwelle herrührt. Zeigen Sie mit Hilfe der Identität a), daß

$$I_{\mathrm{interf}} = \frac{\hbar}{\mu}2\pi\mathrm{i}[f(\theta{=}0) - f^*(\theta{=}0)] \quad ,$$

woraus das optische Theorem (4.10) folgt.

4.2 Zeigen Sie, daß die freie Greensche Funktion im dreidimensionalen Ortsraum,

$$\mathcal{G}(\boldsymbol{r},\boldsymbol{r}') = -\frac{\mu}{2\pi\hbar^2}\frac{\mathrm{e}^{\mathrm{i}k|\boldsymbol{r}-\boldsymbol{r}'|}}{|\boldsymbol{r}-\boldsymbol{r}'|} \quad ,$$

für $r \gg r'$ durch den Ausdruck (4.16) approximiert werden kann,

$$\mathcal{G}(\boldsymbol{r},\boldsymbol{r}') = -\frac{\mu}{2\pi\hbar^2}\frac{\mathrm{e}^{\mathrm{i}kr}}{r}\mathrm{e}^{-\mathrm{i}\boldsymbol{k}_r\cdot\boldsymbol{r}'} + O\left(\frac{r'}{r}\right) \quad , \qquad \boldsymbol{k}_r = k\frac{\boldsymbol{r}}{r} \quad .$$

4.3 a) Berechnen Sie die Zustandsdichte $\rho(E)$ für ebene Wellen mit Amplitude 1 im dreidimensionalen Raum, $\psi(\boldsymbol{k}) = \exp(\mathrm{i}\boldsymbol{k}\cdot\boldsymbol{r})$, $E{=}\hbar^2k^2/(2\mu)$.

b) Berechnen Sie mit der Goldenen Regel (2.139) die Übergangswahrscheinlichkeit pro Zeiteinheit von einem Anfangszustand ψ_{a} in Endzustände, die durch die obigen ebenen Wellen mit Wellenvektoren in Richtung des Raumwinkelelements $d\Omega$ gegeben sind.
Verifizieren Sie: wenn das Matrixelement des Übergangsoperators $\hat{T}$ über (4.18) mit der Streuamplitude f zusammenhängt, ist diese Übergangswahrscheinlichkeit gerade der differentielle Streuquerschnitt $|f|^2$ multipliziert mit der einfallenden Teilchenstromdichte $\hbar k/\mu$.

4.4 Diskutieren Sie anhand der Streuphasen (1.131) für die elastische Streuung an einer harten Kugel vom Radius r_0,

$$\tan\delta_l = -\frac{j_l(kr_0)}{n_l(kr_0)} \quad ,$$

die Abhängigkeit des integrierten Wirkungsquerschnitts (4.29),

$$\sigma = \frac{4\pi}{k^2}\sum_{l=0}^{\infty}(2l+1)\sin^2\delta_l \quad ,$$

von Energie und Drehimpuls. Welche Partialwellen l tragen bei gegebener Energie E wesentlich zum Wirkungsquerschnitt bei?

4.5 Ein Elektron im Abstand $\boldsymbol{r}$ von einem Atom verursacht am Ort des Atoms ein elektrisches Feld $\boldsymbol{E} = e\boldsymbol{r}/r^3$. Ein elektrisches Feld der Stärke $\boldsymbol{E}$ induziert in einem Atom der Dipol-Polarisierbarkeit α_d ein elektrisches Diplolmoment $\boldsymbol{d} = \alpha_d \boldsymbol{E}$. Die Kraft $\boldsymbol{K}$, welche ein Dipol mit Dipolmoment $\boldsymbol{d}$ auf ein Elektron im Abstand $\boldsymbol{r}$ ausübt, ist

$$\boldsymbol{K} = (e/r^3)[\boldsymbol{d} - 3\boldsymbol{r}(\boldsymbol{r}\cdot\boldsymbol{d})/r^2] \quad .$$

Zeigen Sie, daß ein Elektron, das aus dem Unendlichen bis zum Abstand r an ein Atom der Dipol-Polarisierbarkeit α_d herangebracht wird, die Arbeit

$$A(r) = e^2 \frac{\alpha_d}{2r^4}$$

leistet.

4.6 Ein Elektron (Spin $\frac{1}{2}$) wird an einem Potential gestreut. Betrachten Sie die Lösung ψ' der stationären Schrödingergleichung mit den Randbedingungen (4.82),

$$\psi' = e^{ikz}\begin{pmatrix}0\\1\end{pmatrix} + \frac{e^{ikr}}{r}\begin{pmatrix}g'(\theta,\phi)\\f'(\theta)\end{pmatrix} \quad , \qquad r \to \infty \quad .$$

Zeigen Sie, daß die Partialwellenamplituden f'_l und g'_l der Entwicklungen

$$f'(\theta) = \sum_{l=0}^{\infty} f'_l \sqrt{\frac{4\pi}{2l+1}}\, Y_{l,0}(\theta) \ ,$$

$$g'(\theta,\phi) = \sum_{l=1}^{\infty} g'_l \sqrt{l(l+1)}\sqrt{\frac{4\pi}{2l+1}}\, Y_{l,-1}(\theta,\phi)$$

durch Formeln der Form (4.79) gegeben sind,

$$f'(\theta) = \frac{l+1}{2ik}\left[\exp\left(2i\delta_l^{(l+1/2)}\right) - 1\right] + \frac{l}{2ik}\left[\exp\left(2i\delta_l^{(l-1/2)}\right) - 1\right] \quad ,$$

$$g'_l = \frac{1}{2ik}\left[\exp\left(2i\delta_l^{(l+1/2)}\right) - \exp\left(2i\delta_l^{(l-1/2)}\right)\right] \quad .$$

Hinweis: Wiederholen Sie die Überlegungen ab (4.73) für eine z-Komponente des Gesamtdrehimpulses $m' = -1/2$.

4.7 Betrachten Sie einen auf 1 normierten zweikomponentigen Spinor

$$|\chi\rangle = \begin{pmatrix}A\\B\end{pmatrix} \quad , \qquad |A|^2 + |B|^2 = 1 \quad .$$

Zeigen Sie, daß der Polarisationsvektor $\boldsymbol{P} = \langle\chi|\hat{\boldsymbol{\sigma}}|\chi\rangle$ die durch (4.89) gegebenen Komponenten hat,

$$P_x = 2\Re[A^*B] \ , \quad P_y = 2\Im[A^*B] \ , \quad P_z = |A|^2 - |B|^2 \quad .$$

$\hat{\boldsymbol{\sigma}}$ ist der Vektor aus den drei Paulischen Spinmatrizen

$$\hat{\sigma}_x = \begin{pmatrix} 0 & 1 \\ 1 & 0 \end{pmatrix} , \quad \hat{\sigma}_y = \begin{pmatrix} 0 & -\mathrm{i} \\ \mathrm{i} & 0 \end{pmatrix} , \quad \hat{\sigma}_z = \begin{pmatrix} 1 & 0 \\ 0 & -1 \end{pmatrix} .$$

Zeigen Sie, daß die Projektion $\hat{\sigma}_P = \boldsymbol{P} \cdot \hat{\boldsymbol{\sigma}} = P_x\hat{\sigma}_x + P_y\hat{\sigma}_y + P_z\hat{\sigma}_z$ auf die Richtung von $\boldsymbol{P}$ durch

$$\hat{\sigma}_P = \begin{pmatrix} |A|^2 - |B|^2 & 2AB^* \\ 2A^*B & |B|^2 - |A|^2 \end{pmatrix}$$

gegeben ist, und daß der Spinor $|\chi\rangle$ ein Eigenzustand von σ_P zum Eigenwert +1 ist.

4.8 Betrachten Sie die elastische Streuung von zwei Elektronen mit parallelen Spins (Gesamtspin $S=1$) aneinander. Im Schwerpunktsystem entspricht dies der Streuung eines Teilchens der reduzierten Masse $\mu = m_e/2$ in dem repulsiven Coulomb-Potential e^2/r. Die Ununterscheidbarkeit der beiden Elektronen führt zu einer Modifikation der Formeln für Streuamplitude und Wirkungsquerschnitt.

a) Zeigen Sie, daß an Stelle der Rutherford-Formel (4.47) die folgende *Mott-Formel* für den differentiellen Wirkungsquerschnitt tritt,

$$\frac{d\sigma_{\mathrm{M}}^{\mathrm{t}}}{d\Omega} = \frac{\eta^2}{4k^2}\left[\frac{1}{\sin^4\frac{1}{2}\theta} + \frac{1}{\cos^4\frac{1}{2}\theta} - 2\frac{\cos\left(\eta\ln\tan^2\frac{1}{2}\theta\right)}{\sin^2\frac{1}{2}\theta\cos^2\frac{1}{2}\theta}\right] .$$

b) Welche Bahndrehimpulsquantenzahlen l treten bei einer Partialwellenentwicklung der Wellenfunktion auf?

c) Was ändert sich in a) und b), wenn wir die Streuung zweier Elektronen betrachten, deren Spins zum Gesamtspin $S=0$ gekoppelt sind? Welchen differentiellen Wirkungsquerschnitt beobachten wir in der Streuung unpolarisierter Elektronen?

4.9 Zeigen Sie, daß die Greensche Funktion der Helmholtz-Gleichung in n Dimensionen,

$$\mathcal{G}(\boldsymbol{x},\boldsymbol{x}') = -\left(\frac{K}{2\pi}\right)^{\nu}\frac{\mathrm{i}H_\nu^{(1)}(K|\boldsymbol{x}-\boldsymbol{x}'|)}{4|\boldsymbol{x}-\boldsymbol{x}'|^{\nu}} , \quad \nu = \frac{n}{2} - 1 ,$$

die definierende Gleichung

$$(K^2 + \Delta_n)G(\boldsymbol{x},\boldsymbol{x}') = \delta(\boldsymbol{x}-\boldsymbol{x}')$$

erfüllt. Dabei ist $H_\nu^{(1)}(\rho)$ die Hankelfunktion der Ordnung ν (Anhang A.3). Sie ist eine Lösung der Besselschen Differentialgleichung

$$\frac{d^2w}{d\rho^2} + \frac{1}{\rho}\frac{dw}{d\rho} + \left(1 - \frac{\nu^2}{\rho^2}\right)w = 0$$

mit den Randbedingungen

$$\mathrm{i}H_\nu^{(1)}(\rho) \stackrel{\rho\to 0}{=} \frac{\Gamma(\nu)}{\pi}\left(\frac{\rho}{2}\right)^{-\nu} , \quad \mathrm{i}H_\nu^{(1)}(\rho) \stackrel{\rho\to\infty}{=} \sqrt{\frac{2\mathrm{i}}{\pi}}\frac{\mathrm{e}^{\mathrm{i}\rho}}{\mathrm{i}^\nu\sqrt{\rho}} .$$

4.10 Berechnen Sie das Integral

$$I_n = \int_{-\infty}^{\infty} dx_1 \cdots \int_{-\infty}^{\infty} dx_n \, \mathrm{e}^{-x_1^2 - x_2^2 \cdots - x_n^2}$$

einmal als Produkt von n eindimensionalen Integralen und einmal durch Umformung in ein Radialintegral. Zeigen Sie, daß sich daraus die folgenden Formeln für die Oberfläche $S_n(R)$ und das Volumen $V_n(R)$ der n-dimensionalen Kugel vom Radius R ergeben,

$$S_n(R) = \frac{2\pi^{n/2}}{\Gamma(\frac{n}{2})} R^{n-1} \quad , \quad V_n(R) = \frac{\pi^{n/2}}{\Gamma(\frac{n}{2}+1)} R^n \quad .$$

4.11 Zwei Ortsvektoren $\boldsymbol{r}_1$ und $\boldsymbol{r}_2$ werden in hypersphärischen Koordinaten durch die Länge R des sechskomponentigen Vektors $(\boldsymbol{r}_1, \boldsymbol{r}_2)$ und die fünf Winkel θ_1, ϕ_1, θ_2, ϕ_2, α beschrieben,

$$\begin{aligned} x_1 &= R \sin\alpha \sin\theta_1 \cos\phi_1 \; , & x_2 &= R\cos\alpha \sin\theta_2 \cos\phi_2 \; , \\ y_1 &= R \sin\alpha \sin\theta_1 \sin\phi_1 \; , & y_2 &= R\cos\alpha \sin\theta_2 \sin\phi_2 \; , \\ z_1 &= R \sin\alpha \cos\theta_1 \; , & z_2 &= R\cos\alpha\cos\theta_2 \; , \end{aligned}$$

wobei $\alpha = 0, \ldots \frac{\pi}{2}$, $\theta_i = 0, \ldots \pi$ und $\phi_i = 0, \ldots 2\pi$.

a) Zeigen Sie, daß das hypersphärische Raumwinkelelement $d\Omega_\mathrm{h}$ gegeben ist durch

$$\begin{aligned} d\omega_\mathrm{h} &= \sin^2\alpha \cos^2\alpha d\alpha \, d\Omega_1 \, d\Omega_2 \\ &= \sin^2\alpha \cos^2\alpha d\alpha \sin\theta_1 d\theta_1 d\phi_1 \sin\theta_2 d\theta_2 d\phi_2 . \end{aligned}$$

b) Die Oberfläche S_n der n-dimensionalen Kugel vom Radius R ist allgemein (Aufgabe 4.10)

$$S_n = \frac{2\pi^{n/2}}{\Gamma(n/2)} R^{n-1} \quad .$$

Verifizieren Sie, daß im Falle $n = 6$ die Integration über die Raumwinkel Ω_h gerade π^3 ergibt.

4.12 a) Bestimmen Sie die Länge und die Richtung des Impulsübertragsvektors (4.200), $\boldsymbol{q} = \boldsymbol{k}_1 - \boldsymbol{k}_i$, für die (e, 2e)-Reaktion in asymmetrisch koplanarer Geometrie mit den Parametern aus Abb. 4.11.

b) Bestimmen Sie die Länge und die Richtung des Impulsübertragsvektors $\boldsymbol{q}$ für die (e, 2e)-Reaktion (4.198) in symmetrischer Geometrie ($\theta_1 = \theta_2$, $T_1 = T_2$) mit der Einschußenergie $E - E_i = 150$ eV. Betrachten Sie den ebenen Fall mit beliebigem Winkel $\theta_1 = \theta_2$ und den nicht-ebenen Fall, in dem die Azimutalwinkel ϕ_1 und ϕ_2 sich um 90° unterscheiden, bei $\theta_1 = \theta_2 = 45°$.

Referenzen

[AB83] D. Andrick und A. Bitsch (1983), zitiert in [BM88].

[AJ77] W.O. Amraun, J.M. Jauch und K.B. Sinha, *Scattering Theory in Quantum Mechanics*, W.A. Benjamin, Reading (Mass.), 1977.

[Bar89] K. Bartschat, Phys. Rep. **180** (1989) 1.

[BB89] M. Brauner, J.S. Briggs und H. Klar, J. Phys. B **22** (1989) 2265.

[BF90] K. Blum, R. Fandreyer und D. Thompson, J. Phys. B **23** (1990) 1519.

[BJ85] F.W. Byron, C.J. Joachain und B. Piraux, J. Phys. B **18** (1985) 3203.

[BJ89] F.W. Byron und C.J. Joachain, Phys. Rep. **179** (1989) 212.

[Blu81] K. Blum, *Density Matrix Theory and Applications*, Plenum Press, New York, 1981.

[BM85] B.H. Bransden, I.E. McCarthy, J.D. Mitroy und A.T. Stelbovics, Phys. Rev. A **32** (1985) 166.

[BM88] K. Bartschat, R.P. McEachran und A.D. Stauffer, J. Phys. B **21** (1988) 2789.

[BM89] S.J. Buckman und J. Mitroy, J. Phys. B **22** (1989) 1365.

[Bra83] B.H. Bransden, *Atomic Collision Theory*, Benjamin Cummings, Reading (Mass.), 1983.

[Bur77] P.G. Burke, *Potential Scattering in Atomic Physics*, Plenum Press, New York (1977).

[Cal78] J. Callaway, Phys. Rep. **45** (1978) 89.

[Cal82] J. Callaway, Phys. Rev. A **26** (1982) 199.

[Cal88] J. Callaway, Phys. Rev. A **37** (1988) 3692.

[CU87] J. Callaway, K. Unnikrishnan und D.H. Oza, Phys. Rev. **A36** (1987) 2576.

[CU89] J. Callaway und K. Unnikrishnan, Phys. Rev. Lett. **40** (1989) 1660.

[EK85] H. Erhardt, G. Knoth, P. Schlemmer und K. Jung, Phys. Lett. A **110** (1985) 92

[EJ86] H. Erhardt, K. Jung, G. Knoth und P. Schlemmer, Z. Phys. D **1** (1986) 3.

[Glö83] W. Glöckle, *The Quantum Mechanical Few-Body Problem*, Springer-Verlag, Berlin, Heidelberg, 1983.

[Ino71] M. Inokuti, Rev. Mod. Phys. **43** (1971) 297.

[Kes85] J. Kessler, *Polarized Electrons* 2nd ed., Springer-Verlag, Berlin, Heidelberg, 1985.

[LM84] B. Lohmann, I.E. McCarthy, A.T. Stelbovics und E. Weigold, Phys. Rev. A **30** (1984) 758.

[Mes76] A. Messiah, *Quantenmechanik* Bd. 1, Kap. 10, de Gruyter, Berlin, 1976.

[MW76] I.E. McCarthy und E. Weigold, Phys. Rep. **27** (1976) 275.

[MW88] I.E. McCarthy und E. Weigold, Rep. Prog. Phys. **51** (1988) 299.

[Nes80] R.K. Nesbet, *Variational Methods in Electron Scattering Theory*, Plenum Press, New York, 1980.

[New82] R.G. Newton, *Scattering Theory of Waves and Particles*, Springer-Verlag, Berlin, Heidelberg, 1982.

[OL83] J.K. O'Connell und N.F. Lane, Phys. Rev. A **27** (1983) 1893.

[OR62] T.F. O'Malley, L. Rosenberg und L. Spruch, Phys. Rev. **125** (1962) 1300.

[RT84] D.F. Register, S. Trajmer, G. Steffensen und D.C. Cartwright, Phys. Rev. A **29** (1984) 1793.

[Rud68] M.R.H. Rudge, Rev. Mod. Phys. **40** (1968) 564.

[SS89] M.P. Scott, T.T. Scholz, H.R.J. Walters und P.G. Burke, J. Phys. B **22** (1989) 3055.

[Swa55] P. Swan, Proc. Roy. Soc. **228** (1955) 10.

[Wil76] J.F. Williams, J. Phys. B **9** (1976) 1519.

[Wil79] J.F. Williams J. Phys. B **12** (1979) 265.

[Wil88] J.F. Williams, J. Phys. B **21** (1988) 2107.

[WR90] C.D. Warner, R.M. Rutter und G.C. King, J. Phys. B **23** (1990) 93.

[WW75] J.F. Williams und B.A. Willis, J. Phys. B **8** (1975) 1670.

5. Spezielle Themen

In den letzten zwei Jahrzehnten hat es große Fortschritte in der experimentellen Atomphysik gegeben. Durch starke und kurze Laserpulse können exotische Zustände von Atomen erzeugt werden, in elektromagnetischen Fallen können Experimente an einzelnen Atomen und Ionen durchgeführt und die Abhängigkeit ihrer Eigenschaften von Details ihrer Umgebung studiert werden, und die hochauflösende Laserspektroskopie ermöglicht Präzisionsstudien an feinsten Details der Spektren. Dadurch sind Effekte und Phänomene heute in den Mittelpunkt des Interesses gerückt, die früher eher als kleine Störungen oder dem Experiment nicht zugängliche Sonderfälle betrachtet wurden. Diese Fortschritte brachten neue Herausforderungen für die Theorie. Es stellte sich heraus, daß schon in scheinbar einfachen atomaren Systemen mit wenigen Freiheitsgraden interessante und vielschichtige Effekte auftreten können, deren theoretische Beschreibung oft alles andere als einfach ist. In diesem Kapitel sollen als Beispiele drei Themen herausgegriffen werden, die in den letzten Jahren Gegenstand intensiver Forschung und manchmal auch kontroverser Diskussionen gewesen sind.

5.1 Multiphoton-Absorption

Die Beschreibung von elektromagnetischen Übergängen in Abschn. 2.4 beruht auf der Annahme, daß die Wechselwirkung des elektromagnetischen Feldes mit einem Atom als kleine Störung angesehen werden kann. Dies rechtfertigt die Anwendung von Störungstheorie erster Ordnung in Form der Goldenen Regel. Als Ergebnisse erhalten wir in Abschn. 2.4.4 die Wahrscheinlichkeiten für Übergänge, bei denen ein Photon absorbiert oder emittiert wird. Übergänge, in denen zwei oder mehr Photonen gleichzeitig absorbiert (oder emittiert) werden, spielen erst bei sehr starken äußeren Feldern eine Rolle. Solche starken Felder werden heute mit sehr intensiven Lasern realisiert, und die Untersuchung von atomaren Prozessen in einem Laserfeld, insbesondere die Untersuchung von Multiphoton-Prozessen, ist zu einem wichtigen Teilgebiet der Atomphysik und Optik geworden. Eine Zusammenfassung der experimentellen und theoretischen Arbeiten bis Anfang der achtziger Jahre befindet sich in [CL84]. Für eine ausführliche Monographie siehe [DK85]. Neuere Entwicklungen sind in [SK88] zusammengefaßt; siehe auch [NC90].

5.1.1 Experimentelle Beobachtungen zur Multiphoton-Ionisation

Wenn die Energie eines Photons kleiner ist als das Ionisationspotential eines Atoms (in einem gegebenen Anfangszustand), dann ist Photoionisation nur durch die Absorption mehrerer Photonen möglich. Die Intensität des Lasers bestimmt, wieviel Energie des elektromagnetischen Feldes in der unmittelbaren Umgebung des Atoms für Absorption zur Verfügung steht (siehe Aufgabe 5.1). Typische Laserleistungen sind um 10^{13} W/cm^2 bei Pulsdauern im Bereich von Nanosekunden. Bei frühen Experimenten zur Multiphoton-Ionisation wurden zunächst einfach die Ionen gezählt, die bei der Ionisierung von Atomen durch einen starken Laserpuls enstehen. Ein Beispiel ist in Abb. 5.1 zu sehen. Hier wurden Strontiumatome den Pulsen eines Nd:YAG-Lasers (=Neodym:Ytterbium-Aluminium-Granat) ausgesetzt. Die Wellenlänge des Laserlichts ist 1.064 μm, was einer Photonenergie von $\hbar\omega = 1.165$ eV entspricht. Um ein Strontiumatom zu ionisieren, werden mindestens fünf Photonen benötigt; um zwei Elektronen herauszuschlagen, braucht man mindestens fünfzehn Photonen [FK84].

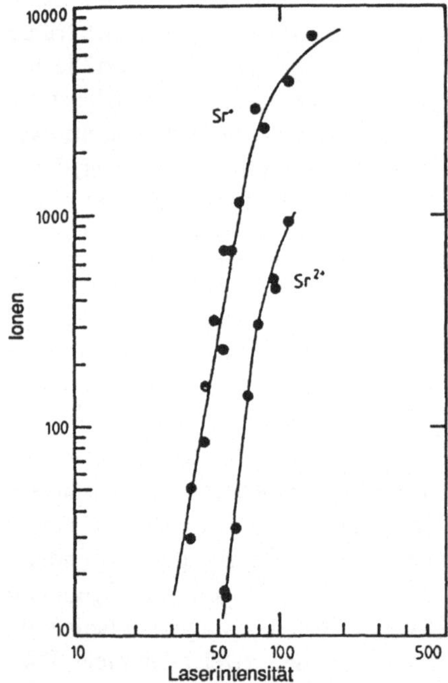

Abb. 5.1. Anzahl der Sr^+- und Sr^{++}-Ionen bei Multiphoton-Ionisation durch einen Nd:YAG-Laser ($\hbar\omega = 1.165$ eV) als Funktion der Laserintensität. (Aus [FK82])

Die Anzahl von Ionen als Funktion der Laserintensität I ist in der doppelt-logarithmischen Darstellung in Abb. 5.1 über weite Strecken eine Gerade, was einem Potenzgesetz für die Ionisierungswahrscheinlichkeit entspricht. Wenn man die Störungstheorie von Abschn. 2.4 auf höhere Ordnungen erweitert, um Multiphoton-Absorption berücksichtigen zu können, so erhält man für die Absorptionswahrscheinlichkeit $P(n)$ von n Photonen in niedrigster nicht verschwindender Ordnung

$$P(n) \propto I^n \quad . \tag{5.1}$$

Die erwartete Proportionalität zu I^5 für einfach ionisiertes Strontium ist recht gut erfüllt, aber die Wahrscheinlichkeit für zweifache Ionisierung steigt langsamer an, als die Mindestzahl (fünfzehn) von Photonen erwarten läßt. Bei hohen Intensitäten gibt es Abweichungen von den Geraden in Abb. 5.1. Dies ist auf eine Sättigung zurückzuführen, die eintritt, wenn alle Atome in dem bestrahlten Gebiet von einem Laserpuls ionisiert werden. Die Störungstheorie in niedrigster (nicht verschwindender) Ordnung ist auf alle Fälle höchstens für nicht-resonante Absorption anwendbar. Daneben kann resonante Multiphoton-Absorption über geeignete Zwischenzustände [TL89] das Bild sehr viel komplizierter machen.

Das Interesse an Multiphoton-Ionisation stieg rasch an, als erste Messungen an den herausgeschlagenen Elektronen zeigten, daß diese eine wesentlich höhere kinetische Energie haben konnten, als sich aus der Mindestzahl der zur Ionisierung notwendigen Photonen ergab. Eine erste Erklärung hierfür war, daß ein bereits ins Kontinuum angeregtes atomares Elektron durch Absorption weiterer Photonen eine höhere endgültige kinetische Energie bekam. Diese Vorstellung entspricht der Photoionisation des Atoms aus einem Kontinuumszustand und hat zu der etwas unglücklichen Bezeichnung *above threshold ionisation* (ATI) geführt. Passender ist der gelegentlich verwendete Ausdruck „Überschuß-Photonen-Ionisation" (*excess photon ionisation*, EPI). Er drückt ohne weitergehende Interpretation einfach aus, daß das Elektron mehr Photonen absorbiert als für die Ionisierung notwendig.

Abbildung 5.2 zeigt ATI- bzw. EPI-Spektren für die Ionisierung von Xenon mit den Photonen eines Nd:YAG-Lasers ($\hbar\omega = 1.165$ eV) bei vier verschiedenen Laserintensitäten. Die Mindestzahl von Photonen, die zur Ionisierung benötigt werden, hängt davon ab, in welchem von zwei durch 1.31 eV getrennten Zuständen das Xe^+-Ion zurückgelassen wird. Bleibt das Ion im tieferliegenden $P_{3/2}$ Zustand zurück (was dem Herausschlagen eines Elektrons aus einem $5p_{3/2}$-Zustand enspricht), benötigt man mindestens elf Photonen; für ein Xe^+ im $P_{1/2}$ Zustand (was dem Herausschlagen eines $5p_{1/2}$-Elektrons entspricht) braucht man mindestens zwölf Photonen. Die asymptotische kinetische Energie, die dem Elektron nach Absorption von n Photonen zur Verfügung steht, ist die Differenz von $n\hbar\omega$ und dem Ionisationspotential I_P,

$$E_{kin}(n) = n\hbar\omega - I_P \quad . \tag{5.2}$$

Diese Energien sind am oberen Rand von Abb. 5.2 für die beiden Ionisationskanäle angegeben. Die Maxima in Abb. 5.2 zeigen merkbare Absorption von bis zu acht überschüssigen Photonen. Ferner zeigt die Abbildung bereits Merkmale, die sich inzwischen durch viele weitere Experimente als charakteristisch herausgestellt haben. Besonders auffällig ist, daß die relative Wahrscheinlichkeit für die Absorption einer größeren Zahl überschüssiger Photonen mit der Laserintensität zunimmt, und daß die Wahrscheinlichkeit, daß gar kein oder nur ein überschüssiges Photon absorbiert wird, bei genügend hoher Intensität kleiner ist als die Ionisationswahrscheinlichkeit mit mehreren überschüssigen Photonen (siehe auch Abb. 5.3 unten).

Während störungstheoretische Methoden für Multiphoton-Ionisation bei nicht zu hohen Feldern angewendet werden können, sind sie nicht geeignet, die nicht

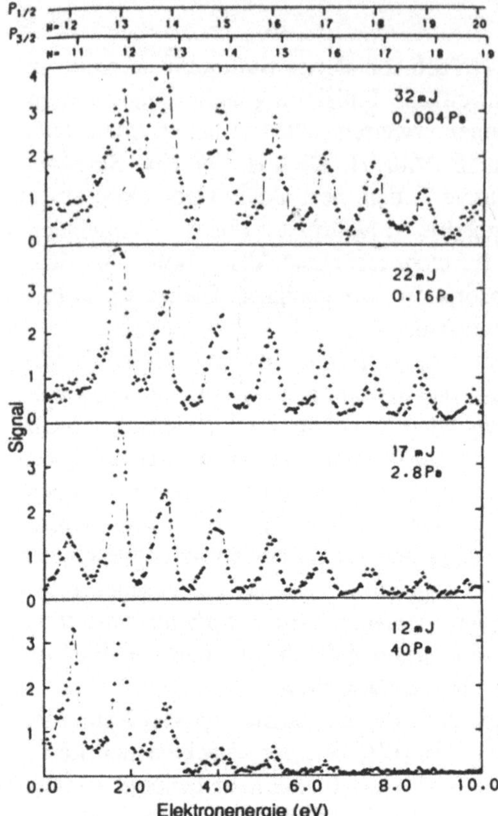

Abb. 5.2. Energiespektren von Photoelektronen bei Multiphoton-Ionisation von Xenon durch einen Nd:YAG-Laser ($\hbar\omega$ = 1.165 eV) für verschiedene Intensitäten ($\approx$ F(mJ) $\times$ 2 $\times$ 10^{12} W/cm^2) und Drucke. Die erwartete Energie eines Elektrons (5.2) nach Absorption von n Photonen ist für die beiden Ionisationskanäle am oberen Bildrand angegeben. (Aus [KK83])

monotone Abhängigkeit der Höhen der Absorptionsmaxima von der Anzahl der überschüssigen Photonen zu beschreiben. (Für eine Diskussion störungstheoretischer Methoden siehe [Cra87].) Die Erklärung von einfach aussehenden Spektren wie in Abb. 5.2 ist bereits eine ernsthafte Herausforderung an die Theorie. Inzwischen liegen auch noch weitergehende experimentelle Untersuchungen vor, wie die Messung von Winkelverteilungen der Photoelektronen [FW87], die eine Eingrenzung der vielen theoretischen Ansätze ermöglichen sollte. In den folgenden beiden Abschnitten werden zwei Beispiele für eine nicht störungstheoretische Beschreibung von Multiphoton-Ionisation kurz skizziert.

5.1.2 Berechnung von Ionisationswahrscheinlichkeiten über Volkov-Zustände

Betrachten wir ein Ein-Elektron-Atom in einem zeitlich oszillierenden elektromagnetischen Feld, das wir durch ein Vektorpotential $\boldsymbol{A}$ beschreiben. In der Strahlungseichung (2.150) ist das Vektorpotential für in x-Richtung linear polarisiertes Licht

$$\boldsymbol{A}(\boldsymbol{r},t) = -A_0\boldsymbol{e}_x \sin\omega t \quad . \tag{5.3}$$

Für zirkular polarisiertes Licht mit rechtem oder linkem Drehsinn um die z-Achse

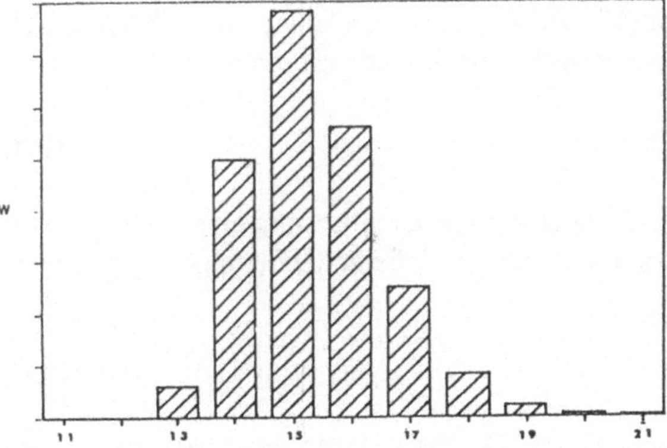

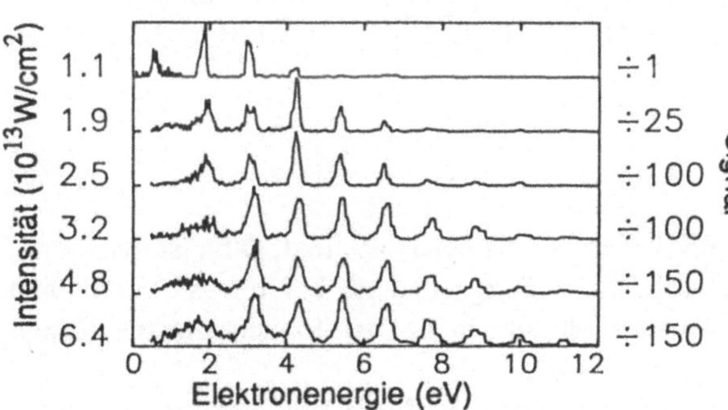

Abb. 5.3. Das obere Bild zeigt winkelintegrierte Ionisationswahrscheinkeiten (5.17) nach Anzahl der absorbierten Photonen zerlegt. Die Parameter entsprechen der Ionisation von Xenon mit $\hbar\omega = 1.165$ eV Photonen und einer Feldstärke, die durch eine Wackelenergie $E_W/\hbar\omega = 1$ charakterisiert ist (aus [Rei87]). Das untere Bild zeigt Energiespektren von Photoelektronen aus Ionisation von Xenon durch Pulse von zirkular polarisiertem Licht eines Nd:YAG-Lasers ($\hbar\omega = 1.165$ eV) bei verschiedenen Intensitäten (aus [MB87]).

ist

$$A(\boldsymbol{r},t) = -\frac{A_0}{\sqrt{2}}\left(\boldsymbol{e}_x \sin\omega t \mp \boldsymbol{e}_y \cos\omega t\right) \quad . \tag{5.4}$$

Das zugehörige elektrische Feld $\boldsymbol{E}$ ist nach (2.148) für linear oder zirkular polarisiertes Licht

$$\boldsymbol{E}(\boldsymbol{r},t) = E_0\boldsymbol{e}_x \cos\omega t \ , \quad \text{bzw.} \quad \boldsymbol{E}(\boldsymbol{r},t) = \frac{E_0}{\sqrt{2}}(\boldsymbol{e}_x \cos\omega t \pm \boldsymbol{e}_y \sin\omega t) \ . \tag{5.5}$$

Die Amplituden E_0 und A_0 hängen in beiden Fällen über

$$E_0 = \frac{\omega}{c}A_0 \tag{5.6}$$

zusammen. Da die Wellenlänge des Laserlichts wesentlich größer ist als typische atomare Längen, kann man im allgemeinen von einem räumlich homogenen Feld, also von konstanten Amplituden E_0, A_0, ausgehen (Dipolnäherung). Der Hamilton-operator ist (vgl. (2.151))

$$\hat{H} = \frac{[\hat{\boldsymbol{p}} + (e/c)\boldsymbol{A}(\boldsymbol{r},t)]^2}{2\mu} + V(\boldsymbol{r}) \quad . \tag{5.7}$$

Er enthält neben dem Vektorpotential das statische Potential $V(\boldsymbol{r})$ für die Wechselwirkung des Elektrons mit dem Rest-Ion ohne Laserfeld.

Wenn wir den Hamiltonoperator (5.7) aufteilen in einen atomaren Anteil $\hat{\boldsymbol{p}}^2/(2\mu)+V$ und einen Zusatzterm $\hat{H}_1$, der von dem Laserfeld herrührt, dann ist

$$\hat{H}_1 = \frac{e}{\mu c}\boldsymbol{A}\cdot\hat{\boldsymbol{p}} + \frac{e^2}{2\mu c^2}\boldsymbol{A}^2 \quad . \tag{5.8}$$

Die in Kap. 4 mehrfach vorgeführte Technik der formalen Lösung einer Schrödingergleichung mit Greenschen Funktionen kann man auf die zeitabhängige Schrödingergleichung

$$\mathrm{i}\hbar\frac{\partial}{\partial t}\psi(\boldsymbol{r},t) = \hat{H}\psi(\boldsymbol{r},t) \tag{5.9}$$

verallgemeinern (siehe z. B. Anhang A von [Rei80]). Dadurch erhält man einen impliziten Ausdruck für die Wahrscheinlichkeitsamplitude a_{ea}, daß ein atomarer Anfangszustand $\psi_{\mathrm{a}}(\boldsymbol{r},t) = \phi_{\mathrm{a}}(\boldsymbol{r})\exp[-(\mathrm{i}/\hbar)E_{\mathrm{a}}t]$ durch die zeitabhängige Wechselwirkung (5.8) in einen Endzustand $\psi_{\mathrm{e}}(\boldsymbol{r},t)$ übergeht, der eine Lösung der vollen Schrödingergleichung (5.9) ist,

$$a_{\mathrm{ea}} = \frac{1}{\mathrm{i}\hbar}\int_{-\infty}^{\infty}\langle\psi_{\mathrm{e}}|\hat{H}_1|\psi_{\mathrm{a}}\rangle\, dt \quad . \tag{5.10}$$

Wenn die Ionisierungsgrenze des feldfreien Atoms bei $E=0$ liegt, dann ist der (negative) Energieeigenwert E_{a} des gebundenen Anfangszustands bis auf das Vorzeichen gerade gleich dem (positiven) Ionisationspotential I_{P}, das zur Ionisierung aus diesem Zustand überwunden werden muß.

Die Formel (5.10) erinnert an den Ausdruck (2.134) für Übergangsamplituden in der zeitabhängigen Störungstheorie. Sie ist aber wie ähnliche Formeln ((4.17), (4.117)) in der zeitunabhängigen Streutheorie exakt, wenn für ψ_{e} eine exakte Lösung der Schrödingergleichung eingesetzt wird.

In einer auf Keldysch zurückgehenden Näherung, die von Reiss [Rei80] weiterentwickelt wurde, ersetzt man die exakte Lösung ψ_{e} in (5.10) durch Lösungen für ein freies Elektron im Laserfeld. Im Bra des Matrixelements in (5.10) steht eine Lösung der (zeitabhängigen) Schrödingergleichung mit atomarem Potential, aber ohne Laserfeld, im Ket steht in der Keldysch-Näherung eine Lösung der Schrödingergleichung mit Laserfeld, aber ohne atomares Potential. Diese letzteren Wellenfunktionen können für ein räumlich homogenes monochromatisches Laserfeld analytisch angegeben werden und heißen *Volkov-Zustände*.

Ohne atomares Potential lautet der Hamiltonoperator (5.7)

$$\hat{H}_0 = \frac{[\hat{\boldsymbol{p}} + (e/c)\boldsymbol{A}(\boldsymbol{r},t)]^2}{2\mu} \quad . \tag{5.11}$$

Im Fall des linear polarisierten Lichts (5.3) ist

$$\hat{H}_0 = \frac{\hat{\boldsymbol{p}}^2}{2\mu} - \frac{eA_0}{\mu c}\hat{p}_x\,\sin\omega t + \frac{e^2A_0^2}{2\mu c^2}\sin^2\omega t \quad , \tag{5.12}$$

und man rechnet leicht nach, daß die folgenden Volkov-Zustände Lösungen der zeitabhängigen Schrödingergleichung sind:

$$\begin{aligned}\psi_V(\boldsymbol{r},t) = \exp\bigg[& \mathrm{i}\boldsymbol{k}\cdot\boldsymbol{r} - \mathrm{i}\frac{\hbar k^2}{2\mu}t \\ & -\mathrm{i}k_x\frac{eA_0}{\omega\mu c}\cos\omega t - \frac{\mathrm{i}}{\hbar}\frac{e^2A_0^2}{2\mu c^2}\left(\frac{t}{2} - \frac{1}{4\omega}\sin 2\omega t\right)\bigg] \ .\end{aligned} \tag{5.13}$$

Im Fall des zirkular polarisierten Lichts (5.4) ist

$$\hat{H}_0 = \frac{\hat{\boldsymbol{p}}^2}{2\mu} - \frac{eA_0}{\sqrt{2}\mu c}(\hat{p}_x \sin\omega t \mp \hat{p}_y \cos\omega t) + \frac{e^2A_0^2}{4\mu c^2} \ , \tag{5.14}$$

und die entsprechenden Volkov-Zustände sind

$$\begin{aligned}\psi_V(\boldsymbol{r},t) = \exp\bigg[& \mathrm{i}\boldsymbol{k}\cdot\boldsymbol{r} - \mathrm{i}\frac{\hbar k^2}{2\mu}t \\ & -\mathrm{i}\frac{eA_0}{\sqrt{2}\omega\mu c}(k_x\cos\omega t \pm k_y \sin\omega t) - \frac{\mathrm{i}}{\hbar}\frac{e^2A_0^2}{4\mu c^2}t\bigg] \ .\end{aligned} \tag{5.15}$$

Die Volkov-Zustände (5.13), (5.15) haben die Form von gewöhnlichen ebenen Wellen mit einer zusätzlichen zeitlich oszillierenden Phase,

$$\psi_V = \exp\left[\mathrm{i}\boldsymbol{k}\cdot\boldsymbol{r} - (\mathrm{i}/\hbar)E_V t + \delta_{osz}\right] \ .$$

Die oszillierende Phase beschreibt ein „Mitwackeln“ des Elektrons im oszillierenden Feld (engl. *wiggling*). In der Energie gibt es einen zeitlich und räumlich konstanten Zusatzterm, die *Wackelenergie* E_W, die quadratisch von der Amplitude des Feldes abhängt,

$$E_V = \frac{\hbar^2k^2}{2\mu} + E_W \ , \quad E_W = \frac{e^2A_0^2}{4\mu c^2} = \frac{e^2E_0^2}{4\mu\omega^2} \ . \tag{5.16}$$

Die Keldysch-Näherung ermöglicht eine analytische Auswertung des Integrals in (5.10). Im Falle des zirkular polarisierten Lichts (5.15) erhält man für die Wahrscheinlichkeit pro Zeiteinheit, daß ein Elektron in den Raumwinkel $d\Omega$ herausgeschlagen wird,

$$\frac{dW}{d\Omega} \propto \sum_{n=n_0}^{\infty}\left(n - \frac{E_W}{\hbar\omega}\right)^2 \sqrt{n-\epsilon}\,|\tilde{\phi}_a(\boldsymbol{k})|^2 J_n^2\left(2\sin\theta\sqrt{\frac{E_W}{\hbar\omega}}\sqrt{n-\epsilon}\right) \ , \tag{5.17}$$

wobei J_n die gewöhnliche Besselfunktion ist (Anhang A.3). In (5.17) steht ϵ für die Summe aus dem Ionisationspotential und der Wackelenergie in Einheiten der Photonenergie $\hbar\omega$,

$$\epsilon = \frac{I_P + E_W}{\hbar\omega} \ . \tag{5.18}$$

$\tilde{\phi}_a(\boldsymbol{k})$ ist die Fouriertransformierte des Ortsanteils der Anfangswellenfunktion $\phi_a(\boldsymbol{r})$, und θ ist der Winkel zwischen dem Wellenvektor $\boldsymbol{k}$ und der z-Achse. Die rechte Seite von (5.17) hängt nur von der Richtung des auslaufenden Wellenvektors $\boldsymbol{k}$ ab (genauer: nur von dem Polarwinkel θ), der Betrag von $\boldsymbol{k}$ ist durch Energieerhaltung festgelegt,

$$\frac{\hbar^2 k^2}{2\mu} = n\hbar\omega - (I_P + E_W) = (n - \epsilon)\hbar\omega \quad . \tag{5.19}$$

Der Summationsindex n bezeichnet die Anzahl von Photonen, die bei dem Ionisationsprozess absorbiert werden. Die Summation in (5.17) beginnt mit der niedrigsten ganzen Zahl n_0, für die die $n-\epsilon$ positiv ist. Es fällt auf, daß die zu überwindende Energie um die Wackelenergie E_W höher liegt als das Ionisationspotential I_P. In Gegenwart des elektromagnetischen Feldes wird mehr Energie benötigt, um das Atom zu ionisieren.

Eine Formel wie (5.17) läßt sich auch für linear polarisiertes Licht herleiten (siehe [Rei80]). Ausdrücke der Form (5.17) wurden übrigens schon 1973 von Faisal [Fai73] gefunden.

Die Keldysch-Näherung ist recht erfolgreich, wenn das atomare Potential V sehr kurzreichweitig ist [BM89]. In realistischen Situationen kann die oben beschriebene Theorie von Keldysch, Faisal und Reiss (KFR) allerdings nicht quantitativ die Messungen zur Multiphoton-Ionisation reproduzieren. Ein Grund ist sicherlich darin zu suchen, daß in den Wellenfunktionen der auslaufenden Elektronen die langreichweitige statische Ion-Elektron-Wechselwirkung nicht berücksichtigt wird. Außerdem ist zu bedenken, daß die Folgen der Keldysch-Näherung nicht eichinvariant sind. Trotzdem kann die KFR-Theorie aber einige charakteristische Merkmale der Energiespektren der herausgeschlagenen Photoelektronen qualitativ wiedergeben. Als Beispiel zeigt Abb. 5.3 berechnete Ionisationswahrscheinlichkeiten (5.17) über alle Winkel integriert und im Vergleich dazu experimentelle Spektren von Elektronen aus einer Multiphoton-Ionisation von Xenon durch zirkular polarisierte Pulse eines Nd:YAG-Lasers. Die berechneten Ionisationswahrscheinlichkeiten wurden in Beiträge zu verschiedenen Photonenzahlen n zerlegt, die über (5.2) mit der Energie des herausgeschlagenen Photoelektrons zusammenhängen.

Die in einem konkreten Experiment mit einem räumlich lokalisierten Laserpuls erzeugten Photoelektronen haben beim Erreichen eines fernen Detektors eine kinetische Energie, die durch (5.2) gegeben ist, d. h. die Wackelenergie muß nicht abgezogen werden. Dies liegt daran, daß die Feldstärke und damit die Wackelenergie zwar über einige Wellenlängen des Lasers als konstant angesehen werden können, aber über größere Längen, die der räumlichen Ausdehnung des Laserpulses entsprechen, vom Maximum auf null abfallen. Der Gradient der Wackelenergie übt dann eine Kraft auf das Elektron aus, die *Gradientenkraft*. Nach Absorption von n Photonen verläßt das Elektron das Atom mit der kinetischen Energie (5.19). Von der Gradientenkraft wird es auf die asymptotische kinetische Energie (5.2) beschleunigt, mit der es den Detektor erreicht. Die Gradientenkraft treibt die Elektronen von dem Intensitätsmaximum des Laserpulses weg. Sie ermöglicht es zum Beispiel, daß freie Elektronen an einem starken Laserpuls gestreut werden können [Buc89].

5.1.3 Berechnung von Ionisationswahrscheinlichkeiten über Floquet-Zustände

In der Feldeichung (3.204) ist der Hamiltonoperator $\hat{H}$ für ein Atom in einem räumlich konstanten und monochromatischen Feld eine Summe aus dem zeitunabhängigen Hamiltonoperator $\hat{H}_A$ für das feldfreie Atom und einem oszillierenden Zusatzpotential mit der Kreisfrequenz ω. Wie in Abschn. 3.4.3 besprochen, kann man die zeitabhängige Schrödingergleichung durch den Ansatz,

$$\psi = \exp\left[-(\mathrm{i}/\hbar)\epsilon t\right] \Phi_\epsilon(t) \ , \quad \Phi_\epsilon(t + 2\pi/\omega) = \Phi_\epsilon(t) \quad , \tag{5.20}$$

auf eine Eigenwertgleichung für den verallgemeinerten Hamiltonoperator

$$\hat{\mathcal{H}} = \hat{H} - \mathrm{i}\hbar\frac{\partial}{\partial t} \tag{5.21}$$

zurückführen (vgl. (3.206), (3.207)). Die Eigenwerte von (5.21) sind die Quasienergien ϵ, und die zugehörigen Lösungen (5.20) sind die Floquet-Zustände oder Quasienergiezustände. Der Hamiltonoperator einschließlich Wechselwirkungsterm hat bei einem monochromatischen Feld allgemein die Form

$$\hat{H} = \hat{H}_A + \hat{W}\,\mathrm{e}^{\mathrm{i}\omega t} + \hat{W}^\dagger\,\mathrm{e}^{-\mathrm{i}\omega t} \quad , \tag{5.22}$$

wobei die genaue Form des zeitunabhängigen Kopplungsoperators $\hat{W}$ von Polarisation und Eichung abhängt. Wenn wir die periodische Zeitabhängigkeit der Φ_ϵ durch eine Fourierreihe erfassen,

$$\Phi_\epsilon = \sum_n \mathrm{e}^{-\mathrm{i}n\omega t}\psi_{\epsilon,n} \quad , \tag{5.23}$$

dann wird die Eigenwertgleichung für den verallgemeinerten Hamiltonoperator (5.21) zu einem Satz von zeitunabhängigen gekoppelten Gleichungen für die Fourier-Komponenten $\psi_{\epsilon,n}$,

$$\hat{H}_A\psi_{\epsilon,n} + \hat{W}\psi_{\epsilon,n+1} + \hat{W}^\dagger\psi_{\epsilon,n-1} = (\epsilon - n\hbar\omega)\psi_{\epsilon,n} \quad . \tag{5.24}$$

Potvliege und Shakeshaft haben die gekoppelten Gleichungen (5.24) für den Fall, daß $\hat{H}_A$ ein Wasserstoffatom beschreibt, direkt numerisch gelöst [PS89]. Dabei sind die asymptotischen ($r \to \infty$) Randbedingungen zu beachten, deren explizite Form von der Eichung abhängt. Als Ergebnisse erhielten sie komplexe Eigenwerte

$$\epsilon_i = E_i + \Delta_i - \mathrm{i}\frac{\Gamma_i}{2} \quad . \tag{5.25}$$

E_i sind die Energieeigenwerte des feldfreien Wasserstoffatoms, und Δ_i sind reelle Verschiebungen, die im Grenzfall eines schwachen Feldes in die Wechselfeld-Stark-Verschiebungen (3.214) übergehen sollten. Der Imaginärteil in (5.25) rührt daher, daß jeder gebundene Anfangszustand für genügend große n, d. h. durch Ankopplung genügend vieler Photonen, an Kontinuumszustände koppeln und zerfallen kann. Er bedeutet daß das Betragsquadrat des Floquet-Zustands proportional zu $\exp[-\Gamma_i t/\hbar]$ abnimmt, was einer Ionisationswahrscheinlichkeit pro Zeiteinheit von $\Gamma_i/\hbar$ entspricht. Abbildung 5.4 zeigt $\Gamma_i/\hbar$ für Ionisation aus dem $1s$ Grundzustand des Wasserstoffatoms mit einem linear polarisierten Nd:YAG-Laser ($\hbar\omega$=1.165 eV) als Funktion der Laserintensität. Im Vergleich dazu zeigen die gestrichelten Linien die Ergebnisse, die man in Störungstheorie niedrigster Ordnung für die Ionisation durch $n = 12$ oder $n = 13$ Photonen erhält. Die resonanzartigen Strukturen in der

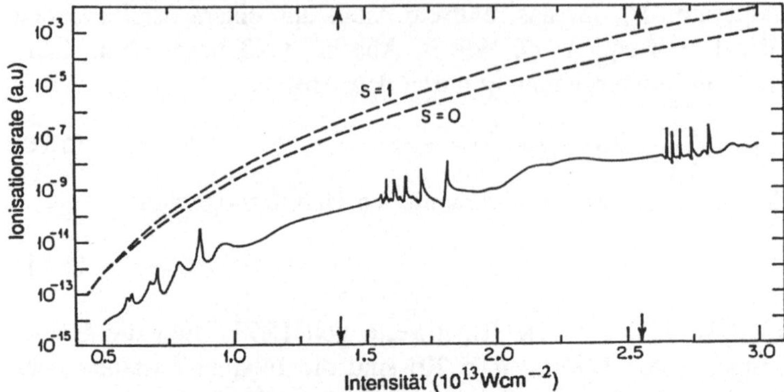

Abb. 5.4. Wahrscheinlichkeit pro Zeiteinheit für die Ionisation eines H-Atoms aus seinem $1s$-Grundzustand durch ein starkes Laserfeld mit der Nd:YAG-Frequenz ($\hbar\omega = 1.165\,\text{eV}$) als Funktion der Laserintensität. Die gestrichelten Linien zeigen die Ergebnisse von Störungstheorie in niedrigster nicht verschwindender Ordnung (5.1) für Absorption von $n=12$ oder $n=13$ Photonen. (Aus [PS89])

nicht störungstheoretischen Kurve treten auf, wenn die Quasienergie des Floquet-Zustands, der im feldfreien Grenzfall in den $1s$ Zustand des H-Atoms übergeht, als Funktion der Laserintensität die Quasienergien anderer Zustände kreuzt oder beinahe kreuzt.

Bemerkenswert an den Ergebnissen in Abb. 5.4 ist, daß die nicht störungstheoretische Ionisationswahrscheinlichkeit, die ja Ionisation durch beliebig viele Photonen (mindestens zwölf) umfaßt, deutlich unter dem störungstheoretischen Ergebnis für Ionisation durch genau zwölf oder genau dreizehn Photonen liegt. Die Autoren von [PS89] schließen daraus, daß störungstheoretische Ansätze die Wahrscheinlichkeit für Ionisation eines Atoms in einem starken Laserfeld um Größenordnungen überschätzen können. Andererseits werden experimentelle Winkelverteilungen von Photoelektronen recht gut durch eine störungstheoretische Behandlung wiedergegeben. Abbildung 5.5 zeigt Winkelverteilungen von Photoelektronen, die bei Multiphoton-Ionisation von Wasserstoff durch Photonen mit einer Energie von 3.5 eV gemessen wurden. Vier Photonen werden für die Ionisation mindestens gebraucht. Die abgebildeten Fälle entsprechen der Absorption von zwischen null und drei zusätzlichen Photonen. In allen Fällen gibt die störungstheoretische Rechnung die gemessene Winkelverteilung sehr gut wieder.

5.2 Klassische Mechanik und Quantenmechanik

In diesem Buch wurde bisher zur Beschreibung atomarer Phänomene ausschließlich die Quantenmechanik herangezogen, die ja diesbezüglich auch außerordentlich erfolgreich ist. Viele Erscheinungen, die in der Quantenmechanik korrekt und befriedigend beschrieben werden, kann man auch schon im Rahmen der klassischen Mechanik weitgehend verstehen, die oft als die anschaulichere der beiden Theorien angesehen wird. Daher ist es sinnvoll, die beiden Theorien einander gegenüberzustellen,

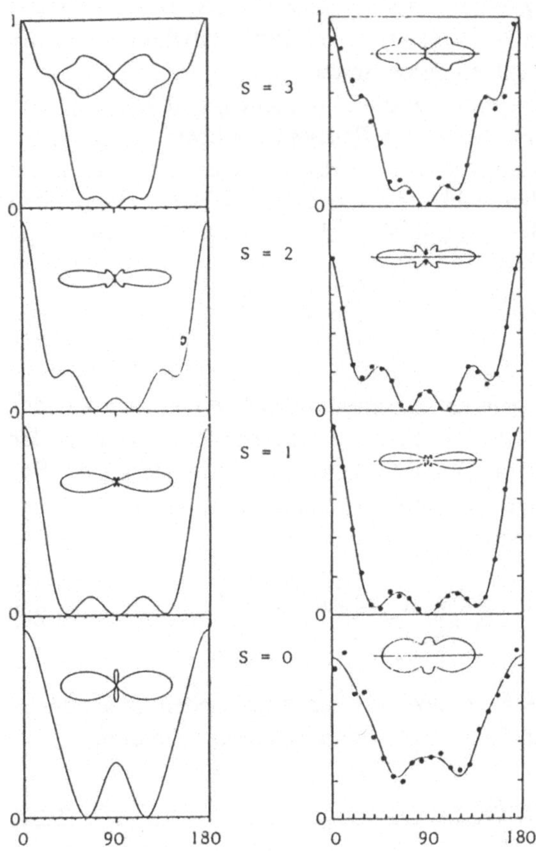

Abb. 5.5. Winkelverteilungen von Photoelektronen bei Multiphoton-Ionisation von Wasserstoff durch Photonen mit einer Energie von 3.5 eV. Die verschiedenen Bildteile entsprechen einer Absorption von zwischen $S = 0$ und $S = 3$ überschüssigen Photonen. Die linke Bildhälfte zeigt die Ergebnisse einer störungstheoretischen Rechnung, die rechte Bildhälfte zeigt die gemessenen Winkelverteilungen, deren absolute Höhe an die berechneten Kurven angepaßt wurde. (Aus [KM88])

um die Korrespondenz der Beschreibungen herauszuarbeiten und die Stellen aufzuzeigen, wo echte Quanteneffekte auftreten, die nicht klassisch erklärbar sind. Das Interesse an solchen Fragestellungen hat in den letzten Jahren großen Auftrieb erhalten, insbesondere, seitdem es möglich geworden ist, Experimente an einzelnen, isolierten Atomen durchzuführen (siehe z. B. [GG89]).

5.2.1 Phasenraumdichten

Im Rahmen der klassischen Mechanik wird ein physikalisches System mit N Freiheitsgraden durch eine *Hamiltonfunktion* $H(q_1, \ldots, q_N; p_1, \ldots, p_N; t)$ beschrieben, die von N Koordinaten q_i, N kanonisch konjugierten Impulsen p_i und vielleicht noch von der Zeit t abhängt (siehe ein Lehrbuch der Mechanik, z. B. [Gol63], [LL70] oder [Sch88]). Die zeitliche Entwicklung des Systems wird durch eine klassische Bahn oder *Trajektorie* $q_i(t)$, $p_i(t)$ im Phasenraum beschrieben. Die Trajektorie ist eine Lösung des folgenden Systems von $2N$ gekoppelten gewöhnlichen Differentialgleichungen:

$$\dot{q}_i = \frac{\partial H}{\partial p_i}, \quad \dot{p}_i = -\frac{\partial H}{\partial q_i} \quad . \tag{5.26}$$

Dies sind die *kanonischen Gleichungen* der klassischen Mechanik. Bei gegebenen Anfangsbedingungen $q_i(t_0)$, $p_i(t_0)$ ist die Trajektorie eindeutig bestimmt, und die Entwicklung des Systems ist für alle Zeiten determiniert.

Wenn wir den Zustand des Systems zum Zeitpunkt t_0 nicht genau kennen, dann beschreiben wir das System durch eine *klassische Phasenraumdichte* $\rho_{\mathrm{kl}}(q_i, p_i; t_0)$. Sie gibt die Wahrscheinlichkeit dafür an, daß sich das System zum Zeitpunkt t_0 im Zustand q_i, p_i befindet. Als Wahrscheinlichkeiten können die Werte von ρ_{kl} nicht negativ sein, und die Summe (bzw. das Integral) über alle möglichen Zustände muß zu jeder Zeit 1 sein,

$$\int d^N q_i \int d^N p_i \; \rho_{\mathrm{kl}}(q_i, p_i; t) = 1 \quad . \tag{5.27}$$

Eine Bewegungsgleichung für die klassische Phasenraumdichte erhält man aus der einfachen Überlegung, daß sich die Wahrscheinlichkeit für einen Zustand längs der Trajektorien im Phasenraum nicht ändern kann, weil diese ja die Entwicklung des Systems beschreiben. D.h. $\rho_{\mathrm{kl}}(q_i(t), p_i(t); t)$ muß zeitlich konstant sein, wenn $q_i(t)$, $p_i(t)$ Lösungen der kanonischen Gleichungen (5.26) sind,

$$\frac{d}{dt}\rho_{\mathrm{kl}}(q_i(t), p_i(t); t) = \sum_{i=1}^{N}\left(\dot{q}_i\frac{\partial\rho_{\mathrm{kl}}}{\partial q_i} + \dot{p}_i\frac{\partial\rho_{\mathrm{kl}}}{\partial p_i}\right) + \frac{\partial\rho_{\mathrm{kl}}}{\partial t} = 0 \quad . \tag{5.28}$$

Wenn man für $\dot{q}_i$ und $\dot{p}_i$ in (5.28) die Ausdrücke aus den kanonischen Gleichungen (5.26) einsetzt und die so entstehende Summe als *Poissonklammer* schreibt,

$$\{H, \rho_{\mathrm{kl}}\} \stackrel{\mathrm{def}}{=} \sum_{i=1}^{N}\left(\frac{\partial H}{\partial p_i}\frac{\partial\rho_{\mathrm{kl}}}{\partial q_i} - \frac{\partial H}{\partial q_i}\frac{\partial\rho_{\mathrm{kl}}}{\partial p_i}\right) \quad , \tag{5.29}$$

dann erhält (5.28) die kompakte Form

$$\frac{\partial\rho_{\mathrm{kl}}}{\partial t} = -\{H, \rho_{\mathrm{kl}}\} \quad . \tag{5.30}$$

Gleichung (5.30) ist die Bewegungsgleichung für die klassische Phasenraumdichte in einem System, das von der Hamiltonfunktion H beschrieben wird. Sie heißt *Liouville-Gleichung*. Betrachten wir im folgenden der Einfachheit halber ein System aus einem Massenpunkt in einem konservativen Potential im dreidimensionalen Raum. Die Hamiltonfunktion ist

$$H(\boldsymbol{r}, \boldsymbol{p}) = \frac{\boldsymbol{p}^2}{2\mu} + V(\boldsymbol{r}) \quad , \tag{5.31}$$

und die Liouville-Gleichung hat die Form

$$\frac{\partial}{\partial t}\rho_{\mathrm{kl}}(\boldsymbol{r}, \boldsymbol{p}; t) = -\frac{\boldsymbol{p}}{\mu}\cdot\nabla_{\boldsymbol{r}}\,\rho_{\mathrm{kl}} - \boldsymbol{K}(\boldsymbol{r})\cdot\nabla_{\boldsymbol{p}}\,\rho_{\mathrm{kl}} \ , \qquad \boldsymbol{K}(\boldsymbol{r}) = -\nabla_{\boldsymbol{R}}V(\boldsymbol{r}) \ . \tag{5.32}$$

Sie beschreibt die Strömung von ρ_{kl} im Phasenraum unter Einfluß des Trägheitsterms (das ist der erste Term auf der rechten Seite) und eines Kraftfelds $\boldsymbol{K}$.

In der Quantenmechanik beschreiben wir den Zustand eines Systems durch eine Wellenfunktion $|\psi(t)\rangle$, die z. B. in Ortsdarstellung eine Funktion $\psi(\boldsymbol{r},t)$ des Ortsvektors ist und auf 1 normiert sein soll. Die Zeitentwicklung von $|\psi\rangle$ wird über die zeitabhängige Schrödingergleichung,

$$\mathrm{i}\hbar\frac{\partial}{\partial t}|\psi\rangle = \hat{H}|\psi\rangle \quad , \tag{5.33}$$

von dem Hamiltonoperator $\hat{H}$ bestimmt. Alternativ könnten wir den reinen Zustand $|\psi\rangle$ auch durch seinen zugehörigen Dichteoperator

$$\hat{\rho}(t) = |\psi(t)\rangle\langle\psi(t)| \tag{5.34}$$

beschreiben (vgl. Abschn. 4.2.3). In Ortsdarstellung ist der Dichteoperator ein Integraloperator mit dem Integralkern

$$\rho(\boldsymbol{r},\boldsymbol{r}';t) = \psi(\boldsymbol{r},t)\,\psi^*(\boldsymbol{r}',t) \quad . \tag{5.35}$$

In der *Impulsdarstellung* ist die quantenmechanische Wellenfunktion $\tilde{\psi}$ eine Funktion der Impulsvariablen $\boldsymbol{p}$, und sie ist über eine Fourier-Transformation mit der Wellenfunktion $\psi(\boldsymbol{r},t)$ in Ortsdarstellung verknüpft:

$$\tilde{\psi}(\boldsymbol{p},t) = \frac{1}{(2\pi\hbar)^{3/2}}\int \mathrm{e}^{-\mathrm{i}\boldsymbol{p}\cdot\boldsymbol{r}/\hbar}\psi(\boldsymbol{r},t)\,d\boldsymbol{r} \quad . \tag{5.36}$$

In Impulsdarstellung hat der Dichteoperator für den reinen Zustand (5.34) die Form

$$\tilde{\rho}(\boldsymbol{p},\boldsymbol{p}';t) = \tilde{\psi}(\boldsymbol{p},t)\,\tilde{\psi}^*(\boldsymbol{p}',t) \quad . \tag{5.37}$$

Einen gemischten quantenmechanischen Zustand beschreiben wir als inkohärente Überlagerung von reinen Zuständen mit (nicht negativen) Wahrscheinlichkeiten w_n (siehe Abschn. 4.2.3),

$$\hat{\rho}(t) = \sum_n w_n\,|\psi_n(t)\rangle\langle\psi_n(t)| \quad , \tag{5.38}$$

und seine Orts- und Impulsdarstellungen sind entsprechende Verallgemeinerungen von (5.35) bzw. (5.37).

Wenn die Wellenfunktion $|\psi(t)\rangle$ eines reinen Zustands (5.34) bzw. die Wellenfunktionen $|\psi_n(t)\rangle$ des gemischten Zustands (5.38) die zeitabhängige Schrödingergleichung (5.33) erfüllen, dann erfüllt der zugehörige Dichteoperator die *von-Neumann-Gleichung*

$$\frac{d\hat{\rho}}{dt} = -\frac{\mathrm{i}}{\hbar}[\hat{H},\hat{\rho}] \quad . \tag{5.39}$$

Dabei ist $[\hat{H},\hat{\rho}] = \hat{H}\hat{\rho} - \hat{\rho}\hat{H}$ wie üblich der Kommutator von $\hat{H}$ und $\hat{\rho}$. Die von-Neumann-Gleichung (5.39) für den quantenmechanischen Dichteoperator hat dieselbe Form wie die Liouville-Gleichung (5.30) für die klassische Phasenraumdichte, wenn wir die Poissonklammer in der klassischen Gleichung mit $(\mathrm{i}/\hbar)$ mal dem Kommutator der Quantenmechanik identifizieren.

Die Ähnlichkeit zwischen klassischer Mechanik und Quantenmechanik wird deutlich, wenn wir den Dichteoperator, der in der Ortsdarstellung von zwei Ortsvariablen und in der Impulsdarstellung von zwei Impulsvariablen abhängt, durch seine *Wignerfunktion* $\rho_W(\boldsymbol{R}, \boldsymbol{P}; t)$ darstellen, die von einer Ortsvariablen und einer Impulsvariablen abhängt. Die Wignerfunktion von $\hat{\rho}$ erhält man, indem man entweder bei der Ortsdarstellung $\rho(\boldsymbol{r}, \boldsymbol{r}'; t)$ eine Fourier-Transformation in der Variablen $\boldsymbol{r} - \boldsymbol{r}'$ durchführt, oder in der Impulsdarstellung $\tilde{\rho}(\boldsymbol{p}, \boldsymbol{p}'; t)$ eine Fourier-Transformation in $\boldsymbol{p} - \boldsymbol{p}'$,

$$\begin{aligned} \rho_W(\boldsymbol{R}, \boldsymbol{P}; t) &= \frac{1}{(2\pi\hbar)^3} \int e^{-i\boldsymbol{P}\cdot\boldsymbol{s}/\hbar} \rho\left(\boldsymbol{R} + \frac{\boldsymbol{s}}{2}, \boldsymbol{R} - \frac{\boldsymbol{s}}{2}; t\right) d\boldsymbol{s} \\ &= \frac{1}{(2\pi\hbar)^3} \int e^{+i\boldsymbol{R}\cdot\boldsymbol{q}/\hbar} \tilde{\rho}\left(\boldsymbol{P} + \frac{\boldsymbol{q}}{2}, \boldsymbol{P} - \frac{\boldsymbol{q}}{2}; t\right) d\boldsymbol{q} \quad . \end{aligned} \tag{5.40}$$

Aus der Hermitezität des Dichteoperators folgt, daß die Wignerfunktion (5.40) reell ist. Sie enthält sämtliche Information, die in dem quantenmechanischen Dichteoperator enthalten ist. Durch Umkehrung der entsprechenden Fourier-Transformation in (5.40) erhält man aus der Wignerfunktion wieder den Dichteoperator in Orts- oder Impulsdarstellung.

Die Wignerfunktion hat einige Eigenschaften, die sehr stark an eine klassische Phasenraumdichte erinnern. Über die Impulsvariable integriert, erhalten wir die (quantenmechanische) Aufenthaltswahrscheinlichkeit im Ortsraum. So ist etwa für den reinen Zustand (5.34)

$$\int \rho_W(\boldsymbol{R}, \boldsymbol{P}; t)\, d\boldsymbol{P} = \rho(\boldsymbol{R}, \boldsymbol{R}; t) = |\psi(\boldsymbol{R}, t)|^2 \quad . \tag{5.41}$$

Entsprechend erhalten wir durch Integration über die Ortsvariable die quantenmechanische Wahrscheinlichkeitsverteilung im Impulsraum,

$$\int \rho_W(\boldsymbol{R}, \boldsymbol{P}; t)\, d\boldsymbol{R} = \tilde{\rho}(\boldsymbol{P}, \boldsymbol{P}; t) = |\tilde{\psi}(\boldsymbol{P}, t)|^2 \quad . \tag{5.42}$$

Durch Integration der Wignerfunktion über den ganzen Phasenraum bekommt man die Wahrscheinlichkeitserhaltung (vgl. (5.27)),

$$\int \rho_W(\boldsymbol{R}, \boldsymbol{P}; t)\, d\boldsymbol{R}\, d\boldsymbol{P} = \int |\psi(\boldsymbol{R}, t)|^2\, d\boldsymbol{R} = \int |\tilde{\psi}(\boldsymbol{P}, t)|^2\, d\boldsymbol{P} = 1 \, . \tag{5.43}$$

Die Wignerfunktion unterscheidet sich aber auch in wesentlichen Punkten von einer klassischen Phasenraumdichte. Insbesondere können die Werte der Funktion negativ werden, so daß erst nach Integrationen wie in (5.41–43) echte Wahrscheinlichkeitsinterpretationen möglich werden.

Um eine Bewegungsgleichung für die Wignerfunktion zu bekommen, müssen wir die von-Neumann-Gleichung (5.39) in der Wigner-Darstellung formulieren. Wir gehen aus von einem Hamiltonoperator

$$\hat{H} = \hat{T} + \hat{V} \, , \quad \hat{T} = \frac{\hat{\boldsymbol{p}}^2}{2\mu} \, , \quad \hat{V} \equiv V(\boldsymbol{r}) \quad . \tag{5.44}$$

Die Wignerfunktion $[\hat{T}, \hat{\rho}]_W$ des Kommutators von $\hat{T}$ und $\hat{\rho}$ berechnet man am einfachsten durch Fourier-Transformation aus der Impulsdarstellung (untere Zeile (5.40)),

$$
\begin{aligned}
[\hat{T},\hat{\rho}]_{\mathrm{w}} &= \frac{1}{(2\pi\hbar)^3}\int d\boldsymbol{q}\, \mathrm{e}^{+\mathrm{i}\boldsymbol{R}\cdot\boldsymbol{q}/\hbar}\,\frac{1}{2\mu}\left[\left(\boldsymbol{P}+\frac{\boldsymbol{q}}{2}\right)^2-\left(\boldsymbol{P}-\frac{\boldsymbol{q}}{2}\right)^2\right] \\
&\quad\times\tilde{\rho}\left(\boldsymbol{P}+\frac{\boldsymbol{q}}{2},\boldsymbol{P}-\frac{\boldsymbol{q}}{2};t\right) \\
&= \frac{\hbar}{\mathrm{i}}\frac{\boldsymbol{P}}{\mu}\nabla_{\boldsymbol{R}}\,\rho_{\mathrm{w}}(\boldsymbol{R},\boldsymbol{P};t) \quad .
\end{aligned}
\tag{5.45}
$$

Um die Wignerfunktion für den Kommutator der potentiellen Energie mit $\hat{\rho}$ zu berechnen, benutzt man besser die Fourier-Transformation aus der Ortsdarstellung (obere Zeile (5.40)),

$$
\begin{aligned}
[\hat{V},\hat{\rho}]_{\mathrm{w}} &= \frac{1}{(2\pi\hbar)^3}\int d\boldsymbol{s}\,\mathrm{e}^{-\mathrm{i}\boldsymbol{P}\cdot\boldsymbol{s}/\hbar}\left[V\left(\boldsymbol{R}+\frac{\boldsymbol{s}}{2}\right)-V\left(\boldsymbol{R}-\frac{\boldsymbol{s}}{2}\right)\right] \\
&\quad\times\rho\left(\boldsymbol{R}+\frac{\boldsymbol{s}}{2},\boldsymbol{R}-\frac{\boldsymbol{s}}{2};t\right) .
\end{aligned}
\tag{5.46}
$$

Die von-Neumann-Gleichung in Wigner-Darstellung lautet damit

$$
\frac{\partial}{\partial t}\rho_{\mathrm{w}} = -\frac{\mathrm{i}}{\hbar}\left([\hat{T},\hat{\rho}]_{\mathrm{w}}+[\hat{V},\hat{\rho}]_{\mathrm{w}}\right) \quad . \tag{5.47}
$$

Man sieht sofort, daß der Beitrag der kinetischen Energie mit (5.45) einen Trägheitsterm liefert, der dieselbe Struktur hat wie der Trägheitsterm in der klassischen Liouville-Gleichung (5.32). Analoges gilt für den Beitrag der potentiellen Energie, wenn es gerechtfertigt ist, das Potential $V(\boldsymbol{R}\pm\boldsymbol{s}/2)$ in (5.46) in eine Taylorreihe bis zur zweiten Ordnung um $V(\boldsymbol{R})$ zu entwickeln,

$$
V\left(\boldsymbol{R}\pm\frac{\boldsymbol{s}}{2}\right) = V(\boldsymbol{R}) \pm \frac{1}{2}\boldsymbol{s}\cdot\nabla_{\boldsymbol{R}}V(\boldsymbol{R}) + \frac{1}{8}\sum_{i,j}s_i s_j\frac{\partial^2 V}{\partial R_i\partial R_j} \pm \cdots \quad . \tag{5.48}
$$

Setzt man die Entwicklung (5.48) in (5.46) ein, so fallen die geraden Terme weg, und man erhält für die Wigner-Darstellung der von-Neumann-Gleichung

$$
\frac{\partial}{\partial t}\rho_{\mathrm{w}}(\boldsymbol{R},\boldsymbol{P};t) = -\frac{\boldsymbol{P}}{\mu}\cdot\nabla_{\boldsymbol{R}}\,\rho_{\mathrm{w}} + \nabla_{\boldsymbol{R}}V(\boldsymbol{R})\cdot\nabla_{\boldsymbol{P}}\,\rho_{\mathrm{w}} + \cdots \quad . \tag{5.49}
$$

Die Punkte auf der rechten Seite von (5.49) stehen für Beiträge von kubischen und höheren Termen in der Entwicklung des Potentials (5.48).

Für Potentiale, die höchstens quadratisch von den Koordinaten abhängen, ist die quantenmechanische von-Neumann-Gleichung in der Wigner-Darstellung identisch mit der klassischen Liouville-Gleichung (5.32). Eine zum Zeitpunkt t_0 gegebene Wignerfunktion wird also dieselbe Entwicklung im Phasenraum durchlaufen, als ob sie eine klassische Phasenraumdichte wäre, die der Liouville-Gleichung gehorcht, vorausgesetzt, das Potential enthält keine anharmonischen Terme. Viele Phänomene, die oft als typisch quantenmechanisch gelehrt werden, wie z. B. die *Dispersion* (= Auseinanderlaufen) eines Wellenpakets für ein freies Teilchen, entpuppen sich somit als vollständig klassisch erklärbar. Wenn im Fall des freien Teilchens eine

Anfangsverteilung mit unscharfem Impuls im Laufe der Zeit im Ortsraum auseinanderläuft, so ist das kein quantenmechanischer Effekt, man denke z. B. an einen 100-Meter-Lauf mit Läufern verschiedener Schnelligkeit. In der Quantenmechanik verbietet aber die Unschärferelation einen Anfangszustand, der eine endliche Verteilung im Ort mit einem scharf definiertem Impuls verbindet, und das wäre – sowohl klassisch als auch quantenmechanisch – notwendig, um eine Dispersion der Ortsverteilung zu vermeiden. (Siehe Aufgabe 5.2.)

5.2.2 Kohärente Zustände

Das Konzept der kohärenten Zustände ist geeignet, zeitabhängige Bewegungen von Wellenpaketen zu beschreiben, insbesondere, wenn der Hamiltonoperator der eines harmonischen Oszillators ist. Um die Formeln einfach zu halten, beschränken wir uns in diesem Abschnitt auf einen eindimensionalen harmonischen Oszillator,

$$\hat{H} = \frac{p^2}{2\mu} + \frac{\mu}{2}\omega^2 x^2 = -\frac{\hbar^2}{2\mu}\frac{\partial^2}{\partial x^2} + \frac{\mu}{2}\omega^2 x^2 \quad . \tag{5.50}$$

Die Eigenwerte von $\hat{H}$ sind $E_n = (n+1/2)\hbar\omega$, $n=0, 1, 2, \ldots$, und die zugehörigen (auf 1 normierten) Eigenzustände $|n\rangle$ sind in Ortsdarstellung Produkte von Polynomen n-ten Grades mit ein und derselben Gaußfunktion. Insbesondere besteht die Grundzustandswellenfunktion aus dieser Gaußfunktion allein,

$$|0\rangle \equiv \psi_0(x) = (\beta\sqrt{\pi})^{-1/2}\,\mathrm{e}^{-x^2/(2\beta^2)} \quad . \tag{5.51}$$

Die natürliche Oszillatorbreite β ist nach (1.82) durch die Oszillatorfrequenz ω gegeben,

$$\beta = \sqrt{\frac{\hbar}{\mu\omega}} \quad . \tag{5.52}$$

Die Wellenfunktion des Oszillatorgrundzustands in der Impulsdarstellung (vgl. (5.36)) ist ebenfalls eine Gaußfunktion,

$$\tilde{\psi}_0(p) = \frac{1}{\sqrt{2\pi\hbar}}\int_{-\infty}^{\infty} \mathrm{e}^{-\mathrm{i}px/\hbar}\,\psi_0(x)\,dx = (\sqrt{\pi}\hbar/\beta)^{-1/2}\,\mathrm{e}^{-p^2\beta^2/(2\hbar^2)} \quad . \tag{5.53}$$

Wir definieren die Operatoren

$$\hat{b} = \frac{\mu\omega x + \mathrm{i}\hat{p}}{\sqrt{2\mu\hbar\omega}} \; , \quad \hat{b}^\dagger = \frac{\mu\omega x - \mathrm{i}\hat{p}}{\sqrt{2\mu\hbar\omega}} \quad . \tag{5.54}$$

Aufgrund der Vertauschungsrelation (1.33) zwischen Ort und Impuls erfüllen $\hat{b}$ und $\hat{b}^\dagger$ folgende Vertauschungsrelationen:

$$[\hat{b}^\dagger, \hat{b}^\dagger] = [\hat{b}, \hat{b}] = 0 \; , \quad [\hat{b}, \hat{b}^\dagger] = 1 \quad . \tag{5.55}$$

Der Hamiltonoperator (5.50) hat eine sehr einfache Form, wenn man ihn durch die Operatoren $\hat{b}^\dagger$, $\hat{b}$ ausdrückt,

$$\hat{H} = \hbar\omega(\hat{b}^\dagger\hat{b} + 1/2) \quad . \tag{5.56}$$

Aus (5.55), (5.56) folgen die Vertauschungsrelationen von $\hat{b}^\dagger$ und $\hat{b}$ mit $\hat{H}$,

$$[\hat{H}, \hat{b}^\dagger] = \hbar\omega\hat{b}^\dagger \; , \quad [\hat{H}, \hat{b}] = -\hbar\omega\hat{b} \quad . \tag{5.57}$$

Aus der ersten Gleichung (5.57) und der Vertauschungsrelation $[\hat{b}, \hat{b}^\dagger] = 1$ folgt, daß der Operator $\hat{b}^\dagger$ den Eigenzustand $|n\rangle$ von $\hat{H}$ bis auf eine Normierungskonstante in den Eigenzustand $|n+1\rangle$ überführt, $\hat{b}^\dagger$ ist also ein *Quantenerzeugungsoperator*. Ebenso folgt aus der zweiten Vertauschungsrelation (5.57), daß $\hat{b}$ ein *Quantenvernichtungsoperator* ist, der aus einem Eigenzustand $|n\rangle$ einen Eigenzustand mit $n-1$ Quanten macht. Zusammen mit der richtigen Normierung und Phasenkonvention für die Eigenzustände ist

$$\hat{b}|n\rangle = \sqrt{n}\,|n-1\rangle \; , \quad \hat{b}^\dagger|n\rangle = \sqrt{n+1}\,|n+1\rangle \tag{5.58}$$

(siehe auch Aufgabe 2.6). $\hat{b}^\dagger\hat{b}$ ist ein Operator, der einfach die Zahl der angeregten Oszillatorquanten in den Eigenzuständen des Hamiltonoperators (5.50) bzw. (5.56) zählt,

$$\hat{b}^\dagger\hat{b}|n\rangle = n\,|n\rangle \quad . \tag{5.59}$$

Die *kohärenten Zustände* $|z\rangle$ sind als Superposition der Eigenzustände des Hamiltonoperators (5.50) definiert,

$$|z\rangle = \mathrm{e}^{-zz^*/2} \sum_{n=0}^{\infty} \frac{(z^*)^n}{\sqrt{n!}} |n\rangle = \mathrm{e}^{-|z|^2/2} \mathrm{e}^{z^*\hat{b}^\dagger} |0\rangle \quad , \tag{5.60}$$

wobei z eine beliebige komplexe Zahl ist. Die Zustände (5.60) sind auf 1 normiert,

$$\langle z|z\rangle = \mathrm{e}^{-|z|^2} \sum_{n,n'} \frac{z^n (z^*)^{n'}}{\sqrt{n!\,n'!}} \langle n|n'\rangle = \mathrm{e}^{-|z|^2} \sum_{n=0}^{\infty} \frac{(|z|^2)^n}{n!} = 1 \quad , \tag{5.61}$$

aber nicht orthogonal. Die mittlere Zahl von angeregten Quanten im kohärenten Zustand $|z\rangle$ ist

$$\langle z|\hat{b}^\dagger\hat{b}|z\rangle = |z|^2 \tag{5.62}$$

(siehe Aufgabe 5.3).

Um die Wellenfunktion des kohärenten Zustands $|z\rangle$ in der Ortsdarstellung zu berechnen, gehen wir von der zweiten Gleichung (5.60) aus. Den Operator $\exp(z^*\hat{b}^\dagger)$ können wir in ein Produkt zerlegen,

$$\begin{aligned} \mathrm{e}^{z^*\hat{b}^\dagger} &= \exp\left(\frac{z^*(\mu\omega x - \mathrm{i}\hat{p})}{\sqrt{2\mu\hbar\omega}}\right) \\ &= \exp\left(\frac{(z^*)^2}{4}\right) \exp\left(\frac{-\mathrm{i}z^*\hat{p}}{\sqrt{2\mu\hbar\omega}}\right) \exp\left(\frac{z^* x}{\sqrt{2}\beta}\right) \quad . \end{aligned} \tag{5.63}$$

Dabei benutzten wir die Beziehung

$$\mathrm{e}^{(\hat{A}+\hat{B})} = \mathrm{e}^{\hat{A}}\,\mathrm{e}^{\hat{B}}\,\mathrm{e}^{-[\hat{A},\hat{B}]/2} \tag{5.64}$$

für die Operatoren $\hat{A} = -\mathrm{i}z^*\hat{p}/\sqrt{2\mu\hbar\omega}$ und $\hat{B} = z^*x\sqrt{\mu\omega 4/(2\hbar)} = z^*x/(\sqrt{2}\beta)$. Die Beziehung (5.64) ist ein Spezialfall der *Baker-Campbell-Hausdorff-Relation* und gilt dann, wenn der Kommutator $[\hat{A},\hat{B}]$ – in diesem Fall ist das die Konstante $-(z^*)^2/2$ – sowohl mit $\hat{A}$ als auch mit $\hat{B}$ kommutiert (siehe Aufgabe 5.4). Da die Wirkung eines Operators der Form $\exp(a\hat{p})$ auf eine beliebige Wellenfunktion $\psi(x)$ einfach eine Verschiebung des Arguments um $a\hbar/\mathrm{i}$ bedeutet (vgl. (1.66)),

$$\mathrm{e}^{a\hat{p}}\psi(x) = \mathrm{e}^{a(\hbar/\mathrm{i})\partial/\partial x} = \sum_{n=0}^{\infty}\frac{1}{n!}\left(a\frac{\hbar}{\mathrm{i}}\right)^n\frac{\partial^n}{\partial x^n}\psi(x) = \psi\left(x + a\frac{\hbar}{\mathrm{i}}\right) \quad , \tag{5.65}$$

erhalten wir mit (5.63) für die Ortsdarstellung von $|z\rangle$,

$$|z\rangle \equiv \psi_z(x) = \mathrm{e}^{-[|z|^2-(z^*)^2]/2}(\sqrt{\pi}\beta)^{-1/2}\exp\left(-\frac{(x-z^*\sqrt{2}\beta)^2}{2\beta^2}\right) \quad . \tag{5.66}$$

Der kohärente Zustand $|z\rangle$ ist nichts anderes als ein gaußförmiges Wellenpaket, das im Vergleich zum Oszillator-Grundzustand (5.51), (5.53) in Ort und Impuls verschoben ist. Um das zu sehen, bilden wir gemäß (5.40) die zugehörige Wignerfunktion,

$$\begin{aligned}\rho_{\mathrm{W}}(X,P) &= \frac{1}{2\pi\hbar}\int_{-\infty}^{\infty}\mathrm{e}^{-\mathrm{i}Ps/\hbar}\,\psi_z(X+s/2)\,\psi^*(X-s/2)\,ds = \mathrm{e}^{(z-z^*)^2/2}\\ &\quad\times\frac{(\sqrt{\pi}\beta)^{-1}}{2\pi\hbar}\int_{-\infty}^{\infty}\mathrm{e}^{-\mathrm{i}Ps/\hbar}\exp\left(-\frac{(X+\frac{s}{2}-z^*\sqrt{2}\beta)^2}{2\beta^2}\right)\\ &\quad\times\exp\left(-\frac{(X-\frac{s}{2}-z\sqrt{2}\beta)^2}{2\beta^2}\right)ds\\ &= \frac{1}{\pi\hbar}\,\mathrm{e}^{-(X-X_z)^2/\beta^2}\,\mathrm{e}^{-(P-P_z)^2\beta^2/\hbar^2} \quad .\end{aligned} \tag{5.67}$$

Die Verschiebungen X_z, P_z in Ort und Impuls sind

$$X_z = \sqrt{2}\beta\Re(z) = \frac{\beta}{\sqrt{2}}(z^*+z)\ , \quad P_z = \sqrt{2}\,\frac{\hbar}{\beta}\Im(z) = \frac{\mathrm{i}\hbar}{\sqrt{2}\beta}(z^*-z) \quad . \tag{5.68}$$

Die Wignerfunktion (5.67) eines kohärenten Zustands ist überall positiv, so daß es ein korrespondierendes klassisches System gibt, welches durch eine numerisch gleiche Phasenraumdichte beschrieben wird.

Das Besondere an den kohärenten Zuständen ist ihre einfache Entwicklung in der Zeit. Um die Zeitentwicklung zu studieren, beginnen wir mit einem kohärenten Zustand $|z_0\rangle$, der zum Zeitpunkt t_0 durch die komplexe Zahl z_0 charakterisiert ist. Um den Zeitentwicklungsoperator $\exp[-(\mathrm{i}/\hbar)\hat{H}(t-t_0)]$ (vgl. (1.41)) auf die erste Darstellung (5.60) von $|z_0\rangle$ anzuwenden, brauchen wir nur die Eigenzustände $|n\rangle$ von $\hat{H}$ jeweils mit dem Phasenfaktor $\exp[-\mathrm{i}(n+1/2)\omega(t-t_0)]$ zu multiplizieren,

$$\exp\left[-\frac{\mathrm{i}}{\hbar}\hat{H}(t-t_0)\right]|z_0\rangle = \mathrm{e}^{-|z_0|^2/2}\sum_{n=0}^{\infty}\frac{(z_0^*)^n}{\sqrt{n!}}\,\mathrm{e}^{-\mathrm{i}(n+1/2)\omega(t-t_0)}\,|n\rangle$$

$$= \mathrm{e}^{-\mathrm{i}\omega(t-t_0)/2}\mathrm{e}^{-|z|^2/2}\sum_{n=0}^{\infty}\frac{(z(t)^*)^n}{\sqrt{n!}}|n\rangle \tag{5.69}$$

$$= \mathrm{e}^{-\mathrm{i}\omega(t-t_0)/2}\,|z(t)\rangle \quad ,$$

wobei $|z(t)\rangle$ wieder ein kohärenter Zustand ist, und zwar der, welcher durch die komplexe Zahl

$$z(t) = \mathrm{e}^{\mathrm{i}\omega(t-t_0)}\, z_0 \tag{5.70}$$

charakterisiert ist. Bis auf den Phasenfaktor $\exp[-\mathrm{i}\omega(t-t_0)/2]$, der bei der Berechnung von Wahrscheinlichkeitsverteilungen keine Rolle spielt und in dem Dichteoperator wegfällt, ist die Zeitentwicklung eines kohärenten Zustands einfach durch eine Drehung der charakteristischen Zahl z in der komplexen Ebene gegeben. Realteil und Imaginärteil von z oszillieren also mit der Oszillatorfrequenz ω, und das kohärente Wellenpaket $|z(t)\rangle$ oszilliert in Ort und Impuls, ohne seine gaußsche Form oder seine Breiten zu ändern (siehe Abb. 5.6(a)).

Der kohärente Zustand (5.60) stellt ein *minimales Wellenpaket* dar, in dem das Produkt aus Ortsunschärfe $\Delta_x = \beta/\sqrt{2}$ und Impulsunschärfe $\Delta_p = \hbar/(\sqrt{2}\beta)$ den minimalen Wert $\hbar/2$ annimmt, der von der Unschärferelation (1.34) zugelassen ist. Diese minimale Eigenschaft hat allerdings jedes gaußförmige Wellenpaket. Betrachten wir z. B. ein in Ort und Impuls verschobenes gaußförmiges Wellenpaket der Form (5.66), das aber an Stelle der natürlichen Oszillatorbreite β aus (5.52) durch eine andere Breite β' im Ortsraum charakterisiert ist. Die Ortsunschärfe ist dann $\Delta_x = \beta'/\sqrt{2}$ und die Impulsunschärfe ist $\Delta_p = \hbar/(\sqrt{2}\beta')$. Wenn β' kleiner ist als die natürliche Oszillatorbreite β aus (5.52), dann ist das Wellenpaket im Vergleich zu den kohärenten Zuständen im Ortsraum *gestaucht* (engl. *squeezed*), dafür ist die Verteilung im Impulsraum entsprechend breiter. Wenn β' größer ist als die natürliche Oszillatorbreit β, dann ist die Impulsverteilung schmaler als für den kohärenten Zustand, das Wellenpaket ist im Impulsraum gestaucht.

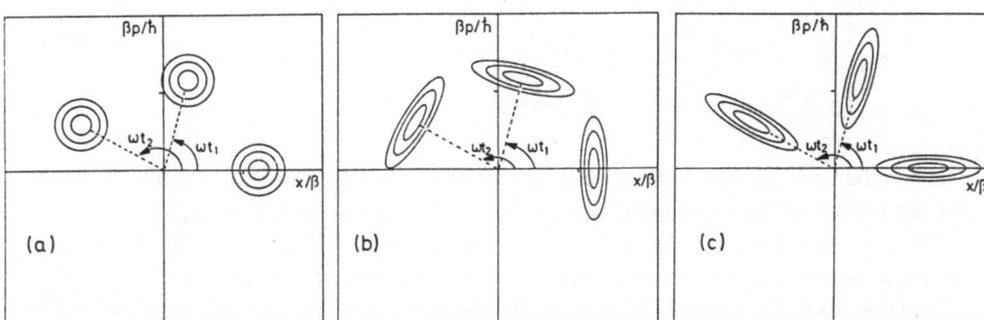

Abb. 5.6a–c. Zeitliche Entwicklung von minimalen Wellenpaketen im Phasenraum unter dem Einfluß eines harmonischen Oszillatorpotentials mit natürlicher Oszillatorbreite β. Zur Zeit $t = 0$ befindet sich das Wellenpaket bei seiner maximalen Auslenkung. Die Bildteile zeigen jeweils Höhenlinien der Wignerfunktion (von innen nach außen: $\rho_{\mathrm{W}}/(\rho_{\mathrm{W}})_{\mathrm{max}} = 0.9\ ,\ 0.7\ ,\ 0.5$) bei $t = 0$, $\omega t_1 = 75°$ und $\omega t_2 = 150°$. **(a)** zeigt den kohärenten Zustand, **(b)** einen in der Amplitude gestauchten Zustand und **(c)** einen in der Phase gestauchten Zustand.

Die Zeitentwicklung der gestauchten Zustände ist nicht ganz so einfach wie für die kohärenten Zustände, aber fast. Für jedes gaußförmige Wellenpaket hat die Wignerfunktion die Form (5.67) (mit geeignetem Breiteparameter) und ist insbesondere nicht negativ. Die Zeitentwicklung gemäß der quantenmechanischen von-Neumann-Gleichung ist identisch mit der Zeitentwicklung einer numerisch gleichen klassischen Phasenraumdichte gemäß der klassischen Liouville-Gleichung, weil das Potential harmonisch ist. Die Wignerfunktion folgt also den klassischen Trajektorien im Phasenraum, und das sind Kreise, die mit der Periode $2\pi/\omega$ durchlaufen werden. Die Wignerfunktion bewegt sich also kreisförmig im Phasenraum und ändert dabei nicht ihre Form, wohl aber ihre Orientierung in Bezug auf die Orts- und Impulsachse, wie es in Abb. 5.6(b) und (c) dargestellt ist. (Eine solche Zeitentwicklung gilt übrigens für beliebige Wignerfunktionen und nicht nur für gaußförmige Wellenpakete, so lange das Potential harmonisch ist.) Abbildung 5.6(b) zeigt die Zeitentwicklung eines im Ort gestauchten minimalen Wellenpakets ($\beta' = \beta/2$), das sich zur Zeit $t = 0$ bei seiner maximalen Auslenkung befindet. Nach einer Viertelperiode, $\omega t = \pi/2$, ist hieraus ein im Impuls gestauchtes Wellenpaket bei $x = 0$ geworden, nach einer halben Periode wieder ein im Ort gestauchtes Paket, aber bei negativer Auslenkung, usw., bis zur Wiederkehr in den Ausgangszustand nach einer ganzen Periode. Abbildung 5.6(c) zeigt umgekehrt die Zeitentwicklung eines minimalen Wellenpakets, das zur Zeit $t = 0$ im Impuls gestaucht ist ($\beta' = 2\beta$), nach einer Viertelperiode im Ort, usw., usw. In einer zeitunabhängigen Klassifizierung nennt man das in Abb. 5.6(b) dargestellte Wellenpaket *in der Amplitude* ($[p^2/\mu + \mu\omega^2 x^2]^{1/2}$) gestaucht, während das in Abb. 5.6(c) dargestellte Wellenpaket *in der Phase* ($\arctan(p/\mu\omega x)$) gestaucht ist.

In der quantenmechanischen Beschreibung des elektromagnetischen Feldes in Abschn. 2.4.2 haben wir die Photonen einer gegebenen Mode als Quanten eines harmonischen Oszillators behandelt. Für eine einzelne Mode λ erhalten wir aus (2.156) und (2.157)

$$
\begin{aligned}
\boldsymbol{A} &= \frac{\boldsymbol{\pi}_\lambda}{L^{3/2}}\left(q_\lambda \mathrm{e}^{-\mathrm{i}\omega_\lambda t} + q_\lambda^* \mathrm{e}^{+\mathrm{i}\omega_\lambda t}\right) \quad , \\
\boldsymbol{E} &= \frac{\boldsymbol{\pi}_\lambda}{L^{3/2}}\frac{\mathrm{i}\omega_\lambda}{c}\left(q_\lambda \mathrm{e}^{-\mathrm{i}\omega_\lambda t} - q_\lambda^* \mathrm{e}^{+\mathrm{i}\omega_\lambda t}\right) \quad , \\
\boldsymbol{B} &= \frac{\mathrm{i}\boldsymbol{k}_\lambda \times \boldsymbol{\pi}_\lambda}{L^{3/2}}\left(q_\lambda \mathrm{e}^{-\mathrm{i}\omega_\lambda t} - q_\lambda^* \mathrm{e}^{+\mathrm{i}\omega_\lambda t}\right) \quad .
\end{aligned}
\tag{5.71}
$$

Dabei haben wir, um die Formeln einfach zu halten und weil uns die räumliche Struktur der Felder im Moment nicht beschäftigen soll, die Dipolnäherung ($\exp(\mathrm{i}\boldsymbol{k}_\lambda \cdot \boldsymbol{r}) \approx 1$) benutzt. Wenn wir die Amplituden q_λ und q_λ^* nach (2.159) durch Ort und Impuls ersetzen und die Faktoren $\exp(\pm\mathrm{i}\omega_\lambda t)$ weglassen, um im Sinne von (2.167) den Übergang vom Heisenberg-Bild zum Schrödinger-Bild zu vollziehen, dann ergibt sich der folgende Zusammenhang zwischen den elektromagnetischen Feldoperatoren und den Orts- und Impulsoperatoren $\hat{x}_\lambda$ und $\hat{p}_\lambda$ des zugehörigen harmonischen Oszillators (im Schrödinger-Bild):

$$
\hat{\boldsymbol{A}} = \frac{\boldsymbol{\pi}_\lambda}{L^{3/2}}\sqrt{4\pi c^2}\,\hat{x}_\lambda \ , \ \hat{\boldsymbol{E}} = -\frac{\boldsymbol{\pi}_\lambda}{L^{3/2}}\sqrt{4\pi}\,\hat{p}_\lambda \ , \ \hat{\boldsymbol{B}} = -\frac{\boldsymbol{k}_\lambda \times \boldsymbol{\pi}_\lambda}{|\boldsymbol{k}_\lambda| L^{3/2}}\sqrt{4\pi}\,\hat{p}_\lambda \ . \tag{5.72}
$$

In einer gegebenen Mode λ spielt also das Vektorpotential zusammen mit der elektrischen oder der magnetischen Feldstärke die Rolle von konjugierten Orts- und Impulsvariablen für den harmonischen Oszillator, der diese Mode beschreibt. (Siehe auch Aufgabe 5.3.)

Die kohärenten Zustände spielen im Rahmen der Quantenoptik eine wichtige Rolle bei der Untersuchung der statistischen Eigenschaften von Licht. Zustände des elektromagnetischen Feldes, die sich als eine Überlagerung von kohärenten Zuständen $|z\rangle$ mit einer regulären, positiven Amplitudenfunktion $P(z)$ schreiben lassen, werden im allgemeinen „klassisch" genannt. Für den kohärenten Zustand $|z_0\rangle$ selbst wäre $P(z) = \delta(z - z_0)$, was gerade am Rande des klassischen Bereichs liegt. Feldzustände, deren Photonenzahlverteilung schärfer ist als in einem kohärenten Zustand, können im allgemeinen nicht mit regulären, positiven Amplituden $P(z)$ als Überlagerungen von kohärenten Zuständen dargestellt werden. Dies ist der Bereich „nicht-klassischen" Lichts. Ein Eigenzustand des Feldes mit einer festen Zahl n_λ von Photononen in einer gegebenen Mode λ ist (außer für $n_\lambda = 0$) ein Beispiel für nicht-klassisches Licht. Die Wignerfunktion (5.40) für einen solchen Zustand nimmt auch negative Werte an, und kann deshalb nicht als eine klassische Phasenraumdichte interpretiert werden (siehe Aufgabe 5.3(c)).

Kohärente Zustände spiegeln in ihrer Zeitentwicklung die klassische Dynamik wider. Die endliche Breite ihrer Orts- und Impulsverteilungen berücksichtigt die Erfordernisse der quantenmechanischen Unschärferelation. Große Aufmerksamkeit wurde in den letzten Jahren der Erzeugung und Beobachtung von gestauchten Zuständen des Lichts gewidmet. Das besondere Interesse an gestauchten Zuständen erklärt sich daraus, daß ihre Unschärfe (in Amplitude oder Phase) unter der natürlichen quantenmechanischen Unschärfe (des kohärenten Zustands) liegt, und daß dadurch die Grenzen, die in verschiedenen empfindlichen Meßprozessen durch die natürlichen Quantenfluktuationen gesetzt sind, unterschritten werden können [MS83]. Für eine ausführliche Beschreibung der quantenmechanischen Theorie des Lichts sei das Buch „Elements of Quantum Optics" von Meystre und Sargent empfohlen [MS90].

Zum Schluß dieses Abschnitts soll nochmal hervorgehoben werden, daß das einfache Bild eines Wellenpakets, dessen zeitliche Entwicklung klassisch und ohne Änderung der Form des Wellenpakets abläuft, an die harmonische Form des Hamiltonoperators gebunden ist. Diese harmonische Form äußert sich darin, daß die klassische Schwingungsfrequenz unabhängig ist von der Amplitude und daß die Energieeigenwerte äquidistant sind. Daß solch einfache Verhältnisse nicht allgemein zu erreichen sind, zeigt schon das Beispiel der Dispersion im Ortsraum für das freie Teilchen. Das Konzept der kohärenten Zustände läßt sich allerdings auf andere physikalische Systeme übertragen, z. B. auf Drehimpulseigenzustände. Die Eigenwerte der z-Komponente eines Drehimpulses sind ja auch äquidistant, wenn auch das Spektrum bei gegebener Drehimpulsquantenzahl l nach oben und unten beschränkt ist (1.57). Für eine allgemeine Beschreibung von kohärenten Zuständen in Systemen, die durch verschiedene Symmetriegruppen charakterisiert sind, sei z. B. auf [Hec87] verwiesen.

5.2.3 Kohärente Wellenpakete in realen Systemen

Für die dynamische Entwicklung eines Wellenpakets ist der im vorangegangenen Abschnitt behandelte harmonische Oszillator insofern untypisch, als zwei wichtige Ergebnisse nicht auf allgemeinere Systeme übertragen werden können. Erstens gilt für Potentiale mit anharmonischen Beiträgen nicht mehr, daß klassische und quantenmechanische Phasenraumverteilungen dieselbe zeitliche Entwicklung durchlaufen. Zweitens laufen Phasenraumverteilungen mit endlicher Unschärfe in Ort und Impuls im allgemeinen (auch klassisch) im Ortsraum auseinander. Das heißt, in einem allgemeinen Potential kann ein Wellenpaket zwar im Mittel der von der klassischen Mechanik vorgegebenen Trajektorie im Phasenraum folgen, darüber hinaus gibt es aber Dispersion, die auch klassisch verstanden werden kann, und echte quantenmechanische Effekte, die durch die Terme verursacht werden, die auf den rechten Seiten der Gleichungen (5.48), (5.49) durch Punkte angedeutet sind.

Die Frage nach der Existenz von kohärenten Wellenpaketen, die exakte Lösungen der Schrödingergleichung sind, aber deutlicher als die gewohnten stationären Eigenzustände die Korrespondenz zur klassischen Mechanik erkennen lassen, hat in jüngster Zeit einige Beachtung gefunden [Nau89, GD89, YM90]. Für die Atomphysik ist natürlich das Verhalten von Wellenpaketen in einem Coulombpotenial (1.132) von besonderem Interesse. Im reinen Coulombpotential sind die Energieeigenwerte $E_n = -\mathcal{R}/n^2$ hochgradig entartet. Es gibt (ohne Spin) n^2 Eigenzustände, die durch die Drehimpulsquantenzahl $l = 0, 1, \dots, n-1$ und die m-Quantenzahl charakterisiert werden können. Neben dem Drehimpuls ist für das reine Coulombpotential der *Runge-Lenz-Vektor*

$$\hat{\boldsymbol{M}} = \frac{1}{2\mu}\left(\hat{\boldsymbol{p}} \times \hat{\boldsymbol{L}} - \hat{\boldsymbol{L}} \times \hat{\boldsymbol{p}}\right) - e^2\frac{\boldsymbol{r}}{r} \tag{5.73}$$

eine Erhaltungsgröße. Klassisch ist seine Länge ein Maß für die Exzentrizität der geschlossenen Kepler-Ellipsen, und seine Richtung ist parallel zur größeren Hauptachse. Aus den Komponenten des Drehimpulsvektors $\hat{\boldsymbol{L}}$ und des Runge-Lenz-Vektors (5.73) haben Nauenberg [Nau89] in zwei räumlichen Dimensionen und Gay et al. [GD89] in drei räumlichen Dimensionen einen verallgemeinerten Drehimpuls konstruiert und nach Lösungen der Schrödingergleichung gesucht, welche in geeigneten Komponenten dieses verallgemeinerten Drehimpulses eine minimale Unschärfe zeigen. Durch Superposition von entarteten Eigenzuständen zu einer Hauptquantenzahl n läßt sich auf diese Weise eine stationäre Lösung der Schrödingergleichung konstruieren, die nicht mehr durch gute Quantenzahlen l und m des Drehimpulses charakerisiert ist, dafür aber eine optimale Lokalisierung entlang der klassischen Kepler-Ellipse zeigt (siehe Abb. 5.7).

Um ein nicht-stationäres Wellenpaket zu konstruieren, das möglichst gut die klassische Bewegung längs einer Ellipsenbahn simuliert, muß man Eigenzustände zu verschiedenen Hauptquantenzahlen n überlagern. Die Zeitentwicklung für eine gaußförmige Überlagerung zeigt Abb. 5.8. In Abb. 5.8(a) ist ein Wellenpaket abgebildet, das zum Zeitpunkt $t=0$ um den Perihel einer Kepler-Ellipse lokalisiert ist. Nach einem halben Umlauf ist das Wellenpaket am Aphel angelangt, Abb. 5.8(b). Die Lo-

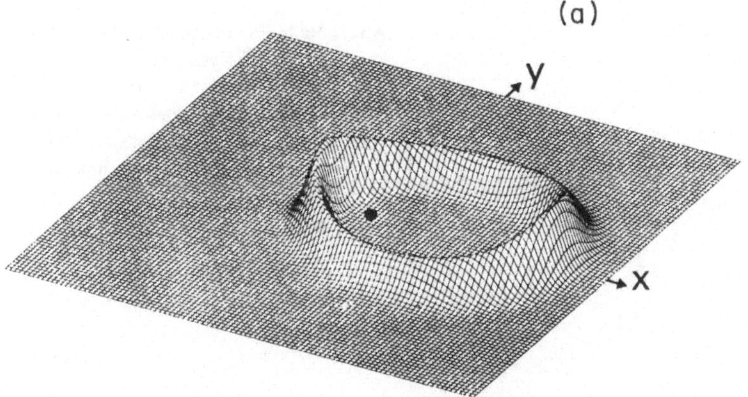

Abb. 5.7. Wahrscheinlichkeitsdichte $|\psi(\boldsymbol{r})|^2$ für die stationäre Lösung der Schrödingergleichung im reinen Coulombpotential, welche die optimale Lokalisierung um eine Kepler-Ellipse gegebener Ekzentrizität (hier 0.6) zeigt. (Aus [GD89])

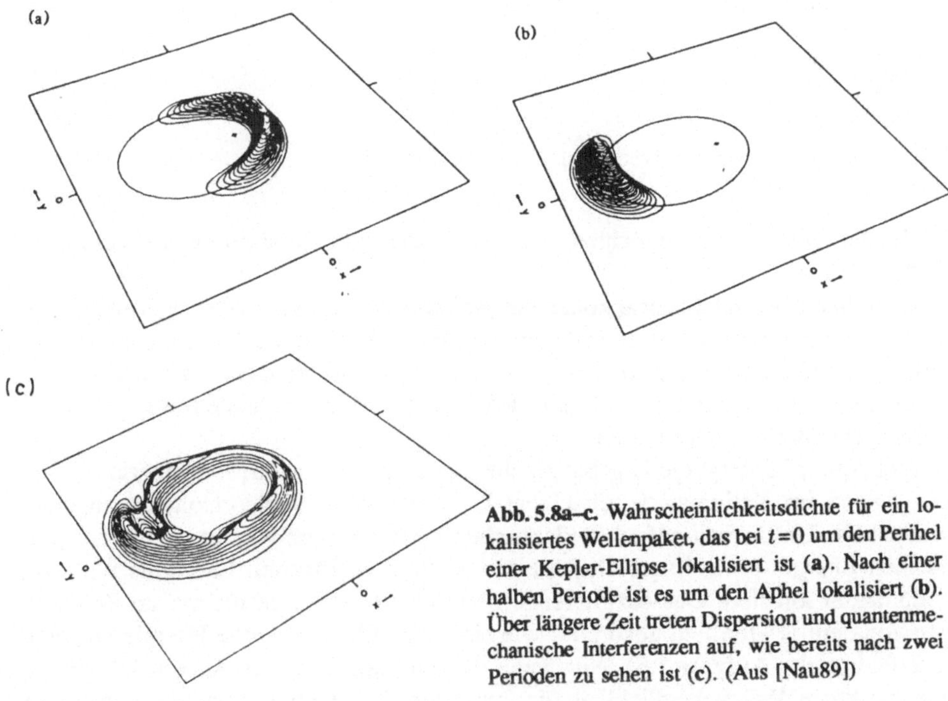

Abb. 5.8a–c. Wahrscheinlichkeitsdichte für ein lokalisiertes Wellenpaket, das bei $t=0$ um den Perihel einer Kepler-Ellipse lokalisiert ist (**a**). Nach einer halben Periode ist es um den Aphel lokalisiert (**b**). Über längere Zeit treten Dispersion und quantenmechanische Interferenzen auf, wie bereits nach zwei Perioden zu sehen ist (**c**). (Aus [Nau89])

kalisierung längs der Bahn ist nun sogar etwas schärfer. Dies liegt an der langsameren Geschwindigkeit im Aphel und läßt sich wie ein klassischer Stau verstehen. Über längere Zeit läuft das Wellenpaket aber auseinander. Schon nach zwei Umläufen hat es sich um die ganze Kepler-Ellipse ausgebreitet, Abb. 5.8(c). Außerdem sieht man in Abb. 5.8(c) bereits Anzeichen für Interferenzeffekte, die da entstehen, wo die vorauseilende „Vorhut" des Wellenpakets die zögerliche „Nachhut" eingeholt hat. Diese Interferenzeffekte, die zu Oszillationen in der Aufenthaltswahrscheinlich-

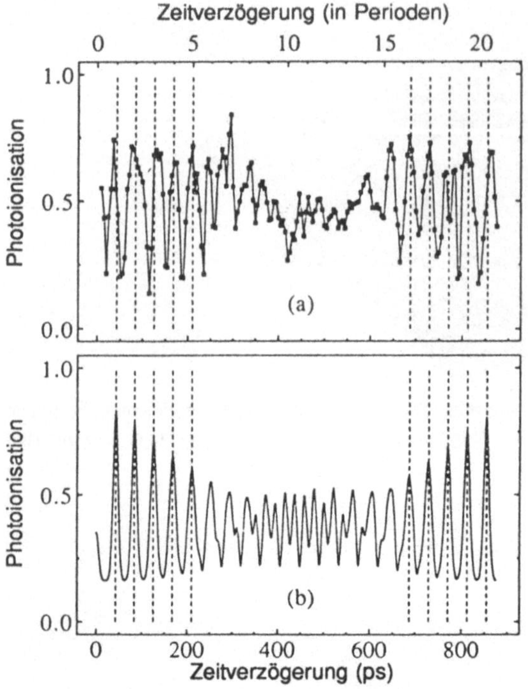

Abb. 5.9a,b. Photoionisationswahrscheinlichkeit für $n \approx 65$ Rydbergzustände eines K-Atoms, die durch einen 15 ps Laserpuls angeregt wurden. Die Abszisse zeigt die Zeitverzögerung zum Ionisationspuls. (a) Experiment, (b) theoretische Rechnung. (Aus [YM90])

keit führen, gehören zu den echten Quanteneffekten, die klassisch nicht beschrieben werden können.

Räumlich stark lokalisierte kohärente Wellenpakete müssen Überlagerungen von stationären Zuständen zu verschiedenen Energien sein. Um solche Wellenpakete im Labor zu produzieren, muß man eine Störung des Hamiltonoperators erzeugen, die sowohl räumlich als auch zeitlich stark lokalisiert ist. Dies ist heute mit Laserpulsen im Picosekundenbereich möglich.

Abbildung 5.9 zeigt die Ergebnisse eines Experiments, bei dem Rydbergzustände um $n = 65$ im Kaliumatom mit einem Laserpuls von 15 Picosekunden angeregt wurden. Die Umlaufzeit auf einer klassischen Kepler-Ellipse beträgt bei der entsprechenden Energie etwa 40 ps. Durch einen zeitlich verzögerten Laserpuls wird das Kaliumatom ionisiert. Das oszillierende Elektron befindet sich die meiste Zeit weit weg von dem K^+-Ion und absorbiert wie ein freies Elektron keine Energie aus dem Laserfeld (siehe Aufgabe 5.5). Nur wenn das Elektron nahe am K^+-Ion ist, gibt es eine merkbare Wahrscheinlichkeit für Ionisation. Tatsächlich zeigt die gemessene Photoionisationswahrscheinlichkeit immer dann Maxima, wenn die Zeitverzögerung zwischen der Anregung des K-Atoms und dem Ionisationspuls ein ganzzahliges Vielfaches der klassischen Oszillationsperiode ist. Nach mehreren Oszillationen ist das Signal verwischt, was auf Dispersion des Wellenpakets zurückgeführt wird. Nach einiger Zeit beobachtet man aber eine Wiederkehr (engl. *revival*) zu einem mehr oder weniger kohärenten Wellenpaket mit Oszillationen, die der klassischen Umlauffrequenz entsprechen. Der Grund für diese Wiederkehr liegt darin, daß die quantenmechanische Evolution eines Zustands, der aus einer Superposition von endlich vielen stationären Zuständen mit entsprechenden Energieeigenwerten besteht, immer quasiperiodisch ist. Die Kohärenz der verschiedenen interferierenden Beiträge bleibt während der Zeitentwicklung erhalten und ermöglicht die (weitgehende) Wiederkehr zum ursprünglichen lokalisierten Wellenpaket.

Ein Review-Artikel über die Laseranregung von Wellenpaketen in Rydberg-Atomen wurde kürzlich von Alber und Zoller verfaßt [AZ90].

5.3 Chaos

Die Bewegungsgleichungen der klassischen Mechanik und die Schrödingergleichung für die quantenmechanische Wellenfunktion sind deterministisch, d. h. die exakte Kenntnis eines physikalischen Zustands zu einem bestimmten Zeitpunkt t_0 legt den Zustand des Systems zu allen späteren Zeitpunkten $t > t_0$ fest. Ob die dynamische Entwicklung eines Systems auch im praktischen Sinne vohersagbar ist, hängt davon ab, wie genau der Anfangszustand zum Zeitpunkt t_0 bestimmt sein muß, um den Zustand zum späteren Zeitpunkt innerhalb einer vorgegebenen Genauigkeit festzulegen. In einem mechanischen System kann die Dynamik tatsächlich so *irregulär* sein, daß die Entwicklung des Systems, obwohl im Prinzip deterministisch, *de facto* unvorhersagbar ist. Daß die Entwicklung eines mechanischen Systems in diesem Sinne irregulär sein kann, ist schon seit Anfang dieses Jahrhunderts bekannt. In den letzten Jahren ist aber immer deutlicher geworden, daß solche Irregularität, die man inzwischen *Chaos* nennt, schon in vielen, scheinbar einfachen Systemen mit wenigen Freiheitsgraden auftritt. Diese einfachen Systeme kann man mit modernen Rechenmaschinen sehr detailliert studieren, und so ist Chaos in fast allen Gebieten der Physik zu einem außerordentlich schnell wachsenden und populären Teilgebiet geworden.

Die Definition von Chaos im Rahmen der klassischen Mechanik ist inzwischen allgemein akzeptiert (siehe Abschn. 5.3.1). Dagegen ist es noch nicht klar, wie man das klassische Konzept des Chaos auf die Quantenmechanik zu übertragen hat. Allerdings haben zahlreiche numerische Untersuchungen an Modellsystemen mit wenigen Freiheitsgraden gezeigt, daß chaotische klassische Dynamik in einem mechanischen System meistens mit charakteristischen Fluktuationseigenschaften in den Spektren des korrespondierenden quantenmechanischen Systems einhergeht (siehe Abschn. 5.3.2).

Während die meisten konkreten Untersuchungen im Zusammenhang mit Chaos numerische Experimente an Modellsystemen sind, gibt es gerade in der Atomphysik einige prominente Beispiele für einfache, aber physikalisch reale Systeme, die im Labor untersucht werden können und untersucht worden sind, und die alle die Eigenschaften haben, die im Zusammenhang mit Chaos als charakteristisch und interessant angesehen werden (siehe Abschn. 5.3.3 und 5.3.4).

5.3.1 Chaos in der klassischen Mechanik

Im Rahmen der klassischen Mechanik wird ein physikalisches System mit N Freiheitsgraden durch eine Hamiltonfunktion $H(q_1, \ldots, q_N; p_1, \ldots, p_N; t)$ beschrieben, die von N Koordinaten q_i, N kanonisch konjugierten Impulsen p_i und vielleicht noch von der Zeit t abhängt (siehe Abschn. 5.2.1). Die klassischen Trajektorien $q_i(t)$, $p_i(t)$ sind Lösungen der kanonischen Gleichungen (5.26) und bestimmen bei gegebenen Anfangsbedingungen $q_i(t_0)$, $p_i(t_0)$ eindeutig die Entwicklung des Systems für alle späteren Zeiten. Es ist zweckmäßig, die $2N$ Komponenten $q_1, \ldots, q_N; p_1, \ldots, p_N$ eines Phasenraumpunkts in einem Symbol x zusammenzufassen. Wie regulär oder chaotisch die dynamische Entwicklung ist, hängt davon ab, wie schnell eine kleine Abweichung Δx von einer gegebenen Trajektorie $x(t)$ mit der Zeit zunehmen kann. Allgemein versteht man heute unter Chaos die Eigenschaft, daß eine kleine Abweichung exponentiell mit der Zeit zunimmt, bzw. daß eng benachbarte Trajektorien mit der Zeit *exponentiell divergieren.*

Um diese Aussage quantitativer zu formulieren, betrachten wir eine gegebene Trajektorie $x(t)$ und eine kleine Abweichung $\Delta x(t_0)$ zum Zeitpunkt t_0. Zu einem späteren Zeitpunkt t_1 weicht die Trajektorie, die bei t_0 am Phasenraumpunkt $x(t_0) + \Delta x(t_0)$ loslief, um den Abstand $\Delta x(t_1)$ von der ursprünglichen Trajektorie ab. Im Grenzfall infinitesimaler Abweichungen besteht ein linearer Zusammenhang zwischen den Abweichungen zum Zeitpunkt t_0 und zum Zeitpunkt t_1. Da die Phasenraumpunkte bzw. die Abweichungen Δx $2N$-komponentige Größen sind, wird dieser lineare Zusammenhang durch eine $2N \times 2N$ Matrix vermittelt, die *Stabilitätsmatrix* $\mathbf{M}(t_1, t_0)$:

$$\Delta x(t_1) = \mathbf{M}(t_1, t_0)\Delta x(t_0) \quad . \tag{5.74}$$

Da Δx eine mehrkomponentige Größe ist, können anfängliche Abweichungen in einer Richtung im Phasenraum mit der Zeit stark anwachsen, während anfängliche Abweichungen in einer anderen Richtung weniger stark anwachsen oder auch kleiner werden können. Für die Definition von Chaos ist die am schnellsten zunehmende Abweichung maßgebend, und die zugehörige Geschwindigkeit der Zunahme hängt mit der *Matrixnorm* der Stabilitätsmatrix zusammen. Eine Matrixnorm $\|\mathbf{M}\|$ ist nicht negativ und kann als der größte Eigenwert der hermiteschen Matrix $\mathbf{M}^\dagger\mathbf{M}$ definiert werden [HJ85]. Im Punkt x des Phasenraums ist die Dynamik *instabil*, wenn die Norm der Stabilitätsmatrix längs der mit $x(t_0)$ beginnenden Trajektorie exponentiell zunimmt – genauer gesagt, wenn der im Grenzfall großer Zeiten definierte *Liapunovexponent*

$$\lambda \stackrel{\text{def}}{=} \lim_{t-t_0 \to \infty} \frac{\ln \|\mathbf{M}(t, t_0)\|}{t - t_0} \tag{5.75}$$

nicht verschwindet, sondern positiv ist. Anschaulich heißt das, daß benachbarte Trajektorien im Phasenraum exponentiell divergieren, und der Liapunovexponent (5.75) ist der Faktor, der die Geschwindigkeit der Divergenz bestimmt (siehe Abb. 5.10).

Für genauere Details sei z. B. auf die Bücher von Lichtenberg und Liberman [LL83] und von Schuster [Sch84] verwiesen. Hier seien noch zwei Bemerkungen

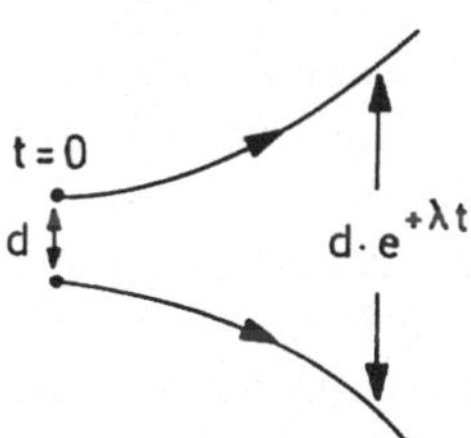

Abb. 5.10. Schematische Darstellung der exponentiellen Divergenz benachbarter Trajektorien im Phasenraum

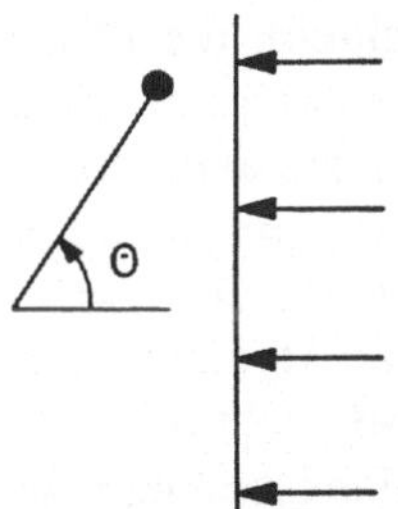

Abb. 5.11. Illustration des periodisch gestoßenen Rotors. Um den Zeitpunkt nT wirkt das Drehmoment $k \sin\theta\, \delta(t - nT)$. Ob ein Stoß die Drehbewegung beschleunigt oder abbremst, hängt von der Richtung der Drehung und dem Winkel θ im Augenblick des Stoßes ab.

angefügt: Der durch (5.75) definierte Liapunovexponent ist eine Eigenschaft der klassischen Trajektorie, d. h. alle Phasenraumpunkte längs einer Trajektorie haben denselben Liapunovexponenten (siehe Aufgabe 5.6). Jede Trajektorie ist also entweder stabil, wenn ihr Liapunovexponent verschwindet, oder instabil, wenn ihr Liapunovexponent positiv ist. Eine instabile Trajektorie muß nicht einen sehr komplizierten Verlauf haben. So kann eine periodische Trajektorie instabil sein. Dies bedeutet aber, daß infinitesimal kleine Abweichungen von der periodischen Bahn auf Trajektorien führen, die sich exponentiell von der periodischen Bahn entfernen und folglich selbst nicht periodisch oder annähernd periodisch sein können (siehe Aufgabe 5.7).

In einem Bereich im Phasenraum herrscht Chaos, wenn alle Bahnen instabil sind. Chaos kann es bereits in einem System mit nur einem Freiheitsgrad geben, wenn die Hamiltonfunktion explizit von der Zeit abhängt. Ein wichtiges Beispiel ist die periodische Zeitabhängigkeit, wie sie z. B. durch ein oszillierendes äußeres Feld hervorgerufen wird. Das einfachste Beispiel eines mechanischen Systems, das von einer periodischen Kraft getrieben wird, ist der *periodisch gestoßene Rotor* mit der Hamiltonfunktion

$$H(\theta; p; t) = \frac{p^2}{2} + k \cos\theta \sum_n \delta(t - nT) \quad . \tag{5.76}$$

Die Koordinate θ beschreibt hier die Drehung um eine feste Achse, und p ist der zugehörige kanonisch konjugierte Drehimpuls (das Trägheitsmoment ist 1). Jeweils nach Ablauf einer Periode T erhält der Rotor einen Stoß, dessen Stärke durch die Kraftkonstante k bestimmt ist und von dem momentanen Auslenkwinkel θ abhängt (siehe Abb. 5.11). Der Drehimpuls ändert sich durch diesen Stoß um den Betrag $k \sin\theta$. Zwischen zwei Stößen dreht sich der Rotor frei, so daß der Winkel in einer Periode um pT zunimmt. Zusammen lassen sich der Winkel θ_{n+1} und der Drehimpuls p_{n+1} nach $n+1$ Perioden durch folgende Beziehung rekursiv angeben:

$$p_{n+1} = p_n + k \sin\theta_n \ , \quad \theta_{n+1} = \theta_n + p_{n+1} T \quad . \tag{5.77}$$

Diese Gleichung beschreibt die ganze Dynamik des periodisch gestoßenen Rotors als eine Abbildung des zweidimensionalen Phasenraums in sich. Wegen ihrer grundlegenden Bedeutung ist sie unter dem Namen *Standardabbildung* bekannt. Eine zum Zeitpunkt $t=0$ bei $\theta=\theta_0$, $p=p_0$ beginnende Trajektorie im Phasenraum wird bereits durch die Punktfolge (θ_n, p_n) , $n = 0, 1, 2, \ldots$ vollständig beschrieben.

Wie kompliziert die Dynamik sein kann, welche durch die Standardabbildung (5.77) beschrieben wird, sieht man an den Punktfolgen (θ_n, p_n) im Phasenraum, die aus verschiedenen Anfangsbedingungen entstehen. Im *integrablen Grenzfall* $k=0$ ist die Rotation gleichmäßig, der Drehimpuls p ist konstant, und der Winkel θ nimmt während jeder Periode um pT zu. Die Punkte (θ_n, p_n) einer Trajektorie im Phasenraum liegen alle auf der Geraden $p = \text{const.}$ Es ist klar, daß eine kleine Abweichung in den Anfangsbedingungen in diesem Fall höchstens linear in der Zeit anwachsen kann. Bei endlichen Werten von k – tatsächlich ist das Produkt kT die maßgebende Größe – wird die Struktur des Phasenraums komplizierter. Abbildung 5.12 zeigt die Punktfolgen (θ_n, p_n), die aus fünf verschiedenen Anfangsbedingungen bei $kT=0.97$ hervorgehen. Es sind deutlich zwei verschiedene Arten von Trajektorien erkennbar: reguläre Trajektorien, für die alle Punkte auf einer Kurve liegen, und irreguläre Trajektorien, deren Punkte (θ_n, p_n) mehr oder weniger gleichmäßig über eine endliche Fläche im Phasenraum gestreut sind. Die beiden regulären Trajektorien in Abb. 5.12 entsprechen *quasiperiodischen* Bewegungen, und die zugehörigen eindimensionalen Kurven bilden Grenzen, die von anderen Trajektorien nicht überquert werden können. Sie teilen den Phasenraum in disjunkte Bereiche auf. Aus ausführlichen numerischen Rechnungen von Greene [Gre79] und anderen weiß man, daß der Anteil an irregulären bzw. chaotischen Trajektorien mit zunehmendem Parameter kT zunimmt. Für große Werte von kT brechen die Grenzkurven auf, und eine Wandererung von irregulären Trajektorien durch den ganzen Phasenraum wird möglich.

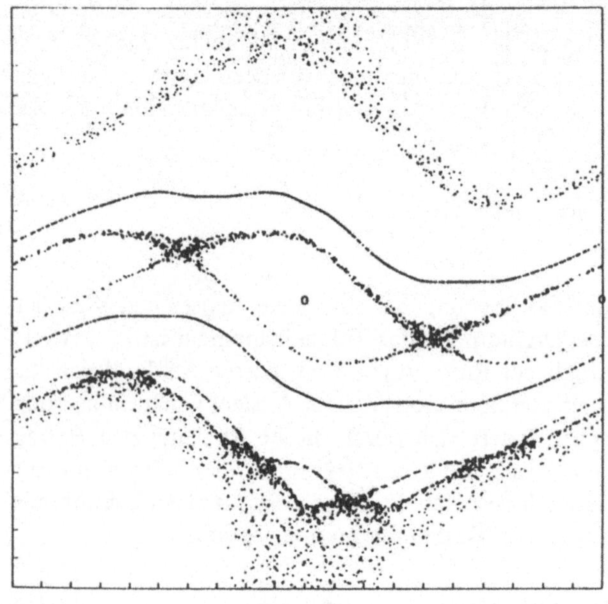

Abb. 5.12. Trajektorien des periodisch gestoßenen Rotors (5.76), (5.77) im Phasenraum bei einem Kopplungsparameter $kT=0.97$ (aus [Gre79]).

Numerische Rechnungen weisen auch darauf hin, daß (bei genügend großem kT) die Wahrscheinlichkeitsverteilung $P(p)$ des Impulses nach n Perioden in eine Gauß-Verteilung übergeht, in der das Quadrat der Breite wie bei einer gewöhnlichen Diffusion bzw. bei einer Folge von Zufallsschritten proportional zur Zeit zunimmt. Nach n Perioden ist [CF86]

$$P(p) \approx \left(kT\sqrt{n\pi}\right)^{-1} \mathrm{e}^{-p^2/[n(kT)^2]}, \quad \langle p^2 \rangle = \int p^2 P(p)\,dp \approx \frac{1}{2} n(kT)^2 \quad .(5.78)$$

Da p^2 proportional zur kinetischen Energie des Systems ist, bedeutet (5.78), daß sich die Energieverteilung diffusiv verbreitert.

In einem *konservativen System* hängt die Hamiltonfunktion H nicht explizit von der Zeit ab, die Energie $H(q_1(t),\ldots, q_N(t); p_1(t)\ldots p_N(t))$ des Systems ist stets ein *Integral der Bewegung*, und alle Trajektorien zur selben Energie bewegen sich auf einem $(2N{-}1)$-dimensionalen Unterraum des Phasenraums, der *Energieschale*. In einem eindimensionalen konservativen System ist jede gebundene Bewegung eine (im allgemeinen nicht harmonische) Oszillation zwischen zwei klassischen Umkehrpunkten und folglich periodisch. Im zweidimensionalen Phasenraum ist die Trajektorie eine geschlossene Kurve (siehe Abb. 5.13(a) und 5.13(b)). Eine kleine Abweichung von einer gegebenen Bahn führt auf eine etwas andere, aber immer noch periodische Bewegung, und man kann zeigen, daß der Abstand zweier Trajektorien im Phasenraum höchstens linear mit der Zeit zunimmt. Ein solches System zeigt kein Chaos. (Allerdings kann es isolierte instabile Punkte geben.)

Die einfachsten konservativen Systeme, die chaotisch sein können, sind solche mit $N = 2$ Freiheitsgraden. Chaos ist dann möglich, wenn das System nicht integrabel ist, d. h. wenn es kein weiteres Integral der Bewegung gibt. Ansonsten läßt sich das System im allgemeinen wieder durch stabile periodische oder quasiperiodische Bewegungen beschreiben. So laufen in einem konservativen zweidimensionalen System, in dem es eine zweite unabhängige Konstante der Bewegung gibt, die Trajektorien auf einer zweidimensionalen Fläche in der Energieschale. Diese Fläche hat im allgemeinen die Topologie eines *Torus*, dessen Maße durch die Energie und die zweite Konstante der Bewegung bestimmt sind (siehe Abb. 5.13(c), Aufgabe 5.8). Allgemeiner nennt man ein mechanisches System mit N Freiheitsgraden *integrabel*, wenn sich die Hamiltonfunktion als Funktion von N unabhängigen Integralen der

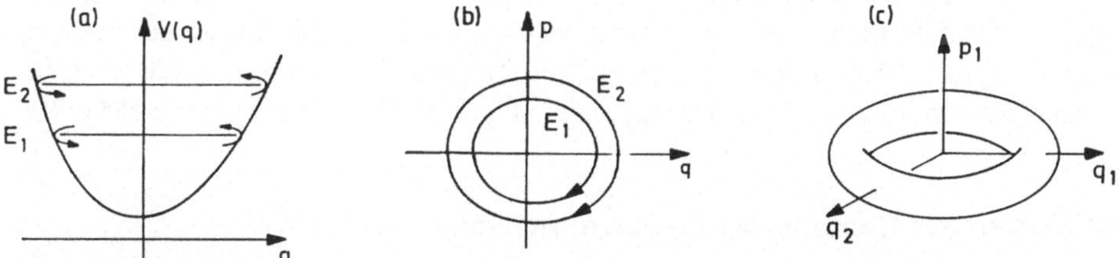

Abb. 5.13. (a) Gebundene Bewegung in einem eindimensionalen konservativen System, $H(q,p) = \frac{1}{2}p^2 + V(q)$. (b) Periodische Trajektorien des eindimensionalen konservativen Systems im Phasenraum. (c) Zweidimensionaler Torus in der dreidimensionalen Energieschale eines konservativen Systems mit $N = 2$ Freiheitsgraden.

Bewegung schreiben läßt und nicht mehr von den hierzu kanonisch konjugierten Variablen abhängt [Gol63]. In einem integrablen System kann die Norm der Stabilitätsmatrix längs einer Trajektorie höchstens linear mit der Zeit anwachsen, und alle Liapunovexponenten sind null [Mey86]. Der Lauf der Trajektorien ist durch die N Integrale der Bewegung auf einen N-dimensionalen Unterraum des $2N$-dimensionalen Phasenraums beschränkt. Diese N-dimensionalen Unterräume nennt man auch für $N > 2$ „Tori".

Schon zwei anharmonisch gekoppelte Oszillatoren sind ein Beispiel für ein zweidimensionales konservatives System, das nicht integrabel ist. Betrachten wir, um konkret zu sein, die Hamiltonfunktion

$$H = \frac{1}{2}(p_1^2 + p_2^2 + q_1^4 + q_2^4 + \gamma q_1^2 q_2^2) \quad . \tag{5.79}$$

Die potentielle Energie $V = (q_1^4 + q_2^4 + \gamma q_1^2 q_2^2)/2$ in (5.79) ist eine homogene Funktion der Koordinaten, $V(\alpha q_1, \alpha q_2) = \alpha^d V(q_1, q_2)$, mit $d = 4$. Deswegen ist die Dynamik im wesentlichen unabhängig von der Energie. Trajektorien zu verschiedenen Energien E, E', können über eine Ähnlichkeitstransformation

$$q_i' = \left(\frac{E'}{E}\right)^{1/4} q_i \; , \quad p_i' = \left(\frac{E'}{E}\right)^{1/2} p_i$$

ineinander übergeführt werden. Die Eigenschaften der Dynamik werden durch den Kopplungsparameter γ bestimmt. Im integrablen Grenzfall $\gamma = 0$ zerfällt die Bewegung in zwei unabhängige periodische Bewegungen in den Koordinaten q_1 und q_2.

Für konservative Systeme mit $N = 2$ Freiheitsgraden läßt sich die Dynamik im Phasenraum ähnlich wie in Abb. 5.12 anschaulich sichtbar machen, wenn man einen zweidimensionalen Schnitt in der dreidimensionalen Energieschale betrachtet und alle Durchstoßpunkte einer Trajektorie (eventuell nur in einer gegebenen Durchstoßrichtung) registriert. Auf dem so definierten *Poincaré-Schnitt* erscheint eine periodische Bahn als ein Punkt (oder wenige Punkte). Analog zu Abb. 5.12 erscheint eine auf einem Torus laufende quasiperiodische Trajektorie als eine eindimensionale Kurve, und eine irreguläre Trajektorie, die ein endliches dreidimensionales Volumen in der Energieschale dicht ausfüllt, bedeckt eine endliche Fläche mit einem mehr oder weniger gleichmäßig gestreuten Punkthaufen. Abbildung 5.14 zeigt Poincaré-Schnitte für das System (5.79) bei vier verschiedenen Werten des Kopplungsparameters γ. Bei $\gamma = 6$ ist die Bewegung weitgehend noch auf regulären Tori. Mit wachsender Kopplungsstärke nimmt der Anteil des Phasenraums, der von irregulären Trajektorien durchzogen wird, zu. Bei $\gamma = 12$ ist, bis auf kleine reguläre Inseln, der ganze Phasenraum von irregulären Trajektorien durchsetzt. Für eine numerische Berechnung der Liapunovexponenten solcher Trajektorien siehe [Mey86].

5.3.2 Spuren des Chaos in der Quantenmechanik

Sowohl das Konzept des Liapunovexponenten als auch das Bild eines Poincaré-Schnitts sind über klassische Trajektorien definiert und lassen sich nicht ohne weiteres auf die Quantenmechanik übertragen. Wir wollen hier nicht in die gelegentlich

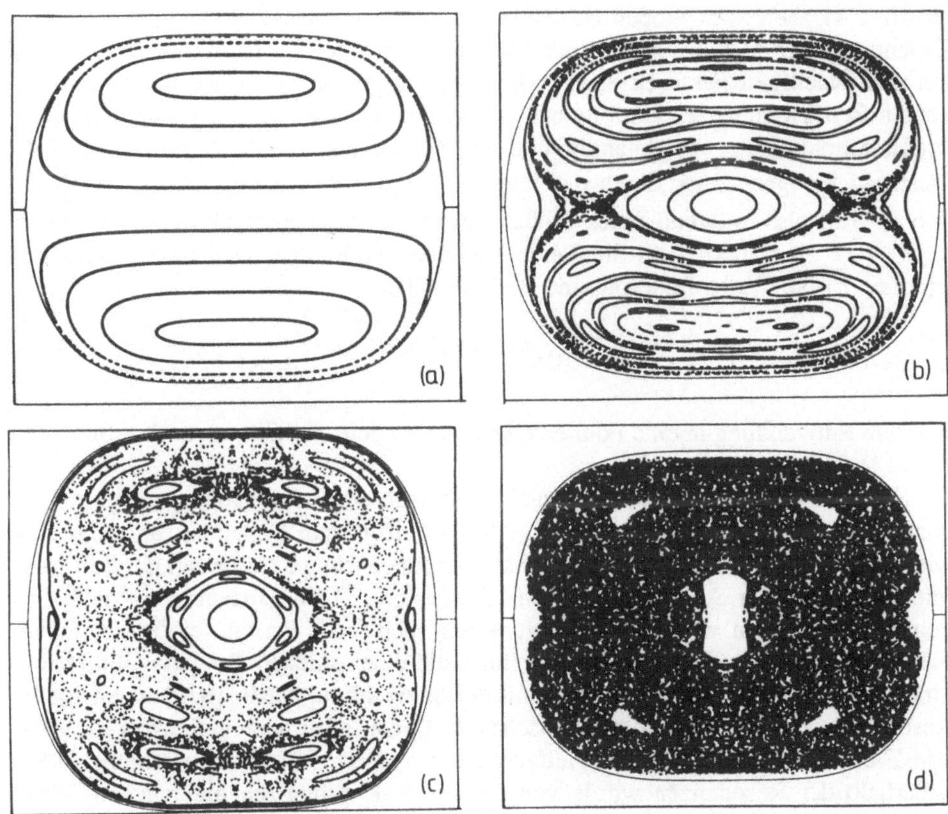

Abb. 5.14a–d. Poincaré-Schnitte für das System (5.79) bei den folgenden Werten des Kopplungsparameters γ: 6 (**a**), 7 (**b**), 8 (**c**) und 12 (**d**). Die Schnittebene ist die q_1-p_1-Ebene bei $q_2=0$. (Aus [Eck88])

kontrovers geführte Diskussion einsteigen, wie „Quantenchaos" zu definieren sei, und ob dieser Begriff überhaupt sinnvoll ist. Statt dessen wollen wir uns mit der bescheideneren Frage beschäftigen, wie sich die Tatsache, daß ein klassisches System chaotisch ist, in dem zugehörigen quantenmechanischen System bemerkbar macht.

Der periodisch gestoßene Rotor (5.76) wird quantenmechanisch durch den Hamiltonoperator

$$\hat{H} = -\frac{\hbar^2}{2}\frac{\partial^2}{\partial\theta^2} + k\cos\theta\sum_n \delta(t-nT) \tag{5.80}$$

beschrieben. Lösungen der zeitabhängigen Schrödingergleichung (1.38) kann man leicht mit Hilfe des Zeitentwicklungsoperators konstruieren (1.40). Dazu entwickeln wir die Wellenfunktion $\psi(\theta,t)$ in eine Fourierreihe im Winkel θ,

$$\psi(\theta,t) = \sum_{\nu=-\infty}^{\infty} c_\nu \mathrm{e}^{\mathrm{i}\nu\theta} \quad , \tag{5.81}$$

was nichts anderes ist als eine Entwicklung nach Eigenzuständen des freien Rotors

($k=0$). Zwischen zwei Stößen ist der Hamiltonoperator zeitunabhängig, so daß die Zeitentwicklung (1.41) einfach durch Multiplikation der Basisfunktionen $\exp(\mathrm{i}\nu\theta)$ mit den jeweiligen Faktoren $\exp[-\mathrm{i}(\hbar/2)\nu^2 T]$ gegeben ist. In der verschwindend kurzen Zeit zwischen t_- unmittelbar vor und t_+ unmittelbar nach einem Stoß ist der Hamiltonoperator zeitabhängig, und wir müssen das Produkt $\hat{H}(t_+ - t_-)$ in dem Zeitentwicklungsoperator durch das Integral $\int_{t_-}^{t_+} \hat{H}(t)dt$ ersetzen. Die Wellenfunktion ψ wird also während eines Stoßes mit $\exp(-\mathrm{i}k\cos\theta/\hbar)$ multipliziert. Wenn $\psi_n(\theta) = \sum_\nu c_\nu(n)\exp(\mathrm{i}\nu\theta)$ die Wellenfunktion unmittelbar nach dem n-ten Stoß ist, dann ist die Wellenfunktion eine Periode später

$$\psi_{n+1}(\theta) = \mathrm{e}^{-\mathrm{i}k\cos\theta/\hbar} \sum_{\nu=-\infty}^{\infty} c_\nu(n)\,\mathrm{e}^{\mathrm{i}(\nu\theta - \hbar T\nu^2/2)} \quad , \tag{5.82}$$

und ihre Entwicklung in eine Fourierreihe definiert den neuen Satz von Koeffizienten $c_\nu(n+1)$ (siehe z. B. [Eck88]).

Um nach Spuren von Chaos zu suchen, ist man der Frage nachgegangen, ob die quantenmechanische Zeitentwicklung (5.82) zu diffusivem Verhalten führt, das sich wie in (5.78) in einem linearen Anwachsen der kinetischen Energie mit der Zeit bzw. mit der Anzahl der Stöße äußert. Wenn die Periode T ein ganzzahliges Vielfaches von $4\pi/\hbar$ ist, dann wird die Wellenfunktion nach jeder Periode einfach mit dem Faktor $\exp(-\mathrm{i}k\cos\theta/\hbar)$ multipliziert. Im Falle einer solchen *Resonanz* nimmt die kinetische Energie sogar quadratisch mit der Stoßzahl zu. Nach [IS79] treten solche Resonanzen (zu denen es kein klassisches Analogon gibt) auch auf, wenn die Periode T ein beliebiges rationales Vielfaches von $\pi/\hbar$ ist. Die Zeitentwicklung (5.82) außerhalb der Resonanzen wurde von Casati et al. numerisch untersucht [CF86]. Dabei ergab sich folgendes Bild: Für kleine Zeiten läuft eine anfangs lokalisierte Verteilung, in der nur ein oder wenige Koeffizienten c_ν von null verschieden sind, zunächst diffusiv auseinander, aber mit einer kleineren Diffusionskonstanten als im korrespondierenden klassischen Fall. Nach einer gewissen Zeit t_B bricht dieses diffusive Verhalten ab, und eine Sättigung wird erreicht, was einer quasiperiodischen Bewegung im Phasenraum entspricht. Die Abbruchzeit t_B ist um so größer, je kleiner $\hbar$ ist. So wird also die klassisch vorhandene Chaotizität in der Quantenmechanik durch die Endlichkeit von $\hbar$ unterdrückt [Cas90].

Ein konservatives quantenmechanisches System ist in erster Linie durch das Spektrum seiner Energieeigenwerte charakterisiert. In einem gebundenen System ist das Spektrum diskret. Ein Zustand in einem begrenzten Energieintervall ist stets eine Überlagerung von nur endlich vielen Eigenzuständen, und so muß seine zeitliche Evolution quasiperiodisch sein. Trotzdem kann das Spektrum bei genügend hoher Anregung und entsprechend großer Zustandsdichte sehr kompliziert sein, und es liegt nahe, statistische Eigenschaften des Energiespektrums zu studieren, um nach Spuren von Chaos zu suchen.

Das Gegenteil eines (klassisch) chaotischen Systems ist ein integrables System, dessen Hamiltonfunktion als Funktion von Integralen der Bewegung geschrieben werden kann. Der korrespondierende quantenmechanische Hamiltonoperator sollte dann eine entsprechende Funktion von Erhaltungsgrößen sein, so daß die Energieeigenwerte von mehreren unabhängigen guten Quantenzahlen abhängen. So sind etwa für einen separablen Hamiltonoperator der Form

$$\hat{H} = \hat{H}_1 + \hat{H}_2 + \cdots + \hat{H}_N \tag{5.83}$$

die Eigenwerte von $\hat{H}$ einfach Summen von Eigenwerten E_{n_i} der $\hat{H}_i$,

$$E_{n_1,n_2,\ldots,n_N} = E_{n_1} + E_{n_2} + \cdots + E_{n_N} \quad . \tag{5.84}$$

Wenn die einzelnen Termfolgen E_{n_i}, $n_i = 1, 2, \ldots$ nicht miteinander korreliert sind, dann entsteht durch die Summation in (5.84) eine recht unregelmäßige Folge von Eigenwerten des ganzen Systems, die gewisse Ähnlichkeiten mit einer Folge zufallsverteilter Zahlen aufweist. Ein solches Zufallsspektrum nennt man auch *Poissonspektrum*.

Wenn das klassische System chaotisch ist, wird man die Energieeigenwerte des zugehörigen quantenmechanischen Systems nicht einfach durch gute Quantenzahlen ausdrücken können. Die Energieeigenwerte sind die Eigenwerte einer hermiteschen Matrix. Wenn es gar keine guten Quantenzahlen gibt, dann versucht man das Spektrum zu verstehen, indem man die Spektren von *Zufallsmatrizen* studiert; das sind Matrizen, deren Matrixelemente unter gewissen Nebenbedingungen zufallsverteilt sind. Theoretisch betrachtet man ein ganzes Ensemble von Hamiltonmatrizen, deren Matrixelemente $H_{i,j}$ unabhängig voneinander einer gaußschen Verteilung entsprechen, d. h. die Wahrscheinlichkeit $P(H_{i,j})$ für einen bestimmten Wert $H_{i,j}$ des Elements (i, j) der Matrix ist durch

$$P(H_{i,j}) \propto \exp\left(-\text{const.}\ H_{i,j}^2\right) \tag{5.85}$$

gegeben. Außerdem fordert man, daß die Wahrscheinlichkeit für die Realisierung einer bestimmten Matrix H nicht von der Wahl der Basis $|\psi_i\rangle$ abhängt, in welcher der Hamiltonoperator dargestellt ist. Eine Basistransformation $|\psi'\rangle = \sum_j U_{i,j}|\psi_j\rangle$ mit der unitären Matrix U bedeutet eine *unitäre Transformation* der Hamiltonmatrix,

$$H'_{i,j} = \langle\psi'_i|\hat{H}|\psi'_j\rangle = \sum_{k,l} U^*_{k,i} H_{k,l} U_{l,j} \qquad \text{bzw.} \quad H' = U^\dagger H U \quad . \tag{5.86}$$

Die Forderung nach Basisunabhängigkeit bedeutet also, daß die Wahrscheinlichkeit für eine bestimmte Matrix H, die wegen der Unabhängigkeit der Matrixelemente einfach das Produkt der $N \times N$ Wahrscheinlichkeiten (5.85) ist, invariant gegen unitäre Transformationen (5.86) sein muß. Man spricht in diesem Fall von einem *gaußschen unitären Ensemble* GUE.

In manchen Fällen, wie z. B. für die gekoppelten Oszillatoren (5.79), können wir annehmen, daß die Matrix des quantenmechanischen Hamiltonoperators nicht nur hermitesch sondern reell und symmetrisch ist. In diesem Fall fordert man statt der Invarianz gegenüber unitären Transformationen, daß die Wahrscheinlichkeit für eine bestimmte (reelle und symmetrische) Zufallsmatrix invariant ist gegenüber *orthogonalen Transformationen*; das sind Transformationen der Form (5.86), bei denen aber die unitäre Matrix U durch eine reelle orthogonale Matrix O (deren inverse Matrix gleich der Transponierten von O ist) ersetzt wird. Man spricht dann von einem *gaußschen orthogonalen Ensemble* GOE.

Obwohl exakte Beweise rar sind, weisen die Ergebnisse von vielen numerischen Experimenten daraufhin, daß ein quantenmechanisches Energiespektrum Ähnlichkeiten mit einem Zufallsspektrum bzw. Poissonspektrum hat, wenn das korrespondierende klassische System regulär ist, während es eher Ähnlichkeiten mit dem Spektrum von Zufallsmatrizen (GOE oder GUE) hat, wenn das korrespondierende klassische System chaotisch ist.

Um diese Aussagen quantitativer fassen zu können, betrachten wir ein Spektrum $E_1 \leq E_2 \leq \ldots \leq E_n \leq \ldots$. Ein solches Spektrum kann man u.a. über die *Zustandszahlfunktion*

$$N(E) = \sum_n \Theta(E - E_n) \tag{5.87}$$

beschreiben. Die *Thetafunktion* $\Theta(x)$ ist null für $x < 0$ und 1 für $x \geq 0$, so daß $N(E)$ die Anzahl von Energieeigenzuständen mit Energien bis E ist. $N(E)$ ist eine Treppenfunktion; sie fluktuiert um die *mittlere Zustandszahl* $\tilde{N}(E)$, die man dadurch bekommt, daß man das klassisch erlaubte Volumen im Phasenraum durch die f-te Potenz von $2\pi\hbar$ teilt (f ist hier die Anzahl der Freiheitsgrade, siehe auch (1.236)). Ein Beispiel für $N(E)$ und $\tilde{N}(E)$ ist in Abb. 5.15 dargestellt. Durch Ableitung der Zustandszahlfunktionen nach der Energie erhält man die *Zustandsdichte* $d(E)$ und die *mittlere Zustandsdichte* $\tilde{d}(E)$,

$$d(E) = \frac{dN(E)}{dE} = \sum_n \delta(E - E_n) \ , \quad \tilde{d}(E) = \frac{d\tilde{N}(E)}{dE} \quad . \tag{5.88}$$

Um die statistischen Eigenschaften eines Spektrums zu studieren, ist es sinnvoll, die schwach energieabhängigen Effekte der mittleren Zustandsdichte herauszunormieren. Dazu ersetzt man das Spektrum E_n durch die Zahlenfolge

$$\epsilon_n = \tilde{N}(E_n) = \int_{E_1}^{E_n} \tilde{d}(E)\, dE \quad , \tag{5.89}$$

welche alle Fluktuationseigenschaften des ursprünglichen Spektrums enthält, aber einer mittleren Zustandsdichte 1 entspricht.

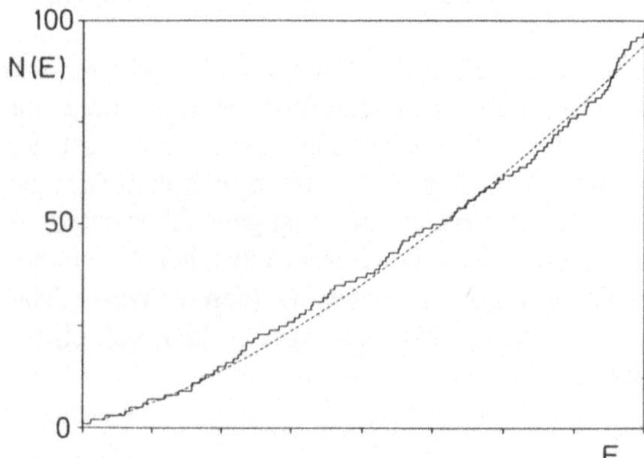

Abb. 5.15. Beispiel einer Zustandszahlfunktion $N(\theta)$ und der mittleren Zustandszahl $\tilde{N}(E)$ (gestrichelt).

Eine häufig untersuchte Eigenschaft eines Spektrums ist die Verteilung der Abstände benachbarter Niveaus $E_{n+1} - E_n$ bzw. $\epsilon_{n+1} - \epsilon_n$, der *nearest neighbour spacings* NNS. Es ist relativ einfach zu zeigen, daß die NNS eines Poissonspektrums einem exponentiellen Verteilungsgesetz folgen (siehe Aufgabe 5.9). Bei einer mittleren Zustandsdichte 1 ist die Wahrscheinlichkeit $P(s)$ für einen Abstand s benachbarter Niveaus gegeben durch

$$P(s) = \mathrm{e}^{-s} \quad . \tag{5.90}$$

Die hohe Wahrscheinlichkeit für kleine Abstände benachbarter Niveaus hängt damit zusammen, daß exakte Entartungen nicht ungewöhnlich sind, wenn es neben der Energie noch weitere gute Quantenzahlen gibt, was in einem klassisch regulären System ja der Fall ist. Andererseits wird in einem System ohne weitere gute Quantenzahlen eine Entartung zweier Zustände durch die Restwechselwirkung behindert, die allgemein eine Abstoßung nahe beinander liegender Niveaus verursacht (siehe Aufgabe 1.5). Tatsächlich läßt sich zeigen [Eck88], daß die NNS-Verteilungsfunktion $P(s)$ für die Eigenwertspektren von Zufallsmatrizen eines GOE bei kleinen Werten von s linear und im Fall des GUE quadratisch von s abhängen. Allgemein wird die NNS-Verteilung im GOE-Fall recht gut durch eine *Wignerverteilung*

$$P(s) = \tfrac{\pi}{2}\, s\, \mathrm{e}^{-(\pi/4)s^2} \tag{5.91}$$

approximiert. Abbildung 5.16 zeigt die NNS-Verteilungen für das quantenmechanische Energiespektrum, das der Hamiltonfunktion (5.79) entspricht. Die vier Teile des Bildes entsprechen denselben vier Werten des Kopplungsparameters wie in Abb. 5.14. Man sieht klar den Übergang von der Poissonverteilung (5.90) bei $\gamma = 6$ (a), wo die klassische Dynamik noch weitgehend regulär ist, zur Wignerverteilung (5.91) bei $\gamma = 12$, wo die klassische Dynamik weitgehend irregulär ist.

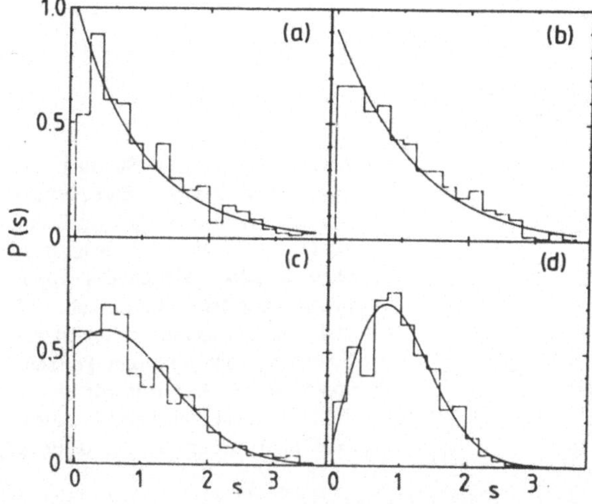

Abb. 5.16. NNS-Verteilungen des quantenmechanischen Energiespektrums für die gekoppelten Oszillatoren (5.79). Die vier Bildteile entsprechen denselben Werten des Kopplungsparameters γ wie in Abb. 5.14. Die Kurve in (a) ist die Poissonverteilung (5.90). Die Kurve in (d) ist die Wignerverteilung (5.91). (Aus [Eck88])

Um höhere Korrelationen im Spektrum zu studieren, kann man sich verschiedener statistischer Maße bedienen [BG84, BH85]. Ein beliebtes Maß ist die *spektrale Steifheit* $\Delta_3(L)$, welche über eine Länge L die Abweichung der Zustandszahlfunktion $N(\epsilon)$ von einer Geraden mißt,

$$\Delta_3(L) = \frac{1}{L} \min_{A,B} \int_x^{x+L} [N(\epsilon) - A\epsilon - B]^2 \, d\epsilon \quad . \tag{5.92}$$

Für die oben besprochenen Spezialfälle hängt Δ_3 im Mittel nicht von dem gewählten Anfangspunkt x ab. Für ein Poissonspektrum ist

$$\Delta_3(L) = \frac{L}{15} \quad , \tag{5.93}$$

während man für ein GOE-Spektrum annähernd eine logarithmische Abhängigkeit von L erhält,

$$\Delta_3 \approx \frac{1}{\pi^2} \ln(L) - 0.007 \; , \quad L \gg 1 \quad . \tag{5.94}$$

(Für weitere Einzelheiten siehe z. B. [BG84].) Abbildung 5.17 zeigt die spektrale Steifheit für die gekoppelten Oszillatoren (5.79). Die vier Bildteile entsprechen wieder denselben Werten des Kopplungsparameters γ wie in Abb. 5.14 und 5.16.

Abbildungen 5.14, 5.16 und 5.17 zeigen deutlich, daß der Übergang von Regularität zu Chaos im klassischen System von einem gleichzeitigen Übergang in den statistischen Eigenschaften des quantenmechanischen Energiespektrums begleitet wird. Während NNS-Verteilung und spektrale Steifheit (und weitere statistische Maße – siehe z. B. [BH85]) im klassisch regulären Bereich den Erwartungen eines Poissonspektrums entsprechen, gehen sie im klassisch chaotischen Bereich in das über, was man für Ensembles von Zufallsmatrizen erwarten würde. Diese Aussage darf nicht so interpretiert werden, daß das quantenmechanische Spektrum eines klassisch chaotischen Systems im Detail identisch ist mit dem Spektrum von Zufalls-

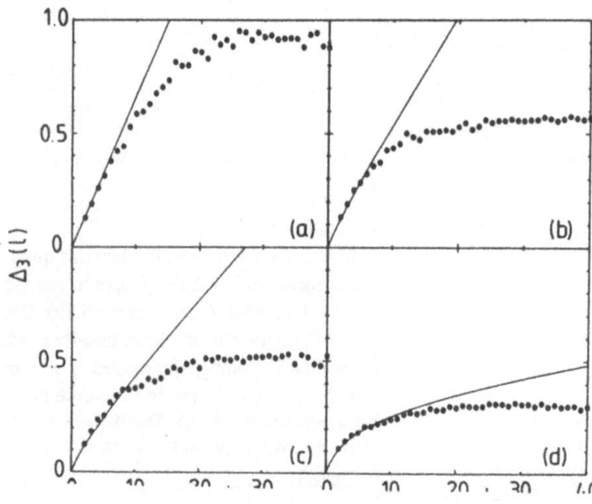

Abb. 5.17. Spektrale Steifheit des quantenmechanischen Energiespektrums für die gekoppelten Oszillatoren (5.79). Die vier Bildteile entsprechen denselben Werten des Kopplungsparameters γ wie in Abb. 5.14 und 5.16. Die Gerade in (a) ist die Erwartung (5.93) für ein Poissonspektrum. Die Kurve in (d) ist die Funktion (5.94), die man in einem GOE-Spektrum erwartet. (Aus [Eck88])

matrizen. Die Gesamtheit aller Energieeigenwerte eines Hamiltonoperators enthält viel mehr Information als eine kleine Anzahl daraus hergeleiteter statistischer Maße. Tatsächlich ist die Information, um welches physikalische System es sich handelt, noch in dem Spektrum enthalten und kann, z. B. über Untersuchungen von langreichweitigen Korrelationen wieder extrahiert werden (siehe auch Abschn. 5.3.4). Genauso ist es klar, daß das Spektrum eines klassisch regulären Systems nicht in allen Einzelheiten einem Poissonspektrum gleicht, auch wenn NNS-Verteilung etc. mit den entsprechenden Erwartungen übereinstimmen.

Schließlich sei noch warnend darauf hingewiesen, daß es einzelne physikalische Systeme gibt, die Abweichungen von dem oben beschriebenen *generischen* Verhalten zeigen. Zum Beispiel ist ein System von harmonischen Oszillatoren immer integrabel und durch seine unabhängigen Normalschwingungen charaktisiert. Wenn die Frequenzen kommensurabel sind, dann sind alle Energieeigenwerte (ohne Nullpunktsenergie) ganzzahlige Vielfache einer kleinsten Energie. Es gibt viele exakte Entartungen aber keine Niveauabstände, die zwischen null und dieser kleinsten Energie liegen. Da kann man noch so viele Zustände für die Niveaustatistik heranziehen, eine Poissonverteilung (5.90) erhält man nie.

Die beiden oben besprochenen Systeme, der periodisch gestoßene Rotor und die anharmonisch gekoppelten Oszillatoren, gehören zu den einfachsten Modellsystemen, an denen man Chaos untersuchen kann. Aus ihrem Studium kann man vieles lernen, was auch auf reale physikalische Systeme übertragbar ist. Dies wird in den beiden folgenden Abschnitten an zwei Beispielen demonstriert.

5.3.3 Ionisation des Wasserstoffatoms in einem Mikrowellenfeld

Das Interesse an einfachen Hamiltonoperatoren mit einer periodischen Zeitabhängigkeit hat einen sehr großen Auftrieb erhalten, nachdem Bayfield und Koch 1974 die Ionisation von Wasserstoffatomen in einem Mikrowellenfeld beobachteten [BK74, BG77]. Hierbei wurden H-Atome aus einem Anfangszustand mit Hauptquantenzahl $n_0 = 66$ in einem Mikrowellenfeld von etwa 10 GHz ionisiert. Dies entspricht einer Photonenergie von $\hbar\omega \approx 4 \cdot 10^{-5}$ eV, so daß mehr als 70 Photonen absorbiert werden müssen, um ein H-Atom (aus dem $n_0 = 66$ Niveau) zu ionisieren. Eine störungstheoretische Behandlung, wie sie bei der in Abschn. 5.1 besprochenen Multiphoton-Ionisation wenigstens noch für relativ schwache Intensitäten nützlich sein kann, ist bei der Absorption so vieler Photonen unpraktikabel. Daher hat man sich verstärkt um eine direkte Lösung der entsprechenden zeitabhängigen Schrödingergleichung bemüht.

Es gibt experimentelle Gründe (z. B. starke Polarisierung des H-Atoms in einem zusätzlich vorhandenen elektrischen Feld), die es rechtfertigen können, das Problem in nur einer räumlichen Dimension zu betrachten. Der Hamiltonoperator ist also (in atomaren Einheiten)

$$\hat{H} = -\frac{\hbar^2}{2}\frac{\partial^2}{\partial z^2} - \frac{1}{|z|} + f\, z \cos\omega t \quad , \tag{5.95}$$

wobei f die Stärke des oszillierenden elektrischen Feldes ist. Dieser Hamiltonoperator hat eine gewisse Ähnlichkeit mit dem Hamiltonoperator (5.80) des periodisch gestoßenen Rotors. In dem korrespondierenden klassischen System sind die periodischen Bewegungen des feldfreien Systems ($f = 0$) einfach geradlinige Oszillationen zwischen dem Ort des Atomkerns ($z = 0$) und einer von der Energie abhängenden maximalen Auslenkung. Die Ähnlichkeit zum freien Rotor wird am deutlichsten, wenn man mit einer kanonischen Transformation von den Variablen p, z zu den entsprechenden *Wirkungs-Winkel-Variablen* I, θ übergeht. Dabei ist I proportional zur Fläche, die von der periodischen Bahn im Phasenraum umschlossen wird, $I = [\oint p\,dz]/(2\pi)$, und θ ist die kanonisch konjugierte Winkelvariable, die bei einer periodischen Bewegung vom Atomkern bis zur Wiederkehr zum Atomkern von null bis 2π läuft [Jen84]. Im feldfreien Fall sind die Trajektorien im Phasenraum einfach Geraden $I =$ const. wie im Fall des periodisch gestoßenen Rotors. Den Einfluß des Mikrowellenfeldes zeigt Abb. 5.18, wo die Trajektorien im Phasenraum für eine Mikrowellenfrequenz von 7.11 GHz und eine Feldstärke von 9.1 V/cm dargestellt sind.

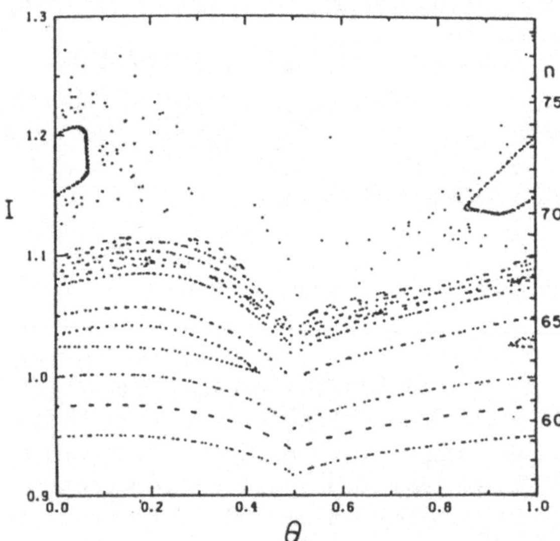

Abb. 5.18. Klassische Trajektorien für das eindimensionale H-Atom in einem Mikrowellenfeld von 7.11 GHz und einer Feldstärke 9.1 V/cm. Die Wirkungs-Winkel-Variablen I, θ sind in [Jen84] definiert. (Aus [Bay86])

Abbildung 5.18 zeigt, daß für Wirkungen kleiner als 65 bis 70 die meisten klassischen Bahnen quasiperiodisch sind, während bei höheren Wirkungen irreguläre Trajektorien dominieren. Diese irregulären Bahnen, auf denen die Wirkung wie beim gestoßenen Rotor zu beliebig hohen Werten anwachsen kann, interpretiert man als *ionisierende Trajektorien.* Das Phasenraumbild Abb. 5.18 wird also so interpretiert, daß in einem Mikrowellenfeld der entsprechenden Frequenz und Stärke Anfangszustände mit Wirkung bzw. Hauptquantenzahl bis etwa 65 in der Quantenzahl lokalisiert – also gebunden – bleiben, während Anfangszustände ab $n_0 \approx 68$ ionisiert werden. Diese Schwelle, ab der Ionisation möglich ist, hängt von der Feldstärke und der Frequenz des Mikrowellenfeldes ab. Ionisation wird mit zunehmender Frequenz und/oder Feldstärke für immer niedrigere Anfangszustände möglich. Sind die Mikrowellenfrequenz ω und die Quantenzahl n_0 des Anfangszustands gegeben, so gibt es eine *kritische Feldstärke* oder Schwelle $f_{\rm kr}$, oberhalb der Ionisation einsetzt. Nach Casati et al. [CC86] ist diese (klassische) Schwelle für die Ionisation gegeben durch

$$f_{\rm kr} n_0^4 \approx \frac{1}{49 n_0 \omega^{1/3}} \quad . \tag{5.96}$$

Nach anfänglichen Erfolgen bei der Wiedergabe experimenteller Ionisationsschwellen drängte sich die Frage auf, ob nicht in einer korrekten quantenmechanischen Behandlung die chaotische Diffusion bzw. Ionisation ähnlich wie beim gestoßenen Rotor unterdrückt würde. In den letzten Jahren wurde die zeitabhängige Schrödingergleichung mit dem Hamiltonoperator (5.95) von vielen Gruppen mit verschiedenen Approximationen und Methoden gelöst [CC87, BS87]. Die numerischen Lösungen zeigten tatsächlich eine Beschränkung bzw. Lokalisierung der Wellenfunktionen in der Quantenzahl n. Die experimentell beobachtete Ionisation wird durch einen Aufbruch der Lokalisierung in einem Bereich starker Quantenanregungen erklärt [Cas90] oder durch einen mehr oder weniger plötzlichen Übergang von einem Bereich starker Lokalisierung (auf wenige Quantenzahlen) zu einem Bereich verhältnismäßig schwacher Lokalisierung (breite Verteilung in n) [BS87]. Solche Rechnungen sind durchaus in der Lage, die experimentell beobachteten Ionisationsschwellen befriedigend wiederzugeben (siehe z. B. Abbildung 5.19).

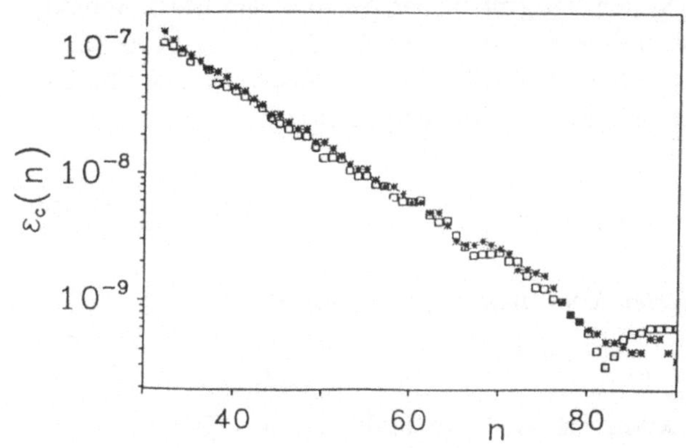

Abb. 5.19. Kritische Feldstärken für die Ionisation von Wasserstoffatomen in einem Mikrowellenfeld von etwa 250 GHz als Funktion der Quantenzahl n_0 des Anfangszustands. Die Quadrate sind experimentelle Werte und die Sterne Ergebnisse der quantenmechanischen Rechnung. (Nach [BS87])

Die in Abb. 5.19 dargestellten Ionisationsschwellen sind als die Feldstärken definiert, bei denen die Ionisationswahrscheinlichkeit zehn Prozent erreicht. Detaillierte Information ist z. B. in der Kurve enthalten, welche die Abhängigkeit der Ionisationswahrscheinlichkeit von der Feldstärke beschreibt. Da gibt es zum Teil unerwartete resonanzartige Strukturen, die einer relativ großen Ionisationswahrscheinlichkeit unterhalb der kritischen Feldstärke entsprechen.

Neuere theoretische Bemühungen gehen über den Rahmen des einfachen Hamiltonoperators (5.95) hinaus. Zwei wichtige Erweiterungen des einfachen eindimensionalen Modells sind die Berücksichtigung der dreidimensionalen Struktur der Wellenfunktionen und die Berücksichtigung des Ein- und Ausschaltens des Mikrowellenfeldes (siehe z. B. [LR89]).

Experimente zur Mikrowellenionisation sind auch an anderen Atomen wie z. B. Lithium und Natrium durchgeführt worden. Bei kleineren Hauptquantenzahlen n_0 des Anfangszustands ist hier die kritische Feldstärke f_{kr} proportional zu $1/n_0^5$ statt zu $1/n_0^4$ wie in (5.96). Bei höheren n_0 gibt es wie beim Wasserstoff Abweichungen von der monotonen Abhängigkeit der kritischen Feldstärke von n_0. Die Frage, ob und inwieweit das Konzept des Chaos notwendig und hilfreich ist, um diese experimentellen Ergebnisse zu verstehen, wird noch diskutiert [GM89].

Die Diskussion über Mikrowellenionisation des Wasserstoffatoms und anderer wasserstoff-ähnlicher Atome sowie über Multiphoton-Ionisation im optischen Bereich (Abschn. 5.1) zeigt deutlich, daß das scheinbar einfache Problem eines Ein-Elektron-Atoms in einem zeitlich oszillierenden Feld in Wirklichkeit ein sehr interessantes und vielschichtiges ist. Die experimentelle und theoretische Forschung zu diesem Thema ist jedenfalls noch lange nicht abgeschlossen.

5.3.4 Das Wasserstoffatom in einem homogenen Magnetfeld

Das H-Atom im homogenen Magnetfeld ist in den letzten Jahren zu einem der am meisten untersuchten Beispiele für ein konservatives System mit chaotischer klassischer Dynamik geworden [TN89, FW89]. Seine Popularität ist in erster Linie darauf zurückzuführen, daß es ein reales System ist, für das gemessene Spektren und Ergebnisse quantenmechanischer Rechnungen bis ins Detail übereinstimmen (siehe Abb. 3.25 in Abschn. 3.4.2). Das System entspricht sehr genau einem Massenpunkt, der sich in einem zweidimensionalen Potential bewegt (siehe (3.197) und Abb. 3.22). Bei gegebenem Wert L_z der z-Komponente des Bahndrehimpulses ist dieses Potential (in zylindrischen Koordinaten (3.158) und atomaren Einheiten)

$$V(\rho, z) = \frac{L_z^2}{2\rho^2} - \frac{1}{\sqrt{\rho^2 + z^2}} + \frac{1}{8}\gamma^2\rho^2 \quad . \tag{5.97}$$

Durch den Übergang zu *skalierten Koordinaten und Impulsen*,

$$\tilde{z} = \gamma^{2/3} z \ , \quad \tilde{\rho} = \gamma^{2/3}\rho \quad , \qquad \tilde{p}_z = \gamma^{-1/3} p_z \ , \quad \tilde{p}_\rho = \gamma^{-1/3} p_\rho \quad , \tag{5.98}$$

wird die klassische Hamiltonfunktion bis auf eine multiplikative Konstante unabhängig von der magnetischen Feldstärke γ,

$$\gamma^{-2/3} H = \tilde{H} = \frac{\tilde{p}_\rho^2}{2} + \frac{\tilde{p}_z^2}{2} + \frac{\tilde{L}_z}{2\rho^2} - \frac{1}{\sqrt{\tilde{\rho}^2 + \tilde{z}^2}} + \frac{1}{8}\tilde{\rho}^2 \quad . \tag{5.99}$$

Dies bedeutet, daß die klassische Dynamik des Problems bis auf eine Ähnlichkeitstransformation (5.98) nicht von der Energie E und der magnetischen Feldstärke γ getrennt abhängt, sondern nur von der *skalierten Energie*

$$\epsilon = E\gamma^{-2/3} \quad . \tag{5.100}$$

Die z-Komponente des skalierten Bahndrehimpulses, $\tilde{L}_z = \gamma^{1/3} L_z$, ist für im Labor erreichbare Feldstärken klein (vgl. (3.195)), und wir betrachten im folgenden die klassische Dynamik der Hamiltonfunktion (5.99) stets bei $\tilde{L}_z = 0$. Im gebundenen Bereich (negative Energien) ist der separable Grenzfall, der einem H-Atom ohne äußeres Magnetfeld entspricht, durch $\epsilon = -\infty$ gegeben. Die „feldfreie Schwelle" $E=0$ entspricht $\epsilon=0$ und ist mit der klassischen Ionisierungsschwelle identisch. Wegen der endlichen Nullpunktsbewegung des Elektrons senkrecht zum Feld liegt die tatsächliche (quantenmechanische) Ionisierungsschwelle etwas höher (siehe (3.200)).

Numerische Lösungen der klassischen Bewegungsgleichungen wurden in den letzten Jahren von verschiedenen Autoren gewonnen [Rob81, RF82, HH83, DK84]. Abbildung 5.20 (a–d) zeigt Poincaré-Schnitte bei vier verschiedenen Werten der skalierten Energie (5.100). Die Schnittebene ist die $\tilde{\rho}\tilde{p}_\rho$-Ebene bei $\tilde{z}=0$. Ähnlich wie in Abb. 5.14 sieht man deutlich eine Zunahme der irregulären Bahnen mit zunehmendem Wert des Parameters ϵ. Dies erkennt man nochmals in Abbildung 5.20(e), wo der Anteil der regulären Bahnen im Phasenraum als Funktion der skalierten Energie ϵ aufgetragen ist. Um $\epsilon \approx -0.35$ gibt es einen mehr oder weniger plötzlichen Übergang zu vorwiegend irregulärer Dynamik. Oberhalb von $\epsilon \approx -0.1$ ist fast der ganze Phasenraum von irregulären Trajektorien durchsetzt.

Die Phasenraumstruktur der klassischen Dynamik ist eng mit den periodischen Bahnen verknüpft, die im allgemeinen zwar eine Menge vom Maß null unter allen Trajektorien ausmachen, die aber den Phasenraum dicht füllen, wenn man beliebig

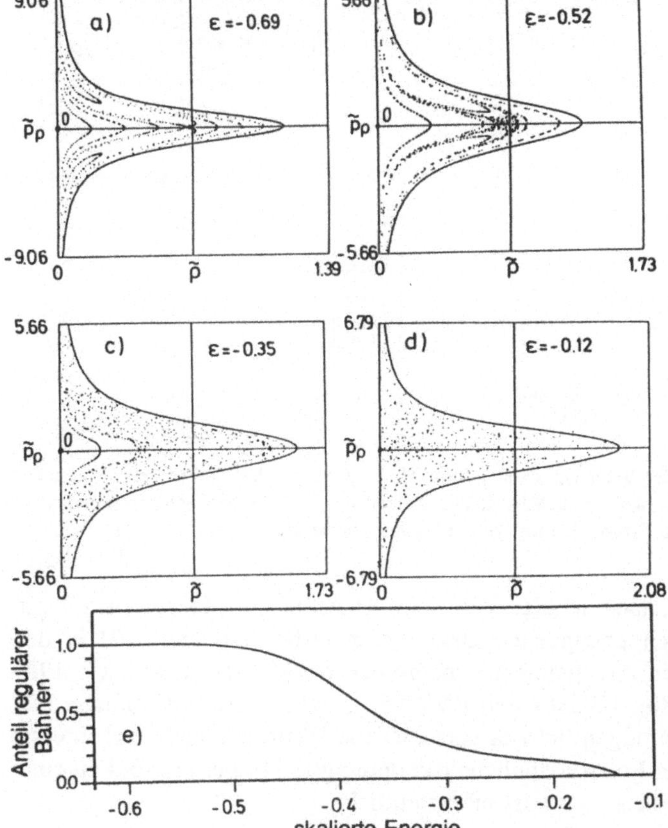

Abb. 5.20. Poincaré-Schnitte für vier verschiedene Werte der skalierten Energie ϵ (a–d). Die Schnittebene ist die $\tilde{\rho}\tilde{p}_\rho$-Ebene bei $\tilde{z}=0$. (e) zeigt den Anteil der regulären Bahnen im Phasenraum als Funktion von ϵ.

lange Perioden zuläßt. Im feldfreien Fall sind alle (gebundenen) Bahnen periodisch – es sind Kepler-Ellipsen. Nahe am feldfreien Grenzfall gibt es nur drei einfache periodische Bahnen, die auch für beliebig kleine, aber endliche Feldstärken existieren: die geradlinige Bahn senkrecht zur Richtung des Feldes (die aus historischen Gründen I_1 genannt wird), die geradlinige Bahn parallel zum Feld (I_∞) und die fast kreisförmige Bahn (C), die im feldfreien Grenzfall in die exakte Kreisbahn übergeht. Es ist verhältnismäßig einfach, die Stabilität dieser Bahnen durch Berechnung ihrer Liapunovexponenten zu untersuchen [Win87, SN88]. Die fast kreisförmige Bahn ist für alle endlichen Werte von ϵ instabil und ihr Liapunovexponent nimmt monoton mit ϵ zu. Die geradlinige Bahn senkrecht zum Feld ist unterhalb von $\epsilon_0 = -0.127268612$ stabil; danach wächst ihr Liapunovexponent zunächst proportional zur Wurzel von $\epsilon - \epsilon_0$ an. Die geradlinige Bahn parallel zum Feld, I_∞, ist bis $\epsilon = -0.391300824$ stabil, wonach sich Intervalle von Instabilität und Stabilität abwechseln (siehe Abb. 5.21). Immer wenn I_∞ instabil wird, ensteht durch *Bifurkation* eine weitere periodische Bahn (bezeichnet als I_2, $I_3, \ldots$), die zunächst stabil ist, bei höheren Werten von ϵ aber bald unter erneuter Bifurkation instabil wird. So ist das mit wachsendem ϵ zunehmende Chaos mit einer Proliferation von periodischen Bahnen verbunden.

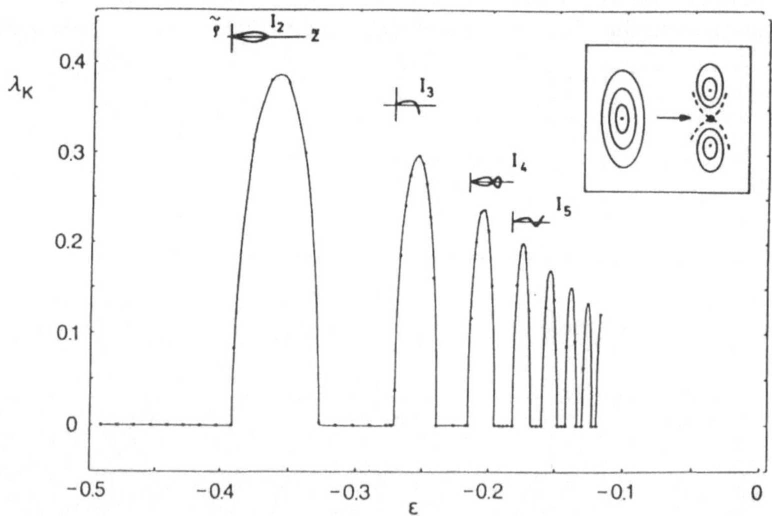

Abb. 5.21. Liapunovexponent der Bahn I_∞ parallel zum Magnetfeld. An den Stellen, wo I_∞ instabil wird, entstehen durch Bifurkation weitere zunächst stabile Bahnen I_2, $I_3, \ldots$. Oben rechts ist schematisch angedeutet, wie sich eine solche Bifurkation im Poincaré-Schnitt bemerkbar macht.

Der Übergang zum Chaos schlägt sich beim H-Atom im Magnetfeld ebenso wie bei den anharmonisch gekoppelten Oszillatoren (Abb. 5.16 und 5.17) in den statistischen Eigenschaften des quantenmechanischen Spektrums nieder, wie 1986 fast gleichzeitig in [WF86], [DG86] und [WW86] gezeigt wurde. Abbildung 5.22 zeigt z. B. die NNS-Verteilungen für vier verschiedene Werte der skalierten Energie ϵ. Der Übergang von einer Poisson-ähnlichen Verteilung (5.90) bei $\epsilon = -0.4$ zu einer Wignerverteilung (5.91) bei $\epsilon = -0.1$ ist offensichtlich.

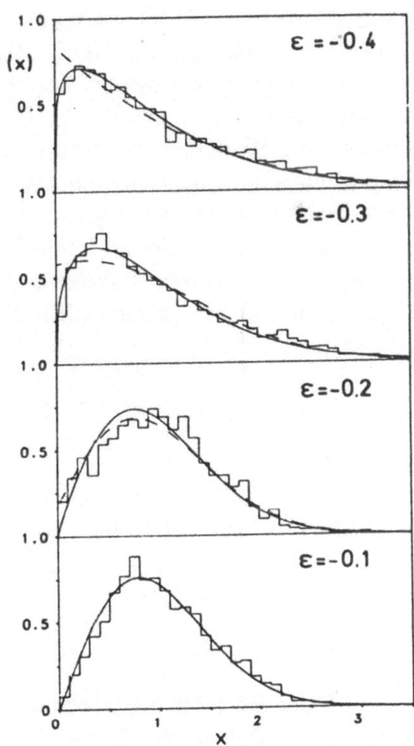

Abb. 5.22. NNS-Verteilungen für skalierte Energien (5.100) zwischen −0.4 und −0.1. (Die gestrichelten und durchgezogenen Linien sind Versuche, die Verteilungen im Übergangsbereich zwischen Regularität und Chaos mit analytischen Formeln zu approximieren (siehe [FW89]).)

Abb. 5.23. Spektrale Steifheit (5.92) für verschiedene skalierte Energien ϵ.

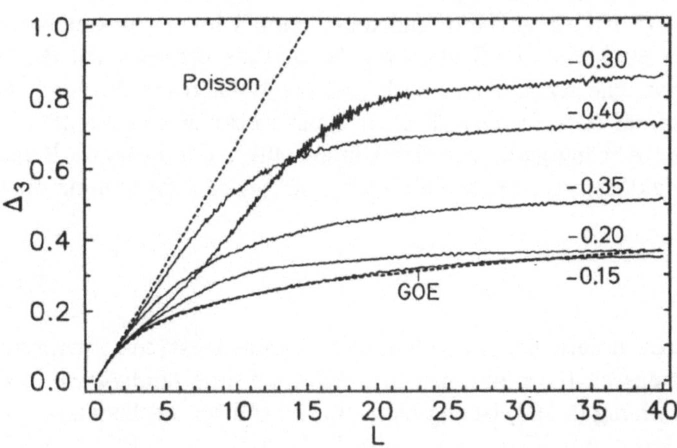

Abbildung 5.23 zeigt die spektrale Steifheit (5.92) für Werte von ϵ zwischen −0.4 und −0.15. Der „Ausreißer" bei $\epsilon = -0.30$ zeigt hier deutlich, was bei näherer Betrachtung auch für andere statistische Maße beobachtet werden kann: Der Übergang von der Poissonstatistik im regulären Bereich zur GOE-Statistik im klassisch chaotischen Bereich vollzieht sich nicht monoton. Dies ist auf systemspezifische nicht-universelle Eigenschaften der Dynamik zurückzuführen. Bis heute

ist es zweifelhaft, ob einfache universelle Gesetzmäßigkeiten, wie sie im regulären und klassisch chaotischen Grenzfall durch die Poissonstatistik bzw. die GOE- (oder GUE-) Statistik gegeben sind, für den Übergangsbereich gefunden werden können.

Während statistische Maße wie z. B. NNS-Verteilung und spektrale Steifheit, welche die Korrelationen kurzer und mittlerer Reichweite im Spektrum beschreiben, im regulären oder klassisch chaotischen Regime universelle Eigenschaften zeigen, sind die langreichweitigen Korrelationen allgemein durch spezifische Eigenschaften des betrachteten physikalischen Systems geprägt. Dies wird quantitativ durch *Gutzwillers Spurformel* ausgedrückt, die eine Beziehung zwischen dem fluktuierenden Anteil der Niveaudichte und den periodischen klassischen Bahnen herstellt (für eine lesbare Beschreibung ihrer Herleitung siehe [Ber85]),

$$d(E) - \tilde{d}(E) = -\Im \sum_{r,j} a_{r,j} \exp\{2\pi \mathrm{i} j [S_r(E) - \mu_r]\} \quad . \tag{5.101}$$

Dabei zählt r alle einmal durchlaufenen periodischen Bahnen und $j = 1, 2, \ldots$ zählt alle Wiederholungen. $S_r(E)$ ist die klassische Wirkung bei einem Umlauf in Einheiten von $2\pi\hbar$,

$$S_r(E) = \frac{1}{2\pi\hbar} \oint \boldsymbol{p} \cdot d\boldsymbol{r} \quad . \tag{5.102}$$

Die Zahl μ_r ist eine Verallgemeinerung des Maslov-Index der halbklassischen Theorie in einer räumlichen Dimension (vgl. Abschn. 1.5.3, (1.236)); als Eigenschaft einer geschlossenen Trajektorie im mehrdimensionalen Raum wird sie *Morse-Index* genannt. (Das Symbol $\Im$ steht für „Imaginärteil der nachfolgenden Summe".)

Die Schönheit von (5.101) liegt darin, daß diese Formel immer anwendbar ist, unabhängig davon, ob das klassische System regulär und die periodischen Bahnen stabil oder ob das klassische System chaotisch und die Bahnen instabil sind. Die Information über Stabilität oder Instabilität einer Bahn steckt in den Amplitudenfaktoren $a_{r,j}$ und ihrer Abhängigkeit von der Umlaufzahl j. Für instabile Bahnen fallen die Amplitudenfaktoren $a_{r,j}$ exponentiell mit j ab, so daß die Summe über j in (5.101) bei

$$S_r(E) = n + \mu_r \tag{5.103}$$

keine singulären Spitzen liefert, die als individuelle Quantenzustände interpretiert werden könnten. Statt dessen führt eine instabile Bahn auf eine *Modulation* in der Niveaudichte. Die Beziehung (5.103) ist nun nicht eine Quantisierungsbedingung wie (1.236), sondern eine *Resonanzbedingung*, welche die Lage der Modulationsmaxima angibt.

Die Modulationsfrequenz, die von einer periodischen Bahn ausgeht, ist das Inverse des Abstands aufeinanderfolgender Maxima, die durch die Resonanzbedingung (5.103) gegeben sind. Wegen

$$\frac{d}{dE} S_r(E) \approx \frac{T_r}{2\pi\hbar} \tag{5.104}$$

ist dieser Abstand näherungsweise $2\pi\hbar$ geteilt durch die Periode T_r der Bahn r. Die Modulationen in einem berechneten oder gemessenen Spektrum erscheinen als prominente Maxima bei $T_r/\hbar$ in dem Fourier-transformierten Spektrum. Für das H-Atom im Magnetfeld sind die durch die Resonanzbedingung (5.103) definierten Modulationsmaxima aufgrund der Skalierung (5.98), (5.99) äquidistant, wenn wir die Wirkung bei fester skalierter Energie (5.100) als Funktion von $\gamma^{-1/3}$ behandeln (siehe Aufgabe 5.10). Der Abstand ist einfach das Inverse der feldstärkeunabhängigen *skalierten Wirkung*, die wie in (5.102) definiert ist, nur mit den skalierten Orts- und Impulsvariablen (5.98). Wenn wir das Spektrum bei konstanter skalierter Energie als Funktion von $\gamma^{-1/3}$ betrachten und Fourier-transformieren, dann erscheinen die periodischen Bahnen als prominente Spitzen bei einem Wert der konjugierten Variablen, die der skalierten Wirkung entspricht.

Dies veranschaulicht Abb. 5.24, wo das Betragsquadrat des Fourier-transformierten Spektrums in dem $m^{\pi_z}=2^+$ und dem $m^{\pi_z}=2^-$ Unterraum für $\epsilon=-0.2$ dargestellt ist. Die Maxima in den Fourier-transformierten Spektren können eindeutig einfachen, periodischen klassischen Bahnen zugeordnet werden; die zugehörigen Bahnen sind in der rechten Hälfte von Abb. 5.24 angegeben.

Der Zusammenhang zwischen einfachen periodischen Bahnen und Modulationen im Spektrum läßt sich auch auf andere Observable wie z. B. Photoabsorptionsspektren übertragen. Abbildung 5.25 zeigt die inzwischen berühmt gewordenen Photoabsorptionsquerschnitte von Bariumatomen, wie sie Garton und Tomkins 1969

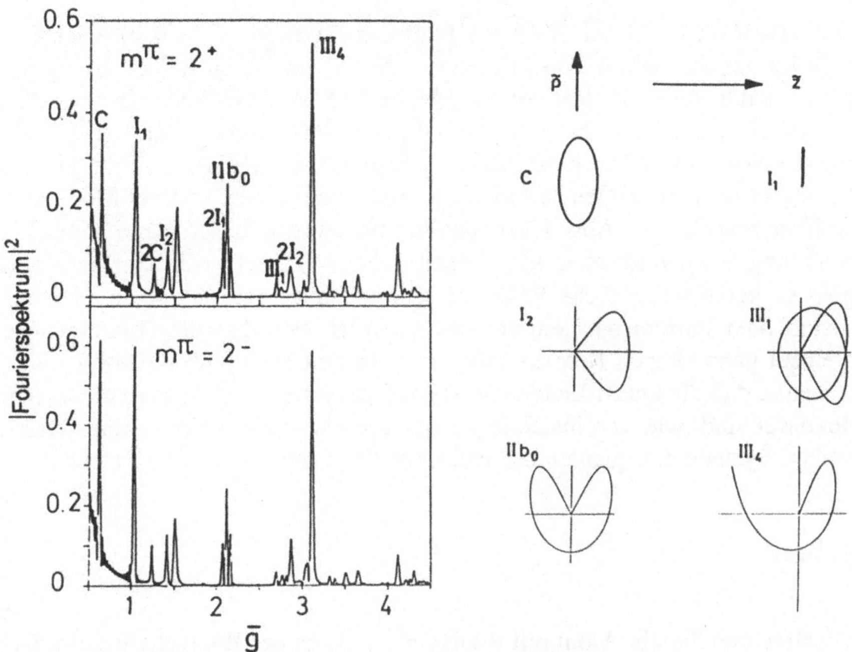

Abb. 5.24. Betragsquadrat der Fourier-transformierten Spektren als Funktion der zu $\gamma^{-1/3}$ konjugierten Variablen $\bar{g}$ in den $m^{\pi_z}=2^+$ und $m^{\pi_z}=2^-$ Unterräumen bei $\epsilon=-0.2$. Die Lage der Maxima stimmt mit entsprechend skalierten Wirkungen der periodischen klassischen Bahnen in der rechten Bildhälfte überein. (Aus [Fri90])

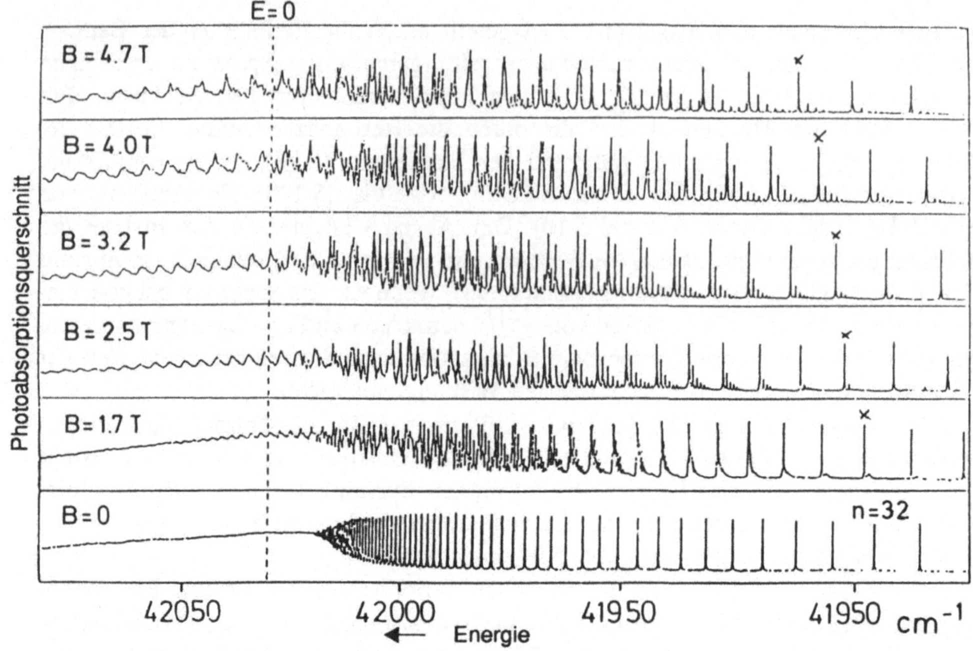

Abb. 5.25. Photoabsorptionsspektren von Bariumatomen im homogenen Magnetfeld. (Nach [GT69])

beobachteten [GT69]. In der Nähe der feldfreien Schwelle $E = 0$ beobachtet man Modulationsmaxima, deren Abstand etwa 1.5 mal der Abstand der Energien der Landau-Zustände freier Elektronen im Magnetfeld ist. Man erkannte schnell, daß diese Modulationsmaxima, die man *Quasi-Landau-Resonanzen* nennt, über eine Beziehung der Form (5.103) mit der klassischen Bahn senkrecht zum Feld in Verbindung gebracht werden können. Inzwischen sind ganze Serien weiterer Modulationen wie im Energiespektrum (Abb. 5.24) auch in Photoabsorptionsspektren entdeckt und in Verbindung mit periodischen klassischen Bahnen gebracht worden [Wel90]. (Dabei spielt es keine wesentliche Rolle, ob das hochangeregte Atom im Magnetfeld Wasserstoff oder Barium oder ein anderes Atom ist, weil dies das Potential $V(\rho, z)$ nur in einem ganz kleinen Bereich nahe am Ursprung beeinflußt [O'M89].) Wir erkennen heute, daß die Quasi-Landau-Modulationen ein sehr schönes experimentelles Beispiel dafür sind, wie sich instabile periodische klassische Bahnen eines klassisch chaotischen Systems im quantenmechanischen Spektrum bemerkbar machen.

Aufgaben

5.1 Betrachten Sie ein Atom mit Radius $n^2 a_0$, a_0 ist der Bohrsche Radius. Geben Sie eine Abschätzung für die Leistung in W/cm^2, die ein Laser haben muß, damit die gesamte Energie des elektromagnetischen Feldes im Volumen des Atoms etwa der Energie $\mathcal{R}/n^2$ entspricht; $\mathcal{R}$ ist die Rydbergenergie.

5.2 a) Betrachten Sie ein freies Teilchen der Masse μ in einer räumlichen Dimension, das zum Zeitpunkt $t=0$ durch ein minimales gaußförmiges Wellenpaket der Breite β beschrieben wird, welches sich mit der mittleren Geschwindigkeit $v_0 = \hbar k_0/\mu$ in Richtung der positiven x-Achse bewegt,

$$\psi(x,t=0) = (\sqrt{\pi}\beta)^{-1/2}\,\mathrm{e}^{-x^2/(2\beta^2)}\,\mathrm{e}^{\mathrm{i}k_0 x} \quad .$$

Berechnen Sie für den späteren Zeitpunkt t die Wellenfunktion $\psi(x,t)$, die Impulsraumwellenfunktion $\tilde{\psi}(p,t)$ und die zugehörigen Wahrscheinlichkeitsverteilungen $|\psi(x,t)|^2$, $|\tilde{\psi}(p,t)|^2$.

b) Berechnen Sie für die Wellenfunktion $\psi(x,t)$ aus (a) die Dichtematrix $\hat{\rho}$ und die Wignerfunktion ρ_{W}.

c) Das freie Teilchen möge zum Zeitpunkt $t=0$ durch eine in Ort und Impuls unscharfe klassische Phasenraumdichte

$$\rho_{\mathrm{kl}}(x,p;t=0) = \frac{1}{\alpha\beta\pi}\,\mathrm{e}^{-x^2/\beta^2}\,\mathrm{e}^{-(p-p_0)^2/\alpha^2}$$

beschrieben werden. Berechnen Sie mit Hilfe der klassischen Trajektorien $p(t)=p(0)$, $x(t)=x(0)+(p/\mu)t$ und der Form (5.28) der Liouville-Gleichung,

$$\frac{d}{dt}\rho_{\mathrm{kl}}(x(t),p(t);t) = 0 \quad ,$$

die Phasenraumdichte zum späteren Zeitpunkt t. Vergleichen Sie die Ergebnisse für die Wahrscheinlichkeitsdichten in Ort und Impuls mit den quantenmechanischen Ergebnissen.

5.3 a) Zeigen Sie, daß der kohärente Zustand (5.60) ein Eigenzustand des Quantenvernichtungsoperators zum Eigenvert z^* ist,

$$\hat{b}|z\rangle = z^*|z\rangle \quad ,$$

und berechnen Sie daraus den Erwartungswert des Anzahloperators $\hat{b}^\dagger\hat{b}$.

b) Berechnen Sie über (5.72) den zeitlichen Mittelwert der Energie $(\hat{\boldsymbol{E}}^2 + \hat{\boldsymbol{B}}^2)L^3/8\pi$ eines monochromatischen Feldes im kohärenten Zustand $|z\rangle = |z_0\,\mathrm{e}^{\mathrm{i}\omega t}\rangle$. Vergleichen Sie das Ergebnis mit dem aus a) folgenden Resultat $\hbar\omega\langle z|\hat{b}^\dagger\hat{b}+1/2|z\rangle$.

c) Berechnen Sie für den Grundzustand (5.51) des eindimensionalen harmonischen Oszillators und für den ersten angeregten Zustand,

$$\psi_1(x) = \hat{b}^\dagger\psi_0(x) = (\beta\sqrt{\pi})^{-1/2}\,\frac{2x}{\beta\sqrt{2}}\,\mathrm{e}^{-x^2/(2\beta^2)} \quad ,$$

die Wignerfunktion (5.40).

5.4 Beweisen Sie für zwei Operatoren $\hat{A}$ und $\hat{B}$, die beide mit ihrem Kommutator kommutieren, $[\hat{A},[\hat{A},\hat{B}]] = [\hat{B},[\hat{A},\hat{B}]] = 0$, die spezielle Form (5.64) der Baker-Campbell-Hausdorff-Relation,

$$\mathrm{e}^{\hat{A}+\hat{B}} = \mathrm{e}^{\hat{A}}\,\mathrm{e}^{\hat{B}}\,\mathrm{e}^{-[\hat{A},\hat{B}]/2} \quad .$$

5.5 Die relativistische Beziehung zwischen Energie E und Impuls $\boldsymbol{p}$ eines freien Teilchens (Ruhemasse μ) lautet (vgl. Abschn. 2.1.3),

$$E^2 = p^2c^2 + \mu^2 c^4 \quad ,$$

und für ein Photon (Ruhemasse null) ist $E = \hbar\omega$, $p = \hbar\omega/c$. Zeigen Sie, daß eine Änderung ΔE der Energie eines freien Elektrons mit einer Impulsänderung verbunden ist, deren Betrag größer ist als $\Delta E/c$. Aus Energie- und Impulserhaltung folgt damit, daß ein freies Elektron keine Photonen emittieren oder absorbieren kann.

5.6 Zeigen Sie, daß für die durch (5.74) definierte Stabilitätsmatrix längs einer klassischen Trajektorie $x(t)$ eine Kettenregel gilt,

$$\mathbf{M}(t_2, t_0) = \mathbf{M}(t_2, t_1)\,\mathbf{M}(t_1, t_0) \quad ,$$

und folgern Sie, daß der durch (5.75) definierte Liapunovexponent für alle Phasenraumpunkte auf der Trajektorie derselbe ist.
Hinweis: Für Matrixnormen gilt eine Dreiecksungleichung in der Form

$$\|\mathbf{M}_1\mathbf{M}_2\| \leq \|\mathbf{M}_1\| \cdot \|\mathbf{M}_2\| \quad .$$

5.7 Gegeben sei ein Quadrat der Länge L. Im Zentrum des Quadrats liegt eine kreisrunde Scheibe mit dem Radius a. Von der Mitte einer Seite des Quadrats wird ein Massenpunkt unter dem Winkel α auf die Scheibe geschossen (siehe Abb. 5.26). Der Massenpunkt wird an dem Rand der Scheibe und des Quadrats elastisch reflektiert. Bestimmen Sie für den Fall L=2 m, a=5 cm die Bewegungsrichtung des Massenpunktes nach fünf Stößen mit der Scheibe für folgende Anfangswinkel: α = 0.3°, 0.0003°, 0.0000003°, 0.0000000003° . Geben Sie den Liapunovexponenten der periodischen Bahn α=0 an.

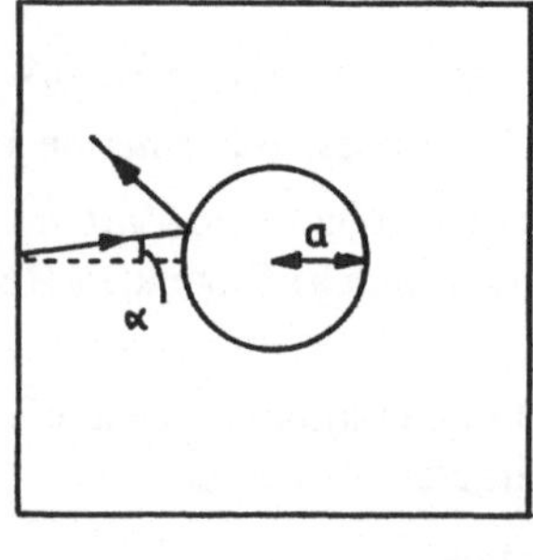

Abb. 5.26. Realisierung des *Sinai-Billard* [Sin70]. Die Parameter in Aufgabe 5.7 wurden so gewählt, daß ihre Größenordnung etwa dem normalen Billard entspricht.

5.8 Ein System von zwei harmonischen Oszillatoren wird durch die separable klassische Hamiltonfunktion

$$H(x_1, x_2; p_1, p_2) = \frac{1}{2}(p_1^2 + p_2^2 + \omega_1^2 x_1^2 + \omega_2^2 x_2^2)$$

beschrieben. Die Frequenzen ω_1 und ω_2 sollen inkomensurabel sein. Diskutieren Sie den Verlauf einer gegebenen Trajektorie,

$$x_1 = \frac{\sqrt{2E_1}}{\omega_1} \sin \omega_1 (t - t_1) \quad , \quad p_1 = \sqrt{2E_1} \cos \omega_1 (t - t_1) \quad ,$$
$$x_2 = \frac{\sqrt{2E_2}}{\omega_2} \sin \omega_2 (t - t_2) \quad , \quad p_2 = \sqrt{2E_2} \cos \omega_2 (t - t_2) \quad ,$$

in dem dreidimensionalen Raum, der durch x_1, p_1 und x_2 aufgespannt wird. Welche Spuren hinterlassen verschiedene Trajektorien zu derselben Gesamtenergie $E = E_1 + E_2$ auf der Schnittebene, die durch $x_2 = 0$ festgelegt ist?

5.9 Sie wählen aus einer gleichmäßig verteilten zufälligen Zahlenfolge (Poissonspektrum) eine Zahl x und wählen dann N weitere Zahlen y aus dem Intervall $x < y < x + L$ aus. Wie groß ist die Wahrscheinlichkeit, daß keine der Zahlen y im Intevall $(x, x+s)$ liegt? Betrachten Sie den Grenzfall $N \to \infty$, $L \to \infty$ bei konstanter Dichte $d = N/L$, und zeigen Sie, daß die Wahrscheinlichkeitsdichte $P(s)$ für den Abstand s der nächsten Nachbarn durch

$$P(s) = d\,\mathrm{e}^{-ds}$$

gegeben ist.

5.10 a) Zeigen Sie, daß die klassische Wirkung (5.102) für eine harmonische Schwingung proportional zum Produkt aus Energie und Periode ist.

b) Zeigen Sie mit Hilfe der Skalierungseigenschaften (5.98), (5.99), daß die durch die Resonanzbedingung (5.103) gegebenen Energien für das Wasserstoffatom im Magnetfeld bei fester skalierter Energie (5.100) äquidistanten Abständen in der Variablen $\gamma^{-1/3}$ entsprechen.

Referenzen

[AZ90] G. Alber und P. Zoller, Phys. Rep. im Druck.

[Bay86] J. Bayfield, in: *Fundamental Aspects of Quantum Theory*, ed. V. Gorini und A. Frigerio, Plenum Press, New York, 1986, S. 183.

[Ber85] M.V. Berry, in: *Chaotic Behaviour in Deterministic Systems*, ed. G. Iooss, R.H.G. Helleman und R. Stora, North Holland Publ. Co., Amsterdam, 1985.

[BG77] J. Bayfield, L.D. Gardner und P.M. Koch, Phys. Rev. Lett. **39** (1977) 76.

[BG84] O. Bohigas und M.-J. Giannoni, in: *Mathematical and Computational Methods in Nuclear Physics*, Lecture Notes in Physics **209**, ed. J.S. Dehesa, J.M.G. Gomez und A. Polls, Springer-Verlag, Berlin, Heidelberg, 1984.

[BH85] O. Bohigas, R.U. Haq und A. Panday, Phys. Rev. Lett. **54** (1985) 1645.

[BK74] J. Bayfield und P.M. Koch, Phys. Rev. Lett. **33** (1974) 258.

[BM89] W. Becker, J.K. McIver und M. Confer, Phys. Rev. A **40** (1989) 6904.

[BS87] R. Blümel und U. Smilansky, Z. Phys. D **6** (1987) 83.

[Buc89] P.H. Bucksbaum, in: *Atomic Spectra and Collisions in External Fields*, ed. K.T. Taylor, M.H. Nayfeh und C.W. Clark, Plenum Press, New York, 1989, S. 359.

[Cas90] G. Casati, in: *Atoms in Strong Fields*, ed. C.A. Nicolaides, C.W. Clark und M. Nayfeh, Plenum Press, New York, 1990, S. 231.

[CC84] G. Casati, B.V. Chirikov und D.L. Shepelyansky, Phys. Rev. Lett. **53** (1984) 2525.

[CC87] G. Casati, B.V. Chirikov, I. Guarneri und D.L. Shepelyansky, Phys. Rep. **154** (1987) 77.

[CF86] G. Casati, J. Ford, I. Guarneri und F. Vivaldi, Phys. Rev. A **34** (1986) 1413.

[CL84] S.L. Chin und P. Lambropoulos (eds.), *Multiphoton Ionization of Atoms*, Academic Press, New York, 1984.

[Cra87] M. Crance, Phys. Rep. **144** (1987) 117.

[DG86] D. Delande und J.-C. Gay, Phys. Rev. Lett. **57** (1986) 2006.

[DK84] J.B. Delos, S.K. Knudson und D.W. Noid, Phys. Rev. A **30** (1984) 1208.

[DK85] N.B. Delone und V.P. Krainov, *Atoms in Strong Light Fields*, Springer-Verlag, Berlin, Heidelberg, 1985.

[Eck88] B.Eckardt, Phys. Rep. **163** (1988) 205.

[Fai73] F.H.M. Faisal, J. Phys. **6** (1973) L89.

[FK82] D. Feldmann, J. Krautwald, S.L. Chin, A. von Hellfeld und K.H. Welge, J. Phys B **15** (1982) 1663.

[FK84] D. Feldmann, J. Krautwald und K.H. Welge, in: *Multiphoton Ionization of Atoms*, S.L. Chin und P. Lambropoulos (eds.), Academic Press, New York, 1984.

[Fri90] H. Friedrich, in: *Atoms in Strong Fields*, ed. C.A. Nicolaides, C.W. Clark und M. Nayfeh, Plenum Press, New York, 1990, S. 247.

[FW87] D. Feldmann, B. Wolff, M. Wemhöner und K.H. Welge, in: *Multiphoton Processes*, ed. S.J. Smith und P.L. Knight, Cambridge University Press, Cambridge (U.K.), 1988, S.35.

[FW89] H. Friedrich und D. Wintgen, Phys. Rep. **183** (1989) 37.

[GD89] J.C. Gay, D. Delande und A. Bommier, Phys. Rev. A **39** (1989) 6587.

[GG89] T. Grozdanov, P. Grujic und P. Krstic (eds.), *Classical Dynamics in Atomic and Molecular Physics*, World Scientific Publishers, Singapore, 1989.

[GM89] T.F. Gallagher, C.R. Mahon, P. Pillet, Panming Fu und J.B. Newman, Phys. Rev. A **39** (1989) 4545.

[Gol63] H. Goldstein, *Klassische Mechanik*, Akad. Verlagsgesellschaft, Frankfurt, 1963.

[Gre79] J.M. Greene, J. Math. Phys. **20** (1979) 1183.

[GT69] W.R.S. Garton und F.S. Tomkins, Astrophys. J. **158** (1969) 839.

[Hec87] K.T. Hecht, *The Vector Coherent State Method and Its Application to Problems of Higher Symmetry*, Lecture Notes in Physics, Bd. 290, Springer-Verlag, Berlin, Heidelberg, 1987.

[HH83] A. Harada und H. Hasegawa, J. Phys. A **16** (1983) L259.

[HJ85] R.A. Horn und C.A. Johnson, *Matrix Analysis*, Cambridge University Press, Cambridge, 1985.

[HM90] A. Holle, J. Main, G. Wiebusch, H. Roltke und K.H. Welge, in: *Atoms in Strong Fields*, ed. M. Nayfeh und C.W. Clark, Plenum Press, New York, 1990, S. 175.

[IS79] F.M. Izraelev und D.L. Shepelyansky, Dokl. Akad. Nauk. SSSR **249** (1979) 1103 (engl. Ü'setz'g. Sov. Phys. Dokl. **24** (1979) 996).

[Jen84] R.V. Jensen, Phys. Rev. A **30** (1984) 386.

[KK83] P. Kruit, J. Kimman, H.G. Muller und M.J. van der Wiel, Phys. Rev. A **28** (1983) 248.

[KM88] G. Kracke, H. Marxer, J.T. Broad und J.S. Briggs, Z. Phys. D **8** (1988) 103.

[KS68] J.R. Klauder und E.C.G. Sudarshan, *Fundamentals of Quantum Optics*, W.A. Benjamin, New York, 1968.

[LL70] L.D. Landau und L.M. Lifschitz, *Mechanik* Vieweg, Braunschweig, 1970.

[LL83] A.J. Lichtenberg und M.A. Liberman, *Regular and Stochastic Motion*, Springer, Berlin, 1983.

[LR89] J.G. Leopold und D. Richards, J. Phys. B **22** (1989) 1931.

[MB87] T.J. McIlrath, P.H. Bucksbaum, R.R. Freeman und M. Bashkansky, Phys. Rev. A **35** (1987) 4611.

[Mey86] H.-D. Meyer, Journal of Chemical Physics **84** (1986) 3147.

[Mit82] M.H. Mittleman, *Theory of Laser-Atom Interactions*, Plenum Press, New York, 1982.

[MS83] P. Meystre und M.O. Scully, (eds.), *Quantum Optics, Experimental Gravitation and Measurement Theory*, Plenum Press, New York, 1983.

[MS90] P. Meystre und M. Sargent III, *Elements of Quantum Optics*, Springer-Verlag, Berlin, Heidelberg, 1990.

[Nau89] M. Nauenberg, Phys. Rev. A **40** (1989) 1133.

[NC90] C.A. Nicolaides, C.W. Clark und M.H. Nayfeh (eds.), *Atoms in Strong Fields*, Plenum Press, New York, 1990.

[O'M89] P.F. O'Mahony, Phys. Rev. Lett. **63** (1989) 2653.

[PS89] R.M. Potvliege und R. Shakeshaft, Phys. Rev. A **40** (1989) 3061.

[Rei80] H.R. Reiss, Phys. Rev. A **22** (1980) 1786.

[Rei87] H.R. Reiss, in: *Photons and Continuum States of Atoms and Molecules*, ed. N.K. Rahman, C. Guidotti und M. Allegrini, Springer-Verlag, Berlin, Heidelberg, 1989, S. 98.

[RF82] W.P. Reinhardt und D. Farelly, J. de Physique (Paris) **43**, Coll. C2, suppl. 11 (1982) C2-29.

[Rob81] M. Robnik, J. Phys. A **14** (1981) 3195.

[Sch84] H.G. Schuster, *Deterministic Chaos – An Introduction*, Physik-Verlag, Weinheim, 1984.

[Sch88] F. Scheck, *Mechanik – Von den Newtonschen Gesetzen zum deterministischen Chaos* (Springer, Berlin, Heidelberg, 1988).

[Sin70] Y. Sinai, Russ. Math. Surv. **25** (1970) 137.

[SK88] S.J. Smith und P.L. Knight (eds.), *Multiphoton Processes*, Cambridge University Press, Cambridge (U.K.), 1988.

[SN88] W. Schweizer, R. Niemeier, H. Friedrich, G. Wunner und H. Ruder, Phys. Rev A **38** (1988) 1724.

[TL89] X. Tang, P. Lambropoulos, A. L'Huillier und S.N. Dixit, Phys. Rev. A **40** (1989) 7026.

[TN89] K.T. Taylor, M.H. Nayfeh und C.W. Clark (eds.), *Atomic Spectra and Collisions in External Fields*, Plenum Press, New York, 1989.

[WF86] D. Wintgen und H. Friedrich, Phys. Rev. Lett. **57** (1986) 571.

[Win87] D. Wintgen, J. Phys. B **20** (1987) L511.

[WW86] G. Wunner, U. Woelk, I. Zech, G. Zeller, T. Ertl, F. Geyer, W. Schweizer und H. Ruder, Phys. Rev. Lett. **57** (1986) 3261.

[YM90] J.A. Yeazell, M. Mallalieu und C.R. Stroud, Jr., Phys. Rev. Lett. **64** (1990) 2007.

Anhang: Spezielle mathematische Funktionen

In diesem Anhang werden zwecks Vollständigkeit die Definitionen und wichtigsten Eigenschaften der im Buch auftretenden speziellen mathematischen Funktionen ohne weitergehende Diskussion kurz angegeben. Ausführlichere Darstellungen können in der einschlägigen Literatur gefunden werden. Besonders nützlich sind das „Handbook of Mathematical Functions" [AS70], die „Tafeln" von Gradshteyn und Rhyzik [GR65] und die Zusammenstellung von Magnus, Oberhettinger und Soni [MO66]. Neben diesen umfassenden Werken ist noch die „Quantenmechanik 1" von Messiah [Mes76] zu erwähnen. Sie beschreibt in ihrem Anhang B eine Auswahl von besonders häufig verwendeten Funktionen.

A.1 Legendre-Polynome, Kugelflächenfunktionen

Das l-te Legendre Polynom $P_l(x)$ ist ein Polynom l-ten Grades in x,

$$P_l(x) = \frac{1}{2^l l!} \frac{d^l}{dx^l}(x^2-1)^l \ , \quad l=0,1,\ldots \quad . \tag{A.1}$$

Es hat l Nullstellen im Intervall zwischen -1 und $+1$; für gerade (ungerade) l ist $P_l(x)$ eine gerade (ungerade) Funktion von x.

Die *assoziierten Legendre-Funktionen* $P_{l,m}(x)$, $|x| \leq 1$, sind Produkte von $(1-x^2)^{m/2}$ mit Polynomen vom Grade $l-m$ $(m=0,\ldots,l)$,

$$P_{l,m}(x) = (1-x^2)^{m/2}\frac{d^m}{dx^m}P_l(x) \quad . \tag{A.2}$$

Die Kugelflächenfunktionen $Y_{l,m}(\theta,\phi)$ sind Produkte von $\exp(im\phi)$ mit Polynomen vom Grad m in $\sin\theta$ und vom Grad $l-m$ in $\cos\theta$, wobei die θ-Abhängigkeit durch die assoziierten Legendre-Funktionen (A.2) gegeben ist, die als Funktionen von $x=\cos\theta$ betrachtet werden. Für $m\geq 0$, $0\leq\theta\leq\pi$ ist

$$\begin{aligned} Y_{l,m}(\theta,\phi) &= (-1)^m \left[\frac{(2l+1)}{4\pi}\frac{(l-m)!}{(l+m)!}\right]^{1/2} P_{l,m}(\cos\theta)\,\mathrm{e}^{im\phi} \\ &= (-1)^m \left[\frac{(2l+1)}{4\pi}\frac{(l-m)!}{(l+m)!}\right]^{1/2} \sin^m\theta\,\frac{d^m}{d(\cos\theta)^m}P_l(\cos\theta)\,\mathrm{e}^{im\phi} \quad . \end{aligned} \tag{A.3}$$

Die Kugelflächenfunktionen für negative Azimutalquantenzahlen m erhält man über

$$Y_{l,-m}(\theta,\phi) = (-1)^m \left(Y_{l,m}(\theta,\phi)\right)^* \quad . \tag{A.4}$$

Eine Spiegelung des Ortsvektors $x = r\sin\theta\cos\phi$, $y = r\sin\theta\sin\phi$, $z = r\cos\theta$ am Ursprung (vgl. (1.67)) erreicht man, indem man den Polarwinkel θ durch $\pi-\theta$ und den Azimutalwinkel ϕ durch $\pi+\phi$ ersetzt. Hierbei ändert sich $\sin\theta$ nicht, aber $\cos\theta$ geht über in $-\cos\theta$. Im Ausdruck (A.3) für $Y_{l,m}$ erhält man bei der Raumspiegelung einen Faktor $(-1)^{l-m}$ von dem Polynom in $\cos\theta$ und einen Faktor $(-1)^m$ von der Exponentialfunktion in ϕ. Zusammen erhalten wir

$$Y_{l,m}(\pi-\theta,\pi+\phi) = (-1)^l\, Y_{l,m}(\theta,\phi) \quad . \tag{A.5}$$

Das Integral über ein Produkt aus zwei Kugelflächenfunktionen ist durch die Orthonormalitätsrelation (1.58) gegeben. Das Integral über ein Produkt von drei Kugelflächenfunktionen ist ein Prototyp-Beispiel für das *Wigner-Eckart-Theorem*, welches besagt, daß für Matrixelemente eines (sphärischen) Tensoroperators in Drehimpulseigenzuständen die Abhängigkeit von den Komponentenindizes durch die Clebsch-Gordan-Koeffizienten (siehe Abschn. 1.6.1) gegeben ist. Für die Kugelflächenfunktionen $Y_{L,M}$ als Beispiel eines sphärischen Tensors L-ter Stufe ist konkret

$$\begin{aligned}&\int Y^*_{l,m}(\Omega)\, Y_{L,M}(\Omega)\, Y_{l',m'}(\Omega)\, d\Omega \\ &= \langle l,m|L,M,l',m'\rangle \left[\frac{(2l'+1)(2L+1)}{4\pi(2l+1)}\right]^{1/2} \langle l,0|L,0,l',0\rangle \quad .\end{aligned} \tag{A.6}$$

Dabei ist der spezielle Clebsch-Gordan-Koeffizient $\langle l,0|L,0,l',0\rangle$ gegeben durch [Edm64]

$$\begin{aligned}\langle l,0|L,0,l',0\rangle &= \sqrt{2l+1}\,(-1)^{(l-L-l')/2} \left[\frac{(J-2l)!(J-2L)!(J-2l')!}{(J+1)!}\right]^{1/2} \\ &\times \frac{(J/2)!}{(J/2-l)!(J/2-L)!(J/2-l')!} \quad .\end{aligned} \tag{A.7}$$

Die Summe $J = l + L + l'$ der drei Drehimpulsquantenzahlen muß gerade sein. Für ungerade J verschwindet der Clebsch-Gordan-Koeffizient (A.7).

Explizite Ausdrücke für die Kugelflächenfunktionen bis $l = 3$ sind in Abschn. 1.2.1 in Tabelle 1.1 angegeben. Für weitergehende Beschreibungen sei auf Bücher über Drehimpulse in der Quantenmechanik verwiesen, z. B. [Edm64].

A.2 Laguerre-Polynome

Die verallgemeinerten Laguerre-Polynome $L_\nu^\alpha(x)$, $\nu = 0, 1, \ldots$ sind Polynome vom Grad ν in x. Sie sind gegeben durch

$$L_\nu^\alpha(x) = \frac{e^x}{\nu!\,x^\alpha}\frac{d^\nu}{dx^\nu}\left(e^{-x}\,x^{\nu+\alpha}\right) = \sum_{\mu=0}^{\nu}(-1)^\mu \binom{\nu+\alpha}{\nu-\mu}\frac{x^\mu}{\mu!} \quad , \tag{A.8}$$

und sie haben ν Nullstellen im Bereich $0 < x < \infty$. Die gewöhnlichen Laguerre-Polynome $L_\nu(x)$ entsprechen dem Spezialfall $\alpha = 0$. Im allgemeinen ist α eine beliebige reelle Zahl größer als -1. Für nicht ganzzahlige Argumente ist der verallgemeinerte Binomialkoeffizient in (A.8) definiert als

$$\binom{z}{y} = \frac{\Gamma(z+1)}{\Gamma(y+1)\,\Gamma(z-y+1)} \quad . \tag{A.9}$$

Dabei ist Γ die *Gammafunktion*. Sie ist definiert durch

$$\Gamma(z+1) = \int_0^\infty t^z\, \mathrm{e}^{-t}\, dt \tag{A.10}$$

und hat die Eigenschaft

$$\Gamma(z+1) = z\Gamma(z) \quad . \tag{A.11}$$

Für natürliche Zahlen $z = n$ ist $\Gamma(n+1) = n!$. Für halbzahlige z läßt sich $\Gamma(z)$ über (A.11) rekursiv aus dem Wert $\Gamma(1/2) = \sqrt{\pi}$ herleiten.

Die Orthogonalitätsrelation für die verallgemeinerten Laguerre-Polynome lautet,

$$\int_0^\infty \mathrm{e}^{-x}\, x^\alpha\, L_\mu^\alpha(x)\, L_\nu^\alpha(x)\, dx = \frac{\Gamma(\nu+\alpha+1)}{\nu!}\, \delta_{\mu,\nu} \quad . \tag{A.12}$$

Die folgende Rekursionsrelation ist sehr nützlich, weil sie eine numerisch effiziente Berechnung der Laguerre-Polynome zu gegebenem Index α ermöglicht:

$$(\nu+1)L_{\nu+1}^\alpha(x) - (2\nu+\alpha+1-x)L_\nu^\alpha(x) + (\nu+\alpha)L_{\nu-1}^\alpha(x) = 0\,, \quad \nu = 1, 2, \ldots \quad . \tag{A.13}$$

Hinweis: Die durch (A.8) definierten Laguerre-Polynome entsprechen der Definition in [AS70, GR65 und MO66]. Die Laguerre-Polynome aus [Mes76] enthalten einen zusätzlichen Faktor $\Gamma(\nu+\alpha+1)$.

A.3 Besselfunktionen

Die Besselfunktionen der Ordnung ν sind allgemein Lösungen der folgenden Differentialgleichung zweiter Ordnung:

$$z^2 \frac{d^2w}{dz^2} + z\frac{dw}{dz} + (z^2 - \nu^2)w = 0 \quad . \tag{A.14}$$

Die *gewöhnliche Besselfunktion* $J_\nu(z)$ ist diejenige Lösung, die in der Nähe des Ursprungs $z = 0$ die folgenden Randbedingungen erfüllt:

$$J_\nu(z) \overset{z \to 0}{=} \frac{(\frac{1}{2}z)^\nu}{\Gamma(\nu+1)}\,, \quad (\nu \neq -1, -2, -3, \ldots) \quad . \tag{A.15}$$

Als Potenzreihe in z ist

$$J_\nu(z) = \left(\frac{z}{2}\right)^\nu \sum_{k=0}^{\infty} \frac{(-\frac{1}{4}z^2)^k}{k!\,\Gamma(\nu+k+1)} \quad . \tag{A.16}$$

Für $|z| \to \infty$ ist die asymptotische Form von J_ν

$$J_\nu(z) \overset{|z|\to\infty}{=} \sqrt{\frac{2}{\pi z}} \cos\left[z - \left(\nu + \frac{1}{2}\right)\frac{\pi}{2}\right] \quad . \tag{A.17}$$

Aus der Besselfunktionn J_ν mit dem asymptotischen Verhalten (A.17) und einer zweiten Lösung von (A.14), die asymptotisch wie ein Sinus oszilliert, lassen sich zwei komplexe Linearkombinationen bilden, die asypmptotisch proportional zu $\exp \pm \mathrm{i}(z - \cdots)$ sind. Es sind dies die erste und zweite *Hankelfunktion*, $H_\nu^{(1)}$ und $H_\nu^{(2)}$. Ihre asymptotische Form ist

$$\begin{aligned} H_\nu^{(1)}(z) &\overset{|z|\to\infty}{=} \sqrt{\frac{2}{\pi z}} \exp\left\{+\mathrm{i}\left[z - \left(\nu + \frac{1}{2}\right)\frac{\pi}{2}\right]\right\} \quad , \\ H_\nu^{(2)}(z) &\overset{|z|\to\infty}{=} \sqrt{\frac{2}{\pi z}} \exp\left\{-\mathrm{i}\left[z - \left(\nu + \frac{1}{2}\right)\frac{\pi}{2}\right]\right\} \quad . \end{aligned} \tag{A.18}$$

In der Nähe von $z = 0$ ist (für $\Re\nu > 0$)

$$H_\nu^{(1)}(z) = -H_\nu^{(2)}(z) = -\frac{\mathrm{i}}{\pi} \frac{\Gamma(\nu)}{(\frac{1}{2}z)^\nu} \,, \quad z \to 0 \,, \quad \Re\nu > 0 \quad . \tag{A.19}$$

Die *modifizierten Besselfunktionen* $I_\nu(z)$ der Ordnung ν hängen über die einfache Beziehung

$$\mathrm{i}^\nu I_\nu(z) = J_\nu(\mathrm{i}z) \,, \quad (-\pi < \arg z \le \pi/2) \tag{A.20}$$

mit den gewöhnlichen Besselfunktionen zusammen. Sie sind also Lösungen der Differentialgleichung

$$z^2 \frac{d^2 w}{dz^2} + z \frac{dw}{dz} - (z^2 + \nu^2) w = 0 \quad , \tag{A.21}$$

und ihr Verhalten für kleine $|z|$ ist wie für J_ν,

$$I_\nu(z) \overset{z\to 0}{=} \frac{(\frac{1}{2}z)^\nu}{\Gamma(\nu+1)} \,, \quad (\nu \neq -1, -2, -3, \ldots) \quad . \tag{A.22}$$

Für $|z| \to \infty$ ist die asymptotische Form von I_ν

$$I_\nu(z) \overset{|z|\to\infty}{=} \frac{\mathrm{e}^z}{\sqrt{2\pi z}} \,, \quad (|\arg(z)| < \pi/2) \quad . \tag{A.23}$$

Für nicht ganzzahlige Werte von ν sind die über (A.20), (A.16) definierten modifizierten Besselfunktionen $I_\nu(z)$ und $I_{-\nu}(z)$ linear unabhängig, und es gibt eine Linearkombination

$$K_\nu(z) = \frac{\pi}{2}\,\frac{I_{-\nu}(z) - I_\nu(z)}{\sin(\nu\pi)} \quad , \tag{A.24}$$

die asymptotisch verschwindet,

$$K_\nu(z) \stackrel{|z|\to\infty}{=} \sqrt{\frac{\pi}{2z}}\,\mathrm{e}^{-z} \,, \quad \big(|\arg z| < 3\pi/2\big) \quad . \tag{A.25}$$

Die Besselfunktionen mit halbzahliger Ordnung $\nu = l+1/2$, $l = 0, 1, \ldots$ spielen als Lösungen der radialen Schrödingergleichung (1.74) zur Drehimpulsquantenzahl l in Abwesenheit eines Potentials eine wichtige Rolle. Die Beziehung zur radialen Schrödingergleichung wird deutlich, wenn wir die Gleichungen (A.14) und (A.21) als Differentialgleichungen für die Funktion

$$\phi(z) = \sqrt{z}\,w(z) \tag{A.26}$$

umschreiben. Aus (A.14) wird dann (mit $\nu = l+\frac{1}{2}$)

$$\frac{d^2\phi}{dz^2} - \frac{l(l+1)}{z^2}\phi + \phi = 0 \quad , \tag{A.27}$$

und aus (A.21) wird

$$\frac{d^2\phi}{dz^2} - \frac{l(l+1)}{z^2}\phi - \phi = 0 \quad . \tag{A.28}$$

Wenn wir z mit kr (für $E = \hbar^2k^2/(2\mu) > 0$) oder κr (für $E = -\hbar^2\kappa^2/(2\mu) < 0$ identifizieren, entspricht (A.27) bzw. (A.28) gerade der radialen Schrödingergleichung (1.74) für $V \equiv 0$.

Für die modifizierte Besselfunktion $K_{l+1/2}$ mit halbzahliger Ordnung $l+1/2$ gibt es die Reihenentwicklung

$$K_{l+1/2}(z) = \sqrt{\frac{\pi}{2z}}\,\mathrm{e}^{-z}\sum_{k=0}^{l}\frac{(l+k)!}{k!(l-k)!}(2z)^{-k} \quad . \tag{A.29}$$

Die Ableitung von $K_{l+1/2}$ läßt sich durch $K_{l+1/2}$ und $K_{l-1/2}$ ausdrücken,

$$\frac{d}{dz}K_{l+1/2}(z) = -\frac{l+\frac{1}{2}}{z}K_{l+1/2}(z) - K_{l-1/2}(z) \quad . \tag{A.30}$$

Die sphärische Besselfunktion $j_l(z)$ ist definiert als

$$j_l(z) = \sqrt{\frac{\pi}{2z}}\,J_{l+1/2}(z) \quad . \tag{A.31}$$

Für kleine z ist nach (A.15)

$$j_l(z) \stackrel{z\to 0}{=} \frac{z^l}{(2l+1)!!} \quad , \tag{A.32}$$

und asymptotisch ist nach (A.17)

$$z\,j_l(z) \overset{|z|\to\infty}{=} \sin\left(z - l\frac{\pi}{2}\right) \quad . \tag{A.33}$$

Mit (A.26) sieht man, daß $z j_l(z)$ eine Lösung von (A.27), der radialen Schrödingergleichung zu positiver Energie ist. Die linear unabhängige Lösung, die sich asymptotisch von (A.33) dadurch unterscheidet, daß an Stelle des Sinus ein Kosinus steht, ist $z\,n_l(z)$, wobei n_l die sphärische Neumannfunktion ist,

$$z\,n_l(z) \overset{|z|\to\infty}{=} \cos\left(z - l\frac{\pi}{2}\right) \quad . \tag{A.34}$$

Für die Ableitungen der sphärischen Besselfunktionen gilt die einfache Formel

$$\frac{d}{dz}\,j_l(z) = j_{l-1}(z) - \frac{l+1}{z}\,j_l(z)\ , \quad l \geq 1 \quad . \tag{A.35}$$

A.4 Whittakerfunktionen, Coulombfunktionen

Die Whittakerfunktionen treten als Lösung der radialen Schrödingergleichung in der Form (A.28) auf, wenn es neben dem Zentrifugalpotential $l(l+1)/z^2$ noch ein (attraktives) Coulombpotential $-2\gamma/z$ gibt,

$$\frac{d^2\phi}{dz^2} - \frac{l(l+1)}{z^2}\phi + \frac{2\gamma}{z}\phi - \phi = 0 \quad . \tag{A.36}$$

Die Whittakerfunktionen $W_{\gamma,l+1/2}(2z)$ sind Lösungen von (A.36) mit dem folgenden Verhalten für große Werte von $|z|$:

$$W_{\gamma,l+1/2}(2z) \overset{|z|\to\infty}{=} \mathrm{e}^{-z}\,(2z)^{\gamma} \quad . \tag{A.37}$$

Für positive Energien (vgl. (A.27)) hat die radiale Schrödingergleichung in Anwesenheit eines Coulombpotentials die Form

$$\frac{d^2\phi}{dz^2} - \frac{l(l+1)}{z^2}\phi - \frac{2\eta}{z}\phi + \phi = 0 \quad , \tag{A.38}$$

wobei ein negatives η einem attraktiven und ein positives η einem repulsiven Coulombpotential entspricht. Zwei linear unabhängige Lösungen von (A.38) sind die reguläre Coulombfunktion $F_l(\eta, z)$ und die irreguläre Coulombfunktion $G_l(\eta, z)$. Ihr asymptotisches ($z \to +\infty$) Verhalten ist

$$\begin{aligned} F_l(\eta, z) &\overset{z\to\infty}{=} \sin\left(z - \eta\ln 2z - l\frac{\pi}{2} + \sigma_l\right) \quad , \\ G_l(\eta, z) &\overset{z\to\infty}{=} \cos\left(z - \eta\ln 2z - l\frac{\pi}{2} + \sigma_l\right) \quad . \end{aligned} \tag{A.39}$$

Die Konstanten σ_l sind die Coulombphasen,

$$\sigma_l = \arg\Gamma(l + 1 + \mathrm{i}\eta) \quad . \tag{A.40}$$

Die reguläre Coulombfunktion läßt sich durch die konfluente hypergeometrische Reihe ausdrücken,

$$F_l(\eta, z) = 2^l \mathrm{e}^{-\frac{1}{2}\pi\eta} \frac{|\Gamma(l+1+\mathrm{i}\eta)|}{(2l+1)!} \mathrm{e}^{-\mathrm{i}z} z^{l+1} F(l+1-\mathrm{i}\eta, 2l+2; 2\mathrm{i}z) \quad . \tag{A.41}$$

Die konfluente hypergeometrische Reihe F ist definiert durch

$$F(a,b;z) = \sum_{n=0}^{\infty} \frac{\Gamma(a+n)}{\Gamma(a)} \frac{\Gamma(b)}{\Gamma(b+n)} \frac{z^n}{n!} \quad . \tag{A.42}$$

Für kleine Argumente z ergibt sich daraus (bei festem Coulombparameter η)

$$F_l(\eta, z) \overset{z\to 0}{=} 2^l \mathrm{e}^{-\frac{1}{2}\pi\eta} \frac{|\Gamma(l+1+\mathrm{i}\eta)|}{(2l+1)!} z^{l+1} \quad . \tag{A.43}$$

Für $|\eta| \to \infty$, was nach (1.117) der Annäherung an die Schwelle $k \to 0$ entspricht, gilt

$$|\Gamma(l+1+\mathrm{i}\eta)| \overset{|\eta|\to\infty}{=} \sqrt{2\pi}\, \mathrm{e}^{-\frac{1}{2}\pi|\eta|} |\eta|^{l+1/2} \quad . \tag{A.44}$$

Um eine Formel für die reguläre Coulombfunktion bei kleinem Argument $z = kr$ in der Nähe der Schwelle zu bekommen, verbinden wir (A.43) und (A.44) zu

$$F_l(\eta, kr) \overset{k\to 0,\; r\to 0}{=} \sqrt{\frac{\pi}{2|\eta|}} \frac{(2k|\eta|\,r)^{l+1}}{(2l+1)!} \mathrm{e}^{-\frac{1}{2}\pi(\eta+|\eta|)} \quad . \tag{A.45}$$

Referenzen

[AS70] M. Abramowitz und I.A. Stegun (eds.), *Handbook of Mathematical Functions*, Dover Publications, New York, 1970.

[Edm64] A.R. Edmonds, *Drehimpulse in der Quantenmechanik*, B.I., Mannheim, 1964.

[GR65] I.S. Gradshteyn und I.M. Ryzhik, *Tables of Integrals, Series and Products*, Academic Press, New York, 1965.

[Mes76] A. Messiah, *Quantenmechanik*, Bd. 1, de Gruyter, Berlin, 1976.

[MO66] W. Magnus, F. Oberhettinger und R.P. Soni, *Formulas and Theorems for Special Functions of Mathematical Physics*, Springer-Verlag, Berlin, Heidelberg, 1966.

Sachverzeichnis

Berichtigungen

S. 8, Zeile 5: Für die Anwendung auf Seite 280 (oben) mit stoßartiger Zeitabhängigkeit reicht diese Form; bei allgemeinerer Zeitabhängigkeit ist der Operator $\exp\left[-(\mathrm{i}/\hbar)\int_{t_0}^{t}\hat{H}\,dt'\right]$ erst mit entsprechender Zeitordnungsvorschrift definiert.

S. 40, Gl.(1.206): $\ldots = \sum_{j=1}^{N}\left(\langle\psi_{n,k}^{(0)}|\lambda\hat{W}|\psi_{n,j}^{(0)}\rangle - \epsilon_i\delta_{k,j}\right)c_{i,j} = 0$.

S. 48, Gl.(1.241): Für $\alpha = 2$ gibt es die unendlich vielen gebundenen Zustände nur für $C > \hbar^2/(8\mu)$.

S. 53, Zeile 18: ... jeder Bahndrehimpulsquantenzahl l (> 0) genau zwei ...

S. 55, Aufg. 1.2(c): Ein eindrucksvolleres Ergebnis erhält man, wenn man die Fälle $b = \beta/2$ und $b = a/2$ vergleicht.

S. 68, Gl.(2.46): $\hat{H}_{LS} = +[Ze^2/(2m_0^2c^2r^3)]\hat{\boldsymbol{L}}\cdot\hat{\boldsymbol{S}}$,

S. 82, Gl.(2.89): $\hat{h}_{\Psi} = \hat{\boldsymbol{p}}^2/(2\mu) + \hat{V} + \hat{W}_{\mathrm{d}} - \hat{W}_{\mathrm{ex}}$.

S. 83, Zeile 9: ... von $\hat{W}_{\mathrm{d}} - \hat{W}_{\mathrm{ex}}$ ausrechnen, ...

S. 83, Gl.(2.97): $\langle\psi_j|\hat{W}_{\mathrm{d}} - \hat{W}_{\mathrm{ex}}|\psi_j\rangle = \ldots$

S. 84, Gl.(2.100): $\hat{h}_{\Psi}^{\mathrm{D}} = c\boldsymbol{\alpha}\cdot\hat{\boldsymbol{p}} + \beta\mu c^2 + \hat{V} + \hat{W}_{\mathrm{d}} - \hat{W}_{\mathrm{ex}}$.

S. 112, Aufg. 2.2: $\hat{H}_{LS} = +[Ze^2/(2m_0^2c^2r^3)]\hat{\boldsymbol{L}}\cdot\hat{\boldsymbol{S}}$, ... , $\hat{H}_{\mathrm{ke}} = -\hat{\boldsymbol{p}}^2\hat{\boldsymbol{p}}^2/(8m_0^3c^2)$.

S. 113, Aufg 2.6: ... , $\hat{H}\psi_n = (n + 1/2)\hbar\omega\psi_n$.

S. 132, Gl.(3.50): $E_i = \langle\psi_{\mathrm{inn}}^{(i)}|\hat{H}_{2-N}|\psi_{\mathrm{inn}}^{(i)}\rangle'$,

S. 133, Zeile 24: ... diagonale Potential $-(Z - N + 1)e^2/r$

S. 148, Gl.(3.107): $\phi_2(r) = -\{\sin[\pi(\nu_1 + \mu_1)]/R_{1,2}\}\sqrt{(n_2^*)/(2\mathcal{R})}\,\phi_{n_2}(r) = \ldots$

S. 162, Abb. 3.13: ... $R_{1,3} = -0.2$, $R_{2,3} = 0.5$ ...

S. 172, Gl.(3.180): $+1/2$ nach zweitem Gleichheitszeichen

S. 181, Abb. 3.25: Siehe hierzu Iu et al., Phys. Rev. Lett. **66** (1991) 145.

S. 192, Zeile 11: ... einfach $(\hbar k/\mu)|f(\theta,\phi)|^2\,d\Omega$; das Verhältnis ...

S. 206, Zeile 10: ... dann ist $\Im\langle\psi|\hat{V}_{\mathrm{eff}}|\psi\rangle$ negativ, ...

S. 208, Zeile 21: $\mathcal{Y}_{j,m,l}$ aus Abschn. 1.6.3.

S. 212, Gl.(4.91): $S = 1/\sqrt{|f|^2 + |g_0|^2}\ldots$

S. 245, Aufg. 4.6: $f_l' = (l + 1)/(2\mathrm{i}k)\ldots$

S. 260, Gl.(5.32): ... , $\boldsymbol{K}(\boldsymbol{r}) = -\nabla_{\boldsymbol{r}}V(\boldsymbol{r})$.

S. 266, Gl.(5.68): $P_z = -\sqrt{2}(\hbar/\beta)\Im(z) = -[\mathrm{i}\hbar/(\sqrt{2}\beta)](z^* - z)$.

S. 267, Abb. 5.6: Die Wellenpakete laufen im Uhrzeigersinn.

S. 285, Gl.(5.95): $\hat{H} = -(1/2)\partial^2/\partial z^2\ldots$

Springer-Verlag und Umwelt

Als internationaler wissenschaftlicher Verlag sind wir uns unserer besonderen Verpflichtung der Umwelt gegenüber bewußt und beziehen umweltorientierte Grundsätze in Unternehmensentscheidungen mit ein.

Von unseren Geschäftspartnern (Druckereien, Papierfabriken, Verpackungsherstellern usw.) verlangen wir, daß sie sowohl beim Herstellungsprozeß selbst als auch beim Einsatz der zur Verwendung kommenden Materialien ökologische Gesichtspunkte berücksichtigen.

Das für dieses Buch verwendete Papier ist aus chlorfrei bzw. chlorarm hergestelltem Zellstoff gefertigt und im pH-Wert neutral.